普通高等教育"十四五"规划教材

环境土壤学

第 2 版

张乃明◎主　编

马宏瑞　段永蕙　邹洪涛　包　立◎副主编

Environmental Pedology

中国农业大学出版社
China Agricultural University Press
·北京·

内 容 简 介

环境土壤学是土壤科学与环境科学交叉形成的新学科,近年来发展很快。本教材以处在陆地生态系统枢纽环节与中心地带的土壤环境要素为研究对象,系统介绍了环境土壤学形成过程、基础理论和实际应用。全书由基础篇、原理篇和应用篇三大部分11章构成,其中基础篇包括绪论、土壤组成和性质、土壤的形成与分类、土壤环境质量等内容。原理篇包括土壤碳转化,氮、磷、硫循环和氟行为与环境效应,重金属在土壤环境中的行为与危害,有机污染物在土壤环境中的行为与危害等内容。应用篇包括土壤环境质量评价与风险评估、污染土壤修复技术、农用地土壤修复与安全利用、典型污染场地修复与风险控制。

本教材适合环境科学、生态学、环境工程、生态工程、农业资源与环境、自然地理与资源环境等专业的本科生和研究生使用,也可供相关领域的研究人员参考。

图书在版编目(CIP)数据

环境土壤学/张乃明主编.--2版.--北京:中国农业大学出版社,2024.5
ISBN 978-7-5655-3195-8

Ⅰ.①环…　Ⅱ.①张…　Ⅲ.①环境土壤学–高等学校–教材　Ⅳ.①X144

中国国家版本馆 CIP 数据核字(2024)第 054508 号

书　名	环境土壤学　第2版
	Huanjing Turangxue
作　者	张乃明　主编

策划编辑	梁爱荣	责任编辑	梁爱荣
封面设计	李尘工作室		
出版发行	中国农业大学出版社		
社　址	北京市海淀区圆明园西路2号	邮政编码	100193
电　话	发行部 010-62733489,1190	读者服务部	010-62732336
	编辑部 010-62732617,2618	出　版　部	010-62733440
网　址	http://www.www.caupress.cn	E-mail	cbsszs@cau.edu.cn
经　销	新华书店		
印　刷	运河(唐山)印务有限公司		
版　次	2024年5月第2版　　2024年5月第1次印刷		
规　格	185 mm×260 mm　16开本　28印张　700千字		
定　价	89.00元		

图书如有质量问题本社发行部负责调换

第 2 版编写人员

主　　编　张乃明

副 主 编　马宏瑞　段永蕙　邹洪涛　包　立

编写人员　(按姓氏拼音排序)

包　立　(云南农业大学)

段永蕙　(山西财经大学)

何忠俊　(云南农业大学)

侯　红　(中国环境科学研究院)

李　华　(山西大学)

刘世亮　(河南农业大学)

卢维宏　(宿州学院)

吕贻忠　(中国农业大学)

马宏瑞　(陕西科技大学)

任心豪　(陕西科技大学)

苏友波　(云南农业大学)

田光明　(浙江大学)

王　果　(福建农林大学)

夏运生　(云南农业大学)

张继来　(云南农业大学)

张乃明　(云南农业大学)

张仕颖　(云南农业大学)

赵秀兰　(西南大学)

朱宇恩　(山西大学)

邹洪涛　(沈阳农业大学)

主　　审　徐明岗　(山西农业大学)

第 1 版编写人员

主　　编　　张乃明　（云南农业大学）

副 主 编　　田光明　（浙江大学）

　　　　　　吕贻忠　（中国农业大学）

　　　　　　史　静　（云南农业大学）

编写人员　　（按姓氏拼音排序）

　　　　　　段永蕙　（山西财经大学）

　　　　　　高树芳　（福建农林大学）

　　　　　　何忠俊　（云南农业大学）

　　　　　　刘世亮　（河南农业大学）

　　　　　　卢树昌　（天津农学院）

　　　　　　吕贻忠　（中国农业大学）

　　　　　　马宏瑞　（陕西科技大学）

　　　　　　南忠仁　（兰州大学）

　　　　　　史　静　（云南农业大学）

　　　　　　田光明　（浙江大学）

　　　　　　王　兵　（兰州大学）

　　　　　　王　果　（福建农林大学）

　　　　　　文波龙　（中国科学院东北地理与农业生态所）

　　　　　　肖　炜　（云南大学）

　　　　　　杨黎芳　（天津农学院）

　　　　　　于群英　（安徽科技学院）

　　　　　　曾清如　（湖南农业大学）

　　　　　　张乃明　（云南农业大学）

　　　　　　张仕颖　（云南农业大学）

　　　　　　邹洪涛　（沈阳农业大学）

主　　审　　魏复盛　（中国工程院）

　　　　　　李保国　（中国农业大学）

第 2 版前言

土壤具有资源与环境的双重属性,可以说土壤是经济社会可持续发展的物质基础,关系人民群众身体健康,关系美丽中国建设,保护好土壤环境是推进生态文明建设和维护国家生态安全的重要内容。环境土壤学是资源环境与生态类本科专业开设的专业课程,本教材(第 1 版)由云南农业大学张乃明教授主编,来自全国 15 所高校及科研单位的 20 位老师参编,自 2013年正式出版以来,先后重印 4 次,被全国 50 多所高校相关专业选用,从使用单位反馈情况看,该教材得到任课老师和学生的广泛好评。党的二十大报告明确提出"坚持精准治污、科学治污、依法治污,持续深入打好蓝天、碧水、净土保卫战""加强土壤污染源头防控,开展新污染物治理"。这其中打好净土保卫战、加强土壤污染源头防控就与环境土壤学教学内容密切相关。

自党的十八大以来,国家对土壤环境保护工作空前重视,环境土壤学的发展也非常迅速,为此中国农业大学出版社建议对本教材进行修订,并于 2019 年 8 月在北京召开修订研讨会。《环境土壤学》(第 2 版)从符合一般认知规律的角度保留了原教材基础、原理、应用三大篇的结构,教材编写中特别强化了土壤污染来源与危害,新增了微塑料、抗生素等新污染物的内容。同时为了适应现在高校专业课的课时普遍压缩的实际,在篇幅和内容方面做了较大的调整,由原来的 17 章精简为 11 章,相应的教材参编单位和人员也做了微调,在指导思想上更加突出专业知识的掌握与应用。

教材编写分工如下:第 1 章由张乃明编写,第 2 章由吕贻忠、包立、张仕颖编写,第 3 章由何忠俊编写,第 4 章由张乃明、田光明编写,第 5 章由吕贻忠、包立、苏友波编写,第 6 章由王果、张继来编写,第 7 章由刘世亮编写,第 8 章由段永蕙、李华编写,第 9 章由马宏瑞、任心豪编写,第 10 章由侯红、赵秀兰、卢维宏编写,第 11 章由马宏瑞、侯红、朱宇恩、夏运生、皱洪涛编写,全书由张乃明和马宏瑞负责统稿。

鉴于国内开设环境土壤学课程的高校和专业众多,为兼顾不同专业、不同类型高校的教学需求,我们在编写时力图把知识介绍、原理阐述和实际应用紧密相结合。本教材第 2 版的修订出版得到了主编单位云南农业大学和中国农业大学出版社领导的关心和支持以及所有参编人员的鼎力配合,中国工程院院士徐明岗研究员在百忙中审阅了全书,并给予具体指导,责任编辑梁爱荣提出许多有益的建议,在本书即将付印之际,在此表示衷心的感谢。

张乃明

2023 年 11 月

第 1 版前言

土壤既是人类赖以生存的重要资源，又是重要的环境要素，伴随着土壤环境污染问题的不断加重，土壤环境保护得到广泛关注和重视。环境土壤学也成为近年来发展最快的学科之一。开设环境土壤学课程的专业和高校不断增加，实际教学工作中急需一本既能反映环境土壤学最新成果而又能兼顾农林、综合、工科、师范不同类型高校本科教学需求的教材。中国农业大学出版社针对这种实际需求，将《环境土壤学》作为新编教材纳入出版社"十二五"规划并面向全国征集参加编写的高校和相关专家，共收到 20 多所高校积极参与的反馈，出版社经过认真遴选确定了编写人员，并委托云南农业大学张乃明教授担任主编。2010 年 10 月中国农业大学出版社和云南农业大学在昆明联合召开教材编写研讨会，来自全国 13 所高校的教师参加了研讨会，优化完善了张乃明教授起草的编写大纲，明确了任务分工、编写要求和交稿时间等具体内容。全书分为基础、原理和应用三大篇，共 17 章。各章的分工如下，第 1 章由张乃明编写；第 2 章由卢树昌、杨黎芳编写；第 3 章由张仕颖、肖炜编写；第 4 章由何忠俊编写；第 5 章由张乃明、史静、田光明编写；第 6 章由田光明编写；第 7 章由吕贻忠编写；第 8 章由卢树昌、杨黎芳、文波龙编写；第 9 章由于群英编写；第 10 章由王果、高树芳编写；第 11 章由刘世亮编写；第 12 章由段永蕙、史静编写；第 13 章由曾清如编写；第 14 章由马宏瑞编写；第 15 章由南忠仁、王兵编写；第 16 章由邹洪涛编写；第 17 章由史静编写。

相对于之前已出版的《环境土壤学》教材，如何既充分体现教材内容的新颖性和时效性，又符合一般认知规律便于学生学习，同时还要适当兼顾不同专业、不同类型高校的需求，的确具有很大的挑战性。我们在编写时力图把知识介绍、原理阐述和实际应用相结合。为保证教材的系统性和完整性，本书的章节较多，篇幅也比较大。各使用单位可根据课时数多少及实际需要有所取舍，突出重点。

本教材能够顺利出版，得到了主编单位云南农业大学和中国农业大学出版社领导的关心和支持以及所有参编单位的全体人员的鼎力配合。中国工程院魏复盛院士和中国农业大学"长江学者"李保国教授在百忙中审阅了全书，并给予具体指导。在本书即将付印之际，在此一并表示衷心的感谢。

由于水平有限，书中不足与欠妥之处在所难免，敬请读者批评指正。

张乃明

2012 年 7 月于春城昆明

目　　录

基础篇

原理篇

应用篇

基础篇

第1章 绪 论

环境土壤学是土壤学与环境科学交叉形成的新分支,本章从土壤环境污染问题出现,催生环境土壤科学研究的视角,系统介绍了环境土壤学的形成背景、发展历程、主要研究内容、常用研究方法以及当前的研究热点和未来发展的三大趋势,即污染土壤修复生态化、研究方法手段信息化,以及研究尺度多样化。通过本章的学习让学生对环境土壤学这门课程有一个全面的了解。

1.1 环境污染与土壤环境问题

1.1.1 环境污染问题

1. 环境的概念

环境是相对于某一中心事物而言的,某一中心事物周围的事物就是这个中心事物的环境。在环境科学中,环境一般是指:①一个生物个体或生物群体的周围的自然状况或物质条件;②影响个体和群体的复杂的社会、文化条件。

人类生存在自然环境里,同时也生存在技术化、社会化的人文环境中,这些都是环境的重要组成部分。通俗地说,自然环境是指未经过人的加工改造而天然存在的环境;自然环境按环境要素又可分为大气环境、水环境、土壤环境、地质环境和生物环境等,主要就是指地球的五大圈——大气圈、水圈、土壤圈、岩石圈和生物圈。以人类为中心来看待环境的观点叫作"人类中心主义"。它与以生物为中心的环境观,以及与以生物与非生物为中心的环境观有着重大的区别,不同的环境观必然直接影响到人们对待环境的态度和行为。

在实际工作中,人们往往从工作需要出发给环境下一个定义。例如,《中华人民共和国环境保护法》明确规定:"本法所称环境,是指影响人类生存和发展的各种天然的和经过人工改造的自然因素的总体,包括大气水、海洋、土地、矿藏、森林、草原、湿地、野生生物、自然遗迹、人文遗迹、自然保护区、风景名胜区、城市和乡村等。"这是一种把环境中应当保护的对象界定为环境的工作定义,目的是为了贯彻和保证法律的准确实施。

2. 环境问题

环境问题是指由于自然界或人类的活动,环境质量下降或生态环境系统失调,对人类的社会经济发展、健康和生命产生有害影响的现象。从引起环境问题的根源来划分,环境问题可分为两类:首先是由自然力引起的原生环境问题,称为第一环境问题,主要指地震、洪涝、飓风、海啸、火山爆发等自然环境灾害问题。目前,人类的技术水平和抵御能力还很薄弱,难以战胜这类环境问题。其次是由人类活动引起的次生环境问题,也称第二环境问题,它又分为环境污染和生态破坏两大类。

自然灾害的形成主要是自然力作用的结果,是不以人们的意志力为转移的、无法避免的客观事实,加大或减轻灾害的发生而完全控制其影响尚不可能。但人为的作用可以加速或减缓灾害的发生,如乱砍滥伐森林会加剧洪涝灾害,因此,尽量预防减缓灾难则是人类力所能及的。

人为的因素使环境的构成或状态发生了变化,导致环境质量下降,扰乱和破坏了人们正常的生产和生活条件就是环境污染。通常即指有害的物质如工业"三废"对大气、水体、土壤和生物的污染。此外还包括声污染、热污染、放射性污染和电磁辐射等。生态破坏则是指由于人类活动直接作用于自然环境而引起的对自然生态系统的不良影响。例如,乱砍滥伐引起的森林植被破坏,过度放牧引起的草原退化,大面积开垦草原引起的荒漠化,植被破坏引起的水土流失等。

环境问题始于人类历史早期,当人类使用火,开始农业耕种,人类对自然施加的影响便开始了。自工业革命以来,科学发明和技术进步使社会生产力迅速提高,创造了巨大的物质财富,人类干预和改造大自然的能力和规模突飞猛进,由此也带来了环境问题,自然资源的过度开发和利用已使其难以恢复和再生,排向环境的有毒、有害废物急剧增加,导致生态环境不断恶化,化肥、农药的过度使用对生态系统造成严重破坏,20世纪50—60年代震惊世界的"八大公害事件"使成千上万人罹难,也敲响了善待自然、保护环境的警钟。

自20世纪70年代以来,温室效应、臭氧层破坏、酸雨沉降、生态环境退化等环境问题给人类生存和发展带来了空前的威胁,从而掀起了第二次环境浪潮。长期以来,一味地追求经济增长的发展模式,使人们赖以生存的地球以及建立在资源浪费上的文明正面临着危难。当人类拥有主宰地球的能力却用以进行自毁家园的畸形发展时,不堪重负的地球生态环境总是报之以一次次沉重的打击,并唤起人类应有的环境意识。

1962年,美国生物学家卡逊(R. Carson)《寂静的春天》(*Silent Spring*)一书的出版,展现了杀虫剂污染带来的严重后果,揭示了污染对生态系统的影响,引起了人们广泛的注意。1972年联合国在瑞典斯德哥尔摩召开了"人类环境会议",通过了《联合国人类环境会议宣言》,呼吁世界各国政府和人民共同努力,保护人类生存的地球环境。1992年在巴西里约热内卢,联合国又一次召开"环境与发展大会",世界各国政府首脑一起讨论环境与发展问题,通过了若干公约,使环境保护进入了一个新的发展阶段。时隔20年,全球的环境意识进一步增强,节能减排、循环经济、低碳发展模式已成为全球的共识,2012年联合国可持续发展大会里约峰会,是具有里程碑意义的地球首脑会议。20年后世界各国领导再次聚集在里约热内卢,就可持续发展达成新的政治承诺,很好地体现了绿色经济和可持续发展两个主题。

从1972年第一次人类环境会议至今已过去半个世纪,无论是发达国家还是发展中国家,全球环境保护意识普遍提升,困扰全球的臭氧层破坏得到初步恢复,酸雨发生的频率和范围明显减少,河流、湖泊、近海的水环境质量不断改善。与水、气环境相比,土壤环境保护工作仍然任重而道远,当前土壤污染、土壤侵蚀、生物多样性锐减等问题依然十分严峻,需要引起全社会的共同关注。

1.1.2 土壤环境问题

1. 土壤环境的概念

土壤是自然环境要素的重要组成部分之一。作为独立的历史自然体,土壤是指位于地球陆地、具有一定肥力、能够生长植物的疏松表层。它是农业生产的基础,是人类社会最基本、最重要和不可替代的自然资源。

土壤环境是指位于地球陆地表面的疏松土壤圈,它处于大气圈、水圈、岩石圈和生物圈的交接地带,既是陆生生态系统物能环境的枢纽,也是连接有机界和无机界的桥梁。从环境科学的角度看,土壤既是一种资源,又是环境系统的一个重要组成要素,它与大气、水体和生物都密不可分。土壤环境是环境系统中各种自然的、物理的、化学的以及生物过程、界面反应、物质与能量交换、迁移转化过程最为复杂、最为频繁的地带,也是环境变化信息较为敏感和丰富的子环境系统。土壤环境特殊的物质组成、结构与空间位置使其除了具有肥力特性和生产性能外,还具有另外一些重要属性,即土壤环境的缓冲、同化和净化性能,这些性能使土壤在稳定和保护人类生存环境中起着极为重要的作用。

2. 土壤环境问题

土壤环境问题主要包括土壤环境污染和土壤生态破坏两个方面。土壤环境污染主要是输入土壤环境的污染物的数量和速度超过了土壤环境对该物质的承载、容纳和自净能力使土壤原有功能性质发生变化。随着现代农业的发展,为提高单位面积产量而不断增加的化肥和农药的投入量,为缓解水资源紧缺而采用的污水灌溉,为提高土壤有机质含量而施用大量的畜禽粪便、污泥和生活垃圾等,这些过程和措施都使土壤环境中污染物质的累积量逐渐增加,最终导致土壤环境污染。由于土壤环境污染具有渐进性、隐蔽性、不可逆性和复杂性等特点,它不像大气和水环境污染那样易为人们直观地察觉其危害,土壤污染对生物和人体的影响通过食物链逐级积累方能显示,从而影响人类对土壤污染问题的认识程度,也增加了对土壤污染问题研究的难度。

土壤生态破坏是指自然和人为活动对土壤生态环境造成的影响和破坏,其中人类活动是主要原因。随着土壤资源面积和承载力的有限性与人口增加而不断增长的需求之间的矛盾日益增大,人类过度利用土壤,使土壤资源的压力增大,导致土壤的经济肥力不但不会提高,而且会增加对土壤自然肥力的掠夺式利用,土壤的生态平衡破坏、土壤微生物区系失调,也就是今天我们所关注的土壤健康问题,它使人们认识到土壤环境问题不能仅限于治理受污染的土壤,而且应当注意土壤生态系统的健康与保持。那么什么是土壤健康,学界有不同的观点,广义的健康可以被定义为"一个有机体正常或恰当地履行其重要功能的状态"。因此,土壤健康的核心概念是功能性,即土壤促进效用的能力,同时包含土壤的活力和可持续性或复原力。近年来,科技界对土壤健康问题开始广泛关注,并已成为环境土壤学领域研究的热点之一,虽然围绕健康土壤已有专著出版和不少论文发表,但实际上土壤健康只是一个比喻。虽然健康并不是一个严格定义的科学概念,但土壤健康这一比喻的积极意义在于,它能在更大程度上促进对土壤的尊重,洞察土壤的活力,引导我们更明智地培育那些维持土壤相关功能的属性,以更理智的方式管理土地以维持其多种功能。实际上土壤是一个支撑植物、动物和人类生存的重要生态系统,土壤健康即可以理解为其持续发挥这种功能的能力。

3. 土壤环境污染问题的特点

土壤环境的多介质、多界面、多组分、非均一且复杂多变的特征决定了土壤环境污染问题具有不同于水环境污染和大气环境污染的自身特点。

(1)隐蔽性与滞后性 水和大气环境遭受污染容易识别与发觉,而土壤环境污染靠肉眼或感官无法判定,需要对土壤样品进行分析化验和对所生长的粮食、蔬菜、水果等农产品的检测才能揭示出来,而且从开始污染到产生严重后果需要相当长的时间,也即土壤污染的发现存在一定的滞后性,有些污染物从开始累积到产生严重危害需要十多年的时间。

(2)累积性与地域性　进入土壤环境中的污染物不像进入大气和水环境的污染物那样容易扩散和稀释,这样在特定区域长期不断累积使土壤环境中污染可达到很高的浓度,从而使土壤污染具有很强的累积性和地域性。

(3)不可逆转性　水体和大气环境如果受到污染,切断污染源之后可以通过稀释和自然净化作用不断减轻污染并恢复到原来状态,但进入土壤中的各类污染物特别是重金属,污染的过程基本上是一个不可逆的过程,因此土壤污染治理与修复的难度也更大。

1.1.3　土壤环境的地位与生态功能

1.土壤环境是自然生态环境要素的中心环节

土壤被誉为地球的皮肤,土壤圈处在地球表面5个圈层的中心位置和枢纽环节,从图1-1可以清楚地看出土壤圈是地球表层环境系统的组成要素,既是该系统的支持者,又是它的产物。它支持和调节生物圈中生物过程,提供植物生长的必要条件;影响大气圈的化学组成、水分与热量平衡;影响水圈的化学组成及降水在陆地和水体的重新分配;土壤作为地球的皮肤,对岩石圈有一定的保护作用,而它的性质又受到岩石圈的影响。

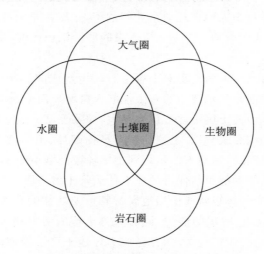

图 1-1　地表环境的五大圈层及其相互联系

土壤圈物质循环是土壤圈内各种元素的迁移与物质交换过程,其中包括:①土壤圈与生物圈的养分元素循环,主要表现为元素被植物吸收的生物迁移与交换;②土壤圈与岩石圈的物质循环,主要表现为以岩石为基础的成土过程中金属与非金属元素的迁移与物质循环;③土壤圈与水圈的物质循环,主要表现在水分运动及其对土壤圈元素的迁移作用以及土壤中化学元素的迁移对地表水、地下水的影响;④土壤圈与大气圈的物质循环,主要表现在大量气体及痕量气体的交换。

2.土壤环境对水、气环境质量的控制作用

最初人类对于水环境和大气环境比较重视,这是因为水、气环境的污染比较直观,严重时

通过人的感官即能发现。但人们往往忽视了土壤环境对水体和大气环境质量的制约作用以及污染物由土壤到植物通过食物链污染的危害。从某种意义上说,水环境的质量主要取决于土壤,因为土壤可控制水中有害物质的浓度,土壤与有害物质的反应包括:①土壤是一种含有固体和水的不均匀活性物质,这些固体具有独特的物理和化学性质,有一定的化学活性,从而影响水中有害物质浓度。②土壤是具有较大表面积的固体,可作为多种物理和化学反应的媒介,如水解、氧化、还原、键合残留及多种固定反应,水始终与土壤表面紧密接触,因而不难理解水、土环境质量之间的相互关系。③土壤含有大量的水,因而,在土壤中亦可发生许多水化学反应。多氯联苯(PCBs)等在土-水体系中往往在土壤颗粒表面吸附得十分牢固,但在油性溶剂中却难以吸附。④土壤含有大量的微生物,它们所具有的各种各样的酶可催化有机和无机分子的转化与降解。⑤土壤具有一定的孔隙,是许多挥发性有害物质的通路。⑥土壤体系中可能有多种反应同时出现,对许多有害物质来说,土壤是一个复杂的缓冲体系,它缓冲了水中许多有害物质的浓度。物理、化学和生物反应首先抑制了水中有害物质的浓度,但如果有害物质保持在土壤的交换位和有机质与矿物质的吸附位上,则有可能重新释放到水中。土壤承担着环境中大约 90%、来自各方面的污染物。要做好大气和水环境的保护工作,必须同时做好土壤环境的防治与研究。

有机化合物由土壤空气或土壤表面释放到大气中可能包括下列反应:吸附于土粒上的化学物质⇌土壤水中的化学物质⇌土壤空气(土壤孔隙中的空气)中的化学物质⇌大气中的化学物质。这些反应对于人体健康和环境保护有着十分重要的意义,温室气体目前已为人们所重视,特别对水田土壤甲烷(CH_4)排出和氧化亚氮 N_2O 的释放,而土壤性质影响温室气体的产生,制约着气体的扩散和挥发。

3. 土壤环境支撑农业发展和粮食安全

土壤既是生态环境的重要组成要素,又是农业生产最基本的生产资料,人类 95% 的食物直接和间接地产自土壤。因此,食物的可供性取决于土壤。只有健康的土壤才能生产出健康优质的食物。全球 97% 的粮食产自土壤,绝大多数林牧产品和部分燃料也主要依赖于土壤,可以说没有土壤就没有农业,一定数量和质量的土壤是农业得以持续发展的基础。土壤是植物生长的基地,植物生长发育所需要的基本条件包括光能、热量、空气、水分和养分,其中水分和养分是通过植物根系从土壤中吸收的,土壤在对植物生长提供机械支撑的同时,不断地供应和协调植物生长发育所需要的水、肥、气、热等肥力因素和土壤环境条件。实际上土壤以其肥力养育着陆地上的植物,通过植物又养育动物与微生物。正是土壤为绿色植物提供了吸收、固定和转化太阳辐射能为化学能的条件,从而为农业生态系统中物质和能量的转化与流动奠定了基础。

土壤是维系人类生存的物质基础,水体环境污染、生态破坏、粮食危机等问题最终大都集中在对土壤环境的侵害上。我国目前的土壤环境承载力,已经大大超过其合理的人口承载量,土壤环境面临着更大的压力。土壤一旦受到污染,不仅很难得到恢复,而且很有可能造成食物链的污染,从而危害人体健康,如汞、镉等通过这种途径致害的事例颇多。“八大公害事件”中的“骨痛病事件”就是由于土壤受到重金属镉污染,生产出含镉大米,通过食物链进入人体后造成数百人死亡的典型事件,在我国也有局部区域因土壤受到镉污染而产出镉大米的报道,可以说保障百姓吃得放心、住得安心是环境土壤研究义不容辞的重要任务。

1.2　环境土壤学的形成与发展

1.2.1　环境土壤学的形成背景

环境科学是伴随着全球日益严重的环境污染问题的出现而形成与发展起来的,学科发展之快超过以往任何学科门类。环境土壤学既是环境科学的重要组成部分,也是土壤科学的重要分支。作为一门新兴的综合性交叉学科,其形成的背景是基于工业革命之后,特别是进入20世纪五六十年代,陆续发生了世界闻名的"八大公害事件",其中三件公害事件与土壤污染有关。由土壤环境污染带来的一系列科学与技术问题,单靠传统土壤学无法解决,在这种背景下,环境土壤学作为一个新的学科应运而生。实际上纵观科学发展历史,任何一门新学科的诞生都是现实需求推动的结果。环境土壤学是土壤环境问题出现后在土壤学和环境科学中发展起来的一门综合性交叉学科,它源于土壤环境保护理论探索与工程实践工作的不断研究和总结。

1.2.2　环境土壤学的发展历程

环境土壤学的主要任务是研究由人类活动引起的土壤环境质量变化,以及由此对农业生产、生态环境、人体健康等产生的影响,并探索调节、控制与改善土壤环境质量的优化途径、有效防治技术与治理方法。

我国环境土壤学的发展虽然至今只有几十年的历史,但经历了认识—实践—提高的过程,按时间顺序大体可划分为以下4个发展阶段。

1. 萌芽阶段(20世纪50年代至60年代末)

这个时期主要引用传统土壤学的研究方法对出现的土壤环境问题寻求解决办法,如城市污水的农田灌溉、工业废渣的农业利用(研制钢渣磷肥、施用粉煤灰)、土壤污染物分析测试方法探索及局部土壤污染的治理、土壤生态保护等。

2. 起步阶段(20世纪70年代至80年代末)

进入20世纪70年代,环境土壤研究内容日趋丰富,从土壤环境背景值研究起步,分析元素由最初的几种主要有毒重金属元素,扩展到60多种化学元素,研究区域从若干重点城市,到主要农业区,"七五"期间扩展到除台湾以外的全国30个省(自治区、直辖市),并注意了土壤环境背景获取和实际应用相结合,同时开展对主要土壤的环境容量、污染承载负荷、污水土地处理系统、土壤环境质量评价、土壤环境质量演变机制、各种污染物在土壤中的迁移转化行为与危害、控制土壤污染的工程技术与方法、土壤生态建设等方面的研究。

3. 快速发展阶段(1990—2000年)

这一阶段环境土壤学领域研究的深度与广度都有了较大的扩展,以土壤重金属污染研究为例,宏观上扩展到大范围、洲际的分布、迁移规律和动态变化,微观上研究重金属等污染物对生物的毒害机理,从个体水平、组织水平、细胞水平发展到分子水平。在继续研究污染物在土壤——植物系统迁移转化和累积规律的同时,开始关注污染物累积所引起土壤环境质量的变化,以及这一变化对生态系统结构、功能和人体健康的影响,多种元素多种污染物的交互作用和复合污染开始涉及,到 1995 年国家土壤环境质量标准正式颁布,土壤环境与温室气体(CH₄)排放关系研究取得进展,在污染物迁移转化方面开始重视土壤胶体的影响和作用,包括:①对土壤背景值的影响;②对土壤负载容量的影响;③对酸雨危害的影响;④对污染物化学行为的影响等。这一阶段高校的农业环境保护专业和环境科学专业开始开设“环境土壤学”课程,各级各类服务于土壤污染问题解决的科研项目在增多。原西南农业大学(现西南大学)的牟树森、青长乐主编的《环境土壤学》教材于 1993 年由农业出版社出版。

4. 日趋完善阶段(2000 年以后)

进入 21 世纪,伴随着土壤环境污染问题的不断加剧,从学术界到政府再到社会公众,都提升了对土壤环境问题重要性的认识,环境土壤领域的科学研究空前繁荣,主要表现在一方面环境土壤学科研项目资助强度和数量显著增大,科技部的“973”计划和“863”计划都有土壤质量演变与污染土壤修复的项目,国家自然科学基金委在地学部专门增设了土壤环境研究领域;另一方面从事环境土壤学研究的队伍迅速壮大,不仅传统的农业科学院和中国科学院相关研究所研究队伍不断扩大,许多综合性大学、工科院校、师范院校及省级农业科学院系统也有许多学者涉足环境土壤学相关研究领域,中国土壤学会学术年会有关环境土壤学研究报告和论文是最多的。土壤环境专业委员会的年度学术会议也由 20 世纪末的 40～50 人增至上千人。连续召开的土壤修复大会每届报名人数超过 2000 人。从政府层面看,进入 21 世纪土壤污染问题开始引起国家的高度重视,土壤环境保护继大气和水污染防治之后开始摆上重要议事日程,原国家环保总局升格为环保部并在生态司专门设立土壤处,环保部牵头的全国土壤污染调查工作于 2006 年启动,采样点数量 4 万多个,分析指标包括重金属和有机污染物 60 多个。2014年 4 月 17 日环保部与国土资源部联合发布的《全国土壤污染状况调查公报》显示:全国土壤环境状况总体不容乐观,部分地区土壤污染较重,耕地土壤环境质量堪忧,工矿业废弃地土壤环境问题突出。工矿业、农业等人为活动以及土壤环境背景值高是造成土壤污染或超标的主要原因。全国土壤总的超标率为 16.1%,其中轻微、轻度、中度和重度污染点位比例分别为11.2%、2.3%、1.5% 和 1.1%。污染类型以无机型为主,有机型次之,复合型污染比重较小,无机污染物超标点位数占全部超标点位的 82.8%。2016 年国务院印发《土壤污染防治行动计划》(简称土十条),2017 年中华人民共和国生态环境部在原生态司土壤处的基础上成立了土壤生态环境司,负责全国土壤、地下水等污染防治和生态保护的监督管理。2019 年 1 月 1 日史上第一部《中华人民共和国土壤污染防治法》正式实施,标志着我国土壤环境保护工作进入全新的法治化时代。从课程设置与人才培养的层面看,开设环境土壤学课程的专业和学校不断增加,专业涉及环境科学、环境工程、农业资源与环境、生态学、资源环境与城乡规划、生态工程、地理学、水土保持等专业,学校类型包括农林院校、综合性大学、工科院校和师范类院校。此外,有关环境土壤学的专著每年都有两三部正式出版,选题内容涉及环境土壤学的博士、硕士学位论文的数量大幅度增加,国际学术期刊发表与环境土壤学研究领域相关的论文数量也快速提升,其中美国和中国发表数量占全球总数的一半以上。

1.2.3　环境土壤学与其他学科的关系

环境土壤学是研究土壤环境质量变化规律、影响因素及修复与调控的一门学科。虽然环境土壤学研究对象是土壤这个环境要素,但由于土壤处在地球五大圈层的中心地带和枢纽环节,这就决定了环境土壤学与其他学科有很大的关联。这其中密切关联的学科包括土壤科学中的土壤地理学、土壤化学、土壤物理学和土壤微生物学等;生态学中的环境生态学、污染生态学、农田生态学等;环境科学体系中的环境生物学、环境毒理学、环境化学、环境地学等。总之环境土壤学是一门综合性极强的交叉的界面科学,其理论基础来源于近现代土壤学、环境科学、生态学、生物地球化学、生物学和化学等学科。

1.3　环境土壤学研究内容与方法

1.3.1　主要研究内容

环境土壤学主要研究自然因素或人为条件下引起的土壤环境质量变化,以及这种变化对土壤—植物—动物—环境—人类这一系统现实的或潜在的影响与对策,具体包括:

(1)从环境科学角度研究土壤环境的物质组成、结构功能以及土壤环境中的物理、化学和生物过程及生态功能。

(2)土壤环境质量的现状及其演变。对土壤环境现状的分析研究十分重要,因为这是检验过去与预测未来土壤环境质量演化的基础,它包括土壤、植物的元素背景值、有机化合物种类与含量、动物区系、微生物种群及活性等,在原始资料大量积累的基础上建立土壤环境信息数据库,以保证研究资料的系统性、完整性、准确性和可比性。

(3)污染物质在土壤—植物—动物(微生物)—人类系统中的转运行为,它包括化学物质在该系统中的迁移、转化、毒性、归宿及其影响因素的研究。土壤是重要的环境舱,与低负载容量者相比,高负载容量的土壤能够容纳更多的某一特定的污染物。土壤中毒害物质的生物有效性依赖于它们在环境中的反应行为和归宿。控制土壤中化学物质归宿的过程包括静电作用、吸附、解吸、沉淀、溶解、氧化、还原、络合、催化、水解、异构化、光化学反应和生物过程等,研究这些过程及其影响因素有助于加深对土壤环境(负载)容量研究这一系统工程的理解。在研究中应重视土壤黏粒矿物的表面效应,土壤组分和性质与污染物迁移、转化、危害的关系,有机污染物的化学结构与土壤中降解的关系,污染物之间的交互作用、反应动力学等。在综合研究的基础上确立土壤环境质量的指标体系和迁移、转化的数学模型。

(4)土壤环境与人体健康。主要研究污染物通过食物链对人体健康的不利影响:土壤地球化学背景异常与地方病的关系,研究与人类和动物健康有关的疾病和营养问题的土壤因素,这些因素与土壤地球化学和矿物学有关。土壤中许多微量元素含量丰缺与动物营养、人类的健康密切相关。

(5)人类活动对土壤环境的污染破坏、对策与修复。研究土壤与温室效应和全球变化的关系、经济开发与土壤环境的演变、工矿开发和重大工程建设对土壤环境质量的影响、土壤污染对持续农业的潜在冲击和对农产品质量及安全性的影响、土壤环境质量监测、废水和固体废物的土地处理、污染场地修复与风险管控等,通过这些研究提出防控与修复措施。

1.3.2　常用研究方法

许多学科的发展都依赖于先进的研究方法和技术手段,由于土壤环境是一个固、液、气三相并存且十分复杂的体系,所以环境土壤学的发展也同样离不开研究方法的不断完善与创新。环境土壤学发源于土壤学,因此传统土壤学的研究方法也广泛应用于环境土壤学,限于篇幅本节关于研究方法的介绍较为简练,更多细节请参阅相关专门章节或专著。

1.土壤样品的采集与制备

环境土壤学研究对象就是土壤,因此环境土壤样品的采集和制备就是环境土壤学研究最基础、最常用的方法。因为采集有代表性的样品是测定结果能如实反映土壤环境状况的先决条件,大量实践已经证明采样误差要比室内分析测定误差大得多。一般的土壤样品的采集与制备可以分为三个步骤,即制定采样方案、样品采集与处理、采样质量控制。

(1)采样方案制定　需要明确采样目的,了解采样工作区的基本情况、采样方案初步制定和修订。实际工作中要针对土壤具有不均性的特点,科学确定采样密度,根据地块形状和关注的问题采用不同的布点方法包括随机布点法、网格布点法、梅花布点法、棋盘布点法、蛇形布点法等。其外针对农用地和建设用地布点采样已经制定的相关技术规范和导则在相关工作中需要遵循。

(2)样品采集与处理　一般需要做好采样前的组织准备、技术准备和物资准备,到野外需要进行采样点位的确定和验证,记录好采样点位的基础信息,明确采样的深度,如果测定重金属元素需要用竹铲竹签,采样数量根据分析项目多少来定,一般以 $1\sim1.5$ kg 为宜,从野外采回的土壤样品需要进行登记编号,然后进行风干、磨细、过筛、混匀装瓶备分析测试用,测定挥发性或半挥发性有机污染物的土壤样品不需要风干,需按照相关规范执行。

(3)采样质量控制　过去人们更多关注分析测试环节的质量控制,其实在土壤样品采集环节的质量控制同等重要,因为采样环节带来的误差一般是最大的。最基本的质量控制措施包括:①采样前进行详细的现场勘察,收集采样区土壤类型、土壤肥力、地形地貌、种植制度等基础信息;②保证足够多的采样点位;③必要时加采质量控制的平行样品或双份样品,总之就是要树立采样全过程质量控制的理念。

2.土壤无机污染物的分析测定

常见的无机污染物以矿质元素和重金属元素为代表,这些元素目前都已制定了相应的国家标准或者行业标准分析测定方法,严格按照标准方法执行即可。常见的方法包括原子吸收分光光度计法(AAS)、原子发射光谱法(AES)、原子荧光广谱法(AFS)、电感耦合等离子体原子发射光谱法(ICP-AES)、电感耦合等离子体质谱法(ICP-MS)。

3.土壤有机污染物的分析测定

有机污染物的种类和数量特别多,其分析流程一般包括目标有机污染物的提取、净化、浓缩和分析测定。其中土壤有机污染物提取方法有振荡提取法,索氏提取法和超声萃取法,近年来超临界流体萃取法开始应用。由于土壤基质成分复杂,为减轻基质的干扰一般在上机前需要净化,常用的净化技术包括液-液分配净化技术,固相萃取净化技术、凝胶渗透色谱净化技术。当前关注比较多的有机污染物包括多氯联苯、多环芳烃、酞酸酯、抗生素及挥发性有机污染物。

4.室内盆栽模拟试验方法

盆栽试验是环境土壤学研究中常用的室内模拟试验方法,从试验基质看可以是水培、沙培和土培,因试验阶段和试验目的不同进行选择,因其试验的条件可控,经常在探索性试验和预试验时采用。试验步骤包括盆钵准备、取土装盆、确定供试验作物品种、试验处理及重复设计、试验日常管理与收获、生物量测定、样品采集与分析等环节,需要注意一般重复不能少于 3 次,为便于分析相关问题一般都要设置对照(CK)。

5. 野外田间验证试验方法

在室内盆栽模拟试验已得到初步的结果,为进一步验证在野外田间条件下是否仍然具有同样的效果和结论而在田间尺度开展的试验。田间试验具有放大和验证双重作用,一般需要进行试验点地块选择、小区面积的划定、作物品种确定、施肥与播种、田间日常管理、根据作物的生育期进行田间观测记录、收获与测产、样品采集与目标污染物的分析测定、撰写田间试验报告。

6. 数学建模与模型率定方法

随着信息技术的飞速发展,环境土壤学研究应用数学建模的方法来解决大尺度、大数据以及土壤"黑箱"等复杂问题已成为学科发展的趋势和主流。就模型类型而言,包括经验模型、概念模型、机理模型、几何空间模型等;就模型应用的研究领域而言,包括土壤环境质量与污染现状评价、风险评价、预测预警、空间变异、时空演变、安全阈值等方面。需要特别强调的是,模型的建立需要大量的历史监测数据,模型也需要通过实际测得数据来率定和验证。相信随着科技不断进步,未来智能算法、机器学习等工具和手段在环境土壤学研究领域的应用将会越来越多。

1.4 环境土壤学研究热点与展望

土壤环境问题是未来土壤科学和环境科学研究的重要领域,在 21 世纪世界土壤学的研究前沿在很大程度上偏重于土壤环境质量演变与保护。任何一门学科在不同的历史阶段,研究和关注的热点是不尽相同的,对于环境土壤学也不例外,这里表述研究热点的时间尺度也是基于最近 10 年。

1.4.1 当前研究热点

(1)土壤环境保护在整个陆地生态系统中的作用与地位。

(2)污染物从土壤向地表、地下水的迁移规律及影响因素。

(3)表征土壤健康评价指标体系的构建与评价方法的完善。

(4)受污染耕地土壤安全利用的新型钝化材料如生物炭和改良产品的研发和应用。

(5)基于重金属有效态和高地质背景的区域土壤环境质量标准的研究与制定。

(6)污染场地土壤低碳绿色修复与风险管控技术研发与工程化、产业化应用。

(7)土壤微生物区系对长期污染胁迫的响应以及群落演替的规律。

(8)污染物特别是抗生素、微塑料等新污染物在土壤—植物—动物—人类食物链的传递与对健康的危害机理。

(9)土壤碳、氮循环与温室气体排放以及土壤固碳增汇的基础理论与应用技术研究。

(10)应用机器学习智能算法等方法,预测区域农产品污染风险,研究重金属等污染物从土壤到作物转移的规律和主要控制因子。

1.4.2　未来研究展望

自然科学类学科发展的规律都表现为既高度分化(越分越细)又高度融合(相互交叉),因此,随着经济社会的发展和科技的不断进步,一方面其他相关学科的快速发展会影响和推动环境土壤学的发展;另一方面环境土壤学的发展也必然会打上时代的烙印。展望未来,环境土壤学将呈以下三个方面发展趋势。

(1)污染土壤修复生态化　在传统物理修复、化学修复、生物修复的基础上贯穿顺应自然、尊重自然理念的生态修复技术将得到广泛的重视和应用。

(2)研究方法手段信息化　如应用现代计算机信息技术、智能算法、3S(GIS、RS、GPS)技术、机器学习技术方法对土壤环境质量进行动态监测预警,越来越多的数学模型将应用于环境土壤学的模拟研究。

(3)研究尺度多样化　表现为宏观尺度更大,由地块到局部、流域、区域、国家、洲际和全球;微观尺度更加微观,从土体,到土粒、土壤微生物、细胞及分子水平。

思考题

1.简述环境土壤学的定义和发展历程。

2.试论土壤环境在整个陆生生态系统中的地位与作用。

3.简述环境土壤学主要的研究内容与前沿热点。

4.展望未来环境土壤学研究的主要发展趋势。

第2章 土壤组成和性质

  土壤是一种复杂的自然体,由固体、液体和气体三相物质组成。这三相物质紧密交织,形成了土壤的疏松多孔的形貌特征。土壤的固相部分包括土壤矿物质和有机物质,土壤三相物质的组成和变化不仅影响土壤的物理化学性质,还对土壤的生态功能产生深远影响。固相、液相和气相之间的交互作用影响土壤内部的物质转化,如养分的释放和吸附,有机物质的分解等。这些过程直接影响了土壤的功能,包括土壤作为生态系统中养分库的能力、水分的保持和净化能力等。本章主要介绍土壤矿物质、有机质、水分、空气、质地、生物、酸碱性氧化还原性质及其功能。

2.1 土壤矿物质

  土壤矿物质是构成土壤"骨架"的主要成分,通常占据土壤固体部分的 $95\%\sim98\%$。它们的组成、结构和性质对土壤产生广泛影响,涵盖了物理、化学和微生物学等多个方面。土壤矿物质构成了土壤的核心,类似于骨架在人体中的作用。在土壤固体部分中,它们占据绝大多数的比重,为土壤提供了结构和稳定性。土壤矿物质的排列和结构对土壤的物理性质产生深远影响。这涵盖了土壤的结构、通透性、水分特性、热传导以及力学性质等方面。通过理解土壤矿物质的组成和性质,可以更好地把握土壤的特点,从而合理利用土壤资源,科学保护土壤环境,促进农业生产的可持续发展。

2.1.1 土壤矿物质的元素组成和矿物组成

  土壤中的矿物质是自然生成于地壳中的物质,具有特定的化学成分、物理性质和内部结构,是构成岩石的基本单位之一。矿物质种类繁多,地球上已发现的矿物种类超过 3300 种。

1. 土壤矿物质的元素组成

  土壤中的矿物质主要来自地壳中岩石的变化。因此,探讨土壤矿物的化学成分需要了解地壳的组成。土壤中的矿物质元素组成复杂,虽然元素周期表中几乎包括了所有元素,但主要集中在 20 多种元素上。这些元素包括氧、硅、铝、铁、钙、镁、钛、钾、钠、磷、硫以及微量元素(如锰、锌、铜、钼等)。表 2-1 列举了 1950 年和 1962 年维诺格拉多夫估算的地壳和土壤的平均化学成分。从该表可以得出以下结论:①氧和硅是地壳中含量最高的两种元素,分别占地壳重量的 47% 和 29%,合计占地壳重量的 76.0%。其次是铁、铝。因此,在构成地壳的化合物中,主要是含氧化合物,其中以硅酸盐最为常见。②地壳中植物生长所需的营养元素含量很低,如磷、硫含量均不到 0.1%,氮只有 0.01%,且其分布极不均衡。③土壤矿物质的化学成分,一方面保留了地壳化学的特点;另一方面在成土过程中,某些化学元素得到增加,如氧、硅、碳、氮等,而有些则明显减少,如钙、镁、钾、钠。这反映了成土过程中元素的分散、富集特性以及生物作用所致的积聚。

表 2-1　地壳和土壤的平均化学组成(质量百分比)　　　　　　%

元素	地壳	土壤	元素	地壳	土壤
O	47.0	49.0	Mn	0.1	0.085
Si	29.0	33.0	P	0.093	0.08
Al	8.05	7.13	S	0.09	0.085
Fe	4.65	3.8	C	0.023	2.0
Ca	2.96	1.37	N	0.01	0.1
Na	2.50	1.67	Cu	0.01	0.002
K	2.50	1.36	Zn	0.005	0.005
Mg	1.37	0.6	Co	0.003	0.0008
Ti	0.45	0.40	B	0.003	0.001
H	0.15	—	Mo	0.003	0.0003

2. 土壤矿物质的矿物组成

根据矿物的来源,土壤矿物可以分为原生矿物和次生矿物。

(1)原生矿物　土壤中的原生矿物是指在物理风化过程中未改变其化学组成和结晶结构的原始成岩矿物。这些矿物主要分布在土壤的粉粒和沙粒中,具有以下特征:

①成分特点。在原生矿物中,硅酸盐和铝硅酸盐是最主要的成分。石英、长石、云母、辉石、角闪石以及橄榄石等是常见的原生矿物。

②稳定性影响。土壤中的原生矿物的类型和数量在很大程度上受矿物的稳定性影响。稳定性较高的矿物具有强大的抗风化能力,因此在土壤中的含量较高。例如,石英的稳定性和抗风化性较强,在土壤粗颗粒中含量相对较高。

③养分供应。原生矿物是植物养分的重要来源。它们含有丰富的常量元素(如 Ca、Mg、K、Na、P、S)和多种微量元素。通过风化作用,这些元素释放出来,为植物和微生物提供必要的营养。

(2)次生矿物　土壤中的次生矿物是由原生矿物分解转化而来,主要存在于土壤的黏粒中。主要包括结晶层状硅酸盐黏土矿物,以及氧化铁、氧化铝、氧化硅等氧化物和水化氧化物。次生矿物的特点如下:

①多样性。次生矿物包括各种盐类(如碳酸盐、硫酸盐、氯化物)、氧化物类(如含水的氧化铁、氧化铝、氧化硅)、次生层状铝硅酸盐(如高岭石、蒙脱石和水化云母)等。

②分布形态。次生矿物以黏粒形式存在于土壤中,具有胶体性质,影响土壤的保肥性、供肥性、缓冲性和耕性等理化性质。

2.1.2　黏土矿物

黏土矿物(clay mineral)是土壤中重要的组成部分,其类型和特征综合地反映了土壤的风化和成土条件,因此,研究和确定黏土矿物的种类、数量和特征具有重要的意义。

1. 层状铝硅酸盐黏土矿物

层状铝硅酸盐黏土矿物是指一类在其结构组成中同时含有铝和硅的黏土矿物,其特点主要体现在其薄层状的结晶构造。

(1)构造特征 层状硅酸盐黏土矿物的晶格结构具有独特的构造特征。其基本的晶格结构单位是硅氧四面体和铝氧八面体。

硅氧四面体:这是由一个硅离子(Si^{4+})和四个氧离子(O_2^-)构成的结构单元,通常称为硅片。硅氧四面体在晶格中的排列呈六角形。

铝氧八面体:铝氧八面体由一个铝离子(Al_3^+)和六个氧离子(O_2^-)构成,有时也可以是氢氧离子。这个结构单元形成了另一个六角形。

这些硅片和铝片的结构排列不同,构成了不同类型的晶层。每个晶层都由不等数量的硅片和铝片组成,构成了硅氧四面体和铝氧八面体的层状结构。这些层状结构中,硅氧四面体和铝氧八面体以不同的方式堆叠在一起,形成了不同的晶体结构。

在晶格中,硅片和铝片都带有负电荷,因此需要通过化合作用来形成稳定的化合物。不同比例的硅片和铝片的配合,形成了不同类型的晶层,如1∶1型、2∶1型和2∶1∶1型晶层。

1∶1型单位晶层由一个硅片和一个铝片构成。

2∶1型单位晶层由两个硅片夹一个铝片构成。

2∶1∶1型单位晶层由两个硅片、一个铝片和一个镁片(或铝片)构成。

(2)同晶替代作用 层状铝硅酸盐黏土矿物具有吸附作用,这是因为它们表现出同晶替代作用。同晶替代作用指的是层状铝硅酸盐黏土矿物的中心离子(Si^{4+} 或 Al^{3+})被具有相同电性和相近大小的其他金属离子所替代,而晶格结构保持不变。这种替代发生时,被替代和替代的离子的电性相同,大小相近,电价可以相同或不同。替代后的晶体结构不发生改变。通常中心离子(Si^{4+} 或 Al^{3+})会被电性较低的离子所代替。例如,Si^{4+} 会被 Al^{3+}、Fe^{3+} 等替代;Al^{3+} 则会被 Mg^{2+} 代替。这种替代使得黏土矿物带有负电荷,表现出吸附阳离子的特性。

同晶替代作用的效果:同晶替代作用导致土壤产生永久电荷,这些电荷的数量和性质不受介质或交换反应的影响。这使得土壤能够吸附土壤溶液中带有相反电荷的离子。被吸附的离子通过静电引力被束缚在黏土矿物表面,防止其随水流失,从而减弱养分离子向周围环境的移动。

(3)层状铝硅酸盐黏土矿物的种类和特性 土壤中存在多种层状硅酸盐黏土矿物,可以分为四个主要类组:高岭组、蒙蛭组、水化云母组和绿泥石组。表 2-2 列举了层状铝硅酸盐黏土矿物种类及性质。这些黏土矿物的特性如下:

①高岭组黏土矿物。主要分布于南方热带和亚热带土壤。由于土壤胶体特性较弱,再加上高温多湿的气候条件,土壤养分容易随水流失,对周围水体环境的影响较大。

②蒙蛭组黏土矿物。主要分布于东北、华北和西北地区的土壤。土壤胶体特性较为突出,北方气候降水相对较少,土壤养分不容易随水流失,对周围水体环境的影响相对较低。

③水化云母组黏土矿物。特性介于高岭组和蒙蛭组之间。

绿泥石组黏土矿物:同样特性介于高岭组和蒙蛭组之间。

表 2-2　层状铝硅酸盐黏土矿物种类及性质

种类	代表矿物	性质
高岭组 （1∶1型）	高岭石、珍珠陶土、地开石及埃洛石等	非膨胀性；电荷数量少，阳离子交换量只有 3～15 cmol（＋）/kg；胶体特性较弱，如可塑性、黏结性、黏着性和吸湿性都较弱；颗粒较粗，有效直径为 0.2～2 μm
蒙蛭组 （2∶1型）	蒙脱石、绿脱石、拜来石、蛭石等	胀缩性大；同晶替代现象普遍，电荷数量大，阳离子交换量可高达 80～150 cmol（＋）/kg；胶体特性突出，可塑性、黏结性、黏着性和吸湿性都特别显著；颗粒细微，如蒙脱石有效直径为 0.01～1 mm
水化云母组 （2∶1型）	伊利石	非膨胀性；同晶替代现象较普遍，电荷数量较大，阳离子交换量为 20～40 cmol（＋）/kg；胶体特性一般，可塑性、黏结性、黏着性和吸湿性都介于高岭石和蒙脱石之间；颗粒大小介于高岭石和蒙脱石之间
绿泥石组 （2∶1∶1型）	绿泥石	同晶替代现象较普遍，阳离子交换量为 10～40 cmol（＋）/kg；可塑性、黏结性、黏着性和吸湿性居中；颗粒较小

2.非硅酸盐黏土矿物（氧化物类黏土矿物）

在土壤中，存在一类氧化物矿物，包括铁、锰、铝和硅的氧化物及其水合物，还有水铝英石。这些矿物的结构相对简单，有时以晶体状态存在，有时呈现非晶质状态。

与层状铝硅酸盐黏土矿物不同，这些氧化物矿物的电荷不是通过同晶替代作用产生的。相反，它们的电荷来自质子化过程，即接受或释放质子，并且与表面羟基 H^+ 的离解有关。这些氧化物矿物可以带有负电荷或正电荷，取决于土壤溶液中 H^+ 浓度的高低。

这类黏土矿物通常会在土粒表面形成胶膜，从而影响土壤的结构。尽管这种胶膜增强了土壤的坚韧性，但其吸附能力较弱，阳离子交换量相对较小。这与高岭组黏土矿物有些相似之处，它们在一定程度上也会影响土壤中的养分流失以及环境状况。

2.2　土壤有机质

土壤中的有机质，即所有含碳的有机物质，涵盖了动植物残体、微生物体以及其产物等多种成分。这些有机质与土壤的无机成分（矿物质）一同构成了土壤的固相部分。尽管在土壤固相中所占比重只有大约 5%，但它对于土壤的多个方面，如形成过程、肥力维持、环境保护以及农业可持续发展，具有非常重要的影响和意义。

土壤有机质富含植物生长所需的各种营养元素，是植物生长的主要营养来源之一。同时，它也为土壤中的微生物提供了能量和营养物质，对土壤的物理、化学和生物学特性产生深远的影响。

在环境保护方面，土壤有机质发挥着重要作用。它能够影响重金属、农药等有机和无机污染物在土壤中的行为，有助于缓冲和调节土壤污染影响。此外，土壤有机质在全球碳平衡中扮演关键角色，被认为是影响全球温室效应的重要因素之一。通过深入了解土壤有机质的作用与意义，可以更好地认识它对土壤和环境的影响，以及其对农业的可持续发展所起到的重要作用。

2.2.1　土壤有机质的来源、含量及其组成

1. 土壤有机质的来源

土壤中的有机质来源多种多样,其起源可追溯至原始土壤时期。最初微生物是最早的有机体。随着生物进化和土壤发育,动植物残体及其分泌物逐渐成为土壤有机质的主要来源。

在自然环境中,地表的植被残留物和根系是土壤有机质的主要来源。例如,树木、灌木丛、草本植物等每年向土壤提供大量有机残留物。

而在农业土壤中,土壤有机质的来源更加广泛,包括以下几种:

①作物残体。包括作物的根系、茎秆,以及归还土壤的秸秆。同时,被用作翻压绿肥的植物残留物也贡献了有机质。

②有机废弃物。人畜的粪便和尿液,以及工农副产品的废弃物,如酒糟、造纸废液等。

③城市废弃物。城市的生活垃圾和污水也是土壤有机质的一部分来源。

④生物遗体及分泌物。土壤中的微生物、动物遗体和分泌物,如蚯蚓、昆虫等。

⑤有机肥料。人工施用的各种有机肥料,如堆肥、腐殖酸肥料、污泥以及混合肥料等。

这些丰富的来源共同贡献了土壤中的有机质。这不仅有助于保持土壤肥力,还对土壤的物理、化学特性以及生态系统功能产生着深远影响。

2. 土壤有机质的含量与组成

土壤中的有机质含量具有显著差异,这主要受土壤类型的影响。一些土壤可以具有高含量,每千克土壤中的有机质含量甚至超过 200 g,甚至更高(例如泥炭土、沼泽土以及某些森林土壤)。然而,其他土壤的有机质含量较低,每千克土壤中的含量可能仅为 10 g 或更低(如荒漠土和风沙土等)。土壤学上将每千克土壤中含有 200 g 以上有机质的土壤称为有机质土壤,典型的例子是泥炭土。相反,含有 200 g 以下有机质的土壤被称为矿质土壤。大多数耕作土壤通常属于矿质土壤,其表层有机质含量通常不超过每千克土壤 50 g。比如,在华北地区和西北地区,土壤的有机质含量通常小于每千克土壤 10 g;而在东北地区,这一值较高,在 30～50 g 之间。

全球范围内,土壤 0～100 cm 和 0～15 cm 深度的土层中有机碳的含量分布多样,见表 2-3。这里需要注意的是,有机质中的碳约占其质量的 58%(考虑到有机质的碳含量),因此土壤有机质含量大致相当于有机碳含量的 1.724 倍。不同土壤的有机质含量受多种因素的影响,其中包括气候、植被、地形、土壤类型以及耕作措施等。

表 2-3　全球土壤 0～100 cm 和 0～15 cm 土层中有机碳的含量

土纲	面积/ $(10^3 \ km^2)$	0～100 cm 土层中有机碳			0～15 cm 土层中有机碳	
		含量 /(mg/hm²)	总量 /$(10^{15} \ g)$	占全球 百分比/%	范围 /(g/kg)	代表值 /(g/kg)
新成土	14921	99	148	9	0.6～60	—
始成土	21580	163	352	22	0.6～60	—
有机土	1745	2045	357	23	120～570	470
暗色土	2552	306	78	5	12～100	60

续表 2-3

土纲	面积/ /(10^3 km²)	0～100 cm 土层中有机碳			0～15 cm 土层中有机碳	
		含量 /(mg/hm²)	总量 /(10^{15} g)	占全球 百分比/%	范围 /(g/kg)	代表值 /(g/kg)
变性土	3287	58	19	1	5～18	9
旱成土	31743	35	110	7	1～10	6
软土	5480	131	73	5	9～40	24
灰化土	4878	146	71	5	15～50	20
淋溶土	18283	69	127	8	5～38	14
老成土	11330	93	105	7	9～33	14
氧化土	11772	101	119	8	9～30	20
其他	7644	24	18	1	—	—
总计	135215		1576	100		

引自黄昌勇等，2010。

土壤中的有机质不仅在元素组成上有所不同，而且由多种化合物构成。其主要元素包括碳（C）、氢（H）、氧（O）和氮（N），分别占有机质的 52%～58%、3.3%～4.8%、34%～39% 和 3.7%～4.1%。此外，磷（P）和硫（S）也是其中的成分。碳和氮的比例在 10%～12%。

土壤有机质的化合物组成复杂多样，主要有类木质素、蛋白质等，其次包括半纤维素、纤维素、醛、醇、酮、树脂、蜡质、单宁和脂肪等物质。

土壤腐殖质是指不包括未分解和部分分解的动植物残体以及微生物体的有机物质的总和。它可以分为腐殖物质和非腐殖物质两部分，其中腐殖物质占有机质的大部分。非腐殖物质则是相对简单、易于被微生物降解的物质，如糖类、有机酸、含氮的氨基酸和氨基糖等。这些非腐殖物质占有机质的一小部分，其中碳水化合物在维持土壤团聚体稳定性方面发挥着重要作用。

腐殖物质是土壤有机质的核心组成部分，是通过微生物作用形成的，由酚类和醌类物质聚合而成。它具有芳香环状结构、含氮化合物、碳水化合物等复杂组分，呈现出稳定性，为土壤提供暗棕色的胶体状态高分子化合物，通常占土壤有机质的 60%～80%。

2.2.2 土壤有机质的分解与转化

1. 土壤有机质的矿质化

1）土壤有机质的矿化过程

土壤中的有机化合物在微生物和酶的作用下会发生分解，最终生成二氧化碳（CO_2）、水（H_2O）和矿物养分（如磷、硫、钾、钙、镁等），同时释放出能量。这一过程为植物和土壤微生物提供了必要的养分和能量，直接或间接地影响着土壤的性质，并为腐殖质的形成提供了基础。土壤有机质的矿化过程主要涉及化学转化、活动生物转化和微生物转化三个过程。

（1）土壤有机质的化学转化过程　土壤有机质的化学转化过程的含义是广义的，实际上包括生物学及物理化学的变化。

水的淋溶作用：降水会将土壤中可溶性的有机物质冲刷出来。这些物质包括简单的糖、有机酸和盐类、氨基酸、蛋白质以及无机盐等。淋溶作用的强度取决于气候条件，通常占有机物质的 5%～10%。被冲刷出的物质有助于微生物生长,加速了残留有机物质的分解。

　　酶的作用:土壤中的酶源自多个渠道,包括植物根系分泌的酶、微生物产生的酶以及土壤动物释放的酶。已经鉴定出 50～60 种不同的酶,包括氧化还原酶、转化酶和水解酶等。酶作为催化剂,推动了有机物质的分解过程。

　　(2)土壤有机质的活动物转化过程　从原生动物到脊椎动物,许多生物依赖于植物及其残余物为食。在森林土壤中,存在大量多样的动物,例如在温带针叶和阔叶混交林中,每公顷土壤中蚯蚓的数量可达 258 万条,这些活动生物在有机质的分解和转化中发挥着关键作用。

　　机械转化:土壤动物通过碎解植物残体,将其碎片化或将植物残体与土壤颗粒混合,促进了有机物质的微生物分解。

　　化学转化:经过动物摄食的有机物质(如植物残体)的一部分未被吸收,通过动物的消化系统,以排泄物或粪便的形式排出体外。这些物质在动物内部已经部分降解或半降解。在土壤动物中,蚯蚓在此过程中扮演着重要角色,其活动程度在某种程度上可以作为土壤肥力的指标。

　　(3)土壤有机质的微生物转化过程　土壤有机质的微生物转化过程是土壤有机质分解和转化的最重要和活跃的过程之一。

　　①微生物对不含氮有机物的转化。不含氮的有机物主要包括碳水化合物,如糖类、纤维素、半纤维素、脂肪和木质素等。简单糖类容易被分解,而多糖类则较难降解。淀粉、半纤维素、纤维素和脂肪等的降解速度较慢,而木质素最难降解,但在特定的表性细菌的作用下,木质素可以逐渐分解。

$$(C_6H_{10}O_5)_n + nH_2O \longrightarrow nC_6H_{12}O_6$$

　　在适宜的氧气充足条件下,葡萄糖将在微生物如酵母菌和醋酸细菌的作用下经历分解,生成简单的有机酸(如醋酸、草酸)、醇类和酮类等中间产物。这些中间产物在通风良好的土壤环境中将持续发生氧化反应,最终彻底降解为二氧化碳和水,并同时释放出热量。

　　②微生物对含氮的有机物转化。土壤中含氮的有机物可以分为两种主要类型:一种是蛋白质类型,包括多种蛋白质;另一种是非蛋白质类型,如几丁质、尿素和叶绿素等。在土壤微生物的作用下,这些含氮有机物将逐步分解为无机氮形式,即氨态氮(NH_4^+-N)和硝态氮(NO_3^--N)。

　　a. 水解过程。蛋白质类型的有机物将在微生物分泌的蛋白质水解酶作用下,分解成为简单的氨基酸类含氮化合物。

蛋白质 ——→ 水解蛋白质 ——→ 消化蛋白质 ——→ 多肽 ——→ 氨基酸

　　b. 氨化过程。经过蛋白质水解生成的氨基酸,在多种微生物及其分泌酶的作用下,会产生氨。氨化过程可以在氧气充足和缺氧的情况下进行,不同类型的微生物参与程度各异。

　　c. 硝化过程。在通风良好的土壤环境下,氨化产生的氨,在土壤微生物的作用下,经过亚硝酸的中间阶段,进一步氧化成硝酸。这个将氨转化为亚硝酸再转化为硝酸的过程被称为硝化作用。将硝酸盐转化为亚硝酸盐的过程称为亚硝化作用。硝化过程是氧化过程,由于亚硝酸转化为硝酸的速度一般比氨转化为亚硝酸的速度快得多,因此土壤中亚硝酸盐的含量通常较低。亚硝化过程只在通风不良或土壤中含有大量新鲜有机物和硝酸盐时发生,这一过程是有害的,会降低土壤肥力,因此应尽量避免。

　　d. 反硝化过程。在土壤通风不良的情况下,硝态氮可以还原成气态氮(N_2O 和 N_2),这种生物化学反应称为反硝化作用。

③微生物对含磷有机物的转化。土壤中的有机态磷在微生物的作用下逐渐分解为可溶性无机磷物质,从而植物能够吸收和利用。

土壤中表层有 26%～50%是以有机磷状态存在,主要有核蛋白、核酸、磷脂、核素等,这些物质在多种腐生性微生物作用下,分解的最终产物为正磷酸及其盐类,可供植物吸收利用。

在嫌气条件下,很多嫌气性土壤微生物能引起磷酸还原作用,产生亚磷酸,并进一步还原成磷化氢。

④微生物对含硫有机物的转化。土壤中含硫的有机化合物,如含硫蛋白质、胱氨酸等,在微生物腐解的作用下,会产生硫化氢。在通风良好的条件下,硫化氢会被硫细菌氧化成硫酸,与土壤中的盐基离子结合形成硫酸盐,从而消除硫化氢的毒性,并且为植物提供了可吸收的硫养分。然而,在通风不良的情况下,已形成的硫酸盐也可能还原成硫化氢,这被称为反硫化作用。当硫化氢积累到一定程度时,会对植物根系造成毒害,因此应尽量避免。

进入土壤的有机质由多种不同类型的有机化合物构成,形成了一个具有特定生物结构的有机整体。其在土壤中的分解和转化过程与单一有机化合物不同,展现出一种整体的动态特性。植物残体中各类有机化合物的大致含量范围是:可溶性有机化合物(如糖分、氨基酸)占 5%～10%,纤维素占 15%～60%,半纤维素占 10%～30%,蛋白质占 2%～15%,木质素占 5%～30%。这些含量的差异对植物残体的分解和转化产生了显著影响。

据估计,进入土壤的有机残体经过一年的降解,有机质的超过 2/3 以二氧化碳的形式释放并丧失,仅有不到 1/3 的有机质残留在土壤中。其中,土壤微生物量占 3%～8%,多糖、多糖醛酸苷、有机酸等非腐殖质物质占 3%～8%,腐殖质占 10%～30%。植物根系在土壤中的年残留量略高于其他地上部分。

2)影响矿化的因素

(1)有机残体本身特性。

有机残体的物理状态:通常情况下,多汁、幼嫩和新鲜的绿肥更容易分解。

有机残体的化学成分:通常情况下,阔叶植物的分解速度比针叶植物快;叶片的分解速度比根系残留物快;豆科植物的分解速度比禾本科植物快。

有机残体的碳氮比以 C/N 表示。微生物吸收 1 份氮,需要吸收 5 份碳来构建自身细胞,并同时消耗 20 份碳作为生命活动的能源。因此,微生物分解有机物所需的 C/N 应为 25:1。

(2)土壤本身性状　土壤条件会制约微生物的活动,从而影响有机质的转化。最适温度为 20～30 ℃。湿度和通气状况也是关键因素,最佳持水量为田间容积的 60%。土壤 pH 对微生物的影响显著,细菌在 pH 6.5～7.5 活动最为适宜,放线菌对中性到微碱性条件更适应,而真菌偏好酸性到中性条件。

(3)土壤管理措施　农田的耕作方式、施肥方法、灌溉水量以及病虫害防治措施等都会对土壤微生物的活动产生重要影响,从而进一步影响土壤有机质的分解和转化。然而,无论施用的有机物质的碳氮比是多少,经过一定时期的分解和转化,土壤中有机质的碳氮比最终会趋于稳定在一定范围内。

2. 有机质的腐殖化

1)腐殖化过程

有机质的腐殖化是一个分为两个主要阶段的复杂过程。

第一阶段:在这个阶段,各种不同的成分开始形成腐殖质分子。这些成分包括多元酚、氨基酸、多肽等有机物。

第二阶段：多元酚和含氮化合物进行缩合反应，形成腐殖质的单体分子。这个缩合过程可以分为两步：首先，多元酚在多酚氧化酶的催化下被氧化为醌；其次，醌与含氮化合物（如氨基酸）发生缩合反应；最后，腐殖质的单体分子不断缩合，形成更大的、高级的腐殖质分子。

2）土壤腐殖质的基本性质及组成

土壤腐殖质是一种特殊性质和组成的高分子有机化合物，通常呈现出褐色或暗褐色，具有芳香族结构和多官能团。

土壤腐殖质是由土壤有机质经过腐殖化过程转化而来的，是简单有机化合物在土壤有机质矿化过程中缩合形成的复杂高分子化合物。它不仅是土壤养分的储存库，也是评估土壤肥力的重要指标。

（1）土壤腐殖质的分组及存在状态。

①土壤腐殖质的分组。土壤腐殖质是一类极其复杂的天然高分子化合物（聚合物）。虽然各种腐殖质分子的大小存在差异，但它们具有相似的性质。要深入研究腐殖质的特性，就必须从土壤中将其分离出来。目前，通常采用的方法是先去除土壤中的分解或部分分解的动植物残体，可以通过水浮选、手工挑选以及静电吸附法等方法实现。然后，使用不同的溶液进行浸提，将腐殖质分为三个组分：富里酸组（黄腐酸）、胡敏酸组（褐腐酸）和胡敏素（黑腐素）。

在分离土壤中的植物残体时，还可以使用密度为 $1.8\ g/cm^3$ 或 $2.0\ g/cm^3$ 的重液，这可以更有效地去除这些残体。被去除的这部分有机物被称为"轻组"，而留下的土壤成分称为"重组"。根据腐殖质在碱性和酸性溶液中的溶解度，可以将其进一步划分为胡敏酸、富里酸和胡敏素这三个组分。

土壤腐殖质的主要组成成分包括胡敏酸、富里酸和胡敏素。这些组分通常占腐殖酸总量的大约 60%。富里酸包括克连酸和阿波克连酸。胡敏素是胡敏酸的同素异构体，它的相对分子质量较小，并且由于与矿物质部分紧密结合，失去了水溶性和碱溶性。尽管胡敏素在腐殖酸中所占比例较小，但由于其与矿物质的结合，它在土壤中的存在也具有重要意义。需要强调的是，这些腐殖物质的组分的划分是为了操作上的便利，而并非严格的化学组成划分。

②土壤腐殖质的存在状态。土壤腐殖质以游离态和结合态两种状态存在。游离态腐殖质含量较低，大部分以结合态腐殖质形式存在。结合态腐殖质与土壤的无机成分，尤其是黏粒矿物和阳离子结合，以有机无机复合体的形式存在。通常，土壤中的有机质的 52%～98% 富集在黏粒部分。

结合态腐殖质可以分为以下三种状态类型：

a.腐殖质与矿物中的强碱基反应生成稳定的盐类，主要包括腐殖酸钙和镁。

b.腐殖质与含水氧化铝（如 $Al_2O_3 \cdot XH_2O$）和氧化铁（如 $Fe_2O_3 \cdot YH_2O$）反应生成复杂的凝胶体。

c.腐殖质与土壤黏粒结合，形成有机无机复合体。这些复合体的形成过程异常复杂，涉及范德华力、氢键、静电吸附、阳离子键桥等多种键合机制。

在有机无机复合体形成过程中，可能同时涉及两种或多种机制，这主要取决于土壤腐殖质的种类、黏粒矿物表面的交换性离子性质、表面酸度以及土壤水分含量等因素。在我国南方的酸性土壤中，主要以铁（Fe）和铝（Al）离子键合的腐殖质为主。这种结合方式具有较强的稳定性，有时甚至能将腐殖质与沙粒结合在一起。然而，并不一定具备很强的水稳定性，因此对土壤结构和肥力的团粒形成影响不大。而我国北方的中性和石灰性土壤主要以钙(Ca)离子键合的腐殖质为主,这种结合具有较强的水稳定性,对于改善土壤结构和提升肥力具有重要意义。

（2）土壤腐殖酸的性质。

①腐殖酸的元素组成土壤腐殖酸主要由碳(C)、氢(H)、氧(O)、氮(N)、硫(S)等元素组成,还含有少量的钙(Ca)、镁(Mg)、铁(Fe)、硅(Si)等元素。各种土壤中腐殖酸的元素组成并不完全相同,通常腐殖质中含碳 $55\%\sim60\%$,平均 58%;氮的含量为 $3\%\sim6\%$,平均 5.6%; C/N 为 $(10\sim12):1$。值得注意的是,胡敏酸的碳、氮含量通常高于富里酸,而氧、硫的含量则较低(表 2-4)。

表 2-4　我国主要土壤表土中腐殖物质的元素组成(无灰干基)　　　%

腐殖物质	胡敏酸(HA)		富里酸(FA)	
	范围	平均	范围	平均
C	43.9～59.6	54.7	43.4～52.6	46.5
H	3.1～7.0	4.8	4.0～5.8	4.8
O	31.3～41.8	36.1	40.1～49.8	45.9
N	2.8～5.9	4.2	1.6～4.3	2.8
C/N	7.2～19.2	11.6	8.0～12.6	9.8

②腐殖酸的物理性质。腐殖酸在土壤中的功能与其分子的形状和大小密切相关。腐殖酸的分子质量因土壤类型和组成而异,甚至在同一样品用不同方法测得的结果也会有较大差异。对于同一种土壤,总体趋势是富里酸的平均分子质量较小,胡敏素的平均分子质量较大,而胡敏酸则位于两者之间。我国不同主要土壤类型的胡敏酸和富里酸的平均分子质量分别为 $890\sim2500$ 和 $675\sim1450$。

土壤腐殖酸的整体结构并不紧密,分子呈现非晶态特征,具有较大的比表面积,高达 $2000\ m^2/g$,远远超过黏土矿物和金属氧化物的表面积。

腐殖酸是一种亲水胶体,具有强大的吸水能力。单位重量的腐殖质的持水能力是硅酸盐黏土矿物的 $4\sim5$ 倍,最大吸水量甚至能达到自身重量的 500%。

腐殖质整体呈现黑褐色,而不同组分的腐殖酸颜色略有差异。富里酸的颜色较浅,呈黄色到棕红色,而胡敏酸的颜色较深,为棕黑色到黑色。腐殖酸的光密度与其分子质量的大小和分子结构的程度大致呈正相关关系。

③腐殖酸的化学性质。腐殖酸在化学性质方面表现出多样性。胡敏酸不溶于水,呈酸性。与 K^+、Na^+、NH_4^+ 等形成的一价盐可以溶解于水,而与 Ca、Mg、Fe、Al 等多价盐基离子形成的盐类溶解度较低。胡敏酸及其盐类在环境条件变化时,如干旱、冻结、高温以及与土壤矿质部分的相互作用等,能发生变性,但其化学性质不变,形成了不溶于水、较为稳定的黑色物质。

富里酸在水中溶解度较大,其水溶液呈强酸性反应。它的所有盐类(包括一价或多价)都可以溶解于水,容易导致养分的流失。

腐殖质是带有负电荷的有机胶体。根据同性电荷排斥原则,新形成的腐殖质胶粒在水中呈分散的溶胶状态。但增加电解质浓度或高价离子时,电性会中和并引起凝聚。在凝聚过程中,腐殖质可以将土壤颗粒结合在一起,形成团粒结构。此外,腐殖质还是一种亲水胶体,可以通过干燥或冻结脱水而发生变性,形成凝胶。这种变性是不可逆的,因此能够形成水稳定的团粒状结构。

腐殖质分子中含有多种功能基团,其中最重要的是含氧的酸性功能基,包括芳香族和脂肪族化合物上的羧基和酚羟基,其中羧基是最重要的功能基团。

腐殖质的总酸度通常是指羧基和酚羟基的总和。总酸度的大小依次为胡敏素、胡敏酸和富里酸。总酸度的数值与腐殖质的活性相关,较高的总酸度通常表示有较高的阳离子交换能力。

3)中国土壤腐殖质分布

土壤腐殖质的组成受到多种因素的影响,包括植被、微生物活动以及土壤性质等。腐殖质的分布在地球表面上呈现出一定的规律性,随着地理位置的变化,其组分也会发生变化。表2-5展示了我国主要森林土壤类型中土壤腐殖质的组成情况。从表中可以清楚地观察到,我国从寒温带的北方针叶林到热带的南方雨林,以及红壤、砖红壤等地,其土壤腐殖质的组成呈现出一定的规律性变化。

表 2-5 中国自然植被下森林土壤的腐殖质组成

土类名称	有机碳/%	占全碳/%		胡敏酸/富里酸	活性胡敏酸(占胡敏酸总量百分比/%)	备注
		胡敏酸	富里酸			
棕色针叶林土	5.28	19.6	33.2	0.59	9.18	据东北林学院,1964
暗棕壤	5.24	25.72	29.67	0.81	71.05	
白浆化暗棕壤(森林黑灰土)	6.1	28.3	26.4	1.07	—	
棕壤	4.37	26.4	23.6	1.12	32.7	据《中国土壤》,1977
黄棕壤	1.02	12.4	28.3	0.44	73.4	
黄壤	4.47	13.2	33.7	0.38		
红壤	0.54	6.1	41.9	0.15	85.4	
砖红壤	3.5	5.8	30.3	0.19	93.1	

在我国的寒温带和湿热的热带地区,气候条件过于寒冷或湿热,不太适宜胡敏酸的形成,因此这些地区的土壤通常具有较小的胡敏酸/富里酸比值。而在暖温带的棕壤区,气候条件适中,胡敏酸的形成过程相对较为强烈,因此这些地区的土壤通常具有较大的胡敏酸/富里酸比值。

这一地域性的变化反映了不同气候条件和植被类型对土壤腐殖质的影响,也揭示了土壤腐殖质在地理尺度上的分布规律。

3.有机质的作用

土壤中的有机质因其独特的组成和性质,在土壤系统以及土壤圈层和植物圈层中扮演着极其重要的角色。

　　1)有机质在土壤肥力上的作用

　　土壤肥力水平与土壤中有机质含量密切相关。尽管有机质仅占据土壤总质量的一小部分,然而其在土壤肥力方面具有多重作用。在条件相似或接近的情况下,有机质的含量在一定范围内与土壤肥力呈正相关。

　　(1)有机质是植物营养的主要来源　土壤有机质是植物获取营养的主要源泉。其中蕴含丰富的植物所需的养分元素,包括氮(N)、磷(P)、钾(K)、钙(Ca)、镁(Mg)、硫(S)、铁(Fe)等重要元素,以及微量元素。土壤有机质在矿化过程中释放出丰富的营养元素,为植物的生长提供必要的养分。有机质腐殖化过程则形成腐殖质,有效储存了这些养分,而腐殖质在矿化过程中再次释放出养分,从而满足植物生长全周期的养分需求。

　　有机质的矿化过程产生的二氧化碳(CO_2)是植物碳素养分的重要来源。据估计,土壤有机质的分解以及微生物和植物根系的呼吸作用,每年释放的 CO_2 可达 135 亿 t,几乎相当于陆地植物光合作用所需的碳量。这表明,土壤有机质的矿化过程不仅是大气中 CO_2 的来源,也是植物进行光合作用的主要碳源。

　　此外,土壤有机质还是土壤中氮(N)和磷(P)等关键养分的重要储存库,为植物提供这些元素的主要途径。土壤中的有机氮占整体氮的 92%～98%,其中绝大部分储存在有机质中,一般约占腐殖质的 5%。研究表明,植物吸收的氮的 50%～70% 来自土壤。而土壤中有机磷则占总磷的 20%～50%,随着有机质矿化,释放出速效磷,为植物提供磷素养分。

　　在大部分非石灰性土壤中,有机质中的有机态硫占总硫的 75%～95%,这部分硫随着有机质矿化而释放,被植物吸收和利用。

　　土壤有机质分解转化过程中,产生的有机酸和腐殖酸对土壤矿物质有一定的溶解能力,促进矿物风化,有助于某些养分的有效释放。此外,与有机酸和腐殖酸络合的金属离子可以在土壤溶液中稳定存在,提高其有效性。

　　(2)促进植物生长发育　土壤中的有机质,尤其是其中的胡敏酸,具有芳香族的多元酚官能团,这对促进植物的生长发育具有重要作用。有机质能够加强植物的呼吸过程,提高细胞膜的渗透性,从而促使养分迅速进入植物体内。

　　胡敏酸的钠盐在植物根系的生长发育方面也有积极作用。实验结果表明,胡敏酸钠对禾本科植物如玉米等,以及草本植物的根系生长具有显著的促进作用。

　　(3)改善土壤的物理性质　有机质在改善土壤物理性质方面发挥了多种作用,其中最主要也是最直接的作用是改良土壤的结构,促进团粒状结构的形成,从而增加土壤的疏松性、通气性和透水性。

　　腐殖质在土壤团聚体的形成中扮演着主要的胶结剂角色。大部分腐殖质并不以游离态存在,而是与矿物质土粒相结合。通过功能基、氢键、范德华力等机制,腐殖质以胶膜形式包覆在矿物质土粒表面,形成有机-无机复合体。这种有机-无机复合体形成的团聚体分布有序,大、小孔隙分配合理,并具有较强的水稳性,是优质的土壤结构。

　　与沙粒相比,土壤腐殖质的黏结力更强,在沙性土壤中,它能提高土壤的黏结性,从而促进团粒状结构的形成。然而,腐殖质的黏结力相对于黏土来说较小,当腐殖质包覆在黏粒表面时,它减少了黏粒之间的直接接触,进而降低了黏粒之间的黏结力。这种有机质的胶结作用能够形成更大的团聚体,进一步降低黏土的接触面,改善土壤的黏性和通透性。此外,改善黏性还能减轻土壤的胀缩性,避免土壤干燥时产生大的裂缝。

土壤腐殖质是亲水胶体,具有巨大的比表面积和亲水基团。与黏土矿物相比,腐殖质的吸水能力更强,吸水率可达 500％左右,这对沙土的保水能力有着重要的作用。

腐殖质呈褐色或黑色,被土粒包围后使土壤颜色变暗,从而增加了土壤的吸热能力,提高了土壤的温度。腐殖质具有较大的热容量,导热性居中,这使得高含量有机质的土壤在温度方面表现出较高的稳定性和保温性。

(4)促进微生物和土壤动物的活动　土壤中的有机质是土壤微生物生命活动所需养分和能量的主要来源。事实上,所有土壤中的生物化学过程都离不开它。有机质含量的增加导致土壤微生物的种群、数量和活性增加,两者之间存在明显的正相关关系。相较于新鲜植物残体,土壤有机质的矿质化速率较慢,不会对微生物产生突然的刺激效应,而是持续稳定地为微生物提供能源。因此,富含有机质的土壤其肥力稳定持久,不易引发植物的虚弱和营养失调现象。

(5)提高土壤的保肥性和缓冲性　土壤腐殖质作为一种胶体,具有巨大的比表面和表面能。这些胶体主要带有负电荷,因此能够吸附土壤溶液中的交换性阳离子,如 K^+、NH_4^+、Ca^{2+}、Mg^{2+} 等。这一方面避免了这些养分随水流失;另一方面也为植物提供了吸收和利用这些养分的来源。这种保肥性的能力十分显著。

与黏土矿物类似,土壤腐殖质也具有强大的吸附能力。然而,单位质量的腐殖质能够保存阳离子养分的能力要远远超过黏土矿物,可高出几倍甚至几十倍。因此,土壤有机质的保肥能力巨大。

腐殖酸本身是一种弱酸,与其盐类可以形成缓冲体系,调节土壤溶液中的 H^+ 浓度变化,从而赋予土壤一定的缓冲能力。此外,腐殖质作为胶体,具有强大的吸附性能和高度的阳离子置换能力,因此赋予土壤强大的缓冲性能。

(6)有机质具有活化磷的作用。土壤中的磷通常以难溶性形态存在,主要为迟效态和缓效态。这导致土壤中的磷有效性较低。然而,土壤有机质具有与难溶性磷发生反应的特性,可提高磷的溶解度,从而增加土壤中磷的有效性和磷肥的利用率。研究表明,土壤腐殖酸是一类具有生理活性的物质,能够促进种子的萌发,增强植物的根系活力,助推植物的生长。对于土壤微生物而言,腐殖酸也是一种促进其生长和发育的生理活性物质。

2)土壤有机质在生态环境上的功能作用

(1)有机质可降低或延缓重金属污染　土壤中的有机质在重金属污染物毒性方面发挥着重要作用,其影响主要通过静电吸附和络合作用实现。土壤腐殖质含有多种功能基,这些基团对重金属离子具有较强的络合能力。腐殖质与重金属离子的络合作用直接影响着重金属在土壤和水体中的固定和迁移。

腐殖质中的活性功能基(如羧基、酚羟基、醇羟基等)在适当的空间排列下,可以与金属离子取代阳离子水化圈中的水分子,形成螯合复合物。胡敏酸与金属离子的键合总容量可达 $200\sim600\ \mu mol/g$,其中约 33％是阳离子在复合位置上的固定,主要的复合位置在羧基和酚基上。

腐殖质-金属离子复合体的稳定常数反映了金属离子与有机配位体之间的亲和力,对于了解重金属在环境中的行为具有重要价值。一般情况下,腐殖质-金属离子复合体的稳定常数排列次序为:$Fe^{3+}>Al^{3+}>Cu^{2+}>Ni^{2+}>Co^{2+}>Pb^{2+}>Ca^{2+}>Zn^{2+}>Mn^{2+}>Mg^{2+}$,其中稳定常数在 pH=5.0 时比 pH=3.5 时稍大。其中在 pH=5.0 时略大于 pH=3.5 时。这主要是因为在较高 pH 条件下,羧基等功能基的离解度较高。在低 pH 时,大量的 H^+ 会与金属离子竞争吸附位,因此腐殖质对金属离子的络合较少。

胡敏酸和富里酸可以与金属离子形成可溶性和不可溶性的络合物,这主要取决于络合的饱和度,其中富里酸金属离子络合物的溶解度较胡敏酸金属离子络合物大。

腐殖质可将有毒的 Cr^{6+} 还原为 Cr^{3+}。作为 Lewis 硬酸,Cr^{3+} 能与腐殖质中的羧基形成稳定的络合物,从而限制了动植物对其的吸收。此外,腐殖质还能将 Hg^{2+} 还原为 Hg、Fe^{3+} 还原为 Fe^{2+} 等。通过络合、螯合、吸附和还原作用,腐殖酸能够降低重金属的毒性效应。

(2)有机质对农药等有机污染物具有固定作用　土壤中的有机质对农药等有机污染物具有强烈的亲和力,对这些污染物在土壤中的行为产生重要影响,包括生物活性、残留、生物降解、迁移和蒸发等过程。有机质对有机污染物的固定程度与其中腐殖质功能基的数量、类型和空间排列密切相关,同时也与污染物本身的性质有关。一般认为,极性有机污染物可以通过离子交换、质子化、氢键、范德华力、配位体交换、阳离子桥和水桥等不同机制与土壤有机质结合。而非极性有机污染物则可能通过分隔(partitioning)机制与之结合。腐殖质分子中含有极性亲水基团和非极性亲水基团。

可溶性腐殖质能够增加农药等有机污染物从土壤迁移到地下水的可能性。富里酸具有较低的分子质量和较高的酸度,相对于胡敏酸更易溶解,因此能更有效地促使农药等有机污染物迁移。此外,腐殖酸还可以作为还原剂改变农药的结构,腐殖酸中的羧基、酚羟基、醇羟基、杂环和半醌等基团的存在增强了这种改变的可能性。部分有毒有机化合物与腐殖质结合后,其毒性可能会降低甚至消失。

(3)有机质对全球碳平衡的影响　土壤有机质在全球碳平衡过程中扮演着关键的角色,是一个重要的碳库。根据统计数据,全球土壤有机质的总碳量为 $(14 \times 10^{17}) \sim (15 \times 10^{17})$ g,是陆地生物总碳量$(5.6 \times 10^{17}$ g)的 2.53 倍。每年,由于土壤有机质生物分解而释放到大气中的碳总量约为 68×10^{15} g,远超过由燃烧燃料引起的碳排放,后者仅为 6×10^{15} g,相当于土壤呼吸作用释放碳的 8% ～ 9%。因此,土壤有机质的损失对地球自然环境产生了显著影响。从全球角度看,土壤有机碳水平的下降会对全球气候变化产生影响,其影响不亚于人类活动对大气的碳排放。

综上所述,土壤有机质不仅在维持土壤肥力方面发挥重要作用,还在维护土壤生态环境功能方面具有重要意义。特别是在未来的农业生产管理和低碳农业发展中,土壤有机质的作用将变得愈发重要。在评估人类管理措施对土壤质量和全球气候影响时,土壤有机质将成为一个至关重要的评估指标。

2.2.3　土壤有机质的生态功能

对于土壤生态系统而言,有机质具有以下重要功能:

(1)营养供应　有机质是土壤肥力的主要来源之一。有机质中富含氮、磷、钾等多种营养元素,可以提供植物生长所需的养分。同时,有机质中的微量元素也对植物生长起到关键作用。

(2)水分保持　有机质在土壤中形成颗粒团聚体,这些聚团中有机质与黏土组合,形成孔隙结构。这种结构可以增加土壤的持水能力,并且有机质本身拥有较强的保水能力,能够留住土壤中的水分,并减少蒸发损失。

(3)改善土壤结构　有机质能够通过增加土壤黏土颗粒的胶结性,改善土壤的结构。有机质中的蛋白质、多糖等具有黏结作用,可以将小颗粒聚结成较大的团聚体,提高土壤的团聚性、透水性和透气性。

(4)调节土壤 pH   有机质可以调节土壤 pH,使其保持在适宜的范围内。有机物中的腐殖酸和有机酸可以中和土壤中的碱性物质,降低土壤 pH;而其他有机物如草木灰则可以中和土壤中的酸性物质,提高土壤 pH。

(5)促进土壤微生物活动   有机质为土壤提供了丰富的碳源和能量供应,以支持土壤中微生物的生长和活动。微生物通过分解有机质,释放出养分供植物吸收利用。此外,有机质还能调节土壤微生物的种群结构和代谢功能,影响土壤中的微生物生态过程。

(6)吸附和解毒   有机质对土壤中的重金属、农药和其他污染物具有强大的吸附能力。有机质通过吸附和解毒作用,降低土壤中有害物质的毒性,保护土壤的生态环境。

总之,土壤中的有机质在维持土壤生态系统健康、保持良好的土壤肥力和水分状况方面起着至关重要的作用。正是有机质的丰富性和功能多样性,促进了土壤的可持续利用和农业生产的稳定增长(图 2-1)。

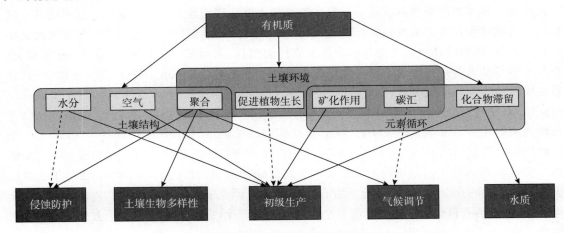

图 2-1   土壤有机质的生态系统功能及其支持过程
(引自 Hoffland E, Kuyper T W, Comans R N J, et al., 2020)

2.3   土壤水分、空气及其生态功能

2.3.1   土壤水分及生态功能

土壤水分是土壤的重要组成部分之一,在土壤形成过程中扮演着关键角色。土壤水分不仅溶解了各种溶质,还悬浮了胶体颗粒,因此参与了许多物质的迁移过程。它与土壤内的许多物理、化学和生物过程紧密相连,对作物生长和土壤生态系统发挥着重要影响。本节将重点介绍土壤水分的不同类型、有效性,以及水分运动和季节变化等内容。

1.土壤水的类型划分及有效性

1)土壤水的类型划分

土壤水根据受到的力作用可划分为吸附水(束缚水)、毛管水和重力水。其中,吸附水又可以分为吸湿水和膜状水。在适中质地的壤质土和结构良好的黏土中,孔隙分布适当,水与气的比例协调,毛管水含量较高,有效水分也相对丰富。

毛管水分存在于毛管孔隙中,可分为毛管悬挂水和毛管上升水。毛管悬挂水借助毛管力保持在上层土壤的毛管孔隙中,不与地下水相通,就像悬挂在上层土壤中一样。这种水分的最大含水量被称为田间持水量,是确定灌溉量的重要依据。田间持水量受质地、有机质含量、土壤结构等因素的影响。当土壤含水量达到田间持水量时,土面蒸发和作物蒸腾损失速率会逐渐减缓。而当土壤含水量降低到一定程度时,较粗毛管中的悬挂水状态会断裂,但细毛管中仍保留水分。此时土壤含水量被称为毛管水断裂量。在壤质土中,毛管水断裂量约占田间持水量的 75%。

毛管上升水是通过毛管力从地下水层上升到土壤中的水分,其上升高度和速度受土壤孔隙粗细的影响。在一定孔径范围内,孔径越粗,上升速度越快,但上升高度越低;相反,孔径越细,上升速度越慢,但上升高度则越高。沙土的粗大孔隙使毛管上升水迅速上升但高度有限,无结构的黏土由于孔径细小且非活性孔多,上升速度缓慢且高度受限。壤土则具有较快的上升速度和相对较高的上升高度。

毛管上升水在土壤生态系统中扮演重要角色。如果毛管上升水能够达到植物根系活动层,将为作物提供持续的地下水补给,有利于作物的生长。然而,当地下水矿化度较高时,随水上升的盐分可能会进入植物根区域,导致土壤次生盐渍化,危害作物健康。

为了避免这种情况,需要采取适当的管理策略。一种主要的防治方法是通过开沟排水控制地下水位,使其保持在临界深度以下。临界深度是指当地下水上升至根系活动层并开始对作物产生不利影响时的埋藏深度。不同土壤类型的临界深度会有所不同,一般在 1.5~2.5 m。临界深度的大小取决于土壤的孔隙结构和地下水的盐分状况。例如,沙土的临界深度较小,而壤土的临界深度较大。

因此,在农田管理中,需要根据不同土壤类型和地下水质量,合理控制地下水位,避免毛管上升水引发的次生盐渍化问题,从而维护土壤健康和作物生产的可持续发展。

2)土壤水的有效性

土壤水的有效性是指土壤中的水分能否被植物有效吸收和利用的程度。根据吸收难易程度的不同,土壤水分可以分为无效水、速效水(或易效水)和迟效水(或难效水)。

(1)有效水的划分与影响因素　有效水的上限通常被视为田间持水量,这是土壤在最大水分饱和状态下的含水量。而无效水的下限则由土壤的萎蔫系数决定,即植物根无法吸水时的土壤含水量。

(2)速效水与迟效水的特征　速效水指的是位于田间持水量至毛管水断裂量之间的水分,因含水量多、土壤水势高、水分运动快速,容易被植物吸收利用。迟效水则是低于毛管水断裂量的水分,此时土壤水势进一步降低,水分运动减慢,根吸水困难增加。

(3)有效水的决定因素　有效水的决定在很大程度上由土壤水吸力和根吸力的对比决定。当土壤水吸力大于根吸力时,水分无法被植物有效吸收,属于无效水;反之,则为有效水。

土壤中不同类型水分的有效性可以通过图 2-2 表示,综合了土壤中各种类型水分的有效性。

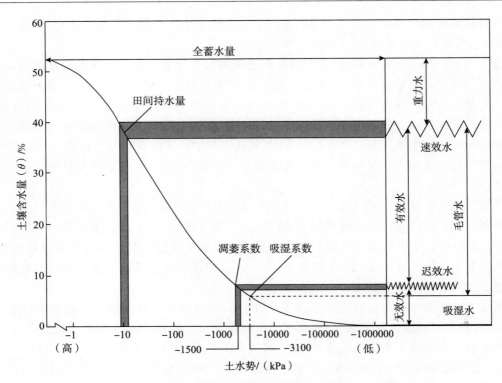

图 2-2　土壤水分有效性综合示意图

(引自 Brady N C,2007)

2. 土壤水分含量的表示方法

1)土壤水分含量数量法表示

(1)质量含水量　即土壤中水分的质量与干土质量的百分率,又称为重量含水量,无量纲,见式(2-1)。

$$\theta_m = \frac{W_1 - W_2}{W_2} \times 100\% \tag{2-1}$$

式中:θ_m 为土壤质量含水量;W_1 为湿土质量;W_2 为干土质量;$W_1 - W_2$ 为土壤水质量。

定义中的干土一词,一般是指在 105 ℃条件下烘干的土壤。而另一种意义的干土是含有吸湿水的土,通常叫"风干土"。

(2)容积含水量　即单位土壤总容积中水分所占的容积百分数,又称容积湿度、土壤水的容积分数,无量纲,常用符号 θ_v 表示。θ_v 与 θ_m 的换算关系见式(2-2):

$$\theta_v = \theta_m \cdot \rho \tag{2-2}$$

式中:ρ 为土壤容重。

(3)相对含水量　指土壤含水量占田间持水量的百分数。它可以说明土壤毛管悬着水的饱和程度、有效性和水、气的比例等,是农业生产上常用的土壤含水量的表示方法。70%～100%时作物生长正常。

(4)土壤水贮量　水深(D_w):指在一定厚度(h)一定面积土壤中所含水量相当于相同面积

水层的厚度,多用 mm 为单位,量纲为 L。可以推知 D_w 与 θ_v 的关系见式(2-3):

$$D_w = \theta_v \cdot h \tag{2-3}$$

绝对水体积(容量):即一定面积一定厚度土壤中所含水量的体积,量纲为 L^3。在数量上,它可简单由 D_w 与所指定面积(如 667 m^2、1 hm^2)相乘即可。

2)土壤水分含量的测定

(1)烘干法

①经典烘干法。这是目前国际上仍在沿用的标准方法。其测定的简要过程是:先在田间地块选择代表性取样点,按所需深度分层取土样,将土样放入铝盒并立即盖好盖(以防水分蒸发影响测定结果),称重(即湿土加空铝盒重,记为 W_1),然后打开盖,置于烘箱,在 105～110 ℃条件下,烘至恒重(需 6～8 h),再称重(即干土加盒重,记为 W_2)。则该土壤质量含水量可以按式(2-4)求出,设空铝盒重为 W_3:

$$\theta_m = \frac{W_1 - W_2}{W_2 - W_3} \times 100\% \tag{2-4}$$

此方法较经典、简便、可靠,但需时较长,不能即时得出结果。

②快速烘干法。包括红外线烘干法、微波炉烘干法、酒精燃烧法等。此类方法快速、需要特殊设备。

(2)中子法　把一个快速中子源和慢中子探测器置于套管中,埋入土内。其中的中子源(如镭、镅、铍)以很高速度放射出中子,当这些快中子与水中的氢原子碰撞时,就会改变运动的方向,并失去一部分能量而变成慢中子。慢中子被探测器和一个定器量出,经过校正可求出土壤水的含量。此法虽较精确,但目前的设备只能测出较深土层中的水,而不能用于土表的薄层土。另外在有机质多的土壤中误差大。

(3)TDR(time domain reflectometry)——时域反射仪法　TDR 系统类似一个短波雷达系统,可以直接、快速、方便、可靠地监测土壤水盐状况,具有较强的独立性,可同时监测土壤水盐含量,在同一地点同时测定,测定结果具有一致性。

3)土壤水分含量的能量法表示

传统的数量法虽然在研究土壤水分方面有一定局限性,但近年来,能量法在土壤水分研究中的应用日益增多。能量法主要从土壤水受到各种力作用后的自由能变化出发,研究土壤水的能态变化和规律,可以更准确地定量描述土壤水的状态。

(1)土水势及其分势

土水势概念:土壤水分在各种力的作用下,如吸附力、毛管力、重力等,与在相同温度、高度和大气压条件下的纯自由水相比,其自由能必然有所差异。这个差异用势能来表示,称为土水势(Ψ)。具体来说,土水势是指将无限小的水从在特定高度的纯水体中可逆地等温地移到土壤水分中所需做的功。通常将纯自由水的势值设为零作为参比标准。

特点:土壤水分总是朝着土水势较低的方向流动,这是土水势的基本特点。土水势在不同水分状态下可以作为判断水分能态的统一标准尺度,用于比较不同条件下的土壤水分、根水势和叶水势,判断它们之间的水流方向、速率以及土壤水分的有效性。此外,土水势还为精确测定土壤水分状态提供了一些有效手段。

包括若干分势,如基质势、压力势、溶质势、重力势等。

①基质势(Ψ_m)。在不饱和的情况下,土壤水受土壤吸附力和毛管力的制约形成的土水势,是负值。土壤含水量越高,则基质势越高。

②压力势(Ψ_p)。土壤水饱和的情况下,由于受压力而产生土水势变化,正值。

③溶质势(Ψ_s)。由土壤水中溶解的溶质而引起土水势的变化,也称渗透势,一般为负值。土壤水中溶解的溶质越多,溶质势越低。溶质势只有在土壤水运动或传输过程中存在半透膜时才起作用,在一般土壤中不存在半透膜,所以溶质势对土壤水运动影响不大,对植物吸水却有重要影响。溶质势的大小等于土壤溶液的渗透压,但符号相反。

④重力势(Ψ_g)。由重力作用而引起的土水势变化。为正值。高度越高则重力势的正值越大。

⑤总水势(Ψ_t)。土壤水势是以上各分势之和,又称总水势(Ψ_t),用数学表达为式(2-5):

$$\Psi_t = \Psi_m + \Psi_p + \Psi_s + \Psi_g \qquad (2\text{-}5)$$

(2)土壤水吸力 土壤水吸力是指在一定吸力作用下,土壤水所处的能态。尽管称为吸力,但它并不是指土壤对水的吸引能力。前文中已讨论了基质势(Ψ_m)和溶质势(Ψ_s),它们通常是负值,但在使用时可能不太方便。因此,将它们的相反数定义为吸力,同时也可以称为基质吸力和溶质吸力。在土壤水的保持和运动过程中,通常只考虑基质吸力,它的数值与Ψ_m相等,但符号相反。

吸力的引入同样可以用于确定土壤水的流动方向。总体而言,土壤水会倾向于从自吸力较低的地方流向吸力较高的地方,但具体的水分运动情况还需要考虑其他影响因素。

通过研究土壤水吸力,我们可以更好地理解土壤中水分的运动规律。吸力在研究土壤水分的吸收、分布以及土壤的水分供应能力等方面起到了关键作用。

4)土壤水分特征曲线

土壤水分特征曲线,又称土壤持水曲线,是描述土壤水分含量与土壤水势(或吸力)之间关系的曲线。它展示了土壤水的能量和数量之间的相互关系,是研究土壤水分保持和运动的基本工具之一。该曲线能够揭示土壤水分特性的基本特征,对于水分管理和土壤环境的研究具有重要意义。

(1)影响因素

土壤质地:不同质地的土壤具有不同的水分特征曲线。一般来说,黏粒含量高的土壤在相同吸力条件下,含水率较大,或者在相同含水率下,吸力较高。沙质土壤的大孔隙较多,所以其水分特征曲线在一定吸力以下呈现缓平,而在较大吸力下陡直。

土壤结构:土壤的结构也会影响水分特征曲线,特别是在低吸力范围内。紧实的土壤孔隙较少,而中小孔径孔隙增多。因此,在相同吸力值下,干容重较大的土壤通常含水率也较大。

温度:温度对土壤水分特征曲线同样有影响。升高的温度会降低水的黏性和表面张力,导致土壤水势减小,或者说土壤水吸力减弱。尤其在低含水率时,这种影响更为显著。

水分变化过程:土壤水分特征曲线还受土壤中水分变化过程的影响。即使在恒温条件下,由干变湿和由湿变干两个过程得到的水分特征曲线也是不同的,这种现象称为滞后现象。沙土中滞后现象比黏土中明显,可能与土壤颗粒的胀缩性和孔隙分布特点有关。

(2)应用价值 土壤水分特征曲线有着重要的实际应用价值:

换算工具:通过土壤水分特征曲线,可以进行土壤水势和含水率之间的换算,帮助我们更好地理解土壤水分的状态。

孔隙分布信息：该曲线间接反映了土壤孔隙大小的分布情况，有助于理解土壤的持水性能和水分运动规律。

土壤水分有效性分析：水分特征曲线可以用来分析不同质地土壤的持水性能以及土壤水分的有效性，为农业生产提供科学依据。

水分运动定量分析：在对土壤水运动进行数学和物理分析时，水分特征曲线是重要的参数之一，有助于实现对水分运动的定量研究。

3. 土壤水的运动

在土壤中存在 3 种类型的水分运动：饱和水流、非饱和水流和水汽移动，前两者指土壤中的液态水流动，后者指土壤中气态水的运动。

1) 饱和土壤中的水流

饱和土壤中的水流，简称饱和流，即土壤孔隙全部充满水时的水流，这主要是重力水的运动。饱和流的推动力主要是重力势梯度和压力势梯度，基本上服从饱和状态下多孔介质的达西定律：即单位时间内通过单位面积土壤的水量，土壤水通量与土水势梯度成正比，见式(2-6)：

$$q = -K_s \frac{\Delta H}{L} \tag{2-6}$$

式中：q 为土壤水流通量；ΔH 为总水势差；L 为水流路径的直线长度；K_s 为土壤饱和导水率。

土壤饱和导水率是描述土壤饱和状态下渗透性能的指标，即在土壤孔隙被饱和水填满的情况下，单位时间内水分通过土壤的速率。该参数反映了土壤内水分在饱和状态下的传导能力，对于水文循环、水资源管理以及农田排水等方面具有重要意义。

影响因素包括以下三个：

(1) 孔隙结构和大小　土壤饱和导水率受到影响的因素之一是土壤的孔隙大小和结构。任何影响土壤孔隙大小和形状的因素都会影响饱和导水率。有利于水分流动的大孔隙会增加饱和导水率，而较小的孔隙则会减缓水分流动速率。

(2) 土壤质地和结构　土壤质地和结构与饱和导水率之间存在直接关系。通常情况下，沙质土壤的饱和导水率要高于细质土壤，因为沙质土壤的大孔隙较多，有利于水分流动。另外，具有稳定团粒结构的土壤，在饱和状态下传导水分的速率更快，相比于不稳定团粒结构的土壤。

(3) 有机质含量和无机胶体　土壤中的有机质含量和无机胶体的性质也会影响饱和导水率。有机质有助于保持大孔隙的比例较高，从而提高饱和导水率。相比之下，含有蒙脱石等矿物质的土壤以及黏粒含量较高的 1:1 型黏土通常具有较低的导水率。

2) 非饱和土壤中的水流

非饱和土壤中的水流简称非饱和流或不饱和流，即土壤中只有部分孔隙中有水时的水流，主要是毛管水、膜状水运动。其推动力主要是基质势梯度和重力势梯度，它也可用达西定律来描述，对一维垂向非饱和流，可表达为式(2-7)：

$$q = -K(\Psi_m) \frac{d_\Psi}{d_x} \tag{2-7}$$

式中:$K(\Psi_m)$为非饱和导水率,d_Ψ/d_x为总水势梯度。

土壤的导水性与吸力之间存在一定的关系,不同吸力水平下,土壤导水性表现出不同的特点。以下是有关土壤导水性与吸力关系的内容:

(1)低吸力水平下的导水性 在低吸力水平下,即土壤水分较饱和状态时,沙质土壤的导水率相对较高,而黏土土壤的导水率较低。这是因为在较饱和的状态下,沙质土壤中的大孔隙占优势,促进饱和水流的传导。由于沙质土壤的孔隙较大,水分能够更快地流动,导致较高的导水率。而在黏土土壤中,由于孔隙较细,水分传导速度较慢,导致较低的导水率。

(2)高吸力水平下的导水性 在高吸力水平下,即土壤水分较干燥状态时,土壤的导水性表现出相反的趋势。此时,黏土土壤的导水率相对较高,而沙质土壤的导水率较低。这是因为在干燥状态下,黏土土壤中的细小孔隙(毛管)占优势,促使非饱和水流的传导。黏土土壤中的细小孔隙使水分能够更容易被吸附和保持,从而导致较高的导水率。与之相反,沙质土壤中的大孔隙相对较少,非饱和水分传导速度较慢,导致较低的导水率。

(3)导水性差异的影响 由于不同吸力水平下土壤的导水性差异,导致土壤在不同含水量条件下的导水性表现出差异。当土壤含水量较低时,黏土土壤相对于沙质土壤具有较高的导水性,这是由于黏土土壤中的细小孔隙有助于非饱和水流的传导。然而,在土壤含水量较高时,沙质土壤的导水率较高,因为大孔隙有利于饱和水流的传导。

3)土壤中的水汽运动

土壤中的水汽运动是液态水汽化为气态水以及气态水的凝结过程,这两种现象在特定条件下相互平衡。这种运动主要表现为水汽扩散和水汽凝结两种形式。

(1)水汽扩散运动 水汽扩散运动的推动力来自水汽压梯度,这由土壤中的水吸力梯度和温度梯度所引起。尤其是温度梯度对水汽运动的影响更为显著,成为主要的推动力。因此,水汽运动通常是从高水汽压区域向低水汽压区域,从高温区域向低温区域的扩散。

土壤表面蒸发是水分从土壤表面转变为蒸汽并向大气中释放的现象。它受大气蒸发能力(通常以单位时间内单位面积上的水蒸发量来衡量)和土壤导水性的影响。大气辐射、气温、湿度和风速等气象因素,以及土壤含水率和分布的特性都会影响土壤表面蒸发的强度。这一过程可以分为三个阶段:

稳定蒸发阶段:由大气蒸发能力主导,持续时间较长,水分损失较大。

导水性控制阶段:在此阶段,当土壤表面含水率低于临界含水率时,土壤导水性随着土壤含水率降低和水吸力增加而减小,导致土壤水分向上运移。这使得供水能力减弱,表面蒸发强度下降。

水汽扩散阶段:当表土含水率非常低,土壤输水能力几乎失效,无法满足表面蒸发的水分需求,形成了干燥的土壤表层。水分从干燥土壤底部向上运动,然后通过水汽扩散方式穿过干燥土层进入大气中。此阶段,蒸发过程在土壤内部进行,而不再是在地表上。干土层内水汽扩散的能力主要由干土层的厚度决定,变化缓慢且稳定。

(2)水汽凝结 水汽在土壤中的运动包括水汽扩散和水汽凝结。水汽凝结是水汽由温度高、水汽压高的地区向温度低、水汽压低的地区运动,当遇到低温时,水汽凝结成为液态水的过程。

在水汽凝结的过程中,有两个值得注意的现象:

夜潮现象:这种现象主要出现在地下水埋深较浅的"夜潮地"。白天,土壤表面受到日晒,导致表层土壤干燥。然而,夜晚降温,底层土壤的温度高于表层,这使得水汽从底层向表层移动。当水汽遇冷凝结成液态水时,白天干燥的表层变得湿润。这一现象对作物的需水有一定的补给作用。

冻后聚墒现象:这种现象常见于我国北方的冬季。在冬季,表层土壤会冻结,导致水汽压降低。与此同时,冻层以下的土壤水汽压较高。因此,下层的水汽会不断向冻层集聚,遇冷凝结成液态水,从而使冻层不断增厚并增加含水量,这就是"冻后聚墒"现象。尽管这一现象对表层土壤的水分增加有限(通常为 2%~4%),但在缓解土壤旱情方面具有一定的意义。

在土壤含水量较高的情况下,土壤内部的水汽移动对于作物的供水影响较小,通常不需要考虑。然而,在干燥的土壤中为耐旱的荒漠植物供水时,土壤内部的水汽移动可能变得更加重要。有很多荒漠植物可以在非常低的水分条件下生存,这与土壤内部水汽的移动有关。

4)入渗、土壤水的再分布

(1)入渗　土壤入渗是指水从土表垂直向下进入土壤的过程,不仅限于垂直方向,也可以涉及侧向和上升的运动。这一过程的影响因素有供水速率和土壤的入渗能力。当供水速率小于土壤入渗能力时(如低强度喷灌、滴灌或降雨),入渗主要受供水速率的影响。然而,当供水速率超过入渗能力时,入渗将取决于土壤的入渗能力。

土壤的入渗能力由其干湿程度和孔隙结构(受到质地、结构和松紧等因素的影响)决定。例如,在干燥的土壤、质地较粗的土壤以及拥有良好结构的土壤中,入渗能力较强。相反,湿润的土壤、质地较细且紧实的土壤入渗能力较弱。无论入渗能力的强弱如何,随着入渗时间的延长,入渗速率会减缓,最终趋于一个相对稳定的值。

评价土壤入渗能力的一个常用指标是入渗速率,它表示单位时间内单位面积土壤通过薄水层的水量,常以 mm/s、cm/min、cm/h 或 cm/d 为单位。通常使用的三个入渗速率指标是最初入渗速率、最终入渗速率和入渗开始后 1 h 内的入渗速率。在特定土壤条件下,最终入渗速率通常是相对稳定的参数,被称为透水率(或渗透系数)。透水率可用来衡量土壤的渗水能力。

土壤渗水过强可能导致养分的淋失,而过弱则不利于水分的积蓄。在丘陵坡地,不适当的入渗速率可能导致水土流失。因此,在土地管理和水资源规划中,理解土壤的入渗特性以及适当控制入渗速率至关重要。

土壤入渗是一个受多种因素影响的复杂过程,其中一些主要的因素如下:

土壤质地:土壤质地对入渗速率有显著影响。沙质土的入渗速率较高,且不随时间明显减弱,其渗透系数也相对较大。黏质土最初入渗速率较高,但随着时间的推移,迅速减弱,渗透系数较小。

温度:温度对入渗速率有影响。较高的温度有助于加快入渗过程。

土壤质地层次:不同质地层次的土壤会影响入渗情况。例如,在北方常见的沙盖垆(上层为粗土,下层为细土)和垆盖沙中,入渗情况会稍有不同。

上沙下黏型:在这种情况下,最初的入渗速率较高。然而,当湿润前峰达到细土层时,由于细土层的导水率较低,入渗速率会急剧下降。如果供水速度较快,可能会在细土层上形成暂时的饱和层。

上黏下沙型:在这种情况下,最初的入渗速率由细土层控制。当湿润峰到达粗土层时,由于湿润峰处的土壤水吸力大于沙土层中粗孔隙的吸力,水不会立即进入沙层,而是在细土层中积累。当细土层的水分吸力低于粗孔隙的吸力时,水才能进入沙层。无论表土下是沙土层还是细土层,入渗过程中最初会使上层土壤积累水分,然后逐渐下渗。

(2)土壤水的再分布 随着地面水层的入渗结束,土壤内的水分仍在重力、吸力梯度和温度梯度的共同作用下继续移动。这一长期的过程称为土壤水的再分布,是土壤中不饱和状态下的水流运动。在没有地下水参与的情况下,土壤水的再分布会持续很长时间,可能长达1～2年甚至更长。这个过程在土壤剖面较深的地方发生。

土壤水的再分布是一个复杂的过程,其速率取决于多个因素。当开始时,如果表土层较浅而下层土壤相对干燥,吸力梯度较大,土壤水会相对较快地重新分布。相反,如果开始时表土层的湿润深度较大而下层土壤相对较湿润,吸力梯度较小,土壤水的再分布主要受到重力的影响,速率会较慢。

土壤水的再分布过程对于理解植物从不同深度土层吸水的机制具有重要意义。因为某一土层水分的减少,并不仅仅是植物根系吸水导致的,也与上层和下层水分再分布的相互作用有关。

2.3.2 土壤空气及生态功能

1. 土壤空气的组成

土壤中的空气含量在很大程度上取决于土壤的含水量。随着土壤含水量的变化,土壤中的空气含量也会发生相应的变化。在接近地表的地方,土壤中的空气成分与大气中的成分非常接近。然而,随着土层深度的增加,土壤中的空气成分与大气中的成分之间的差异逐渐加大。土壤空气与近地表大气成分的变化关系可以参考表2-6。

表 2-6　土壤空气与近地表大气组成的差异　　　　　　　　　　　　%

类别	O_2	CO_2	N_2	其他气体
近地表大气	20.94	0.03	78.05	0.98
土壤空气	18.0～20.03	0.15～0.65	78.8～80.24	0.98

土壤空气与近地表大气的组成,其差别主要有以下几点:

(1)CO_2含量 土壤空气中的二氧化碳(CO_2)含量通常高于大气中的含量,这是因为土壤中的生物活动、有机物分解以及根系呼吸会释放出大量的CO_2。土壤中CO_2的产生量可以反映土壤微生物活性和肥力水平。

(2)O_2含量 土壤空气中的氧气(O_2)含量通常低于大气中的含量,这是因为土壤微生物和植物根系的呼吸需要消耗氧气,土壤微生物活动越活跃,氧气消耗越多,导致土壤中的氧气含量降低,而CO_2含量会增加。

(3)水汽含量 土壤空气中的水汽含量一般较大气中的高。除非是在表层干燥的土壤,土壤空气的湿度通常都在99%以上,处于水汽饱和状态。与之不同,大气中的水汽含量在不下雨的情况下很少能达到如此高的水平。

(4)还原性气体 当土壤通气不良时,土壤中的氧气含量下降,微生物可能进行厌气性分解,产生较多的还原性气体,如甲烷(CH_4)和氢气(H_2)。而在大气中,还原性气体的含量通常非常有限。

(5)气体形态 土壤空气中存在不同的气体形态,包括自由态、吸附态和溶解态。这些气体以不同的方式存在于土壤孔隙中,与大气中的气体形态存在区别。

　　土壤空气的组成并非静态不变,受多种因素的影响而发生变化。以下是一些影响土壤空气组成变化的因素:

　　(1)土壤水分　土壤水分含量的变化会影响土壤中的气体含量。随着土壤水分的增加,土壤中的氧气含量可能减少,而二氧化碳含量可能增加。

　　(2)土壤生物活动　微生物的活动以及植物根系的呼吸会释放二氧化碳,从而增加土壤空气中 CO_2 的含量。土壤中的生物活动对气体组成产生显著影响。

　　(3)土壤深度　随着土壤深度的增加,土壤空气中的氧气含量可能下降,而 CO_2 含量可能增加。这是因为氧气向下渗透较慢,而二氧化碳向上扩散较快。

　　(4)土壤温度　土壤温度的升高会促使微生物和植物根系的呼吸加快,从而增加土壤中的 CO_2 含量。季节变化也会影响土壤空气中气体的含量。

　　(5)土壤 pH　土壤的 pH 会影响土壤中微生物的生长和代谢活动,从而对 CO_2 和 O_2 的含量产生影响。

　　(6)栽培措施　不同的栽培措施,如覆膜等,可以影响土壤与大气之间气体的交换,从而对土壤空气的组成产生影响。

　　此外,一部分土壤空气也会溶解在土壤水中,并吸附在胶体表面。土壤水中溶解的氧气对于植物根系和微生物的呼吸活动具有重要影响。

　　2. 土壤空气的运动与交换

　　土壤空气在土壤中的运动主要通过对流和扩散两种方式进行。这些运动方式受到多种因素的影响,包括气象因素、土壤性质以及农业措施。

　　(1)土壤空气的对流　土壤与大气之间的气体总压力梯度推动了气体的整体流动,这种流动被称为对流,也叫质流。对流运动始终遵循由高压区向低压区流动的规律。气象因素如气温、气压、风力和降雨等,都会影响土壤空气的对流运动。

　　(2)土壤空气的扩散　在土壤空气的成分中,二氧化碳(CO_2)浓度高于大气,而氧气(O_2)浓度低于大气。因此,产生了土壤与大气之间 CO_2 分压差和 O_2 分压差。这些分压差的作用下,CO_2 气体分子从土壤中不断扩散到大气中,同时 O_2 分子从大气中不断扩散到土壤空气中。这种土壤从大气中吸收 O_2 并排出 CO_2 的气体扩散作用被称为土壤呼吸。通常情况下,扩散作用是土壤与大气交换的主要机制。

　　影响土壤空气运动与交换的因素多种多样。气象因素如气温、气压、风力和降雨等会影响空气的对流运动。土壤性质包括通气孔隙状况,以及与之相关的因素,如质地、结构、松紧程度和土壤含水量。此外,农业措施如耕作、施肥和灌水也会影响土壤空气的运动与交换过程。

　　3. 土壤空气的生态功能

　　1)土壤空气与植物生长

　　(1)土壤空气与根系　土壤空气中氧气(O_2)含量对植物根系的发育有着重要影响。如果土壤空气中的氧气含量降低至小于 9% 或 10%,就会对根系的发育产生负面影响。当氧气含量降至 5% 以下时,大多数作物的根系甚至会停止发育。此外,氧气与二氧化碳(CO_2)在土壤空气中的含量会相互影响。当土壤空气中 CO_2 含量超过 1% 时,根系的发育会变得缓慢。而当 CO_2 含量达到 $5\%\sim20\%$ 时,就可能导致根系的死亡。另外,土壤空气中的还原性气体也可能危害根系,例如硫化氢(H_2S)会导致水稻产生黑根,影响其吸收水分和养分的能力,甚至引起死亡。

（2）土壤空气与种子萌发　种子萌发需要氧气来进行呼吸作用。土壤空气中的氧气主要为种子提供能量，促使种子开始生长。然而，如果土壤空气中氧气不足，种子将无法正常进行呼吸。在缺氧的情况下，种子可能会通过葡萄糖酒精发酵来获得能量，产生酒精等代谢产物，从而导致种子的萌发受害。

（3）土壤空气状况与植物抗病性　植物感染病菌后，其呼吸作用会加强，以维持细胞内较高的氧气水平。这对于植物抵御病原体具有重要作用。植物的呼吸作用可以破坏病菌分泌的酶和毒素，从而减缓病害的发展。此外，呼吸作用还能提供能量和中间产物，有助于植物形成某些隔离区域，从而阻止病斑的扩大。当植物受伤时，呼吸作用的加强有利于伤口的愈合，减少病菌的侵染。

2）土壤空气与微生物活性

土壤空气的状况对微生物的活动产生影响，进而影响土壤中的有机质转化过程。当土壤空气通气良好时，有助于微生物的生长和代谢活动。良好的通气条件有利于有机质的矿质化，即有机物质被微生物分解并转化为无机物质。这个过程在有氧条件下进行，需要氧气作为微生物的呼吸底物。另外，植物根系吸收养分的过程也需要良好的通气条件，以确保根系能够进行呼吸作用并提供所需能量。

3）土壤空气与大气痕量温室气体的关系

土壤与大气中的痕量温室气体之间存在着相互关系。大气中的痕量温室气体，如二氧化碳（CO_2）、甲烷（CH_4）、氧化亚氮（N_2O）和氯氟烃化合物，导致了全球气候变暖等环境问题。土壤是这些温室气体的来源之一，因为土壤中的微生物和有机质分解过程会释放这些气体到大气中，被称为温室气体的"源"（source）。另一方面，土壤也可以吸收和消耗大气中的温室气体，从而在一定程度上减缓温室气体的排放，被称为温室气体的"汇"（sink）。

2.4　土壤质地、结构及其生态功能

土壤是由固体、液体和气体三个相态组成的分散体系。众多的土粒相互堆积形成了一个多孔的疏松结构，被称为土壤固体相骨架，也被称为土壤基质或基模。水、空气和土壤生物都在这个骨架内的孔隙中进行运动和生活。因此，土壤固体相骨架内的土粒大小、组成以及排列方式，对土壤的水分、养分、气体和热量状况以及土壤中的生物有着重要的影响和制约。在本节中，我们将重点介绍土壤质地的分类、利用和改良，土壤结构的形成、作用以及管理，还有土壤孔隙的性质。

2.4.1　土壤质地

土壤质地是各种不同粒级土粒的综合表现，因此，了解土壤质地需要首先了解土粒的粒级和组成。

1. 土粒和粒级

1）土粒的种类

土粒是组成土壤固体相骨架的基本颗粒，可以分为矿物质土粒和有机质土粒两种。矿物质土粒占据了绝对的数量优势,并且在土壤中长期、稳定地独立存在,构成了土壤的固体相骨架;有机质土粒的数量较少,且容易分解或与矿物质土粒结合形成复合颗粒,很少以独立的形式存在。因此,通常所指的土粒是指矿物质土粒中的单一颗粒。

2)土壤粒级(粒组)

根据土粒的大小,我们将其分为若干组,称为土壤粒级(或粒组)。然而,由于土粒的形状通常是不规则的,所以很难直接测量其真实的直径。为了进行土壤粒级的划分,我们使用土粒的等效粒径或有效粒径来替代。

当量粒径。对于干燥的土壤,粗颗粒会通过筛网进行分级,而细颗粒部分则依据颗粒的半径与其在静止水中沉降速率的关系,即斯托克斯定律(Stokes law,1845),计算不同粒级土粒在静水中的沉降速度,见式(2-8)。这样,我们可以取与某个粒级相同沉降速率的圆球直径作为等效粒径。

$$v = (2/9) \times (\rho_s - \rho_w) g r^2 / \eta \tag{2-8}$$

式中:v 为土粒(圆球)沉降速率;ρ_s 和 ρ_w 分别为土粒(圆球)和水的密度,各级颗粒密度可实测之,或取常用密度值 2.65 g/cm³;η 为水的黏着系数;g 为重力加速度;r 为土粒(圆球)半径。

土粒的大小分级对于了解土壤质地非常重要,目前存在多种不同的粒级制度,其中包括国际制、美国农业部制、卡庆斯基制和中国制。这些制度将不同大小的土粒分为石砾、沙粒、粉粒(以前称为粉沙)和黏粒(包括胶粒)四个粒级。

(1)国际粒级制　国际粒级制将土粒分为四个基本粒级,砾、沙、粉、黏。石砾(2~3 mm)、沙粒(粗、细)(0.02~2 mm)、粉粒(0.002~0.02 mm)、黏粒(<0.002 mm)。

(2)美国农业部粒级制　该制度在美国的土壤调查和农业土壤试验中广泛应用,也被称为"美国制"。近年来,在我国土壤学教本中介绍较多。石砾(2~3 mm)、沙粒(极粗、粗、中、细、极细)(0.05~2 mm)、粉粒(0.002~0.05 mm)、黏粒(<0.002 mm)。

(3)卡庆斯基粒级制　苏联土壤学家卡庆斯基修订(1957)而成,分为:石砾(1~3 mm)、沙粒(粗、中、细)(0.05~1 mm)、粉粒(粗、中、细)(0.001~0.05 mm)、黏粒(粗、细、胶质)(<0.001 mm)。它先分为粗骨部分(1 mm 的石砾)和细土部分(1 mm 的土粒),然后再把后者以0.01 mm 为界,分为"物理性沙粒"与"物理性黏粒"两大粒组,意即其物理性质分别类似于沙粒和黏粒。前者不显塑性、胀缩性而吸湿性、黏结性极弱,后者则有明显的塑性、胀缩性、吸湿性和黏结性,尤以黏粒级(<1 μm)为强。0.01 mm 和 0.001 mm 正是各粒级理化性质的两个转折点。自20 世纪 50 年代以来,我国土壤机械分析多采用卡庆斯基制,曾通称"苏联制"。

(4)中国粒级制　在卡庆斯基粒级制的基础上修订而来。将土粒分为石砾(1~3 mm)、沙粒(粗、细)(0.05~1 mm)、粉粒(粗、中、细)(0.002~0.05 mm)、黏粒(粗、细)(<0.002 mm)。

2.各级土粒的组成和性质

1)各级土粒的矿物组成和化学组成

(1)矿物组成

石砾:石砾的矿物组成与其母岩相同,即岩石的主要组分。

沙粒:沙粒主要由物理风化产物组成,包括石英、长石、云母等原生矿物。

粉粒:粉粒中含有部分原生硅酸盐矿物以及次生硅酸盐矿物,这些是化学风化的产物。

黏粒:黏粒主要由大部分次生硅酸盐矿物构成,这些矿物是化学风化和生物化学风化的产物。

此外,还有来自星际陨石碎片和宇宙尘埃,其中的半熔融球体也可以添加到各级土粒中。

(2)化学组成和化学性质　各级土粒中二氧化硅(SiO_2)的含量从粗到细逐渐减少,而氧化铝(Al_2O_3)、氧化铁(Fe_2O_3)和盐基(碱金属和碱土金属氧化物)的含量逐渐增加。这导致SiO_2/R_2O_3的分子比率逐渐降低。因此,细土粒中植物养分的含量要比粗土粒中多得多。

2)土壤粒级的物理性质

土壤粒级的形状各异,沙粒和粉粒多呈不规则多角形,而黏粒则以片状和棒状为主。由于不同粒级的形状、比表面积和矿物组成的差异,导致各项物理性质也有所不同,如最大吸湿量、最大持水量、毛管上升高度、渗透系数和塑性等。

3.土壤的机械组成和质地

1)土壤机械组成

通过土壤机械分析,可以计算出各个粒级的百分含量,这被称为土壤的机械组成,也叫颗粒组成。根据这些数据,可以确定土壤的质地。

土壤机械组成数据主要在以下三个方面得到应用:估算土壤比表面积、确定土壤质地以及评价土壤结构的特性。

2)土壤质地

土壤质地是根据土壤的机械组成进行划分的土壤类型,是各级土粒的比例组合的综合反映。土壤质地的分类和特征主要受成土母质类型和人类活动(如耕作、施肥、灌排、平整等)的影响。土壤质地通常分为三类:沙土、壤土和黏土。土壤质地反映了母质的来源和成土过程的某些特征,对土壤的肥力有重要影响,因此常被用作土壤分类系统中基层分类的依据之一。

4.不同质地土壤的肥力特点、利用及剖面类型

1)不同质地土壤的肥力特点

(1)沙质土

①沙质土中沙粒含量高,黏粒较少,粒间孔隙大,通透性强,容易渗透降水和灌溉水,内部排水迅速。然而,毛管作用较弱,抗旱能力不足,保水性较差。因此,对于沙质土的利用管理,需要选择耐旱的植物品种,确保水源供应,进行适时的小额灌溉,以防止水分和养分流失。同时,可以采用覆盖物来减少土壤表面的水分蒸发。

②沙质土的养分含量较低,缺乏有机质,保肥性较弱。速效肥料,如人畜粪尿和硫酸铵,容易随雨水和灌溉水流失。因此,在沙质土上应强调增施有机肥,适时施用追肥,并坚持勤浇薄施、多次施肥的原则。

③沙质土含水量较少,热容量小,昼夜温差大,属于热性土壤,对于块茎和块根类作物的生长有利。

④沙质土土体疏松,适合耕作期间较长的作物。然而,有些沙质土(如细沙壤和粗粉质沙壤)在耕耘后容易形成板结,农民通常称之为"闭沙"。这种类型的水田在插秧时需要边耕边插,以减少板结的问题。

(2)黏质土

①黏质土中黏粒含量高,沙粒和粗粉粒含量很少,粒间孔隙狭小,通透性差,水分渗透较慢,容易积水。为了有效利用和管理黏质土,可以采用深沟、密沟、高畦等措施,或者通过深耕

破坏紧实的心土层,使用暗管和暗沟进行排水,以减轻涝害的发生或影响。

②黏质土含有丰富的矿物质养分,尤其是钾、钙等盐基离子,同时有机质含量也较高。因此,黏质土具有强大的保肥性能,施肥的肥效持久稳定,没有前期爆发效应,但在后期仍能保持养分供应。

③黏质土的热容量较大,昼夜温度波动较小,因此属于冷性土壤,受短期寒潮影响时,黏质土降温速度较慢,作物较不易受冻害。

④黏质土的宜耕期较短,而且耕作困难。由于缺乏有机质,黏质土常容易形成大块土壤,导致耕作阻力增大。在管理上,需要增施有机肥料,注意排水,选择在适宜含水量条件下进行精耕细作,以改善土壤的结构和耕作性能。

(3)壤质土　壤质土的沙、粉、黏粒含量适中,兼具沙质土和黏质土的优点。其保水性和保肥性都较强,肥效稳定,耕作性良好。由于沙、粉、黏粒的比例均衡,壤质土对不同作物的适应性较广,是相对理想的土壤类型。

然而,存在一种壤质土,即粗粉壤,其沙和粉粒含量占优势(60%～80%),但缺乏足够的有机质。这种壤质土在土壤颗粒排列较为紧密,即汀板性较强,这不利于幼苗的扎根和生长发育。为了改善这种情况,应该重视施用有机肥料,以增加土壤的有机质含量,进而改善土壤结构和性能。

2)土壤质地剖面

土壤质地剖面是指土壤在垂直方向上,不同层次质地的厚度和排列情况。这种剖面可以呈现均质或非均质的特点。

(1)上沙下黏(上松下紧)　这种质地剖面的上层为沙质土,具有良好的透水通气性,能够迅速接受大量的降水,减少地表径流和水土流失。下层则是黏质土,具备保水保肥的特性,有能力储存水分并防止养分的下渗流失。这种质地对于调节土壤水、肥、气、热状况表现较好,适宜于作物的生长,常被称为“蒙金土”。沙层的厚度在 30～40 cm 对水分状况影响较大。

(2)上黏下沙(上紧下松)　在这种情况下,上层为黏质土,具有较多毛管孔隙,强大的保水能力,但通透性较差。如果缺乏足够的有机质,干燥后容易出现土块,导致耕作性能下降,不利于幼苗生长。下层为沙质土,易于水分和养分的渗漏,使得作物在根系达到沙层后,供应不足。这种质地剖面对于幼苗和老苗的生长均不利,土壤肥力较低。

(3)沙夹黏或黏夹沙(夹层型)　在夹层型质地剖面中,沙质土和黏质土层次相间排列,且层次的厚度通常在 30～50 cm,甚至更薄。这种排列使得沙层和黏层适当相间,既具备了通气透水性,又具备了保水保肥的特性。然而,夹层过厚时,可能会演变成“上沙下黏”型或“上黏下沙”型的质地剖面。

(4)特殊夹层型　这种质地剖面中可能会夹杂一层特殊的坚硬层,如红壤中的铁结核层和铁盘层,这种坚硬层会阻止作物的根系穿过。在某些情况下,如碱土亚表土中的碱化层,黏土夹层的存在可能会影响毛管水上升,降低耕层的水分供应,但在盐碱土地区可能有助于防止次生盐渍化。

(5)均一的沙土型或黏土型(松散型或紧实型)　在这种类型的质地剖面中,孔隙单一而大小不当,因此需要根据当地情况灵活选择适宜的作物。例如,适合于在沙质土上种植的作物如花生、芝麻、马铃薯等。

一种理想的质地剖面具有表层有利于幼苗的出土和生根,同时粗细土粒的比例适当。总孔隙度较大(超过 50%),通气孔隙度也达到 10% 以上。这种剖面同时具备通气透水和保水保肥的特性,养分转化速度快而持久。

2.4.2 土壤结构

1.土壤结构的概念

土壤结构是指土壤中单粒或复合颗粒的排列和组合形式。它涵盖了两个主要方面:结构体和结构性。在常见的讨论中,土壤结构通常指的是结构性。

土壤结构体指的是土壤中单粒或复合颗粒相互排列和结合,形成一定大小和形状的土块或土团。这些结构体的稳定性各异,不同种类的结构体可用于自然土壤的鉴定,反映了耕作土壤的成熟程度和水文条件等。

土壤结构性指的是土壤结构体的种类、数量以及结构体内外的孔隙状况等综合性质。优良的土壤结构性实质上表现为良好的孔隙性质,包括总孔隙度大且分布适当,有利于土壤水分、养分、气体和热量的调节,同时也有助于植物根系的生长活动。

2.土壤结构体分类

根据其稳定性,土壤结构体可以分为以下几种。

(1)块状结构和核状结构 块状结构和核状结构的土块在长度、宽度和高度上大致相等。这些结构体多出现在缺乏有机质且耕作性能较差的黏质土壤中。一般情况下,在表土层中更常见大块状结构和块状结构,而在心土和底土中更常见块状结构和碎块状结构。在黏重的心底土中,核状结构较为常见。

(2)棱柱状结构和柱状结构 棱柱状结构和柱状结构的土壤结构的纵轴长度大于横轴长度,边角明显。这种结构体多出现于土壤的下层。柱状结构体常见于半干旱地区的心土和底土中,尤其是柱状碱土的碱化层中最为典型。

(3)片状结构(板状结构) 片状结构的土壤结构的横轴长度大于纵轴长度,多出现于冲积性土壤中。在老耕地的犁底层,常可见到片状结构。

(4)团粒(粒状和小团块)结构 团粒是由腐殖质作用下形成的近似球形疏松多孔的小土团,直径在 10~0.25 mm,而直径小于 0.25 mm 的被称为微团粒。土壤中的团粒结构具有良好的结构性和耕层构造,物理性能良好,土壤富饶肥沃,具备水稳定性、力稳定性和多孔性。

(5)单粒结构 在缺乏有机质的沙质土壤中,独立的沙粒单独存在,不形成结构体。

2.4.3 土壤质地及结构生态功能

1.不同质地土壤的利用和改良

(1)各种作物对土壤质地的要求 不同作物对土壤质地有不同的适应性要求。短生命周期作物适合在沙质土上生长,耐旱耐贫瘠的作物(如芝麻、高粱)以及需要早熟的作物也适合沙质土壤。谷物等需要较多营养的作物适合在黏质土壤中生长。根茎类作物(如马铃薯、甘薯)在沙质土壤上生长效果良好。花生、烟草和棉花也较适合沙壤土。蔬菜作物需要排水良好、土壤疏松,适合生长在沙壤土和壤土中。茶树的理想土壤质地是含有砾石的壤土和黏壤土,这样可以获得高产和高质的茶叶。

(2)土壤质地对土壤生态功能的影响 不同土壤质地由于颗粒大小和组合的不同,表现出不同的胶体吸附特性。沙质土由于胶体吸附性能较弱,其对养分和水分的保持能力较差。在高水肥管理条件下,容易导致水分和养分的地表和地下径流损失,对周围地表水体和地下水体的生态环境质量构成潜在威胁。黏质土由于颗粒较小,导致土壤通透性不佳,易出现土壤板结现象。在土壤中水溶性盐分含量较高的情况下,盐分不容易被冲走,可能导致盐渍化加重,从而恶化生态环境。壤质土一般具有较高的生产功能,有效利用水肥。然而,如果地下水含有高矿化度,容易引发土壤表层次生盐渍化,降低耕层土壤环境质量。因此,在农业生产中应考虑不同土壤质地的生态功能特点,有效地利用不同质地类型的土壤。

2. 团粒结构在土壤肥力上的意义

(1)团粒结构土壤的大小孔隙兼备　团粒结构的土壤具有多级孔隙结构,总体上具有较大的孔隙容量,即水和气的总容量较大。在团粒、微团粒和复粒等结构体之间,大小孔隙同时存在,毛管孔隙负责保水,非毛管孔隙负责透水和通气,土壤的孔隙状况相对理想。

(2)团粒结构土壤中水、气矛盾协调　团粒之间存在通气孔隙,可以实现透水通气。而团粒内部的小孔隙(毛管孔隙)能够储存水分。这种结构能够满足植物根系对水和气的需求。相比之下,非团粒结构的土壤可能通气性好但保水性差,或者保水性强但通气性差,无法同时满足水分和气体的需求。

(3)团粒结构土壤的保肥与供肥协调　团粒结构土壤中,团粒的表面(大孔隙)与空气有接触,有利于气性微生物的活动,加速有机质的分解,从而提供有效的养分。而团粒内部的毛管孔隙可以贮存毛管水,虽然通气性较差,但适合嫌气微生物的活动,有利于养分的贮藏。因此,每个团粒在肥力方面既类似于一个小水库,又类似于一个小肥料库,能够同时保持、调节和供应水分和养分。

(4)团粒结构土壤宜于耕作　团粒之间的接触面较小,黏结性较弱,从而导致耕作阻力较小,适宜长时间的耕作。这有利于植物的根系活动。相比之下,无结构的土壤耕作阻力较大,耕作质量较差,适宜的耕作时间较短。

(5)团粒结构土壤具有良好的耕层构造　团粒结构的干地土壤具有良好的耕层结构。富含有机质的水田土壤的耕层中通常含有一定数量的水稳性微团粒,这在一定程度上解决了水分和气体并存的问题(微团粒之间是水,微团粒内部有闭蓄空气)。

另外,团粒结构土壤的水分状况良好,有助于稳定整个土层的温度。

2.5　土壤生物及其功能

2.5.1　土壤微生物及其功能

土壤微生物(soli microorganism)是土壤中一切肉眼看不见或看不清楚的微小生物的总称,通常包括细菌(放线菌是细菌中的一类)、真菌、古菌、显微藻类和病毒,它们是土壤生物的重要组分,是土壤中最活跃的部分。细菌(bacteria)属原核生物,是土壤微生物中分布最广、数量最多的类群,占土壤微生物总量的 $70\%\sim90\%$ 。放线菌(actinobacteria)是细胞 DNA(G+C)mol%高于 50% 的革兰氏阳性细菌,在分类学上属于细菌的一个门——放线菌门。真菌(fungi)属真核生物,是数量仅次于细菌和放线菌的土壤微生物类型,其总生物量和生物活性在土壤中占有极其重要的地位。古菌(archaea)也称古细菌,是一类在细胞结构和功能上与其他微生物有显著差异的原核生物类群。显微藻类(algae)是用显微镜才能观察到的单细胞或多细胞真核原生生物,多为水生类型,陆地上也广泛分布。

土壤是重要的"菌种资源库",据估计,每克表层土壤中大概含有细菌 $10^8 \sim 10^9$ 个,放线菌 $10^7 \sim 10^8$ 个,真菌 $10^5 \sim 10^6$ 个,藻类 $10^4 \sim 10^5$ 个,每公顷土壤中由微生物构成的活物质可达 5~8 t。但由于不同种类微生物生活习性不同,导致其在土壤中的分布存在明显的剖面和区域差异。同一土体内,可同时生活好氧、厌氧、兼性厌氧、绝对厌氧、微嗜氧等各种呼吸类型以及异养、自养等各种营养类型的微生物。团聚体是微生物在土壤中生活的良好载体,微生物在团聚体中形成微菌落,与土壤黏粒紧密联系在一起。土壤微生物大都分布在土壤团聚体内外,细菌多位于团聚体内部,放线菌在团聚体内部多于外部,真菌则外部多于内部。根据土壤微生物对不同有机物质的分解能力可将其分为土著型和发酵型。土著型微生物(autochthonous)也称 K 生存策略型生物,是特定生态系统中的固有种类,其种群组成不因外界有机物质的加入而改变,对土壤环境适应性好,竞争能力强。发酵型微生物(zymogenous)也称 R 生存策略型生物,是因污水、粪便、动植物残体等外界有机物质进入土壤而迅速繁殖起来的,是外源物质的主要分解者。这类微生物虽然为土壤固有,但只有在大量新鲜有机物质进入土壤后才旺盛发展,在土壤生存竞争中处于劣势地位,随着外源有机物质被分解,其数量和活性下降,随之土著型微生物又重新活跃起来。

土壤微生物在土壤生态系统中的功能主要体现在:①分解土壤有机质,促进物质转化。微生物是生态系统中的分解者,绝大多数微生物是异养类型,通过对有机体的腐生、寄生、共生、吞食等方式获得食物和能源,最终将各种复杂有机物质分解成 CO_2、H_2O、NH_3、SO_4^{2-} 和 PO_4^{3-} 等简单的无机物。据估计,地球上 90% 以上的 CO_2 靠微生物分解作用形成。在腐殖质和蜡等特殊物质的分解过程中,微生物更是具有不可替代的重要作用。②参与物质循环,吸收、固定并释放养分。土壤微生物是生物地球循环中的关键环节,自养型微生物可利用阳光或通过氧化原生矿物等无机化合物摄取能源,通过同化 CO_2 取得碳源构成机体,为土壤提供有机质。地球上所有的生物固氮作用和 90% 以上的有机物矿化作用均由微生物完成,光合生物对无机营养物的同化作用和有机物的生物矿化作用控制着地球 C、N、P、S 元素的循环。同时,微生物自身还含有一定数量矿质元素,可看成是有效养分的储备库,对土壤肥力的提高有重要作用。③改善局部环境,促进植物生长。土壤微生物分泌的维生素、氨基酸、生长激素等生长调节物质可促进植物生长,分泌的抗菌类物质可有效避免土著性病原菌对作物的侵染。此外,微生物还可与植物共生,形成根瘤、菌根等特殊结构,为植物生长提供必不可少的营养元素。④形成和稳定土壤团聚体。真菌和放线菌的菌丝对土壤颗粒的机械缠绕、细菌分泌的胞外多糖、以及其他微生物分解有机物时所产生的腐殖酸类物质对土壤颗粒都有黏结作用。同时,微生物细胞也可依靠自身带有的负电荷,借助静电引力使土壤颗粒彼此连接,有利于土壤团聚体的形成和稳定。⑤在环境污染治理中起重要作用。土壤微生物代谢类型多样,几乎所有的化学农药都能被微生物用作能源和养料。利用微生物分解有毒有害物质的生物修复技术,被公认为治理大面积污染区域的一种有价值的手段,在污染土壤修复、水体治理、固废处理等方面大有作为。⑥具有生态安全调控机能。微生物对土壤基质变化敏感,是稳定生态系统、监测土壤质量变化和土壤健康状况的敏感指标,在维护土壤健康、保障土壤可持续利用和调控生态安全等方面发挥着重要作用。

2.5.2　土壤动物及其功能

土壤动物(soil animals)是在土壤中度过部分或全部生活史,在其中进行某些活动,并对土壤有一定影响的动物群。土壤动物数量巨大,种类繁多,通常根据体形大小和生存环境将其分为三类:

(1)小型土壤动物　平均体宽<0.2 mm,生活在土壤或枯落物的充水孔隙中,摄食微生物或微生物的代谢物,以及同样大小的其他动物,代表种类为原生动物和线虫。

土壤原生动物(soil protozoa)是一类缺少真正细胞壁的真核生物,是最简单、最低等的单细胞动物。原生动物在土壤中的功能主要包括:①影响土壤结构。可通过吞食固体食物,有选择性地取食细菌来调节细菌数量,改变土壤微生物群落结构,间接影响土壤结构。②参与土壤物质循环。可将固持在细菌体内的氮素释放出来,在土壤 N 素循环中起重要作用。③环境指示功能。可将土壤原生动物用作土壤中残留有机污染物、农药以及重金属等的污染诊断。

线虫(nematode)是土壤中数量和功能类群最为丰富的一类多细胞动物,常引起多种植物根部病害。线虫在土壤中的功能主要包括:①参与有机质分解。可通过取食真菌和细菌来调节土壤微生物群落结构和大小,间接影响分解过程。②维持生态系统稳定。可有效控制其他土壤动物和微生物的种群数量,维持生态系统平衡。③影响 C、N 循环。由于细菌 C/N 为 6 左右,线虫 C/N 为 10,当线虫取食细菌时,其捕食速率的变化可显著改变土壤 C、N 循环过程。④指示功能。可用作土壤指示生物,在评价生态系统的土壤生物学效应、土壤健康水平、生态系统演替或受干扰程度等方面作用尤为突出。

(2)中型土壤动物　平均体宽 0.2～2 mm,生存在土壤和枯落物的充气孔隙中,以摄取有机物和微生物为食,代表种类为螨类和弹尾目。

土壤螨(acarina)是一类以腐烂动植物为食、营自由生活的小型节肢动物。螨类在土壤中的功能主要包括:①分解有机质。可通过取食枯枝落叶、落果和植物残根等,增大微生物对底物的作用面积,提高酶作用效率。②改善土壤质量。螨类对有机物质的吸收利用能力很差,导致其粪便富含有机质,对土壤腐殖化意义重大。③参与物质循环。可通过捕食促进微生物更新换代,将固持在微生物体内的营养物质释放出来。④监测环境污染。甲螨是监测环境污染和土壤恶化的重要指示生物,能较敏感地反映土壤中的细微变化。

弹尾目(collembola)通称跳虫,是一类原生、无翅、有腹肢的中型土壤动物。弹尾目在土壤中的功能主要包括:①参与分解过程。可破坏植物木质部保护层,促进微生物持续分解。②改善土壤质量。可取食自己或其他节肢动物的表皮物质,将其转化为土壤可利用的有机质,并可将土壤腐殖质与矿物混合,改善土壤质地、结构、通气性和透水性。③作为生防材料。可限制某些植物病原菌的分布,一定程度上控制作物病害。④土壤重金属污染监测与修复。可作为指示生物进行重金属污染土壤的早期预警和生态毒理评估,还能通过改变重金属形态或形成络合物降低污染物毒性,达到修复目的。

(3)大型土壤动物　平均体宽>2 mm,通常由环节动物、软体动物、多足类和各种昆虫组成,产生有机粪便,是枯枝落叶的搬运者,代表种类为蚯蚓、白蚁和蚂蚁。

蚯蚓(earthworm)被称为"生态系统工程师",一般分为表居型(epigeic)、上食下居型(anecic)和土居型(endogeic)三大类群(表 2-7)。蚯蚓在土壤中的功能主要包括:①改良土壤物理性状。其运动、取食和排泄过程可改变土壤结构和土层排列,显著增加土壤通气性和排水保水功能。②促进团聚体形成。产生的黏蛋白可将小土壤颗粒结合在一起,形成真正的土壤团聚体结构。③影响分解和物质循环。可通过粉碎和消化作用直接影响分解过程,也可通过影响微生物活动间接影响分解作用。④环境指示作用。土壤中大部分杀虫剂和重金属都极易在蚯蚓体内富集,因此,可利用蚯蚓作为土壤环境指示生物。

表 2-7 蚯蚓生态类群的特征

生态类型	表居型	土居型	上食下居型
食物	取食土表凋落物;少量或不取食土壤	矿质层特别是多有机质土壤	在土表分解凋落物,有时将凋落物拖入洞穴;有时取食土壤
颜色	深,通常背腹均有	无色或浅色	较深,常在背面,至少身体前部色深
大小	小到中型	中型	大型
洞穴	无,某些种类在表层几厘米土中有穴	连续而广泛但非永久性的水平洞穴,常在 10~15 cm 土层	大、永久性的垂直洞穴,可深入土壤 3 m
活动性	遇干扰快速运动	一般行动迟缓	遇干扰快速缩回洞穴,但较表栖类动作慢
寿命	相对短	中等	相对长
世代	短	短	较长
耐旱性	通常以蚓茧度过干旱	遇旱滞育	遇旱休眠
捕食	易被鸟类、哺乳动物和节肢动物捕食	不易被捕食,有时被节肢动物和地栖鸟类捕食	在洞穴外时易被捕食
举例	*Lumbricus rubellus* *L. castaneus* *Dendrodrilus rubidus*	*Aporrectodea caliginosa* *A. rosae* *A. chlorotica* *A. icterica*	*L. terrestris* *A. longa* *L. polyphemus* *Dendrobaena platyura*

引自 Edwards et al. ,1996;Römbke et al. , 2005。

白蚁(termite)是被称作"生态系统工程师"的另一大类土壤无脊椎动物,主要取食富含纤维素的食料。蚂蚁(Ant)主要以节肢动物特别是昆虫为食,也可采集植物种子、植物汁液、真菌和其他蚂蚁的卵或幼虫为食。白蚁和蚂蚁在土壤中的功能主要包括:①影响土壤养分分布。白蚁和蚂蚁在筑巢和开挖通道时会导致养分在土壤剖面中重新分布。②改变土壤结构和物理性状。在白蚁和蚂蚁富集的土壤中,其巢穴、洞室和地下通道极其丰富,可强烈改变土壤物理结构。③促进有机质分解和养分循环。白蚁可与其后肠的共生原虫协调作用,彻底分解纤维素,还可促进植物残体的 N 素释放。④不利影响。白蚁和蚂蚁均为重要农业害虫,可通过取食直接危害植株,其筑巢时还可从地表移走大量有机残体,与土壤争夺养分,影响作物生长。

2.5.3　植物根系及其功能

1. 根系、根际和根际效应

根系（root system）是植物从土壤中吸收生长所必需的水分和养分的重要器官，在土壤中有横向生长和纵向生长，分布具有一定的水平幅度和垂直深度。根际（rhizosphere）是指生长中的植物根系直接影响的土壤区域，包括根系表面到几毫米的土壤部位，为植物根系有效吸收养分的范围，也是根系分泌作用旺盛的部位，是植物-土壤-微生物与环境交互作用的场所。

2. 植物根系在土壤中的功能

（1）增强土壤抗侵蚀性能　植物根系既能利用生长时对土体产生的物理压力将板结密实的土壤分散，也能分泌糖类、有机酸等物质将附近较小的土壤颗粒黏聚形成较大的团聚体，增强土壤的整体性，提高土壤颗粒的抗水流分散能力。植物根系对土壤还具有缠绕、固结和串联作用，可直接网络土体，使其不易被径流带走。尤其是根径在 1 mm 以下的细根，对土壤抗侵蚀性能的强化效应显著。

（2）增强土壤抗剪强度　抗剪强度指在外力作用下土壤发生变形和滑动时所具有的抵抗剪切破坏的极限程度。植物根系在土体内生长时，根尖向四周土体产生轴向压力，使土壤变形形成根道，导致根道四周土壤容重增加，土壤内聚力、剪张力和摩擦力增大。根系凹凸不平的表面及众多的叉根、根节、根毛等又增加了根-土间的接触面积，在根系膨胀的作用下，根-土间的摩擦力增加。根系分泌的化学物质有利于土壤颗粒的胶结，土壤团粒与穿插其中的植物根系形成有机复合体，能显著提高土壤的抗剪切强度。

（3）增强土壤渗透能力　根系生长时将周围土壤挤压到直径大约 1 cm 的距离，当根吸水时，引起周围土壤收缩，将团聚体机械地黏合在一起，使土壤具有良好的团聚结构和孔隙状况，提高土壤渗透性。根系在根与茎的连接处还能使土粒沉积形成许多微型滤水土坝，拦住径流去向，减缓流速，增大渗水量。须根通过在土壤中的交错穿插作用和有机质积累，促使土壤中大粒级水稳团聚体增加，对改善土壤渗透性能作用突出。同时，良好的孔隙状况还可增强土壤微生物活性，加速有机质的氧化分解，死亡的根系又可增加土壤中有机质含量，使土壤处于良性循环过程中，进一步提高土壤的渗透性。

（4）释放根际分泌物　植物在生长过程中既从外界吸收营养物质和水分，也向环境中释放黏胶、酶、碳水化合物、有机酸、氨基酸、维生素、核酸、黏液、黏质和溶胞产物等根际分泌物。黏胶对土壤微团聚体的稳定性及其大小、分布等物理性质有显著影响。根向根际分泌的低分子有机酸可增加土壤中的 H^+ 浓度，酸化根际土壤，导致土壤 pH 下降。乙酸、草酸、丙酸、丁酸等还可与 Hg、Cr、Pb、Cu、Zn 等元素的离子进行配位反应，使重金属在土壤中的生物毒性增加或减少。此外，有机酸还可通过对根际难溶性养分的酸化、螯合、离子交换作用及还原作用等提高这些根际土壤养分的有效性，活化或转换土壤中的难溶性养分，提高土壤中潜在养分的利用率。

3. 根瘤和菌根

根瘤和菌根是植物根系在土壤中的特殊存在形式，根瘤由细菌和植物根系共生形成，菌根则是真菌和植物根系结合形成的共生联合体。

根瘤（root nodule）是指原核固氮微生物侵入某些植物根部，刺激根部细胞增生而形成的圆形或枣状的瘤状物。根据结瘤植物和微生物的不同,根瘤可分为豆科植物根瘤和非豆科植物根瘤,前者由根瘤菌(rhizobia)和豆科植物(leguminosae)共生形成,后者主要由弗兰克氏放线菌(frankia)和非豆科植物共生形成,还有少数由根瘤菌和榆科植物的山黄麻属(parasponia)共生形成。

菌根(mycorrhiza)是一些高等植物根系与真菌所形成的互惠共生体。根据菌根真菌的菌丝体在寄主植物根部形成的形态结构,以及它们同寄主之间的营养关系,可将菌根分为内生菌根(endomycorrhiza)、外生菌根(ectomy corrhiza)和具有外生内生双方向特征的内外生菌根(ectendomy corrhiza),其中丛枝菌根(arbuscular mycorrhizae,AM)是内生菌根中最普遍也最主要的类型。

4. 根瘤和菌根在土壤中的功能

根瘤是植物的固氮器官。根瘤菌通过自身的生命活动将空气中的分子态 N_2 固定下来,又以 NH_4^+ 的形式供给植物吸收利用,植物则为固氮作用提供所需的能量和相关组分,二者形成共生关系。固氮率的高低取决于豆科植物种类和生长条件,共生固氮平均可为豆科植物提供所需氮素的 $50\%\sim75\%$。豆科植物结瘤还受环境中化合态氮的严重影响,土壤中有效氮化物丰富时对豆科植物本身生长无害,但会阻碍根瘤菌感染,影响根瘤生长,降低根瘤的固氮作用。因此,对豆科植物施用大量化合态氮不仅浪费资源,还会加重土壤和水体污染。

菌根在连接和黏合土壤颗粒、稳定土壤结构等方面起着非常重要的作用。根系与其上共生的真菌为土壤颗粒黏结形成直径≤0.25 mm 的微团聚体创造了条件,尤其是菌根上菌丝的串联缠绕作用和分泌的黏性物质是微团聚体形成的主要因素。根系与真菌菌丝互相缠绕,形成庞大的网络系统,促进微团聚体进一步固结形成直径>0.25 mm 的大团聚体。菌根可扩大寄主植物根的吸收范围,显著提高植物对磷的吸收;还能在植物根部起到机械屏障作用,防止病菌侵袭,防御根部病害;此外,菌根还可增强植物对重金属和农药等毒害的抗性,在污染土壤修复中显示出广阔的应用前景。

2.5.4　土壤酶及其功能

土壤酶(soil enzyme)是存在于土壤中各种酶类的总称,是土壤的组成成分之一。土壤中的酶活性决定了土壤中进行的各种生物化学过程的强度和方向,它是土壤的本质属性之一。土壤中重要的酶类主要包括:

过氧化氢酶(catalase):主要吸附在土壤黏粒的外表面,能分解 H_2O_2,防治 H_2O_2 对生物体的毒害作用。其活性与微生物数量和活性有关,也与土壤有机质含量、植物根系等有关,能在一定程度上反映土壤微生物过程的强度,可表征土壤腐殖化强度大小和有机质积累程度,与和肥力有关的土壤理化性质密切相关。

脱氢酶(dehydrogenase):在土壤中能被黏粒和粉沙吸附,其总活性的 90% 和黏粒有关,主要在 O_2 含量不足的地方显现出酶活性。脱氢酶活性与土壤有机质的转化速度密切相关,随着土壤比表面积减少,其活性也会降低。

多酚氧化酶(polyphenol oxidase,PPO):参与腐殖质组分芳香族有机化合物的转化,是表征土壤腐殖质化程度的专性酶,能够反映土壤腐殖质化状况,其活性与胡敏酸、富里酸的比值相关。其中以漆酶为代表的多酚氧化酶在环境修复中的应用得到广泛关注。

　　蔗糖酶(invertase)：又叫转化酶或 β-呋喃果糖苷酶,对增加土壤中易溶性营养物质起着重要作用,是表征土壤生物学活性强度的重要酶。一般情况下,土壤肥力越高,蔗糖酶活性越强,随着土壤熟化程度的提高,其活性也呈增强趋势,因此可作为评价土壤熟化程度和土壤肥力水平的一个指标。

　　蛋白酶(proteinase)：是水解酶类的一种,参与土壤中氨基酸、蛋白质及含氮有机化合物的酶解,可将蛋白质水解为肽,最终形成氨基酸,为植物提供氮源。

　　脲酶(urease)：是一种能专一性水解尿素的酶类,是唯一对尿素转化具有重大影响的土壤酶类。当尿素施入土壤后,脲酶可将其水解为能被植物吸收利用的氨态氮。

　　磷酸酶(phosphatase)：能促进土壤中有机磷化合物的水解,其活性很大程度上取决于土壤中的腐殖质含量、有效磷含量以及能分解有机磷化合物的微生物数量,是评价土壤中磷素生物转化方向和强度的指标。

　　土壤酶在土壤形成过程中具有如下重要作用：①土壤中存在的多种酶类使进入土壤的多种有机质和有机残体发生复杂的生物化学转化,并形成土壤腐殖物质,在腐殖质化和土壤酶活性间存在直接相关。②地球上生命的延续离不开碳、氮、磷等元素的生物地球化学循环,这些循环过程有赖于土壤酶和微生物的共同参与。③土壤酶在催化物质转化的同时,也催化能量转换,使土壤在生物圈中起着催化基质的作用、从而保证生物圈的生存活动持续发展。④土壤酶使生态系统的各组分间有了功能上的联系：在土壤酶的作用下,土壤有机物质和有机残体分解成不同的中间产物和最终产物,为微生物和植物提供了营养物质和能量；土壤酶还直接参与植物对营养物质的同化。⑤土壤物理性质、水热状况、无机和有机组分的化学组成、吸收性复合体的特征以及农业技术措施等都会直接或间接影响土壤酶活性,因此土壤酶活性也是表征土壤质量的重要指标。

2.6　土壤吸附性与交换性及其功能

2.6.1　土壤吸附性与交换性能

1.离子吸附的一般概念

　　根据物理化学反应,溶质在溶剂中呈不均一分布状态,在溶剂表面层中的浓度与溶液内部不同的现象称为吸附作用。当土壤胶体表面或表面附近的某种离子浓度高于或低于扩散层之外的自由溶液中该离子的浓度,则认为土壤胶体对该离子发生了吸附作用。

2.阳离子静电吸附(静电吸附)

　　土壤胶体一般带负电荷,通常吸附着多种带正电荷的阳离子存在于双电层扩散层中,这些离子可以离解,自由移动。土壤胶体对离子吸附的速度、数量和强度决定于胶体表面电位、离子价数和半径等因素。土壤胶体表面所带的负电荷越多,吸附的阳离子数量就越多；土壤胶体表面的电荷密度越大,阳离子所带的电荷越多,则离子吸附越牢。

　　不同价的阳离子与土壤胶体表面亲和力的大小顺序一般为 $M^{3+} > M^{2+} > M^+$。同价离子,吸附强度主要决定于离子的水合半径。一般情况下,离子的水合半径越小,离子的吸附强度越大。如一价的 Li^+、K^+、NH_4^+、Rb^+ 的水合半径依次减小,离子在胶体表面的吸附亲和力顺序为:$Rb^+>NH_4^+>K^+>Na^+>Li^+$,见表 2-8。

表 2-8　离子半径与吸附力

一价离子	Li$^+$	Na$^+$	K$^+$	NH$_4^+$	Rb$^+$
离子真实半径/nm	0.078	0.098	0.133	0.143	0.149
离子水合半径/nm	1.008	0.79	0.537	0.532	0.509
离子在胶体的吸附力	弱 ——————————————————————→				强

3.阳离子交换

发生在土壤胶体表面的交换反应称之为阳离子交换作用。离子从土壤溶液转移至胶体表面的过程为离子的吸附,而原来吸附在胶体上的离子迁移至溶液中的过程为离子的解吸,二者构成一个完整的阳离子交换反应。阳离子交换是一种可逆反应,遵循等价离子交换原则,符合质量作用定律。

阳离子交换规律主要与阳离子自身特性,即该离子与胶体表面之间的吸附力及浓度有关。

(1)高价阳离子交换能力大于低价离子;就同价离子而言,水合半径较小的阳离子交换能力较强。H^+水合半径小,运动速度极快。土壤中常见的几种交换性阳离子交换能力强弱顺序为:Fe^{3+}、$Al^{3+}>H^+>Ca^{2+}>Mg^{2+}>Mg^{2+}>K^+>Na^+$。

(2)离子浓度和数量是影响阳离子交换能力的重要因素。对交换能力较弱的离子,在离子浓度足够高的情况下,也可以交换吸附交换能力较强的阳离子。

1)阳离子交换量。

土壤阳离子交换量(cation exchange capacity,CEC)是指土壤所能吸附和交换的阳离子容量,用每千克土壤的一价离子厘摩数表示,即 cmol(+)/kg。影响土壤负电荷量数的因素主要有胶体类型、土壤质地和 pH。

土壤胶体上吸附的交换性阳离子可分为两类:一类是致酸离子,如 H^+、Al^{3+};另一类是盐基离子,如 K^+、Na^+、Ca^{2+} 等。当土壤胶体上吸附的阳离子全部是盐基离子时,称之为盐基饱和土壤;当土壤胶体吸附的阳离子仅部分为盐基离子,而其余部分为致酸离子时,称之为盐基不饱和土壤。盐基饱和土壤具有中性或碱性反应,而盐基不饱和土壤则呈酸性反应。土壤盐基饱和度的高低反映了土壤中致酸离子的含量,即土壤 pH 的高低。盐基饱和度常常被作为判断土壤肥力水平的重要指标,盐基饱和度≥80%的土壤,一般认为是较肥沃的土壤,盐基饱和度为 50%~80%的土壤为中等肥力水平,而饱和度低于 50%的土壤肥力较低。

土壤盐基饱和度计算公式为

$$盐基饱和度 = \frac{交换性盐基总量}{阳离子交换量} \times 100\% \tag{2-9}$$

式中:交换性盐基总量和阳离子交换量的单位为 cmol(+)/kg。

2)交换性阳离子的有效度

交换性阳离子对植物都是有效性的,但被植物吸收利用的难易程度,即有效度不同。从土壤角度看,影响交换性阳离子有效度的因素主要有离子饱和度、互补离子效应和黏土矿物类型。

4. 阳离子专性吸附

(1)处于周期表中的 IB、IIB 族和许多其他过渡金属离子,其原子核电荷数较多,离子半径较小,极化能力和变形能力较强,一般都能与配体形成内络合物,稳定性增加。由于电子层结构的这些特点,过渡金属离子具有较多的水合热,在水溶液中以水合离子形态存在,较易水解成羟基阳离子。电子层结构的这些特点也是导致金属离子产生专性吸附,而非胶体表面碱金属和碱土金属静电吸附的根本原因。

(2)产生阳离子专性吸附的土壤胶体物质主要是铁、铝、锰等的氧化物及其水合物。

(3)氧化物对过渡金属离子的这种专性吸附作用既可在表面带负电荷时发生,也可在表面带正电荷或零电荷时发生,反应的结果使体系 pH 下降。

(4)层状硅酸盐矿物在某些情况下对重金属离子也可产生专性吸附作用。

(5)被土壤胶体专性吸附的金属离子均为非交换态,不能参与一般的阳离子交换反应,只能被亲和力更强的金属离子置换或部分置换,或在酸性条件下解吸。

2.6.2　土壤吸附性、交换性及其功能

土壤和沉积物中的锰、铁、铝、硅等氧化物及其水合物,对多种微量重金属离子起富集作用,其中以氧化锰和氧化铁的作用最为明显。氧化物及其水合物对重金属离子的专性吸附,在调控金属元素的生物有效性和生物毒性方面起着重要作用。土壤溶液中 Zn、Cu、Co、Mo 等微量重金属离子的浓度主要受吸附-解吸作用所支配,其中氧化物专性吸附所起的作用更为重要。由于专性吸附对微量金属离子具有富集作用的特性,因此日益成为地球化学领域及地球化学探矿等学科的重要研究内容。

当外源重金属污染物进入土壤或河湖底泥时,易为土壤中的氧化物、水合氧化物等胶体专性吸附所固定,对水体中的重金属污染起到一定的净化作用,并对这些金属离子从土壤溶液向植物体内迁移和累积起一定的缓冲和调节作用。另一方面,专性吸附作用也给土壤带来了潜在的污染危险。

2.7　土壤酸碱性、氧化还原反应及其功能

2.7.1　土壤酸碱性

自然条件下土壤的酸碱性主要由土壤盐基状况决定。我国北方大部分地区的土壤为盐基饱和土壤,并含有一定量的碳酸钙。南方高温多雨地区的大部分土壤盐基不饱和,饱和度一般只有 20%～30%。相应的,我国土壤 pH 也呈现由北向南渐低的趋势。

1. 土壤酸性的形成

(1)土壤中 H^+ 的来源　南方高温多雨区,盐基淋溶强烈,土壤溶液中盐基成分减少,这时溶液中 H^+ 取代土壤吸收性复合体上的金属离子,而为土壤所吸附,使土壤盐基饱和度下降、氢饱和度增加,引起土壤酸化,在交换过程中,土壤溶液中 H^+ 可以由下述途径补给:①水的解离;②碳酸解离;③有机酸的解离;④酸雨($pH < 5.6$)的酸性大气化学物质通过干湿沉降降落到地面;⑤其他无机酸:$(NH_4)_2SO_4$、KCl 和 NH_4Cl 等生理酸性肥料施到土壤。

(2)土壤中铝的活化 当土壤有机矿质复合体或铝硅酸盐黏粒矿物表面吸附的氢离子超过一定限度时,这些胶粒的晶体结构就会遭到破坏,有些铝氧八面体解体,铝离子脱离八面体晶格的束缚变成活性铝离子,被吸附在带负电荷的黏粒表面,转变为交换性 Al^{3+}。土壤酸化过程始于土壤溶液中活性 H^+ 被吸附到土壤胶体表面,当达到一定浓度时,出现交换性铝,形成酸性土壤。

2. 土壤酸的类型

土壤酸可分为活性酸和潜性酸。土壤活性酸指与土壤固相处于平衡状态的土壤溶液中的 H^+ 显示酸度。土壤潜性酸指吸附在土壤胶体表面的交换性致酸离子(H^+ 和 Al^{3+})显示酸度。这些交换性致酸离子只有转移到溶液中转变成溶液中的氢离子时,才会显示酸性,故称潜性酸。土壤潜性酸是活性酸的主要来源和后备。

(1)强酸性土壤 在强酸性矿质土壤中,土壤活性酸(溶液 H^+)的主要来源是 Al^{3+},而不是 H^+。pH<4.8 的酸性红壤中,交换性氢一般只占总酸度的 3%~5%,而交换性铝占总酸度的 95%以上。

(2)酸性和弱酸性土壤 这种土壤的盐基饱和度较大,铝不能以游离 Al^{3+} 存在,而是以羟基铝离子如 $Al(OH)^{2+}$ 形态存在。酸性和弱酸性土壤中,除了羟基铝离子水解产生 H^+ 外,胶体表面交换性 H^+ 的解离可能是土壤溶液中 H^+ 的第二个来源。

3. 土壤碱性的形成

土壤碱性反应及碱性土壤形成是自然成土条件和内在因素综合作用的结果,土壤中的碱性物质主要是 Ca、Mg、Na、K 的碳酸盐及重碳酸盐,以及胶体表面的交换性 Na^+,形成碱性反应的主要机理是碱性物质的水解反应。

(1)碳酸钙水解

$$CaCO_3 + H_2O \longrightarrow Ca^{2+} + HCO_3^- + OH^- \tag{2-10}$$

因 HCO_3^- 又与土壤空气中 CO_2 处于平衡关系:

$$CO_2 + H_2O \longrightarrow HCO_3^- + H^+ \tag{2-11}$$

所以石灰性土壤的 pH 主要受土壤空气中 CO_2 分压控制。

(2)碳酸钠的水解 碳酸钠(苏打)在水中能发生碱性水解,使土壤呈强碱性反应。土壤中碳酸钠的来源有:①土壤矿物中的钠在碳酸作用下,形成碳酸氢钠,分解形成碳酸钠;②土壤矿物风化过程中形成的硅酸钠,与含碳酸的水作用,生成碳酸钠并游离出 SiO_2;③盐渍土水溶性钠盐(如氯化钠、硫酸钠)与碳酸钙共存时,可形成碳酸钠。

(3)交换性钠的水解 交换性钠水解呈强碱性反应,是碱化土的重要特征。碱化土形成必须有足够数量的钠离子与土壤胶体表面吸附的钙、镁离子交换,同时土壤胶体上交换性钠解吸并产生苏打盐类。

2.7.2 土壤氧化还原反应

氧化还原反应是发生在土壤(尤其土壤溶液)中的普遍现象,也是土壤的重要化学性质。氧化还原作用始终存在于岩石风化和土壤形成发育过程中,对土壤物质的剖面迁移,土壤微生物活性和有机质转化,养分转化及生物有效性,渍水土壤中有毒物质的形成和积累,以及污染土壤中污染物质的转化与迁移等都有深刻影响。

1. 氧化还原体系

土壤中有多种氧化物质和还原物质共存,氧化还原反应就发生在这些物质之间。氧化反应实质上是失去电子的反应,还原反应则是得到电子的反应。实际上,氧化反应和还原反应是同时进行的,属于一个反应过程的两个方面。电子受体(氧化剂)接受电子后,从氧化态转变为还原态;电子供体(还原剂)供出电子后,则从还原态转变为氧化态。因此,氧化还原反应的通式可表示为式:

$$氧化态 + ne^- \rightleftharpoons 还原态$$

土壤中存在着多种有机和无机的氧化还原物质(氧化剂和还原剂),在不同条件下它们参与氧化还原过程的情况也不相同。参加土壤氧化还原反应的物质,除了土壤空气和土壤溶液中的氧以外,还有许多具可变价态的元素,包括 C、N、S、Fe、Mn、Cu 等;在污染土壤中还可能有 As、Se、Cr、Hg、Pb 等。种类繁多的氧化还原物质构成了不同的氧化还原体系(redox system)。土壤中主要的氧化还原体系如表 2-9 所示。

表 2-9　土壤中主要的氧化还原体系

体系	物质状态		代表性反应举例
	氧化态	还原态	
氧体系	O_2	O^{2-}	$O_2 + 4H^+ + 4e^- \rightleftharpoons 2H_2O$
有机碳体系	CO_2	CO、CH_4、还原性有机物等	$CO_2 + 8H^+ + 8e^- \rightleftharpoons CH_4 + 2H_2O$
氮体系	NO_3^-	NO_2^-、NO、N_2O、N_2、NH_3、NH_4^+	$NO_3^- + 10H^+ + 8e^- \rightleftharpoons NH_4^+ + 3H_2O$
硫体系	SO_4^{2-}	S、S^{2-}、$H_2S\cdots$	$SO_4^{2-} + 10H^+ + 8e^- \rightleftharpoons H_2S + 4H_2O$
铁体系	Fe^{3+}、$Fe(OH)_3$、$Fe_2O_3\cdots$	Fe^{2+}、$Fe(OH)_2\cdots$	$Fe(OH)_3 + 3H^+ + e^- \rightleftharpoons Fe^{2+} + 3H_2O$
锰体系	MnO_2、Mn_2O_3、$Mn^{4+}\cdots$	Mn^{2+}、$Mn(OH)_2\cdots$	$MnO_2 + 4H^+ + 2e^- \rightleftharpoons Mn^{2+} + 2H_2O$
氢体系	H^+	H_2	$2H^+ + 2e^- \rightleftharpoons H_2$

2. 氧化还原指标

(1)强度指标

①氧化还原电位(Eh)。氧化还原电位是长期惯用的氧化还原强度指标,它可以被理解为物质(原子、离子、分子)提供或接受电子的趋向或能力。物质接受电子的强烈趋势意味着高氧化还原电位,而提供电子的强烈趋势则意味着低氧化还原电位。

氧化还原电极电位的产生,可以 $Fe^{3+} + e^- \rightleftharpoons Fe^{2+}$ 反应为例加以说明:如果向溶液中插入一铂电极,则 Fe^{2+} 和铂电极接触时就有一种趋势,将其一个 e^- 传给铂电极,而使电极趋于带负电荷,Fe^{2+} 则被氧化成 Fe^{3+};与此同时,溶液中原有的 Fe^{3+} 则趋于从铂电极上获取一个 e^-,使电极带正电荷,而其本身则被还原成 Fe^{2+}。上述两种趋势同时存在,方向相反,因此其总的净趋势方向和大小就要看 Fe^{2+} 和 Fe^{3+} 的相对浓度(活度)而定。也就是说,在这一反应体系中,铂电极的电性如何以及电位高低,都取决于电极周围溶液中的$[Fe^{3+}]/[Fe^{2+}]$。一个氧化还原反应体系的氧化还原电位可用下列能斯特公式(2-10)表达:

$$Eh = E^0 + \frac{RT}{nF}\ln\frac{[氧化态]}{[还原态]} \tag{2-10}$$

式中:Eh 为氧化还原电位,单位为 V;E^0 为该体系的标准氧化还原电位,即当铂电极周围溶液中[氧化态]/[还原态]值为 1 时,以氢电极为对照所测得的溶液的电位值(E^0 可从化学手册上查到);R 为摩尔气体常数(8.313 J),T 为绝对温度,F 为法拉第常数(96500 库仑),n 为反应中转移的电子数;[氧化态][还原态]分别为氧化态和还原态物质的浓度(活度)。

将各常数值代入式(2-10),在 25 ℃时,并采用常用对数,则有:

$$Eh = E^0 + \frac{0.059}{n}\lg\frac{[氧化态]}{[还原态]} \tag{2-11}$$

式中,Eh 的单位为 V。在给定的氧化还原体系中,E^0 和 n 也为常数,所以[氧化态]/[还原态]的值决定了 Eh 值高低。比值越大,Eh 值越高,氧化强度越大;反之,则还原强度越大。

②电子活度负对数(pe)　正如用 pH 描述酸碱反应体系中的氢离子活度一样,可以用 pe 描述氧化还原反应体系中的电子活度,pe$=-\lg[e^-]$。对于式(2-10)所示的氧化还原反应,其平衡常数为:

$$K = \frac{[还原态]}{[氧化态][e^-]} \tag{2-12}$$

取对数得

$$pe = \frac{1}{n}\lg K + \frac{1}{n}\lg\frac{[氧化态]}{[还原态]} \tag{2-13}$$

当[氧化态]与[还原态]的比值为 1 时,pe$=\frac{1}{n}\lg K$,即 pe^0。故式(2-13)可写为:

$$pe = pe^0 + \frac{1}{n}\lg\frac{[氧化态]}{[还原态]} \tag{2-14}$$

根据平衡常数 K 与反应中标准自由能变化的关系:

$$\Delta Gr^0 = -RT\ln K = -nFE^0 \tag{2-15}$$

故有

$$E^0 = \frac{RT}{nF}\ln K = \frac{2.303RT}{F}pe^0 \tag{2-16}$$

将式(2-16)代入式(2-11),得

$$Eh = \frac{RT}{nF}\ln K + \frac{RT}{nF}\ln\frac{[氧化态]}{[还原态]} = \frac{2.303RT}{F}\left(\frac{1}{n}\lg K + \frac{1}{n}\lg\frac{[氧化态]}{[还原态]}\right)$$
$$= \frac{2.303RT}{F}pe \tag{2-17}$$

在 25 ℃时,式(2-17)可写为:

$$Eh = 0.059\text{pe} \qquad (2\text{-}18)$$

上式即为 Eh 与 pe 的一般关系式。pe 作为氧化还原强度指标,在氧化体系中其值为正,氧化性越强,则 pe 值越大;在还原体系中其值为负,还原性越强,pe 的负值越大。

③pH 的影响。土壤中大多数氧化还原反应都有 H^+ 参与,因此 $[H^+]$ 对氧化还原平衡有直接影响。H^+ 参与的氧化还原反应简单通式为:

$$氧化态 + ne^- + mH^+ \Longleftrightarrow 还原态 + xH_2O \qquad (2\text{-}19)$$

其平衡常数为:

$$K = \frac{[还原态][H_2O]^x}{[氧化态][e^-]^x[H^+]^m} \qquad (2\text{-}20)$$

液态水的活度为 1,故上式取对数得:

$$\text{pe} = \text{pe}^0 + \frac{1}{n}\lg\frac{[氧化态]}{[还原态]} - \frac{m}{n}\text{pH} \qquad (2\text{-}21)$$

相应的有:

$$Eh = E^0 + \frac{2.303RT}{F}\left(\frac{1}{n}\lg\frac{[氧化态]}{[还原态]} - \frac{m}{n}\text{pH}\right) \qquad (2\text{-}22)$$

在 25 ℃时,可写为:

$$Eh = E^0 + \frac{0.059}{F}\lg\frac{[氧化态]}{[还原态]} - 0.059\frac{m}{n}\text{pH} \qquad (2\text{-}23)$$

由式(2-23)可知,当 $m=n$,温度为 25 ℃时,每单位 pH 变化所引起的 Eh 变化($\Delta Eh/\Delta\text{pH}$)为 -59 mV。不同的氧化还原体系的 m/n 值不一样,$m/n>1$ 时,$\Delta Eh/\Delta\text{pH}$ 会成比例增加。可见,pH 是影响氧化还原电位的一个重要因素。在很多体系中,其影响程度常超过活度比。一般土壤的 pH 为 4~9,高于标准状态(pH=0),因而总是使 Eh 值降低。

(2)土壤氧化还原强度指标及其与数量因素的关系　在现实土壤中,由于氧化物质和还原物质的种类十分复杂,其标准电位(E^0)也很不相同,因此根据公式计算 Eh 值是困难的。主要是以实际测得的 Eh 值作为衡量土壤氧化还原强度的指标,这是一个表征各种氧化还原物质的混合性指标,亦即土壤中氧化剂和还原剂在氧化还原电极上所建立的平衡电位。

氧化还原数量因素是指氧化性物质或还原性物质的绝对含量。目前已经提出了一些区分土壤中不同氧化还原体系的氧化态物质和还原态物质的方法,并能够测定土壤中还原性物质总量。但同样由于土壤物质体系的复杂性,测得的氧化还原物质的数量往往难以直接与 Eh 联系起来。尽管如此,在一定条件下土壤氧化还原强度 Eh 与还原性物质的含量(浓度)之间仍表现出明显的相关性。大量测定结果表明,土壤的还原性物质越多,其氧化还原电位越低。

氧化还原强度因素与数量因素有着不同的实际意义:前者决定化学反应的方向,后者则是定量研究各种氧化还原反应时的依据。两种指标结合起来,就可以更全面地了解土壤氧化还原状况。

(3)氧化还原缓冲性　一个体系的氧化还原缓冲性,是指当加入有限数量的氧化剂或还原剂后,该体系的氧化还原强度(Eh)保持相对稳定的能力。对这种氧化还原缓冲性可以进行理论推导：

设氧化态活度为 X，氧化态与还原态的总活度为 A，则还原态的活度为 $A-X$。根据式（2-11），当氧化态的活度增加 dX 时，Eh 的增量为：

$$\frac{dEh}{dX} = \frac{RT}{nF} \cdot \frac{A}{X(A-X)} \tag{2-24}$$

$\frac{dEh}{dX}$ 的倒数可作为氧化还原缓冲性的一个指标，称为缓冲指数。

$$\frac{dX}{dEh} = \frac{nF}{RT} \cdot \frac{X(A-X)}{A} = \frac{nF}{RT} \cdot X\left(1-\frac{X}{A}\right) \tag{2-25}$$

由式（2-25）可以看出，对于一个氧化还原体系而言，A 值越大，缓冲作用越强；在一定的 A 值条件下，当氧化态与还原态的活度相等时，缓冲作用最强。在多种氧化还原体系进行反应后，主要是缓冲性较强的体系决定整个反应系统的氧化还原电位。

3.氧化还原平衡

在一定条件下，当一个体系的氧化还原反应达到平衡状态时，该体系便建立起了平衡电极电位。当体系的浓度（活度）比开始变化，即氧化态开始向还原态转化，或还原态开始向氧化态转化时的氧化还原电位，称为临界 Eh 值。作为判断既定条件下氧化反应或还原反应能否进行的指标，临界 Eh 值是土壤中许多氧化还原物质（如养分、污染物等）的特征指标，它和土壤中存在的体系、溶液的离子组成和 pH 等因素有关。各种 pH 条件下有不同的临界 Eh 值，在各体系的 Eh-pH 图中可以看出特定条件下的临界 Eh 值以及各种形式化合物的稳定范围。

当两个 E° 相异的体系共存时，E° 高的体系中的氧化型物质能氧化 E° 低的体系中的还原型物质。当这两种氧化还原体系的反应达平衡时，若两个体系的 n 值相等，则两个体系的 Eh 值相等。

当有多个不同的氧化还原体系共存时，则在标准状态下，以 E° 高的体系优先进行还原反应，而 E° 低的则进行氧化反应，直至平衡。如果有足够的还原剂供应，那么，在平衡过程中各体系的氧化态物质将按体系的 Eh（E°）顺序依次作为电子受体被还原，这种现象称为顺序还原作用。

2.7.3　土壤酸碱性、氧化反应功能

1.土壤酸碱性功能

（1）与养分生物有效性

①土壤 pH 6.5 左右时，各营养元素有效度较高，适宜多数作物生长。

②在微酸性、中性、碱性土壤中，氮、硫、钾有效度高。

③pH 6～7 的土壤中，磷有效度最高。pH＜5 时，因土壤中的活性铁、铝增加，易形成磷酸铁、铝沉淀。而在 pH＞7 时，则易产生磷酸钙沉淀，磷的有效性降低。

④在强酸和强碱土壤中，有效性钙和镁含量低，在 pH 6.5～8.5 的土壤中，有效度较高。

⑤铁、锰、铜、锌等微量元素有效度，在酸性和强酸性土壤中高；在 pH＞7 的土壤中，活性铁、锰、铜、锌离子明显下降，并常常出现铁、锰离子的供应不足。

⑥在强酸性土壤中，钼的有效度低。pH＞6 时，其有效度增加。硼的有效度与 pH 关系较

复杂,在强酸性土壤和 pH 7.0~8.5 的石灰性土壤中,有效度均较低,在 pH 6.0~7.0 和在 pH>8.5 的碱性土壤中,有效度较高。

(2)与有毒物质的积累　pH<5.5 的强酸性土壤中,交换性铝可占阳离子交换量的 90% 以上,且易产生游离铝离子。当游离的铝离子达 0.2 cmol/kg 土时,就可使农作物受害。大田作物幼苗期对铝极为敏感。铝害表现为根系变粗短,影响养分吸收。施用石灰,使土壤 pH 升到 5.5~6.3,则大部分或全部铝(Al^{3+})沉淀,铝害被消除。

在强酸性土壤中,当交换锰(Mn^{2+})达到 2~9 cmol/kg 土,或植株干物质含锰量超过 1000 mg/kg 时产生锰害。施石灰中和土壤酸度至 pH>6 时,锰害可消除。

2. 土壤氧化反应功能

土壤氧化反应过程影响土壤中的物质和能量转化,氧化还原状态在很大程度上决定土壤物质的存在形态及其活动性。其功能主要包括:

(1)影响土壤形成发育　在冷湿地带的森林土壤中,表层常含有较多的还原性有机质,使矿物质中的铁、锰氧化物还原为低价态。易溶的低价 Fe^{2+}、Mn^{2+} 被淋洗到 Eh 较高的 B 层,使一部分 Fe^{2+}、Mn^{2+} 氧化成锈纹、锈斑或铁、锰结核。其中锰与铁的淋溶过程基本相同,但锰较铁更难氧化,往往淋至更深的部位才淀积下来,从而导致铁、锰的剖面分化。

在某些局部的低湿条件下,土壤季节性的干湿交替导致氧化还原状态交错,频繁的氧化还原作用也常形成大量的铁、锰锈斑或结核。若常年积水,则形成各种潜育化土壤。

在热带地区,有机残落物在微生物作用下迅速氧化为 CO_2 和 H_2O,因此有机残体的还原作用小,同时表层中的铁在高温下易氧化,也容易脱水成为不移动的氧化铁。但在某些湿热条件下,由于氧化还原作用也可引起铁在土壤剖面中移动,并在中层氧化脱水而淀积,使土壤中层积聚大量的铁。在湿润热带的古老沉积层中常夹有铁盘等新生体。

(2)影响土壤有机质分解和积累　一般认为,在氧化状态下有机质的矿化消耗速率较快,过高的 Eh 值不利于土壤腐殖质积累。偏湿的水分状态和较低的 Eh 值条件下,有机质矿化得到一定抑制,利于积累大量腐殖质。所以,在同一地区往往是低湿地段的土壤中积累相对较多的腐殖质,或黏质土比沙质土积累更多的腐殖质。而在沼泽土中,除积累腐殖质外,尚积累大量的半分解植物残体——泥炭。当然,不同氧化还原状态下有机质分解与积累的差异主要是由相应的微生物条件所决定的。

(3)影响土壤养分有效性　氧化还原状况显著影响土壤中无机态变价养分元素的生物有效性。例如,在强氧化状态下(Eh>700 mv)高价铁、锰氧化物的溶解性很差,可溶性 Fe^{2+}、Mn^{2+} 及其水解离子浓度过低,植物易产生铁、锰缺乏;而在适当的还原条件下,部分高价铁、锰被还原为 Fe^{2+} 和 Mn^{2+},对植物的有效性增高。

土壤氧化还原状况影响有机质的分解和积累,因此也影响有机态养分的保存和释放。当处于氧化状态时,有机养分矿化释放较快,土壤(尤其森林土壤)肥力一般能够得以维持;当处于较强还原状态时(如沼泽地),则 N、P 等养分大部分固存在有机质中,矿化释放缓慢,有效养分贫乏。

变价元素的氧化还原过程还间接影响到其他无机养分的有效性。例如,在低的 Eh 值下,因含水氧化铁被还原成可溶的亚铁,减少了其对磷酸盐的专性吸附固定,并使被氧化铁胶膜包裹的闭蓄态磷释放出来,同时磷酸铁也还原为磷酸亚铁,使磷的有效性显著提高。

(4)影响土壤还原性有毒物质的产生和积累 当土壤处于中、强度还原状态时,会产生Fe^{2+}、Mn^{2+}甚至 H_2S 和某些有机酸(如丁酸)等一系列还原性物质,并在一定条件下导致这些物质过量积累,从而引起对植物的毒害作用。过量亚铁毒害主要表现在植物生理上阻碍对磷和钾的吸收,氮吸收也受到影响;过量的 Fe^{2+} 还使根易老化,抑制根的生长。H_2S 和丁酸等积累,可以抑制植物含铁氧化酶的活性,影响呼吸作用,并减弱根系吸收水分和养分的能力(尤其是对 HPO_4^{2-}、K^+、NH_4^+、Si^{4+} 的吸收能力)。强还原状态下植物常发生黑根,主要是 FeS 沉淀附着在根部之故,可显著降低根的通透性。相当严重的嫌气或还原环境常导致根系腐烂和植物死亡。

(5)影响植物生长 土壤氧化还原状况显著影响植物生长,在某些情况下比 pH 的影响还重要。由于长期形成的对土壤氧气、水分、养分及还原性有毒物质组合状况的适应性,不同植物往往有不同的适生 Eh 范围。土壤氧化还原状况常与水分状况相联系,因此植物对土壤 Eh 高、低的适应性往往对应着其耐旱性或耐(喜)湿性,但二者并不能等同看待。

(6)影响土壤污染物质的生物环境效应 土壤氧化还原状况很大程度上影响重金属、农药及有毒有机物的形态转化,从而影响其在生物-环境系统中的活性、迁移性和毒害性。例如,土壤中大多数污染重金属(如 Cd、Hg)是亲硫元素,在渍水还原条件下易生成难溶性硫化物;而当水分排干后,则氧化为硫酸盐,其可溶性、迁移性和生物毒性迅速降低;但当土壤中的无机汞还原为金属汞,并进一步被微生物转化为甲基汞时,其毒性又会大幅度增加,这在水田和湿地生态系统中都至为重要。当砷在一定还原条件下由砷酸盐还原为亚砷酸盐,其活性和生物毒性也会增加几十倍。至于农药和有毒有机物,它们有的在氧化条件下转化迅速,有的则在还原条件下才能加速代谢。

(7)影响大气环境和全球气候变化 土壤氧化还原状况对大气环境和全球气候变化的影响主要表现在 N_2O、CH_4、CO_2 等温室气体排放方面。土壤 N_2O 的排放可能主要来自反硝化作用,硝化过程中也伴有 N_2O 产生。据估计,全球自然土壤的年 N_2O-N 排放量为$(600\pm300)\times10^4 t$,施肥土壤每年向大气排放的 N_2O-N 有 $150\times10^4 t$。在农林业生产中,使用氮肥是N_2O产生量增加的基本原因,N_2O 排出量可达施肥量的 $0.1‰\sim2‰$ 及以上,还原性土壤施用硝态氮肥或氮肥被淋洗到湿地常引起最显著的 N_2O 排放。

思考题

1.简述土壤矿物质的元素组成和矿物组成特点。

2.简述层状铝硅酸盐黏土矿物的种类及主要特性。

3.简述土壤有机质矿化的影响因素。

4.简述国际粒级制、美国粒级制、卡庆斯基粒级制和中国粒级制的差异。

5.简述团粒结构在土壤肥力上的作用、意义。

6.简述土壤水入渗的影响因素。

7.简述阳离子交换作用的特点。

8.简述土壤吸附性、交换性生态功能。

9.试述土壤有机质的作用及其生态功能。

第3章　土壤的形成与分类

土壤是由成土母质在多重因素的作用下,包括气候、生物、地形、时间、内部地质作用以及人类活动等,经历一系列物理、化学和生物化学过程而形成的。这个过程包括母质与成土环境之间的物质和能量交换,导致了土壤的分层结构和不同类型的土壤,以及它们的肥力特性。土壤的分类是根据土壤的形成和自然性质,按照一定的分类标准,将自然界中的土壤分为不同的类别的过程。每类土壤都有与其特性相适应的地理位置,这导致了土壤在水平和垂直方向上的地带性和区域性分布规律。本章简要介绍了土壤形成的六大成土因素,主要的成土过程、分类的方法以及我国土壤的地理分布规律。

3.1　土壤形成与环境的关系

3.1.1　成土因素学说

B. B. 道库恰耶夫是成土因素学说的创始人。19 世纪 80 年代,B. B. 道库恰耶夫在俄国做土壤调查和研究时发现,土壤有它自己的起源,是母质、生物、气候、地形和年龄综合作用的结果。他用式(3-1)表示土壤与成土因素间的函数关系:

$$\Pi = f(K、O、\Gamma、P)T \tag{3-1}$$

式中:Π 代表土壤;K 代表气候;O 代表生物;Γ 代表母质;P 代表地形;T 代表时间。美国土壤学家 H. 詹尼(1941)在他的《成土因素》一书中,引用了与道库恰耶夫同样的数学式(3-2)来表示土壤和最主要的成土因素之间的关系:

$$S = f(cl、o、r、p、t\cdots) \tag{3-2}$$

式中:S、cl、o、r、p、t 分别代表土壤、气候、生物、地形、母质和时间,省略号代表其他成土因素。

将上述基本函数式稍作修改,将优势因素放在函数右侧括弧内的首位,因而产生了:

$$S = f(cl、o、r、p、t\cdots) \qquad (气候主导函数式)$$
$$S = f(o、cl、r、p、t\cdots) \qquad (生物主导函数式)$$
$$S = f(r、cl、o、p、t\cdots) \qquad (地形主导函数式)$$
$$S = f(p、cl、o、r、t\cdots) \qquad (母质主导函数式)$$
$$S = f(t、cl、o、r、p\cdots) \qquad (时间主导函数式)$$

应当指出,道库恰耶夫和詹尼的土壤形成方程式只是土壤形成的概念模型,而不是可解的数学模型。因为在自然环境系统中,每一个成土因素都是极其复杂多变的,它们不仅不是独立的,而且在时空上也是可变的、因子之间及因子与土壤之间时刻都处在作用—反馈之中。

B.B.波雷诺夫和 B.A.柯夫达的土壤历史发生学观点,认为自然界各种土壤都有一定的历史发生规律,在风化成土过程的第一时期,风化物丧失氯和硫的化合物;第二时期,风化物丧失了碱金属和碱土金属元素的盐基离子;第三时期,是残积黏土时期即硅积化时期;最后是富铝化时期,即大量积累铁铝氧化水化物。该学派以历史发生的观点,按土壤地球化学风化演化阶段,将土壤划分为盐渍土、碳酸盐土、硅铝土和富铝土等不同类型。

土壤发生学的观点可归纳为:

(1)土壤是在各个成土因素综合作用下形成的　①母质是岩石风化的产物,是土壤形成的物质基础,母质的组成和性状都直接影响土壤发生过程的速度和方向,这种作用越是在土壤发生的初期越发明显,并且,母质的某些性质往往被土壤继承下来。②生物因素包括植物、动物(土壤动物)和土壤微生物,它们将太阳辐射转变为化学能引入土壤发育过程之中,它们是土壤腐殖质的生产者,同时又是土壤有机质的分解者,是促使土壤发生发展的最活跃因素。③气候因素是土壤发生发育的能量源泉,它直接影响着土壤的水热状况,影响着土壤中矿物、有机质的迁移转化过程,它是决定土壤发生过程的方向和强度的基本因素。④地形因素,它与土壤之间并未进行物质和能量的交换,而只是通过对地表物质和能量进行再分配来影响土壤发生过程。⑤时间因素,可以阐明土壤发生发育的动态过程,其他所有成土因素对土壤发生发育的综合作用是随着时间的增长而加强的。⑥人类活动,对土壤发生发育的影响是广泛而深刻的,人们通过两个途径:一是通过改变成土条件,二是通过改变土壤组成和性状来影响土壤发生发育过程。

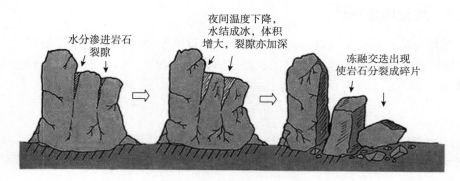

图 3-1　岩石风化的过程示意图

(2)各成土因素是同等重要和不可替代的　所有的成土因素始终是同时地、不可分割地影响着土壤的发生和发育,它们同等重要地和不可替代地参与了土壤的形成过程。各个因素的"同等性"绝不意味着每一个因素始终都在同样地影响着土壤形成过程。但对于某个具体土壤形成过程而言,其中必然是某个成土因素属主导因素。

(3)土壤类型是发展变化的　随着时间与空间的不同,成土因素及其组合方式也会有所改变,故土壤也跟着不断地发生变化。这样就肯定了土壤是一个动态的自然体,土壤有其发生、发展和演替的规律。

3.1.2　土壤形成与气候因素

气候是土壤形成的能量源泉,土壤形成的外在推动力归根结底都来自气候因素,气候是直接和间接地影响土壤形成过程的方向和强度的基本因素。土壤与大气之间经常进行水分和热量的交换,气候直接影响着土壤的水热状况。但土壤的水热状况还受地形、地表覆盖等因素的影响。气候对土壤形成的影响主要体现在三个方面:一是直接参与母质的风化,水热状况直接影响矿物质的分解与合成及物质积累和淋失,并决定着母岩风化与土壤形成过程的方向和强度;二是控制植物生长和微生物的活动,影响有机质的积累和分解,决定养料物质循环的速度;三是风力对土壤侵蚀和沉积的影响,进而影响土壤的形成和发育。

图 3-2 表明,从亚极地带、苔原带、寒温带、温带、亚热带至热带,随年均气温和降水变化,植物群落依次更替,土壤矿物风化强度逐渐增强,风化产物也依次更替。

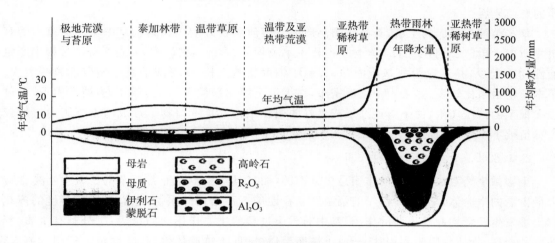

图 3-2 不同气候带地表风化壳分异规律图式(引自李天杰,2004)

3.1.3 土壤形成与生物因素

土壤形成的生物因素包括植物、动物和微生物。植物又可以分为木本植物和草本植物,它们对土壤形成的影响是不同的。生物因素是促进土壤发生发展最活跃的因素。生物将太阳辐射能转变为化学能引入成土过程,并合成土壤腐殖质。在土壤中生活着有数百万种植物、动物和微生物,它们的生理代谢过程构成了地表营养元素的生物小循环,使得养分在土壤中保持与富集,从而促使了土壤的发生与发展。

1. 植物在土壤形成中的作用

植物在土壤形成中最重要的作用是利用太阳辐射能,合成有机质,把分散在母质、水体和大气中的营养元素有选择地吸收富集,同时伴随着矿质营养元素的有效化,促进土壤肥力特征的发展。不同的植被类型,由于其年生物量、年凋落量、残体矿质元素含量等的不同,其在土壤形成中的作用具有明显的差异。

(1)木本植物在成土作用中的主要特点 木本植物是多年生,在天然条件下,每年只有少量枯枝落叶和花果凋落,这些残落的植物组织堆积在地面,疏松多孔,透水通气,有利于天然淋洗过程的进行,适于好气微生物活动。因此,木本植物下的土壤,有机质积累主要来自木本植物地上残落物质的分解,形成的腐殖质层较浅薄,表层以下土壤有机质锐减。针叶林和阔叶林对土壤形成发育的影响不同。针叶林的残落物含单宁、树脂较多,这些物质在真菌的分解下,产生多种酸性较强的物质,对矿质土粒进行酸性溶蚀,使其中的钙、镁、铁、铝、锰等盐基离子溶出,并淋溶和螯移,使土壤亚表层变为灰白色。整个土壤呈酸性或强酸性,矿质养分贫缺,腐殖质以富啡酸为主。阔叶林的残落物含单宁和树脂较少,而含有较丰富的钙、镁等灰分元素,因此凋落物分解产生有机酸少,且多被盐基中和,所形成的土壤含有一定盐基,酸性较弱甚至呈中性,腐殖质以胡敏酸为主。

(2)草本植物对成土过程的影响　草本植物大多是一年生植物,多年生的草本植物也只有少量的地下茎和潜匿芽可以越冬。因此,草本植物每年归还土壤有机物质数量较多,不仅有枯死的茎叶残留地面,还有数量巨大的死亡根系残留于土壤内,形成腐殖质数量多,逐渐形成深厚的腐殖质层。

草本植被下形成的土壤,具有较高品质的腐殖质和良好的团粒结构。由于草本植物的有机物质中含单宁、树脂少,木质素含量也比木本植物低,含纤维素较多,在腐烂分解过程中产生酸性物质较少,并迅速为盐基所中和,有利于细菌繁殖生长,所形成的腐殖质以胡敏酸为主。草本植物根系比较发达,表土中须根密布,在大量土壤腐殖质及活根分泌的多糖作用下,通过强大根系的挤压切割,使土壤逐渐形成良好的团粒结构。草本植物下形成的土壤肥力一般较森林植被下土壤肥力高。

2.微生物在土壤形成中的作用

土壤微生物对成土过程的作用是多方面的,而且其过程也是非常复杂的。微生物是地球上最古老的生命体,早在35亿年前细菌就已在地球表面出现并繁衍,它们对地球环境的演化和土壤发生发育均起着重要的作用,其中对成土过程的主要作用会归结为:①分解有机质,释放各种养料,为植物吸收利用;②合成土壤腐殖质,发展土壤胶体性能;③固定大气中的氮素,增加土壤含氮量;④促进土壤物质的溶解和迁移,增加矿质养分的有效度(如铁细菌能促进土壤中铁的溶解移动)。

3.动物在土壤形成中的作用

土壤动物区系的种类多、数量大,在土壤形成发育过程中具有重要作用。土壤动物一方面以其遗体增加土壤有机质,另一方面在其生活过程中搬动和消化其他动植物有机体,分解有机物质,引起土壤有机质性质、组成和土壤结构的深刻变化。如在蚯蚓繁殖量很大的许多温带土壤,其通气透水性得到很大改善。非洲象牙海岸的白蚁可筑起直径15 m,高2～6 m的坚固竖立土墩,直接影响土壤的发育和形态。

3.1.4　土壤形成与母质因素

1.母质的概念和类型

母质是风化壳的表层,是指原生基岩经过风化、搬运、堆积等过程于地表形成的一层疏松、最年轻的地质矿物质层,它是形成土壤的物质基础,是土壤的前身。

母质不同于岩石,它已有肥力因素的初步发展,具物质颗粒的分散性,疏松多孔,有一定的吸附作用、透水性和蓄水性;可释放出少量矿质养分,但难以满足植物生长的需要。母质又不同于土壤,其缺乏养分,几乎不含氮、碳,通气性和蓄水性也不能同时解决。

母质类型按成因可分为残积母质和运积母质两大类(图3-3)。残积母质是指岩石风化后,基本上未经动力搬运而残留在原地的风化物;运积母质是指母质经外力,如水、风、冰川和地心引力等作用而迁移到其他地区的物质。运积母质又因搬运动力的不同可划分为不同的类型，它们的颗粒大小、磨圆度、分选性和层理性等有较大的差别。

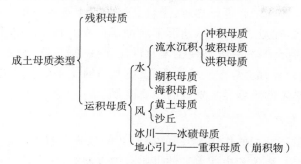

图 3-3　成土母质分类图

2. 母质在土壤形成中的作用

母质是岩石风化的产物，土壤是在母质的基础上发育形成的。母质为土壤形成提供最基本的原料，土壤的某些性质是从它的母质那里继承过来的，二者之间存在着"血缘"关系。一般地说，成土过程进行得越久，母质与土壤的性质差别就越大。但母质的某些性质仍会顽强地保留在土壤中。

母质在土壤形成中的作用主要表现在：

（1）母质的矿物组成决定着土壤的矿物组成　不同成土母质发育的土壤，其矿物组成往往也有较大的差别。对原生矿物组成来说，基性岩母质发育的土壤含角闪石、辉石、黑云母等抗风化力弱的深色矿物较多；而酸性岩发育的土壤则含石英、正长石、白云母等抗风化力强的浅色矿物较多。从次生矿物来说，在相同的成土环境下，盐基多的辉长岩风化物形成的土壤常含较多的蒙皂石，而酸性花岗岩风化物所形成的土壤常含有较多的高岭石。

（2）母质的理化性质直接影响着成土过程的速度和方向　如在某些花岗岩、片麻岩或正长岩分布区，由于其组成矿物抗风化能力较弱，常形成平缓的坡地和相对深厚疏松的风化层，发育着深厚的壤质肥沃土壤；而在某些石英砂岩、砾岩、片岩的分布区，因其岩性差异较大，常被风化成为岩屑、岩块和砾石，再加岩石的节理、层理也较为发育，保持水肥的性能较差，多形成土层薄、质地粗的土壤。同一地区，因母质性质的差异，其成土类型也可发生差异。例如，在我国亚热带石灰岩区，因新风化的碎屑及富含碳酸盐的地表水源源流入土体，延缓了土壤中盐基的淋失，而发育成为石灰岩土；而在酸性岩母质上则发育着红壤。

（3）母质理化性状对土壤理化性质有很大的影响　不同成土母质所形成的土壤，其养分情况有明显的差异，例如钾长岩风化后所形成的土壤含有较多的钾；而斜长岩风化后所形成的土壤含有较多的钙；辉石和角闪石风化后所形成的土壤含有较多的铁、镁、钙等元素；而含磷量多的石灰岩母质在成土过程中虽然碳酸钙遭淋失，但土壤含磷量仍很高。成土母质与土壤质地也密切相关，例如在我国南方，红色风化壳和玄武岩母质上发育的红壤质地较黏重，而在花岗岩母质上发育的红壤质地较轻。

（4）母质层次的不均一性也会影响土壤的发育和形态特征　它不仅直接导致土体的机械组成和化学组成的不均一性，而且还会造成地表水分运行状况与物质能量迁移的不均一性。如冲积母质的沙黏间层所发育的土壤易在沙层之下，黏层之上形成滞水层。

3.1.5 土壤形成与地形因素

地形是影响土壤与环境之间进行物质、能量交换的一个重要场所条件。它和母质、生物、气候等因素的作用不同,在成土过程中,地形不提供任何新的物质。其主要作用表现为:一方面使物质在地表进行再分配;另一方面使土壤及母质在接受光、热、水或潜水条件方面发生差异,或重新分配。这些差异都会导致土壤性质、土壤肥力的差异和土壤类型的分异。新构造运动与地形演变过程更是影响土壤发生发育的重要因素。

1. 地形与母质的关系

地形对母质起着重新分配的作用,不同的地形部位常分布有不同的母质。如山地上部或台地上,主要是残积母质;坡地和山麓地带的母质多为坡积物;在山前平原的冲积扇地区,成土母质多为洪积物;而河流阶地、泛滥地和冲积平原、湖泊周围、滨海附近地区,相应的母质为冲积物、湖积物和海积物。

地形对土壤形成和发育起着重要作用。在山区,坡上部的表土不断被剥蚀,延缓了土壤的发育,产生了土体薄、有机质含量低、土层发育不明显的初育土壤或粗骨性土壤。坡麓地带或山谷低洼部位,常接受由上部侵蚀搬运来的沉积物,也阻碍了土壤发育,产生了土体深厚、整个土体有机质含量较高、但层次分异并不明显的土壤。正地形上的土壤遭受淋洗,一些可溶的盐分进入地下水,随地下径流迁移到负地形,造成负地形地区的地下水矿化度增大。在干旱、半干旱和半湿润地区,负地形区的土壤可能发生盐渍化。在河谷地貌中,不同地貌部位上可构成水成土壤(河漫滩,潜水位较高)→半水成土壤(低阶地,土壤仍受潜水的一定影响)→地带性土壤(高阶地,不受潜水影响)的发生系列。微地形变化也对土壤发生产生影响。半干旱、半湿润的华北平原上,存在着岗、坡、洼的微地貌变化,相对高差仅 1～3 m。岗地地势稍高,土壤沙性大;洼地土壤黏重,有积水和淋洗现象;坡地质地适中,毛管水上升高度大,常有积盐现象。

2. 地形与水热条件的关系

地形影响着土壤水分的再分配。在相同的降水条件下,地面接受降水的状况因地形不同而异,在平坦地形上,接受降水相似,土壤湿度比较均匀;在丘陵顶部或斜坡上部,则因径流发达,又无地下水涵养,故常呈局部干旱,且干湿变化剧烈。斜坡下部,由于径流水及土体内侧渗水的流入,经常较为湿润;在洼陷地段、碟形洼地或封闭洼地,不仅有周围径流水及侧渗水的流入,而且地下水位较高,常有季节性局部积水或滞涝现象。不同地形部位其土壤水分条件不同,成土过程也不一样。

地形也影响着土壤热量的再分配。在山地和丘陵,南坡和北坡接受的光热明显不同。在北半球,南坡日照长,光照强,土温高,蒸发大,土壤干燥,北坡则正相反。所以南坡和北坡土壤发育强度和类型均有区别。海拔高度影响气温和土壤热量状况,通常中纬地区,海拔升高1000 m,气温下降 6 ℃,所以海拔越高,气温和土壤温度越低。

由于地形高度、坡向(向阳坡、阴坡,以及迎风坡和背风坡)、坡度和位置等不同,常引起地表接受的太阳辐射量、蒸发与蒸腾、大气降水与温度的不同,导致土壤剖面中水热条件的垂直分异,从而影响土壤形成发育过程和土壤性状的垂直分异。

3. 地形发育与土壤发育的关系

地形发育对于土壤演变具有极为深刻的影响。由于新构造运动造成的地壳的上升或者下降,或由于局部侵蚀基准面的变化,不但会影响土壤侵蚀与堆积过程和地表年龄,还会引起地表水文状况及植物等一系列自然因素的变化,使土壤形成过程逐渐发生变化,从而使土壤类型依次发生演变。例如,在河流阶地的形成与演化过程中,首先在河漫滩上形成了水成土壤(潜水位较高);随着河漫滩发育为高河漫滩,其土壤也演变为半水成土壤(土壤仍受潜水的一定影响);随着高河漫滩发育为河流阶地,半水成土壤也逐渐发育成地带性土壤(不受潜水影响)。

新构造运动是影响地貌变化和土壤形成发育方向的最为活跃和积极的因素。新构造运动上升,可把原来海拔较低的土壤抬升到较高的地方,随着成土环境的改变,土壤发育方向亦随之改变,如华南地区在低丘上形成的富铁土,上升至高海拔的地区,便开始向山地铝质湿润淋溶土(黄壤)演变。而在新构造运动下沉地区,可以使原土壤类型变为埋藏土。

总之,由于地形制约着地表物质和能量的再分配,地形的发育也支配着土壤类型的演替,所以,在不同的地貌形态上,就形成了不同土壤类型。换句话说,在一定的生物气候条件下,同一类型和同一年龄的地貌单元上常形成相同或相近的土壤类型。随着地貌(或地形)的演化,土壤类型亦随之发生演变。

3.1.6　土壤形成与时间因素

时间和空间是一切事物存在的基本形式。气候、生物、母质、地形都是土壤形成发育的空间因素。而时间作为一个重要的成土因素,则是阐明土壤形成发育的历史动态过程。B. B. 道库恰耶夫将土壤定义为历史自然体。土壤不仅随着空间条件的不同而变化,还随着时间的推移而演变。

关于土壤形成的时间因素,B. P. 威廉斯提出了土壤的绝对年龄和相对年龄的概念。绝对年龄是指该土壤在当地新鲜风化层或新母质上开始发育时算起迄今所经历的时间,通常用年表示;相对年龄则是指土壤的发育阶段或土壤的发育程度。土壤剖面发育明显,土壤厚度大,发育度高,相对年龄大;反之相对年龄小。我们通常说的土壤年龄是指土壤的发育程度,而不是年数,亦即通常所谓的相对年龄。

可以将土壤相对年龄划分为幼年、成熟与老年三个阶段,一般用土壤剖面分异程度加以表示,即从 A—C 型到 A—(B)—C 型到 A—B—C 型。当土壤剖面中的发生层次明显且层次厚度较大时,这说明土壤发育程度较高;反之,如果土壤剖面分异不明显、且各土壤发生层的厚度较薄时,则认为该土壤的发育程度较低。总的来说,土壤的绝对年龄越大,其相对年龄也越大。然而,由于不同土壤类型或者土壤形成速率的不同,以及成土因素的巨大差异性,某些土壤的绝对年龄虽然相同,但它们的相对年龄也可能有很大差异。所以,只有把空间和时间因素结合起来研究,才能正确揭示土壤发生发育的本质,说明土壤类型性质和形态的多样性。

3.1.7　土壤形成与人为因素

人类活动在土壤形成过程中具独特的作用,但它与其他五个因素有本质的区别,不能把其作为第六个因素,与其他自然因素同等看待。

(1)人类活动对土壤的影响是有意识、有目的、定向的　在农业生产实践中,在逐渐认识土壤发生发展客观规律的基础上,利用和改造土壤、培肥土壤,它的影响可以是较快的。

(2)人类活动是社会性的,它受着社会制度和社会生产力的影响　在不同的社会制度和不同的生产力水平下,人类活动对土壤的影响及其效果有很大的差别。

（3）人类活动的影响可通过改变各自然因素而对土壤演化起作用，并可分为正向和逆向两个方面　例如，人类通过增施肥料和石灰等改善土壤的物质循环，修筑梯田和平整土地改变地形因素防止水土流失，灌溉、排水、人工降雨、工业释放 CO_2 等改变土壤水热状况，增施有机肥、合理耕作等改变土壤中微生物状况。但人类活动对土壤形成和发育也有不利的影响。如通过收获取走大量养分，湿地开垦和开矿使土壤侵蚀加速，每年大规模人工植被演替使土壤水热状况变化加剧，过度耕作和放牧等使土壤中生物多样性丧失等。

（4）人类对土壤肥力的影响也具有两重性　利用合理，有助于土壤肥力的提高；利用不当，就会使土壤肥力下降。如对沼泽地进行人工排水，改善了土壤的水、气、热条件，促进土壤熟化，成为高产土壤；在盐化土壤区，通过深沟排水，降低地下水位，引淡水洗盐，改良了盐化土壤；施肥、耕作等措施改善了耕层土壤的肥力和物理性状等。但人类活动给土壤带来的不利影响也很多，如中国 20 世纪 50 年代引黄灌溉，造成大面积土壤盐渍化；大量施用农药和污水灌溉，造成土壤中有毒物质的残留；只向土壤要粮，不给土壤施肥的掠夺性经营，造成土壤肥力水平的降低等。

中国具有悠久的农业发展历史，其农耕活动至少可上溯到距今 7000 年以前。从古迄今，中国土壤学家一直非常重视农业活动对土壤形成发育的影响。中国土壤系统分类对人为活动作用下的土壤形成发育过程、诊断层与诊断特性进行了全面系统的研究。如在对人为活动作用下的四种成土过程：水耕过程、灌淤过程、堆垫过程和肥熟过程，以及相关的土壤诊断层和诊断特性研究方面取得实质性进展，在国际土壤分类系统中首次确立了人为土纲，并得到了国际土壤界的广泛重视和确认。随着世界人口的增长、现代化、城市化的发展，人为活动对土壤的影响范围将日益扩大和加深。

上述各种成土因素可概分为自然成土因素（气候、生物、母质、地形、时间）和人为活动因素，前者存在于一切土壤形成过程中，产生自然土壤；后者是在人类社会活动的范围内起作用，对自然土壤进行改造，可改变土壤的发育程度和发育方向。各种成土因素对土壤的形成的作用不同，但都是互相影响，互相制约的。一种或几种成土因素的改变，会引发其他成土因素的变化。土壤形成的物质基础是母质，能量的基本来源是气候，生物的功能是物质循环和能量交换，使无机能转变为有机能，太阳能转变为生物化学能，促进有机物质积累和土壤肥力的产生，地形和时间以及人为活动则影响土壤的形成速度和发育程度及方向。

3.2　土壤形成的物理化学和生物过程

3.2.1　土壤形成的基本过程

1.土壤形成过程中的地质大循环和生物小循环

土壤形成是一个综合性的过程，它是物质的地质大循环与生物小循环矛盾统一的结果。物质的地质大循环是指地面岩石的风化、风化产物的淋溶与搬运、堆积，进而再次固结成岩的作用，这是地球表面恒定的周而复始的大循环；而生物小循环是植物营养元素在生物体与土壤之间的循环：植物从土壤中吸收养分，形成植物体（进而促进动物生长），使部分营养元素暂时脱离地质大循环的轨道。而动植物残体又回到土壤中，在微生物的作用下转化为植物需要的养分,促进土壤肥力的形成和发展。地质大循环涉及空间大、时间长,植物养料元素不积累;而生物小循环涉及空间小、时间短,可促进植物养料元素的积累,使土壤中有限的养分元素发挥无限的营养作用。植物体中的营养元素含量与岩石中营养元素含量极不相同,岩石中没有氮,磷也少,而绿色植物却含有较高的氮和磷。这主要是绿色植物的根系具有选择性吸收的特性,这就是生物小循环的主要功能。

　　地质大循环和生物小循环的共同作用是土壤发生的基础,无地质大循环,生物小循环就不能进行;无生物小循环,仅地质大循环,土壤就难以形成。在土壤形成过程中,两种循环过程相互渗透和不可分割地同时同地进行着。它们之间通过土壤相互连接在一起(图 3-4)。

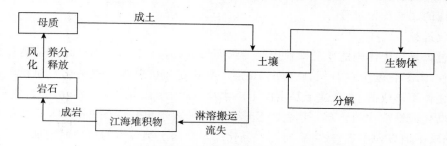

图 3-4　土壤形成过程中的地质大循环和生物小循环的关系

　　2. 基本的成土过程

　　土壤的形成过程是地壳表面的岩石风化体及其搬运的沉积体(即母质),受其所处环境因素的作用,形成具有一定剖面形态和肥力特征的土壤的历程。因此,土壤的形成过程可以看作是成土因素的函数。在一定的环境条件下,土壤发生有其特定的基本物理、化学和生物作用,也有占优势的物理、化学和生物作用,它们的组合使普遍存在的基本成土作用具有特殊的表现,因而构成了各种特征性的成土过程。土壤形成中主要的成土过程简介如下:

　　1) 原始成土过程

　　原始成土过程是成土过程的起始阶段,岩石矿物开始风化,只有低等的植物和低等微生物参与的成土过程。根据过程中生物的变化,可以分为 3 个阶段:首先是出现自养型微生物,如绿藻、蓝绿藻、硅藻等,还有与它们共生的固氮微生物,共同形成岩性微生物的"岩漆"阶段;其次是各种异养型微生物,如细菌、黏菌、真菌、地衣共同组成的原始植物群落,着生于岩石表面与细小孔隙中,通过生命活动使矿物进一步分解,使细土和有机质不断增加,即所谓"地衣阶段";最后是"苔藓阶段",生物风化与成土过程的速度大大加快,为高等绿色植物的生长准备了肥沃的基质。在高山冻寒气候条件的成土作用主要以原始过程为主。原始成土过程也可以与岩石风化同时同步进行。

　　2) 有机质积聚过程

　　有机质积聚过程是在木本或草本植被下,有机质在土体上部积累的过程。有机质在土体中的聚积是生物因素在土壤中作用的结果。有机质的合成、分解和积累受大气水热条件及其他成土因素综合作用的影响,所以土壤有机质的聚积过程表现为多种形式。不同的土壤有机质聚积过程形成腐殖质层、有机质层各有特点。

　　(1) 草毡有机质聚积过程　　这是高山和亚高山带干寒且有冻土层条件下的有机质聚积方式。由于低温,其有机质合成量少,分解度弱,常成毡状草皮层,覆盖土壤表层,而显示干泥炭化。

(2)斑毡有机质聚积过程　木本植被下,地表有枯枝落叶层,有机质积累明显,其积累与分解保持动态平衡的林下有机质积聚过程;

(3)草甸腐殖质聚积过程　草甸植被下,土壤表层有机质含量达3.0%~8.0%或更高,腐殖质以胡敏酸为主的草甸土有机质积聚过程;

(4)草原腐殖质聚积过程草原植被下,土壤有机质集中在20~30 cm以上,含量为1.0%~3.0%的草原土有机质积聚过程。

(5)沼泽泥炭化过程　地下水位高,地面潮湿,生长喜湿和喜水植物,残落物不易分解,有深厚泥炭层的泥炭积聚过程。

3)黏化过程

黏化过程是指土体中的矿质颗粒由粗变细而形成黏粒(<0.002 mm),以及黏粒在剖面中积聚的过程,若黏化发生在B层,则形成Bt层。黏化过程可分为残积黏化和淀积黏化。前者是土内风化作用形成的,由于缺乏稳定的下降水流,黏粒没有向深土层移动,而就地积累,形成一个明显黏化或铁质化的土层,其特点是土壤颗粒只表现由粗变细,结构体上的黏粒胶膜不多,黏粒的轴平面方向不定(缺乏定向性),黏化层厚度随土壤湿度的增加而增加。后者是风化和成土作用形成的黏粒,由上部土层向下悬迁和淀积而成,这种黏化层有明显的泉华状光性定向黏粒,结构面上胶膜明显。残积黏化过程多发生在温暖的半湿润和半干旱地区的土壤中,而淀积黏化则多发生在暖温带和北亚热带湿润地区的土壤中。

4)钙积与脱钙过程

$$CaCO_3 + H_2O + CO_2 \Longleftrightarrow Ca(HCO_3)_2$$

钙积过程是干旱、半干旱地区,土壤中钙的碳酸盐发生移动,并在一定深度的土壤剖面中积累的过程。在季节性淋溶条件下,易溶性盐类被降水淋洗,钙、镁部分淋失,部分残留在土壤中,土壤胶体表面和土壤溶液多为钙(或镁)饱和,土壤表层残存的钙离子与植物残体分解时产生的碳酸结合,形成重碳酸钙,在雨季向下移动。当向下淋溶到一定深度,土壤脱水或二氧化碳分压降低的情况下,上述反应式向左移,溶液中的重碳酸盐转化为难溶的碳酸盐在土壤剖面中部或下部淀积,形成钙积层,其碳酸钙含量一般在10%~20%。碳酸钙淀积的形态有粉末状、假菌丝体、眼斑状、结核状或层状等。我国草原和漠境地区,还出现另一种钙积过程的形式,即土壤中常发现石膏的积累,这与极端干旱的气候条件有关。

对于有一部分已经脱钙的土壤,由于人为施用钙质物质或含碳酸盐地下水上升运动而使土壤含钙量增加的过程,通常称为复钙过程。

与钙积过程相反,在降水量大于蒸发量的生物气候条件下,土壤中的碳酸钙将转变为重碳酸钙从土体中淋失,称为脱钙过程。

5)盐化脱盐过程

盐化过程是在干旱、半干旱的气候条件下,土体中或地下水中易溶性盐类随毛管上升水向表层移动与聚积的过程。另外在滨海地区,受海水的浸淹和顶托作用,也能发生盐化成土过程。所以盐土主要分布在内陆干旱地区和沿海地区。土壤中氯化物含量在0.1%~0.6%,硫酸盐含量在0.2%~2%,对作物生长产生危害,形成盐化土壤,氯化物大于0.6%、硫酸盐大于2%,作物难于生长,形成盐土。

盐土由于灌水冲洗,结合挖沟排水,降低地下水位等措施,可使其所含可溶性盐逐渐下降,这个过程称为脱盐过程。脱盐过程在地下水位下降,气候变湿润条件下,也可以发生。

6)碱化与脱碱过程

碱化过程是指土壤胶体交换性钠离子增加,使土壤显碱性、强碱性反应(pH>9.0),并引起土壤胶体分散,物理性质恶化的过程。代换性钠离子饱和度在 5%～15% 形成碱化土壤,大于 15% 形成碱土,但含盐量一般不高。

土壤碱化机理一般有如下几种:①脱盐交换学说。土壤胶体上的 Ca^{2+}、Mg^{2+} 被中性钠盐($NaCl$、Na_2SO_4)解离后产生的 Na^+ 交换而碱化;②生物起源学说。藜科植物可选择性地大量吸收钠盐,死亡、矿化可形成较多的 Na_2CO_3、$NaHCO_3$ 等碱性钠盐而使土壤胶体吸附 Na^+ 逐步形成碱土;③硫酸盐还原学说。地下水位较高的地区,Na_2SO_4 在有机质的作用下,被硫酸盐还原细菌还原为 Na_2S,再与 CO_2 作用形成 Na_2CO_3,使土壤碱化。

脱碱过程是指通过淋洗和化学改良,使土壤碱化层中钠离子及易溶性盐类减少,胶体的钠饱和度降低。在自然条件下,碱土因 pH 较高,可使表层腐殖质扩散淋失,部分硅酸盐被破坏后,形成 SiO_2、Al_2O_3、Fe_2O_3、MnO_2 等氧化物,其中 SiO_2 留在土表使表层变白,而铁锰氧化物和黏粒可向下移动淀积,部分氧化物还可胶结形成结核。这一过程的长期发展,可使表土变为微酸性,质地变轻,原碱化层变为微碱,此过程是自然的脱碱过程。

7)富铝化过程

又称富铁铝化过程,是指土体中脱硅、富铁铝氧化物的过程。在热带、亚热带高温多雨并有一定干湿季节的条件下,由于土壤矿物被高度风化,硅酸盐发生了强烈的水解,释出大量的盐基物质,使风化液呈中性或碱性环境,盐基离子和硅酸随风化液大量淋失,而铝、铁(锰)等元素却在碱性风化液中发生沉积,滞留于原来的土层中,其结果造成铝、铁(锰)氧化物在土体中残留或富集,而使土体呈鲜红色。由富铁铝化过程形成的土层称铁铝层(Bs)。

8)灰化、隐灰化和漂灰化过程

灰化过程是在寒温带、寒带针叶林植被和湿润的条件下,在土体表层(特别是亚表层)SiO_2 的残留、而 B 层 R_2O_3 及腐殖质淀积的过程。由于针叶林残落物富含单宁、树脂等多酚类物质,残落物经微生物作用后产生酸性很强的富啡酸及其他有机酸。这些酸类物质作为有机络合剂,不仅能使表层土壤中的矿物蚀变分解,而且能与金属离子结合为络合物,使铁铝等产生强烈的螯迁,到达 B 层,使亚表层脱色(离铁等元素)。从而在表土层形成了一个灰白色淋溶层次,称为灰化层(A2 或 E 层),在土壤剖面下部则形成了一褐色或红褐色淀积层(Blr、Bir、Bhir)。

当灰化过程未发展到显明的灰化层出现,但已有铁铝锰等物质的酸性淋溶有机螯迁淀积作用,称为隐灰化(或准灰化),实际上它是一种不明显的灰化作用。

漂灰化是灰化过程与还原离铁离锰作用及铁锰腐殖质淀积多现象的伴生者。漂白现象主要是还原离铁造成的,而矿物蚀变又是在酸性条件下水解造成的。在形成的漂灰层中铝减少不多,而铁的减少量大,黏粒也无明显下降。该过程在热带、亚热带山地的凉湿气候下,常有发生。

9)潜育化和潴育化过程

潜育化过程是土壤长期渍水,有机质在分解过程中产生了较多的还原性物质,使高价铁锰被还原为低价态铁锰,从而形成一颜色呈蓝灰或者青灰的潜育层(G)的过程。有时,由于"铁解"作用,而使土壤胶体破坏,土壤变酸。该过程主要出现在排水不良的水稻土和沼泽土中,往往发生在剖面下部。

潴育化过程实质上是一个氧化还原交替过程,指土壤渍水带经常处于上下移动,土壤干湿交替,湿时土壤中易变价的铁锰物质被还原为低价态,溶解度增大,可以随水分移动;干旱时,这些物质又被氧化发生淀积。在氧化和还原交替发生的过程中,逐渐淀积形成一些锈斑、锈纹、或铁锰结核等新生体。在草甸土、部分水稻土等土壤中都有潴育化成土过程发生。

10)白浆化过程

白浆化过程是指表土层由于土壤上层滞水而发生的潴育漂洗过程。白浆化过程多发生在较冷的湿润地区,由于某些原因(如心土层质地黏重、冻土层顶托等),大气降水或融化的雪水常阻滞于表土层,从而引起铁、锰氧化物被还原为可溶的低价态铁、锰离子,当水分过多时,一部分低价态铁、锰离子以侧渗方式流出土表之外,另外一部分则在土层中聚积形成铁锰结核,其结果导致土壤表层中有色矿物如氧化铁、氧化锰逐渐减少,并使该土层逐渐脱色形成了一个灰白色的白浆层(E)。白浆土主要特征是腐殖质层薄,腐殖质层下出现浅色、粉沙粒含量高,片状结构的白浆层,白浆层下为深厚,黏粒含量高,核状结构的淀积层。

11)熟化过程

土壤熟化过程是在耕作条件下,通过耕作、培肥与改良,促进水、肥、气、热诸因素不断谐调,使土壤向有利于作物高产方面转化的过程。通常把种植旱作条件下定向培肥的土壤过程称为旱耕熟化过程;而把淹水耕作,在氧化还原交替条件下培肥的土壤过程称为水耕熟化过程。

(1)水耕熟化过程　是在种植水稻或水旱轮作交替条件下的土壤熟化过程。其主要特点是:①土壤表层氧化还原作用交替进行,水稻淹水时是土壤滞水的水分状况,这时土壤上层以还原作用为主;在旱作排水时,土壤上层则以氧化作用占优势。这种交替就形成的灰色糊泥化的水耕表层(Ap1);同时,因耕作以及水耕土壤表层物质随灌溉水向下渗透过程中发生机械性、溶解性、还原性和络合性等一系列淋溶作用,在水耕表层下部沉淀形成犁底层(Ap2)。②表层有机质积累和矿质化交替进行,但以有机质积累过程占优势。

(2)旱耕熟化过程　是指在长期种植旱作农作物的过程中促使土壤熟化的过程,在我国中原地区已经有数千年的人为旱耕熟化的历史。根据旱耕熟化过程中人们采取的措施及其对土壤的影响,可以将旱耕熟化过程细分为:①灌淤熟化过程,指在人为控制下,长期交替地进行灌溉淤积、淋溶和耕种培肥的过程,从而形成了厚层的、壤质的、疏松的和养分丰富的灌淤表土层。②土垫熟化过程,是指在人们旱耕过程中,施用土粪和厩肥,这样年复一年就逐渐形成了土壤性状良好、肥力水平较高的堆垫表土层。这种土垫作用具有复钙、双重淋溶和土垫培肥等作用。如在陕西关中平原区数千年的土垫熟化过程形成的土娄土,其表层就有厚度超过50 cm的土垫层。③泥垫熟化过程,包括堆垫和培肥两个过程,同时,土壤还具有潜化作用。在中国亚热带的长江三角洲、珠江三角洲等热性温度状况和潮湿土壤水分条件下,成土母质多是三角洲或江湖沉积物,在水耕泥垫熟化过程中以种植水稻为主,故其形成的水稻土也不同于一般旱地耕作土的泥垫表层。④肥熟化过程,是在耕作熟化土壤基础上,因长期栽种蔬菜,并在持续大量施用有机肥的条件下,形成了一个深厚腐殖质层且富含磷素的肥熟表层过程。

12)退化过程

土壤退化过程是指因自然环境不利因素和人为开发利用不当而引起的土壤物质流失、土壤性状与土壤质量恶化以及土壤肥力下降,作物生长发育条件恶化和土壤生产力减退的过程。

土壤退化可分为三类,即土壤物理退化(包括坚实硬化、铁质硬化、侵蚀、沙化)、土壤化学退化(酸化、碱化、肥力减退、化学污染)、土壤生物退化(有机质减少、微生物区系减少或破坏)。

以上介绍了土壤的基本成土过程,每一类型土壤是在一种或几种基本成土过程作用下形成的,例如,草甸土—地面生长繁茂草甸植被,发生草甸腐殖质聚积过程,土层下部,地下水位经常变动土层,发生潴育化成土过程,形成潴育层,底层长期浸水的土层发生潜育化成土过程,形成潜育层。许多土壤在主要成土过程以外常附加有次要成土过程,如黑土在主要成土过程外还附加有白浆化成土过程形成白浆化黑土。

然而,各种基本成土过程,都是土体中进行的物质(能量)迁移与转化过程的一部分,尽管各种成土过程都发生于土体中的一定层位,但任何一个过程都与整个土体的物质(能量)运动相联系。由任何一种基本成土过程或几种基本成土过程组合所形成的典型土层,都与其上下土层有着发生上的层位关系。如黏化过程形成黏粒淀积的黏化 B 层,其上部必然存在一个黏粒迁出的淋溶层;灰化过程使亚表层土壤中的铁、铝向下移动,使该层成为二氧化硅相对富集的灰白淋溶层—漂白层,而其下部必然产生一个铁、铝相对增加的灰化淀积层。

3.2.2　土壤剖面的形态特征

土壤剖面形态,即土壤剖面的外部形态特征及其表现的土壤性状,它是土壤形成过程的产物。土壤剖面形态全面地反映并代表了土壤发生学过程、物质组成、性质及其综合属性,以及土壤景观(成土环境条件)的总体特征。因而,它已经成为诊断土壤性状的基础和进行土壤分类的重要依据。从母质开始,随着土壤形成过程的进行,土体中物质(能量)的迁移、转化与积累过程的持续,使土体逐渐地发生了分异,形成了各种不同的发生土层和土体构型。

土壤剖面是一个具体土壤的垂直断面,其深度一般达到基岩或达到地表沉积体的相当深度为止。一个完整的土壤剖面应包括土壤形成过程中所产生的发生学层次(发生层)和母质层。

土壤发生层是指土壤形成过程中所形成的、具有特定性质和组成的、大致与地面相平行的,并具有成土过程特性的层次。作为一个土壤发生层,至少应能被肉眼识别,有别于相邻的发生层。识别土壤发生层一般包括颜色、质地、结构、新生体和紧实度等指标。

土壤发生层分化越明显,即上下层之间的差别越大,表示土体非均一性越显著,土壤的发育度越高。但许多土壤剖面中发生层之间是逐渐过渡的,有时母质的层次性会残留在土壤剖面中,这种情况应区别对待。

土体构型是各土壤发生层在垂直方向有规律的组合和有序的排列状况。不同的土壤类型有不同的土体构型,因此,土体构型是识别土壤的最重要的特征。土壤剖面构型的基本图式见图 3-5。

(1)有机质层　处于土体最上部,故又称为表土层。本层中生物活动最为强烈,进行着有机质的积聚或分解的转化过程。它是土壤剖面中最为重要的发生学土层,任何土壤都具有这一土层。依据有机质的聚集状态,可以将土壤有机质层细分为腐殖质层(A)、泥炭层(H)和凋落物层(O)。

(2)淋溶层　由于硅酸盐黏粒、铁或铝的损失,或它们某些共同的损失,使抗风化矿物(石英)中的沙和粉沙占有较高的含量。它以较低含量的有机质和较淡的颜色而区别于 H 层、O 层、A 层;它也以较高的亮度和较低的彩度或较粗的质地,或兼有这些特征而区别于下伏的 B 层,这个层次被命名为 E 层(过去也用 A_2 表示该层次),它通常与灰化过程有关。

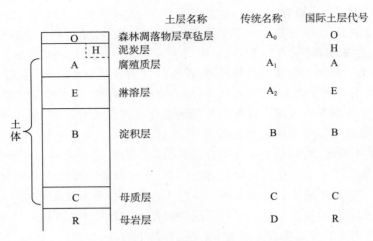

图 3-5　土壤剖面构型的一般综合图式

（3）淀积层　土壤物质淀积的层次。淀积的物质可以来自土体的上部，也可来自下部地下水的上升。可以是黏粒，也可以是钙、铁、锰、铝等物质。淀积的部位可以是土体的中部也可以是土体的下部。淀积层的代号以大写字母 B 表示，但因淀积的土壤物质成分不同，常需用词尾（小写字母）加以限定，以表示具体淀积的是何种土壤物质，如 Bh、Bs、Bk、Bt 等。

（4）母质层和母岩层　处于土体最下部。严格地讲，母质层和母岩层不属于土壤发生层，因为它们的特性并非由土壤形成过程所产生。但是，它们是土壤形成发育的原始物质基础，对土壤发生过程具有重要的影响，且它们之间的界限也是逐渐过渡常是模糊不清的。较疏松的母质层用 C 表示，坚硬的母岩层以 R 示之。

（5）过渡层　兼有两种主要的发生层特性的土层。其代号用两个大写字母联合表示；例如 AE、EB、BC 等，第一个字母表示占优势的主要土层。

此外，为了使主要土层名称更为确切，可在大写字母之后附加小写字母。词尾字母的组合是反映同一主要土层内同时发生的特性（如 Anz、Btg），但一般不应超过两个词尾。适用于主要土层的常用词尾字母，介绍如下：

a 代表良好的腐殖质层。

b 代表埋藏或重叠土层。

c 代表结核状聚积，常与表明结核化学性质的词尾结合应用，如 Bck、Ccs。

g 反映氧化还原变化的锈纹锈斑，如 Btg、Cg。

h 自然土壤中有机质的聚积。

k 代表碳酸钙聚积。

m 代表强烈胶结、固结、硬结，常与表明胶结物质种类的词尾结合应用，如 Cmk 表示 C 层中的石灰结盘层。

n 代表钠质聚积，如 Btn。

p 代表经耕作扰动，如 Ap。

q 代表次生聚积硅质，如 Eq。

r 代表由地下水影响产生的强还原作用，如 Cr。

s 代表三二氧化物聚积，如 Bs。

t 代表黏粒聚积,如 Rt。

y 代表石膏聚积,如 Cy、By。

z 代表比石膏更溶盐类的聚积,如 Az、Azn。

u:当主要土层 A 和 B 不被其他小写字母修饰,但必须在垂直方向上续分为亚土层时加 u。加 u 无特别意义。

3.3　土壤分类

土壤分类和调查是认识土壤的基础,是进行土地评价、土地利用规划和因地制宜推广农业技术的依据,也是土壤科学研究的重要内容之一。土壤分类代表着土壤学科的发展水平,随着社会经济特别是农业实践的需求和发展、土壤知识的积累和认识水平的提高、土壤分类也在不断前进和发展的。从古迄今,土壤分类发展大致经历了三个重要阶段:①古代朴素的土壤分类阶段;②近代土壤发生学分类阶段;③定量化的土壤系统分类(或诊断分类)阶段。目前,国际上主要土壤分类体系有:美国土壤系统分类(ST)、联合国世界土壤图图例单元(FAO/Unesco)、国际土壤分类参比基础(IRB)后来发展为世界土壤资源参比基础(WRB),以及以俄罗斯为代表的土壤地理发生分类等多种土壤分类并存的局面。国内也有中国土壤发生分类和中国土壤系统分类两种分类体系并存的状况。为适应当今知识经济和信息科学的发展,以及现代高新技术和土壤科学本身发展的需要,急需解决多种土壤分类并存带来的土壤信息交流的障碍。

3.3.1　土壤发生分类

1.早期的马伯特分类

1930—1954 年,中国土壤分类仍属于美国马伯特土壤分类。以土类为基本单元,以土系为基层单元。这一分类中引用了显域土、隐域土和泛域土作为土纲,钙层土、淋溶土、水成土、盐成土、钙成土、高山土和幼年土作为亚纲,列举了黑钙土、栗钙土、棕壤、红壤和黄壤等 18 个土类,其下即为土科和土系。这一分类中包括了我国所特有的山东棕壤、砂姜黑土和水稻土等类型,至今仍被沿用。

2.土壤发生分类的发展

土壤(地理)发生分类对中国土壤分类的影响较深,影响时间也较长,根据其发展特点,大致可分为如下时期。

1954—1958 年:学习苏联地理发生分类阶段。在 1954 年全国土壤学会代表大会上所拟订的土壤分类第一次正式采用以地理发生为基础,以成土条件为依据,以土类为基本单元的包括土类、亚类、土属、土种和变种的五级分类制。之后,随着工作的深入,研究范围扩大,陆续提出了一些新的土壤类型,如草甸土、褐土、黄棕壤、棕色泰加林土、黑土、白浆土、黑垆土、灰棕荒漠土、龟裂土、砖红壤、砖红壤性红壤与山地草甸土等。应用苏联地理发生分类在确立土壤地带性观点,阐明土壤地理分布规律,编制中小比例尺土壤图、土壤区划图和土壤资源图方面起了重要作用。

1958—1978 年:在全国范围内开展的第一次土壤普查,对耕作土壤分类命名进行了广泛的调查研究。在此期间,我国土壤分类系统中除水稻土外,潮土、灌淤土、绿洲土和土娄土等耕种土壤越来越多地被肯定和应用。1978 年,中国土壤学会在江苏江宁市召开了第一次土壤分类会议,建立了统一"中国土壤分类暂行草案",把土壤发生分类和我国实际进一步结合起来,充实了水稻土的分类,明确了潮土、灌淤土和土娄土等独立的土类地位,同时丰富了高山土壤的分类,还增加了磷质石灰土等一些新类型。

1978—1992 年:从 1978 年始,中国逐步开始第二次全国土壤普查,并随着国际学术交往的增加,美国土壤分类系统和联合国世界土壤图图例单元逐渐进入中国,对中国土壤发生分类系统产生了一定程度的影响。如第二次全国土壤普查办公室主持拟订的《中国土壤分类系统》(1984),就是在 1978 年土壤分类方案基础上,集全国第二次土壤普查的研究成果,经过不断总结、提高和完善,其中也汲取和采用了诊断分类中的土纲、亚纲和土类概念和命名,经 1988 年修订,最后于 1992 年确立为《中国土壤分类系统》,它迄今仍为中国现行的土壤分类系统之一。

3. 中国土壤地理发生分类系统的分类原则和依据

土壤是客观存在的历史自然体,土壤分类必须严格贯彻发生学原则,即把成土因素、成土过程和土壤属性(土壤剖面形态和理化性质)三者结合起来考虑,但应以属性作为土壤分类的基础;土壤又是一个整体,土壤分类必须贯彻土壤的统一性原则,即把耕种土壤和自然土壤作为统一的整体来考虑,分析自然因素和人为因素对土壤的影响,力求揭示自然土壤与耕种土壤在发生上的联系及其演变规律。

《中国土壤分类系统》从上至下共设土纲、亚纲、土类、亚类、土属、土种和亚种等七级分类单元(表 3-1)。其中土纲、亚纲、土类、亚类属高级分类单元,土属为中级分类单元,土种和亚种为基层分类的基本单元,以土类、土种最为重要。高级分类单元反映了土壤发生学方面的差异,而低级分类单元则较多地考虑了土壤在生产利用上的差别。

表 3-1　中国土壤分类系统(2009)

土纲	亚纲	土类
铁铝土	湿润铁铝土	砖红壤、赤红壤、红壤
	湿暖铁铝土	黄壤
淋溶土	湿暖淋溶土	黄棕壤、黄褐土
	湿暖温淋溶土	棕壤
	湿温淋溶土	暗棕壤、白浆土
	湿寒温淋溶土	棕色针叶林土、漂灰土、灰化土
半淋溶土	半湿热半淋溶土	燥红土
	半湿暖温半淋溶土	褐土
	半湿润半淋溶土	灰褐土、黑土、灰色森林土
钙层土	半湿暖温钙层土	黑钙土
	半干温钙层土	栗钙土
	半干暖温钙层土	黑垆土
干旱土	干旱温钙层土	棕钙土
	干旱暖温钙层土	灰钙土

续表 3-1

土纲	亚纲	土类
漠土	干旱温漠土 干旱暖温漠土	灰漠土、灰棕漠土 棕漠土
初育土	土质初育土 石质初育土	黄绵土、红黏土、龟裂土、风沙土、粗骨土 石灰土、火山灰土、紫色土、磷质石灰土、石质土
半水成土	暗淡半水成土 淡半水成土	草甸土 潮土、砂姜黑土、林灌草甸土、山地草甸土
水成土	矿质水成土 有机水成土	沼泽土 泥炭土
盐碱土	盐土 碱土	草甸盐土、滨海盐土、酸性硫酸盐土、漠境盐土、寒原盐土 碱土
人为土	人为水成土 灌耕土	水稻土 灌淤土、灌漠土、土娄土
高山土	湿寒高山土 半湿寒高山土 干寒高山土 寒冻高山土	草毡土(高山草甸土)、黑毡土(亚高山草甸土) 寒钙土(高山草原土)、冷钙土(亚高山草原土)冷棕钙土(山地灌丛草原土) 寒漠土(高山漠土)、冷漠土(亚高山漠土) 寒冻土(高山寒漠土)

各级分类单元划分的依据如下:

土纲是对某些有共性的土类的归纳与概括,反映了土壤不同发育阶段中,土壤物质移动累积所引起的重大属性的差异。如铁铝土是在湿热条件下,在脱硅富铁铝化过程中产生的黏土矿物以 1:1 高岭石和三二氧化物为主的一类土壤。把具有这一特性的土壤(砖红壤、赤红壤、红壤和黄壤等)归结在一起成为一个土纲。全国共分 12 个土纲。

亚纲是在同一土纲中,根据土壤形成的水热条件和岩性及盐碱的重大差异进行划分。如铁铝土纲分成湿热铁铝土亚纲和湿暖铁铝土亚纲,两者的差别在于热量条件,一般地带性土纲可按此划分;而初育土纲可按岩性划分为土质初育土和石质初育土亚纲。全国共分 30 个亚纲。

土类是高级分类的基本单元,即使土类以上的更高级分类单元可以变化,但土类的划分依据和定义一般不改变。它是根据成土条件、成土过程和由此产生的土壤属性三者的统一和综合进行划分的。同一土类的土壤,其成土条件、主导成土过程和主要土壤属性相同。如砖红壤代表在热带雨林季雨林条件下,经历高度的化学风化过程,富含游离铁、铝的强酸性土壤;黑钙土代表温带半湿润草甸草原植被条件下,经历强烈腐殖质化和钙化,富含腐殖质的中性弱碱性的土壤;水稻土则代表在人为水耕熟化条件下,形成的具有特定土体构型的土壤等。将 30 个亚纲续分为 61 个土类。

亚类是土类的续分,根据主导成土过程以外的附加的或次要的成土过程划分。一个土类中有代表土类概念的典型亚类,即它是在定义土类的特定成土条件和主导成土过程下产生的最典型的土壤;也有表示一个土类向另一个土类过渡的过渡亚类,它是根据主导成土过程以外的附加成土过程来划分的。如黑土的主导成土过程是腐殖质积聚,典型概念的亚类是(典型)黑土;而当地势平坦,地下水参与成土过程,则在心底土中形成锈纹锈斑或铁锰结核,它是潴育化过程,但这是附加的或称次要的成土过程,根据它划分出来的草甸黑土就是黑土向草甸土过渡的过渡亚类。将 61 个土类续分为 233 个亚类。

土属是具有承上启下意义的土壤分类单元,根据成土母质类型、岩性及区域水文等地方性因素的差异进行划分的。对于不同的亚类,所选用作为土属划分的指标是不一样的。如浙江省红壤亚类根据成土母质的差异分为黄筋泥土属(Q2 红土发育的)、红泥土属(凝灰岩发育的)、红黏土属(玄武岩发育的)、红松泥属(变质岩发育的)等;盐土可以根据盐分类型划分为硫酸盐盐土、硫酸盐—氯化物盐土、氯化物盐土等。

土种是土壤基层分类的基本单元,根据土体构型和土壤发育程度或熟化程度来划分。土种的特性具有相对稳定性,如山地土壤可根据土层厚度、黏粒含量或砾石含量划分土种,盐土可以根据盐分含量来划分土种。土种主要反映了土属范围内量上的差异,而不是质的差别。

亚种(又称变种),它是土种的辅助分类单元,是根据土种范围内由于耕层或表层性状的差异进行划分。如根据表层耕性、质地、有机质含量和耕层厚度等进行划分。亚种经过一定时间的耕作可以改变,但同一土种内各亚种的剖面构型一致。

中国现行的土壤分类系统采用连续命名与分段命名相结合的方法。土纲和亚纲为一段,以土纲名称为基本词根,加形容词前缀构成亚纲名称,亚纲段名称是连续命名,如半干旱温钙层土,含土纲与亚纲名称。土类和亚类为一段,以土类名称为基本词根,加形容词前缀构成亚类名称,如盐化草甸土、草甸黑土,可自成一段单用,但它是连续命名法。土属名称不能自成一段,多与土类、亚类连用,如氯化物滨海盐土、酸性岩坡积物草甸暗棕壤,是典型的连续命名法。土种和变种名称也不能自成一段,必须与土类、亚类、土属连用,如黏壤质(变种)、厚层、黄土性草甸黑土。名称既有从国外引进的,如黑钙土;也有从群众名称中提炼的,如白浆土;也有根据土壤特点新创造的,如砂姜黑土。

3.3.2　土壤系统分类

土壤发生分类重视生物气候条件,而忽视时间因素,因而可能会把已经发生的过程和即将发生的过程,把"顶极土"和"幼年土"混淆,在极端的情况下甚至出现把紫色土称作黄壤的错误;发生分类强调中心概念,可以把一个土类的定义说得头头是道,但土类与土类之间的边界往往并不清楚,以致某些土壤类型找不到适当的分类位置,使其分类成为模棱两可;发生分类常缺乏定量指标,难以输入电子计算机,建立信息系统,更不能进行分类的自动检索,这与现代信息社会不相适应。

1984 年,我国开始了中国土壤系统分类(Chinese soil taxonomy)研究,1985—1988 年先后提出了《中国土壤系统分类(1～3 稿)》,在此基础上,提出了《中国土壤系统分类(首次方案)》(1991,1993)和《中国土壤系统分类(修订方案)》(1995),1999 年出版了总结性专著《中国土壤系统分类——理论·方法·实践》一书。

1. 中国土壤系统分类的特点

以诊断层和诊断特性为基础的中国土壤系统分类既与国际接轨,又充分体现我国特色。除有分类原则、诊断层和诊断特性及分类系统外,还有一个检索系统,每一种土壤可以在这个系统中找到所属的分类位置,也只能找到一个位置。

　　(1)以诊断层和诊断特性为基础　诊断层和诊断特性是现代土壤分类的核心。我国拟订了 11 个诊断表层,20 个诊断表下层、2 个其他诊断层和 25 个诊断特性。就诊断层而言,36.4% 是直接引用美国系统分类的,27.2% 是引进概念加以修订补充的,而有 36.4% 是新提出的。在诊断特性中,则分别为 31.0%、32.8% 和 36.2%。我们根据千百个土壤剖面的形态、理化性质进行验证,建立了我国第一个具有检索系统的土壤分类。

　　(2)以发生学理论为指导　土壤历史发生和形态发生都是很重要的。《首次方案》中我们比较强调历史发生,所以,将未成熟的 A—C 土在土纲一级划分,而 A—(B)—C 和 A—B—C 则在同一土纲下续分,从而划分出盐成土、硅铝土、铁硅铝土和铁铝土等土纲。《修订方案》中充分考虑到硅铝土阶段淀积黏化 B 层发育的重要性,从而取消了硅铝土纲和铁硅铝土纲,设立了具有黏化层的淋溶土纲,并将只有 A—C 剖面的新成土和具有雏形层的 A—(B)—C 剖面的雏形土分开。而对于亚热带具有低活性黏粒的土壤,我们认为其主要过程已由淋溶过程发展为富铁铝过程,因此富铁铝过程在土纲一级上加以反映,而黏淀过程在其下的单元中体现,正像干旱土纲中黏化作用也是在土纲以下的类别中划分一样,据此划分出富铁土和铁铝土纲,这样把历史发生和形态发生结合起来。

　　(3)面向世界与国际接轨　尽可能采用国际上已经成熟的诊断层和诊断特性,如果是新创的,也依据同样的原则和方法来划分;土壤分类的各级单元的划分,亦按土壤系统分类谱系式分类的方法来划分,高级单元基本上与世界上的 ST 制、FAO/Unesco 图例单元和 WRB 对应。一级单元与 ST 制相似,而没有像 FAO/Unesco 图例单元和 WRB 那样细分,只是增加了人为土,细分了干旱土和始成土。与 ST 制不同的是:对亚热带土壤的分类不像 ST 制那样强调盐基饱和度,而更强调阳离子交换量;采用了连续命名,注意本国的语言特点而尽量简化。

　　(4)充分注意我国特色　立足于本国实践,经 10 年研究我们提出了灌淤表层、堆垫表层、肥熟表层和水耕层系列,并建立了人为土纲,包括灌淤土、堆垫土、肥熟土和水耕土等;对亚热带土壤我们划分出了铁铝层和低活性富铁层,提出了铁铝土纲和富铁土纲;对于干旱土我们划分出了干旱表层和盐磐;对于高山土壤,分别作为寒性干旱土和寒冻雏形土两个亚纲划分出来。

　　2.诊断层和诊断特性

　　中国土壤系统分类也是以诊断层和诊断特性为基础的系统化、定量化的土壤分类。

　　(1)诊断层　许多诊断层与发生层同名,例如,盐积层、石膏层、钙积层、盐磐、黏磐等。有的诊断层相当于某一发生层,但名称不同,例如雏形层相当于风化 B 层。有些由一个发生层派生,例如作为发生层的腐殖质层,按其有机碳含量、盐基状况和土层厚薄等定量规定分为暗沃表层、暗瘠表层和淡薄表层等 3 个诊断层。有些诊断层则是由两个发生层合并或归并而成:水耕表层为(水耕)耕作层加犁底层,干旱表层一般包括孔泡结皮层和片状层;属归并的如黏化层,它或指淀积黏化层,或指次生黏化层。按诊断层在土壤剖面或单个土体中出现的部位,可细分为诊断表层和诊断表下层。

　　诊断表层是指位于单个土体最上部的诊断层。包括 A 层及由 A 层向 B 层过渡的 AB 层。11 个诊断表层,可以归纳为 4 大类:①有机物质表层类[有机表层(histic epipedon)、草毡表层(mattic epipedon)];②腐殖质表层类[暗沃表层(mollic epipedon)、暗瘠表层(umbric epipedon)、淡薄表层(ochric epipedon)];③人为表层类[灌淤表层(siltigic epipedon)、堆垫表层(cumulic epipedon)、肥熟表层(fimic epipedon)和水耕表层(anthrostagnic epipedon)];④结皮

表层[干旱表层(aridic epipedon)、盐结壳(salic crust)]。

诊断表下层是在土壤表层之下,由物质的淋溶、迁移、淀积或就地富集等作用所形成的具有诊断意义的土层,包括发生层中的 B 层和 E 层。在土壤遭受严重侵蚀的情况下,可裸露于地表。中国土壤系统分类共设置了 20 个诊断表下层:①漂白层(albic horizon)、②舌状层(glossic horizon)、③雏形层(cambic horizon)、④铁铝层(ferralic horizon)、⑤低活性富铁层(LAC-ferric horizon)⑥聚铁网纹层(plinthic horizon)、⑦灰化淀积层(spodic horizon)、⑧耕作淀积层(argric horizon)、⑨水耕氧化还原层(hydragric horizon)、⑩黏化层(argic horizon)、⑪黏盘(claypan)、⑫碱积层(alkalia horizon)、⑬超盐积层(hypersalic horizon)、⑭盐磐(salipan)、⑮石膏层(gypsic horizon)、⑯超石膏层(hypergypsic horizon)、⑰钙积层(calcic horizon)、⑱超钙积层(hypercalcic horizon)、⑲钙磐(calcipan)、⑳磷磐(phosphipan)。2 个其他诊断层:盐积层(salic horizon)和含硫层(sulfuric horizon)。

(2)诊断特性 如果用于分类的不是土层,而是具有定量规定的土壤性质(形态的、物理的、化学的),则称为诊断特性。大多数诊断特性是泛土层的,例如潜育特征可单见于 A 层、B 层或 C 层,也可见于 A 和 B 层,或 B 和 C 层,或全剖面各层。有些则是非土层的,如土壤水分状况、土壤温度状况等。大多数诊断特性有一系列有关土壤性质的定量规定,少数仅为单一的土壤性质,如石灰性、盐基饱和度等。中国土壤系统分类共设置 25 个诊断特性。这些诊断特性包括有机土壤物质(organic soil materials)、岩性特征(lithologic characters)、石质接触面(lithic contact)、准石质接触面(paralithic contact)、人为淤积物质(anthro-silting materials)、变性物质(vertic features)、人为扰动层次(anthroturbic layer)、土壤水分状况(soil moisture regimes)、潜育特征(gleyic features)、氧化还原特征(redoxic features)、土壤温度状况(soil temperature regimes)、永冻层次(permafrost layer)、冻融特征(frost-thawic features)、n 值(n value)、均腐殖质特性(isohumic property)、腐殖质特性(humic property)、火山灰特性(andic property)、铁质特性(ferric property)、富铝特性(allitic property)、铝质特性(alic property)、富磷特性(phosphic property)、钠质特性(sodic property)、石灰性(calcaric property)、盐基饱和度(base saturation)和硫化物物质(sulfidic materials)。

(3)诊断现象(diagnostic evidence) 把在性质上已发生明显变化,不能完全满足诊断层或诊断特性规定的条件,但足以作为划分土壤类别依据的称为诊断现象(主要用于亚类一级)。其命名参照相应诊断层或诊断特性的名称,例如碱积现象、钙积现象、变性现象等。其上限一般为相应诊断层或诊断特性的指标下限。

3. 中国土壤系统分类的分类原则

中国土壤系统分类为多级分类制,共六级,即土纲、亚纲、土类、亚类、土族和土系。前四级为高级分类级别,主要供中小比例尺土壤图确定制图单元用;后二级为基层分类级别,主要供大比例尺土壤图确定制图单元用。

(1)土纲 根据主要成土过程产生的性质或影响主要成土过程的性质划分。根据主要成土过程产生的性质划分的有:有机土、人为土、灰土、干旱土、盐成土、均腐土、铁铝土、富铁土、淋溶土、潜育土。根据影响主要成土过程的母质性质划分的有:火山灰土(表 3-2)。

表 3-2　中国土壤系统分类土纲划分依据

土纲	主要成土过程或影响成土过程的性状	主要诊断层和诊断特性
(1)有机土(histosols)	泥炭化过程	有机表层
(2)人为土(anthrosols)	水耕或旱耕人为过程	水耕表层、耕作淀积层和水耕氧化还原层或灌淤表层、堆垫表层、泥垫表层、肥熟表层
(3)灰土(spodosols)	灰化过程	灰化淀积层
(4)火山灰土(andosols)	影响成土过程的火山灰物质	火山灰特性
(5)铁铝土(ferralosols)	高度铁铝化过程	铁铝层
(6)变性土(vertosols)	土壤扰动过程	变性特征
(7)干旱土(aridosols)	干旱水分状况下,弱腐殖质化过程,以及钙化、石膏化、盐化过程	干旱表层、钙积层、石膏层、盐积层
(8)盐成土(halosols)	盐渍化过程	盐积层、碱积层
(9)潜育土(gleyosols)	潜育化过程	潜育特征
(10)均腐土(isohumosols)	腐殖化过程	暗沃表层、均腐殖质特性
(11)富铁土(ferrosols)	富铁铝化过程	富铁层
(12)淋溶土(argosols)	黏化过程	黏化层
(13)雏形土(cambosols)	矿物蚀变过程	雏形层
(14)新成土(primosols)	无明显发育	淡薄表层

　　三个不同的土纲:美国土壤系统分类现设 11 个土纲,我国共设 14 个土纲,其中人为土、潜育土和盐成土是不同于美国的。

　　三个鉴别特性修订的土纲:中国土壤学家对均腐土、富铁土、干旱土的鉴别性质进行了修订,与美国相应的土纲相当,但并不完全对应。

　　(2)亚纲　是土纲的辅助级别,主要根据影响现代成土过程的控制因素所反映的性质(如水分状况、温度状况和岩性特征)划分。按水分状况划分的亚纲有:人为土纲中的水耕人为土和旱耕人为土,火山灰土纲中的湿润火山灰土,铁铝土纲中的湿润铁铝土等。按温度状况划分的亚纲有:干旱土纲中的寒性干旱土和正常(温暖)干旱土,有机土纲中的永冻有机土和正常有机土等。按岩性特征划分的亚纲有:火山灰土纲中的玻璃质火山灰土,均腐土纲中的岩性均腐土等。

　　(3)土类　是根据反映主要成土过程强度或次要成土过程或次要控制因素的表现性质划分。根据主要过程强度的表现性质划分的如:正常有机土中反映泥炭化过程强度的高腐正常有机土,半腐正常有机土,纤维正常有机土土类。根据次要成土过程的表现性质划分的如:正常干旱土中反映钙化、石膏化、盐化、黏化、土内风化等次要过程的钙积正常干旱土、石膏正常干旱土、盐积正常干旱土、黏化正常干旱土和简育正常干旱土等土类。根据次要控制因素的表现性质划分的有:反映母质岩性特征的钙质干润淋溶土,钙质湿润富铁土、钙质湿润雏形土、富磷岩性均腐土等,反映气候控制因素的寒冻冲积新成土、干旱冲积新成土、干润冲积新成土和湿润冲积新成土等。

(4)亚类 是土类的辅助级别,主要根据是否偏离中心概念,是否具有附加过程和母质残留的特性划分。代表中心概念的亚类为普通亚类,具有附加过程特性的亚类为过渡性亚类,如灰化、漂白、黏化、龟裂、潜育、斑纹、表蚀、耕淀、堆垫、肥熟等;具有母质残留特性的亚类为继承亚类,如石灰性、酸性、含硫等。

(5)土族 是在亚类范围内,主要反映与土壤利用管理有关的土壤理化性质发生明显分异的续分单元。同一亚类的土族划分是地域性(或地区性)成土因素引起土壤性质在不同地理区域的具体体现。不同类别的土壤划分土族所依据的指标各异。供土族分类选用的主要指标是剖面控制层段的土壤颗粒大小级别、不同颗粒级别的土壤矿物组成类型、土壤温度状况、土壤酸碱性、盐碱特性、污染特性以及人为活动赋予的其他特性等。

(6)土系 是由自然界中性态特征相似的单个土体组成的聚合土体所构成,是直接建立在实体基础上的分类单元。同一土系的土壤其成土母质,所处地形部位及水热状况均相似。在一定的垂直深度内,土壤的特征土层的种类、形态、排列层序和层位,以及土壤生产利用的适宜性能大体一致。

4.中国土壤系统分类的命名原则

中国土壤系统分类的命名采用分段连续命名。即土纲、亚纲、土类、亚类为一段,在此基础上加颗粒大小级别、矿物组成、土壤温度状况等,构成土族名称,而其下的土系则另列一段,单独命名。

(1)高级单元的命名 名称结构以土纲名称为基础,其前叠加反映亚纲、土类和亚类性质的术语,以分别构成亚纲、土类和亚类的名称。各级类别名称一律选用反映诊断层或诊断特性的名称,部分或选有发生意义的性质名称或诊断现象名称。如为复合亚类在两个亚类形容词之间加连接号"-",如石膏-磐状盐积正常干旱土。

(2)土族 采用土壤亚类名称前冠以土族主要分异特性连续名,例如,普通强育湿润富铁土(亚类),其土族可分别命名为黏质高岭普通强育湿润富铁土、黏质高岭混合型普通强育湿润富铁土、粗骨-黏质高岭普通强育湿润富铁土等。

(3)土系 可选用该土系代表性剖面点位或首次描述该土系的所在地的标准地名直接定名,或以地名加上控制土层的优势质地定名,如陈集系或陈集黏土系。对某些具有明显可识别性特征土层的土系,可以地名加上主要土层特征定名,如泰和网纹底红黏土、潘店夹黏壤土等。

5.中国土壤系统分类的检索方法

供高级分类级别用的鉴别特性(即诊断层和诊断特性)是指由成土过程产生的、或影响成土过程的、可量度或可观察的土壤性质。土纲类别一般采用关键的或主要的鉴别性质确定,土纲以下各级类别多采用次要的或附加的鉴别性质确定。

检索顺序就是土壤类别在检索系统中的检出先后次序。按规定,先检出的土壤必然包括具有某诊断层或诊断特性的全部土壤,后检出的就不允许再现这些性质。中国土壤系统分类检索顺序如下:

(1)最先检出有独特鉴别性质的土壤。

(2)若某种土壤的次要鉴别性质与另一种土壤的主要鉴别性质相同,则先检出前一种土壤,以便根据它们的主要鉴别性质把两者分开。

（3）若两种或更多土壤的主要鉴别性质相同，则（或）按主要鉴别性质的发生强度或对农业生产的限制程度检索。

（4）土纲类别的检索应严格依照本方案规定的顺序进行，否则可导致错误结果。

（5）各土类下属的普通亚类在资料充分的情况下尚可从中细分出更多的亚类。

中国土壤系统分类的土纲检索，如表 3-3 所示。

表 3-3　中国土壤系统分类 14 个土纲检索简表

土　纲	诊断层和/或诊断特性
（1）有机土（histosols）	有下列之一的有机土壤物质（土壤有机碳含量≥180 g/kg 或［≥120 g/kg＋（黏粒含量 g/kg×0.1）］；覆于火山物质之上和/或填充其间，且石质或准石质接触面直接位于火山物质之下；或土表至 50 cm 内，其总厚度≥40 cm（含火山物质）；或其厚度≥2/3 的土表至石质或准石质接触面总厚度，且矿质土层总厚度≤10 cm；或经常被水饱和，且上界在土表至 40 cm 内，其厚度≥40 cm（高腐或半腐物质，或苔藓纤维＜3/4 或≥60 cm（苔藓纤维≥3/4）
（2）人为土（anthrosols）	其他土壤中有水耕表层或水耕氧化还原层；或肥熟表层和磷质耕作淀积层；或灌淤表层；或堆垫表层
（3）灰土（spodosols）	其他土壤在土表下 100 cm 内有灰化淀积层
（4）火山灰土（andosols）	其他土壤在土表至 60 cm 或至更浅的石质接触面内 60% 或更厚的土层具有火山灰特性
（5）铁铝土（ferralosols）	其他土壤中有上界在土表至 150 cm 内的铁铝层
（6）变性土（vertosols）	其他土壤中土表至 50 cm 内黏粒≥30%，且无石质或准石质接触面，土壤干燥时有宽度＞0.5 cm 的裂隙，和土表至 100 cm 内有滑擦面或自吞特征
（7）干旱土（aridosols）	其他土壤中有干旱表层和上界在土表至 100 cm 内的下列任一诊断层：盐积层、超盐积层、盐磐、石膏层、超石膏层、钙积层、超钙积层、钙磐、黏化层或雏形层
（8）盐成土（halosols）	其他土壤中土表至 30 cm 范围内有盐积层，或土表至 75 cm 内有碱积层
（9）潜育土（gleyosols）	其他土壤中土表至 50 cm 范围内有一土层厚度≥10 cm 有潜育特征
（10）均腐土（isohumosols）	其他土壤中有暗沃表层和均腐殖质特性，且矿质土表下 180 cm 或至更浅的石质或准石质接触面范围内盐基饱和度≥50%
（11）富铁土（ferrosols）	其他土壤中有上界在土表 125 cm 内的低活性富铁层
（12）淋溶土（argosols）	其他土壤中有上界在土表 125 cm 内的黏化层或黏磐
（13）雏形土（cambosols）	其他土壤中有雏形层；或矿质土表至 100 cm 内有如下任一诊断层：漂白层、钙积层、超钙积层、钙磐、石膏层、超石膏层；或矿质土表下 20～50 cm 内有一土层（≥10 cm）的 n 值＜0.7；或黏粒含量＜80 g/kg，并有机表层；或暗沃表层；或暗脊表层；或有永冻层和矿质土表至 50 cm 内有滞水土壤水分状况
（14）新成土（primosols）	其他土壤

3.4　土壤地理分布

　　土壤是各种成土因素综合作用的产物。在一定的成土条件下,必然形成特定的土壤类型。因此,各类土壤都有与它相适应的空间位置。所谓土壤(类型)分布规律是指土壤类型随自然环境条件和社会经济因素的空间差异而变化的特性。首先,在全球和大陆尺度上土壤与广域的生物气候条件相适应,表现为土壤的广域水平分布规律(纬度地带性和经度地带性)和垂直分布规律;其次,在区域尺度上土壤与大的地质构造、地形、水文、成土年龄等相适应,表现为区域的、中域、微域的土壤分布规律。需要指出的是对土壤分布规律的认识和分析,还应该与一定的土壤分类系统相联系。例如,从土壤地理发生学分类的角度,土壤分布规律严格遵循土壤与大的生物气候条件相适应的地带性规律,即在同一生物气候地带内只存在一种地带性土壤类型;但从土壤系统分类的角度,在同一生物气候地带内,并非仅有一种主要土壤类型,完全可以有一种以上的主要土壤类型,从而更加重视土壤类型组合的分布规律。

3.4.1　中国土壤的纬度地带性

　　所谓土壤的纬度地带性分布规律主要是指土壤高级类别(土纲、亚纲)或地带性土类(亚类)大致沿纬线(东西)方向延伸,按经度(南北)方向逐渐变化的规律。由于不同纬度地表接受的太阳辐射量不同,从而引起温度、降水等气象要素以及气候类型自赤道向两极的变化,与此相应地也引起生物和土壤呈现带状的分布。中国东部沿海型纬度地带谱由北而南依次为:灰土(灰化土)—淋溶土(暗棕壤、棕壤、黄棕壤)—富铁土(红壤、黄壤、赤红壤)—铁铝土(砖红壤)所构成(如图 3-6、图 3-7 所示)。

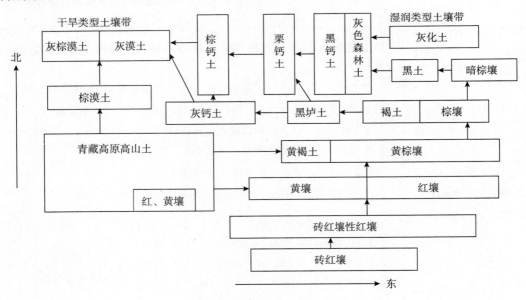

图 3-6　中国土壤发生分类土壤类型分布模式

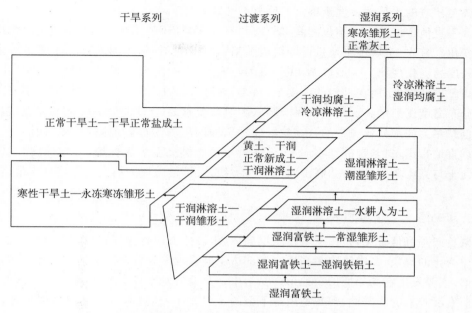

图 3-7　中国土壤系统分类土壤高级单元分布模式(引自龚子同,1999)

3.4.2　中国土壤的经度地带性

土壤经度地带性主要是指地带性土类(亚类)大致沿经线(南北)方向延伸,而按纬度(东西)方向由沿海向内陆逐渐变化的规律。这种变化主要与距离海洋的远近有关,一般情况下距离海洋越远,气候越干旱;距离海洋越近,气候越湿润。气候类型及湿润度的不同,生物群落结构也会不同,这必然会引起土壤类型的巨大变化。例如,在欧亚大陆温带地区,从中国东部沿海至内陆,气候类型依次是温带季风针阔混交林气候、温带季风森林草原气候、温带草原气候和温带荒漠气候;植被依次为森林—草甸草原—干草原—荒漠草原—荒漠;土壤地带也依次为暗沃冷凉淋溶土(暗棕壤)—均腐土(黑土、黑钙土、栗钙土)—干旱土(棕钙土、灰漠土、灰棕漠土)。

3.4.3　中国土壤的垂直地带性

土壤的垂直分布规律是指土壤随地形高度的升降依次变化的规律,把土壤随地形高低自基带向上或向下依次更替的现象,叫做土壤分布的垂直地带性。土壤自基带随海拔高度向上依次更替的现象叫正向垂直地带性;反之,称为负向垂直地带性。正向垂直地带性具有普遍意义,负向垂直地带性仅在中国青藏高原等地域才会出现。

1. 土壤的正向垂直分布规律

土壤的(正向)垂直地带性是指从山麓至山顶,在不同的海拔高度出现不同类型土壤的现象。这是因为随着海拔高度的增加,山地的气温不断下降(一般每升高 100 m,气温下降0.65 ℃),自然植被也随之变化,从而土壤类型也相应地变化。由于土壤分布的垂直地带性是在水平地带性的基础上发展起来的,所以,各个水平地带都有相应的土壤垂直地带谱。一般说来,这种垂直地带谱由基带(即带谱的起点)土壤开始,随着山体升高依次出现一系列与所在地区向极地(或沿海)变化相类似的土壤类型。由于山地的特殊水热状况、地形和母质的影响,使山地土壤与相应的水平地带性土壤具有明显的性状差异。

　　土壤垂直地带谱的组成不仅随基带土壤的不同而异,还随山地高度及形态的不同呈现有规律的变化。首先,土壤垂直地带谱的组成随基带不同而不同,它们既有随纬度的变化规律,也有随经度的变化规律。一般说来,在相似的经度上,自南而北,带谱组成趋于简单,同类土壤的分布高度逐渐降低;而在近似的纬度上,自东(沿海)向西(内陆),则带谱组成趋于复杂,同类土壤的分布高度逐渐增高。其次,山体越高,相对高差越大,土壤垂直地带谱越完整,包含的土壤类型也越多。如地处亚热带的喜马拉雅山脉珠穆朗玛峰为世界最高峰,从而形成最为完整的土壤垂直地带谱,自基带的红壤向上,依次分布的土壤类型为黄棕壤、酸性棕壤、灰化土、亚高山草甸土与高山草甸土,直达高山寒漠土与雪线。最后,山坡的坡向对土壤垂直带谱有明显的影响。

　　2．土壤的负向垂直分布规律

　　土壤负向垂直地带性,是指从基带土壤向下(由高原面向谷底)随生物气候的变化,土壤依次有规律变化的现象,在中国青藏高原东南部边缘区表现最为典型。负向垂直地带谱,也称土壤下垂谱,主要发生在高原面的负地形(河谷)中。高原谷地土壤是在河流下切加深的过程中在谷坡上发展起来的。因此,河谷地段最下部的土带是不稳定的,故在高原河谷地区,选择比较稳定的、广大高原面上的土壤作为垂直地带的起点(即基带)是符合发生学原则的。高原边缘区土壤下垂谱的建谱组成,还有其自身的特点。山越高,谷越深,越趋低处,则越趋干旱(这可能与自高原面下沉的气流具有焚风效应有关),在谷中往往出现一系列半干旱、半湿润类型的土壤,如雅鲁藏布江谷地的灌丛草原土,云贵高原的金沙江谷地中出现的燥红土等。

3.4.4　中国土壤的区域分布规律

　　土壤除主要受大生物气候因素制约而呈现广域的分布规律之外,还受地形、母岩与母质、水文地质、成土年龄和人为活动等区域性因素的影响,呈现不同的土壤类型组合和分布模式,一般称之为土壤区域性分布规律。土壤区域性分布规律主要有以下几种:

　　1．土壤的中域性分布规律

　　土壤分布的中域性规律,是指在中尺度的范围内,主要受地形和地质条件的影响,地带性土类(亚类)和非地带性土(亚类),按确定的方向有规律地依次更替的现象。例如位于褐土地带的华北平原,由太行山麓到滨海平原,依次分布的土壤有褐土、草甸褐土、草甸土(潮土)、滨海盐土等。在荒漠土地带,由山麓到盆地中心的土壤常依次为灰棕漠土(或棕漠土)、草甸土、盐土等。又如在中国四川东部平行岭谷区,土壤分布模式就是一个典型的地质土壤景观模式,即石灰岩或普通砂岩风化物上发育的土壤是黄壤或简育常湿雏形土,而在紫色沙页岩风化物上发育的土壤则为紫色土或紫色湿润雏形土。

　　2．土壤的微域性分布规律

　　土壤的微域性分布规律是指在微地形和人为活动影响下,在小空间范围内,亚类、土属、土种或变种既重复出现又依次更替的现象。例如,黑钙土地带的高地上,随着小地形的变化,往往可在相邻的平浅洼地、平地和稍微隆起的小高地上,相应地出现碳酸盐黑钙土、黑钙土、淋溶黑钙土;在黑钙土地带的低平地上,常常可以看到随着小地形的变化而出现草甸土和盐渍土相间分布的状况;在黑钙土地带内的涝洼地上,随着小地形的变化,可以见到不同盐渍程度,甚至不同类型的盐渍土和盐化沼泽土。

人类活动对土壤分布的影响模式大致可归结为：①同心圆式分布，即耕种土壤的分布与居民点的远近有关。一般以居民点为中心，越近居民点，受人为影响越强烈，土壤熟化度越高。②阶梯式分布，一般在山岭和丘陵区，人们在垦殖坡地土壤时需要修筑梯田，并在不同地形部位采取不同耕作措施，从而形成不同的耕种土壤。如长江中游的丘陵区，由丘顶到沟底，人们依次建成了"岗地""田"和"冲田"，并相应地形成黄土和死黄土（属黄棕壤类）、板浆白土（属水稻土类）、马肝土或青泥土（属水稻土类）等。③棋盘式分布，在平原地区，随着农田基本建设的开展，平整土地，开挖灌排沟渠体系，使土地逐步规格化，进而改变了原有的土壤分布，形成棋盘式分布。如华北平原，随着开沟排水，发展灌溉与培肥，花碱土面积迅速减少，而耕作层土壤质地通过翻沙压淤或翻淤压沙，不断地壤质化，土壤肥力不断提高。

思考题

1. 试阐述土壤发生学理论的基本观点及其发展完善过程。

2. 如何理解成土因素同等重要、不可互相代替的土壤发生学基本思想？

3. 分析各成土因素对土壤形成和土壤性质影响。

4. 试分析重要成土过程特点及其发生的环境条件。

5. 试述中国现行土壤发生分类系统的分类原则、各级分类单元划分的依据和命名方法。

6. 中国土壤系统分类的特点、分类和命名原则是什么？

7. 简述美国土壤系统分类的分类原则与命名方法。

8. 简述目前国际上主要的土壤分类系统及其特点。

9. 简述中国土壤的地带性分布规律。

第4章　土壤环境质量

土壤环境质量是指土壤的状态,它既能够维持并提高水、空气质量,也能够满足人类生活和健康的需求。为实现这一目标,土壤必须保持健康和洁净的状态,使其适用于农业生产。同时,当土壤受到人类活动污染时,它应具备自我净化和适当修复的能力,以减轻其对大气、水源和植被等的污染影响。本章主要介绍土壤环境质量、土壤环境背景值、土壤环境容量、土壤环境质量标准的内涵、影响因素及在土壤环境保护工作的应用。

4.1　土壤环境质量

土壤是指覆盖于地球陆地表面具有肥力、能够生长植物的疏松表层,一般包括陆地表面<2 m的土层和沿海滩涂。它不仅为植物的生长提供机械支撑能力,还为植物的生长发育提供所需要的水、肥、气、热等肥力要素。土壤学家们将相交于大气圈、水圈、岩石圈和生物圈的陆地表面薄层和浅水域底部土壤所构成的连续体称为土壤圈,由于其所处的特殊地位,土壤圈成为地球系统中生物与非生物发生强烈交互作用的重要基地,它犹如地球的地膜,一定程度上类似生物体的生物膜。因此,土壤既是影响与控制人类和陆地动、植物生存和可持续发展的重要资源,也是促进生命与非生物进行物质交换的重要环境,它兼具资源和环境的双重性质和功能。

就资源性质而言,土壤既是植物生长繁育的立地条件,又是农业的基本生产资料,是作物水和养分的主要来源,此外,土壤还有其他如建材、陶瓷等方面的资源价值。"万物土中生"是古人对土壤价值认识的精辟表达,已被世界各国的土壤学家所引用(Doran 等,1994)。从环境性质而言,土壤是一种除水和大气外的另一类重要的环境要素,它本身又包括物质组成、结构以及内部特殊的水分、养分、酸碱度、温度和空气等多种环境因子,是一种水、气、热等复合因子综合表现的环境要素,并由于其强烈的生物过程,有比水、气环境更强的缓冲性、不均匀性和复杂性。

土壤的质量是衡量和反映土壤资源与环境特性、功能及其变化状态的综合表征,是土壤科学和环境科学研究的核心,它应该主要反映在能够较好表征土壤功能实现能力的方面。美国土壤学会(1995)把土壤质量定义为:在自然或管理的生态系统边界内,土壤具有动植物生产持续性,保持和提高水、气质量以及人类健康与生活的能力。我国土壤学家认为土壤质量包含了土壤维持生产力、环境净化能力、对人类和动植物健康的保障能力,即指由土壤所构成的天然或人为控制的生态系统中,土壤所具有的维持生态系统生产力和人与动植物健康而自身不发生退化及其他生态与环境问题的能力,是土壤特定或整体功能的综合体现。也就是说,土壤质量是土壤肥力质量、土壤环境质量及土壤健康质量的综合质量。

　　事实上，能够生长植物的具有肥力的陆地疏松表层的土壤生产力及其所代表的土壤质量，已为人们深刻理解和接受；随着环境问题和食品安全问题的凸显，人们对作为地球表层环境系统之一的土壤环境功能及其所代表的土壤环境质量也逐渐有了认识，然而，对于土壤作为内部有着丰富生物活动和物质代谢过程的土壤生态系统本身的稳定与健康及其所代表的土壤健康质量问题，尚未引起人们的足够重视。

4.1.1　土壤质量的定义

　　土壤质量的概念是在人类高速发展的 20 世纪 90 年代，随着人口对土地压力的增大，人类对土地资源的过度开发利用导致土壤资源的严重退化，给农业的可持续发展造成严重威胁的形势下提出来的。

　　美国土壤学于 1991 年和 1992 年连续召开两次关于土壤质量的国际学术会议，并由 J. W. Dorn 分别于 1994 年和 1996 年主编出版了 *Defining Soil Quality for Sustainable Environment* 和 *Methods for Assessing Soil Quality* 两本论文集，赵其国先生通过《土壤》杂志将其中关键的部分组织翻译介绍后，引起中国土壤学界的广泛关注。之后在老一辈土壤学家的支持下，组织了"土壤质量演变规律与持续利用"国家重大基础研究规划——"973"项目，项目初步创建了关于土壤质量演变过程和机制、退化土壤修复、土壤质量定向培育的理论、技术和方法的土壤学—"质量土壤学"的理论框架，提出了土壤质量的科学概念，制定了表征土壤质量的指标、最小数据集，集成了土壤质量的研究方法和评价体系。揭示了水稻土、红壤、潮土、黑土等主要耕地土壤的质量现状及肥力质量的演变格局，编制了土壤质量数据库，建成了 1：100 万的中国土壤数据平台。

　　土壤质量主要根据其功能进行定义，某土壤对不同利用方式的适宜性分析评价就是最早和最常见的土壤质量概念。早在春秋战国时期的"禹贡"就把九州土壤按颜色、利用情况和肥力进行分类，反映出人们对土壤肥力质量的重视。较早的一些土壤学家认为，土壤质量只要简单地与作物生产力联系起来就可以了，也有一些学者强调土壤对粮食和饲料质量的影响。也就是说起初的土壤质量主要是与农业生产相联系的肥力质量。但随着人们粮食保障能力的提高，对人居环境的逐渐重视，很多土壤学家认为，土壤评价还应该考虑居住在土壤上的动植物数量、类型以及它们的健康与安全，把土壤管理措施和使用方式对附近水体、空气以及土壤生物（动植物和微生物）的健康、对动植物产品质量（品质）以及作为食物的人畜健康等纳入土壤质量的评价内容。进而在 20 世纪末世界能源和资源危机以及环境恶化的背景下，可持续发展的概念被广泛接受，而农业的可持续发展离不开健康稳定的土壤系统。土壤学家意识到，保持土壤的清洁健康是农业可持续发展的关键和核心，因而，土壤的健康质量开始纳入土壤质量的评价内容。

　　赵其国等根据土壤的功能和国内外研究的积累，将土壤质量定义为：土壤提供食物、纤维、能源等生物物质的土壤肥力质量，土壤保持周边水体和空气洁净的土壤环境质量，土壤容纳消解无机和有机有毒物质、提供生物必需的养分元素、维护人畜健康和确保生态安全的土壤健康质量的综合量度。土壤肥力质量是土壤确保食物、纤维和能源的优质生产、可持续供应植物养分以及抗御侵蚀的能力；土壤环境质量是土壤尽可能少地输出养分、温室气体和其他有机和无机污染物质，维护地表（和地下）水及空气的洁净，调节水、气质量以适应于生物生长和繁殖的能力;土壤健康质量是土壤容纳、吸收、净化污染物质,生产无污染的安全食品和营养成分完全的健康食品,促进人畜和动植物健康,确保生态安全的能力。

以上的质量概念基本上是建立在土壤作为生物产品生产功能方面的质量考虑,如果将土壤用于建筑材料如制砖、制陶等,则其质量考虑的内容将完全不同,比如矿物组成、黏结性、烧结性、强度、韧度等可能成为其质量评价的关键指标,因为其利用的功能目标完全不同。本书的重点是从环境的角度考察土壤的质量,所以,是以前述的土壤质量概念为核心。

4.1.2　土壤肥力质量

正如前面所述,土壤肥力质量主要是指土壤对植物生产要素的支持能力,或叫土壤生产力。从肥力的角度而言,好的土壤才能让植物"吃得饱(养分供应充足)、喝得足(水分供应充分)、住得好(空气流通、温度适宜),而且站得稳(根系能伸展开,机械支持牢固)"。也就是说,土壤的肥力质量是土壤水分、养分和各种环境条件的协同生产能力,它既包括了土壤养分的含量水平,也包括土壤的水、气、固比例协调程度以及各种反应体系的稳定情况。

土壤肥力是土壤学中最古老也是最基本的概念。早在古代的中国、希腊和罗马,就已经认识到水、肥、气是构成土壤肥力的重要因素。关于土壤肥力的学说和观点很多,以李比希最小养分定律为代表的欧洲土壤学家侧重于从土壤的植物营养角度研究土壤肥力,并以养分的多寡来衡量土壤肥力的高低。而美国土壤学会(SSSA,1987)把土壤肥力定义为"土壤供应植物所必需的养分的能力,以及与养分供应能力有关的各种土壤性质与状态"。其重视养分的数量,更重视养分的供应能力,因为,有养分未必能被植物所利用,它还受到各种土壤性质和状态的制约,他们认为土壤肥力是"在光照、湿度、温度、土壤物理条件及其他因素都适合于特定植物生长时,土壤向植物以适当的量和平衡的比例供应养分的性能"。我国的沈善敏先生(1998)将土壤肥力解释为:肥指的是营养或养分,力则指的是养分的储藏或供应能力。土壤肥力就是土壤供给养分的能力。所以,它不仅包括养分的含量,还包括养分的存在形态、对植物的有效性和供给力、影响土壤养分供给的因素以及土壤养分及其供给力的调控和管理。

我国土壤学家将土壤肥力的概念拓展为水、热、肥、气等诸多因素的综合作用所构成的土壤生产能力,将土壤物理的、化学的和生物的诸多属性对土壤肥力的作用与影响都加以考虑。认为土壤的结构(土粒构成、固液气比例、微生物组成等)、成分(有机质、N、P、K 等养分)和环境因子(温度、湿度等)都会影响土壤的作物生产能力,所以都是土壤肥力要素。苏联土壤学家威廉斯认为土壤肥力是"植物生长过程中,土壤同时地、不断地供应植物以最高水分和养分的能力"。苏联学者较多地从腐殖质及其组分、土壤团聚体特性方面开展土壤肥力的研究,并提出"土被"的概念,认为土壤是地球物质和能量循环的中心环节,并与地球其他各层之间存在连续不断的相互作用,从而反过来影响岩石圈、水圈、大气圈和生物圈的很多特性和现象。日本的金野隆光认为土壤肥力包括两层含义:一层是生产力(生产生物量的能力);另一层是抵抗能力(对低温、过湿、干旱等不良条件的抗御能力)。

我国老一辈土壤学家侯光炯、熊毅、陈恩风等都对土壤肥力的概念提出了自己的见解。侯光炯认为土壤肥力的实质是土壤的生命力,是土壤持久稳定地满足植物对水分、养分要求的能力,是土壤具有自动调节机制、抗御外界不良环境的能力,是土壤水、肥、气、热动态的周期性变化和植物生理作用周期性变化之间相互协调的程度。他把土壤看作一类生物体,是一种类似蛋白质的无机物、有机物、微生物和酶组成的复合胶体。土壤肥力的形成内因是土壤固有的,来自土壤无机-有机-微生物-酶复合胶体,外因是太阳辐射为主导的环境因素。熊毅认为土壤肥力是环境条件和营养条件两方面供应和协调作物生长发育的能力,是土壤物理、化学、生物等性质的综合反映。土壤结构是肥力的重要基础,肥力评价要考虑土壤的整体剖面。同时强调土壤有机胶体和无机胶体的融合程度,它影响着土壤保肥、保水和供肥、供水及自动调节能力的强弱,也影响着土壤结构的形成及其稳定程度。强调"土肥相融"在肥力水平中的重要性。陈恩风认为土壤肥力包括土壤肥力基础(有机矿质复合体)、土壤植物营养及土壤生态条件 3个方面。认为土壤的熟化本质是基础物质的转化和协调过程。提出土壤肥力的"体质"和"体型"以及土壤微团聚体综合反映土壤肥力水平的观点。

周鸣铮(1985)将土壤肥力分成广义和狭义的内涵,水、肥、气、热相互协调为土壤肥力的广义范围,而狭义的范围是指养分肥力及其因子。也正是狭义的肥力概念奠定了"测土施肥"和"营养诊断"的应用技术基础。

总之,我国较一致的看法是:土壤肥力是土壤的本质属性,表现为对植物生长所需的水、肥、气、热的供应和协调能力。

4.1.3　土壤环境质量

土壤是除水和气以外的另一类重要的环境资源,它不仅为农业生物提供各种肥力要素,为园林、花卉提供生长的营养和基质,还为我们生存的环境起到很多的净化作用,如土壤可以净化污水、净化大气污染物,吸收噪声、辐射等。然而,土壤的这些环境功能只有在外界干扰不超过其生态调节能力的条件下实现,土壤环境不同于水、气环境的主要特点是其移动性很小,因此,一旦污染物超过了一定的浓度,就可能导致农产品的污染物超标、植物生长发育受到危害、土壤微生物多样性的下降,甚至导致整个土壤生态系统的瘫痪,失去生产能力。这就通常所说的土壤污染,由于土壤的污染会引发人畜健康、食品安全等重大安全问题。所以,土壤环境质量通常认为是土壤容纳、吸收和降解各种环境污染物的能力。

从前述土壤质量的概念中,可以充分认识到土壤与人、动植物正常生存与发育、发展的密切关系,特别是其"保持或改善大气和水质量以及支持人类健康和居住的能力"反映出土壤作为环境要素的重要性。土壤质量不仅包括支持人类健康和居住能力,而且包括保护人类和生态系统健康的能力。所以土壤是环境的重要组成部分,它位于自然环境中心位置,连接四大圈层的交错带,既是联结无机环境与有机环境的纽带,又是地球物质和能量交换的中心,承担着环境中来自各方的物质迁移、转化功能,因而,它对整个地球环境系统的稳定起着至关重要的作用。

随着工农业生产的迅速发展,环境污染呈日趋严重的态势。污染物质在环境中的迁移转化也严重威胁着土壤圈物质的良性循环和人类的生存环境。一方面,人类不合理的利用导致土壤的侵蚀、流失、盐渍化、沙漠化等退化现象;另一方面,化肥、农药以及工业"三废"的主动或被动大量使用,不仅导致土壤环境的污染,还造成随着水土流失或农田排放进入水、气环境的影响。特别是目前全球十分关注的温室气体排放和过量氮、磷引起的水体富营养化,都与土壤环境的次生影响有关。

曹志洪等(2008)认为土壤环境质量是土壤调控温室气体和氮磷排放,保护大气和水体安全的能力。而事实上,土壤环境质量的内涵更广阔,它不仅与土壤的自然形成过程及其成土过程的环境条件有关,还与相关的元素或化合物组成与含量有关,此外,还包括土壤作为次生污染源对整体环境质量的影响。土壤环境质量是指在一定的时间和空间内,土壤自身性状对其持续利用以及对其他环境要素,特别是对人类或其他生物的生存、繁衍以及社会经济发展的适宜性。它与土壤遭受污染的程度密切相关,是土壤肥力相反的一种属性,土壤肥力强调的是各种生态因子的协调性,而污染则是指由于某些因子的偏离导致的土壤不和谐性,或功能的损失程度。土壤环境质量的好坏与土壤利用方向有关,与土壤原有的物质含量——即土壤背景值有关,更与土壤对污染物的容纳能力有关。各个国家和地区,根据土壤的区域特征和对人畜健康风险的大小制定了土壤的环境质量标准,我国为贯彻《中华人民共和国环境保护法》,防止土壤污染,保护生态环境,保障农林生产,维护人体健康,制定的标准土壤环境质量标准按土壤应用功能、保护目标和土壤主要性质,规定了土壤中污染物的最高允许浓度指标值及相应的监测方法。标准根据土壤应用功能和保护目标,划分为 3 类:Ⅰ类主要适用于国家规定的自然保护区(原有背景重金属含量高的除外)、集中式生活饮用水源地、茶园、牧场和其他保护地区的土壤,土壤质量基本保持自然背景水平;Ⅱ类主要适用于一般农田、蔬菜地、茶园、果园、牧场等土壤,土壤质量基本上对植物和环境不造成危害和污染;Ⅲ类主要适用于林地土壤及污染物容量较大的高背景值土壤和矿产附近等地的农田土壤(蔬菜地除外)。土壤质量基本上对植物和环境不造成危害和污染。并相应规定了一、二、三级标准。

一级标准为保护区域自然生态,维持自然背景的土壤环境质量的限制值;二级标准为保障农业生产,维护人体健康的土壤限制值;三级标准为保障农林业生产和植物正常生长的土壤临界值(详见附件:土壤环境质量标准)。

土壤环境质量的评价方法很多,包括指数评价法、模糊判断法、灰色聚类法、T 值法等,也有通过生态监测进行的各种生物指数或生物多样性指数法等。污染指数法是最常用的一类方法,常用有简单指数法、叠加指数法、带有权重的污染指数法、内梅罗污染指数法等,详细内容参见第 8 章。

4.1.4　土壤健康质量

土壤除了具有资源和环境的属性外,还具有生命的属性,它也是一个生态系统,具有特定的生态功能。正如我国老一辈土壤学家侯光炯对土壤肥力的认识,土壤肥力的实质是它的生命力。章家恩和廖宗文(2000)曾提出土壤生态肥力的概念,认为土壤生态肥力是指在一定环境条件下,土壤及其生物群落之间长期协同进化、相互适应、相互作用而表现出的一种和谐特性,以及在该特性状态下土壤保证植物生长所必需的物质与能量的可获得性和可持续性的一种功能与能力。其与一般意义上的土壤肥力的根本区别在于,以往的土壤肥力概念以养分的多寡为核心,而土壤生态肥力强调以健康的土壤环境与健康和谐的土壤生物类群为核心。更强调土壤作为一个生态系统本身的健康及其生态服务功能的可持续实现。

有学者认为土壤质量与土壤健康是同义词,是指维持生态系统生产力和动植物健康而不发生土壤退化及其他生态环境问题的能力。土壤健康一般为农学家和生产者及大众媒体所采用,强调土壤的生产性,即一个健康的土壤能持续生产出既丰富又优质的作物产品。而土壤质量的概念一般为土壤学家所采用。在最近 20 多年里,农业已由一个传统的操作系统,演变成为复杂生态系统中的一个组成部分。土壤健康不仅对作物生长活动的效率有影响,而且对水质量和大气质量有影响。所以,仅仅把土壤健康的定义局限于其生产性已不能表达其质量的全部内涵,它还应该与生态系统及环境联系起来,与土壤保护及持续农业联系起来,持续保持其诸多特性和功能过程的实现条件,这就是土壤的健康质量。

健康是生态系统功能发挥的必要条件,只有健康的土壤才是植物生长发育的基础。Doran 和 Parkin(1994)把土壤健康定义为:"在生态系统和土地使用界面内,土壤作为一个活的生命体具有连续维持生物生产力、提高空气和水环境质量和保障动植物和人畜健康的能力",同时还认为有生物活力的和具有功能的土壤才可定义为健康的土壤。美国土壤学会指出健康土壤具有以下功能:①维持生物活性、多样性和生产性能;②具有分配和调节地表水分、溶质流动与循环的能力;③具有过滤、缓冲、固定、分解有机-无机物的能力;④具有储存和循环利用生物养分和其他成分的能力;⑤具有支持社会系统、保护人类居住环境及有关历史文化遗迹的性能。Anderson(2003)也指出,土壤健康应主要集中在土壤的生物成分上。它反映:①土壤是一个活的体系;②具在景观中能进行其所有必要的功能;③在一定的气候、景观和植被范围内,能显示出自己独特的潜力;④对其发展趋势能进行有意义的评价。

土壤作为一个生命系统,它跟其他的生命体有类似的生命特征,所以,土壤类型与健康没有关系,不同的土壤类型都有健康与非健康状态,也并非生产能力差的土壤就一定不健康。就像人一样,尽管不同类型的人在不同方面的能力表现不尽相同,但与其是否健康无关,不管是哪种类型的人都可能存在健康与不健康的状态。土壤也一样,只是由于处于演替初期的土壤或不利环境条件下形成的土壤如沙地、荒漠和极地土壤其所处环境条件的限制,决定了其生产力本身较低,但它与生态系统演替顶级的土壤如热带雨林一样,都是健康的。相反,受到生态破坏或环境污染的土壤,如荒漠化土壤或石油烃污染的土壤,不管其生产力的高低,都不是健康的土壤。

所以,土壤健康质量的评价需要考虑到土壤的多种功能和时空及强度的变异。从生命的属性来看,土壤健康是有时间尺度的。土壤的生产性能只是土壤多种功能中的一部分,所以,我们可以说健康的土壤是有生产力的,但有生产力的土壤未必健康。

一般认为健康的土壤应当具有以下性状:①土壤较厚、颜色较深;②较易耕作;③春季易发棵;④有海绵状结构,保水较多;⑤落干较快;⑥秋季作物残茬能更快地分解;⑦有机质含量较高,侵蚀较轻;⑧蚯蚓的数量较大、种类较多;⑨有一种香甜、新鲜的空气味。对比观测研究发现,健康土壤有以下 8 个方面的特点:①所耗费的燃料比非健康土壤少得多;②对机械的磨损和损坏较小;③拖拉机工作较省劲;④需要较少的肥料;⑤作物产量高;⑥有较多种类的杂草;⑦病虫害较轻;⑧种植饲料作物有较高的品质,吃该饲料的动物更加健康。

总之,土壤健康质量是影响和促进人畜健康的能力,尤其是针对因自然地质过程和生物地球化学循环而造成土壤中某元素丰缺,继而通过食物链对人畜健康产生影响的能力。其内涵既不同于土壤的肥力质量,也有别于土壤的环境质量。更强调自身的系统健康及其功能的可持续实现能力。

4.1.5　土壤质量的指标

土壤质量只是一个概念,而要表征土壤质量的好坏,必须通过一系列的指标加以描述。土壤质量指标包含了众多时空变异显著的物理、化学和生物指标,所以,土壤质量评价通常采取的相对质量,而非绝对质量。Karien 等(1997)提出土壤质量应以土壤功能为基础,着重于确定一个系统内的土壤功能的完善程度。但由于土壤的复杂性等,至今没有评估土壤质量的统一标准。

通常认为土壤质量指标应包括 5 个方面：①生态过程及其相关过程的特定模式；②综合土壤的物理、化学和生物性质和过程；③能为使用者所接受并能应用于田间条件；④对管理和气候的变化敏感；⑤如有可能，这些指标应当是土壤数据库的组成。

对于不同利用目的的土壤质量评价，所选取的指标侧重点不同，如农业生产的土壤质量更倾向于土壤肥力质量的指标和安全方面的指标，而森林土壤更强调对全球碳平衡的贡献与作用，而对于一个牧场的土壤经常要考察土壤的稳定度和分水岭功能、养分循环与能量流以及土壤功能的恢复机制。土壤质量指标可以是描述性的定性指标，也可以是分析性的定量指标，关键要强调指标的公正性、灵敏性，并且具有预测能力、有阈值、可参考、数据资料易于收集或监测等方面。表 4-1 列出了土壤质量分析性指标与土壤影响过程的关系。

表 4-1　土壤质量的有关指标与其过程的关系

土壤质量指标	影响的过程
有机质	养分循环、除草剂和水的吸持、土壤结构
渗透性	径流和淋溶的潜能、作物水分利用率、侵蚀潜能
团聚性	土壤结构、抗蚀性、作物出苗、渗透性
pH	养分有效度、除草剂等的吸附和运动
微生物生物量	生物活性、养分循环、降解除草剂的能力
氮的形态	氮对作物的有效性、氮淋溶的潜能、氮的矿化和固定速率
容重	作物根系的穿透性、容纳水和空气的孔隙、生物活性
表层土壤厚度	作物生产力所必需的根系容量、水和养分有效性
电导或盐渍度	水的入渗率、作物生长、土壤结构
有效养分	支持作物生长的能力、环境的危害性

引自：徐建明等，2010。

土壤质量指标包括描述性指标、产量指标和土壤生态过程指标。土壤描述性指标是指那些因为数据不易量化而被视为"软"数据的指标，如农民及其他直接使用土壤的人常通过看、闻和触觉来确定土壤的质量。例如，对土壤侵蚀、耕性、结构、质地、蚯蚓等土壤指标以及作物的生长情况（长势）等通常都是采用描述性的方式加以表达的。Roming 等（1995）的土壤评分卡和新西兰的"直观土壤评价"（visual soil assessment，VSA）（Shepherd，2000）都是包括土壤和植物指标的描述指标集。

土壤质量分析性指标是指包括可以定量测定的土壤物理指标、化学指标和生物指标，各指标的取值不同决定了土壤质量的状况。如土壤的固、液、气三相比，土壤孔隙度、导水率和透气性等物理指标；土壤阳离子代换量、有机质、氮、磷、钾等化学指标；土壤微生物生物量、病原菌、酶、土壤动物等生物指标。Doran 和 Parkin（1994）提出了一个基本土壤性质集，可满足大多数农业条件下的土壤质量评价所需（表 4-2）。

土壤生态过程指标是指土壤具有的生态服务动能性指标。它包括全球碳、氮循环，容纳水分，净化和过滤污染物等方面的功能。影响土壤生态过程及其生态服务功能的因子很多，各功能之间还可能存在协同或拮抗作用，如土壤的生物多样性既对土壤的生产功能有益，又利于其生态功能的发挥，所以，土壤微生物量碳、氮、磷等指标可以同时做指示肥力和生态服务功能的良好指标,而对生产有利的高含量氮、磷,则对环境的缓冲功能产生不利影响。

表 4-2　土壤质量和健康状况参数与土壤质量的关系

土壤指标	土壤状况参数	与土壤质量的联系
土壤物理指标	质地	水分和化学品的保持与传输; 模型使用,土壤侵蚀和变量估计
	表土和耕层深度	生产潜力和侵蚀估计; 景观和地理变异性的标准化
	土壤容重和渗透性	淋溶、生产和侵蚀潜力; 基于体积的分析需要容重数值
	土壤持水性(水分特征曲线)	水分保持、传输和侵蚀; 有效水:从容重、质地和有机质计算
土壤化学指标	土壤有机质(总碳、总氮)	定义土壤肥力、稳定性和侵蚀范围; 使用在过程模型和点位规范化
	pH	定义生物和化学活性阈值; 对过程模型非常重要
	电导率	定义植物和微生物活性阈值; 在多数过程模型中缺乏
	交换性氮、磷、钾	植物有效养分和潜在氮损失; 生产力和环境质量指标
土壤生物指标	微生物量碳、氮	微生物催化潜力和碳、氮储存; 模拟:管理对有机质的影响预警
	潜在矿化氮	土壤生产力和氮供应潜力; 过程模型
	土壤呼吸、水分含量和温度	估计生物活性; 微生物活性测定模型

引自:Doran 和 Parkin,1994。

4.2　土壤环境背景

4.2.1　土壤环境背景值的概念

在环境科学兴起之前,地球化学家和地球物理学家已对地壳中各种元素的含量进行了研究。早在 1910 年,A. R. Wallace 就指出,地壳变动是生物进化的诱因和动力,其中化学元素的变化是根本原因。背景值调查起源于地球化学研究,在地球化学中,把自然客体物质含量的自然水平称为地球化学背景,当某种化学元素的含量与地球化学背景有重大偏离时,称为地球化学异常。可以说在地球化学研究中已包含了土壤环境背景值的内容。

土壤环境背景值是指在很少受人类活动影响和不受或未明显受到现代工业污染破坏的情

况下,土壤原来固有的化学组成和元素含量水平。但是人类活动的影响已遍及全球,很难找到绝对不受人类活动影响的土壤,现实中只能去寻找影响尽可能少的地方,因此土壤环境背景值在时间上与空间上都是一个相对的概念。

在环境问题遍及全球的今天,人类活动已经污染了包括土壤圈在内的各个圈层,要了解某一区域是否受到污染以及其发展的程度,只有在了解原有环境背景值的条件下才能实现,因此土壤环境背景值研究作为土壤环境保护研究的一项基础性工作,在理论上和实践上都有重要意义。

(1)土壤污染防治和土壤环境质量评价都必须以土壤环境背景值作为基础。土壤环境背景值研究还可促进土壤元素丰度和分布、土壤元素迁移转化规律以及土壤元素的区划等的研究,从而也丰富和促进了土壤学、化学地理学、地球化学、环境生态学的发展。

(2)土壤环境背景值研究可为农业生产服务,可从土壤环境背景条件和植物生长的关系寻找适合作物生长发育的最佳土壤环境背景条件和背景区,在更大的范围内实现因土种植,还可根据微量营养元素的背景值丰缺程度指导微量元素肥料的施用。

(3)土壤环境背景值研究可为防治地方病和环境病服务。环境中某一种或几种化学元素含量显著不足或过剩,是造成某些地方病和环境病的原因,了解地方病的土壤环境病因,可为地方病防治提供科学依据。

(4)土壤环境背景值研究可为地球化学找矿提供依据,由于地表残积层中元素的异常,直接指示矿物或矿体赋存的位置。

(5)土壤环境背景值研究可为工农业生产布局提供依据,工业建设项目选址、大区域种植结构调整,必须了解该区域的土壤环境背景特征,对于某一元素背景值高的区域,就不应该新建排放该元素的工业企业。

4.2.2　土壤环境背景值的形成与影响因素

伴随着土壤的形成,母质中各元素参与了地质大循环和生物小循环,经历了复杂的淋溶、迁移、淀积和再分配,因此土壤背景值的形成与成土条件、成土过程密切相关,必然受到气候、母质、地形地貌、生物和时间五大成土因素的综合影响。

1.气候

气候条件不同,土壤中物质的迁移、淋溶、富集状况也不同,水热条件的差异将直接影响母岩的风化程度和化学元素的释放,有关气候因子对土壤背景值的影响研究较少,为研究气候对土壤背景值的影响程度和各气候指标的作用大小,我们选择南北狭长地跨约 7 个纬度($34°\sim 41°$),海拔高度变化也较大,不同区域水量热量供应不同,整个区域成土母质相对单一,以黄土母质为主体的山西省为研究区域,分析气候因子对土壤元素背景值的影响。为定量研究气候对土壤环境背景值的影响,引入灰色系统理论的关联分析方法,选取 11 个代表不同气候状况的典型点,并以最高气温,年降水量,$\geq 10 ℃$积温,$\geq 0 ℃$积温,$\geq 0 ℃$的天数(有效风化天数)等 5 项指标的数据进行了分析计算。各项气候因子对土壤中元素含量影响的关联度计算结果见表 4-3,从表 4-3 可以看出,As 和 F 受最高气温的影响最大,$\geq 0 ℃$的日数对土壤 Cu 背景值的影响最大,影响 Cd、Pb、Mn 主要气候指标是降水量,Hg、Zn 则受 $\geq 10 ℃$积温的影响最大,从总体看,对土壤元素背景值影响大小的气候因子顺序是:降水量>($\geq 0 ℃$的日数)>最高气温>($\geq 0 ℃$的积温)>($\geq 10 ℃$的积温)。

表 4-3　各气候因子的关联度(R)

因子	最高气温	降水量	≥0 ℃的日数	≥10 ℃的积温	≥0 ℃的积温
As	0.714	0.682	0.668	0.644	0.651
Cu	0.712	0.720	0.731	0.664	0.683
Zn	0.619	0.665	0.682	0.683	0.682
Mn	0.685	0.758	0.704	0.681	0.687
Hg	0.622	0.638	0.627	0.639	0.635
Pb	0.708	0.734	0.731	0.713	0.729
Cd	0.746	0.753	0.739	0.727	0.736
F	0.785	0.755	0.767	0.771	0.779
Cr	5.592	5.704	5.648	5.520	5.584
平均	0.699	0.723	0.706	0.690	0.698

　　总之,不同的水热状况决定着成土母质风化过程,进而影响土壤中各元素的释放及其背景含量,一般有效风化天数多,降雨量大,风化作用强,各元素释放多,其背景值则较大,就山西省的土壤背景值水平分布特征看,其与气候的分布基本吻合。

　　2. 母质

　　母质是土壤物质的来源,母质的矿物成分和化学组成可直接影响土壤中化学作用进程和土壤化学成分。事实上,土壤元素在成土过程中的行为在一定程度上继承了母质的地球化学特征。有关成土母质对土壤元素背景值影响的研究较多,已有的论述表明影响土壤元素背景值的主导因素是成土母质,但仅用变异系数大小来判断影响因素的主次,依据还不够充足,因为统计不同母质土壤元素背景值变异系数未能排除其他因素的影响。不同母质上发育的土壤元素背景值见表 4-4。从表 4-4 可以看出不同母质的土壤元素背景值差异十分显著,如发育于海洋沉积物母质的土壤汞背景值是发育于风沙母质的 9 倍,石灰岩母质和海洋沉积物母质的Pb、Cu 的背景值是风沙母质土壤背景值的 2 倍,Mn、Ni 的背景值均以发育于沉积石灰岩母质的土壤最高,所有 5 种金属元素背景值均以风沙母质背景值最低。总之,不同母质的土壤中,各种元素的含量差别较大,而母质相同的土壤中元素含量差别较小,这为土壤元素背景值分区提供了重要依据。

表 4-4　发育于不同母质的土壤重金属背景值　　　　　　　　　　mg/kg

母质名称	Hg	Pb	Cu	Mn	Ni
酸性火成岩	0.054	31.9	17.2	636	19.9
火山喷发物	0.065	31.7	13.1	540	15.7
沉积页岩	0.068	26.3	28.7	610	31.8
沉积沙岩	0.057	25.5	24.8	529	28.1
沉积石灰岩	0.112	32.7	27.7	738	38.0
沉积砂页岩	0.064	24.7	21.8	386	22.7

续表 4-4

母质名称	Hg	Pb	Cu	Mn	Ni
河流冲积沉积物	0.055	23.4	22.8	609	26.8
湖泊沉积物	0.081	22.6	24.9	558	30.3
海洋沉积物	0.177	32.6	26.9	610	32.3
黄土母质	0.029	21.6	21.1	569	27.8
红土母质	0.091	29.3	23.5	452	28.5
风沙母质	0.019	15.9	10.6	370	13.6

3. 地形地貌

在成土过程中,地形地貌是影响土壤和环境之间进行物质能量交换的一个重要条件,它通过各成土因素间接对土壤起作用,已有研究表明,地貌通过成土母质时间等成土因素制约着土壤成土过程,造成土壤元素含量区域差异。实际上,地形地貌的起伏变化虽然不能直接增添新的物质和能量,但它控制着地下水的活动情况,能引起水、土、光、热的重新组合与分配。因此土壤元素的背景含量也必然受地形地貌的影响,在母质均一的情况下,土壤的性状和分布就直接受地形地貌的控制,从采自同一区域不同地形部位的土壤中各元素背景含量大小就可以证明(表 4-5)。

表 4-5　不同地形地貌土壤元素背景值　　　　　　　　mg/kg

地形地貌	Cu	Pb	Zn	Cd	Cr	Hg	As	Mn	F
洪积扇	20.37	14.32	60.41	0.178	35.91	0.0095	6.15	411.9	3893
二级阶地	14.45	12.03	50.06	0.061	52.80	0.0165	4.95	504.4	506.5
一级阶地	26.78	18.42	59.21	0.148	54.58	0.0147	6.67	530.5	383.8

4. 生物因素

在由母岩母质发育形成土壤的过程中,生物的作用特别是微生物的作用十分重要,其中土壤腐殖质的分解与累积与生物(动植物和微生物)密切相关,可以说土壤表层有机质含量的多少主要受生物因素的影响,而有机质对各种化学元素的络合、吸附和螯合作用又影响土壤中元素的淋溶、迁移、累积,最终也就影响土壤元素环境背景值的形成。

5. 时间因素

土壤的形成过程是一个十分漫长的过程,从母岩母质发育形成 1 cm 厚的土壤需要 300～400 年甚至更长的时间,虽然母质是土壤最初的物质来源,但时间长短决定着土壤发育的阶段,影响着母岩中各种元素分解释放的速度和数量,一般发育时间短、发育程度低的土壤其元素背景含量也相对较低。

4.2.3　土壤环境背景值的应用

土壤背景值研究是环境科学的基础研究工作,所获得的结果是很宝贵的基础资料,可广泛用于国土规划,土地资源评价,环境监测与区划,农业的土地利用,作物微量元素施肥以及环境医学,环境管理等各个方面。我国从 20 世纪 70 年代开展土壤背景值调查以来,所获资料已经广泛应用于区域环境质量评价、土壤污染防治、环境影响评价以及地方病防治等方面,取得了良好的效果。

(1)指导微量元素肥料的施用 土壤微量元素背景含量与土壤微量元素养分含量是相一致的。在农业化学研究中,土壤微量元素的全量是一个相对稳定的指标,是土壤养分储备或养分供应潜力的量度。土壤微量元素背景值的获得排除了人为活动等偶然因素的影响,更能反映元素在土壤中的本底含量和供肥潜力。因此,土壤微量元素背景值基础资料应用农业生产指导微肥施用是可行的。铜、锌、锰等微量元素是植物正常生长和生活不可缺少的营养元素,土壤中微量元素供给不足或过剩,均可导致农作物产量减少、品质下降。土壤是否缺乏某种微量元素一般与全量并没有直接关系,直接影响土壤对农作物供应水平的是土壤中微量元素有效态含量。

利用土壤背景值指导农业施肥,不仅需要全量,还需要有效态土壤养分,土壤养分活性可用 A 表示,有效态用 C 表示,土壤背景(全量)用 B 表示,则土壤微量元素养分活性 $A=C/B$。

(2)防治地方病和环境病 土壤中某些元素的过多与缺乏,不仅影响植物的正常生长,而且通过食物链影响动物及人类健康。微量元素与人体健康关系的研究最早可追溯到 19 世纪,20 世纪初开始对环境中微量元素的分布进行研究,并广泛分析土壤、水、动植物和人体组织中的微量元素。锌、铜、锰、铬、氟、硒已被确认是维持生命活动不可缺少的微量元素,这些元素在人体中不能合成,必须从膳食和饮水中摄入,因此它们在人类营养中比维生素还重要。

我国分布的克山病、大骨节病、地方性氟中毒症和甲状腺肿病等地方病严重危害着人民的健康,资料证明这些地方病与环境中某些元素的丰缺有关。在我国上述 4 种地方病均有分布。地方性甲状腺是一种很古老也很普遍的疾病,主要由缺碘引起,环境中碘缺乏是发生甲状腺肿的主要原因。

①山西大骨节病区的土壤环境背景特征。大骨节病是一种非传染性的慢性全身性软骨骨关节病,主要症状表现为关节痛、肢体粗短畸形、肌肉萎缩、步态蹒跚、运动障碍。山西大骨节病主要发病区是安泽、古县、浮山、沁水、沁源、榆社、武乡、左权、石楼、永和、吉县、大宁等地。关于大骨节病的病因至今尚未搞清,研究供试区土壤元素背景值无疑有助于探索该病的土壤地球化学病因,通过对大骨节病高发区(安泽、古县一带)及相邻非病区土壤各元素背景值分析比较,发现多数元素无显著差异,但病区土壤 Cu、Mn 显著高于非病区,元素硒低于非病区土壤。据此可以推断病区土壤中高 Cu、Mn 条件下的低 Se,可能是大骨节病的致病原因之一,如果进一步分析粮食、人体中这些元素的含量状况并进行临床观察,能证实上述结论,那么可以通过施肥,利用元素之间的拮抗和协同作用机理来调节土壤及作物中 Cu、Mn、Se 的含量,进而为大骨节病找到一条既经济又有效的防治方法。

②山西中部四大盆地土壤氟背景与氟中毒症。地方性氟中毒症包括氟斑牙和氟骨病,在山西省流行区主要分布在地势低平、地下水位较浅的运城、临汾、太原、忻定盆地地区,研究发现氟中毒分布与土壤高氟背景区的分布非常吻合,而且土壤氟背景值高的地区患病率也高,如运城盆地土壤背景最高(582.72 mg/kg),该盆地氟斑牙患病率也最高(30.1%),各盆地氟中毒患病率与土壤背景值详见表 4-6。

表 4-6　四盆地土壤氟背景与地方性氟中毒患病率

区域	氟骨病患病率/%	氟斑牙患病率/%	土壤背景值
忻定盆地	0.17	5.39	486.41
太原盆地	0.05	9.29	519.73
临汾盆地	0.24	21.19	566.7
运城盆地	2.49	30.19	582.72

　　长期食用高氟土壤生产的粮食,是地方性氟中毒发病的原因,山西地方病研究所试验表明,Mo 与 F 存在拮抗作用,而山西土壤普遍缺 Mo,增施钼肥可以降低作物对氟的吸收,进而减少人体氟的摄入量,这样不但提高了粮食作物产量,而且便于患者每天食用,收到既增产又治病的双重效益。

　　③云南土壤背景值与克山病。克山病是一种病因尚未完全清楚的地方性心肌病,其病理特征主要表现为慢性过程的心肌坏死。这种病于 1935 年在我国黑龙江省克山县首次发现,因病因不明,故名"克山病"。克山病是我国分布较广的一种地方病,从东北的黑龙江省到西南的云南省,呈一条宽带状分布。云南克山病 1960 年在楚雄市吕合区发现,后在全省 10 个地(州)40 个县 219 个区镇流行,病区县占全省总县数的近 1/3,病区人口约 1180 万。

　　地学和医学共同研究的结果认为,克山病区环境中缺硒是导致克山病发病的重要原因之一,而且云南克山病区的主要土壤类型是紫色土,云南土壤硒元素背景值的研究结果进一步证明了硒与克山病的关系。

　　从土壤类型分布上看,克山病病区环境中主要土壤是紫色土、水稻土和部分棕壤,而这 3 种土类的硒元素背景值是云南 12 个土类中最低的三类,紫色土的硒元素背景值为 0.142 mg/kg,都在 0.2 mg/kg 以下。实际上在病区取得的土壤样本的硒含量均在 0.06 mg/kg 左右。如楚雄病区为 0.046 mg/kg,双柏病区 0.073 mg/kg。根据云南省克山病防治研究中心的资料,克山病病区土壤的硒含量为 0.064 mg/kg 左右,而非病区土壤硒含量为 0.219 mg/kg 以上。因此,以 0.2 mg/kg 以下作为克山病病区土壤硒含量的临界值,事实上亦是如此,非病区土壤硒含量均＞0.2 mg/kg,如非病区的怒江州和临沧州地区,土壤硒元素背景值分别为 0.668 mg/kg 和 0.456 mg/kg。

　　楚雄州是云南省克山病重病区,当时每年每 100 万人发病人数在 50 人以上,它又是紫色土分布最广的区域,土壤硒元素背景值为 0.1415 mg/kg,而全州的土壤硒背景值仅 0.1350 mg/kg,显著低于全省的土壤硒背景水平(0.284 mg/kg),所以楚雄州的克山病病情与土壤硒元素背景值是十分吻合的。

　　此外,从全省土壤硒元素背景值全部样品进行分析,可以看到克山病区中的 12 个县的土壤样品的硒元素含量均在 0.20 mg/kg 以下,含量为 0.046～0.19 mg/kg,而非病区的 14 个县的土壤样品的硒含量都在 0.20 mg/kg 以上,其含量为 0.540～1.753 mg/kg。这明显地反映了克山病病区与非病区土壤硒含量的巨大差异。戴志明、刘天余对云南主要饲料、牧草中硒含量分析结果也证实,克山病病区的饲料和牧草中硒含＜0.02 mg/kg,而病区硒含量在 0.03～0.09 mg/kg,见表 4-7。

表 4-7　云南省克山病病区和非病区土壤、主要饲料、牧草中硒含量　　　mg/kg

区域	编号	地点	土壤硒含量	饲料牧草硒含量
病区	64	牟定	0.092	<0.02
	146	南华	0.073	<0.02
	62	楚雄	0.061	<0.02
	51	永仁	0.046	<0.02
	186	永善	0.136	<0.02
	167	双柏	0.073	<0.02
	114	会泽	0.136	<0.02
	164	大姚	0.135	<0.02
	165	姚安	0.126	<0.02
	103	宾川	0.112	<0.02
	12	永胜	0.140	<0.02
	130	寻甸	0.177	<0.02
非病区	30	富宁	1.526	<0.01
	53	屏边	1.753	0.06～0.09
	119	金平	0.668	0.06～0.09
	124	陇川	0.880	0.03～0.05
	69	元阳	1.046	0.06～0.09
	59	绿春	0.554	0.03～0.05
	85	墨江	0.560	0.03～0.05
	90	临沧	0.940	0.03～0.05
	76	勐海	0.540	0.03～0.05
	83	蒙自	0.643	0.06～0.09
	126	孟连	0.781	0.03～0.05
	35	镇康	0.646	0.03～0.05
	80	耿马	0.643	0.03～0.05
	125	潞西	0.837	0.03～0.05

　　(3)地球化学找矿　土壤环境背景值研究过程中,当发现某一区域某一种或几种元素背景异常高时,这对该种元素的找矿就有一定的指示作用。我国有学者曾对江西省发育在花岗岩母质上的红壤、风化壳 28 种元素的土壤背景值和异常值进行研究,探讨了利用背景值异常进行找矿的可能性,通过对背景区和异常区土壤中元素地球化学特征分析研究,明确了找矿有指示作用的土壤地球化学标志,这是对已有的众多找矿标志的重要补充。

　　除此以外土壤元素背景值及其分区还可为区域环境质量评价,土壤环境容量开发,工农业布局、国土整治等方面提供重要依据。

4.3 土壤环境容量

土壤环境容量是指遵循土壤环境质量标准,既保证农产品产量和质量,同时也不造成周边环境污染时,土壤所能容纳污染物的最大负荷量。还有另一种表述即:在不使土壤生态系统功能和结构受到损害的条件下土壤中所承纳污染物的最大量。对土壤环境容量问题进行研究,是土壤环境保护的一项基础工作。

4.3.1 土壤环境容量的概念

在20世纪60年代前后,因环境污染造成的"八大公害事件"引起世界各国对环境问题的关注,并在环境管理与控制工作中提出对污染总量进行控制以代替单纯的浓度控制。环境容量的概念最早由日本学者提出,最初来源于类比电工学中的电容量,环境容量首次作为一个科学概念而被引入土壤学是在20世纪70年代后期,根据总量控制的原理与方法,日本学者提出了一个环境容量的数学模型,如式(4-1)所示:

$$K = X/Y \tag{4-1}$$

式中:K 为环境容量;X 为排入环境的污染负荷;Y 为环境中污染物的浓度。

土壤环境容量是环境容量定义的延伸,一般把土壤环境单元所允许承纳污染物的最大数量称为土壤环境容量。土壤之所以对各种污染物有一定的容纳能力,与土壤本身具有一定的净化功能有关。在一系列水环境容量与大气环境容量调查的基础上,从20世纪70年代开始,我国科学家在土壤环境容量方面做了大量研究。尤其在第六和第七个五年计划期间,土壤环境容量被列为一个国家级科技攻关项目得到了系统研究,研究内容包括污染物在土壤或土壤——植物系统中的生态效应与环境影响,主要污染物的临界含量、污染物在环境中的迁移、转化及净化以及土壤环境容量的区域分异规律等。20世纪80年代以来,世界上主要进行了两类土壤环境容量研究。一类是研究土壤与植物之间的相互作用以及污染物在土壤生态系统中的渗透及吸附规律,例如,根据土壤的化学性质及重金属与土壤之间的相互作用机制计算出了土壤中重金属的化学容量与渗透压;另一类是一些土壤环境容量的应用性研究,例如,根据土地处理系统净化污水中污染物的能力,澳大利亚人计算出了对照小区每时间单元的污染物负荷与灌溉数量,另一个例子是美国人提议的关于磷与氮的土壤环境容量及其数学模型。

目前,土壤环境容量已被认为是环境科学中的一个基本术语。广义上讲,它包括时间与空间在内的每个环境单元的污染物最大负荷量。根据这个定义,我们认为土壤容量及其特有的定量指标与作用有以下四方面:①不能毁坏土壤生态系统的正常结构与作用;②保证土壤能获得持续稳定和高的产量;③农产品质量应符合国家食品卫生标准;④不会对地表水和地下水及其他环境系统产生二次污染。

4.3.2 土壤环境容量的模型与方法

1.土壤环境容量研究的程序与方法

不但在理论上,而且在实践中,科学合理的程序与方法都是成功研究土壤环境容量的一个重要前提。土壤环境容量的研究的程序见图 4-1。

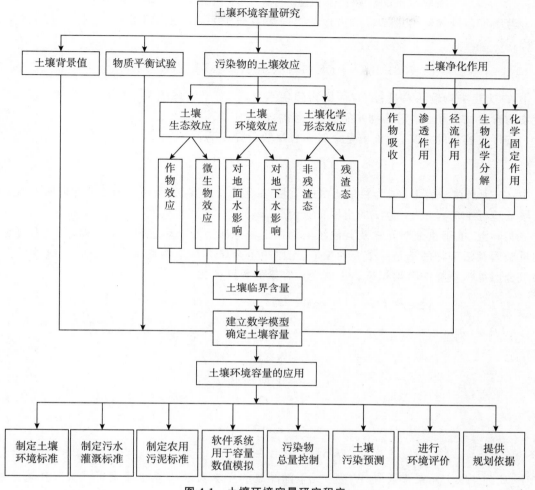

图 4-1 土壤环境容量研究程序

2. 土壤环境容量的数学模型

土壤环境容量的数学模型是土壤生态系统与其边界环境中诸参数构成的定量关系,建立模型是人们认识客观事物的一种方法和途经,也是对复杂系统的简化,研究土壤环境容量常采用"土壤系统结构模型"和"物质平衡模型"。

(1)土壤系统结构模型 土壤系统结构模型建立的基础是假定土壤环境系统由 5 个组分构成:①土壤中污染物含量;②农作物产量;③土壤中微生物量;④土壤中动物数量;⑤土壤肥力。则土壤生态系统的结构可设计为图 4-2。

这种利用图论工具建立土壤环境容量的结构模型,不但计算复杂,而且变量间的相互影响关系难以准确定界。

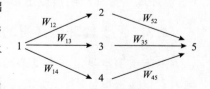

图 4-2 土壤系统结构模型

(2)物质平衡模型 土壤环境容量更多的研究模型是以"黑箱理论"为基础建立的物质平衡模型,即把土壤耕层(0~20 cm)定为有输入和输出的开放系统,只考虑输入和输出而不管其中间发生的过程。物质平衡模型建立的基础是一定土壤环境单元的污染物平衡方程：

当前时刻的污染物累积量＝前时刻累积量＋输入量－输出量

若断定污染物输出量与污染物含量之间呈直线关系，应用递推法可得到式(4-2)的平衡方程：

$$C_{st} = C_{s0} K^t + B K^t + QK(1 - K^t)/(1 - K) - Z(K - K^t)/(1 - K) \qquad (4-2)$$

式中：Q 为污染物输入总量；K 为污染物残留系数；B 为土壤环境背景值；C_{st} 为 t 时刻的土壤污染物含量；C_{s0} 为土壤污染物初始值；Z 为常数。

按环境容量的定义，则土壤重金属净容量数学模式为：

$$C_{s0} = M(C_{si} - C_{bi}) \qquad (4-3)$$

式中：C_{s0} 为土壤净容量；M 为耕层土壤的重量，一般取 2250000 kg/hm²；C_{si} 为重金属元素 i 的土壤环境标准值；C_{bi} 为元素 i 的土壤背景值。

实际上，由于重金属元素及其他污染物在土壤中都是处于动态的平衡过程，所以土壤所容纳重金属及污染物的量是一个变动量值，土壤中重金属等污染物输入和输出的差值等于土壤中重金属等污染物的净累积量。土壤变动容量的数学模式：

$$Q_{t+1} = Q_t + [(B_i + W_i + H_{ei} + y_i) - (C_1 + C_2 + C_3)] \qquad (4-4)$$

$$W_i = C_w nq \qquad (4-5)$$

$$H_{ei} = \sum_{i=1}^{n} f_i C_{ie} \qquad (4-6)$$

$$y_i = W_i M + S_i D \qquad (4-7)$$

$$C_1 = Q_t \cdot R \qquad (4-8)$$

$$C_2 = \sum (x_n \cdot y_n) \qquad (4-9)$$

$$C_3 = Q_t K \qquad (4-10)$$

式中：B_i 为土壤 i 元素背景值；W_i 为 i 元素随灌溉的年输入量；y_i 为 i 元素干湿沉降年输入量；H_{ei} 为施肥重金属的年输入量；C_1 为耕层重金属年淋失量；C_2 为作物吸收年携出量；C_3 为地表径流量；D 为降尘量，kg/(hm² · 年)；q 为每次灌水量，m³/次；K 为径流系数，kg/(m² · 年)；Q_t 为第 t 年土壤重金属含量，mg/kg；Q_{t+1} 为第 $t+1$ 年土壤重金属含量，mg/kg。

将式(4-4)中 B_i、W_i、H_{ei}、y_i、C_1、C_2、C_3 变成具体的参数值或函数式代入即得到土壤重金属环境容量平衡模型。时间限值确定后，就可采用上述模型计算得到 Q_{t+1} 达到允许最高含量（土壤环境质量标准限值或土壤临界含量）时的总输入量，即为规定时限土壤的环境变动容量。

4.3.3　土壤环境容量的影响因素

由于土壤本身是一个复杂的开放系统，土壤环境容量必然受着多种因素的影响，主要的影响因素包括土壤性质、环境条件、污染历程、污染物及其化合物类型等。

1. 土壤性质的影响

土壤是一个十分复杂、不均匀的体系，不同类型土壤对环境容量的影响是显而易见的，即使同一母质发育的不同地区的同一类土壤，虽然它们的性质差异并不很大，但对重金属的土壤化学行为的影响和生物效应却有着显著差异。均由下蜀黄土发育的 3 种黄棕壤上进行的重金属土壤化学行为的研究表明,土壤性质对重金属形态、微生物、植物产量等均有显著的影响：①对重金属形态的影响。3 种土壤在污染物 Cd 浓度相同的情况下,其交换态、有机结合态视为有效态或"潜在有效态",3 种土壤所含该 3 种形态的百分比不同。②对微生物的影响。土壤性质的差异引起重金属对盆栽水稻土壤的硝化活性、土壤微生物的生物量和土壤酶活性的差异,例如 Cu(添加 100 mg/kg)对盆栽土壤中硝化活性抑制率的影响与对照相比时,在 3 种黄棕壤中分别为 109％、42％和 57％。

由此不难看出,来自不同地区、同一母质发育的黄棕壤,由于性质方面的某些差异,重金属的土壤临界含量将会发生变化。因此,在土壤环境容量的研究中既要注意土壤的典型性,又要注意代表性。

2. 污染历程的影响

从化学角度看,重金属和土壤中任何元素一样,可以溶解在土壤溶液中,吸附于胶体表面,闭蓄于土壤矿物之中,与土壤中其他化合物产沉淀,所有这些过程均与污染历程有关,包括：①平衡时间与浓度。田间试验小区排水中重金属含量的变化表明,随着时间的推移,其浓度有着显著的变化,连续动态追踪测试表明,田间排水中的 Cd 浓度从 4.49 $\mu g/L$ 降至 0.18 $\mu g/L$ (土壤添加量为 3 mg/kg),Pb 从 175 $\mu g/L$ 降至 1.6 $\mu g/L$(土壤添加量为 240 mg/kg),As 由 2.8 $\mu g/L$ 降至 0.9 $\mu g/L$(土壤添加量为 30 mg/kg),而 Cu 由 1.7 $\mu g/L$ 降至未检出(土壤添加量为 150 mg/kg),因此随着时间的推移,由于土壤的吸持使得排水中的重金属浓度越来越小,其对生物的危害相对来说也越来越轻。②形态的变化。污染历程的影响亦表现在土壤中重金属形态的变化。吸附态 As 随着时间的推移有减少趋势,而闭蓄态 As 却明显地上升,在 30 d 的渍水平衡过程中,由 6.4％上升到 33％。形态的变化势必影响植物的吸收,因而对土壤临界值具有明显的影响。③污染物累积过程。植物对重金属的吸收在一定浓度范围内有随着浓度增加而上升的趋势,超过一定的浓度时,由于根受害而降低元素的吸收能力,从而使得吸收量下降,因而单纯从籽实含量来判断土壤污染状况,有可能失误。例如,水稻砷污染的研究表明在两个糙米 As 含量相同时,土壤中砷的含量分别约为 88 mg/kg 和 290 mg/kg,这一结果表明,随着污染过程的延续,污染浓度的累积会使生物性状产生变化,从而影响了籽实中 As 的浓度与土壤中 As 浓度的对应关系。

3. 环境因素的影响

污染物的生态环境效应受环境因素的影响很大。①对植物吸收重金属机理的研究表明,植物对一些重金属的吸收为被动吸收,因而当环境湿度变化时,势必影响水分的蒸腾作用,从而影响了植物对重金属的吸收。例如,中稻对 Cd 的吸收明显高于双季稻,当土壤污染 Cd 量为 10 mg/kg 时,双季稻糙米 Cd 含量约为 0.5 mg/kg,而中稻可达 2.3 mg/kg。栽培季节不同,对糙米 As 含量亦有明显的影响,在土壤污染 As 浓度为 40 mg/kg 时,早稻(成熟期月均温 27.8～28 ℃)、中稻(成熟期月均温 16.9～22.7 ℃)、晚稻(成熟期月均温 10.5～16.9 ℃)糙米中的 As 含量随着温度的降低,As 吸收量明显下降。②pH 和 Eh。一般说来,随着 pH 的升高,土壤对重金属阳离子的固定增强,例如下蜀黄棕壤对 Pb 吸附的试验表明,随着 pH 的上升,土壤对 Pb 的吸附能力明显增加。As 为变价元素,随着渍水时间延长,pH 上升和 Eh 下降,从而使水溶性 As 在一定时间内明显上升,所有这些变化最终都影响到土壤环境容量。

4.土壤环境质量标准与临界含量影响

由土壤环境容量的定义和模型不难看出,土壤污染物的净容量主要受污染物土壤质量标准和背景值影响,在背景值一定的条件下,土壤污染物质量标准值或临界含量值的大小与土壤环境容量值的大小呈正相关。在土壤环境容量的制定中,总是从某一特定的目标出发,选用特定的参照物作为指示物,由于指示物不同,所得的土壤容量可能发生较大的变化:①稻麦之间的差异。以下蜀土为例,在土壤中添加相同浓度的重金属时,糙米和麦粒中重金属的含量显然不同,对 Cd 和 Pb 来说,麦粒中含量>糙米,而 As 和 Cd 与此相反,因而若以糙米和麦粒含量来确定临界值量,必然会产生容量上的差异。②微生物类型的差异。重金属及其他污染物对不同类型微生物的影响有差异,例如土壤中添加 Cd 在 0.5～100 mg/kg 时,对真菌有极显著的抑制作用,而对放线菌无抑制作用。

5.污染物化合物类型的影响

化合物类型对土壤环境容量有着明显的影响,这主要是由于不同化合物类型的污染物进入土壤,在土壤中迁移、转化行为及对作物产量和品质的影响不同,最终影响到污染物标准值和临界含量的不同。例如 $CdCl_2$ 和 $CdSO_4$ 在一定浓度范围内使水稻的平均减产率分别为 3% 和 7.8%。不同 Pb 化合物对水稻产量和籽实中吸收量有明显的影响,这显然是由于阴离子的作用所致。此外,复合污染对土壤环境容量的变化有明显的影响。

4.4　土壤环境标准

土壤环境标准的研究与制定远远落后于水、气环境,但土壤必须保持在一种健康和洁净的状态,才能使其适用于农业生产,同时在土壤由于人为活动而受到污染时,进行及时进行判别并采取措施,以减轻其自身以及对大气、水和植物等的影响。对污染土壤来说,对其质量评价的最重要依据是其环境质量标准。因此,制定合适的、具有法律效力的土壤环境标准是科学判别和评价土壤环境质量的关键。

4.4.1　土壤环境标准研究概述

世界各国对土壤重金属及有机农药环境质量标准做了大量研究,并制定出一些暂行规定和建议标准。这些标准多以土壤中重金属总量为指标,有的对土壤其他理化性质也有所考虑,如土壤 pH,阳离子交换量、有机质、黏粒含量等。有的学者提出以土壤中重金属的有效态、微生物学指标、土壤酶活性等作为评价土壤重金属污染的指标。土壤环境标准研究制定常用的方法主要有以下三种:

(1)地球化学方法　　主要应用统计学方法,根据土壤中元素地球化学含量状况、分布特征来推断土壤环境质量标准的方法。加拿大安大略省规定土壤最大负荷 Cd、Ni、Mo 为非污染土壤的平均值 Zn、Cu、Pb 为非污染土壤的 3 倍,Cr 是非污染土壤的 7 倍。国内在评价土壤质量时多采用元素背景值加上 2 倍或 3 倍标准差。美国、英国、意大利、加拿大都采用这种方法,但此法不能确定土壤中该元素的最高容许容量。

(2)生态环境效应法　　基于土壤-植物体系、土壤-微生物体系、土壤-水体系或其中任何一种体系的环境质量标准推算的土壤中重金属元素的最高允许浓度。这些指标包括:①产量指标,将农作物产量(主要指可食部分)减少 5%~10% 的土壤有害物质的浓度作为土壤有害物质的最大允许浓度;②微生物和酶学指标,当微生物数量减少 10%~15% 或土壤酶活性降低 10%~15% 时土壤有害物质的浓度为最大允许浓度;③食品卫生标准指标,即当作物可食部分某元素的含量达到食品卫生指标限量时,相应土壤中某元素含量为最大允许浓度;④环境效应指标,包括流行病学法和血液浓度指标。将上述指标进行综合分析比较,采用最低浓度作为土壤中有害物质的最大允许浓度。但是,重金属全量包括各种形态的总储量,对作物不具有统一的临界指标意义。这主要体现在:首先,土壤重金属总量与植物吸收量的相关性不显著;其次,不同污染源的重金属其生物有效性差异明显;再次,植物对重金属的吸收量与土壤重金属含量并非仅为直线关系。如我国华南赤红壤、红壤地区水稻、花生等的吸砷量与土壤含砷量的关系很复杂,存在直线型、指数型、幂指数型 3 种类型。

(3)以有效量表示的毒性临界值　土壤中重金属有效浓度能够反映植物吸收与生态危害状况,且对于同一种作物来说,中毒时的浓度水平较为一致。但是土壤中各种形态重金属的可提取态受土壤化学成分与性质的影响很大,不是个稳定的参数,不同提取剂提取的有效量无法统一。诸如土壤水提液最能反映重金属的有效浓度,但因其浓度太低而难以应用。研究者多以植物组织的重金属浓度与土壤中可提取的浓度之间的良好相关性作为提取剂选择的基本原则。用于浸提土壤有效重金属的化学试剂主要有 3 类:①稀(弱)酸类,主要有 0.1 mol/L HCl、0.1 mol/L HNO_3、0.5 mol/L HAc 等;②络合剂类,主要有 UFPA 和 EDTA,UFPA 浸提法作为国际标准广泛使用;③中性盐类,常用的有 NH_4NO_3,$Mg(NO_3)_2$ 等一、二价金属盐类。综上所述,国内外对土壤中重金属的有效态已有较多的研究。但由于土壤的复杂性和提取方法通用性的限制,不同研究者在不同作物、不同土壤、不同环境条件下研究结果各不相同。

4.4.2　我国土壤环境标准研究制定

1.我国土壤环境标准研究制定历程

由于土壤环境是一个固、液、气三相并存复杂的非均质体系,土壤环境标准的研究与制定相对水、气环境比较滞后。我国第一个土壤环境质量标准是 1995 年颁布的,标准代号 GB 15618—1995,填补了全国土壤环境质量评价标准的空白,对土壤资源的评价、预测、保护、管理与监督起到了积极的作用。但随着我国土壤污染形势的加重以及科学研究工作的不断深入,原标准已经不能满足新时期土壤环境保护工作的实际需要,为此国家环境保护行政主管部门提出对原国标的修订,以环保部南京环境科学研究所为主的研究团队,经过多方努力和广泛征求意见,在 2018 正式颁布了新的土壤环境质量标准,根据土地用途不同分成《土壤环境质量　农用地土壤污染风险管控标准(试行)》(GB 15618—2018)和《土壤环境质量　建设用地土壤污染风险管控标准》(GB 36600—2018),上述两个标准自 2018 年 8 月 1 日起实施。新标准不仅体现了分类管理的思路,还从传统的污染判断上升到污染风险管控,细分了风险筛选值和风险管制值两个层级,其中农用地土壤污染风险管控标准新增了有机污染物苯并[a]芘,建设用地土壤风险管控标准污染物项目除重金属之外增加了大量挥发性和半挥发性有机污染物,指标总数高达 45 项。

2.现行土壤环境标准存在的不足

虽然新的土壤环境标准与旧的标准相比有很大的改进和提升,但实施以来也发现一些问

题与不足,主要表现在以下几个方面:

即由于土壤的复杂性和科研工作的不足,一些标准的制定缺乏可靠依据,土壤的区域性特点也使本标准在实际应用中产生不同的效果。其存在的主要问题如下:

(1)过分强调全国统一的不足 我国地域辽阔,气候类型多样,各地分布的土壤类型不同,相应的土壤性质差异非常大,而土壤性质空间异质性强的特点决定了同样的污染物进入不同区域的土壤,其迁移转化规律不同,环境效应和生态效应不同,因此全国用同一个筛选值或管制值标准来判别某污染物的污染风险显然不尽科学合理。

(2)标准中部分重金属元素的风险筛选值限定偏严 新标准中镉的风险筛选值因土壤pH而异,水田在 $0.3\sim0.8$ mg/kg,其他在 $0.3\sim0.6$ mg/kg,而我国西南、中南等地镉的高地质背景区土壤的背景值多数都>0.3 mg/kg,所产出的农产品镉也可以达到《食品安全国家标准 食品中污染物限量》(GB 2762—2022)的限值要求,这种情况将上述区域土壤划为有污染风险显然不符合实际。

(3)农用地标准中有机污染物种类偏少 我国农业生产中由于大量使用化肥、农药及污灌,使土壤污染物中有机污染物占很大比例。但我国土壤环境标准仅列有六六六和 DDT 两项。由于六六六和 DDT 均为高残留率农药于 1983 年已停止生产,过去投放进入土壤的农药绝大部分对土壤已不构成污染。随时间推移,土壤中这两种农药的影响会越来越小,而其他有机化合物的影响会越来越大,目前标准只是增加了苯并[a]芘,建议应重视如抗生素、微塑料等新污染物对土壤环境的影响。

(4)以总量作为土壤环境质量标准难以反映重金属对植物的效应 重金属在不同土壤中的存在形态不同,但土壤污染对植物的效应主要为重金属有效态部分造成,因而,在评定土壤中污染物影响时,应主要考虑有效态的数量。在这方面福建省技术质量监督局 2008 年率先颁布了福建省农业土壤重金属污染分类标准,就采用了重金属有效态作为指标。

4.4.3 土壤环境质量标准与基准

1.土壤环境质量标准与基准的关系

环境基准是制定环境标准的基础和科学依据。环境基准和环境标准之间存在着必然的联系和一定的数值关系,两者都需要开展系统的研究。目前,国际社会已经将环境基准的研究和环境标准的制定作为反映一个国家环境科学研究水平的主要标志之一。因此,美国、英国、德国、法国、加拿大和澳大利亚等发达国家投入了大量的人力、物力和财力来研究环境基准和开展环境标准制定与修订的相关工作并在环境保护方面取得了事半功倍的效果。特别是由于土壤环境的开放性和复杂多变的特点,土壤历来被认为是生活废弃物及各种毒物堆积和处理的场所,是一个大“垃圾箱”,这种传统的认识和偏见,束缚了人们正确认识土壤环境问题。另外,土壤环境污染对人体健康的影响是间接的、潜在的,因而也容易使人们从主观上忽视土壤环境污染问题,影响了土壤环境基准的研究。总体看,我国土壤环境基准的研究大大滞后于大气、水环境基准的研究。已经实施了十多年的土壤环境质量标准在制定时正是由于基本缺乏土壤环境质量基准的指导,存在着诸多的缺点和不足,已无法适应新形势下土壤环境保护工作的需要;诸如污染土壤修复基准研究是污染土壤修复标准制定的基础,因而也是污染土壤修复效果检验和风险评价的基础性工作。近年来,对于污染土壤修复的研究一直是热点领域,但是对于污染土壤修复标准制定却远远落后于其修复技术的研究,这就很难说清楚污染土壤修复到什么程度认为是可以接受的,污染土壤修复效果的检验与评价已经成为检验污染土壤修复工程实际效果的瓶颈。

　　2.土壤环境基准的概念、内涵与分类

　　所谓环境基准,目前一般认为,是指环境中污染物对特定保护对象(人或其他生物)不产生不良或有害影响的最大剂量(无作用剂量)或浓度,或者超过这个剂量或浓度就导致特定保护对象产生不良或有害的效应。多方面的资料和研究表明,环境基准值是在反映并考虑环境原初状况与历史演变的前提下,由污染物与生态系统特定对象之间的剂量-反应关系确定的。因此,环境基准值不是所谓的不产生不良或有害影响的最大单一浓度或单一的无作用剂量,也不是超过该剂量或浓度就导致不良或有害的效应,而是一个基于不同保护对象的多目标函数或一个范围值。根据上述环境基准的概念,土壤环境基准应该包括由于有害物质的作用不产生急性、亚急性或亚慢性和慢性毒害的最大剂量(无作用剂量)或浓度。也就是说,其内涵应该包括土壤环境质量基准和污染土壤修复基准两个方面(图 4-3)。

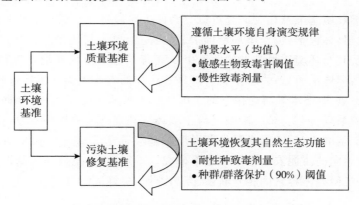

图 4-3　土壤环境基准的内涵与赋值(引自周启星,2011)

　　其中,土壤环境质量基准应该遵循土壤环境质量长期自身演变的规律,反映污染物或有害物质长期的胁迫和慢性的影响或作用,一般是指当土壤环境中某一有害物质的含量为一阈值范围时生物生活在其中不会发生不良的或有害的影响;而对于污染土壤修复基准来说,是指土壤环境受到严重污染或突发事件后恢复其自然生态功能的过程,反映了急性、亚急性毒性的危害与作用,一般是指当污染物超过一定阈值范围导致生物产生不良或有害的效应。因此,土壤环境质量基准的赋值应该建立在大量土壤环境背景值调查,系统的敏感生物致毒浓度和低水平、长期或慢性暴露生物学效应或生态效应的基础上;而污染土壤修复基准的赋值则应该建立在系统的急性、亚急性毒性试验以及大量优势种群致毒浓度研究的基础上,并适当参照矿区和高背景地区的背景水平对于重金属元素和无机营养元素来说。

　　我国地域辽阔,从北到南,从东到西,不仅土壤类型众多,而且土壤环境因子差异巨大。如何对土壤环境基准进行分类,是土壤环境基准研究首先要解决的问题。但是,土壤环境基准分类又不能太细。否则,将给环境管理带来许多困难和不便。从整体性考虑,土壤环境基准可以按照地貌类型划分,分为平原、丘陵、山地、高原和盆地等 5 种类型。应该说,这是纯自然地理的划分,其对应应该成为"土壤生态基准"。当考虑人为活动这一因素时,尤其与污染土壤修复基准相联系,土壤环境基准可以按照土地利用类型划分,分为城镇土壤环境基准(包括工商业用地土壤环境基准和居住与公园土壤环境基准)、农业土壤环境基准和污染场地土壤环境基准(图 4-4)。

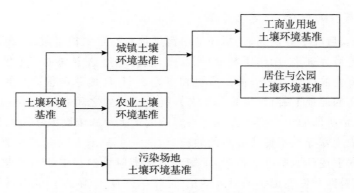

图 4-4　基于土地利用的土壤环境基准分类系统(引自周启星,2011)

今后我国土壤环境基准及相关研究可以分为两个阶段进行。第一阶段是围绕土壤环境基准开展系统研究。具体包括:①土壤环境保护、污染防治对策与决策支持系统研究;②土壤环境背景系统研究及其与环境质量基准的关系以及高背景地区土壤环境基准研究;③土壤污染的生物生态诊断指标体系研究;④基于食物链暴露途径的农业土壤环境质量基准研究;⑤基于直接接触土壤与土壤-地下水暴露途径下的土壤环境质量基准研究;⑥符合我国环境实际的污染土壤修复基准的系统研究。第二阶段是与土壤环境基准有关的外围研究,包括:①以风险为导向的地下水水质基准研究;②污染场地蒸发质量基准研究;③基于风险的农田灌溉水质基准研究;④以风险为导向的污泥农用准则与基准研究。一般来说,土壤环境基准研究是一个相互联系的系统工程,各研究内容之间相互联系、互为参照,最好同时开展和进行。

思考题

1.解释土壤质量的概念,描述土壤健康质量与土壤肥力质量和土壤环境质量的异同。

2.如何表征土壤质量的好坏与优劣?

3.什么是土壤环境背景值?

4.什么是土壤环境容量,其应用领域主要有哪些?

5.什么是土壤环境基准,它和土壤环境质量标准的关系如何?

6.我国土壤环境质量标准存在哪些问题?

原理篇

第5章　土壤中非金属元素的循环与环境效应

土壤圈元素的循环是陆地生态系统物质循环不可或缺的重要组成部分,本章选择碳、氮、磷、硫四个生命元素以及与健康密切相关的微量元素氟为重点,系统介绍上述 5 个非金属元素在土壤中的来源、含量与形态、迁移转化、输入输出、影响因素及环境效应,在碳达峰、碳中和的大背景下重点突出了土壤碳素转化、循环与温室气体排放的关系和调控措施等内容。

5.1　土壤碳转化与环境

5.1.1　土壤碳的组分与形态

土壤中的碳包括土壤无机碳与有机碳两部分。土壤无机碳(soil inorganic carbon)主要是指土壤母岩风化过程中形成的土无机碳化合物,包括土壤溶液中 HCO_3^-、土壤空气中 CO_2 及土壤中淀积的碳酸盐,构成了土壤无机碳库。土壤无机碳在土壤总碳中的比例比较小,周转时间长,对土壤中的生物化学作用影响较小;土壤有机碳(soil organic carbon, SOC)是指土壤中所有有机物质的含碳量,包括植物、动物及微生物的遗体、排泄物、分泌物及其部分分解产物和土壤腐殖质。

土壤碳不仅是土壤的重要组成部分,同时也是地球碳库的重要组成,对全球碳素循环有重要影响。土壤碳既是温室气体碳源,也是温室气体重要的碳汇。所以,了解土壤碳有助于我们了解陆地生态系统土壤碳库与全球气候变化的关系。

1. 有机碳的组分与形态

一般认为,土壤有机碳可以分为两类:土壤腐殖质和普通有机质(图 5-1)。土壤腐殖质是土壤有机质的主要组成成分,占土壤总有机质的 $85\%\sim90\%$,而腐殖酸又占腐殖质的 80%以上。

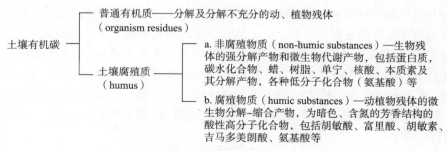

图 5-1　土壤有机碳的分类

土壤有机碳中的非腐殖物质占土壤有机碳的 20%～30%,是一些结构比较简单、易被微生物分解、具有明确的物理化学性质的物质,统称为非腐殖物质,包括土壤中的糖类物质、有机酸和一些化学结构已知的含氮化合物,如氨基酸、氨基糖等。土壤非腐殖物质从化学成分上划分,可以分为以下四类。

(1)碳水化合物　包括单糖,低聚糖和多糖,多糖是指比低聚糖聚合程度更高的糖类,如纤维素、半纤维素等,它们或多或少地被细菌、真菌和放线菌所分解,其本身又合成多糖或其他碳水化合物。据估计,碳水化合物构成了土壤有机碳的 5%～25%。

①单糖。是指与有机酸、醛、酮类以及相近化学结构的化合物。已发现的土壤糖类物质中的种类很多,单糖占植物残体的 1%～5%。

②纤维素。占植物残体的 20%～50%,在植物的木质部和韧皮部中的含量更高。在自然界中,纤维素的降解主要依赖于环境中的纤维素分解菌。

③半纤维素。半纤维素在土壤中迅速分解,比纤维素分解要快得多,一方面是它自身容易被分解,另一方面是能分解半纤维素的微生物种类也很多。微生物在分解植物材料的过程中,一方面利用了植物的半纤维素,同时又将其合成自身的半纤维素。

土壤碳水化合物有供给微生物碳源、促进土壤团聚体的形成进而改善土壤结构、维持土壤的基本肥力等作用。

(2)木质素　木质素是由苯基丙烷结构构成的多环芳香核大分子,它与纤维素、半纤维都是高等植物维管束组织的结构成分,一般占植物组织的 20%～30%。约 80%的木质素存在于细胞壁中,它与半纤维素交织在一起。由于其稳定的化学结构,木质素是土壤中稳定性碳的主要来源。

(3)含氮化合物　主要以蛋白质、氨基糖、生物碱类等形态分布于土壤之中,它们共占土壤有机碳的 8%左右,生物体中常有一小部分比较简单的可溶性氨基酸,可直接被微生物甚至直接被植物吸收,但大部分含氮化合物都需要经过微生物分解以后才能被利用。

(4)树脂、油脂、蜡质、单宁等疏水性有机物　此类有机化合物都是复杂的不溶于水而溶于醇、醚及苯的一类脂类化合物,是土壤植物和微生物组织的残余物,占土壤有机碳总量的 2%～6%。这类物质在土壤抵抗化学分解与细菌分解的能力较强,有些化合物对植物生长具有抑制作用,而有些则起着刺激生长激素的作用。

土壤中的非腐殖物质是土壤活性炭的主要来源。土壤活性有机碳(active soil organic carbon,ASOC)是对土壤养分、植物生长乃至生态环境、人类健康都有影响的活性有机物质,其本质是土壤中对植物、微生物具有活性,易发生生物化学转化的有机碳。20 世纪人们就用热水溶性有机碳(质)含量来表征土壤活性有机质的含量。土壤活性有机碳包括了众多游离度较高的有机质,如植物残茬、根类物质、真菌菌丝、微生物量及其渗出物如多糖等。

土壤活性有机碳是近年来研究的热点,当前的关注点更多集中在那些活性高、周转快而且与土壤肥力或生态环境功能更密切的组分上。虽然土壤活性有机碳不是土壤有机碳的主体,但由于其性质活泼,对环境变化反应敏感,与土壤肥力和生态功能关系密切,而日益受到重视。随着对土壤碳循环过程和土壤有机质各组分重要性认识的加深,土壤有机碳(质)的内涵变得更广泛。

近年来,关于土壤活性有机碳(质)的研究中出现了很多相关术语与指标,如常见的可溶性有机碳、轻组有机碳、易氧化有机碳、潜在可矿化碳、有效碳、微生物量碳、生物可降解碳等均属此范畴之列。

土壤有机碳的存在形态可分为以下 3 种形态。

（1）新鲜的有机物　　指那些刚进入土壤中未被微生物分解的动、植物残体，它们仍保留其形态学特征与土壤进行简单的机械混合，是土壤有机碳的基本来源。

（2）半分解的有机物　　经微生物分解的动、植物残体，它们失去了原来的形态学特征，呈分散的黑暗色小块，包括有机物质分解产物和新合成的简单有机化合物。

（3）腐殖质　　是由微生物及其代谢产物经过生物化学作用或化学作用进行分解和再合成的一种褐色或暗褐色的大分子胶体物质。它与矿物质土粒紧密结合，是土壤有机碳存在的主要形态，占土壤总有机碳的 70%～80%。

前两种有机碳的化学结构是已知的，因此将这两种有机碳归为非腐殖质部分，这部分有机碳占土壤总有机碳的 20%～30%，是一种结构比较简单、易被微生物分解、具有明确物理化学性质的物质；而腐殖质部分的有机碳结构非常复杂，形成时间也很长，它受气候、土地利用方式、田间管理措施等条件的影响。

2. 无机碳的组分与形态

土壤无机碳的组分主要分为 CO_2、HCO_3^-、CO_3^{2-} 和碳酸盐。二氧化碳是土壤空气的主要成分之一，可来自大气，也可来自生物的呼吸作用及有机碳的分解，存在于土壤孔隙和土壤水中。HCO_3^- 和 CO_3^{2-} 是 CO_2 溶于土壤水形成的碳酸解离形成的阴离子；碳酸盐主要包括一价和二价碳酸盐，一价碳酸盐多以碳酸钠、碳酸氢钠（钾、铵）存在于土壤中，容易随水移动，碳酸钠或碳酸氢钠只在排水不良的盐碱土中存在。二价碳酸盐是各种二价金属离子与碳酸根形成的盐，主要以碳酸钙（镁）存在于土壤中，其中碳酸钙占绝对优势。

土壤无机碳存在的形态可分为三种：

（1）气态无机碳　　是存在于土壤空气中的 CO_2。土壤空气中 CO_2 的含量，通常比大气高数倍至数十倍。当施入有机肥料后，CO_2 含量可达 2% 以上。这主要是土壤微生物生命活动和植物根系呼吸作用的结果。CO_2 溶于水，使土壤溶液趋于酸性，有利于矿质养分的溶解和释放。但 CO_2 浓度超过 1% 后，就会抑制种子萌发，延缓根系的发育。

（2）液态无机碳　　土壤无机碳库包括土壤溶液中 HCO_3^- 和 CO_3^{2-} 两种形态。它们是土壤碱度主要组成成分，测定土壤 HCO_3^- 和 CO_3^{2-} 形成的钠盐数量可以表述土壤溶液碱度的大小。

（3）固态无机碳　　土壤固态无机碳主要为碳酸盐类矿物中的碳，其中以碳酸钙为主，并在土壤无机碳中占绝对优势。土壤中的碳酸盐包括碳酸钙和碳酸镁两种，由于碳酸镁的溶解度较高，在土壤中容易溶解而从剖面中淋失。碳酸钙的溶解度较小，容易在土壤中积累，由此土壤中的碳酸盐主要是碳酸钙。在石灰性土壤中碳酸钙含量占碳酸盐总量的 90% 以上。一般在土壤剖面中形成的碳酸钙成为次生碳酸钙（secondary calcium carbonate）。土壤中淀积的 $CaCO_3$ 多以结核状、菌丝状存在于土壤剖面中。发生碳酸盐累积的土壤主要分布于荒漠和半荒漠区，碳酸盐碳超过土壤有机碳 10 倍以上。估计全球土壤中碳酸盐碳库储量为 780～930 Pg。

科研人员对土壤有机碳研究甚多，而对土壤无机碳的研究资料很少，关于碳酸盐碳在碳循环中的作用和地位仍不十分清楚。如土壤发生性碳酸盐的形成、转化和累积过程对干旱、半干旱地区的碳素循环有重要影响，但相关研究很少。在喀斯特地区，碳酸盐的淋溶作用对全球碳素循环有不可忽视的影响。

5.1.2 土壤碳素转化过程

1. 土壤有机碳的转化过程

土壤有机碳的分解又叫作土壤有机碳的矿化过程,根据氧气是否充足的条件又可分为好氧分解、厌氧分解和厌氧分解。

1)有机碳的好氧分解

土壤有机碳的好氧分解是在土壤通气良好,氧气供应充足的条件下,好气微生物数量增加,活性强,土壤有机碳分解得彻底,最终将大部分的有机碳完全转化成 CO_2 形式。好氧分解有利于养分和能量的释放,但不利于有机碳的积累。

(1)碳水化合物的好氧分解　简单的单糖可以直接分解作用,多糖要先进行水解后再进行分解作用,不同菌种作用下可以形成不同的产物,反应式如下:

$$(C_6H_{10}O_5)_n + nH_2O \xrightarrow{\text{水解}} nC_6H_{12}O_6$$

$$C_6H_{12}O_6 + 5O_2 \xrightarrow{\text{好气,霉菌}} 2C_2H_2O_4 + 2CO_2 + 4H_2O + 能量$$

$$2C_2H_2O_4 + O_2 \longrightarrow 4CO_2 + 2H_2O$$

$$C_6H_{12}O_6 + 5O_2 \xrightarrow{\text{好气,酵母菌}} 2C_2H_5OH + 2CO_2 + 能量$$

$$2C_2H_5OH + O_2 \longrightarrow CH_3COOH + H_2O + 能量$$

$$CH_3COOH + O_2 \longrightarrow CO_2 + H_2O + 能量$$

(2)含氮化合物的好氧分解　土壤有机碳中的含氮化合物包括蛋白质、核蛋白、酰胺类、氨基酸等化合物,主要通过水解、氨化两种作用进行分解,过程如下:

①水解过程。蛋白质等在微生物分泌的蛋白酶的作用下,再降解至简单的氨基酸。

$$蛋白质 + H_2O \xrightarrow{\text{水解酶}} RCHNH_2COOH$$

②氨化过程。

$$RCHNH_2COOH + O_2 \xrightarrow{\text{氧化酶}} RCOOH + CO_2 + NH_3 \uparrow$$

$$RCOOH + O_2 \longrightarrow CO_2 + H_2O + 能量$$

(3)脂类、木质素的好氧分解　脂肪类化合物比较难分解,它首先被微生物分解成甘油和脂肪酸,甘油很快被好氧微生物分解成 CO_2 和 H_2O,而脂肪酸较难分解。木质素不易被细菌分解,可被真菌和放线菌所分解,产生草酸、醋酸等有机酸,最终以 CO_2 的形式逸失。

(4)土壤有机碳好氧分解的环境效应　土壤有机碳较小的变幅能导致大气 CO_2 浓度较大的波动。据估测,如果全球范围内土壤有机质下降 1%、2% 和 3%,那么将导致大气 CO_2 浓度增加 5 mg/kg、12.5 mg/kg 和 20 mg/kg,在过去的 150 年期间,由于土壤有机碳下降已导致了大气 CO_2 浓度升高了 80 mg/kg。20 世纪 100 年间全球气温已上升了 0.4~0.8 ℃,预计到 21 世纪末,全球气温将升高 1.1~6.4 ℃,海平面上升幅度达 0.18~0.59 m,同时气温的升高也会加剧土壤有机碳的分解,形成陆地圈与大气圈的恶性循环。

土壤有机碳分解过多,使土壤对有效水分及污染物的吸附量减少,污染物向地下水运移,导致了地下水污染,同时对营养物质固持能力的降低,致使水体富营养化。

2)有机碳的厌氧分解

有机碳的厌氧分解是在氧气不足的条件下,土壤生物活性降低,有机碳分解缓慢且不彻底,并形成 CH_4、H_2S 等一些还原性或有害物质的分解过程。厌氧分解不利于养分和能量的释放,但利于有机碳的保存。地球上大部分土壤有机碳的分解都是好氧分解,但像自然湿地(水稻)、人工湿地(沼泽、芦苇)和湿冻原的土壤有机碳主要以厌氧分解为主。

(1)土壤有机碳厌氧分解的过程　当土壤处于淹水状态,土壤中的好氧微生物便受到抑制而厌氧微生物占据优势,这使土壤有机碳进行缓慢的分解,有机碳的厌氧分解重要产物是 CH_4。产生 CH_4 的过程分为 3 个步骤:①较复杂的土壤有机物分解为简单的有机物(简单糖类、有机酸醇等);②简单的有机物生成乙酸、H_2、CO_2、甲酸等中间产物;③这些中间产物最后由 CH_4 菌将其还原转化成 CH_4。

$$4H_2 + CO_2 \xrightarrow{\text{甲烷细菌、缺氧}} CH_4 + 2H_2O$$

$$RCOOH \xrightarrow{\text{厌氧}} RH + CO_2$$

土壤中产甲烷的含甲基化合物主要是乙酸,因为乙酸是天然条件下有机化合物厌氧分解的主要发酵中间产物。

(2)土壤有机碳厌氧分解的环境效应　土壤有机碳厌氧分解产生的环境效应主要表现还原性温室气体的排放。土壤有机碳的厌氧分解可产生 CH_4,而 CH_4 是重要的温室气体之一,它对全球变暖的贡献在主要温室气体中排第二位,占 20%。过去 42 万年中,CH_4 浓度一直保持在 350~750 ppb,只是到了近 200 年才出现了大幅度的上升。稻田是全球大气 CH_4 的主要人为排放源之一,也是过去 100 多年里大气 CH_4 浓度增加的重要原因之一。土壤中含硫化合物一般以 C—S、C—O—S 和无机硫形态分布,有机碳在分解过程中也伴随着有机硫的分解,土壤有机碳的厌氧分解也产生一定数量的 H_2S,而自然界释放的生物性含硫气体在大气中可形成云凝结核,影响辐射平衡并导致酸雨,从而影响各个生物圈的生命物质循环。

3)有机碳的腐殖质化过程

腐殖质(humus)是土壤有机物质在微生物的主导作用下,形成的一类结构复杂、性质稳定的特殊性质的高分子化合物。它是土壤有机质的主体,一般占土壤有机碳的 60%~80%。这类化合物都具有 3 种基本成分,即芳核结构、含 N 有机化合物及复环形式碳水化合物,其特殊性在于其主体不同于生物体中已知的高分子有机化合物。土壤腐殖质分子质量大,结构复杂、性质稳定,具有明显的胶体性质。土壤腐殖质是非晶态物质,它具有高度的亲水性,最高可达自身重量的 500%。腐殖质广泛存在于土壤、湖泊、河流、海洋以及泥炭、褐煤、风化煤中。

土壤腐殖质的形成过程即土壤有机质的腐殖化过程。腐殖化过程是一系列由微生物主导的生物化学过程,还伴随一些纯化学反应。自从威廉斯的腐殖质形成生物学说以来已有 200 多年,有不少学者对腐殖质的形成过程提出不少理论。虽然每种理论都可以从某一方面解释腐殖质的形成过程,但这些理论都不能独立解释其所有方面的合成。

(1)腐殖质形成阶段　一般认为,腐殖质的形成可分为 3 个阶段:①植物残体分解产生简单的有机碳化合物,即腐殖质基本组成的原材料准备阶段;②通过微生物对这些有机化合物的代谢作用及反复循环利用,增殖微生物细胞;③通过微生物合成的多酚和醌或来自植物的类木质素,聚合形成高分子多聚化合物,即腐殖质。

　　(2)腐殖质形成途径　　归纳起来,腐殖质的形成有 4 条途径(图 5-2)。途径 1 认为腐殖质是通过还原糖和氨基酸经非酶性的聚合作用形成的。途径 2 和途径 3 构成了现在比较盛行的多元酚理论,即在腐殖质形成过程中有多元酚和醌的参与,它们可直接来自木质素(途径 3),也可以是微生物的合成产物(途径 2)。在途经 3 中,木质素经微生物作用分解,释放出酚、乙醛和酸,在多酚氧化酶的作用下氧化生成醌,随后醌与含氮化合物反应聚合形成大分子腐殖质。途经 4 是 SelmanWaksman 的经典理论,即木质素在微生物的作用下,经过一系列的脱甲氧基和氧化过程形成类木质素,类木质素是腐殖物质形成的基本结构单元,与微生物合成产生的氨基化合物反应后首先形成胡敏酸(图 5-3),进一步氧化破裂形成富里酸。

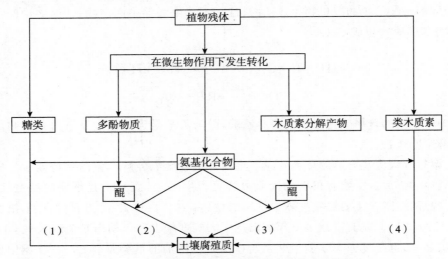

图 5-2　土壤腐殖物质形成过程中的转化途径

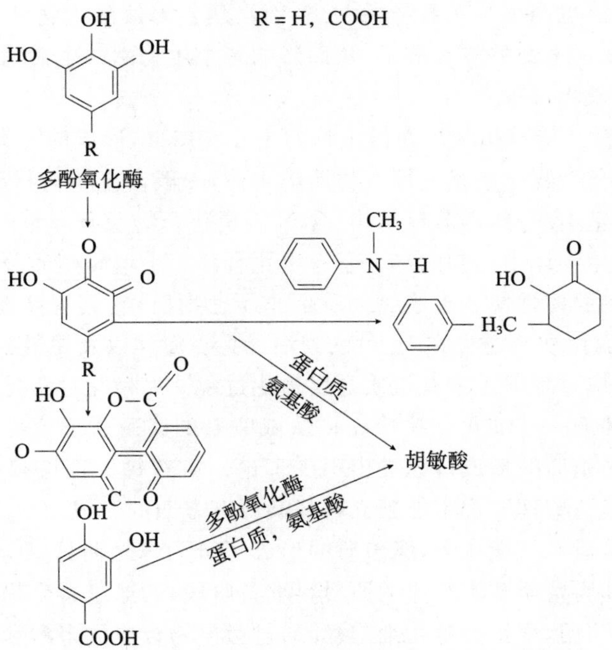

图 5-3　从多元酚形成胡敏酸的过程(引自 Flaig,1964)

（3）腐殖质形成的假说　　目前,腐殖质形成主要有 5 种假说,分别为木质素学说、多酚学说、微生物合成学说、糖－胺缩合学说、细胞自溶学说。其中"多酚学说"及"微生物合成学说"强调微生物的作用,"木质素学说"强调植物的作用,"细胞自溶学说"同时承认微生物和植物的作用,"糖－胺缩合学说"则强调纯化学反应作用。

2.土壤无机碳的转化

1）土壤中二氧化碳的迁移

土壤中 CO_2 的数量取决于土壤呼吸的强度与土壤通气性的好坏。土壤微生物、动物在分解有机碳的过程释放大量的 CO_2,是土壤排放二氧化碳的重要原因,另外根系的呼吸也产生二氧化碳。大气中的 CO_2 和土壤中空气的 CO_2 通过对流与扩散作用时刻进行着交换。

土壤 CO_2 的运动:土壤生物呼吸和有机质分解产生的 CO_2 释放到大气中,就进入大气碳库中,因此,土壤是温室气体的一个重要碳源。土壤 CO_2 向大气运动的方式主要有两种:一种是对流,是指土壤中的 CO_2 整体随着土壤空气的流动与大气进行交换;另一种是扩散。由于土壤中 CO_2 的浓度比大气 CO_2 的浓度要高,因而土壤 CO_2 从土壤中不断地向大气扩散。扩散是土壤 CO_2 进入大气的主要方式。土壤 CO_2 扩散到大气的数量取决于土壤中 CO_2 的分压和土壤通气性好坏。

2）土壤碳酸盐的形成与迁移

土壤中的碳酸盐可分为两大类:一类是发生性碳酸盐,是土壤成土的产物;另一类是来自岩石中的碳酸盐,一般称为岩生性碳酸盐。其实地球上碳酸盐的形成多与微生物的作用分不开,大量沉积岩中的碳酸盐是远古地质年代海洋微生物形成的碳酸盐颗粒经过成岩作用而形成的沉积岩类型。土壤无机碳的转化与积累取决于土壤酸碱度和次生碳酸钙淋溶淀积速率。

在干旱地区,由于气候的干热,土壤中植物残体分解率高达 $80\%\sim90\%$,其矿化速率是湿润地区的 $5\sim10$ 倍,加上干旱地区土壤母质中富含碳酸盐,并在成土壤过程形成钙积层,导致无机碳在该地区土壤大量累积。在这些土壤存在明显的"$SOC-CO_2-SIC$"的微循环系统,随着土壤水分和 CO_2 浓度的变化,SOC 在分解过程中产生的 CO_2 部分转化为碳酸盐沉淀下来,使有机碳库向无机碳库的迁移。这种发生性碳酸盐的形成对干旱地区乃至全球碳素循环具有重要的意义。其主要化学过程如图 5-4 所示。

应用碳稳定同位素技术和模型结合的实验结果显示,在我国内蒙古地区,土壤 SOC 通过"$SOC-CO_2-SIC$"的微碳循环系统向 SIC 发生碳的转移。在 $10\sim30$ cm 土层发生性碳酸盐（PIC）所占比例为 99%,$30\sim50$ cm 土层 47%,$50\sim60$ cm 土层 36%。其中,每千克土壤中平均有 $11.1\sim14.0$ g 的 $CaCO_3$ 中的碳来自 SOC 的分解转化。SOC 含量和 SOC 矿化速率高,生成的 CO_2 多,通过 $SOC-CO_2(g)-CO_2(aq)-HCO_3-CaCO_3(s)$ 反应链,形成发生性碳酸钙,增加土壤无机碳的含量。在干旱地区,通常有发生性碳酸钙形成的钙积层一般在 $30\sim60$ cm,土壤深度越深,越接近于母质层时,土壤中原生性碳酸钙含量越高。当然也有些母质是不含碳酸钙的,如有些沙质沉积层。在干旱地区土壤中,随着土壤水分状态与二氧化碳分压的变化,碳酸钙的溶解与再沉淀在时间上和剖面上会发生可逆性变化。野外观测也表明内蒙古栗钙土中大约有 3 g/kg 的 $CaCO_3$ 来自有机碳的分解。对土壤薄片微形态的观察也证实了在干旱性土壤中土壤有机碳向无机碳的转化过程,碳酸盐往往填充在孔道、根孔中,形成碳酸钙微晶粉末或菌丝状新生体。

土壤碳酸钙的淋溶沉淀过程是干旱地区土壤形成发育的主要过程之一,也是地球化学过

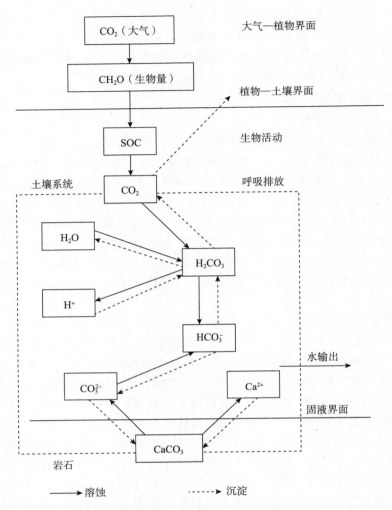

图 5-4 地球生态系统碳转移模型(引自潘根兴,1999)

程的主要内容。土壤碳酸钙的富集机制一般有 4 种:①向下移动模式。即自上而下的碳酸钙累积,是由大气降尘、降水中的钙质成分以及土壤母质中碳酸钙的淋溶淀积作用而形成的。②向上移动模式。由于地表蒸散作用,土壤水分向上运动,Ca^{2+} 和少量重碳酸钙重新回到剖面上部。在干旱、半干旱地区钙积土剖面的钙积层上方,能观察到呈假菌丝状的碳酸钙。另外,植物通过根系吸水将土壤母质或岩石矿物中的钙吸收到植物体内,最终以植物残体形式留在地表,随着植物残体的降解而促进地表碳酸钙的形成。③残积模式。在富含碳酸钙的母质、岩石、矿物风化后直接产生的碳酸钙并保留在原地不动,这是次生碳酸钙的一部分来源。④生物富集模式。是由于土壤微生物、动物和植物根系作用下产生的碳酸钙沉积。在土壤生物呼吸时释放大量的 CO_2 溶于土壤水中形成 HCO_3^-,然后和有机物质过程释放的 Ca^{2+} 结合形成重碳酸钙并向下迁移淀积。

3)土壤无机碳转化的环境效应

土壤中的碳酸钙对土壤的物理、化学、生物性状起着重要的作用。含有碳酸钙的土壤,其交换性阳复合体几乎全为 Ca^{2+} 饱和,这对土壤结稳定性、导水性、酸碱性都有决定性的影响。

土壤的钙可以与许多有机物形成络合物(螯合物),对土壤腐殖质的稳定性起重要的作用。干旱地区土壤中碳酸钙溶液对土壤的缓冲性、土壤化学反应起决定性作用。土壤中许多营养元素的有效性在很大程度上受土壤碳酸钙的控制。钙积层是干旱地区发生的普遍特征,钙积层的厚度反映了土壤的成土条件和发育程度,而它对土壤水分的运动直接影响植物的生长和发育,有时也制约该类土壤在农业生产中的利用。

(1)土壤无机碳的源汇效应

源效应:土壤有机碳因矿化发生向大气的 CO_2 逸失,它表现为对大气 CO_2 的源效应,这种源效应的全球速率为 $50\sim75$ Pg/年;正是由于大量的森林、草原被开垦,导致土壤有机质含量大幅度下降,使土壤有机碳转化成温室气体,导致近百年来空气中 CO_2 的浓度发生了显著变化,使全球出现明显的变暖趋势。

汇效应:①在湿润气候下,通过土壤—水系统的移动以 DOC 形式和 HCO 的形式而向海洋沉积系统迁移;②在干旱、半干旱条件下沉淀成为土壤无机碳碳酸盐。

(2)碳酸盐影响土壤酸碱性　土壤碳酸盐控制着石灰性土壤的 pH。含有碳酸盐的土壤,滴加 10%盐酸时会产生气泡,这种反应叫盐酸反应,具有盐酸反应的土壤叫作石灰性土壤。一般石灰性土壤的 pH 在 $7.5\sim8.5$,呈微碱性。

(3)碳酸盐影响土壤缓冲性　石灰性土壤的缓冲作用主要取决于 $CaCO_3-H_2O-CO_2$(分压)的平衡。石灰性土壤的 pH 在 $8.5\sim6.7$,其反应式:

$$CaCO_3 + H_2O + CO_2(气) \Longleftrightarrow Ca^{2+} + 2HCO_3^-$$

理论上,根据碳酸钙和 CO_2 的溶解度及碳酸的离解常数,可以得到 CO_2 分压(p_{CO_2})与 pH 的简化关系为式(5-1)

$$pH = 6.03 - (2/3)\lg(p_{CO_2}) \tag{5-1}$$

可见,土壤空气中 CO_2 浓度越高,土壤 pH 越低。大气中 CO_2 的浓度约为 0.03%,所以石灰性土壤 pH 稳定在 pH 8.5 左右。而田间土壤空气中 CO_2 浓度为 0.2%~0.7%,所以田间原位测定石灰性土壤 pH 可低至 7.5 左右(吕贻忠和李保国,2006)。

(4)碳酸盐影响土壤养分的有效性　土壤碳酸钙控制石灰性土壤的 pH,同时也控制着多种营养元素的有效性,尤其是微量元素的有效性。石灰性土壤中高碳酸钙含量是引起作物缺锌的重要原因。

(5)碳酸盐影响土壤重金属元素的毒性　土壤中的重金属元素,如 Pb、Zn、Cd、Cu、Hg 等在酸性或不含碳酸钙的土壤中活度较大,易于被植物吸收,通过食物链进入动物和人体,并累积致畸致病;而在含碳酸钙的土壤上,以上元素易形成氢氧化物和难溶的碳酸盐或被土壤吸附固定,活度较低,毒性降低。因此,碳酸钙又被称为重金属元素的钝化剂用来治理被重金属污染的土壤。

5.1.3　土壤温室气体排放

土壤是重要的温室气体排放源,土壤中排放的温室气体主要有 CO_2、CH_4 和 N_2O 3 种。根据观察到的温室效应,CO_2 占到 50%的作用,CH_4 占到 19%的作用,而 N_2O 占到 8%的作用其中 CO_2 是致使全球变暖的主要气体,CH_4 在大气中停留时间较 CO_2 长,吸收红外线能力较强,氧化亚氮(N_2O)是大气中的一种痕量气体,它还可以和臭氧(O_3)反应以致破坏臭氧层,其增温潜势大,滞留大气时间长(李海防等,2007)。据估算,大气中每年有 5%~20% 的 CO_2、15%~30% 的 CH_4、80%~90% 的 N_2O 来源于土壤。因此,土壤对温室效应的影响不可忽视(表 5-1)。

表 5-1　温室气体相对效力和库存情况

气体种类	效力(相对 CO_2)	环境中半衰期/年	库存年增加趋势/%
CO_2	1	140	0.5
CH_4	32	5~7	1.1
N_2O	150	150	0.25

1. 土壤温室气体产生机制与排放规律

(1)二氧化碳　土壤由于代谢作用向大气中释放 CO_2 的过程叫作土壤呼吸(soil respiration)。土壤呼吸作用包括生物学过程(即土壤微生物呼吸,土壤动物呼吸和植物根系的呼吸)和非生物学过程(即少量的土壤有机物氧化而产生的 CO_2)。其中,植物根系呼吸和土壤微生物呼吸是释放 CO_2 的主要过程。而土壤动物呼吸和土壤有机物的化学氧化分解释放的 CO_2 量相对较小。土壤微生物呼吸即土壤有机质的矿化过程。根系呼吸是指根部及其衍生的呼吸,包括活根组织呼吸、共生的根际真菌和微生物呼吸、根分泌液和死根的分解等活动产生 CO_2 的过程。土壤呼吸释放的 CO_2 中30%~50%来自根系呼吸或自养呼吸作用,其余部分主要源于土壤微生物对有机质的分解作用,即异养呼吸作用。

不同植被类型下的土壤 CO_2 排放过程均有明显的日动态、季节动态和年动态变化规律。草地土壤 CO_2 排放高峰出现在 13:00~17:00,最低值出现在 2:00~4:00;东北农田土壤 CO_2 排放的日变化为不对称的单峰型曲线,最小值和最大值分别出现在 6:00~7:00 和 13:00(韩广轩等,2008);南方典型水稻土于 11:00~14:00 呼吸排放最强,2:00~5:00 呼吸排放最弱;西藏高原冬小麦和青稞的研究得出峰值与低值分别是 13:00~14:00 和 5:00~6:00;杉木林与楠木林两个林分的土壤呼吸速率昼夜变化表现为单峰型,日最高值基本都出现在中午13:00,最低值大部分时间出现在 5:00。由于不同植物、不同土壤类型和不同经纬度,土壤呼吸波动范围不同,峰值出现的时间略不同,总的来说峰值出现在午后,低谷出现在黎明(王永强等,2010)。土壤 CO_2 排放的季节动态呈单峰曲线,冬季释放较少,初春后逐渐增加,释放量最高值出现在 6—8 月份(图 5-5 表示毛竹林地土壤 CO_2 排放的季节变化)。

(2)甲烷　在嫌气厌氧条件下,土壤有机碳被各类细菌发酵分解形成的低碳有机酸(如乙酸等)、H_2 和 CO_2 经甲烷细菌的作用转化而产生甲烷。产生 CH_4 的土壤生态系统包括巨大的冻土带、沼泽地带、水稻田、湖泊、池塘和泥潭的沉积物、盐碱滩、河口湾、沙质咸水湖等,均表现为淹水的土壤、沉积物。通气良好的土壤中 CH_4 的排放量较少,但可在局部嫌气厌氧微环境下发生。因此,旱地土壤也可观测到少量甲烷的释放。甲烷产生过程见图 5-6。

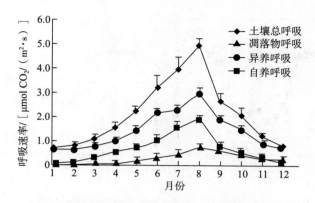

图 5-5　毛竹林地土壤呼吸季节变化曲线(引自范少辉等,2009)

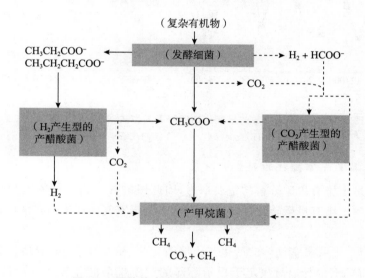

图 5-6　甲烷的产生过程(引自 James,1997)

　　土壤 CH_4 的日释放规律十分复杂,据王明星等(1998)对稻田土壤 CH_4 排放结果的总结,我国稻田表现出 4 种不同类型的 CH_4 日排放规律(图 5-7):①下午排放最大值型;②夜间至凌晨出现排放最大值型;③一日内下午和晚上出现两次最大值型;④无规律型,即在特殊气候条件下出现的 CH_4 排放类型,如降水、冷空气过境等。在晴好及温差大的天气条件下,稻田 CH_4 排放呈现出明显的近似余弦曲线的昼夜变化规律,最大和最小值分别出现在 14:00 和凌晨 4:00 左右,但在温差变化小的阴雨天,稻田 CH_4 昼夜变化规律不明显。土壤 CH_4 的季节排放具有一定的规律,在水稻生长季内 CH_4 排放通量有两个明显的峰值,分别是分蘖期和成熟期;寒区湿地中 CH_4 的排放于作物生长期出现高峰;三江平原淡水沼泽地 CH_4 排放最大值出现在 8 月份;北半球土壤分别于每年的 4 月份和 10 月份出现两次 CH_4 排放峰。总之,低纬及中纬地区,CH_4 的排放最高值出现在七八月份,而高纬冻土区于每年春季的冰溶过程产生一个 CH_4 的排放峰,冬季 CH_4 的排放量呈最低值,长期试验表明,冬季 CH_4 排放量占全年总排放量的 2.0% ～9.2% 。

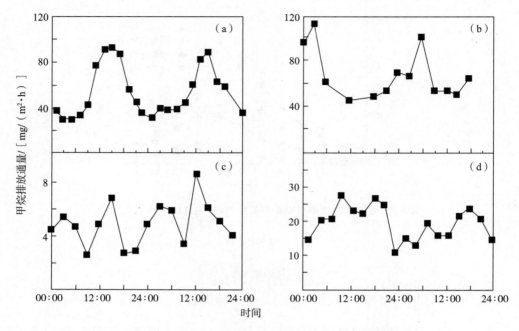

图 5-7　稻田甲烷排放的日变化的四种不同型式（引自王明星等,1998）

(a)下午峰型；(b)夜间峰型；(c)下午夜间双峰型；(d)无规律型

2.影响土壤温室气体排放的因素

土壤微生物是土壤有机碳分解的主要动力,因此影响微生物活动的因素都会影响土壤有机碳的分解。影响土壤有机碳转化因素也是影响土壤温室气体产生与排放的因素。

1)土壤性质

(1)土壤生物　土壤温室气体的产生与土壤微生物、植物根系、土壤动物和各种真菌的数量及活性有关,如 CH_4 的释放量决定于根系际部的产甲烷菌的数量及其活性；相关研究表明土壤中微生物呼吸占土壤总呼吸的 50%,而植物根系及其紧密接触的微生物群落排出的 CO_2 相当于土壤释放总量的 20%~50%。土壤微生物量越大,活性越强,其呼吸速率越快,温室气体排放量也就越大。

(2)土壤有机质　土壤有机物的化学组成也影响碳素的转化与温室气体的产生。土壤有机质是土壤呼吸的主要碳源,土壤有机质的化学组分直接影响其自身的分解速率。简单的有机物(单糖、氨基酸、大部分蛋白质以及一些多糖)在土壤中分解较快,而复杂的有机物(木质素、脂肪、蜡、多酚等化合物)分解较慢。据 Herman 等(1977)的研究认为:CO_2 释放量＝碳水化合物%/(稻田 C/N×木质素%),其中碳水化合物包括纤维素、半纤维素及糖类。土壤活性有机质对土壤微生物生长影响最大,土壤活性有机质含量的多少直接影响着土壤碳的矿化作用强弱,对土壤温室气体排放的影响大于总有机质含量。CH_4 排放主要取决于土壤有机质的活性程度,原因是活性有机碳极易被发酵细菌合成醋酸(表 5-2)。

(3)土壤温度　土壤学中,常用 Q_{10} 函数来表示土壤呼吸的温度敏感性,即温度每升高 10 ℃土壤呼吸速率增加的倍数。在 0~35 ℃,提高土壤温度能够促进土壤有机碳的分解,温

表 5-2　空间尺度对土壤有机碳氮含量与 CH_4 产生量之间相关系数的影响

土壤空间分布	相关系数	
	土壤有机碳含量与 CH_4 产生量	土壤有机氮含量与 CH_4 产生量
菲律宾	0.66*	0.72*
中国华北、华东	0.61*	0.64*
中国华南、华东、华中、华北、西南、东北	0.57*	0.65*
中国、菲律宾、意大利	0.49	0.68*

①引自徐华等,2008。

②注:*代表相关性达显著水平。

度每升高 10 ℃,土壤有机碳的分解速率会快 2～3 倍,温度在 30 ℃时每升高 1 ℃能使土壤有机碳损失 3%,土壤微生物最佳的生长温度是 35 ℃,而当温度高于 36 ℃时再继续升温反而会抑制有机碳的分解。

土壤温度主要通过影响微生物的活性强度来影响温室气体的排放速率,土壤温室气体的昼夜变化和季节变化规律主要是由土壤温度的变化而影响的。土壤微生物活性、植物根呼吸和酶活性在 10～35 ℃随温度的增加而增强,温度超过 40 ℃土壤微生物活性反而降低,微生物生长的最佳温度为 35 ℃。

土壤温度对 CH_4 排放的影响主要表现于其对产 CH_4 菌活性的影响,温度较高的情况下处于较高的产 CH_4 状态(丁维新和蔡祖聪,2003)。在厌氧环境下,土壤温度是影响 CH_4 排放的重要因子,因为大多数产甲烷菌活动的最低、最适和最高温度分别为 15 ℃、35 ℃和 40 ℃,高于 40 ℃ CH_4 的排放通量迅速下降,而温度从 20 ℃增加到 35 ℃时,CH_4 排放通量增加一倍(Schüz,1989)。对于大多数产甲烷菌而言,最适宜的温度在 25～30 ℃(Boeckx 和 VanCleemput,1996),当温度高于 30 ℃时,CH_4 的排放量就会减少;温度较低的情况下,形成 CH_4 的能力相对较弱,而当温度为 0～10 ℃时,此反应几乎停止,这时候提高温度能够显著地增加 CH_4 的排放(Morrissey 和 Livingston,1992)。

(4)土壤水分和 Eh　在淹水和缺水(含水量＜20%)条件下,土壤有机碳分解得比较慢,而在 30%～90%含水量情况下,有机碳的分解相对快。水分同温度共同控制土壤有机碳的分解速率,它们是控制土壤有机碳分解的两个重要因素。故土壤水分和温度是影响土壤温室气体排放的主要因子,在土壤水分条件不呈限制因子时,土壤温室气体的排放与温度呈正相关。

土壤水分对土壤呼吸的影响主要是通过对植物和微生物的生理活动、微生物的活性(Davidson 等,1998)、土壤氧化还原电位(Eh)、通透性以及土壤中温室气体向大气中扩散速率等方面的调解和控制来实现的。在干旱或半干旱地区,土壤水分作为胁迫因子是影响土壤 CO_2 排放的主要因素,土壤含水量太高(高于土壤最大持水量的 66.3%)或太低(低于土壤体积含水量的 5%～20%)将导致土壤呼吸速率降低或者停止(DeJong 等,1974)。

土壤 Eh 是影响 CH_4 排放的重要因子之一。土壤含水量在 15%～22%时,土壤 CH_4 处于氧化状态,呈现出 CH_4 的负排放,而随着土壤水分含量的增高,土壤通透性逐渐降低,当土壤 Eh 低于 -150～-100mV 时,即土壤处于还原状态时,土壤才会排放 CH_4 气体,当土壤处于淹水情况下时,土壤 CH_4 的排放量达到最大。

　　土壤 Eh 与 CH_4 排放呈显著相关,例如植物长期泡水后土壤长期处于 Eh 较高状态,即使产 CH_4 的其他条件都具备,土壤排放 CH_4 的量也很低,这时 Eh 是决定 CH_4 排放的主要因素(徐华和蔡祖聪,1999)。室内研究表明,当土壤 Eh 低于 $-150mV$ 时才有 CH_4 产生,并且当土壤 Eh 在 $-250\sim-150mV$ 时,土壤 CH_4 产生率呈指数增加。Eh 变化范围较大时,可以看出 CH_4 排放量与 Eh 之间显著的相关性(图 5-8)。

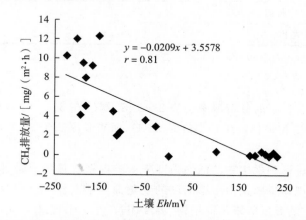

图 5-8　干燥处理水稻生长期 CH_4 排放量与土壤 Eh 的关系(徐华和蔡祖聪,1999)

　　水层的深浅是影响甲烷从土壤进入大气的一个主要因素。有很多报道指出,随着人工湿地水稻田水层厚度的增加,甲烷排放反而减少,一些研究认为地下水位在 $10\sim20$ cm CH_4 的排放量最大,而一些研究认为地下水位越低 CH_4 的排放量越大,而 CO_2 受地下水位的影响恰与 CH_4 相反。

　　(5)土壤质地　土壤质地越细,有机碳的分解越慢,相反地土壤质地越粗,有机碳的分解越快,黏粒能够有效地与有机碳结合,保护有机碳使其免受分解。土壤质地通过改变土壤通透性和有机质的分解速率来影响 CH_4 的排放。大量文献表明,粗质地的土壤其排放 CH_4 的能力显著高于细质地的土壤,土壤质地控制着气体的转移,因此也控制着甲烷的排放和氧化速率。

　　土壤质地通过影响土壤的通透性和水分含量来影响温室气体在土壤中的扩散速率。黏粒含量高的土壤其有机质分解较慢,排放 CO_2 的能力较弱;一般情况下,沙质土壤 CH_4 的排放量最大,黏土 CH_4 的排放量最小。

　　(6)pH　pH<5.5 或 pH>8.0 时,相对而言土壤有机碳易分解与流失,而 pH 在 $5.5\sim8.0$ 土壤有机碳的分解相对缓慢。酸碱度是影响微生物生物代谢过程的重要因素,大多数产 CH_4 菌生长在 pH $6.0\sim8.0$,较嗜于中性或偏碱性土壤,然而泥炭中的一些 CH_4 产生菌也能在酸性条件下产生 CH_4。由于 Fe^{3+} 的还原、CO_2 累积等原因,大部分酸性土壤和石灰性土壤淹水后其 pH 均有向中性变化,从而有利于 CH_4 的产生。

　　土壤 pH 主要是通过影响土壤微生物的活动及根系的生长发育等来影响土壤温室气体的排放。土壤微生物活性的最适 pH 一般为 $6\sim8$,超出这个范围时,微生物活性会显著降低,而温室气体的排放通量也会大幅度减少(谢军飞和李玉娥,2002)。在强碱条件下,土壤有机质的溶解、分散和水解作用增加,增大了土壤 CO_2 的排放,强酸情况下,有机质的分解缓慢。中性、略微偏酸偏碱的土壤 pH 条件,利于 CH_4 的排放,相关研究表明产 CH_4 菌代谢的最适 pH 为

7.0,pH 低于 5.57 或高于 8.75 时,CH_4 的产生几乎完全被抑制。

2)农业措施的影响

土壤有机碳的分解还受到土地利用方式、耕作措施、轮作制度、施肥方式、土壤类型、土壤结构、气候等其他因素的影响。有机肥和无机肥的配合施用对保持和增加土壤有机质含量有明显的促进作用。施肥、耕作、改变土地利用方式等人为活动能够改变土壤理化性质、改变土壤微环境,进而影响土壤温室气体的排放。

(1)施肥　施肥是人类直接影响土壤表层性质的事件之一,能够显著影响土壤温室气体的排放。长期试验表明,单独施用化肥能够减少微生物含量,粗根和细根的呼吸也明显减少,因此,土壤 CO_2 的排放通量也减少;而施用有机肥会通过增加土壤有机碳含量、土壤微生物呼吸及根系呼吸来增加土壤 CO_2 的排放,相关研究表明,农田土壤中施加有机肥料促进 CO_2 的排放(董玉红和欧阳竹,2005)。不同肥料、不同施肥方式及不同施肥时间对土壤 CH_4 的排放均有影响,但由于土壤环境的差异,不同试验得到的结果也有一定的出入。大体上,CH_4 的排放量表现为有机肥>有机无机肥配施>沼渣肥>化肥,单施化肥能够降低土壤 CH_4 的排放,因为 NH_4^+ 与 CH_4 的分子相近,很多产甲烷微生物利用 NH_4^+ 而不利用 CH_4。施用有机肥一方面可为土壤产 CH_4 微生物提供基质,另一方面有机肥的分解可降低土壤 Eh,为 CH_4 的产生提供良好的环境条件。

(2)耕作　耕作措施通过改变土壤通气性、破坏土壤团聚体来影响土壤温室气体的排放。许多研究表明,土壤耕作后短期内土壤 CO_2 出现明显的排放峰值,因为耕作会破坏农田原有团聚体,增大孔隙度,促使土壤有机质分解能力增强,而较为干旱地区得到的结论与此不一致,如犁耕农田 CO_2 排放速率为 $36\sim81\ kg/(hm^2 \cdot d)$,免耕农田为 $43\sim91\ kg/(hm^2 \cdot d)$,这是由于免耕能够保证较为稳定的土壤湿度,而耕作能使土壤迅速变干,使土壤水分成为 CO_2 排放的限制因子。诸多研究认为相对于翻耕,免耕有助于减少土壤 CH_4 的排放,增加 N_2O 的排放,翻耕土壤排放的温室气体产生量高于免耕 36%(表 5-3)。

表 5-3　不同耕作方式下农田的温室气体排放通量及温室效应

处理	温室气体排放通量			相对温室效应			总效应
	$CO_2/[mg/(m^2 \cdot d)]$	$CH_4/[g/(m^2 \cdot d)]$	$N_2O/[mg/(m^2 \cdot d)]$	CO_2	CH_4	N_2O	
翻耕	431.4	−79.6	54.4	9.81	−0.16	0.19	9.84
旋耕	383.4	−35.2	81.7	8.71	−0.07	0.28	8.92
免耕	326.1	−17.6	−37.9	7.41	−0.04	−0.13	7.24

引自胡立峰等,2009。

(3)土地利用变化　不同土地利用方式中的植被、土壤、管理方式等都有所差异,因此,土地利用方式的变化既会改变土壤有机物的输入,又可通过改变小气候和土壤条件来改变土壤温室气体的排放规律。研究表明森林转变为草原后,土壤有机碳损失 20%,森林转变为农田后,土壤有机碳损失达 0~60%,有的可高达 75%,草地开垦为农田会导致 1 m 土壤深度的有机碳损失 20%~30%,其中损失的土壤有机碳有相当一部分以 CO_2 形式排放到大气中。但森林土壤由于表面的枯枝落叶层含有丰富的有机碳,森林土壤 CO_2 排放量远远大于草地和农田,农田转变为森林和草原利于土壤有机碳的固定,减少土壤 CO_2 的排放。近年来"退耕还林草"实施,是保证土壤成为大气碳汇的一个有效方法(王义祥等,2005)。通气土壤能够氧化 CH_4,湿地土壤是 CH_4 的主要自然排放源。湿地土壤转变为农田后,土壤 CO_2 排放量是未开垦前的 $5\sim23$ 倍,而湿地土壤的 CH_4 的排放量呈负增长。

不同的土壤类型的温室气体的排放量也有很大差异。如日本不同类型稻田 CH_4 排放量差异很大,泥炭土>冲击土>火山灰土,其中泥炭土稻田 CH_4 的排放量是火山灰土稻田排放量的 40 倍,而泰国中部 3 种淡水冲积土、酸性硫酸盐土和低腐殖质潜育土的 CH_4 排放量分别是 $5\sim59$、$0.6\sim17$ 和 $21\sim35$ g/m² 。

3)气候因素

全球变暖不仅带来了全球气温的增高,还导致很多极端气候的出现,降水量分布不均情况更加严重,相关研究表明,土壤温室气体排放与温度和降水量呈显著相关,温度的升高会加强土壤 CO_2 的排放,降水量的增高会加剧土壤 N_2O 的排放。大气 CO_2 浓度的增高会促进光合作用和 CH_4 的排放。IPCC 第四次评估报告指出,到 21 世纪末,地球表面的温度将升高 $1.8\sim6.4\ ℃$,温度的升高会加剧土壤温室气体的排放,相关研究表明,全球气温升高 $0.3\ ℃$,全球土壤呼吸排放的碳每年将增加 2 Pg,而土壤温室气体的排放又会促进全球变暖的速度。

5.2　土壤氮循环与环境

氮素作为植物生长不可或缺的关键营养元素,在农业生产中,通过增施有机肥料和化学氮肥等手段来提高农作物的产量已经成为主要的农业增产策略。作物对氮素的需求量巨大,如果土壤中的氮素供应不足,将会导致农产品的产量和品质下降,对农业生产造成严重影响。然而,当施用氮肥过量时,会带来一系列环境问题。因此,了解氮素在土壤中的来源、不同形态之间的转化过程以及对环境的影响显得尤为重要。

5.2.1　土壤氮的形态和数量

1.土壤中氮的含量

在我国,自然植被下未受侵蚀的土壤全氮含量范围为 0.475 g/kg,平均约为 2.9 g/kg。而在耕地土壤中,全氮含量一般在 $0.4\sim3.8$ g/kg,平均值约为 1.3 g/kg。这些土壤中的氮素主要以有机形式存在,因此土壤的全氮含量与有机质含量呈正相关关系。然而,在大部分耕地土壤中,全氮含量通常都低于 2.0 g/kg。尤其是在山东、山西、河北、河南、新疆等五个省(区),约有一半以上的耕地面积面临严重的氮素缺乏问题。这种全氮含量的变化受到多种因素的影响。自然因素包括植被情况、气候条件(如降水量和蒸发量)、土壤质地(尤其是黏重质地土壤通常富含氮素)、地形等。同时,土地的利用方式,如耕作、施肥、种植和灌溉等农业措施,也对土壤全氮含量产生影响。

在我国,自然植被下土壤表层的全氮含量呈现一定的空间分布规律。随着地理位置从东向西逐渐推移,降水量逐渐减少,蒸发量逐渐增大,导致植被逐渐减少,生物累积逐渐减少,同时生物分解作用逐渐增大。这些因素共同作用下,土壤中的全氮含量逐渐减少,表现出一种从东向西递减的趋势。而从北向南的温度升高导致分解速率加快,但同时生物累积也相应增多,这使得全氮含量的变化较为复杂。

举例来说,在我国东部沿海地区的森林土壤,其全氮含量从北向南呈现出一种"V"字形变化规律。北部地区的土壤(如暗棕壤)具有较高的全氮含量,中部地区(如棕壤、褐土、黄棕壤)则属于中低水平,而南部地区(如红壤、砖红壤)的土壤全氮含量又相对较高。

与自然植被下土壤相似,耕地土壤中的全氮含量变化趋势也显示出一定的规律。一般来说,耕地土壤的全氮含量普遍较低,且整体趋势与自然土壤相符。特别是在耕地中,水田土壤的全氮含量通常低于旱地土壤。

2. 氮的来源与支出

(1) 氮的来源　在土壤中,氮素的来源主要是从大气圈而来,而并非来自土壤的矿物质。这一过程可以通过多种方式直接或间接地实现。

① 生物固氮。在自然生态系统中,土壤的氮素主要来自生物固氮的过程。这是指大气和土壤空气中的分子氮经由微生物固定,转化成有机氮化合物,然后进入土壤中。生物固氮包括了不同类型的微生物,包括自生固氮菌(如好气性细菌和嫌气性细菌)、共生固氮菌(如根瘤菌、某些放线菌和蓝藻与豆科植物共生),以及联合固氮菌(如固氮螺菌与玉米、多黏杆菌与小麦能够进行联合固氮)。

② 施肥。农业生态系统中的氮素主要来自施肥,包括有机肥和无机肥。持续施用有机肥对于提高土壤中氮的储存量以及改善土壤的氮供应能力具有重要作用。然而,仅仅通过有机肥料形式返回的氮,难以满足作物的需求。随着氮肥工业的发展,21 世纪初,氮肥成为现代农业中氮的主要来源。

③ 雷电、降水、灌溉水带入的氮。自然界中的大气现象也会将氮带入土壤。例如,自然雷电现象能够使得氮气氧化为氮氧化合物,如 NO_2 和 NO,这些氮氧化合物会溶解在雨水中,通过降水带入土壤。同时,降水和灌溉水中也可能带入氮素,主要以硝态氮的形式存在。这些过程的数量在不同地区、降水量和季节下都会有所不同。

(2) 氮的支出　土壤中氮素的支出包括植物吸收及收获物带走;NH_3 挥发损失;反硝化作用以及淋溶和损失(包括硝酸盐淋溶、风蚀损失和径流损失),后三者是造成氮肥利用率低的原因。图 5-9 为氮素循环图。

3. 土壤中氮的形态

土壤氮的存在形态主要有有机氮和无机态氮。

(1) 有机氮　有机氮按其溶解和水解的难易程度分为水溶性、水解性和非水解性 3 部分。

$$
\text{有机氮}\ (>98\%)\ \begin{cases} \text{水溶性} & \text{速效、缓效氮源} & <\text{全氮的 }5\% \\ \text{水解性} & \text{缓效氮源} & 50\%\sim70\% \\ \text{非水解性} & \text{难利用} & 30\%\sim50\% \end{cases}
$$

① 水溶性有机 N。水溶性有机氮主要包括简单的游离氨基酸、胺基盐和酰胺类物质,约占整体有机氮含量的 5% 左右。其中,少数氨基酸可以直接被作物吸收利用。然而,大部分水溶性有机氮需要经过转化过程,释放出氨气(NH_3),然后作物才能吸收利用。因此,少数是速效养分,而多数属于缓效养分。

② 水解性有机 N。水解性有机氮在接受酸、碱或酶处理时,能够分解成简单的水溶性化合物。这类有机氮包括蛋白质、多肽核蛋白和氨基糖等。这些化合物被认为是缓效或迟效养分,

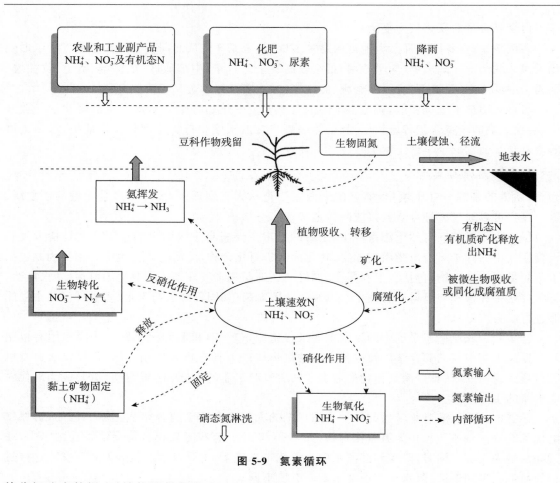

图 5-9　氮素循环

其分解速度较慢,对植物的供氮能力也相对较低。

③非水解态有机 N。非水解态有机氮的矿化速率很慢,有效性较小。这种有机氮包括胡敏酸 N、富里酸 N 和杂环 N 等。它们对土壤的影响较大,但不能直接被植物吸收利用。这些有机氮形态需要经过微生物的分解和矿化作用,才能转化为无机氮形式,从而为植物提供养分。

有机氮的主要来源是土壤中的腐殖质,其对土壤的物理和化学特性有着重要影响。尽管有机氮不能被植物直接吸收利用,但通过微生物的分解作用,有机氮会逐渐转化为无机氮,为植物的生长提供所需养分。

(2)无机氮　土壤中的无机氮主要包括铵态氮、硝态氮、亚硝态氮以及气态氮等形式,前三者占总氮的 $1\%\sim2\%$。铵态氮和硝态氮是最常见的存在形式,因此通常所指的无机氮指的是铵态氮和硝态氮。

①铵态氮(NH_4^+-N)。铵态氮以 3 种方式存在于土壤中,分别为游离态(存在于土壤溶液中的铵离子)、交换态(吸附在土壤颗粒表面的铵离子)和固定态(主要指存储在 2:1 型黏土矿物层间的铵离子)。

②硝态氮(NO_3^--N)。硝态氮主要以游离态的形式存在于土壤中。这是土壤中另一个重要的无机氮形式。

③亚硝态氮($NO_2^- $-N)。亚硝态氮主要在嫌氧条件下才可能存在,且数量非常有限。在土壤中,亚硝态氮以游离态的形式存在,但通常含量较少。

5.2.2 土壤氮的转化

1.植物对土壤氮的吸收

一般旱作土壤中硝态氮比铵态氮浓度高。

(1)硝态氮 植物对硝态氮的吸收量较大,这种吸收是主动进行的。当土壤的 pH 较低时,植物更容易吸收硝态氮。大量施用硝态氮肥会导致土壤中的无机阳离子(例如钙、镁离子)增加,进而使根际 pH 升高。然而,硝态氮容易被淋失,对环境影响较大。

(2)铵态氮 铵态氮不容易被淋失,也不容易发生反硝化反应,因此氮素损失较少。当土壤 pH 为中性(大约为 7)时,植物对铵态氮的吸收较为明显。根系吸收铵态氮后,会促使根际 pH 降低。

2.土壤中氮素转化的重要过程

土壤中氮素转化见图 5-10。

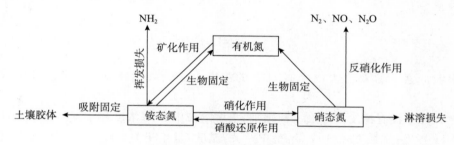

图 5-10 土壤中氮素的转化

1)有机态氮的矿化作用(氨化作用)

(1)定义 在微生物作用下,土壤中的含氮有机质分解形成氨的过程。

(2)过程如下:

$$有机氮 \xrightarrow{\text{氨基化作用}} 氨基酸 \xrightarrow{\text{氨化作用}} NH_4^+ \text{-N} + 有机酸$$

土壤中的有机氮占据了总氮含量的 98% 以上,但它必须经过微生物的矿化作用才能转化为可供植物利用的有机氮形式。

氨基化作用:含氮的有机化合物,例如蛋白质、核酸和氨基糖,会在微生物酶的作用下,逐步分解为更简单的氨基化合物。

氨化作用:通过氨化细菌的作用,各种简单的氨基化合物可以分解成氨。

(3)发生条件 有机氮的矿化作用可以在多种条件下发生,因为它是由多种微生物(如细菌、真菌和放线菌)协同作用完成的。然而,最适合的条件是在温度为 20～30 ℃、土壤湿度保持在田间持水量的 60%～80%、土壤 pH 为 7 以及碳氮比(C/N)不超过 25∶1 的情况下。

在通气良好、适宜温度、湿度和酸碱度的沙质土壤中,有机氮的矿化速率较大,而且产生的中间产物较少。相反,在通气性较差的黏质土壤中,矿化速率较慢,中间产物较多。对于大多数矿质土壤而言,有机氮的年矿化率为 1%～3%。

（4）结果　有机氮经过矿化作用后会生成氨态氮（NH_4^+-N），这是植物吸收利用的有效氮形式。

2）土壤黏粒矿物对 NH_4^+ 的固定

（1）定义　吸附固定：由于土壤黏土矿物表面所带负电荷而引起的对 NH_4^+ 的吸附作用。

晶格固定：NH_4^+ 进入 2∶1 型膨胀性黏粒矿物的晶层间而被固定的作用。

硅酸盐黏粒矿物包括 1∶1 型（高岭石、埃洛石）；2∶1 型膨胀性（蒙脱石、绿脱石、蛭石）；2∶1 型非膨胀性（水云母、伊利石）；2∶1∶1 型（绿泥石）。非硅酸盐黏粒矿物包括 Fe、Mn、Si 的氧化物及其水合物和水铝英石。

（2）过程如下：

$$\text{液相 } NH_4^+ \underset{\text{解吸作用}}{\overset{\text{吸附作用}}{\rightleftharpoons}} \text{交换性 } NH_4^+ \underset{\text{释放作用}}{\overset{\text{固定作用}}{\rightleftharpoons}} \text{固定态 } NH_4^+$$

（3）结果　减缓 NH_4^+ 的供应程度（暂时无效化）。

3）氨的挥发损失

（1）定义　在中性或碱性条件下，土壤中的 NH_4^+ 转化为 NH_3 而挥发损失的过程。

（2）过程如下：

$$NH_4^+ \underset{H^+}{\overset{OH^-}{\rightleftharpoons}} NH_3 + H^+$$

（3）影响因素　只要土表或水面 NH_3 的浓度大于大气 NH_3 浓度，就会引起 NH_3 挥发损失。

pH：<7 几乎没有挥发；>7 随 pH 增加，土壤溶液中 NH_3 浓度和土壤空气中 NH_3 分压增加，促进 NH_3 挥发；土壤 $CaCO_3$ 含量：呈正相关；温度：呈正相关。温度高，NH_3 在水中溶解度低，在土壤中扩散速度大，氨挥发损失量增加；施肥深度：挥发量为表施＞深施；土壤水分含量：土壤水分含量增加，土壤溶液 NH_3 的吸收量增加，减少空气中 NH_3 分压，抑制 NH_3 挥发；土壤中 NH_4^+ 的含量。

（4）结果　造成氮素损失（无效化）。

4）硝化作用

（1）定义　土壤中的 NH_4^+，在微生物的作用下氧化成硝态氮的过程。

（2）过程如下：

$$NH_4^+ + O_2 \xrightarrow{\text{亚硝化细菌}} NO_2^- + 4H^+$$

释放 H^+，是引起土壤酸化的主要来源。

$$2NO_2^- + O_2 \xrightarrow{\text{硝化细菌}} 2O_3^-$$

（3）影响因素　土壤中的硝化微生物属于好气微生物，其活性受到土壤通气状况的影响较大。通气情况与土壤的含水量密切相关。在田间土壤最大持水量为 50%～60% 时，硝化作用最为旺盛。因此，硝化通常发生在通气良好的旱地土壤以及水田表面的氧化层中。

硝化作用还受土壤的其他条件影响：

土壤反应（pH）：pH 5.6～8.5，硝化作用会增加。随着土壤 pH 的增加，硝化作用也会增强。

　　土壤温度：在一定温度范围内,升温会促进硝化作用的进行。最适宜的条件是铵态氮充足、土壤通气良好、pH 6.7～7.5、温度 25～30 ℃。

　　通过这些因素的共同作用,硝化微生物在土壤中进行着氨氮向硝酸盐氮的氧化转化过程。在教材中,可以以简洁明了的语言介绍这些因素,帮助学生理解硝化作用的环境要素以及其对土壤中氮的循环的影响。

　　(4)结果　形成 NO_3^--N,更容易随水迁移。

　　利:为喜硝植物提供氮素(有效化);弊:淋失,发生反硝化作用,增加环境风险。

　　5)无机氮的生物固定/生物固持

　　(1)定义　土壤中的铵态氮和硝态氮被微生物和植物吸收同化,成为生物有机体组成部分而被暂时固定的现象。

　　(2)过程如下:

$$\text{铵态氮} \rightleftharpoons \text{硝态氮}$$
$$\searrow \qquad \swarrow$$
$$\text{有机氮}$$

　　(3)影响因素　包括土体的 C/N 值、温度、湿度、pH 等。

　　(4)结果　采取一些措施可以有效减缓氮的供应,这些措施暂时使氮变得无效。这不仅有助于减少氮素的损失,还可以促使新的有机氮化合物的形成。其中,一部分新生成的有机氮化合物会被作物作为产物输出,另一部分则会与微生物同化产物类似,再次经过有机氮的矿化作用,启动新的土壤氮素循环。从整体上看,微生物对速效氮的吸收同化在土壤氮素循环中起着重要作用,这一过程有助于保持和促进土壤氮素的保存和周转。

　　6)硝酸还原作用

$$NO_3^- \xrightarrow[\text{硝酸还原酶}]{\text{嫌气条件}} NH_4^+$$

　　7)反硝化作用(水田 N 损失的主要途径)

$$NO_3^- \longrightarrow N_2 \text{、} NO \text{、} NO_2$$

　　(1)生物反硝化作用

　　①定义。嫌气条件下,土壤中的硝态氮在反硝化细菌作用下还原为气态氮从土壤中逸失的现象。

　　②过程如下:

$$NO_3^- \longrightarrow NO_2^- \longrightarrow N_2 \text{、} N_2O \text{、} NO$$

　　③影响因素。土壤中的硝酸盐含量对氮气还原作用具有调节作用。当硝酸盐含量过高或过低时,都可能抑制氮气还原作用的进行。此外,易分解有机物的含量也会影响氮气还原过程。因为有机物的分解过程需要消耗氧气,这会间接促进嫌氧条件的形成,从而为氮气还原提供了有利环境。氮气还原作用可以在不同土壤条件下发生。在水稻田的还原层中,氮气还原作用经常发生。而在通气不良和含有大量易分解有机物的干旱土壤中,局部嫌氧条件也可能促使氮气还原的发生。温度对氮气还原的影响也是不容忽视的,适宜的温度范围(2～60 ℃)有利于氮气还原的进行。土壤的酸碱度也会对氮气还原产生影响。强酸和强碱条件可能抑制

氮气还原作用的进行。这些因素共同作用,影响着氮气还原的发生和程度。

④最适条件为含氮量 5%～10%,新鲜有机质丰富,pH 5.8～8.2,温度 30～35 ℃。

(2)化学反硝化作用(可在好气条件下进行)　发生条件:NO_2^- 存在,好气,pH 低。

$$NO_2^- \longrightarrow N_2 、N_2O、NO$$

(3)结果　造成氮素的气态挥发损失(无效化);影响大气(破坏臭氧层、加剧温室效应)。

8)硝酸盐的淋洗损失

NH_4^+ 和 NO_3^- 易溶于水,NH_4^+ 易被带负电的土壤胶体吸附,NO_3^- 带负电,易淋失,淋失取决于土壤、气候、施肥和栽培管理等条件,多发生在湿润半湿润区,而在干旱地区除了少数沙质土壤外,几乎没有 N 的淋失。NO_3^--N 随水渗漏(淋洗进入地下水)或流失(随地表径流进入河流、湖泊等水体),此外,还有少量的风蚀损失,可达施氮量的 5%～10%。

结果:氮素损失(无效化);污染水体,表现为地下水硝酸盐污染和地表水富营养化。

5.2.3　土壤氮循环与环境效应

农田中氮素的去向对于农作物的季节性增产效果具有重要影响,同时也紧密关联着水体和大气环境的质量。因此,有效的土壤氮素管理与维护环境质量之间的关系已经成为国际上关注的焦点,不仅对农业的可持续发展至关重要,也是环境土壤研究领域的重要内容之一。在实现经济农业产出的同时,保护水体和大气环境免受氮素污染的影响成为全球农业发展的共同目标。

在农业生产中,科学合理的氮素管理对于最大化农作物产量至关重要。然而,如果氮素管理不当,过量施用氮肥可能导致氮素在土壤中的积累,并随之引发氮素污染。这种污染不仅会影响土壤生态系统的平衡,还可能通过径流和渗漏进入水体,引发水体富营养化问题,威胁水体生态环境。此外,氮氧化过程中可能产生一氧化氮等温室气体,影响大气环境质量,加剧气候变化。

因此,了解土壤中氮素的循环与转化过程,采取合理的氮素管理措施,如合理施肥、利用有机肥料、减少氮肥的过量使用等,对于实现农业的可持续发展以及维护环境质量具有重要意义。这些知识不仅是农业生产者的必备素养,也是社会各界共同关心的话题,需要得到广泛的传播和应用。

1. 土壤中氮的损失与去向

在农田生态系统中,无机氮肥的损失途径主要包括氨的挥发、硝化-反硝化、淋洗、径流、侧渗以及通过作物地上部分直接损失。氮素的去向受到多方面因素的影响,如作物的种类和生长状况、土壤的性质、气候条件以及耕作管理技术等。这些因素交织在一起,共同塑造了氮素的循环和利用方式。

一般而言,土壤 pH 的升高会导致无机氮肥的损失率增加,同时氮素的利用效率降低。在淹水条件下种植水稻,硝态氮肥的利用率较低,这是由于反硝化作用引起的氮素损失较为严重。另外,在表面施肥的情况下,无机氮肥的利用率较低,损失较高。相比之下,有机氮肥的损失相对较低,这主要取决于其自身的化学成分和碳氮比。

为了有效降低氮素损失,科学的管理策略显得尤为重要。例如,通过将化学氮肥与有机肥料结合使用,可以更加合理地管理氮素供应,减少损失。此外,针对不同的作物种类和土壤条件,选择合适的施肥时机和方式也可以有效地提高氮素的利用效率,从而实现农田生态系统的可持续发展。

2. 土壤中氮损失对环境的影响

在农田生态系统中,氮素的损失主要涉及三个方面的影响:一是径流和淋洗过程对地表水和地下水水质的影响;二是气态氮损失对大气环境的污染;三是硝酸盐的积累对农产品的污染。

硝酸盐是一种无机氮化合物,当农田中氮素过量施用时,可能导致硝酸盐在农产品中积累。食用富含硝酸盐的农产品后,人体内的硝酸盐可能被还原成亚硝酸盐,进而导致高铁血红蛋白症。此外,亚硝酸盐还可能在胃内与胺类化合物反应,生成亚硝胺类化合物,这些化合物被认为是强致癌物质。

(1)土壤氮素损失对水环境的影响

①土壤氮损失与水体富营养化。水体富营养化是指湖泊、水库、海湾等封闭性或半封闭型水体中氮、磷等营养元素积累过多,导致蓝藻和绿藻等特定藻类异常繁殖,从而引发水体透明度下降、水生生物死亡等问题。这种现象常常出现在水库中含氮量超过 0.2 mg/L 时。氮元素在水体富营养化中扮演着重要角色。农田中的氮素流失通过土壤侵蚀和径流,使水域中的氮素负荷增加,加速了水体富营养化的过程。

②土壤中氮的淋失对地下水的污染。通常情况下,土壤中氮素损失主要以硝态氮为主,与多个因素相关,如作物类型、氮肥种类、用量、土壤质地、温度、降水和灌溉等。氮素的淋溶损失主要发生在平原农业地区,特别是在大量施用氮肥、地下水位较浅的地方。从观测来看,淋溶损失的氮量大致相当于农田全年氮肥施用量的 2.5%~6.1%,其中硝态氮约占总损失的 70%。

(2)土壤中氮的损失与氧化亚氮的释放 N_2O 是一种对温室效应和臭氧层产生影响的气体。在大气中,它具有温室气体的特性,同时也对臭氧层造成损害。土壤中释放到大气中的 N_2O 主要来源于土壤中的硝化和反硝化作用。排放的数量受到土壤中硝化和反硝化反应速率、N_2O 在产物中的比例,以及 N_2O 在排放到大气之前在土壤中扩散和被还原的程度的影响。

影响 N_2O 排放的因素包括土壤通气性、土壤水分含量、土壤中氮素的有效性、氮肥的使用、土壤 pH、土壤有机质含量、作物种类以及土壤温度等多个方面。

(3)土壤氮与农产品中硝酸盐的累积 在农田中,硝酸盐在粮食作物中的积累相对较少,而在蔬菜作物中的积累则较为突出,造成了污染问题。蔬菜中硝酸盐的累积受到多种因素的影响,包括以下几个方面:

①蔬菜种类。不同蔬菜的硝酸盐累积情况不同。一般来说,蔬菜的器官累积量呈现根部>茎叶>果实的趋势。特别是十字花科和葫芦科蔬菜,其硝酸盐积累量相对较高。

②肥料品种。施用的氮肥品种会影响蔬菜中硝酸盐的累积。硝态氮肥的使用会导致硝酸盐的积累较多,而铵态氮肥相对较少。此外,如果磷肥供应充足,可以限制硝酸盐的积累。同时,氮钾肥共同施用可以降低蔬菜中的硝酸盐含量。微量元素肥料(如钴、钼、硼、锰)能提高硝酸还原酶的活性,从而减少硝酸盐的积累。

③氮肥用量及时间。施用的氮肥用量和施用时间会直接影响蔬菜中硝酸盐的含量。增加氮肥的施用量会导致蔬菜中硝酸盐的积累增加。建议在施肥时重视基肥,而在追肥时施用的

氮肥量相对较少,这可以控制蔬菜后期硝酸盐的累积,但需要注意与氮肥的利用效率进行协调。

④收获时间。收获时间的推迟会使蔬菜中的硝酸盐含量逐渐降低。这意味着在选择适当的收获时间时,可以减少蔬菜中硝酸盐的积累。

⑤环境因素。环境因素如水分、温度和光照也会影响蔬菜中硝酸盐的积累情况。

5.3 土壤磷循环与环境

磷是农作物生长所必需的重要营养元素之一,也是水体富营养化的主要限制因子之一。长期过量使用磷肥不仅会改变土壤中磷的含量、转化形态以及土壤的供磷能力,还会增加土壤中磷素释放到水环境中的风险。此外,随着磷肥的施用,一些有毒有害的重金属元素也可能进入土壤和水体,引发环境问题。

5.3.1 土壤磷的形态和数量

1. 土壤中磷的数量

地壳中磷的平均含量为 1.2 g/kg,然而大多数自然土壤中的磷含量远低于地壳平均含量。我国耕地土壤的全磷含量通常在 0.2~1.1 g/kg 变化。这种分布呈现出地域性的规律,从南到北、从东到西逐渐增加。北方石灰性土壤的磷含量通常较南方土壤高。尽管在同一地区,磷含量分布也会有一定的局部差异,这主要受成土母质、有机质含量以及耕作和施肥等因素的影响。

磷在土壤中的移动性较小也是不同地区土壤中磷含量差异的原因之一。土壤的成土母质、有机质含量以及农业施肥措施都会影响土壤中的磷含量。例如,土壤中的磷含量通常与土壤的矿物成分、有机质含量以及施用的肥料种类和量有关。

2. 土壤中磷的形态

土壤中的磷可以分为无机磷和有机磷两大类,这两类磷都对植物的磷营养起着重要作用,并且它们之间可以相互转化。

(1)有机磷 土壤中的有机磷含量变化范围较大,通常占据土壤表层全磷含量的 20%~80%。有机磷的主要来源包括有机质、动植物的遗体、微生物的生物残体以及有机肥料。因此,土壤中的有机磷含量通常与土壤的有机质含量密切相关。此外,有机磷的含量还受到母质的全磷含量、全氮含量、地理气候条件、土壤的理化性质,以及耕作和施肥管理等因素的影响。有机磷需要经过微生物的活动进行矿化,转化为无机磷形态后才能被作物吸收利用。

土壤有机磷的化学组成,目前大部分为未知,已知者主要有 3 种形态。

①植素类。植素类化合物通常是植酸与钙、镁等离子结合形成的。它们在植物体内是含磷化合物的主要成分,在土壤中经过微生物的作用会发生改变。植素类磷一般占据土壤有机磷总量的 20%~30%,有些情况下甚至超过 50%,是土壤有机磷的主要类型之一。虽然部分植物可以直接吸收植素,但大多数情况下需要通过微生物的作用,通过植素酶的水解产生磷酸盐,从而变得更容易被植物吸收。此外,还有一部分植素以铁盐的形态存在,相对较难分解。

②核酸类。核酸是一类含磷、含氮的复杂有机化合物,它在土壤中的化学成分和性质与动植物及微生物中的基本相同。土壤中的核酸通常是来自生物残体,特别是微生物体中的核蛋白质分解产物。土壤中的核酸磷一般占据土壤有机磷总量的 5%～10%。这些核酸在微生物酶的作用下会逐渐分解为磷酸盐,以便供植物吸收利用。

③磷脂类。磷脂类化合物是一类既可溶于醇又可溶于醚的有机磷化合物。它们广泛存在于动植物和微生物组织中,但在土壤中的含量相对较少,一般不足土壤有机磷总量的 1%。这些磷脂类化合物需要通过微生物的分解才能转化为植物可吸收的有效磷。

这几种有机磷的总和约占土壤中有机磷总量的 70%,其中以植素磷和核酸磷两类为主要成分。剩余的 20%～30% 有机磷形态仍需进一步研究。有机磷的种类和含量变化对土壤的磷供应和植物的生长都有着重要的影响。

(2)无机磷　土壤中的磷主要分为无机磷和有机磷两大类,这些磷化合物对于植物的磷营养具有重要作用,并且它们之间还可以相互转化。在土壤中,存在着多种形态的无机磷化合物,其中大多数以正磷酸盐的形式存在。根据它们在土壤中的存在状态,可以将无机磷分为水溶性磷、吸附态磷和矿物态磷三种。

①水溶性磷。土壤溶液中的水溶性磷酸盐主要以离子态($H_2PO_4^-$、HPO_4^{2-}、PO_4^{3-})存在,其相对浓度(比例)随溶液 pH 而变化。当土壤溶液 pH 为 7.2 时,$H_2PO_4^-$ 和 HPO_4^{2-} 各占一半;pH<7.2 时以 $H_2PO_4^-$ 为主,pH>7.2 时以 HPO_4^{2-} 为主。水溶性磷离子是植物根系可直接吸收利用的磷,但根际微域土壤多呈酸性,主要吸收 $H_2PO_4^-$。

②吸附态磷。吸附态磷是指土壤固相颗粒表面吸附的磷酸根离子。这种吸附通常是通过配位交换进行的,也被称为专性吸附。酸性土壤中,主要吸附磷的固相是铁、铝氧化物及其水化物。石灰性土壤中的碳酸盐($CaCO_3$)也可以对磷进行配位交换吸附。一般来说,这种磷的吸附是可逆的,可以在需要时被植物解吸并利用。

③矿物态磷。这种形态的磷在土壤中含量极为丰富,占土壤无机态磷的绝大部分,主要包括磷酸的钙盐、铁盐和铝盐。

我国北方石灰性土以磷酸钙盐(Ca-P)为主,常见的磷酸盐有:氟磷灰石[$Ca_5(PO_4)_3 \cdot F$]、羟基磷灰石[$Ca_5(PO_4)_3 \cdot OH$]、磷酸三钙[$Ca_3(PO_4)_2$]、磷酸八钙[$Ca_8(PO_4)_6$]、磷酸十钙[$Ca_{10}(PO_4)_6 \cdot (OH)_2$]。分子组成中的 Ca/P 越大,稳定性越强,对植物的有效性越低。

在酸性土中,无机磷的很大一部分与土壤中的铁、铝化合物结合生成磷酸铁盐(Fe-P)和磷酸铝盐(Al-P)。常见的有粉红磷铁矿[$Fe(OH)_2H_2PO_4$]和磷铝石[$Al(OH)_2H_2PO_4$],它们的溶解度极低。

此外,还存在一种称为闭蓄态磷(O-P)的磷形态,它被氧化铁或氢氧化铁的胶膜所包裹。由于这些胶膜的溶解度很小,被包裹的磷酸盐的释放机会也较小。这种闭蓄态磷在土壤中的比例相当大,特别是在酸性土壤中,可能超过 50%。在石灰性土壤中,这种比例可达 15%～30%,但此时胶膜可能是难溶性的钙化合物。

5.3.2　土壤磷的固化与转化

1.土壤中磷的循环

磷的循环过程主要发生在土壤、植物和微生物之间,它涉及植物吸收土壤中的有效态磷、动植物残体中的磷重新进入土壤并循环利用、土壤有机磷的矿化、微生物参与的土壤固结态磷的转化，以及土壤中黏粒和铁铝氧化物对无机磷的吸附与解吸、溶解和沉淀等过程，如图5-11所示。

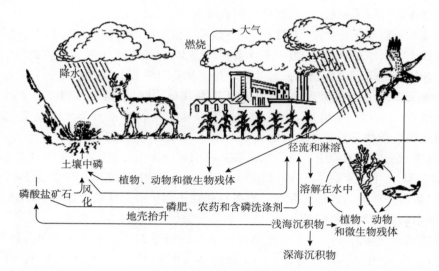

图 5-11　土壤中磷素的转化

2.有机磷矿化和无机磷的生物固定

有机磷在土壤中需要经过微生物的矿化作用，转化为无机磷，才能被植物吸收。这一矿化过程受到多种因素的影响，包括土壤温度、湿度、通气性、pH、土壤中的无机磷和其他营养元素、耕作技术以及植物根系分泌物等。

①温度。适宜的温度有利于有机磷的矿化，矿化速率随温度升高而增加，其中 35 ℃ 左右是矿化的最适温度。

②湿度。土壤湿度的变化可以刺激有机磷的矿化作用，干湿交替环境有助于促进有机磷的分解。

③pH。酸性土壤可以通过施用石灰来调节 pH 和 Ca/Mg 比例，从而促进有机质的分解和磷的矿化。

④有机质。有机质中的磷含量和无机磷的施用也影响有机磷的矿化过程。有机质中磷含量，在 0.2% 以上发生纯矿化，以下发生纯生物固定。

⑤耕作。频繁的耕作可以增加土壤中有机磷的含量，尤其是在含有高有机质的土壤中，有机磷的含量相对较高。

总体而言，有机磷的分解是由土壤微生物参与的生物过程。分解速度取决于土壤中微生物的活性水平，当环境条件适宜微生物生长时，有机磷的分解和矿化速度会更快。

在一些情况下，当土壤中的有机磷含量不足或者有机碳和磷的比例较高（C/P 值大），微生物与作物之间可能会出现竞争磷的现象，导致磷的生物固定，即微生物将土壤中的磷"锁定"，减少了植物对磷的有效吸收。

3.土壤中磷的固定和释放

(1)土壤中磷的固定　一旦可溶性化学磷肥(主要为磷酸二氢钙)被施入土壤，很快会经历转变,从可溶性转变为不溶性或缓效的磷,这一过程被称为磷的固定作用。尽管磷肥在土壤中施用后,当季的有效利用率仅为 10%～20%,因为施入土壤的可溶性磷与土壤中的铁、铝氧化物、水合氧化物、层状铝硅酸盐、碳酸钙以及钙、铁、铝等元素会发生沉淀和吸附反应。在石灰性土壤中,经过一系列沉淀反应,最终会形成羟基磷灰石或氟磷灰石。而在酸性土壤中,则可能生成磷酸铁、磷酸铝等不溶性化合物。

(2)土壤磷的释放　土壤中磷的释放是指从固相向液相转移的过程。当土壤中的其他阴离子的浓度大于磷酸根离子时,就会导致之前吸附在土壤固相上的磷逐渐解吸,进入土壤液相中。这种释放过程可以被理解为土壤中的吸附态磷逐渐转变为水溶性态磷。

5.3.3　土壤磷循环与环境效应

目前,全球面临着富营养化等严重的水污染问题,而磷元素是制约淡水水体中藻类生长的主要因子之一。为了治理水体富营养化,需要降低水中磷的浓度。通常情况下,当水体中磷的浓度达到 0.02 mg/L 时就可能引发富营养化现象。在这个过程中,农田土壤中的磷可以通过地表径流和淋溶流失的途径进入水体,其中径流流失是主要的途径。农田排放的磷是水体中磷的主要来源之一,而磷进入地下水的途径则相对较少。

磷肥在农业生产中的利用率通常在 10%～25%,大部分磷会积累在土壤中。大量使用磷肥会提高土壤磷的供应能力,但同时也会增加积累态磷对环境的潜在威胁。

影响径流中磷含量的主要因素包括磷肥的使用和土壤中积累态磷的逐渐增加。为了预防这一现象,可以采取以下措施:通过工程措施和生物措施来控制径流;在磷肥的使用上要更加合理,科学地确定使用量;在水旱轮作中,着重将磷肥用于旱地作物上;提高磷肥的利用率,减少其积累。

此外,值得注意的是,由于磷肥通常是从磷矿石中提取加工而来,其中可能含有一些重金属元素如 Cd、F、Pb、As 以及放射性物质。长期的磷肥施用也可能导致土壤污染。

总的来说,水体富营养化治理和磷元素管理是环境保护中至关重要的一部分,需要在农业生产和土壤管理中采取合理的措施,以减少磷的输入和积累,从而维护水体和土壤的健康。

5.4　土壤硫循环与环境

硫元素是生物体必需的营养元素之一,是生命物质的主要构成组分,且在生命新陈代谢过程中扮演着重要的角色。硫元素的化学性质活泼,价态从 -2 价到 $+6$ 价不等,而不同价态硫化合物之间的相互转化主要由代谢功能多样的微生物所驱动,最终构成了土壤硫循环。微生物驱动的硫循环可分为六个途径:有机硫转化途径、其他(转运)途径、同化硫酸盐还原途径、硫氧化途径、异化硫酸盐还原途径以及硫歧化途径。同时硫对于在活细胞中发生的很多反应来说都必不可缺,它在维持细胞结构和生理中儿功能中具有不可替代性,参与蛋白质合成、光合作用、呼吸作用、脂类合成、生物肉氨、糖代谢等重要生物化学过程。除了在动植物营养中起关键作用外,硫还与土壤、水和空气的一些污染现象有关,因为硫转化过程中产生的硫化氢(H_2S)、二氧化(SO_2)以及硫酸(H_2SO_4),可导致酸雨、酸性矿排水等严重危害。因此土壤硫的生物地球化学循环也受到人们的重视,特别是对硫在土壤生物地球化学循环中有关的环境效应的关注与日俱增。

5.4.1 土壤中硫的含量与形态

1. 土壤硫的含量

土壤硫主要来源：母质、灌溉水、大气沉降和施肥等。

世界：$30\sim 1600$ mg/kg；平均 700 mg/kg；我国：$100\sim 500$ mg/kg，南方 10 省平均值 299 mg/kg，其中有机硫含量平均 267 mg/kg（89%），有效硫平均含量 34.3 mg/kg。

2. 土壤中的硫可分为无机态硫和有机态硫两类。

无机态硫包括：

(1) 难溶态硫　黄铁矿、闪锌矿、石膏。

(2) 水溶性硫　主要为 SO_4^{2-}，及游离的硫化物等。

(3) 吸附态硫　土壤矿物胶体吸附的 SO_4^{2-}，与溶液 SO_4^{2-} 保持着平衡，吸附态硫容易被其他阴离子交换。

有机硫：主要存在与动植物残体和腐殖质中，以及一些微生物分解形成的较简单的有机化合物中。

5.4.2 土壤中硫的行为

1. 土壤中硫的吸附与解吸

通常所说的土壤硫的吸附与解吸是指无机硫酸盐的吸附与解吸，可变电荷土壤可以吸附硫酸根离子，但 SO_4^{2-} 吸附仅发生在正电荷表面上，其吸附机理包括静电吸持和配位基交换等。鉴于可变电荷土壤吸附 SO_4^{2-} 过程中伴随有羟基释放和表面负电荷的升高，一般认为配位基交换可能是主要的。

2. 土壤硫的氧化还原

土壤硫的循环主要由以下几个步骤构成，即有机硫矿化成 S^{2-} 或 SO_4^{2-}；硫酸根在渍水、缺氧土壤中还原；还原态硫（包括 SO）氧化，终产物为 SO_4^{2-}。这些反应大都有微生物参与，但同时受环境条件的制约。很显然，氧化还原反应在硫循环中起着非常重要的作用。

土壤硫的转化主要包括：①有机硫矿化为 S^{2-} 和 SO_4^{2-}；②硫酸根的还原；③还原态硫的氧化。硫的转化需要生物的参与同时受环境条件的制约。

(1) 硫的还原　土壤硫的还原是一个微生物参与的过程主要有两种途径：一条途径是硫的同化还原即在一系列酶的作用下生物体把从环境中吸收的无机态硫同化还原为各种含硫化合物组成蛋白质构成细胞体组分或释放出 H_2S。另一条途径是硫的异化还原即在微生物参与下硫酸盐作为电子受体氧化有机物同时硫被还原为 H_2S 在该反应中硫相当于有氧呼吸中氧的作用。有关土壤中硫的还原研究主要集中在硫酸盐的异化还原及同化还原这两个具有环境和生态意义的过程。

①酸盐的同化还原。硫酸盐的同化还原指硫酸盐在生物作用下合成为有机硫化物的过程，大多数微生物和植物均可有效地参与这一过程。即首先将硫酸盐中的硫（S^{6+}）转变为还原态的硫，并将其加入生物体的含硫代谢物如半胱氨酸和胱氨酸等有机硫化物中构成生物的

细胞组分。尽管动物不能直接还原硫酸盐但动物可以吸收利用植物及其他生物合成的含硫氨基酸。因此也可代表一组广泛的硫酸盐同化链。一般植物中含硫 0.5%，被子植物含 0.4%，褐藻含 1.2%，细菌含 0.61%。一般动物中含硫 1.3%，生成的含硫氨基酸也可以进行还原降解生成含硫气体。例如，在无氧还原环境中甲硫氨酸可以降解产生 DMDS（二甲基二硫）和 CH_3SH（甲硫醇）。

②硫酸盐的异化还原。土壤由于淹水常呈现还原环境，当淹水土壤中的有机底质被氧化时，氧化还原电位 Eh 下降，在狭窄的氧化还原电位变化范围内就会发生一系列生物化学转化。当 Eh 在 $-75\sim150$ mv 时还原硫的专性厌氧菌如脱磷弧菌属（*Desulfovibrio*）进行厌氧呼吸使硫酸盐发生还原反应生成 H_2S 反应式如下：

$$2CH_2O+SO_4^{2-}+2H^+\rightarrow2CO_2+H_2S+2H_2O$$

平衡时：$Eh=302.1-7.4p(SO_4^{2-}+704pH_2S-74pH)$

（2）硫的氧化 硫的氧化指硫化氢以及土壤中的元素硫或硫的不完全氧化物在微生物的作用下被氧化，最终生成硫酸根的过程。硫的氧化是一个非常复杂的过程从 S^{2-} 氧化至 SO_4^{2-} 中间产物涉及 FeS_2、S^0、SO_3^{2-}、$S_2O_3^{2-}$ 和 $S_4O_6^{2-}$ 等，微生物在氧化过程中发挥着重要作用是一种特殊的催化剂参与硫的氧化的细菌主要有化能自养细菌（如硫杆菌属 *Thiobacillus*）和异养硫细菌。

①无机自养细菌对硫的氧化。Winogradski 通过对硫细菌的研究首先提出了化能自养的概念。作为电子供体的主要硫化物是 H_2S、S 和 $S_2O_3^{2-}$ 氧化产物在多数情况下为 SO_4^{2-}。

$$H_2S+2O_2\rightarrow SO_4^{2-}+2H^+$$
$$2HS^-+O_2\rightarrow S+H_2O$$
$$S+H_2O+O_2\rightarrow SO_4^{2-}+2H^+$$
$$S_2O_3{}^{2-}+H_2O+2O_2\rightarrow2SO_4^{2-}+2H^+$$

氧化硫的自养细菌的典型代表是硫杆菌属，该属广泛分布于含有还原态硫的环境中，包括土壤、河沟、湖底、海滩的淤泥和沉积物中。该菌属中氧化亚铁硫杆菌（*T. ferrrooxidans*）还能从亚铁的氧化中取得能量这种细菌也可氧化亚铁为高铁作为能源。

②光合细菌对硫的氧化。绿硫菌和红硫菌是氧化硫的两类主要光合细菌，它们是专性厌氧微生物。以硫化物或者硫代硫酸盐作为还原物进行 CO_2 的光合还原作用。生成有机物反应式如下：

$$CO_2+2H_2S\rightarrow CH_2O+H_2O+2S$$
$$2CO_2+S_2O_3{}^{2-}+3H_2O\rightarrow2CH_2O+2H_2SO_4$$

5.4.3 土壤硫氧化还原的生态环境意义

土壤硫的氧化还原不仅影响土壤圈、岩石圈、水圈和大气圈硫的交换和循环而且与土壤一些其他过程、土壤环境、植物生长等有着密切的关系。土壤圈是水生物、大气和岩石圈的交汇中心，硫在其中的氧化还原反应，直接影响各圈层之间的交换和循环。

1.对硫的地球大循环的影响

硫在地壳中主要以 $CaSO_4\cdot2H_2O$、FeS_2 和 S^0 元素形式存在，岩石风化导致这些含硫化合物进入土壤圈和水圈,从而参与硫的地球大循环。在硫的地球化学大循环中,硫的氧化还原反应起着重要作用。通过氧化还原反应,硫发生价态和形态变化,促使土壤中硫参与土壤-大气、土壤-生物、土壤-水以及土壤-岩石圈层的交换。例如,土壤中硫通过氧化进入植物体,推动土壤-生物圈的硫交换在生物作用下,土壤中的硫,特别是有机化合物经过氧化还原反应产生挥发性硫化合物,参与土壤-大气圈的硫交换。

2.气态硫化合物的形成及对生态环境的影响

虽然在土壤无机硫的氧化还原过程中也可产生气态硫化物,但土壤有机物质与挥发性硫化物更密切相关。研究表明,胱氨酸在土壤中易以 COS 和 CS_2 形式进入大气,而产生的 H_2S 则因土壤的吸附及其在水中的溶解度较大而很难检测出。土壤有机质和动物粪肥也是 COS 的一大来源,在淹水条件下,还可产生 CH_3SH,$(CH_3)_2S$ 和 $(CH_3)_2S_2$。但在通气好的土壤中 $(CH_3)_2S_2$ 和 CS_2 很少,COS 量也低得多。

5.4.4　硫在土壤中的作用

在淹水和还原环境中,硫以还原尤其是硫酸盐的异化还原为主,硫酸盐的异化还原是产生质子的汇,即产生碱度,这对于缓解土壤、水体酸化具有重要的意义,这一作用被广泛应用到酸性污水的治理中。硫酸盐异化还原速率随地点、土壤深度和季节的不同而变化,在短距离内土壤还原性硫的分布对周围水质产生显著影响,在湿地生态系统净碱度的产生来源于土壤硫酸盐的异化还原。在通气良好的土壤中硫的氧化占主导地位并产生硫酸,这对降低碱性土壤的pH 改善环境有益,并且可以为植物提供有效的硫营养。但在另一些地区特别是滨海沼泽湿地地区,当硫化物含量较多的厌氧沉积物因排水或因水位的季节波动而暴露于大气中时,硫氧化细菌可产生大量的 SO_4^{2-} 使土壤强烈酸化,不利于植物的生长。作物缺硫,影响其正常生长,导致产量、质量均下降。土壤中的硫来源很多,包括土壤硫、降水和灌溉水中的硫、大气沉降硫以及硫肥和农药中的硫,硫肥是供应作物营养的主要来源之一。

(1)硫是胱氨酸、半胱氨酸和蛋氨酸的重要组成成分,在植物体内约有 90% 的硫存在于含硫氨基酸中;

(2)硫参与叶绿素形成;

(3)硫对植物体内某些酶的形成和活化有重要作用;

(4)硫参与合成维生素 h 和 b;

(5)形成十字花科植物的糖苷油;

(6)硫与影响到植物抗寒和抗旱性的蛋白质结构有关,硫能增加某些作物的抗寒和抗旱性;

(7)硫与根瘤菌和自生固氮菌的固氮作用有关。作物缺硫,影响其正常生长,导致产量、质量均下降。

5.4.5　硫的循环

1.基本过程

硫循环是指硫在大气、陆地生命体和土壤等几个分室中的迁移和转化过程。化石燃料的燃烧、火山爆发和微生物的分解作用是它的来源。在自然状态下,大气中的二氧化硫,一部分被绿色植物吸收;另一部分则与大气中的水结合,形成硫酸,随降水落入土壤或水体中,以硫酸盐的形式被植物的根系吸收,转变成蛋白质等有机物,进而被各级消费者所利用,动植物的遗体被微生物分解后,又能将硫元素释放到土壤或大气中,这样就形成一个完整的循环回路。人类活动使局部地区大气中的二氧化硫浓度大幅升高,形成酸雨,对人和动植物产生伤害作用。微生物驱动的硫循环可分为六个途径:有机硫转化途径、其他(转运)途径、同化硫酸盐还原途径、硫氧化途径、异化硫酸盐还原途径以及硫歧化途径。

　　陆地和海洋中的硫通过生物分解、火山爆发等进入大气;大气中的硫通过降水和沉降、表面吸收等作用,回到陆地和海洋;地表径流又带着硫进入河流,输往海洋,并沉积于海底。在人类开采和利用含硫的矿物燃料和金属矿石的过程中,硫被氧化成为二氧化硫(SO$_2$)和还原成为硫化氢(H$_2$S)进入大气。硫还随着酸性矿水的排放而进入水体或土壤。硫循环如图 5-12所示。

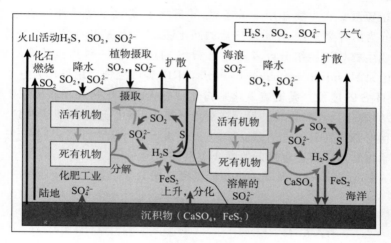

图 5-12　硫循环示意图

2. 自然界的硫循环

　　构成全球硫循环的储库主要包括蒸发岩、海水溶解的硫酸盐以及海相碎屑沉积物(岩)中硫化物(主要以黄铁矿形式存在),同时这些储库中的硫也经常被火山作用释放出的硫(SO$_2$,H$_2$S)或者火成岩风化的硫所补充。

1)陆地和海洋硫循环

(1)陆地硫循环

　　①火山活动。强烈的火山喷发能直接将含硫物质推入平流层,对地球气候产生很大影响。火山活动会产生含硫气体的释放,然而,研究发现在火山非喷发期比喷发期释放的硫量大得多。缺氧岩浆热动力学平衡计算表明,在高温状态下释放的气体中 SO$_2$是主要的,在低温状态下 H$_2$S 是主要气体,野外测定证实了这一结果。SO$_2$是火山释放气体的主要组成,H$_2$S 和 CO$_S$是次要的组成。尽管火山对大气硫总量的贡献大小还存在相当大的分歧,但最近的研究表明,全球火山硫通量不会低于每年 10×10^6 t。陆上火山爆发,使地壳和岩浆中的硫以 H$_2$S、硫酸盐和 SO$_2$的形式排入大气。海底火山爆发排出的硫,一部分溶于海水,一部分以气态硫化物逸入大气。陆地和海洋中的一些有机物质由于微生物分解作用,向大气释放 H$_2$S,其排放

量随季节而异,温热季节高于寒冷季节。海洋波浪飞溅使硫以硫酸盐气溶胶形式进入大气。

②植被。陆地植物可从大气中吸收 SO_2。陆地和海洋植物从土壤和水中吸收硫。吸收的硫构成植物本身的机体。植物残体经微生物分解,硫成为 H_2S 逸入大气。

③湿地生态系统。湿地作为全球最为重要的生态系统之一,在全球物质循环、能量流动以及生物多样性维持等方面占有重要地位。湿地因处于水陆相互作用地带,物质迁移与转化过程十分复杂,是当前研究生源元素循环的热点区域。硫(S)是地壳中分布广泛的元素之一,由于其对环境条件的变化十分敏感,故极易随湿地水文条件、养分或污染物输入的变化而发生一系列氧化-还原过程。

无机硫在环境中具有 $-2 \sim +6$ 之间多种价态,各价态的无机硫可通过一系列氧化-还原过程而相互转化.硫酸盐和还原态无机硫是无机硫在土壤中最主要的两种形态,其中硫酸盐是植物吸收利用的主要 S 形态,还原态无机硫化物只有被氧化为硫酸盐才能被植物有效吸收。硫酸盐还原是指硫酸盐在生物作用下被还原,并最终生成 H_2S 等还原态硫化物的过程,其按照还原路径可分为两种类型:一种是硫酸盐的同化还原,指硫酸盐在微生物及植物作用下合成有机硫化物构成生物体细胞组分或者释放出 H_2S 的过程;另一种为硫酸盐的异化还原,指硫酸盐在硫酸盐还原菌(sulfate-reducing bacteria,SRB)等微生物作用下作为电子受体氧化有机物并被还原为 H_2S 的过程。无机硫氧化是指还原态无机硫化物和元素硫在生物和非生物作用下被氧化,最终转化为硫酸盐的过程。在湿地环境中,氧化-还原环境交替频繁,由此影响到土壤中 S 的赋存形态及其氧化-还原过程,进而使得 S 循环极为活跃,且其与 C、N、P 和 Fe 等元素的生物地球化学过程存在着复杂的耦合关系。

湿地土壤 S 氧化-还原过程及其关键功能基因见图 5-13。

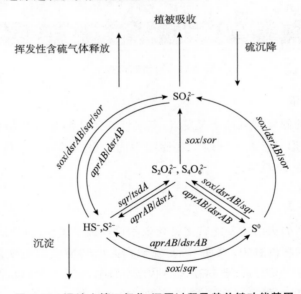

图 5-13 湿地土壤 S 氧化-还原过程及其关键功能基因
(引自毛立等,2022)

④生物质燃烧作为挥发性含硫气体的强释放源,生物质燃烧具有区域性和短期性。严格来讲,生物质燃烧释放硫与人为的行为有关,如受控森林管理燃烧,木材作为燃烧源和农用材料等,也与纯自然行为如野火有关。前者约超过后者的 20 倍。以干物质计,植物平均含硫约

为 0.2%，假如燃烧的干物质为每年 8700×10^6 万 t，那么每年硫释放量约为 17×10^6 万 t。在燃烧过程中约 50% 的硫释放进入大气层，其余部分则保留在灰分中。

（2）海洋硫循环　硫元素是生物必需的大量元素之一，约占生物体干重的 1%。海水中具有大量的硫酸盐，海洋沉积物中硫元素亦储存量巨大，因此硫很少成为营养限制因子。然而硫元素不同价态及有机态和无机态之间的转化，对海洋生态系统和全球生态环境有重要影响。硫元素与地球生命的起源紧密相关。

海洋是自然硫源的主要部分，由于广泛的野外测定和模型计算，海洋对大气总硫的贡献已基本明确。20 世纪 80 年代初曾估计海洋向大气释放的硫通量为每年 $(30\sim40)\times10^6$ t。后来的研究结果显示海洋硫释放已大大减少，大约降低了 $2\sim5$ 倍。尽管如此，海洋仍然是主要自然硫源。大气中的 SO_2 和 H_2S 经氧化作用形成硫酸根，随降水降落到陆地和海洋。SO_2 和硫酸根还可由于自然沉降或碰撞而被土壤和植物或海水所吸收。由陆地排入大气的 SO_2 和硫酸根可迁移到海洋上空，沉降入海洋。同样，海浪飞溅出来的硫酸根也可迁移沉降到陆地上。陆地岩石风化释放出的硫可经河流输送入海洋。水体中硫酸盐的还原是由各种硫酸盐还原菌进行反硫化过程完成的。在缺氧条件下，硫酸盐作为受氢体而转化为 H_2S（图 5-14）。

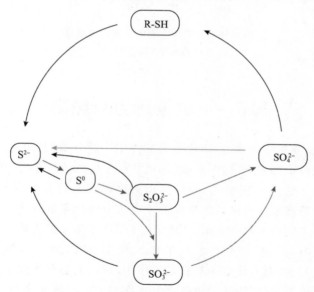

图 5-14　生物参与的海洋硫循环

（引自胡欣，2018）

2）微生物参与的硫循环

微生物在无机硫和有机硫的相互转化过程中发挥了关键作用，微生物参与的硫酸盐还原作用和硫歧化作用，会产生大量的硫化氢．在有机物分解过程中，微生物也可以通过降解含硫氨基酸（如半胱氨酸、甲硫氨酸）产生硫化氢．硫氧化细菌（sulfur-oxidizing bacteria，SOB）可以将还原态硫化物部分氧化，生成亚硫酸盐和硫代硫酸盐等中间产物；亦可将其完全氧化，生成硫酸盐，同时产生能量，即"异化型硫氧化作用"．这一过程为硫循环中的关键步骤，它可将硫化物从"还原态"转化为"氧化态"，使其可重新作为厌氧微生物硫代谢的电子受体。

微生物硫循环过程通常包括有机硫循环和无机硫循环，早期地球的微生物主要是以无机电子供体作为其能量来源。因此,本文主要介绍微生物参与的无机硫循环过程。微生物参与的无机硫循环过程通常包括硫氧化微生物(sulfur compounds-oxidizing microorganisms, SOMs)、硫还原微生物(sulfur compounds reducing microorganisms, SRMs)、硫歧化微生物(sulfur compounds disprop-ortionation microorganisms, SDMs)。SOMs、SRMs 以及 SDMs 都是具有广泛生态分布且系统发育多样性的微生物类群,分别利用不同的功能基因介导硫在不同氧化-还原态(−2~+6)之间的生物转化。

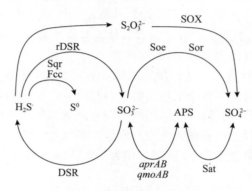

图 5-15 硫循环主要微生物代谢途径

(引自马力等,2022)

5.5 土壤氟行为与健康

氟(F)是一种非金属化学元素,同时也是自然界中广泛分布的,为人体和动物所必需的微量元素之一。其发现可追溯到 18 世纪末,瑞典化学家舍勒在研究硫酸与萤石的反应时生成的一类与盐酸根相似未知酸。19 世纪初,安培提出给这种酸中的未知元素命名为"Flour"。直到 1886 年,莫瓦桑对液态氟化氢进行电解试验才成功分离出氟的单质气体,由此证明了氟元素的客观存在。虽然人们对氟的理性认识时间较短,但对含氟矿物的利用已有数百年历史。由于含氟类化合物特有的一些化学性状,其在冶金、化工、建筑、医疗、农业等行业被广泛采用。氟是人体必需的微量元素,对人体健康具有双向作用,适量的氟是人体健康的微量元素;长期大量摄入则会造成氟中毒,对植物和动物造成毒害作用。土壤氟安全对生态环境健康和人体健康具有重要意义。

5.5.1 土壤中氟的含量及来源

1.土壤中氟的含量

氟在地壳中的含量是 0.078%。是地壳元素中第十三位最丰富的元素。氟与金属阳离子或氢结合的离子化合物广泛分布于自然界中。天然氟的浓度取决于个别地质环境。地壳中氟的平均含量在 270~800 mg/kg,世界土壤含氟量为 20~700 mg/kg,中国处于高氟带,氟大量进入水体中会引起污染。水体氟污染形势严峻。近期大陆尺度调查显示,中国表层土壤氟范围在 50~3467 mg/kg,95% 在 191~1012 mg/kg。表层和深层土壤氟的中位数分别为 488 mg/kg 和 456 mg/kg,范围为 54~9364 mg/kg。例如,中国西北白银市农业土壤 F 浓度

在 $256 \sim 2664$ mg/kg。在中国西南某地方性氟中毒地区,农业土壤样品中氟的平均浓度为 648.9 mg/kg。

2. 土壤氟的来源

氟化物在自然界中无处不在,自然现象和人为来源极大地改变了土壤环境中的氟水平。

自然来源是指母质岩石和土壤中的含氟矿物、火山活动等。

母质岩石,氟是典型的亲石元素,自然界中含氟矿物已知的有 100 多种,其中最重要的是氟石 (CaF_2)、氟镁石 (MgF_2)、氟铝石 $(AlF_3 \cdot H_2O)$、冰晶石 (Na_3AlF_6) 等,岩石矿物风化后,其中的氟很易溶解转移到土壤中,是土壤氟的主要来源。在各类岩石中以酸性岩平均含氟量最高,约为 800 mg/kg;中性岩和沉积岩次之,约为 500 mg/kg;基性和超基性岩较低,约 370 mg/kg,100 mg/kg。随着岩石中 SiO_2 含量的减少,氟的含量也减少,常见的土壤矿物中黑云母、白云母、氟云母、正长岩、片麻岩、花岗岩、氟磷灰石、角闪石等,如表 5-4 所示。

表 5-4　不同类型岩石中的氟含量

岩石名称	氟含量/(mg/kg)		样品个数
	平均值	范围	
辉长石	390	—	5
花岗岩	1322	$520 \sim 4500$	14
流纹岩	645	$260 \sim 1080$	8
玄武岩、变质砂岩	886		
凝灰岩	—	>1000	
绿片岩、黑色片岩和石英片		$200 \sim 300$	
绿泥石、角闪石和云母 mumum 母片	—	$1100 \sim 1600$	
石灰岩	220		98
白云岩	260	$110 \sim 400$	14
碳酸岩	330		
砂岩和杂岩	200	$10 \sim 1100$	50
页岩	940	$10 \sim 7600$	82

大气中的氟化物沉降,也是土壤氟的来源之一,火山喷发是自然土壤积累氟化物的主要来源,火山喷发时,一部分含氟的气体和尘埃随巨大的喷流进入空气中,经重力作用沉降或随降水回到地表,一部分直接进入土壤,另一部分含氟的大块碎屑物质,则大量地积累在火山附近地区,掺入或掩盖原来的表土,后又经过风化,将其固定的氟释放。

人为来源是指与人类有关的氟化物来源主要可分为工业来源和农业来源。化工、砖瓦石油炼制中的氟化氢(HF)烷基化、铝冶炼生产、水泥生产、砖生产、玻璃制造、钢铁制造、煤炭燃烧等工业生产中经常排放含氟废水或废渣,通过沉淀、渗透、淋滤等过程直接或间接地将氟化物带入土壤。工业区内土壤 F 的人为来源依次为降尘(69%)>灌溉水(23%)>空气(5%)>化肥(3%)。此外,现代农业活动中的含氟磷肥、农药、灌溉水等也增加了土壤中的氟化物含量。

5.5.2 氟的存在形态

氟元素本身带有负电荷,能够与许多化学元素发生反应,因此在自然界中极少有氟单质的存在,大多是以无机化合物的形态存在于土壤、水、大气和人体等有生命的物质当中。在不同的物质中氟有着不同的形态,氟在水中主要以离子状态存在;在大气中主要以气态 SiF_4、HF等形态存在;而土壤中氟的存在形态极其复杂。氟在各种环境介质中所具有的形态在土壤中均能存在。根据氟的赋予形态考虑可将氟分为吸附态氟离子和氟配离子、氟化物。对于高度发育的土壤而言,吸附态的氟占比较大。从风化壳或母岩中迁移而来的难溶、难分解的含氟矿物,在土壤之中一般以微粒的形式存在,它在发育程度较低的幼年土壤中占有较大的比重。由大气沉降而进入土壤中的氟包括水溶性的简单粒子化合物、含氟的粉尘、氟硅酸和氢氟酸等。由地表径流和地下水带进土壤环境中的氟,主要为可溶性的氟化物,以及生物死亡后经分解而释放出的氟化物。一般说来,由母岩和风化壳转移而进入土壤的氟化物大部分为土壤的原生矿物,而其他途径进入的氟则多以胶体吸附态的离子(简单阴离子或复杂配位离子)和分子(主要是氟化物)形式存在于土壤中。正是以离子态和分子态赋存于土壤中的氟显得异常活跃,它可参与土壤环境中物质的迁移和转化。

按照操作定义,将其分为水溶态氟、可交换态氟、铁锰氧化物态氟、有机结合态氟与残渣态氟等多种形态,并以残渣态为主。在一定的条件下,这些氟的存在形态可以相互转化。土壤氟形态分布易受到土壤 pH、有机质黏粒、交换性钙和土壤母质等的影响。大部分氟以非可溶态形式存在。

其中,水溶态氟和可交换态氟对植物、动物、微生物及人类有较高的有效性。水溶态氟主要包括 F^-、HF_2^-、$H_2F_3^-$、$H_3F_4^-$、AlF_6^{3-} 和 FeF_6^{3-} 等。土壤水溶性氟与地下水氟污染有直接关系。自然土壤中氟以残余态存在为主,水溶态和交换态所占的比例很低。土壤中水溶态氟的含量与土壤性质和氟的来源有关,通常为碱性土＞中性土＞酸性土。自然土壤中水溶态氟平均含量约占全氟含量的 $3\%\sim5\%$。

5.5.3 氟的环境地球化学行为

氟在自然界中分布广泛,是自然界中最活泼的循环元素之一。在地球岩浆的熔化过程中形成的氟磷灰石在自然界中含量丰富,是生物界氟的主要来源之一。在伟晶岩时期,氟以萤石矿物的形式聚集,成为最普通的含氟矿石。前面提到在火山活动中也有大量的含氟的灰尘和气体通过大气降水、土壤进入生物圈。

在长期的风化、淋溶过程中,喷溢的岩浆及含氟矿物中的部分氟溶于水,在地热活动地区这种淋溶作用将加强,使水中的氟含量增高。水中的氟化物直接或通过土壤少部分进入生物圈,其他随地表水流入海洋。在这里,大量的氟随磷和钙一起沉积于海生动物的骨骼中,并随其衰亡沉入海底,形成稳定的磷灰石。在漫长的地质变迁中,如海底的升高,整片海区重新变成陆地,大量显露出地层的氟化物被溶解,又被地下水和河流带入海洋。氟在自然界的大循环大体如此。

在各地质时期都在不断地运动,而且在有陆地存在时不只一次地重复。除氟的大循环外、也有几百年甚至更短周期的小循环。在陆地和海洋表面的广大区域、很多因素可以影响氟进入大气。由于氟的挥发性、海水的蒸发、火山活动、被风刮起的土壤的灰尘,氟可以被运动的空气带到很远距离,然后又可伴随雨、雪等重新落到地表面。植物在吸收土壤中水及养分时也吸入一些氟,并随同其他盐分一起将氟吸收。动物既可以从水中摄取部分氟,也可以从动物、植物食品中摄入部分氟,将未吸收的氟排泄掉,而将部分氟吸收,沉积在硬组织中。植物和动物死亡后氟又重新回到土壤中,随地下水被带到土壤的深处。氟在这里由于微生物的分解作用部分被沉积下来,长时期的作用后形成氟磷灰石,其中可溶性的氟化物被地下水带到江、河、海洋中。在科学技术发展的今天,人类的生活和生产活动越来越强烈地影响氟在自然界的循环。人类利用基岩和沉积岩中存在的氟,大量开采用于工业原料和作为肥料,帮助自然界的风化作用,使地壳中贮藏的大量氟进入循环活动。人们使用肥料(如磷酸盐、过磷酸钙等)时,大量的呈溶解状态的氟散布在地表面,每年随肥料一起有几千万吨氟被带到地表面,这个数量在生物界氟循环的总平衡上有重大意义。在各种工业部门,如炼铝、钢铁、磷肥、农药、建材、玻璃、发电等生产过程中产生大量含氟烟尘和气体进入大气,有些厂、矿排放的含氟废水进入地表水。氟在生物界的扩散及循环过程中具有移动的特点,而人类的活动又促使氟在生物界小循环的进程,因此出现氟对生物界影响的多样性(图 5-16)。

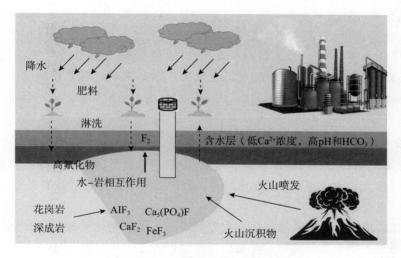

图 5-16　氟在生物界的扩散及循环过程

(引自 Subbaiah et al. ,2023)

水-土系统中氟的化学平衡包括以下 3 种:

(1)沉淀-溶解平衡　氟离子能与钙、镁、钡等金属离子生成难溶性盐,成为土壤中稳定存在的矿物类型。此外,土壤中还少量存在另外一些含氟矿物,如氟盐(NaF)、氟化钾、氟化锌等易溶性盐类。这些盐类会随着土壤水分的变化,发生不同程度的离解。存在于土壤溶液的游离 F^-,常常与 Ca^{2+} 发生沉淀作用。还包括 Fe^{3+}、Al^{3+}、Mg^{2+}、Sr^{2+}、Ba^{2+}、Li^+ 等金属离子。

(2)配位-解离平衡　由于存在着大量的游离 Al^{3+},氟阴离子会发生以下配位反应:

$$Al(OH)_3 + 6MF \rightarrow M_3AlF_6 + 3MOH$$

$$Fe_2O_3 + 10MF + 3H_2O \rightarrow 2M_2FeF_5 + 6MOH$$

$$Al_2(OH)_2(SiO_5)_2 + F^- \rightarrow Al_2(OH,F)(Si_2O_5)_2 + OH^-$$

$$Al_2(OH)_2(SiO_5)_2 + 6Na^+ + 12F^- + 6H_3O^+ \rightarrow 2Na_3AlF_6 + 3Si(OH)_4 + SiO_2 + 4H_2O$$

(3)吸附—解吸平衡 土壤中的 Fe、Al 氧化物,土壤腐殖质是氟离子(F^-)和金属—氟络合阳离子(如 AlF^{2+}、FeF^{2+}、CoF^{2+} 等)的主要吸附剂。土壤中有机质及铁、铝、锰氧化物含量越高,土壤对氟的吸附量就越高。黏土矿物的比表面积、土壤 pH、盐度和氟化物的浓度均会影响到吸附—解吸平衡状态。通常情况下,黏土矿物对氟离子(F^-)和金属—氟络合阳离子的吸附能力表现为:含氟 $Al(OH)_3$ 膨润土、$Al(OH)_3$>埃洛石>三水铝石、高岭石>皂碱土、蛭石、针铁矿;层状硅酸盐矿物>各种氧化物。此外,酸性土壤对氟有很强的吸附能力,而碱性土壤中含有的大量盐基离子会削弱对氟离子和金属—氟络合阳离子的吸附。

5.5.4 氟污染与健康

1. 国内外氟污染现状

土壤氟污染主要是指氟及其化合物对土壤所造成的污染。土壤氟污染对人体健康、动植物生长以及生态安全有着一定的威胁,氟化物污染可能造成健康和社会经济问题。全球对氟化物来源和动态以及氟化物与水之间相关性的研究可以得出结论,亚洲干旱和半干旱地区水体中的氟化物浓度往往高于其他地区,这可能与大量的钠、氯化砷和碳酸氢盐有关。氟化物的危害是众所周知的,但由于氟中毒多发生在印度、伊朗、孟加拉、巴基斯坦和东非等地。2012年,韩国发生了大规模氟化氢泄漏,造成 5 人死亡,并对皮肤、眼睛和呼吸系统造成 2000 多种不良影响。在新西兰,在磷肥和矿渣施肥的牧场上生活的牲畜患有急性或慢性氟中毒。几乎所有地下水都含有一些氟化物。受氟化物污染的地下水是全世界最严重的环境问题之一。中国高氟水主要分布在华北、西北、东北和黄淮平原等地区。

2. 氟污染对生态环境健康的影响

在环境中氟化物污染和转移途径基本一致(图 5-17),自然源或人为源所释放的氟都是借助于环境介质、相互转化传递于人类生活环境,最终由空气、水体和膳食累积于人体,产生人体氟暴露现象。

(1)对人体的危害 长期接触氟会对人类健康和其他生物体产生负面影响。土壤一旦发生氟污染,会通过土壤—水—植物—动物这样的食物链进入到人体当中,人体一旦摄入过量的氟,就会导致"氟病"的发生。全球地带性氟毒病主要分布于干旱、半干旱带(降雨 200～400 mm 或更少)。非地带性氟病区主要与火山作用、含氟岩石和矿床地质异常以及人类活动释放氟污染有关。对生殖系统、肾脏、神经系统、肝脏、骨骼的毒性作用,以及对肠道菌群的影响及其病理变化。代谢过程受到饮用水中氟化物浓度过高的影响,因此可能患上骨骼氟中毒或牙齿氟中毒。最近的研究表明,氟化物会增加肝脏的氧化压力,从而损害肝脏的结构和功能。除了对肝脏和肾脏的影响外,氟化物还会破坏生殖系统,特别是睾丸、男性精子和附睾。最后,过量的氟化物暴露会显著降低骨骼中的钙浓度,增加骨折的风险。

(2)对土壤自身的危害 土壤被认为是释放到环境中的污染物的最终汇,因为许多污染物倾向于与土壤结合。表 5-5 为不同行为引起的区域氟污染或氟中毒。

然而,土壤中的有毒污染物也可能释放到环境中,例如,通过风的运动、降水径流或渗透浅层地下水流过土壤一旦发生氟污染,对土壤自身的功能和活性也会产生一定的影响。在一定条件下,氟会对土壤中的一些活性酶产生明显的抑制作用。比如在黄壤中,氟量超过 600 mg/kg 时,对黄壤中过氧化氢酶的活性就会产生明显的抑制作用;而在潮土当中,氟含量超过

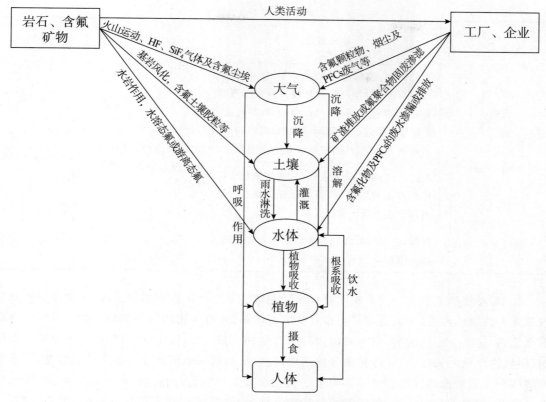

图 5-17　环境中氟化物污染和转移途径

（引自何令令等，2020）

400 mg/kg 时，就会对其中的碱性磷酸酶产生明显的抑制作用。另外发生氟污染的土壤，其土壤容量会明显增加，土壤孔隙度明显降低，导致土壤表层板结发硬，通透性变差，不再适合农作物种植。外来的氟使土壤的特性发生改变，肥力发生显著的变化，减少交换性的钙、镁，使铁、铝损失、有机质淋溶。过量的氟还抑制土壤微生物如细菌、真菌和固氮菌的活性和脱氢酶的活性，降低有机质的分解速率。

表 5-5　不同行为引起的区域氟污染或氟中毒

引起土壤氟异常行为	环境现象	代表区域	环境影响
氟地球化学异常	在燃煤型氟中毒区的拌煤黏土的氟含量（1900～6103 mg/kg）远高于煤中氟含量，由摄食和呼吸引起的人体氟暴露现象	江西萍乡市；贵州省织金、威宁县等；云南镇雄县	地方性氟中毒
工业氟干、湿沉降	冶金、化工、陶瓷、砖瓦及水泥等行业含氟废气排放和开矿含氟粉尘沉降会使得氟附集于植物和积淀于土壤，进而造成氟污染	中国包头制钢厂。巴西里奥格兰和突尼斯磷肥厂周围环境	区域氟污染或氟中毒

续表 5-5

引起土壤氟异常行为	环境现象	代表区域	环境影响
农业活动	磷肥使用:若磷肥平均氟含量为 1wt%,每年至少有 2.3 Mt 的氟输入农业土壤;若向土壤施加 10.2 Mt 单过磷酸钙及 4.79 Mt 磷酸二铵肥料,则将有 128000 t 氟释放入土壤,严重威胁农业土壤质量	印度、中国西北部分绿洲及新西兰牧场等	区域氟污染或氟中毒
	农药使用:某些含氟农药(三氟甲氟隆、杀蛉脲及氟嘧菌酯等)喷施在农作物后,其残留物在土壤中分解引起氟污染		
	灌溉:含氟污水灌溉的绿洲土壤氟含量远高于未污染土壤		

(3)对动植物的危害　土壤氟污染对植物的危害是一个慢性积累的过程,土壤中的氟通过根系进入植物体内后,会通过导管向植物的叶片转移,并且与植物组织细胞中的钙发生反应形成氟化钙,达到一定的量后,就会对植物酶的产生、植物的光合作用、呼吸作用等产生明显的抑制,使植物出现叶尖坏死、叶缘枯黄等的问题,在农作物的成熟期还会明显降低成穗率,导致农作物减产。氟对植物代谢的主要影响包括氧吸收减少、呼吸作用失调、同化作用减少、叶绿素含量降低、淀粉的合成受阻、焦磷酸酶的功能受抑制、改变细胞器官的新陈代谢、损害细胞膜、DNA 和 RNA 失调、氟磷灰石的合成等。氟对作物的危害还表现为干物质积累量少、产量降低、分蘖少、成穗率低、光合组织受损伤,出现叶尖坏死,叶绿褪色变为红褐色。氟污染土壤增加了金属 Al 的溶解性,导致 F、Al 对植物的双重危害。大气中氟的叶面吸收是随其他气体进入叶中的渗透途径进入的。多数情况下,氟的有效性随土壤 pH 的降低而升高。茶树是常见的富氟植物,饮茶摄氟。

土壤一旦发生氟污染,那么依赖于土壤生长的牧草中的含氟量也会增高,像牛、羊之类的动物在食用这一类牧草后也会发生动物性氟中毒,影响动物的健康生长。牛、马等牲畜临床表现为精神欠佳、体态衰弱、牙齿发黑、过度磨损、釉质脱落、长短不齐、采食咀嚼困难、骨头酥脆、肋骨长骨瘤。高氟使绵羊对 Cu 有干扰作用,从而导致贫血、腹泻、运动失调、脱毛、发情推迟、繁殖率下降。氟含量达 200~400 mg/kg 的食物会使鸡增重(速度)明显降低,而且还会引发鸡软脚,且死亡率较高。含氟量 800 mg/kg 的食物还能引起鸡亚急性氟中毒症,肝骨组织结构异常改变、血清碱性磷酸酶显著升高。

思考题

1. 什么是土壤腐殖化过程? 土壤有机碳的组分有哪些?
2. 简述土壤排放温室气体的种类及主要影响因素。
3. 简述土壤氮素的来源与主要形态。
4. 简述土壤中磷素的循环转化过程。

5.试述土壤氮、磷流失及对水环境影响。

6.简述土壤中硫的来源、含量特点及化学行为。

7.简述土壤中氟来源、含量、形态特征及与地方病的关系。

第6章 重金属在土壤环境中的行为与危害

重金属是土壤环境中普遍存在具有潜在危害的一类无机污染物,目前还没有统一的概念。在化学中一般是指密度大于 $5.0\ g/cm^3$(也有说 $4.5\ g/cm^3$)的金属元素,包括铁、锰、铜、锌、铅、镉、镍、铬、钴、钼、汞和砷等在元素周期表中有 45 种元素。从环境污染方面来说,主要是指镉、铅、铬、汞及砷等生物毒性显著的重金属,也指具有一定毒性的一般重金属,如锌、铜、钴、镍、锡等。目前备受关注的重金属有镉(Cd)、铅(Pb)、铬(Cr)、汞(Hg)、砷(As)、铜(Cu)、锌(Zn)及镍(Ni),近年来对锑(sb)和铊(Ti)开始关注。本章着重介绍了重金属在土壤环境中的迁移转化与危害。内容包括土壤重金属的污染来源、形态及迁移转化的一般过程及土壤中主要重金属污染物(Cd、Pb、Cr、Hg、As)对人、作物的主要危害。

6.1 土壤中重金属的污染来源

重金属污染与否是相对概念,许多重金属在适量范围内对生物体甚至会产生有益影响,如铁、铜、锌、钼等元素是酶的组分,它们可以通过化学价态的变化传递电子,完成植物体内的氧化还原反应。但随着重金属在土壤中的累积量超过植物需求和容忍程度并表现出受毒害症状或植物生长虽未受伤害,但收获物中某种重金属含量超标而引起人畜伤害时,才认为该元素为污染元素,须加以重视研究和治理。目前,我国土壤重金属污染已相当普遍,据估算,我国受重金属污染的农业用地约为 2500 万 hm^2,每年因重金属污染而减产粮食超过 $1.0×10^7\ t$,另外遭重金属污染的粮食达 $1.2×10^7\ t$,造成直接经济损失高达 200 亿元。土壤重金属污染导致土壤环境质量恶化,严重危害土壤生态系统的良性循环及人类生存环境。

重金属污染多为复合型污染,这与重金属的来源密切相关。土壤中重金属元素主要有两种来源(表 6-1),即所谓的天然源和人为源。天然源是指自然界自行向环境排放有害物质或

表 6-1 中国土壤重金属污染的主要来源

来源	污染物
矿山开采、冶炼、加工排放的废气、废水和废渣	Cr、Hg、As、Pb、Ni、Mo 等
煤和石油燃烧过程中排放的飘尘	Cr、Hg、As、Pb 等
电镀工业废水	Cr、Cd、Ni、Pb、Cu、Zn 等
轮胎、塑料、电池、电子工业排放的废水	Hg、Cd、Ni、Pb、Zn 等
汞工业排放的废水	Hg
染料、化工制革工业排放的废水	Cr、Cd、As
机动车尾气	Pb
农药、化肥	As、Cu、Cd

引自陈怀满等,2002。

造成有害影响的场所,如来自金属矿床及火山爆发产生的含重金属的降尘等;人为源是指人类活动所形成的污染源,主要有工厂大气降尘、灌溉(特别是污水灌溉)、固体废弃物处置(禽畜粪便、污泥、城市垃圾等)、矿山开采与冶炼、农药和化肥不合理使用。在自然情况下,土壤重金属背景值异常主要与成土母岩、母质及残落的生物物质有关。人为污染源是污染土壤重金属的主要来源,亦是土壤污染研究的主要对象。工业和城市污水、固体废弃物、农药和化肥大量施用是中国土壤重金属的主要人为污染源。

6.1.1　污水灌溉

污水是农业灌溉用水的重要组成部分,按其来源和数量可分为城市生活污水、石油化工污水、工业矿山污水和城市混合污水等。一般城市生活污水中重金属含量较低,但目前我国工矿企业污水常未经处理便直接与生活污水混合排放,造成中国污灌面积迅速扩大,污灌区土壤重金属含量逐年增加。仅沈阳张士灌区被污染的耕地就达 2800 hm²,致使粮食遭受严重的镉污染,稻米中含镉浓度高达 0.4~1.0 mg/kg(已达或超过引发"痛痛病"的平均镉浓度);而天津南部排污河灌区,约有 50% 的粮田因污灌而受到重金属污染;污灌区在空间分布上,主要体现在越靠近污染源和城市工业区的土壤,重金属污染越严重,而远离污染源和城市工业区的土壤则几乎不受污染。污灌严重影响了作物品质和营养价值,许多蔬菜口味变差、不易储存、易腐烂,甚至出现难闻的异味。虽然污灌在干旱区是解决作物需水问题的一条可行途径,但必须对污水质量严格管控,降低污灌所导致的土壤污染问题。

6.1.2　农药、化肥和塑料农膜的使用

市售的许多农药组分中即含有 Hg、As、Mn、Pb、Cu、Zn 等重金属。长期施用含 As 农药,明显增加土壤 As 的残留量;含 Cu 和 Zn 的杀真菌农药常被大量用于果树和温室作物,造成土壤 Cu、Zn 的累积。施肥引起的重金属污染主要来自磷肥和有机肥,因磷矿中含痕量 Cd(磷肥中含 Cd 量差异与原料和生产工艺有关,如热法磷肥含 Cd 量一般低于湿法),畜禽有机肥则含较高浓度的 Cu、Zn、Pb 和 Cd,长期使用将有可能引起严重的土壤和作物重金属累积问题。利用含 Cd、Pb 热稳定剂而生产的农膜,被广泛运用于塑料大棚和地膜过程中,均可能造成土壤 Cd、Pb 等重金属的污染。

6.1.3　固体废弃物的利用

固体废弃物包括工业固体废物、矿业固体废物、城市固体废物和农业固体废物等。其中矿业和工业固体废弃物污染最为严重。这类废弃物在堆放或处理过程中,经雨水冲洗、风化淋溶以离子形式进入土壤。以广东大宝山矿区为例,酸性矿水灌溉的农田深受重金属污染(Cu、Zn 和 Cd 的全量不同程度超标),部分食用农作物重金属大为超标,稻谷、苦瓜、辣椒、莴苣、茄子、通菜等作物的 Cd 含量超标从 5 倍到几十倍不等,甘蔗和香蕉中 Cd 含量超标最严重,高达 100 多倍。磷石膏属于化肥工业废物,由于其含有一定量的正磷酸及不同形态的磷化合物,并可改良酸性土壤,从而被广泛应用于农业,造成了土壤中 Cr、Pb、Mn、As 含量增加。磷钢渣作为磷源施入土壤时,发现有 Cd 的累积。

城市污水处理厂的污泥富含有机质和 N、P 元素(一般 C/N<10),pH 中性或偏酸,一般全氮含量为 0.4%~7.2%。全磷为 0.2%~5.0%,全钾为 0.2%~1.5%,有机质含量为

15％～70％,因此传统上常被视为一种良好的土壤改良剂,而且污泥农用较为经济又符合资源循环利用原则,是许多国家污泥处理方式的首选。污泥中的营养成分与污水来源、处理工艺、居民生活水平和饮食结构等密切相关。一般而言,同一污水处理厂在不同时期的污泥,存在营养成分差异;中国污泥中有机质逐年递增,但氮磷变化不大,而且呈现出经济发达地区的污泥有机质、氮、磷、钾含量高于经济欠发达地区,南方污泥磷含量高于北方的趋势。然而,随着工业的发展,城市生活污水与工业废水不加分流的情况下,使污泥成分愈加复杂,其重金属含量明显增加。污泥重金属种类因工业结构、城市性质略有差异,但含量相差甚大,如皮革行业以Cr 为主,电镀以 Cd 为主,冶炼以 Pb 为主,塑料行业以 Hg 为主,而生活污泥主要为 Zn、Cu。同一重金属在不同污泥中含量和形态差异也较大。同一污泥中不同重金属含量明显不同。据调查,中国城市污泥重金属含量大小依次为:Zn＞Cu＞Cr＞Pb＞Ni＞As＞Cd≈Hg,呈逐年降低趋势。许多研究指出,施用污泥可不同程度增加土壤重金属含量,其增加幅度与污泥中重金属含量、污泥用量及土壤管理方式有关。由此可见,污泥的施用应严格控制在污泥施用标准内。

畜禽养殖对土壤环境的污染已成为新的农业污染源。随着畜牧业集约化生产程度的不断提高,畜牧业的养殖规模日益递增,产生大量禽畜粪便及动物加工产生的废弃物,这类农业固体废弃物中含有植物所需 N、P、K 等多种营养物质,同时因饲料中添加了一定量的重金属盐类(如长期使用高剂量铜砷添加剂),因此利用这些禽畜粪便作农田施肥会导致大量重金属元素在土壤表面聚集,影响植物生长。因此,必须完善禽畜养殖污染物排放标准体系,根据土壤环境容量(保证土地环境安全的畜禽粪便最大受纳量)确定养殖规模,保证畜禽养殖产生的废弃物有足够土地消纳,减少环境污染,增加土肥力。

6.1.4　大气沉降

大气沉降是土壤重金属污染的途径之一。能源、运输、冶金和建筑材料生产产生的气体和粉尘中含有大量的重金属,除汞以外,其他重金属基本上是以气溶胶的形态进入大气,经过干湿沉降进入土壤。存在于煤和石油中的一些微量元素,如 Cd、Zn、As 和 Cu 等经工业或家庭燃烧以飘尘、灰、颗粒物或气体形式释放。此外,一些金属如硒、铅、钼等,被加入燃料或润滑剂中以改善其性质,都是加剧土壤重金属污染的因素。经大气沉降进入土壤的重金属污染,与重工业发达程度、城市的人口密度、土地利用率、交通发达程度有直接关系,距城市越近污染的程度就越重,污染强弱顺序为:城市—郊区—农村。

6.2　土壤中重金属形态与迁移转化

6.2.1　土壤中重金属的形态

土壤中重金属的形态可分为 6 种:水溶态、可交换态、碳酸盐结合态、铁锰氧化物结合态、有机结合态和残渣态。不同形态的重金属,其生理活性和毒性均有差异。水溶态是指以简单离子或弱离子存在于土壤溶液中的金属,它们可用蒸馏水直接提取,且可被植物根部直接吸收,多数情况下水溶态含量极低;可交换态是指交换吸附在土壤黏土矿物及其他成分上的那一部分离子,其在总量中所占比例不大,但因可交换态比较容易为植物吸收利用,对作物危害大。

碳酸盐结合态是指与碳酸盐沉淀结合的那一部分重金属离子,在石灰性土壤中是比较重要的一种形态。随着 pH 的降低,该部分重金属可大幅度重新释放而被作物吸收。铁锰氧化物结合态是重金属被 Fe、Mn 氧化物或黏粒矿物的专性交换位置所吸附的部分,这部分重金属离子不能用中性盐溶液交换,只能被亲和力相似或更强的金属离子置换。有机物结合态是指以重金属离子为中心,以有机质活性基团为配位体发生螯合作用而形成螯合态盐类或是硫离子与重金属生成难溶于水的物质。该形态的重金属较为稳定,但当土壤氧化电位发生变化,有机质发生氧化作用时,可导致少量该形态重金属溶出。残渣态以硅酸盐结晶矿物形式存在,是重金属最主要的形态,结合在该部分中的重金属在环境中可以认为是惰性的,一般的提取方法不能将其提取出来,只能通过风化作用将其释放,而风化过程是以地质年代计算的,相对于生物周期来说,残渣态基本上不被生物利用,因而毒性也最小。可交换态、碳酸盐结合态和铁锰氧化物结合态稳定性差,生物可利用性高,容易被植物吸收利用,其含量与植物吸收量呈显著正相关关系,而有机结合态和残渣态稳定性较强,不易被植物吸收利用。

6.2.2　土壤中重金属元素的迁移转化

重金属元素的迁移转化是指在自然环境空间位置的移动和存在形态的转化,以及由此所引起的富集与分散过程。重金属在环境中的迁移转化主要有 3 个过程。

1. 物理迁移

重金属是相对较难在土体中迁移的污染物。重金属进入土壤后总是停留在表层或亚土层,很少迁入底层。土壤溶液中的重金属离子或配位离子可以随水迁移至地表水体,而更多的重金属则可以通过多种途径被包含于矿物颗粒内或被吸附于土壤胶体表面上,随土壤中水分的流动被机械搬运,特别在多雨的坡地土壤,这种随水冲刷的机械迁移更加突出;在干旱地区,矿物或土壤胶粒还以尘土的形式被风机械搬运。

2. 物理化学迁移和化学迁移

土壤环境中的重金属污染物能以离子交换吸附、配合-螯合等形式和土壤胶体相结合或发生沉淀与溶解等反应。

(1)重金属与无机胶体的结合　重金属与无机胶体的结合,通常分为两类:一类是非专性吸附,即离子交换吸附;另一类是专性吸附,它由土壤胶体表面和被吸附离子间通过共价键或配位键而产生的吸附。

①非专性吸附。非专性吸附又称离子交换吸附或极性吸附,这种作用的发生与土壤胶体微粒所带电荷有关,指重金属离子通过与土壤表面电荷之间的静电作用而被土壤吸附。土壤胶体表面常带有静负电荷,对金属阳离子的吸附顺序一般是:$Cu^{2+} > Pb^{2+} > Ni^{2+} > Co^{2+} > Zn^{2+} > Ca^{2+} > Mg^{2+} > Na^+ > Li^+$。不同黏土矿物对金属离子的吸附能力存在较大差异。其中蒙脱石的吸附顺序一般是:$Pb^{2+} > Cu^{2+} > Hg^{2+}$;高岭石为:$Hg^{2+} > Cu^{2+} > Pb^{2+}$;而带正电荷的水合氧化铁胶体可以吸附 PO_4^{3-}、AsO_4^{3-} 等。一般而言,阳离子交换量较大的土壤具有较强吸附带正电荷重金属离子的能力;而对于带负电荷的重金属含氧基团,它们对土壤表面的吸附量则较小。离子浓度不同,或有络合剂存在时会打乱上述顺序。因此对于不同的土壤类型可能有不同的吸附顺序。

②专性吸附。专性吸附又称选择性吸附。重金属离子可被水合氧化物表面牢固地吸附,

这些离子能进入氧化物金属原子的配位壳中,与—OH和—OH₂配位基重新配位,并通过共价键或配位键结合在固体表面。这种吸附不仅可以发生在带电体表面上,也可发生在中性体表面,甚至还可在吸附离子带同号电荷的表面上进行。其吸附量的大小不仅仅由表面电荷的多少和强弱决定。被专性吸附的重金属离子是非交换态的,通常不能被氢氧化钠或乙酸铵等中性盐所置换,只能被亲和力更强或性质相似的元素所解吸,有时也可在低pH条件下解吸。土壤中胶体性质对专性吸附的影响极大。重金属离子的专性吸附还与土壤溶液pH密切相关,一般随pH的上升而增加。在所有重金属中,以Pb、Cu和Zn的专性吸附最强。这些离子在土壤溶液中的浓度,在很大程度上受专性吸附所控制。专性吸附使土壤对重金属离子有较大的富集能力,影响到它们在土壤中的移动和在植物中的累积。专性吸附对土壤溶液中重金属离子浓度的调节、控制甚至强于受溶度积原理的控制。

(2)重金属与有机胶体的结合　重金属元素可以被土壤中有机胶体络合或螯合,或为有机胶体表面所吸附。从吸附作用看,有机胶体的交换吸附容量远远大于无机胶体。但是在土壤中有机胶体的含量远小于无机胶体的含量。必须指出,土壤腐殖质等有机胶体对金属离子的吸附交换作用和络合-螯合作用是同时存在的。当金属离子浓度较高时,以吸附交换作用为主;在低浓度时,以络合-螯合作用为主。当形成水溶性的络合物或螯合物时,则重金属在土壤环境中随水迁移的可能性很大。

(3)溶解和沉淀作用　重金属化合物的溶解和沉淀作用,是土壤环境中重金属元素化学迁移的重要形式。它实际上是各种重金属难溶电解质在土壤固相和液相之间的离子多相平衡必须根据溶度积的一般原理,结合土壤的具体环境条件,研究和了解它的规律,从而控制土壤环境中重金属的迁移转化。重金属在土壤中的溶解和沉淀作用,主要受土壤pH、Eh和土壤中的其他物质(如富里酸、胡敏酸)的影响。

①土壤pH。土壤pH对重金属化合物的沉淀与溶解作用的影响是比较复杂的。一般来说,随着土壤pH的升高,重金属化合物可与Ca、Mg、Al、Fe等生成共沉淀,降低金属的溶解度。当pH<6时,迁移能力强的主要是在土壤中以阳离子形式存在的金属;在pH>6时,重金属阳离子生成氢氧化物沉淀,溶解度大大减低,但以阴离子形式存在的重金属迁移能力较强。对于两性的氢氧化物开始是随pH的增大溶解度减小,但达到一定值后沉淀又开始溶解。对于非两性氢氧化物,随pH的增大溶解度减小,但达到一定值后可能生成羟基络合物而增大溶解度。

②土壤Eh。在还原条件下,当土壤将至0mV以下时,土壤中的含硫化合物开始转化生成H₂S,并随氧化还原电位的进一步降低,H₂S的产生迅速增加,土壤中的重金属元素大多形成难溶性的硫化物沉淀,而使重金属的溶解度大大降低。土壤Eh的变化,还可以影响到重金属元素价态的变化,从而致其化合物溶解性的变化。例如:Fe、Mn等在氧化状态下,一般呈难溶态存在于土壤中,当土壤处于还原状态下,高价态的Fe、Mn化合物可被还原为低价态,增大其溶解度。重金属在土壤中的沉淀溶解平衡往往同时受Eh和pH两个因素的影响,使问题更加复杂。

③重金属的配位(合)。土壤中的重金属可与土壤中的各种无机配位体和有机配位体发生配位作用。例如,在土壤表层的土壤溶液中,汞主要以$Hg(OH)_2$和$HgCl_2$的形态存在,而在氯离子浓度高的盐碱土中则以$HgCl_4^{2-}$形态为主。据对Hg^{2+}及Cd^{2+}、Pb^{2+}、Zn^{2+}的研究表明,重金属的这种羟基配合及氯配合作用,可大大提高难溶重金属化合物的溶解度,同时减弱土壤

胶体对重金属的吸附,因而影响重金属在土壤中的迁移转化。这种影响取决于所形成配位化合物的可溶性。

　　土壤中含有腐殖质等有机配位体,重金属可与富里酸形成稳定的可溶于水的螯合物,与胡敏酸形成稳定的、难溶于水的螯合物。因此富里酸的络合-螯合作用,可大大提高难溶性重金属盐的溶解度,并随水在土壤中迁移,胡敏酸的络合-螯合作用却相反降低了重金属的溶解度,抑制了重金属在土壤中的迁移。

　　3. 生物迁移

　　土壤环境中重金属的生物迁移,主要是指植物通过根系从土壤中吸收某些化学形态的重金属,并在植物体内累积。这一方面可以看作生物体对土壤重金属污染物的净化,另一方面也可看作重金属通过土壤对生物的污染。如果受污染的植物残体再进入土壤,会使土壤表层进一步富集重金属。除植物的吸收外,土壤微生物的吸收以及土壤动物啃食重金属含量较高的表土,也是重金属发生迁移的一种途径。但是生物残体还可将重金属归还给土壤。

　　植物根系从土壤中吸收重金属,并在体内累积,受多种因素的影响,其中主要的影响因素有:

　　(1)重金属在土壤中的总量和赋存形态　一般水溶态金属最容易被植物吸收,而难溶态暂时不被植物吸收。重金属各形态之间存在一定的动态平衡。一般重金属含量越高的土壤中,其水溶态、吸附交换态的含量也较高,植物吸收的量也相对较多。

　　(2)土壤环境状况　土壤环境的酸碱度、氧化还原电位,土壤胶体的种类、数量,不同的土壤类型等土壤环境状况直接影响重金属在土壤中的形态及其相互之间量的比例关系,是影响重金属生物迁移的重要因素。

　　(3)不同作物种类　不同的作物由于生物学特性不同,对重金属的吸收积累量有明显的种间差异,就大田作物对汞的吸收而言,水稻>高粱,玉米>小麦。从籽实含镉量看,小麦>大豆>向日葵>水稻>玉米;从植物吸收总量来看,向日葵>玉米>水稻>大豆。农作物生长发育期不同,其对重金属的富集量亦不同。

　　(4)伴随离子　土壤中其他离子的存在会影响到植物对某种金属离子的吸收。例如:在土壤处于氧化状态时,Zn^{2+}的存在可以促进植物对 Cd 的吸收;但当土壤处于还原状态时,Zn^{2+}的存在则抑制植物对 Cd 的吸收。我们把促进植物对某种重金属离子的吸收并增强重金属离子对作物危害的效应称为协同作用;把减小植物对某种重金属离子的吸收并减弱重金属离子对作物危害的效应称为拮抗作用。

　　重金属通过生物迁移并积累在作物体内,进而通过食物链,最终影响人体健康。因此研究土壤中重金属的生物迁移规律,特别是重金属复合污染时相互之间的交互作用规律,对于调控与防治土壤环境的重金属污染有十分重要的意义。

6.3　主要重金属元素的污染危害

6.3.1　镉污染

1. 土壤中镉的污染来源

世界范围内未污染土壤 Cd 的平均含量为 0.5 mg/kg,范围在 0.01～0.7 mg/kg,我国土壤 Cd 的背景值为 0.06 mg/kg。成土母质为污染土壤中 Cd 的主要天然来源,我国地域辽阔,土壤类型众多,致使土壤 Cd 的环境背景值常随着母质的不同而有差异。一般而言,沉积岩 Cd 含量(平均为 1.17 mg/kg)高于岩浆岩(0.14 mg/kg),变质岩居中,平均为 0.42 mg/kg,而磷灰石的含 Cd 量最高。磷灰石对 Cd 在食物链中的积累有重要意义,这与在磷肥生产中沉积在磷灰石中的 Cd 混入磷肥中被施入土壤,并通过土壤-植物系统迁移在动物和人体内累积有关。据全国土壤背景值调查结果可知,石灰土 Cd 背景值最高,达到 1.115 mg/kg;其次是磷质石灰土,为 0.751 mg/kg;南方砖红壤、赤红壤和风沙土 Cd 背景值较低,均在 0.06 mg/kg 以下,可能与其淋溶作用比较强烈、母岩以花岗岩和红土为主有关。此外,人类生产活动,包括采矿、金属冶炼、电镀、污灌和磷肥施用等工农业活动,常导致土壤发生 Cd 污染。

2. 镉在土壤环境中的迁移转化

土壤中镉的分布集中于土壤表层,一般在 0～15 cm,15 cm 以下含量明显减少。土壤中难溶性镉化合物,在旱地土壤以 $CdCO_3$、$Cd_3(PO_4)_2$ 和 $Cd(OH)_2$ 的形态存在,其中以 $CdCO_3$ 为主,尤其在碱性土壤中含量最多;而在水田多以 CdS 形式存在。土壤镉按照欧盟参比局(community bureau of reference,BCR)提出的提取程序,通常可区分为四种形态:①交换、水和酸溶态;②可还原态;③可氧化态;④残余态。一般认为,水溶态和交换态重金属对植物来言属于有效部分,残余态则属于无效部分,其他形态在一定条件下可能少量而缓慢地释放成为有效态的补充。相对而言,植物对土壤中镉的吸收并不取决于土壤中镉的总量,而与镉的有效性和存在形态有很大关系。土壤镉活性较大,其生物有效度也较高。一些研究表明,酸性土壤中 Cd 以铁锰氧化物结合态和可交换态为主,其余形态相对较低;碱性土壤中有机态和残余态比例较高,碳酸盐结合态和可交换态所占的比例低。

Cd 进入土壤后首先被土壤所吸附,进而可转变为其他形态。通常土壤对 Cd 的吸附能越强,Cd 可迁移能力就越弱。土壤氧化还原电位、pH、离子强度等均是影响土壤镉的迁移转化和植物有效性的重要因素。

通常情况下,石灰性土壤比酸性土壤对重金属的固持能力大得多,除了在石灰性土壤中可出现碳酸盐沉淀外,pH 是一个重要因素。研究表明,土壤对 Cd 的吸附量随 pH 升高而增加,当 pH 变化时,红壤和砖红壤对 Cd 吸持量的变化比青黑土和黄棕壤要大得多,提高红壤和砖红壤的 pH 将明显减少 Cd 对外界环境的污染。pH 对土壤吸附 Cd 量的影响可分为 3 个区段,即 pH<ZPC 时的低吸附量区,ZPC<pH<6.0 的中等吸附区,以及 pH>6.0 的强吸附和沉淀区,对应土壤 Cd 活度的控制区域即为土壤 Cd 容量控制相($pH<pH_1$),土壤 Cd 吸附控制相($pH_1<pH<pH_2$)及沉淀控制相($pH>pH_2$),在实践中依不同土壤类型和控制相区域的 Cd 污染应采取不同治理方式,如在容量控制相中应严格控制外源 Cd 的污染量;在吸附相中,可增加有机质和吸附剂;在沉淀控制相中应防止土壤酸化。

Eh 也是重要因素,在土壤 *Eh* 值较高情况下,CdS 的溶解度增大,可溶态镉含量增加。当土壤氧化还原电位较低时(淹水条件),含硫有机物及外源含硫肥料可产生硫化氢,生成的 FeS、MnS 等不溶性化合物与 CdS 产生共沉淀,因此,常年淹水的稻田,CdS 的积累占优势。土壤 *Eh* 升高,土壤对镉的吸附量明显减少,难溶态 CdS 会被氧化为 $CdSO_4$,使土壤 pH 下降,土壤有效镉含量增加。相同镉污染水平下,淹水栽培的水稻叶中镉含量明显低于旱作水稻叶片中镉含量。

离子强度是影响土壤 Cd 吸附能力的另一个重要因素。随土壤溶液离子强度的增加,土壤对 Cd 的吸附量减少。不同离子强度下,蒙脱石对 Cd 的吸附研究表明,随着土壤溶液离子强度的增加,降低了 Cd 在黏土表面的吸附量。此外,Cd^{2+} 在蒙脱石上的吸附量依赖于交换性阳离子的种类,其吸附量的大小顺序为:Na-蒙脱石＞K-蒙脱石＞Ca-蒙脱石＞Al-蒙脱石,Al 能有效降低蒙脱石上的高能量位对 Cd 的吸附。一些研究亦证实,竞争离子的存在可明显减少黏粒对 Cd^{2+} 的吸附。如 Zn^{2+}、Ca^{2+} 等阳离子与 Cd^{2+} 竞争土壤中的有效吸持位并占据部分高能吸持位,使土壤中 Cd 的吸持位减少,结合松弛。在镉污染土壤中施用石灰、钙镁磷肥、硅肥等有效抑制植物对镉的吸收。

土壤中不同的组分对 Cd 吸附有很大的影响。多数研究表明,有机质中的—SH 和—NH_2 等基团及腐殖酸与土壤镉形成稳定的络合物和螯合物而降低镉的毒性,同时有机质巨大的比表面积使其对镉离子的吸附能力远远超过其他的矿质胶体。有机物质还能通过影响土壤其他基本性状而产生间接的作用,如改变土壤的 pH 或质地等。多数有机物料的施用能有效降低土壤中有效态镉含量,但施用 C/N 值大的有机物料(如稻草),分解过程中会释放出大量有机酸类物质,明显降低土壤 pH,反而导致土壤中可溶性和交换性镉的比例增加,致使生物毒害加重。因此,一些有机物料(如稻草、紫云英和猪粪)对镉的吸附影响存在双重效应:pH 提高效应和配位效应,前者促进镉的吸附,而后者抑制镉的吸附,最终吸附结果取决于二者的效应平衡。随着无定形铝含量上升,土壤 Cd 吸附量下降,氧化铁对 Cd 的专性吸附亦起重要作用。

3. 土壤镉污染的危害

(1)镉对作物的危害　Cd 对植物的毒害不仅表现为累积于可食部分,降低农产品质量,过量 Cd 还会影响植物正常发育,使农作物减产。Cd 对植物直接的伤害首先表现在根部,如伤害核仁,改变 RNA 合成,阻抑 RNAse、硝酸还原酶及质子泵的活性。其次是直接干扰叶绿素生物合成,破坏光合器官及色素蛋白复合物,影响植物光合作用。Cd 对植物碳水化合物的影响是双方面的,低浓度下,Cd 浓度升高能促进水稻幼苗叶片可溶性糖和淀粉含量升高;高 Cd 浓度下则使二者降低。此外,Cd 与酶活性中心或蛋白质的巯基相结合,可取代金属硫蛋白中的必需元素(Ca,Mg,Zn,Fe 等),导致生物大分子构相改变,干扰细胞正常代谢。植物受 Cd 影响后,体内细胞核、核仁遭破坏严重,染色体的复制及 DNA 合成受阻,核酸代谢失调。研究表明,随着 Cd 浓度增加和处理时间延长,黄瓜、大蒜的有丝分裂下降。而 Cd 对植物的间接伤害则表现为:受 Cd 污染后,土壤酶活性降低,原有土壤有机物或无机物所固有的化学平衡和转化被破坏,许多生化反应受抑制(或反应方向和速度被改变),进而改变植物根际环境,间接地影响植物生长发育。

不同作物受土壤 Cd 毒害的症状随土壤类型、Cd 含量会有差异,一般认为,Cd 毒害可使植株矮小,叶片失绿黄化,叶脉呈褐色斑痕,根系生长受抑制,植株鲜重、干重下降,叶绿素含量降低,光合作用减弱。如受镉毒害的蚕豆苗根尖呈深褐色坏死;白菜和青菜根系净伸长量均随 Cd 处理浓度的增加而减少;用 Cd 处理豌豆幼苗,可降低叶片叶绿素含量,叶片失绿黄化。有学者研究了 3 种 Cd 污染土壤对青菜和蕹菜生物量的影响,因土壤性质差异,草甸棕壤和灰色石灰土中的青菜无明显受害症状,而红壤中青菜和蕹菜生长受到明显抑制,表现为植株矮小,叶片发黄,边缘卷曲,生长受抑制。

不同植物对土壤 Cd 的转移及富集能力存在较大差异。研究表明,蔬菜对 Cd 的富集能力依次为:茄果类＞叶菜类＞根茎类,而禾本科作物对 Cd 的富集能力则为:小麦＞晚稻＞早稻＞玉米;植物各个部位镉的积累情况:根＞茎＞叶＞果壳＞果仁或籽粒;此外,同种植物不同生长期吸收累积镉的情况也有所不同,通常在生长旺盛时期转移量最大,如水稻吸收 Cd 量为:灌浆期＞开花期＞抽穗期＞苗期。

(2)镉对人体的危害 迄今为止,Cd 仍被认为不是人体的必需元素,因为 Cd 在人体内的累积是随着年龄的增加呈逐渐增长的趋势,新生儿体内几乎检测不到 Cd。Cd 在人体内的生物学半衰期达 20～40 年。Cd 能抑制人体和动物正常生长,抑制氨基酸脱羧酶、组氨酸酶、淀粉酶、过氧化物酶等酶系统活性,干扰 Cu、Co、Zn 等微量元素的正常代谢。人体中 Cd 的累积主要源于食物链(吸烟和饮食),吸收的 Cd 进入血液后,主要储存于肝脏和肾脏中。日本"痛痛病"就是因含镉的矿山废水污染了河水及河两岸的土壤、粮食、牧草,镉通过食物链进入人体而慢慢积累,直接损伤骨细胞和软骨细胞或降低人体肾功能(导致人体对钙、磷的吸收率下降),造成骨软化所致。多数研究认为,即使停止 Cd 接触多年,Cd 诱导的肾功能损害仍是不可逆的。我国沈阳张士灌区土壤 Cd 含量曾经可达 3.0～7.0 mg/kg,稻米 Cd 含量0.5 mg/kg以上,而人体内 Cd 的累积亦十分明显,人体血液、尿和头发的 Cd 浓度为"对照区"的 2.0～6.2倍,这与长期食用灌区污染土壤所生产的粮食有密切关系。总体而言,Cd 毒性极大,对人体健康的影响主要表现为:①与蛋白分子中的巯基结合,抑制众多酶活性,干扰人体正常代谢,减少体重;②刺激人体胃肠系统,致使食欲不振,导致人体食物摄入量下降;③影响骨骼钙质代谢,使骨质软化、变形或骨折;④累积于肾脏、肝脏和动脉中,抑制锌酶活性,导致糖尿、蛋白尿和氨基酸尿等症状;⑤诱发癌症(骨癌、直肠癌和胃肠癌等),导致贫血症或高血压发生。

6.3.2 铅污染

1. 土壤中铅的污染来源

土壤铅的含量因土壤类型的不同而异。岩石矿物(如方铅矿 PbS)风化过程中,多数铅被保留在土壤中,未污染土壤的铅主要源于成土母质。主要岩类中,岩浆岩和变质岩中 Pb 浓度为 10～20 mg/kg,沉积岩中 Pb 含量较高,如磷灰岩铅含量可超过 100 mg/kg,深海沉积物中 Pb 含量可达 100～200 mg/kg。世界土壤平均 Pb 背景值在 15～25 mg/kg,而中国土壤 Pb 背景值算术平均值为(26.0 ± 12.37) mg/kg,几何平均值为(23.6 ± 1.54) mg/kg。赤红壤和燥红土的铅含量较高,平均值均介于 40～43 mg/kg。

人为铅污染源主要来自矿山、冶炼、蓄电池厂、电镀厂、合金厂、涂料等工厂排放的"三废",汽车尾气及农业上施用含铅农药(如砷酸铅),其中采矿冶炼是极为重要的铅污染源。研究表明,公路两侧表层土壤中 Pb 浓度的增高与汽车流量密切相关,且下风位置比上风位置累积得更多。我国湖南桃林铅锌矿区稻田中 Pb 含量高达(1601 ± 106) mg/kg。

2. 铅在土壤环境中的迁移转化

铅可生成$+2$、$+4$ 价态的化合物,土壤环境中的铅通常以二价态难溶性化合物存在,如 $Pb(OH)_2$、$PbCO_3$、$Pb_3(PO_4)_2$、$PbSO_4$、PbS 等,而水溶性铅含量极低。因此,铅在土壤剖面中很少向下迁移,多滞留于 0～15 cm 表土中,随土壤剖面深度增加,铅含量逐渐下降。土壤铅的生物有效性与铅在土壤中的形态分布有关。目前,对土壤中铅进行形态分级多采用 Tessier 方法,将土壤铅分为水溶态、可交换态、碳酸盐结合态、铁锰氧化物结合态、有机质硫化物结合态及残渣态。因铅的水溶性极低,在土壤铅形态分级时,通常可省去第一步骤,而将第二步视为水溶态和可交换态。对中国 10 个主要自然土壤中各形态含铅量的分配均以铁锰氧化物态最高,其次是有机质硫化物结合态或碳酸盐态,交换态和水溶态最低。形态分级对了解铅的潜在行为和生物有效性而言,提供了更多的信息。植物吸收铅的主要形态为交换态和水溶态,碳酸盐结合态铅及铁锰氧化物结合态铅可依据不同土壤性质视其为相对活动态或紧密结合态。研究表明,糙米铅浓度与土壤中铅的交换态、碳酸盐结合态、有机结合态均匀良好相关,而与铁锰氧化物结合态无显著相关。

土壤中铅的移动性和有效性依赖于土壤 pH、Eh、有机质含量、质地、有效磷和无定形铁锰氧化物。这主要与土壤对铅的强烈吸附作用有关,其吸附机制主要有:①阴离子对铅的固定作用。土壤阴离子如 PO_4^{3-}、CO_3^{2-}、S^{2-}、OH^- 等可与 Pb^{2+} 形成溶解度很小的正盐、复盐及碱式盐。尤其是当土壤在 6 以上时,铅能生成溶解度更小的 $Pb(OH)_2$。②有机质对铅的络合作用。③黏土矿物对铅的吸附作用。黏土矿物对铅有很强的专性吸附能力,被黏土矿物吸附的铅很难解吸,植物不易吸收。

就决定土壤铅的生物有效性而言,pH 具有重要地位。研究认为,水溶态铅与土壤铅含量和土壤溶液 pH 呈直线相关,证实 pH 是决定土壤溶液 Pb^{2+} 的重要因素之一。有研究表明,当土壤溶液 pH<5.2 时,pH 越低,土壤中铅的溶解度、移动性和生物有效性越高。土壤溶液 pH 不仅决定各种矿物的溶解度,还影响土壤溶液中各种离子在固相上的吸附程度。随土壤溶液 pH 升高,铅在土壤固相上的吸附量加强。研究表明,黄棕壤 pH 由 4.20 下降至 2.12 时,水溶态铅增加近 20 倍,交换态铅增加近 100 倍。潮土和潮褐土中交换态铅均随 pH 升高而减少,并呈极显著负相关。对土壤 Pb 的影响研究时发现,当土壤溶液的 pH 由较低变为近中性时,溶液中的有机 Pb 急剧增高。一般而言,土壤 pH 增加,铅的可溶性和移动性降低,抑制植物对铅的吸收。可溶性铅在酸性土壤中含量较高,主要是因为酸性土壤中 H^+ 可以部分将已被化学固定的铅重新溶解而释放出来,这种情况在土壤中存在稳定的 $PbCO_3$ 时尤其明显。我国南方土壤多为酸性,土壤铅背景值较高,且多为酸雨地带,因此土壤铅的有效态更高,危害也更大。

有学者认为,铅的生物有效性与土壤的有机质、黏粒、质地及阳离子交换量有关,植物吸收的铅与 CEC 的比值可作为判断铅的生物有效性的指标。铅可以与土壤中的腐殖质(如胡敏酸和富里酸)形成稳定的络合物,相对而言,铅与富里酸形成络合物的数量远高于其他金属,而胡敏酸与铅的络合物较胡敏酸与锌或镉的络合物更加稳定。土壤中的铅浓度与土壤腐殖质含量呈正相关。腐殖质对铅的络合能力及其络合物稳定性,均随土壤 pH 上升而增强。潮土和潮褐土中交换态铅与有机质含量呈正相关趋势,而碳酸盐结合态与有机质含量呈显著负相关。土壤中伊利石、蒙脱石、高岭石、蛭石和水化云母对铅的吸附均随 pH 而变。如 pH 从 4.7 增加到 5.9 时,针铁矿对铅的吸附由 8% 上升到 63%。相同 pH 条件下,铅的溶解度随氧化还原电位的下降而增加,推测其吸附在 Fe-Mn 氧化物上。对机械组成不同的普通灰钙土和沙砾质灰钙土,外源添加 Pb 的试验表明,春小麦籽粒的富集系数以质地较粗的沙砾质灰钙土为高。类似研究表明,土壤质地对 NH_4OAc(pH=5.0)可提取态 Pb 的影响为:沙土>粉沙土>黏壤土。

3. 土壤铅污染的危害

(1)铅对作物的危害 铅是植物非必需元素,被植物吸收并积累到一定程度会影响种子萌发,使根系丧失正常功能,妨碍养分和水分吸收,阻滞农作物正常生长,降低产量和品质。铅可以抑制蛋白合成,阻碍细胞周期运行,导致有丝分裂指数下降,从而抑制植物体细胞分裂。此外,土壤铅在植物组织中累积可导致氧化、光合作用及脂肪代谢过程强度减弱,使植物失绿。

Pb 在植物体内活性很低,大部分被固定在根部,向地上部运输的比例很低。Pb 在禾本科作物体内的积累和分配规律为:根>茎>叶。不同作物对 Pb 的富集程度也存在差异。对北京蔬菜的调查分析表明,蔬菜中 Pb 含量依次为:根茎类>瓜果类>叶菜类。此外,其他作物对 Pb 的抗性顺序为:小麦>水稻>大豆。无机改良剂(石灰、钙镁磷肥、高岭石和海泡石)均可在一定程度上降低土壤 Pb 含量,并有效减少糙米中 Pb 浓度。

(2)铅对人体的危害 经大量临床实践与流行病研究表明,Pb 对人体的毒害主要表现在:①对 δ-氨基乙酰丙酸合成酶有强烈抑制作用,δ-氨基乙酰丙酸脱水酶、血红素合成酶有强烈抑制作用,造成卟啉代谢及血红蛋白合成障碍,导致贫血;②抑制红细胞 ATP 酶活性,增加红细胞膜脆性,引起溶血;③具有神经系统毒性,引起中毒性脑病和周围神经病;④损害肾小管及肾小球旁器功能及结构,引起中毒性肾病、小血管痉挛、高血压。普遍认为儿童和胎儿对铅污染比成年人更为敏感。在过去的 50 年间,儿童可接受的血 Pb 由 600 $\mu g/L$ 降为 100 $\mu g/L$。

6.3.3 铬污染

1. 土壤中铬的污染来源

铬广泛存在于地壳中,自然界中铬的矿物主要以氧化物、氢氧化物、硫化物和硅酸盐形式存在。根据各组分含量不同可分为铬铁矿、镁铬铁矿、铝铬铁矿和硬尖晶石等。铬在不同矿物中的含量变化特征:①同种矿物中铬含量随所在岩石的基性程度增高而提升,超基性岩>基性岩>中性岩>酸性岩;②从岛状到链状、片状硅酸盐,矿物中铬含量呈增加趋势;③云母类矿物中铬的含量低于角闪石和辉石。

土壤中铬的背景含量与成土母岩和矿物密切相关。我国自然地理和气候条件复杂,土壤含铬量差异也较大。中国土壤铬的背景值为 2.20~1209 mg/kg,其中值为 57.3 mg/kg,算术平均值为(61.0±31.07) mg/kg。中国土壤铬的背景值呈现一定的分异规律:①铬的含量依土纲顺序为:岩成土纲>高山土纲>不饱和土纲>富铝土纲,这与各土纲所处的气候条件、风化过程和强度等因素有关。例如尽管石灰岩中铬的含量偏低,但石灰岩矿物易在 CO_2 和水的作用下产生化学溶蚀作用,随着碱土金属离子的淋失和氧化铁的相对富集,土壤中铬的含量相对提高。而红壤、赤红壤区,铬随着铝、硅等元素强烈淋失,其含量显著低于全国平均水平,如福建省土壤铬背景值仅为 44 mg/kg。②土壤铬表现出对母岩的继承性,玄武岩土壤铬的含量明显高于石灰岩和花岗岩,海相沉积土铬的含量高于风沙沉积土,如以蛇纹岩等超基性火成岩含铬较高,平均铬含量为 2000 mg/kg,花岗岩铬含量为 2~60 mg/kg。③平原区土壤中铬的含量取决于平原污染源的差异,还与中上游区土壤铬的背景值有一定相关。④中国土壤铬的含量呈西南区>青藏高原区>华北区>蒙新区>东北区>华南区的空间分布格局。

土壤中高浓度的铬通常来自人为污染,如由镀铬、印染、制革化工等工业过程、污泥和制革废弃物利用引起的。六价铬废水的主要来源是电镀厂、生产铬酸盐和三氧化铬的企业,而三价铬废水主要源于皮革厂、染料厂和制药厂。另外,施肥及制革污泥农用亦使土壤有明显的铬累积。如在制革业比较发达的福建泉州,废弃皮粉被再利用作为有机肥原料,泉州某厂生产的有机肥曾检出含铬量高达 8190 mg/kg。而以铬渣为原料制备的钙镁磷肥中检测出总铬量高达 3000~8000 mg/kg 的事件也曾见诸报道。马鞍山市郊的污灌土壤含铬量高达 950 mg/kg,为清灌土壤的 11 倍。一般而言,污灌区土壤铬的累积随着污灌年限的增长而增加,且主要累积在表层,呈沿土壤纵深垂直分布递减的趋势。

2.铬在土壤环境中的迁移转化

在通常 pH 和 Eh 范围内,土壤中的铬主要以 Cr(Ⅲ)和 Cr(Ⅵ)两种价态存在,而 Cr(Ⅲ)又是最稳定的形态。土壤中 Cr(Ⅲ)常以 Cr^{3+}、CrO_2^- 形式存在,极易被土壤胶体吸附或形成沉淀,其活性较差,对植物毒性相对较小。而 Cr(Ⅵ)常以 $Cr_2O_7^{2-}$ 和 CrO_4^{2-} 形式存在,一般 Cr(Ⅵ)离子不易被土壤所吸附,具有较高的活性,对植物易产生毒害。Cr(Ⅲ)和 Cr(Ⅵ)在一定环境条件下的相互转换主要受土壤 pH 和氧化还原电位的制约。

从铬的 Eh-pH 图(图 6-1)可知,在低 Eh 条件下,铬以 Cr^{3+} 存在(其中低 pH 下为 Cr^{3+},而高 pH 时为 CrO_2^-);在 Eh 条件下,铬以 Cr^{6+} 存在(其中低 pH 时为 $Cr_2O_7^{2-}$,高 pH 时为 CrO_4^{2-})。因此,还原性条件下,Cr^{6+} 可能被 Fe^{2+}、硫化物、某些带羟基的有机物等还原成 Cr^{3+};而在通气良好的土壤中,Cr^{3+} 可被 MnO_2 或氧气氧化成 Cr^{6+}。上述转化可由图 6-2 表示。研究表明,红壤在低 pH 时,对 Cr(Ⅵ)的吸附量随 pH 升高略有增加,当 pH 超过某一限度,吸附量急剧下降,甚至不吸附。这可能是由于红壤为可变电荷土壤,pH 较低时,土壤矿质胶体因质子化作用而增加正电荷数量,对阴离子的吸附量增大;而在较高 pH 时,土壤矿质胶体带负电荷,不对阴离子产生静电吸附。

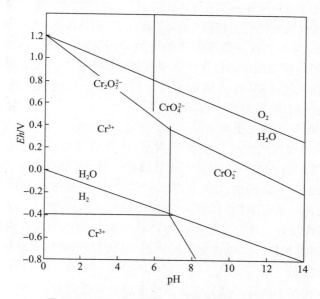

图 6-1　25 ℃时不同铬离子形态的 Eh-pH 图

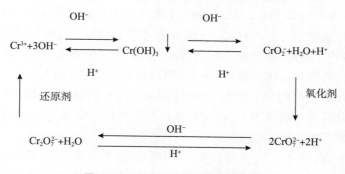

图 6-2　Cr(Ⅲ)与 Cr(Ⅵ)的转化图

控制铬环境化学的过程包括氧化还原转化、沉淀和溶解、吸附和解吸反应等,而在实际环境中这几个过程是互相联系、彼此影响的。Cr(Ⅲ)进入土壤中主要发生以下化学过程:①Cr(Ⅲ)的沉淀作用。Cr(Ⅲ)易和羟基形成氢氧化物沉淀,亦是 Cr(Ⅲ)在土壤中的主要过程;②土壤胶体、有机质对 Cr(Ⅲ)吸附和络合作用,并使土壤溶液中 Cr(Ⅲ)维持微量的可溶性和交换性;③Cr(Ⅲ)被土壤中氧化锰等氧化为 Cr(Ⅵ)。土壤中易还原性氧化锰在 Cr(Ⅲ)的氧化中起着重要的作用,土壤氧化锰含量越高,对 Cr(Ⅲ)的氧化能力越强,并呈现出氧化能力顺序依次为:$\delta\text{-}MnO_2 > \alpha\text{-}MnO_2 > \gamma\text{-}MnOOH$。这可能是 $\delta\text{-}MnO_2$、$\alpha\text{-}MnO_2$ 中 Mn 的氧化度和活度较高的缘故。而 Cr(Ⅵ)进入土壤体系的转化过程主要是:①土壤胶体(主要是 Fe、Al 氧化物)对 Cr(Ⅵ)的吸附作用,并使 Cr(Ⅵ)从溶液转入土壤固相。②Cr(Ⅵ)被土壤有机质、Fe(Ⅱ)等还原物质还原为 Cr(Ⅲ),而后形成难溶的氢氧化铬沉淀或为土壤胶体所吸附;研究表明,黄铁矿组成中 Fe^{2+}、S_2^{2-} 均能有效地还原 Cr(Ⅵ),随着温度和黄铁矿浓度的增加,黄铁矿对 Cr(Ⅵ)的去除速率显著提高。③Cr(Ⅵ)与土壤组分反应,形成难溶物(如 $PbCrO_4$ 沉淀)。

由于不同土壤的矿物种类、组成、有机质含量等不同,铬的形态亦不同。因土壤中 Cr(Ⅲ)被牢固地吸附沉淀而固定,土壤中水溶性铬含量非常低,一般难以测出;交换态铬(1 mol/L NH_4OAc 提取)含量也很低,一般小于 0.5 mg/kg,约为总铬的 0.5%;土壤中铬大多以沉淀态(2 mol/L HCl 提取)、有机紧结合态(5% H_2O_2 2 mol/L HCl 提取)和残渣态存在。有机紧结合态铬通常小于 15 mg/kg,比沉淀态和残渣态含量低,残渣态含量一般占总铬的 50%以上。铬在土壤中的迁移,与其在土壤中的存在形态及淋溶状况有关。研究表明,在淋溶较强的条件下,Cr(Ⅵ)可能向较深土层迁移,并污染地下水,而在降水量少的碱土地区,土壤中的铬多以Cr(Ⅲ)存在并为土壤所固定,很难发生淋溶迁移。

土壤胶体中的铁铝氧化物是土壤吸附阴离子的主要载体,游离铁铝是产生正电荷的主要物质,Fe-OH、Al-OH 是吸附阴离子的主要吸附点,该点数目控制着土粒表面阴离子的吸附量,因此含大量游离铁铝的土壤所吸附的 Cr(Ⅵ)较多;其次,游离铁亦是专性吸附的物质基础,正如其他多价阴离子(如磷酸根、钼酸根等)一样,CrO_4^{2-} 也能被氧化铁专性吸附,Cr(Ⅵ)会通过配位体交换被吸附。研究表明,红壤对 Cr(Ⅵ)的最大吸附量与土壤中游离氧化铁、游离氧化铝和 pH 正相关性较好。部分土壤和矿物对 Cr(Ⅵ)吸附能力大致为:红壤>黄棕壤>黑土>娄土,三水铝石>针铁矿>二氧化锰>高岭石>伊利石>蛭石≈蒙脱石,且吸附能力随着土壤有机质的增加而降低。

土壤中一般难以检出 Cr(Ⅵ),因为还原物质土壤有机质的存在,使 Cr(Ⅵ)能迅速还原成为 Cr(Ⅲ),降低其毒性。用厩肥、风化煤粉、FeS 3 种还原性物质改良铬污染土壤,结果表明,以厩肥对 Cr(Ⅵ)的还原效果最好。研究表明,水稻土中有机碳含量与 Cr(Ⅵ)的还原率呈显著正相关,有机碳含量每增加 1%,Cr(Ⅵ)还原量约可增加 3%。因此,土壤有机质含量越高,Cr(Ⅵ)还原速率越快。此外,研究还表明,有机酸存在下,土壤溶液中 Cr(Ⅲ)浓度能显著提高(富里酸>胡敏酸),并降低土壤矿物对 Cr(Ⅲ)吸附和沉淀作用。这与大分子胡敏酸为碱溶性腐殖物质,在土壤溶液中易沉降并吸附 Cr(Ⅲ)有关。研究表明,当土壤中添加(Ⅲ)和不同类别及比例的有机酸时,番茄植株中 Cr 含量随有机酸含量的增加而升高,其平均增幅为草酸>柠檬酸>天冬氨酸>谷氨酸。

土壤对 Cr(Ⅵ)的吸持与黏粒含量有关,一般说来,黏粒含量越高,吸持量越大。相同温度下,土壤有机质和黏粒含量高的土壤对 Cr(Ⅵ)吸持效果很好,这主要是因为发生还原反应和土壤黏粒 Cr(Ⅵ)的吸附作用。在不同质地的土壤上施用等量制革污泥的试验表明,铬的迁移能力依次为:轻壤＞中壤＞重壤。

3. 土壤铬污染的危害

(1)铬对作物的危害　铬是否是植物的必需元素,目前尚无定论。微量铬可以促进某些作物(如小麦、大麦、玉米、亚麻、大豆、豌豆、土豆、胡萝卜、黄瓜)等的生产。不同作物对铬的耐受能力是不同的,对高浓度 Cr(Ⅲ)耐受能力较强的有水稻、大麦、玉米、大豆、燕麦。高浓度铬对植物产生严重的毒害作用,植物体受害症状为植株矮小、叶片内卷,根系变褐、变短、发育不良。随着铬浓度的增加,它在农作物(水稻、小麦等)各器官中的浓度也增加,其分配规律基本为:根＞茎叶＞籽粒。施用制革污泥后,豆类作物不同部位 Cr 的积累量次序依次为:根系＞茎叶＞豆荚。铬在蔬菜体内不同部位的分布也呈现根＞叶＞茎＞果的趋势。Cr(Ⅵ)对作物的危害相对较强,研究表明,土壤中外源添加 Cr(Ⅲ)至 500 mg/kg 时,水稻各生态指标才出现明显差异,糙米产量减产 10% 左右;而添加 Cr(Ⅵ)在 50 mg/kg 以下时,水稻生长便明显地受到抑制。

(2)铬对人体的危害　Cr(Ⅲ)很容易和配位体生成一种比较稳定的络合物,参与人体糖和脂肪代谢,是人体必需的。人体缺乏铬会抑制胰岛素的活性,影响胰岛素正常的生理功能;缺铬亦导致机体血糖升高,出现糖尿,使脂肪代谢紊乱,出现高脂血症,诱发动脉硬化和冠心病。对营养不良婴儿给予补铬试验治疗,患儿生长发育速度加快,体重增加,体质改善。铬对血红蛋白的合成及造血过程也具有良好的促进作用。Cr(Ⅵ)是一种强氧化剂,对细胞膜具有较强的穿透能力,易被人体吸收而且在人体蓄积,对人体有毒。其毒性主要是表现在引起呼吸道疾病、肠胃道病和皮肤损伤等。此外,Cr(Ⅵ)由呼吸道吸入时有致癌作用,通过皮肤和消化道大量吸入能引起死亡。研究指出,Cr(Ⅵ)化合物的主要毒性是由 Cr(Ⅵ)在细胞内还原为Cr(Ⅲ)的中间产物引起,Cr(Ⅵ)一旦进入胃酸或血液中会立即被还原为 Cr(Ⅲ),并对 DNA造成多种形式的破坏和氧化损伤,如链断裂、铬-DNA 加合物、DNA-DNA 链间交联及 DNA-蛋白质交联,引起遗传密码改变和细胞突变、癌变。铬通过土壤-植物系统进入食物链而威胁人体健康风险较小,这主要是因为铬不易被植物吸收并转运到地上部分(多数滞留于根部,极少进入茎叶和果实)及铬的阈值范围较宽。

6.3.4　汞污染

1. 土壤中汞的污染来源

汞是一种毒性较大的有色金属,俗称水银,是常温下唯一的液态金属,其熔点很低,仅为$-38.87\ ℃$,具有很强的挥发性。汞在自然界中以金属汞、无机汞和有机汞形态存在,有机汞(如甲基汞、乙基汞、苯基汞)的毒性远高于金属汞和无机汞。典型的汞公害病为日本的“水俣病”,即由化工厂在生产过程中使用无机汞作触媒而产生的甲基汞。地壳中汞主要以硫化物、游离态金属汞和类质同象形式存在于矿物中。典型的含汞矿物有朱砂(HgS)、硫汞锑矿($HgS\cdot2Sb_2S_3$)、汞银矿($AgHg$)、硒汞矿($SeHg$)及黑黝铜矿等。

汞在地壳中的丰度很低,平均含量为 $7.0\ \mu g/kg$。我国东部地区从酸性、中性至基性岩浆岩,汞含量略有增高,平均为 $6.9\ \mu g/kg$。而变质岩与岩浆岩相近,汞的平均含量为 $8.6\ \mu g/$kg。沉积岩汞平均含量为 $23\ \mu g/kg$,明显高于岩浆岩和变质岩,并表现出硅质岩＞泥质岩＞

碳酸盐岩＞碎屑岩的趋势。中国土壤中（A 层）汞的背景含量介于 0.001～45.9 mg/kg，其中值为0.038 mg/kg，算术平均值为(0.065±0.080) mg/kg，95％的范围值为 0.006～0.272 mg/kg。中国土壤汞背景值区域分异趋势为：东南＞东北＞西部、西北部。土壤类型对汞的背景值亦有明显影响。水稻土及石灰（岩）土中汞背景值含量较高，前者显然是人为因素影响，而后者主要是成土母质与成土过程所致。

　　汞对土壤的污染有多种途径，由于含汞农药的逐步减少，目前矿业和工业过程中所引起的污染已成主导地位。首先，汞矿山开采、冶炼活动产生的三废亦使周围土壤受到污染，如我国贵州万山汞矿区炉渣渗滤水总汞含量高达 4.46 μg/L，导致附近土壤汞含量急剧升高。调查表明，贵州滥木厂汞矿区 20 世纪 90 年代停止生产活动至今，汞矿区土壤向大气的汞释放通量仍高达 10500 ng/(m² · h)。其次，煤、石油和天然气在燃烧过程中，排放出大量的含汞废气和颗粒态汞尘。据估算，中国燃煤每年向大气排汞 200 t 以上。最后，氯碱、塑料、电子、气压计和日光灯企业也是重要的污染来源。

　　2. 汞在土壤环境中的迁移转化

　　汞以多种形态广泛存在于自然界中，在土壤中汞主要以 0、+1、+2 价存在。土壤中汞的形态比较复杂，有机质含量、土壤类型、温度、Eh、pH 等均会影响到汞形态转化。一般按其化学形态可分为：金属汞、无机结合态汞和有机结合态汞。一般而言，金属汞毒性大于化合汞，有机汞毒性大于无机汞，甲基汞在烷基汞中毒性最大。无论是可溶或不可溶的汞化合物，均有一部分能挥发到大气中去，其中有机汞的挥发性（甲基汞和苯基汞的挥发性最大）明显大于无机汞（碘化汞挥发性最大，硫化汞最小）。土壤中金属汞含量很少，但很活泼，在土壤中可以挥发，而且随着土壤温度的增加，其挥发速度加快。土壤中的金属汞可被植物根系和叶片吸收。土壤中的无机化合态汞主要有 $HgCl_2$、$HgHPO_4$、$HgCO_3$、$Hg(NO_3)_2$、$Hg(OH)_2$、$Hg(OH)_3^-$、$HgSO_4$、HgS 和 HgO 等。其中 $HgCl_2$ 具有较高溶解度，可在土壤溶液中以 $HgCl_2$ 形态存在，可能随水分进入根系，因此易为植物吸收。土壤中存在的有机化合态汞包括有甲基汞、腐殖质结合汞和有机汞农药，如醋酸苯汞、CH_3HgS^-、CH_3HgCN、CH_3HgSO_3、$CH_3HgNH_3^+$。土壤中除 $Hg(NO_3)_2$、$HgCl_2$ 和甲基汞易被植物吸收，通过食物链在生物体逐级浓集，对生物和人体造成危害，其他多数的汞化合物是难溶的，易被土壤吸附或固定，发生一系列转化使其毒性降低。还有学者将土壤中的汞根据操作定义分为 8 种形态，即水溶态、氯化钙提取态、富里酸结合态、胡敏酸结合态、碳酸盐结合态、铁锰氧化物结合态、强有机结合态、残渣态。相关分析表明，富里酸、胡敏酸、有机质和碳酸盐含量对土壤汞形态分布影响较大。

　　汞与其他金属的不同点是在正常的 Eh 和 pH 范围内，汞能以零价存在于土壤中。在适宜的土壤 Eh 和 pH 下，汞的 3 种价态间可相互转化。一般来说，较低的 pH 利于汞化合物的溶解，因而土壤汞的生物有效性较高；而在偏碱性条件下，汞的溶解度降低，在原地累积；但当pH＞8 时，因 Hg^{2+} 可与 OH^- 形成络合物而提高溶解度，亦使其活性增大。氧化条件下，除 $Hg(NO_3)_2$ 外，汞的二价化合物多为难溶物，在土壤中稳定存在；还原条件下，汞以单质形态存在。值得一提的是，倘若 Hg^{2+} 在含有 H_2S 的还原条件下，将生成极难溶的 HgS 残留于土壤中；当土壤中氧气充足时，HgS 又可氧化成可溶性的硫酸盐 $HgSO_3$ 和 $HgSO_4$，并通过生物作用形成甲基汞被植物吸收。

　　土壤中各类胶体对汞均有强烈的表面吸附和离子交换吸附作用，汞进入土壤后，95％以上的汞能迅速被土壤吸附或固定,汞在土壤中一般累积在表层。Hg^{2+}、Hg_2^{2+} 可被负电荷胶体吸附,而 $HgCl_3^-$ 被带正电荷胶体吸附。不同黏土矿物对汞的吸附能力主要表现为:蒙脱石、伊利石类＞高岭石类。有机质的存在可能促进土壤对汞的吸附。这与土壤有机质含有较多的吸附点位有关。不同土类对汞的固定能力依次为:黑土＞棕壤＞黄棕壤＞潮土＞黄土,此趋势与土壤中有机质含量高低分布是一致的。在弱酸性土壤中(pH＜4),有机质是吸附无机汞离子的有效物质;而在中性土壤中,铁氧化物和黏土矿物的吸附作用则更加显著。此外,汞的吸附还受土壤 pH 影响。当土壤 pH 在 1～8 内,随 pH 增大,土壤对汞的吸附量增加;当 pH 大于 8 时,吸附量基本不变。

汞从土壤中的释放主要源于土壤中微生物的作用,使无机汞转化为易挥发的有机汞及元素汞。一般而言,土壤汞含量越高,其释放量越大;开始阶段,汞在土壤中的释放随时间增加而增加,但一定时间后释放量已不明显;温度越高土壤汞释放率越高,因此土壤汞的释放率:白天＞夜间,夏季＞冬季。同一土壤经不同汞化合物处理的研究表明,土壤汞挥发量的大小顺序为:$HgCl_2$＞$Hg(NO_3)_2$＞$Hg(C_2H_3O_2)_2$＞HgO＞HgS,而不同质地土壤汞的挥发率大小则为:沙土＞壤土＞黏土。有机络合剂(如腐殖质)和无机络合剂(如 Cl^-,Br^-)浓度增加时,增加了土壤汞形成络合物的数量,相应降低微生物可利用的 Hg^{2+} 数量,最终降低了土壤汞的挥发量。

有机汞毒性远大于无机汞,土壤中任何形式的汞(包括金属汞、无机汞和其他有机汞)均可在一定条件下转化为剧毒的甲基汞,因此汞的甲基化最受人的关注。首先无机汞可在微生物作用下转化为甲基汞,转化模式如下:

$$Hg^{2+} + 2R-CH_3 \longrightarrow CH_3-Hg-CH_3 \longrightarrow CH_3Hg^+ + CH_3^+ \tag{6-1}$$

$$Hg^{2+} + R-CH_3 \longrightarrow CH_3-Hg^+ \longrightarrow CH_3HgCH_3 \tag{6-2}$$

即无机汞在厌氧条件下主要形成二甲基汞,介质呈微酸性时,二甲基汞进一步转化为脂溶性的甲基汞,可被微生物吸收、积累,并进入食物链造成人体危害;而在好氧条件下,则主要形成甲基汞。自然界中亦存在非生物甲基化过程,如在 $HgCl_2$ 与醋酸、甲醇、甲醛、α-氨基酸共存溶液中,受紫外光的照射可以产生甲基汞。

$$CH_3CHO + HgCl_2 \longrightarrow CH_3HgCl \tag{6-3}$$

土壤酸度增加,汞离子有效性增加,利于提高汞的甲基化程度。低浓度硒(Ⅳ)促进汞的甲基化,而高浓度硒(Ⅳ)明显抑制汞的甲基化。

此外,当微生物对甲基汞的累积量达到的毒性耐受点时,会发生反甲基化作用,分解成甲烷和元素汞,这种反应在好氧和厌氧条件下均可发生。而且甲基汞还可以紫外线的作用下,发生光化学反应,其分解反应如下:

$$(CH_3)_2Hg \longrightarrow 2CH_3 + Hg^0 \tag{6-4}$$

土壤中一价汞与二价汞离子之间可发生化学转化:$2Hg^+ = Hg^{2+} + Hg^0$,实现了无机汞、有机汞和金属汞的转化。此外,无机配位体(OH^- 和 Cl^-)对汞的络合作用可提高汞化合物的溶解度,促进汞在土壤中的迁移。

可见,元素汞及其各种类型汞化合物,在土壤环境中是可以相互转化的,只是在不同的条件下,其迁移转化的主要方向有所不同而已。

3. 土壤汞污染的危害

（1）汞对作物的危害　土壤中汞的生物效应研究有一定难度，因为大气汞污染对植物汞的累积贡献也相当明显。大气汞污染对土壤-植物系统的危害研究表明，植物在吸收土壤汞的同时亦可吸收大气汞。当植物汞源于大气汞时，其地上部汞含量高于根部，而源于土壤汞时，则根汞高于地上部，因此在研究土壤中汞的植物效应时，汞污染源的区分十分重要。在农田环境中，汞主要与土壤中多种无机和有机配位体生成络合物，在作物体内积累并通过食物链进入人体。植物对汞的吸收随土壤汞浓度的增加而提高。不同植物及同一植物的不同器官在各自生长阶段对汞的吸收、积累完全不一样。粮食作物中富集汞能力的顺序是：水稻＞玉米＞高粱＞小麦。水稻比其他作物易吸收汞的主要原因是，淹水条件下，无机汞会转化为金属汞，使水田土壤中金属汞含量明显高于旱地。研究表明，酸性土壤汞含量大于 0.5 mg/kg，石灰性土壤汞含量大于 1.5 mg/kg 时，稻米中汞富集量会超过 0.02 mg/kg 的粮食卫生标准，但不会影响水稻的生长。引起水稻生长不良的土壤汞浓度一般为 5 mg/kg 以上。汞在水稻和小麦体内的分布情况类似，依次为：根部＞叶片＞茎＞籽粒，其中叶片因其生长时间不同，汞含量自下叶向上叶逐渐递减。研究表明，水稻对不同形态汞化合物吸收强弱依次为醋酸苯汞 PMA＞$HgCl_2$＞HgO＞HgS。蔬菜对有机物结合态汞的吸收顺序为：Hg^{2+}＞富里酸-Hg＞胡敏酸-Hg＞柠檬酸-Hg＞胡敏酸-Hg。土壤中汞含量过高，不仅引起汞在植物体内的累积，还会对植物产生毒害，其症状主要为：根系发育不良，植株矮小，叶片、茎可能变成棕色或黑色，甚至导致死亡。汞抑制植株生长有许多生理原因，如汞抑制硝酸还原酶活性，影响无机氮转化成有机氮的速率；抑制叶绿素合成，破坏叶绿素结构，降低了光合速率等。

（2）汞对人体的危害　重金属中以汞的毒性最大，无机汞盐引起的急性中毒症状主要为急性胃肠炎症状，如恶心、呕吐、腹泻、腹痛等。慢性中毒表现为多梦、失眠、易兴奋、手指震颤等。汞的毒性以有机汞化合物的毒性最大（甲基汞），日本水俣病的致病物质即为甲基汞。甲基汞可引起神经系统的损伤及运动失调，严重时疯狂痉挛致死。微量的汞在人体内一般不致引起危害，可经尿、粪和汗液等途径排出体外，倘若过量汞，通过呼吸系统、食道、血液和皮肤进入人体内，可在一定条件下转化成剧毒的甲基汞，侵害人的神经系统。研究表明，甲基汞可穿过胎盘屏障侵害胎儿，使胎儿的神经元从中心脑部到外周皮层部分的移动受到抑制，导致大脑麻痹。环境中的甲基汞，还能沿着水生食物链传递，进行高度生物富集。水体中处于食物链顶级的鲨鱼、箭鱼、金枪鱼、带鱼等大型鱼类以及海豹体内甲基汞含量最高，易通过食物链危害人类及其他哺乳动物。汞及其化合物在人体内的蓄积部位不同，如金属汞主要蓄积在肾和脑，无机汞主要富集于肾脏，而有机汞主要存在于血液及中枢神经系统。汞中毒的机理目前尚未完全清楚，目前已知道的是 Hg-S 反应是汞产生毒性的基础。金属汞进入人体后，迅速被氧化成汞离子，并与体内酶或蛋白质中许多带负电的基团（如巯基）等结合，抑制细胞内许多代谢途径（如能量、蛋白质和核酸的合成），进而影响细胞功能和生长。此外汞与细胞膜的巯基结合，改变膜通透性，导致细胞膜功能障碍。

6.3.5　砷污染

1. 土壤中砷的污染来源

砷及其化合物为剧毒污染物，可致畸、致癌、致突变。区域地质异常（岩层或母质中含砷矿物,如砷铁矿、雄黄、臭葱石)是土壤砷的主要天然来源,并决定不同母质发育土壤含砷量的差异。我国土壤砷元素背景值平均值为 9.2 mg/kg,表层(A 层)土壤砷含量范围在 0.01～626 mg/kg,其中 95% 土样砷含量介于 2.5～33.5 mg/kg。中国土壤砷背景值具有以下特征:①呈地域性分异。我国各土纲土壤砷的背景含量顺序是:高山土＞岩成土＞饱和硅铝土＞钙成土与石膏-盐成土＞富铝土＞不饱和硅铝土,全国土壤砷的背景值同时显现出地域性分异:青藏高原区＞西南区＞华北区＝蒙新区＞华南区＞东北区;东部冲积平原(黄河平原、长江平原、珠江平原)土壤中砷背景值呈南北向地域分布;而北部荒漠与草原地带土壤砷背景值从东到西呈明显递减趋势。②母岩与气候组合类型是决定我国地带性土壤砷自然含量的因素。石英质岩石母质对土壤砷含量起着控制作用,而碳酸盐类岩石对土壤中砷含量控制作用则不强,硅酸盐与铝硅酸盐岩石母质对土壤中砷含量的控制作用介于上述二者之间。

在环境中地球化学分异形成的自然背景值基础上,因人类的工农业生产活动,直接或间接将砷排放到土壤环境中,增加砷含量,甚至引起不可逆转的砷污染。污染土壤中砷的人为来源主要来自以下几个方面:①含砷矿物的开采与冶炼将大量砷引入环境。矿物焙烧或冶炼中,挥发砷可在空气中氧化为 As_2O_3,而凝结成固体颗粒沉积至土壤和水体中。如甘肃白银地区 Cu、Pb、Zn 等矿产在采集过程中有大量 As 排入环境,20 世纪 80 年代每年随废水排放的砷达 100 t 之多,使该区废水灌溉土壤 As 严重异常,全市 16.3% 的土壤 As 超过当地临界值 (25 mg/kg),最高达 149 mg/kg。我国南方工矿区砷异常状况亦较常见,尤以韶关、大全、河地、阳朔、株洲等地为重。②含砷原料的广泛应用。砷化物大量用于多种工业部门,如制革工业中作为脱毛剂,木材工业中作为防腐剂,冶金工业中作为添加剂,玻璃工业中用砷化物脱色等。这些工业企业在生产中排放大量的砷进入土壤。③含砷农药和化肥的使用。曾经施用过的含砷农药主要有砷酸钙、砷酸铅、甲基胂、亚砷酸钠、砷酸铜等。磷肥中砷含量在 20～50 mg/kg,畜禽粪便在 4～120 mg/kg,商品有机肥为 15～123 mg/kg。若长期施用含砷高的农药和化肥,则会使土壤环境中的砷不断累积,以致最后达到有害程度。④高温源(燃煤、植被燃烧、火山作用)释放。燃烧高砷煤导致空气污染引起居民慢性中毒在我国贵州时有报道,贵州兴仁县居民燃用高砷煤,引起严重环境砷污染和大批人群中毒。据调查的 55 个村民组中有 47 个村民组查出慢性砷中毒病人 1548 人,患病率达 17.28%。

2. 砷在土壤环境中的迁移转化

砷的形态影响其在土壤中的迁移及对生物的毒性,一般将砷分为无机态和有机态两类。无机砷包括砷化氢、砷酸盐或亚砷酸盐等,无论是淹水还是旱地土壤中,砷均以无机砷形态为主,元素砷主要以带负电荷砷氧阴离子($HAsO_4^{2-}$、$H_2AsO_4^-$、$H_2AsO_3^-$、$HAsO_3^{2-}$)形式存在,化合价分别为 +3 和 +5 价。有机砷包括一甲基砷和二甲基砷,占土壤总砷的比率极低。通常无机砷比有机砷毒性大,As^{3+} 类比 As^{5+} 类的毒性大得多,且易迁移。在氧化与酸性环境中,砷主要以无机砷酸盐(AsO_4^{3-})形式存在,而在还原与碱性环境中,亚砷酸盐(AsO_3^{3-})占相当大比例。

按砷被植物吸收的难易程度,用不同提取液提取土壤中的砷,可以将其分为以下 3 类:①水溶性砷。该形态砷含量极少,常低于 1 mg/kg,一般只占土壤全砷的 5%～10%。②吸附性砷。指被吸附在土壤表面交换点上的砷,较易释放,可同水溶性砷一样易被作物所吸收,因而与水溶性砷一同被称为可给态砷或是有效砷。③难溶性砷。这部分砷不易被植物吸收,但在一定的条件下可转化成有效态砷。土壤中难溶性砷化物的形态可分为铝型砷(Al-As)、铁型砷(Fe-As)、钙型砷(Ca-As)和闭蓄型(O-As)。其中 Al-As 和 Fe-As 对植物的毒性小于 Ca-As。一般而言,酸性土壤中以 Fe-As 占优势,而碱性土壤以 Ca-As 占优势。土壤中相当数量的砷与 Fe、Ca 等组成复杂的难溶性砷化物,绝大多数砷处于闭蓄状态,不易释放,导致水溶性砷和交换性砷极少。

土壤中的砷对酸碱性和氧化还原条件的变化十分敏感。砷在土壤中多以阴离子状态存在,As(Ⅲ)和 As(Ⅴ)溶解度均随土壤 pH 的增加而增加,当土壤由酸性变为中性或碱性时,As(Ⅲ)的迁移能力变得更强。此外,土壤 pH 还影响土壤带正电荷的胶体(如铁铝氢氧化物)对 As 的吸附,当 pH 降低时,土壤胶体正电荷增加,对砷的吸持能力加强,反之亦然。土壤溶液中 As(Ⅲ)和 As(Ⅴ)间存在相互转化的动态平衡,该平衡受土壤体系平衡电位 Eh 控制。土壤在氧化条件下(旱地或干土中),以砷酸(H_3AsO_4)为主,易被交替吸附,增加了土壤的固砷量;而在淹水还原条件下(水田),土壤 As^{5+} 逐渐转化为 As^{3+},随着 Eh 降低,亚砷酸(H_3AsO_3)增加,大大增加砷的植物毒性。这主要是由于一方面亚砷酸比砷酸易溶,淹水使部分固定砷获得释放而进入到土壤溶液;另一方面淹水使砷酸铁及其他形式三价铁(与砷酸盐结合)被还原为易溶的亚铁形式,使砷从难溶性砷酸铁中释放,增加了土壤溶液中可溶性砷的浓度。因此,砷污染土壤淹水后,砷对作物的毒害作用增大,而实行排水和垄作栽培等土壤落干措施可有效缓解砷对作物的毒害。在砷污染水田中,为减轻或消除水稻砷害,采取有效的水浆管理措施:做好插秧准备后,再泡水耙田并立即浅水插秧,两三天后稻田落干,后使土壤维持湿润状态(保持较高 Eh),降低土壤水溶性 As 和 As(Ⅲ)含量,并降低糙米中的含砷量。

土壤对砷的吸持还受质地、有机质、矿物类型等多种因素的影响。一些研究认为,被吸持的砷量与土壤黏粒含量呈显著正相关,原因在于土壤粒度越小,比表面积越大,对砷的吸附能力也越大。但黏土矿物类型对砷的吸附有较大影响。纯黏土矿物对砷的吸附能力依次为:蒙脱石>高岭石>白云石。许多研究也表明,土壤铁、锰、铝等无定形氧化物越多,吸附砷的能力越强。Fe、Al 水化氧化物吸附砷的能力最强,氧化铁对 As(Ⅲ)和 As(Ⅴ)的吸附能力差不多。δ-MnO_2 对 As(Ⅲ)和 As(Ⅴ)的吸附能力中等。Fe、Al 和 Mn 氧化物对砷的吸附能力比层状硅酸盐矿物强得多。这主要是因为氧化物比表面能大,Fe、Al 氧化物 ZPC 一般在 pH 8~9,故容易发生砷酸根的非专性吸附和配位交换反应。我国不同类型土壤对砷的吸附能力顺序是:红壤>砖红壤>黄棕壤>黑土>碱土>黄土,这也说明铁铝氧化物对吸附砷的重要性。此外,钙、镁可以通过沉淀、键桥效应来增大对砷的吸附能力;钠、钾、铵等离子无法与砷形成难溶沉淀物,对土壤固持砷的能力无多大影响;一些阴离子对污染土壤砷解吸影响顺序为:$H_2PO_4^- >$ $SO_4^{2-} > NO_3^- > Cl^-$。氯离子、硝酸根和硫酸根离子对土壤吸持砷只有极小的影响;磷酸根的存在能减少土壤吸持砷的能力。这与磷酸盐和砷酸盐性质相似,结构上均属于四面体,且晶型相同,二者在铁氧化物、黏土和沉积物上进行同晶交换,发生竞争吸附和配位交换反应(土壤对磷的亲和能力远远超过对砷的亲和力)有关。

3. 土壤砷污染的危害

(1)砷对作物的危害 砷不是植物必需元素,但植物在其生长过程中会从外界环境主动或被动地吸收砷。土壤中微量砷(5~10 mg/kg)可以刺激植物的生长,提高产量,原因可能是砷的还原作用提高了植物细胞中氧化酶的活性,使土壤中不可给态磷有效化。砷可杀死或抑制危害植物的病菌从而减少植物的病害,有利于植物正常生长。土壤中过量砷可降低植物的蒸腾作用,抑制根系的活性和对水分、养分的吸收与运输,表现为出苗不齐,根都发黑、发褐,植株矮小,叶片枯黄脱落,最终导致生长发育受阻,产量降低,品质下降。但不同的植物类型发生砷害的症状有较大的差异。砷对水稻毒害的可见症状比较明显,水稻受砷害表现为植株矮化,叶色浓绿,抽穗期和成熟期延迟,一定条件下,甚至会出现明显稻穗稻粒畸形和花穗不育现象;中度受害时,还出现茎叶扭曲,无效分蘖增多。严重受害时,植株不发棵,地上部分发黄,根系发黑,且根量稀少,干枯致死。对小麦砷胁迫的研究表明,从形态指标来看,随着砷浓度升高,小麦发芽率、根长、芽长、根重、芽重均呈先上升后下降趋势,表现为低浓度促进高浓度抑制,且对根生长的抑制作用大于芽。旱作中豆类作物易受害,蚕豆、黄麻、洋葱、豌豆等也较敏感,而禾谷类和块根类作物比较不敏感,不易受害,只有在严重污染下才出现毒害症状。在添加砷酸钠含 0~500 mg/kg 的土壤中,植物对砷的敏感性依次为:绿豆＞利马豆荚＝菠菜＞萝卜＞番茄＞卷心菜。

不同种类植物对砷的吸收和积累存在较大差异。对福建省蔬菜基地十几种蔬菜砷富集能力做了比较研究,其中芋、芹菜、细香葱、莲藕、空心菜属高富集蔬菜,并认为对砷的富集能力依次为:茎叶类＞＞根茎类＞豆类＞瓜果类。同种植物不同部位积累的砷含量也会较大差异,一般为:根＞茎、叶＞子粒、果实,呈现自下而上的递减规律。如谷中砷主要积累在谷壳,苹果各部分含砷量为:叶＞果皮＞果肉,作物中砷含量一般为:根＞茎叶＞籽实,如水稻根中砷含量一般是茎叶中的几十倍。在土壤砷含量相同时,种植水稻米粒中的砷含量显著高于麦粒,原因是在淹水条件下,可溶性亚砷酸含量提高,因此在砷污染严重的农田,可改水作为旱作。

(2)砷对人体的危害　砷是自古以来人们熟知的毒性物质,尤其是 As$_2$O$_3$ 是众所周知的“毒王”。无机砷或有机砷经口摄入后,在肠胃被吸收,并结合到红细胞,随血液循环到身体各个部位。砷被人体吸收后,主要分布在骨骼、肝脏、肾脏、心、淋巴、脾和脑等组织器官中。人和单胃动物反应比较敏感,长期接触含砷化合物对许多器官系统均有毒副作用,首先表现为它与酶系统中的巯基(—SH)结合而使其失活。砷还会破坏维生素 B$_1$ 参与三羧酸循环而导致维生素 B$_1$ 缺乏,引起神经性炎症。砷形态不同其毒性也存在较大差异,各形态砷的毒性强度依次为:有机砷＜五价砷＜三价砷＜砷化氢。As^{3+} 毒性比 As^{5+} 大,可能和体液中存在的高浓度磷酸盐对五价砷在化学性质相近的情况下竞争抑制有关。无机砷的毒害症状表现为周围神经系统障碍和造血机能受阻、肝脏肿大和色素过度沉积;有机砷则表现为中枢神经系统失调,提高脑病和视神经萎缩的发病率。慢性砷中毒一般表现为眼睑水肿、口腔溃疡、皮肤过度角质化、腹泻和步态蹒跚等;急性中毒症状为腹痛、呕吐、赤痢、烦渴、心力衰竭、食欲废绝、精神抑郁等。急性中毒多为误服或使用含砷农药或大量含砷废水污染用水所致。此外,砷还与癌症发病率有关,研究显示,砷与肝癌、鼻咽癌、肺癌、皮肤癌、膀胱癌、肾癌及男性前列腺癌有关。

6.4　重金属在土壤-植物系统的迁移转运

通常情况下,植物中重金属积累的假设过程主要是通过根部从土壤中吸收、木质部装载和转运,然后分布和重新分配到植物的不同组织。植物对重金属的富集是一个复杂的过程。植物可以将重金属固定在根系表面。通过根系分泌物改善根系周围的环境,在根系周围形成氧化薄膜,可以与重金属离子结合使其沉淀在根系表面。这样既可以对重金属进行吸附,又可以降低重金属对植物的毒性作用,增加植物对重金属的耐受性。植物还可以将重金属吸收进入体内储存。有些植物根系会分泌有机酸,活化环境中的重金属离子,有利于植物更好地吸收。随后,重金属会与细胞壁结合或者由细胞膜转运后,进入植物细胞内部,并通过植物细胞对重金属离子的毒性做出应对以后,直接存储在植物根部;或者经过转运蛋白转运到木质部中,向植物地上部分运输后,在叶片中进行积累(图 6-3)。

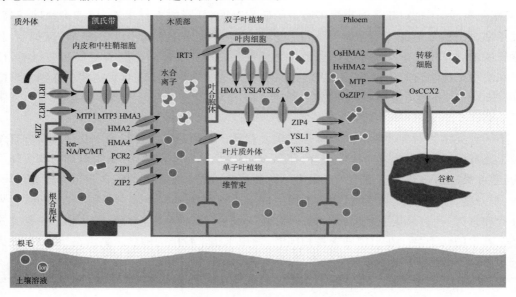

图 6-3 植物中 HMs(重金属)吸收、转运和分布

根通过外质体和共质体两种途径从土壤中吸收有机质到内胚层和中柱鞘细胞。吸收的HMs 通过转运体从根细胞的质膜进入木质部(单子叶植物通过维管束转移),并在叶肉细胞中积累。一些 HMs 继续通过韧皮部并将细胞运输到植物颗粒中。ZIPS(锌调控转运蛋白和铁调控转运蛋白样蛋白)、MTP5(金属耐受蛋白)、HMA(重金属 ATPase)、PCR(植物抗 Cd 性)、PC(植物螯合态)、YSL(黄色条纹转运体)、NA(烟酰胺)、MT(金属硫基因)植物吸收重金属元素主要通过根系与其周围的土壤间的物质交换。植物根系可以吸收的重金属一般具有迁移性的可溶态和可交换态,即具有生物有效性的重金属。但是重金属通常是以比较难溶解的状态存在于土壤或者水体中。因此,植物吸收重金属,就必须通过将其活化,把重金属溶解成为植物根系容易吸收的形态。植物根系能够分泌一些糖类、氨基酸和有机酸等物质,能够影响重金属的存在形态,提高重金属的生物有效性,有助于促进植物根系的吸收。

重金属进入植物根系后,会被储存在植物的地下部分,或者被导管向地上部分运输后储存。植物体内的重金属会被运输到细胞壁、液泡等一系列代谢不活跃的区域或者亚细胞结构中,这一过程被称为区隔化作用(图 6-4)。细胞水平上,重金属主要分布在质外体以及液泡中。植物的液泡属于非生理活性的结构部分。进入液泡的重金属会被隔离、钝化和沉淀,从而使重金属的毒性降低。植物体内可以产生植物螯合肽、有机酸和金属硫蛋白等一系列物质作为金属结合配体来缓解重金属对植物的伤害。

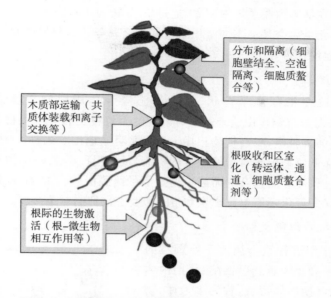

图 6-4　植物对重金属积累的主要过程（Yang et al.，2005）

6.4.1　重金属在植物中的迁移机制

　　植物对重金属在植物中的富集特征受其生态学特性、遗传学特性和重金属的理化性质等多种因素所决定，不同种类的植物对重金属污染的耐性不同，同种植物由于其分布和生长的环境各异，长期受不同环境条件的影响，在植物的生态适应过程中，可能表现出对某种重金属有明显的高积累特性。植物积累重金属的机制可分为积累机制和非积累机制（图 6-5）。其中积

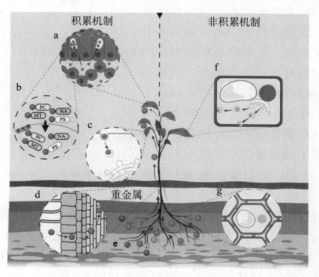

图 6-5　植物对 HMs 的积累与非积累机制（Yang et al.，2022）

a. HMs 在酸性钙体中积累。b. 促进胞质内整合进入液泡，调节细胞平衡。c. 内吞。d. 根到芽的转运。
e. 积累目标 HMs 的金属交叉平衡网络。g. HMs 在根细胞壁中的贮存

累机制包括：重金属在细胞内膜系统中积累、通过根-芽转运至植物地上部分、在细胞中形成重金属螯合物、利用多元金属交叉稳态网络积累目标重金属等。非积累机制包括：重金属只在根中积累和通过囊泡运输外排等。

1. 植物根系的作用

植物根系通过改变根际化学性状、原生质泌溢等作用限制重金属离子跨膜吸收。Lolkema曾用水耕法对采自铜矿山遗址的具有耐性的石竹科麦瓶草属植物和非耐性系列植物进行了对比研究，其结果表明，耐性植物根中Cu浓度明显地比非耐性系列低，由此可以推断耐性系列植物具有降低植物根系对铜的吸收的机制。已经证实，某些植物对重金属离子吸收能力的降低可以通过根际分泌螯合剂而减少重金属的跨膜吸收。如Zn停留于细胞膜外。还可以通过形成跨根际的氧化还原电位梯度和pH梯度等来抑制对重金属的吸收。

2. 重金属与植物的细胞壁结合

植物通过内吞作用进行重金属离子及颗粒的吸收。物质从细胞壁和膜渗透到膜凹陷；早期内体形成和重金属转运；晚期内体形成，称为多泡体，物质运输到液泡或内质网。再通过胞吐作用，金属被运输到细胞膜或细胞壁（图6-6）。在调查植物体内Zn的分布时发现，耐性植物中Zn向其地上部分移动的量要比非耐性植物少得多，Zn在细胞各部分的分布，以细胞壁中最多，占60%。Nishizono等研究了啼盖蕨属根细胞壁中重金属的分布、状态与作用，结果表明，该类植物吸收Cu、Zn、Cd总量的70%～90%位于细胞壁，大部分以离子形式存在或与细胞壁中的纤维素、木质素结合。由于金属离子被局限于细胞壁上，而不能进入细胞质影响细胞内的代谢活动，使植物对重金属表现出耐性。只有当重金属与细胞壁结合达到饱和时，多余的金属离子才会进入细胞质。不同金属与细胞壁的结合能力不同，经过Cu、Zn、Cd的研究证明，Cu的结合能力大于Zn和Cd。此外，不同植物的细胞壁对金属离子的结合能力也是不同的。所以细胞壁对金属离子的固定作用不是植物的一个普遍耐性机制。也

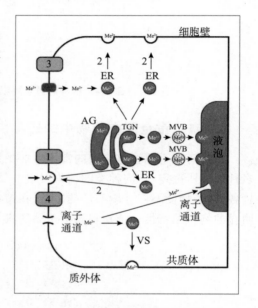

图 6-6　重金属在植物细胞中的迁移
(Sharma et al. ,2022)

通过胞吞(1)、胞吐(2)、主动转运(3)、扩散(4)通过离子通道进行金属提取/排泄和转运的细胞机制，MBV，多囊泡体；Me^{2+}，二价金属；GA，高尔基体；VS，转运囊泡；TGN，早期核内体；RE，再循环核内体

就是说，不是所有的耐性植物都表现为将金属离子固定在细胞壁上。如Weigel等研究了Cd在豆科植物亚细胞中的分布，结果发现70%以上的Cd位于细胞质中，只有8%～14%的Cd位于细胞壁上。杨居荣等研究了Cd和Pb在黄瓜和菠菜细胞各组分的分布，发现77%～89%的Pb沉积于细胞壁上，而Cd则有45%～69%存在于细胞质中。

3. 酶系统的作用

一些研究发现，耐性植物中有几种酶的活性在重金属含量增加时仍能维持正常水平，而非耐性植物的酶活性在重金属含量增加时明显降低。此外，在耐性植物中还发现另一些酶可以

被激活,从而使耐性植物在受重金属污染时保持正常的代谢过程。如在重金属 Cu、Cd、Zn 对膀胱麦瓶草生长影响的研究中发现,耐性不同的品种体内的磷酸还原酶、葡萄糖-6-磷酸脱氢酶、异柠檬酸脱氢酶及苹果酸脱氢酶等的活性明显不同,耐性品种中硝酸还原酶被显著激活,而不具耐性或耐性差的品种这些酶则完全被抑制。因此,可以认为耐性品种或植株中有保护酶活性的机制。

4. 形成重金属硫蛋白或植物络合素

1957 年 Margoshes 等首次由马的肾脏中提取出一种结合蛋白,命名为"金属硫蛋白"(简称 MT),经对其性质、结构进行分析发现,能大量合成 MT 的细胞对重金属有明显的抗性。而丧失 MT 合成能力的细胞对重余属有高度敏感性。现已证明,MT 是动物及人体最主要的重金属解毒剂。Caterlin 等首次从大豆根中分离出富含 Cd 的复合物。由于其表观相对分子质量和其他性质与动物体内的 MT 极为相似,故称为类 MT。后来从水稻、玉米、卷心菜和烟叶等植物中分离得到了 Cd 诱导产生的结合蛋白,其性质与动物体内的 Cd-MT 类似。1991 年何笃修等利用反相高效液相色谱法从玉米根中分离纯化得到镉结合蛋白,其半胱氨酸含量为 29.0%,每个蛋白质分子结合大约 3 个 Cd 原子,Cd 与半胱氨酸的比值为 1:2.5。由于其性质与动物的 MT 相似,认为 Cd 在玉米中诱导产生的是植物类 MT。

1985 年 Grill 从经过重金属诱导的蛇根木悬浮细胞中提取分离了一组重金属络合肽,其相对分子质量、氨基酸组成、紫外吸收光谱等性质都不同于动物体内的 MT。所以不是植物的类 MT,而将其命名为植物络合素(简称 PC),其结构通式为 $(\gamma\text{-Glu-Cys})n\text{-Gly}(n=3\sim7)$。可视为线性多聚体。它可被重金属 Cd、Cu、Hg、Pb 和 Zn 等诱导合成。未经重金属离子处理过的细胞中则不存在这种络合素。后来人们又从向日葵、山芋、马铃薯和小麦中分离得到了类似性质的镉化合物。

研究证明,重金属 Cd 在植物体内也可诱导产生其他的金属结合肽。有些植物中重金属结合蛋白质的问题还有许多研究工作需要进行。但无论植物体内存在的金属结合蛋白是类 MT 还是植物络合素或者其他的未知的金属结合肽,它们的作用都是与进入植物细胞内的重金属结合,使其以不具生物活性的无毒的螯合物形式存在,降低金属离子的活性,从而减轻或解除其毒害作用。当重金属含量超过金属结合蛋白的最大束缚能力时,金属才以自由状态存在或与酶结合,引起细胞代谢紊乱,出现中毒现象。人们认为植物耐重金属污染的重要机制之一是结合蛋白的解毒作用。

6.4.2 典型重金属在土壤-植物系统中迁移

1. 镉在土壤-植物系统的迁移转运

(1)镉在土壤系统中赋存形式 镉一般在土壤表层 0~15 cm 处积累。在土壤中,镉主要以 $CdCO_3$,$Cd_3(PO_4)_2$ 和 $Cd(OH)_2$ 的形态存在,其中以 $CdCO_3$ 为主,尤其在碱性土壤中。大多数土壤对镉的吸附率为 80%~95%。不同土壤吸附顺顶序为:腐殖质土>重壤质土>壤质土>沙质冲积土。因此镉的吸附与土壤中胶体的性质有关。

(2)镉在植物中的迁移转化特征 植物根系对 Cd 的吸收有主吸收和被动吸收 2 种机制,其中被动吸收又包括阳离子交换和扩散 2 个过程(熊愈辉,2008)。阳离子交换是 Cd^{2+} 在植物根表面与生长介质之间的一个可逆的迁移过程,一部分被吸收的 Cd^{2+} 可以从根表皮的细胞壁上解吸下来,另一部分则结合成不可逆的大分子(曾敏,2004)。Cd 在根表面吸附的时间越长,结合成不可逆的大分子的比例就越高。主动吸收则是依靠能量逆着浓度差进行,并有载体参与。超积累植物对 Cd 的吸收一般以主动吸收为主(陈笑,2010)。

植物对土壤 Cd 的吸收主要取决于土壤 Cd 含量和植物本身的遗传学特性。一般来说,某地区土壤中 Cd 含量高,该地区植物中 Cd 含量就高,植物对 Cd 的吸收量与土壤中总 Cd 量和有效 Cd 量呈正相关。

植物对 Cd 的吸收还受土壤中的相伴离子、pH 和温度等环境因子的影响。土壤中 K^+,Ca^{2+},Na^+,Mg^{2+} 4 种离子中,以 Ca^{2+} 对植物的 Cd 吸收影响最大,其次是 Mg^{2+},K^+ 和 Na^+ 的影响最小。因为 Ca^{2+} 和 Cd^{2+} 有相似的离子半径,易竞争 Cd^{2+} 吸附点位。Cd-Zn 的交互作用很复杂,因 Zn 的浓度不同而不同,Zn 浓度较高时为拮抗,而 Zn 浓度较低时则表现为协同作用(熊愈辉,2005)。

Cd 在植物体内的分布通常是根>茎>叶>籽实,Cd 在根中的积累量占总量的 70%～80%,籽实只占 1%～10%。如 Cd 在水稻体内分布为,根系:茎叶:糙米约为 80:15:1。Cd 集中在根部积累,可能与 Cd 进入根的皮层细胞后,与根中的蛋白质、多糖、核糖、核酸等化合形成稳定的大分子络合物而沉积下来有关(熊愈辉,2008)。

2. 铅在土壤-植物系统的迁移转运

(1)铅在土壤系统中赋存形式　土壤中铅主要以 $Pb(OH)_2$、$PbCO_3$ 和 $PbSO_4$ 固体形式存在,土壤溶液中可溶性铅含量很低,Pb^{2+} 也可以置换黏土矿物上吸附的 Ca^{2+},因此在土壤中很少移动。土壤的 pH 增加,使铅的可溶性和移动性降低,影响植物对铅的吸收。大气中的铅一部分经雨水淋洗进入土壤,一部分落在叶面上,经张开的气孔进入叶内。因此在公路两旁的植物,铅一般积累在叶和根部,花、果部位较少。藓类植物具有从大气中被动吸收积累高浓度铅的能力,现已被确定为铅污染和积累的指示植物。

(2)铅在植物中的迁移转化特征　Pb 的迁移转化规律、毒性及对环境可能产生的危害程度,主要取决于其赋存形态。Pb 常以可交换态、碳酸盐结合态、铁锰氧化物结合态、有机物结合态和残余态等 5 种形态存在,其生物有效性:交换态>碳酸盐结合态>氧化物结合态、有机物结合态>残余态(李林,2009)。

例如在水稻生长过程中,根系生长能分泌某种物质使土壤中极少量难溶性 Pb 转化为可溶性 Pb,但随着根表面吸收面积的增加,这些可溶性 Pb 大多数只能被吸收在根表面,被植株吸收并向上运输的 Pb 量极少。在土壤-水稻系统中,施入的 Pb 绝大部分很快被固定在土壤中或被吸收在根表面,只有极少部分能够被吸收进入植物体,在运输过程中不断与蛋白质、多糖类等高分子化合物结合,随着运输距离的增加,到达植株上的 Pb 量逐渐减少。根系的分泌物对重金属行为产生显著影响,或多或少地影响土壤元素的活性、迁移转化率和生物有效性。植物的根分泌物主要通过改变环境中 Pb 的物理、化学性质,如根际 pH、Eh、有机物含量发生改变而改变 Pb 的有效性,降低其活度,降低溶解态化学污染物在土壤中的流动性,将污染物稳定在污染土壤中,防止其在土壤中迁移和扩散(粟银,2008)。

3. 砷在土壤-植物系统的迁移转运

(1)砷在土壤系统中赋存形式　土壤中的砷以三价的亚砷酸盐(AsO_2^-)和五价的砷酸盐(AsO_4^{3-})形态存在,As(Ⅲ)的移动性远大于 As(Ⅴ),且毒性较大。进入土壤中的砷可被土壤胶体吸附。同时,砷酸根可以与土壤中的铁、铝、钙和镁等阳离子形成难溶性砷化合物,与无定形铁、铝等的氢氧化物产生共沉淀,不易发生迁移。其反应如下:

$$Fe^{3+} + AsO_4^{3-} \longrightarrow FeAsO_4 \quad K_{sp} = 5.7 \times 10^{-21} \tag{6-5}$$

$$Al^{3+} + AsO_4^{3-} \longrightarrow AlAsO_4 \quad K_{sp} = 1.6 \times 10^{-16} \tag{6-6}$$

$$3Ca^{2+} + 2AsO_4^{3-} \longrightarrow Ca(AsO_4)_2 \quad K_{Sp} = 6.8 \times 10^{-19} \tag{6-7}$$

$$3Mg^{2+} + 2AsO_4^{3-} \longrightarrow Mg_3(AsO_4)_2 \quad K_{sp} = 2.1 \times 10^{-2} \tag{6-8}$$

由于这几种化合物的溶解度具有差异,所以以 Fe^{3+} 固定砷酸盐的作用最大,Ca^{2+}、Al^{3+} 的作用次之,Mg^{2+} 所起的作用不如 Fe^{3+}、Al^{3+} 和 Ca^{2+} 显著。通常在活性铁含量高的土壤中,主要以 Fe-As 形式残留;如果活性铁含量低、活性铝或代换性钙含量高,则以 Al-As 或 Ca-As 累积。而土壤中的活性铁、铝和代换性钙较少,砷可能从土壤中流失。一般来说,不同类型的土壤对砷的吸附能力为红壤＞砖红壤＞黄棕壤＞黑土＞碱土＞黄土,这一顺序也说明了铁、铝氧化物对吸附砷起着重要的作用。

(2)砷在植物中的迁移转化特征　由于外部形态及内部结构有异,吸收重金属元素的生理生化机制不同,植物的不同部位对砷的累积量差异显著,砷在玉米植株中分布规律为根＞秸秆＞玉米棒＞玉米粒(吴传星,2010)。茭白和菱角对水体中砷和汞的集系数远大于对土壤的富集系数;茭白茎的富集能力大于叶;菱角根的富集能力大于叶(杆)(郑会超,2019)。黑麦草不同部位砷分配规律为根系＞老叶＞茎＞功能叶＞幼叶,且多年生黑麦草对砷的吸收能力优于一年生黑麦草。大量研究已表明,植物不同部位砷含量大小大体为:根＞茎＞叶＞子粒、果实,即呈现自下而上的递减规律(杨倩,2020)。

4. 铬在土壤-植物系统的迁移转运

(1)铬在土壤系统中赋存形式　铬是一种比较稳定的重金属元素,在地壳中的丰度为 200 mg/kg。铬在土壤中的含量,因成土母岩的不同变化范围很大,一般在 $100 \sim 500$ mg/kg。含铬废水主要来自电镀、冶炼、制革、纺织、印染、制药等工业(潘崇,2011)。

铬经过一系列物理、化学变化后,主要以 Cr(Ⅲ)和 Cr(Ⅵ)两种价态存在,Cr(Ⅲ)比 Cr(Ⅵ)稳定。在土壤溶液中,Cr(Ⅵ)通常以 $Cr_2O_7^{2-}$ 和 CrO_4^{2-} 形式存在,一般被土壤胶体吸附较弱,具有较高的活性,对植物的毒害作用强(王亚利,2013)。而 Cr(Ⅲ)主要以 $Cr(H_2O)_6^{3+}$、$Cr(OH)^{2-}$、CrO_2^- 形式存在,极易被土壤胶体吸附或形成沉淀,其活性较差,对植物毒性相对较小。在一定环境条件下,可以相互转换。土壤中铬分成 5 种,分别为水溶态、交换态、沉淀态、有机结合态和残渣态。土壤中的铬主要以有机结合态和残渣态为主。施含铬污泥的土壤中主要以沉淀态、有机结合态和残渣态为主;铬迁移能力较差,在土壤中富集能力较强(杨斌,2006)。

(2)铬在植物中的迁移转化特征　铬究竟是以何形态被植物吸收和富集尚存在很多争议,不同研究之间的差别较大;而且由于在土壤和水中铬的不同形态经常互相转化,更增加了分析的难度。铬在植物体内的转运和积累取决于介质中铬的供给形态、铬的浓度以及植物的种类和器官等(潘崇,2011)。

铬的有机结合态能够促进铬对植物的有效性。作物对六价铬和三价铬的吸收量、吸收速度及累计部位因作物种类而异。如烟草对六价铬有选择吸收,而玉米则有拒绝吸收六价铬的特征,水稻对三价铬和六价铬均能吸收,但吸收六价铬的量远大于三价铬,并且六价铬易于从茎叶转移到籽实中,而三价铬转移较少(方煜,2008)。大多数情况下,铬在植物根的积累量是茎和其他组织的 10～100 倍(程蓓蓓,2014)。

5.汞在土壤-植物系统的迁移转运

(1)汞在土壤系统中赋存形式 汞在自然界含量很少,岩石圈中汞含量约为 0.1 mg/kg。土壤中汞的含量为 0.01～0.3 mg/kg,平均为 0.03 mg/kg。由于土壤的黏土矿物和有机质对汞的强烈吸附作用,汞进入土壤后,95%以上能被土壤迅速吸附或固定,汞容易在表层积累。

植物能直接通过根系吸收汞。在很多情况下,汞化合物在土壤中先转化为金属汞或甲基汞后才被植物吸收。植物吸收和积累汞与汞的形态有关,其顺序是:氧化甲基汞>氯化乙基汞>醋酸苯汞>氯化汞>氧化汞>硫化汞。从这个顺序也可看出,挥发性高、溶解度大的汞化合物容易被植物吸收。汞在植物各部分的分布是根>茎、叶>种子。这种趋势是由于汞被植物吸收后,常与根中的蛋白质反应沉积于根上,阻碍了向地上部分的运输。

(2)汞在植物中的迁移转化特征 环境中的 Hg 通过叶片吸收和根部吸收进入植物体内,主要方式如下:①Hg 通过大气干湿沉降附着于植物叶片表面,植物通过呼吸作用和叶片表面绒毛的吸附作用吸收叶片上的 Hg。植物叶片既能吸收大气中的 Hg,又可以将体内部分积累的 Hg 排出体外,产生一个动态的平衡作用。影响植物叶片吸收大气中 Hg 的因素主要有:植物种类、年龄以及大气中 Hg 的含量。②植物根部可以从土壤中吸收和富集 Hg。植物根部从外界环境中吸收和富集 Hg 受以下因素所控制:土壤的理化性质、植物的生理特性以及土壤中 Hg 的浓度和形态。Hg 在植物体内的迁移和富集过程并不只是简单的分子扩散运动,根部是 Hg 的主要结合位点,从根部吸收的 Hg 转移至地上的比例往往较低。当 Hg 和某些物质,如硫化物结合后形成硫代硫酸盐后,Hg 从土壤运输到地上部分的速率将显著提高(陆紫微,2014)。

思考题

1.土壤中重金属的污染来源主要有哪些?

2.土壤中的重金属形态一般可分哪几种?

3.试述典型重金属在土壤环境中的化学行为与环境质量关系。

4.试述影响土壤中重金属迁移转化的因素。

5.试述重金属形态及其生物有效性的关系。

第7章 有机污染物在土壤
环境中的行为与危害

环境中的有机污染物种类远远多于无机污染物,世界上化学品销售目前已达 7 万～8 万种,且每年有 1000～1600 种新化学品进入市场。虽然,目前土壤环境污染以重金属为代表的无机污染为主,但由于种类繁多的有机污染物进入土壤可以发生迁移、转化等过程,其残留物及其转化产物均可能对环境质量和农产品安全造成一定的不利影响,在局部区域已经出现有机污染逐年加重的趋势,因此本章主要介绍土壤中有机污染物的主要种类、来源、理化性质、环境行为、生态毒性以及对环境质量的影响与危害,在有机污染物类别方面不仅包括有机农药、多环芳烃、多氯联苯、二噁英、石油等传统的有机污染物,而且与时俱进增加了纳米材料、微塑料和抗生素等新污染物。

7.1 土壤中有机污染物概述

环境中的有机污染物都具有非常多的种类和数量,每一种化合物都具有不同的名称、分子式、理化性质和反应性,都在发生不同的环境过程,表现出不同的环境行为。但由于环境中的有机污染物种类繁多,不可能对每一种污染物都制定控制标准或实行控制,因而许多国家都采取了针对性极强的控制措施,即在众多污染物中筛选出潜在危害大的重点污染物作为优先研究和控制对象,称之为优先污染物,俗称污染物"黑名单"。我国也开展了大量的优先污染物筛选工作,根据有毒化学品环境安全性综合调查结果,曾经提出 14 类 68 种优先控制污染物。在各国的优先污染物名单中,绝大多数为有机物。由于土壤是有机污染物在环境中分布、归趋的重要介质,开展土壤中优先污染物研究与控制具有重要意义。

土壤中的有机污染物主要包括有机农药、石油烃、塑料制品、染料、表面活性剂、增塑剂和阻燃剂等,其来源主要为农药施用、污水灌溉、污泥和废弃物的土地处置与利用、污染物泄漏等途径。例如,曾有地方因拆卸含多氯联苯(PCBs)的电力电容器,造成了局部土壤的 PCBs 污染,在检测的两块田地中,PCBs 的总量分别为 260 ng/g 和 960 ng/g,而未受直接污染的西藏土壤的 PCBs 含量为 0.625～3.501 ng/g,河北怀柔的土样则仅为 0.42 ng/g。

7.1.1 农药

农药是各种杀菌剂、杀虫剂、杀螨剂、除草剂和植物生长调节剂等农用化学制剂的总称(表7-1)。农药大多为有机化合物。施用农药是现代农业不可缺少的技术手段。然而,农药施入田间后,真正对作物进行保护的数量仅占施用量的 10%～30%,而 20%～30%进入大气和水体,50%～60%残留于土壤。自 20 世纪 40 年代广泛应用以来,累计已有数千万吨农药进入环境,农药已成为土壤中主要的有机污染物。在土壤中残留较多的主要是有机氯、有机磷、氨基甲酸酯和苯氧羧酸类等农药。

表 7-1　主要的农药品种

杀虫、杀线虫剂	杀菌剂	除草剂	其他
有机氯: 六六六、滴滴涕、林丹、毒杀芬、硫丹、艾氏剂、狄氏剂、氯丹、异狄氏剂、七氯、灭蚁灵 **有机磷:** 敌敌畏、敌百虫、乐果、氧乐果、磷胺、对硫磷、甲基对硫磷、甲胺磷、马拉硫磷、水胺硫磷、久效磷、甲基异柳磷、杀螟松、辛硫磷、杀虫畏、毒死蜱、甲基毒死蜱、皮蝇磷、伏杀磷、嘧啶氧磷、倍硫磷、乙酰甲胺磷、哒嗪硫磷、喹硫磷、甲拌磷、治螟磷、亚胺硫磷、二嗪农 **氨基甲酸酯:** 呋喃丹、西维因、叶蝉散、涕灭威、丁苯威、残杀威、速灭威、灭多威、恶虫威、乙硫苯威、硫双灭多威 **拟除虫菊酯:** 胺菊酯、苄呋菊酯、氰戊菊酯、戊菊酯、氯菊酯、二氯苯醚菊酯、甲醚菊酯、甲氰菊酯、溴氰菊酯、炔戊菊酯、氟氯氰菊酯 **其他:** 杀虫双、鱼藤酮、苏云金杆菌、藜芦碱、杀虫环、三氯杀虫酯、Bt 杀虫剂	**杂环类:** 多菌灵、噻菌灵、叶枯净、十三吗啉、乙烯菌核利、敌菌灵、萎锈灵、稻瘟灵 **三唑类:** 三唑酮、三环唑、烯唑醇 **苯类:** 甲基托布津、五氯硝基苯、百菌清、联苯、敌克松、邻酰胺 **有机磷类:** 稻瘟净、异稻瘟净、克瘟散、三磷铝 **硫类:** 硫黄、石硫合剂、代森锌、代森锰锌、代森铵、福美双、福美铵、甲基硫双灵 **铜汞类:** 波尔多液、硫酸铜、碱式碳酮铜、络氨铜、抗枯灵、毒克星 **有机锡砷类:** 福美胂、福美甲胂苏化-911 **抗生素类:** 井冈霉素、春雷霉素、链霉素、氯霉素、灭瘟素 **其他:** 复硝酚钠、敌磺钠、琥珀酸	**苯氧类:** 2,4-D、2 甲 4 氯、2,4-D 丁酯、2,4,5-T **苯甲酸类:** 麦草畏 **酰胺类:** 甲草胺、丁草胺、乙草胺、异丙甲草胺、敌稗 **甲苯胺类:** 氟乐灵 **脲类:** 绿麦隆、绿磺隆、甲磺隆、绿嘧磺隆、嘧磺隆、胺苯磺隆、苯磺隆、吡嘧磺隆 **氨基甲酸酯类:** 氯苯胺灵、灭草灵、甜菜宁、甜菜安、燕麦敌、野草畏、灭草猛、杀草丹、草达平 **酚类:** 五氯酚钠 **二苯醚类:** 乙氧氟草醚、除草醚 **三氮苯类:** 阿特拉津、西玛津、氰草津、西草净、扑草净 **杂环类:** 毒莠定、敌草快、百草枯、双苯唑快、杀草松 **其他:** 茅草枯、草甘膦、禾草灵、喹禾灵、恶唑灵	**杀螨类:** 三氯杀螨醇、克螨锡、哒螨灵、华光霉素、单甲脒、三环锡、三唑锡、四螨嗪 **杀鼠类:** 安妥、敌鼠钠盐、磷化锌、灭鼠优、杀鼠灵、杀毒迷、溴敌隆、鼠甘伏 **熏蒸剂:** 溴甲烷、氯化苦、二氯乙烷 **增效剂:** 增效磷 **植物生长调节剂:** 矮壮素、赤霉素、多效唑、吡效隆醇、调节安、复硝铵、复硝酚钾、复硝酚钠、甲哌翁、α-萘乙酸、三十烷醇、烯效唑、乙烯利、芸薹素内酯 **解毒剂:** 解草安

引自林玉锁等,2000。

1. 有机氯农药

有机氯农药(OCPs)大部分是含有一个或几个苯环的氯代衍生物(图 7-1),主要用来防治植物病虫害。该类农药在 20 世纪 50～70 年代为确保农、林和畜牧业的增产发挥过巨大作用。但是有机氯农药具有化学性质稳定、不易分解，并具有高生物富集等特点，可以通过食物链累积而威胁人畜的健康。现在包括极地在内的所有环境介质中都能监测到这类污染物的存在，因而成为全球性环境问题。

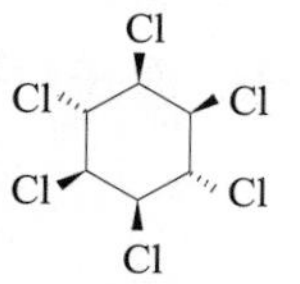

林丹（$C_6H_6Cl_6$）
（γ-1，2，3，4，5，
6-六氯环己烷）

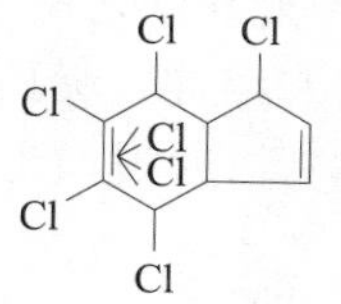

氯丹（$C_{10}H_6Cl_8$）
（1，2，3，4，5，6，7，8-八氯-2，
3，3a，4，7，7a-六氯-4，5-甲撑茚）

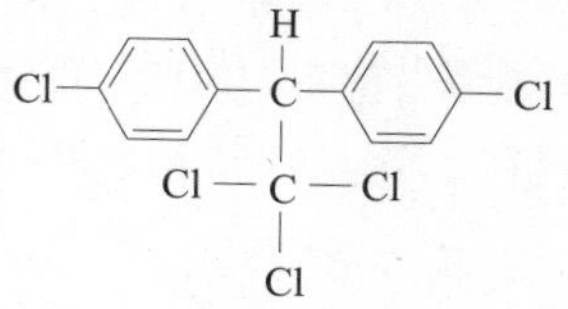

DDT（$C_{14}H_9Cl_5$）
2，2-双（对氯苯基）
-1，1，1-三氯乙烷

图 7-1　有机氯农药结构式示例

有机氯农药大体可分为氯代苯和氯代甲撑茚制剂两大类。氯代苯类以苯作为基本合成原料，如滴滴涕（DDT）和六氯苯。这类制剂曾是我国应用最广、用量最大的品种。氯代甲撑茚制剂以石油裂化产物作为基本原料合成而得，包括氯丹、七氯化茚、狄氏剂、艾氏剂、毒杀芬等。几种典型有机氯农药的性质见表 7-1。

（1）DDT　DDT 在 20 世纪 70 年代以前是全世界最常用的杀虫剂。它有若干种异构体，其中仅对位异构体（p，p'-DDT）有强烈的杀虫性能。在土壤中，表层土吸附 DDT 较多，所以它在土壤中的迁移不明显。但是植物可以通过根和叶片吸收 DDT，DDT 进入体内在叶片中的积累量相对较大，而果实中较少。

DDT 对人、畜的急性毒性很小。大白鼠半致死剂量（LD_{50}）为 250 mg/kg。但由于 DDT 脂溶性强（100000 mg/L）而水溶性差（0.002 mg/L），它可以长期在脂肪组织中蓄积，并通过食物链在动物体内高度富集，使居于食物链末端的生物体内蓄积浓度比最初环境所含农药浓度高出数百万倍，对机体构成危害。而人处在食物链最末端，受害也最大。所以，虽然 DDT 已禁用多年，但仍然受到人们的关注。

（2）林丹　林丹是六氯环乙烷（HCH，六六六）γ-异构体的俗名，含 γ-异构体 90% 以上，在六六六 8 种同分异构体中杀虫效力最高。林丹为白色或稍带淡黄色的粉末状结晶。熔点在 112 ℃ 以上，比 DDT 较易挥发。20 ℃ 时在水中的溶解度为 7.3 mg/L，在 60～70 ℃ 下不易分解，在日光和酸性条件下很稳定，但遇碱会发生分解而失去杀虫作用。

由于林丹较易溶于水且有较强的挥发性，它可从土壤和空气中进入水体，也可随水蒸发，又进入大气。植物能从土壤中吸收积累一定数量的林丹。林丹在土壤中的残效期较其他有机氯杀虫剂短，容易分解消失，减轻了在土壤中的残留和对环境的污染。

林丹的大鼠经口急性 LD_{50} 为 88～270 mg/kg，小鼠为 59～246 mg/kg。按我国农药急性毒性分级标准，林丹属中等毒性杀虫剂。在动物体内也有积累作用，对皮肤有刺激性。

（3）氯丹　工业氯丹含量要求达到 60% 以上，氯丹曾用作广谱性杀虫剂，通常加工成乳油状，琥珀色，沸点 175 ℃，密度 1.69～1.70 g/cm³，不溶于水，易溶于有机溶剂，在环境中比较稳定，遇碱性物质能分解失效。其挥发性较大，但仍有比较长的残效期。在杀虫浓度范围内，对植物无药害。氯丹对人、畜毒性较低，大白鼠 LD_{50} 为 457～590 mg/kg。但氯丹在体内代谢后，能转化为毒性更强的环氧化物,并使血钙降低,引起中枢神经损伤。在动物体积累作用大于 DDT。

（4）毒杀芬　　毒杀芬是用于控制农业和蚊虫的杀虫剂,为黄色蜡状固体,有轻微的松节油的气味。在 $70\sim95$ ℃范围内软化率为 $67\%\sim69\%$,熔点为 $65\sim90$ ℃。不溶于水,但溶于四氯化碳、芳烃等有机溶剂。在加热或强阳光的照射和铁之类催化剂的存在下,能脱掉氯化氢。毒杀芬对人、畜毒性中等,能够引起甲状腺肿瘤和癌症。大白鼠 LD_{50} 为 69 mg/kg。能在动物体内贮存。除葫芦科植物外,对其他作物均无药害,残效期长。

2. 有机磷农药

有机磷农药是为取代有机氯农药而发展起来的,由于有机磷农药比有机氯农药容易降解,故它对自然环境的污染及对生态系统的危害和残留没有有机氯农药那么普遍和突出。但有机磷农药毒性较高,大部分对生物体内胆碱酯酶有抑制作用。随着有机磷农药使用量的逐年增加,对环境的污染以及对人体健康的危害等问题已经引起各国的高度重视,部分含磷农药已禁用。

世界上有机磷农药的品种已有数百种,我国也有 200 余种,其中常用的有机磷农药世界上有约百种,而我国有 30 余种。由于有机磷农药对有害靶生物的去除效果比较好,是我国使用最多的一种农药。对有机磷在土壤中消解规律的研究,有助于评价其环境效应和污染防控。有机磷农药大部分是磷酸的酯类或酰胺类化合物(图 7-2),按结构可将其分为如下几类:磷酸酯(如敌敌畏、二溴磷等)、硫代磷酸酯(如对硫磷、马拉硫磷、乐果等)、磷酸酯(如敌百虫)和硫代磷酸酯、磷酰胺和硫代磷酰胺(如甲胺磷等)。

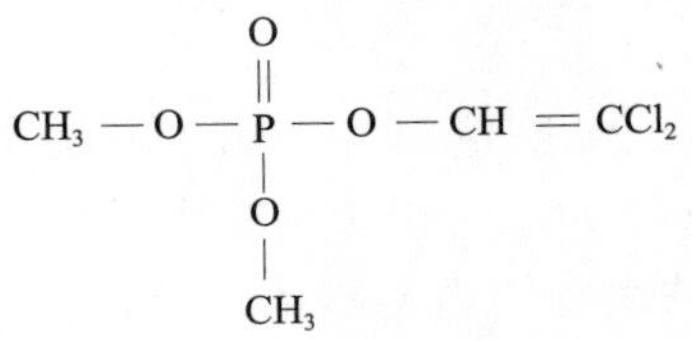

敌敌畏 （$C_4H_7O_4PCl_2$）
O, O-二甲基-O-（2, 2-二氯乙烯基）磷酸酯

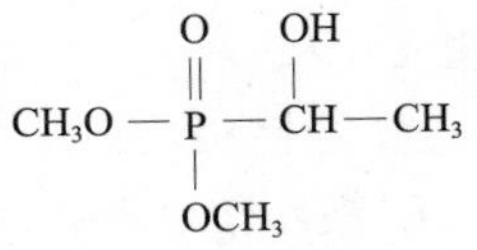

敌百虫 （$C_4H_8O_4Cl_3P$）
O, O-二甲基-（2, 2, 2-三氯-1-羟基乙基）磷酸酯

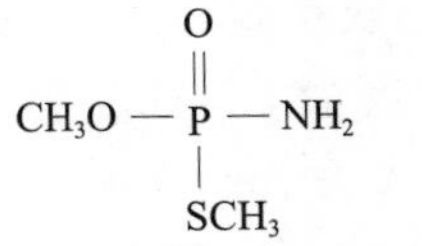

四胺磷 （$C_2H_8O_2NPS$）
O, S-二甲基胺硫代磷酸酯

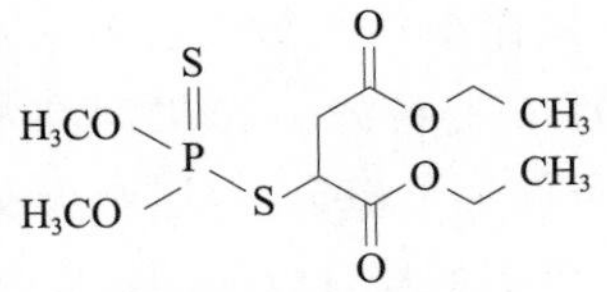

马拉硫磷 （$C_{10}H_{19}O_6PS_2$）
O, O-二甲基-S-［1, 2-二（乙氧基羰基）乙基］二硫代磷酸酯

图 7-2　有机磷农药结构式示例

有机磷农药多为液体,除少数品种(如乐果、敌百虫)外,一般都难溶于水,而易溶于乙醇、丙酮、氯仿等有机溶剂中。不同的有机磷农药挥发性差别很大。

7.1.2　多环芳烃类

多环芳烃(polycyclic aromatic hydrocarbons,PAHs)是指两个以上的苯环连在一起的化合物(图 7-3)。根据苯环的连接方式分为联苯类、多苯代脂肪烃和稠环芳香烃 3 类。多环芳烃是最早发现且数量最多的致癌物,目前已经发现的致癌性多环芳烃及其衍生物已超过 400 种。

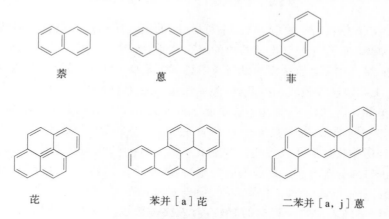

菲　　　　　　　　　蒽　　　　　　　　　　菲

芘　　　　　　　苯并［a］芘　　　　　　二苯并［a,j］蒽

图 7-3　多环芳烃结构式示例

多环芳烃的来源可分为人为与天然两种,前者是多环芳烃污染的主源。多环芳烃的形成机理很复杂,一般认为多环芳烃主要是由石油、煤炭、木材、气体燃料等不完全燃烧以及还原条件下热分解而产生的,人们在烧烤牛排或其他肉类时也会产生多环芳烃。有机物在高温缺氧条件下,热裂解产生碳氢自由基或碎片,这些极为活泼的微粒,在高温下又立即热合成热力学稳定的非取代的多环芳烃,如苯并［a］芘(Bap)是一切含碳燃料和有机物热解过程中的产物,其生成的最适宜温度为 600～900 ℃。

多环芳烃大都是无色或淡黄色的结晶,个别具深色,熔点及沸点较高,蒸气压很小。由于其水溶性低,辛醇/水分配系数高,因此,该类化合物易于从水中分配到生物体内或沉积于河流沉积层中。土壤是多环芳烃的重要载体,多环芳烃在土壤中有较高的稳定性。当它们发生反应时,趋向保留它们的共轭环状系,一般多通过亲电取代反应形成衍生物。

多环芳烃是一类惰性较强的碳氢化合物,主要通过光氧化和生物作用而降解。相对分子质量小的多环芳烃如萘、苊和苊烯均能快速降解,初始浓度为 10 mg/L 的溶液 7 d 内可降解 90% 以上,而相对分子质量大的多环芳烃如荧蒽、苯并蒽和蒽等很难被生物降解。多环芳烃在土壤中也难以发生光解。

某些多环芳烃属于很强的致癌物质,如苯并［a］芘。目前,已对 2000 多种化合物做了致癌试验,发现有致癌作用的有 500 余种,其中 200 余种系芳香烃类。在这些致癌物中多环芳烃是重要的一类。多环芳烃在环境中虽是微量的,但其分布极为广泛,人们能够通过呼吸、饮食和吸烟等途径摄取,是人类癌症的重要起因之一。

7.1.3　多氯联苯

多氯联苯(PCBs)是一类以联苯为原料在金属催化剂作用下,高温氯化生成的氯代芳烃。根据氯原子取代数和取代位置的不同,共有 209 种同类物(图 7-4)。

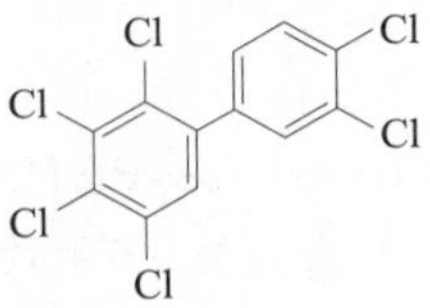

图 7-4　多氯联苯（PCBs，209 个同类物）

PCBs 具有良好的化学惰性、抗热性、不可燃性、低蒸气压和高介电常数等优点，因此曾被作为热交换剂、润滑剂、变压器和电容器内的绝缘介质、增塑剂、石蜡扩充剂、黏合剂、有机稀释剂、除尘剂、杀虫剂、切割油、压敏复写纸以及阻燃剂等重要的化工产品，广泛应用于电力工业、塑料加工业、化工和印刷等领域。PCBs 的商业性生产始于 1930 年，据世界卫生组织（WHO）报道，至 1980 年世界各国生产 PCBs 总计近 1.0×10^6 t，1977 年后各国陆续停产。我国于 1965 年开始生产多氯联苯，大多数厂于 1974 年底停产，到 20 世纪 80 年代初国内基本已停止生产 PCBs，估计历年累计产量近万吨。20 世纪 50～70 年代，我国在未被通知的情况下，曾由一些发达国家进口部分含有多氯联苯的电力电容器、动力变压器等。动物实验表明，PCBs 对皮肤、肝脏、胃肠系统、神经系统、生殖系统、免疫系统的病变甚至癌变都有诱导效应。一些 PCBs 同类物会影响哺乳动物和鸟类的繁殖，对人类健康也具有潜在致癌性。历史上曾有过几次污染教训，尤以 1968 年日本九州发生的米糠油事件最为严重。1979 年，中国台湾也发生了类似的悲剧。深刻的教训、沉重的代价使 PCBs 的污染日益受到国际上的关注。

土壤中的 PCBs 主要来源于大气颗粒沉降，工业园区造成的影响比较明显；有少量来源于用作肥料的污泥、填埋场的渗漏，以及在农药配方中使用的 PCBs 等。土壤中的 PCBs 含量一般比它上部空气中的含量高出 10 倍以上。若仅按挥发损失计，土壤中 PCBs 的半衰期可达 10～20 年。PCBs 在土壤中的挥发速率随着温度的升高而升高，但随着土壤中黏粒含量和联苯氯化程度的增加而降低。挥发过程最有可能是引起土壤中 PCBs 损失的主要途径，尤其是高氯取代的联苯。

7.1.4　二噁英

二噁英类（dioxins）是对性质相似的多氯代二苯并二噁英（PCDDs）和多氯代二苯并呋喃（PCDFs）两组化合物的统称（图 7-5），主要来源于焚烧和化工生产，属于全球性污染物质，存在于各种环境介质中。在 75 个 PCDDs 和 135 个 PCDFs 同系物中，侧位（2,3,7,8-）被氯取代的化合物（TCDD）对某些动物表现出特别强的毒性，有致癌、致畸、致突变作用，引起人们的广泛关注。

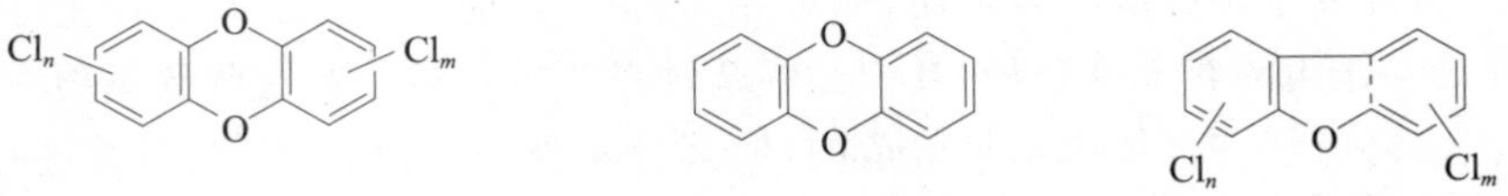

图 7-5　二噁英结构式示例

环境中 PCDDs/PCDFs 主要来源于焚烧和化工生产，前者包括氯代有机物或无机物的热反应，如城市废弃物、医院废弃物及化学废弃物的焚烧以及家庭用煤和香烟的燃烧，后者主要来源于氯酚、氯苯、多氯联苯及氯代苯氧乙酸除草剂等的生产过程、制浆造纸中的氯化漂白及其他工业生产中，通过大气沉降、污泥农用、农药的施用等途径进入土壤。

含有二噁英类化合物的农药主要有除草剂、杀菌剂和杀虫剂。2,4,5-T 和 2,4-D 等苯氧乙酸除草剂主要用于森林。最毒的 2,3,7,8-TCDD 异构体最初就是在 2,4,5-T 中发现的。自从 20 世纪 30 年代以来，氯酚被广泛用作杀菌剂、杀虫剂、木材防腐剂以及亚洲、非洲、南美洲地区的血吸虫病的防治，氯酚的生产主要采用苯酚的直接氯化或氯苯的碱解这两种方式，因此 PCDDs/PCDFs 常常作为氯酚制造过程的副产物而进入环境。

由于环境中二噁英类主要以混合物形式存在，在对二噁英类的毒性进行评价时，国际上常把不同组分折算成相当于 2,3,7,8-TCDD 的量来表示，称为毒性当量（toxic equivalents，简称 TEQ）。样品中某 PCDDs 或 PCDFs 的浓度与其毒性当量因子（TEF）的乘积之和，即为样品中二噁英类的毒性当量 TEQ。污泥农用的研究表明，城市污泥所含 PCDDs/PCDFs 的毒性当量（以干重计）通常在 $(20\sim40)\times10^{-9}$ g/kg，2,3,7,8-TCDD 的毒性最大，毒性当量在 $(0\sim1.0)\times10^{-9}$ g/kg。造纸工业是近几年来发现的新的、重要的二噁英类化合物的污染源，在其污泥中，2,3,7,8-TCDD 的含量不等，浓度从 ng/kg 级至数百个 ng/kg。施用污泥改良的土壤 PCDDs 总浓度升高，出现累积现象。但也有报道指出，在各种施用污泥的田间试验中，土壤中 PCDDs/PCDFs 的浓度在检测限 0.01 μg/kg 以下，没有出现 PCDDs/PCDFs 的累积，这与污泥中二噁英的含量及土壤性质等因素有关。

大气迁移与尘埃沉降也是土壤中二噁英类污染物的重要来源。有的学者认为，大气降尘向土壤输入的 PCDDs/PCDFs 远比施用污水和污泥重要。亚热带和温带区域土壤中的大气沉降量可达 610 μg/（m² · 年）。全球总沉降量估计为 12500 kg/年。

许多化学品在制造过程中，特别是苯氧乙酸除草剂、氯酚、PCBs 生产中的化学废弃物，其中 PCDDs/PCDFs 的含量很高。我国用农药六六六无效体生产氯代苯，废渣中 PCDDs/PCDFs 含量相当高。根据年废渣排放量及 PCDDs/PCDFs 的平均含量计算，PCDDs/PCDFs 年生成量约为 15.6 t，其中 2,3,7,8-TCDD 的年生成量约为 174 g，为当前 PCDDs/PCDFs 的最大污染源。这些废弃物若不能妥善处理，随意堆放，易通过渗漏、地表径流而进入土壤，给环境造成污染。

7.1.5　石油类

20 世纪 80 年代以来，土壤石油烃类污染成为世界各国普遍关注的环境问题。石油能自然溢流而进入土壤环境，但土壤石油烃类污染主要来源于石油钻探、开采、运输、加工、储存、使用产品及其废弃物的处置等人为活动，例如油井附近土壤中石油类污染物的含量平均可达 15.8 g/kg，而在正常灌溉条件下的农田，其含量仅为 2.2 mg/kg。从石油排放，到石油泄漏、输油管破损等事故，以及包含 PAHs 的润滑油等石油类产品的不合理排放，都会导致石油烃类化合物释出，进而侵入土壤环境；长期的慢性排放有时比广为人知的石油泄漏事故更为有害。

石油烃类是包含数千种不同有机分子的复杂的混合物。其主要元素是碳和氢，也含有少量氮、氧、硫元素，以及钒、镍等金属元素。依据碳链的长度及是否构成直链、支链、环链或芳香结构，石油烃类化合物可以分成数种化学物系（链烷烃、环烷烃、芳香烃以及少量非烃化合物），如烷烃、苯、甲苯、二甲苯等。石油中的芳香烃类物质对人及动物的毒性较大，尤其是以双环和三环为代表的多环芳烃毒性更大。石油中的苯、甲苯、二甲苯、酚类等物质，如果经较长时间、较高浓度接触，会引起恶心、头痛、眩晕等症状。

石油烃类在土壤中以多种状态存在：气态、溶解态、吸附态、自由态（以单独的一相存留于毛管孔隙或非毛管孔隙）。其中被土壤吸附和存留于毛管孔隙的部分不易迁移，从而影响土壤的通透性。石油类物质的水溶性一般很小，因而土壤颗粒吸附石油类物质后不易被水浸润，形不成有效的导水通路，透水性降低，透水量下降。能积聚在土壤中的石油烃，大部分是高分子组分，它们黏着在植物根系上形成一层黏膜，阻碍根系的呼吸与吸收功能，甚至引起根系的腐烂。对动植物的毒性为烷烃＞环烷烃＞烯烃＞芳香烃。以气态、溶解态和单独的一相存留于非毛管孔隙的石油烃类迁移性较强，容易扩大污染范围，最终可引起地下水的污染。此外，石油烃类对强酸、强碱和氧化剂都有很强的稳定性，在环境中残留时间较长。

7.1.6 其他重要的有机污染物

土壤中的有机污染物很复杂，除了前面介绍的几类外，还有增塑剂、阻燃剂、表面活性剂、染料类以及酚类和亚硝胺物质等有机污染物（图 7-6 至图 7-9）。这些污染物大都来自工业废水、污灌以及污泥和堆肥。它们进入土壤环境后，会造成对生态与环境的危害。

1. 增塑剂

我国常用的增塑剂包括邻苯二甲酸二丁酯（DBP）和邻苯二甲酸二异辛酯（DEHP）（图 7-6）。由于它们的广泛使用，这类化合物在土壤、水体、大气及生物体乃至人体诸多环境或组分中均有检出，成为全球最为普遍的污染物之一。由于此类化合物显著的生物累积性，中国、美国、日本等许多国家都将其列入优先控制污染物黑名单之中。

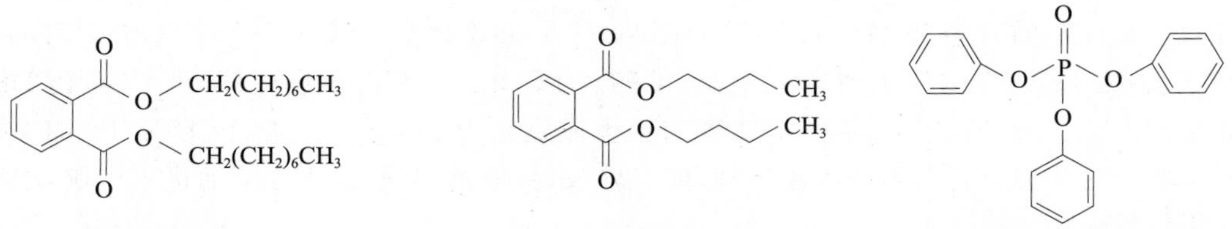

邻苯二甲酸酯　　邻苯二甲酸丁二酯　　三苯基磷酸酯（增塑剂、阻燃剂）

图 7-6 增塑剂、阻燃剂结构式示例

土壤中酞酸酯主要来源有农膜及其他废弃塑料制品的携入、工业烟尘的沉降，及用含酞酸酯的地表水的灌溉，特别是污灌的输入量更多。酞酸酯类污染物具有低水溶性和高脂溶性，所以它们极易从水系向固体沉积物迁移，且极易在生物体内累积。酞酸酯对动物有致畸、致突变作用，如 DEHP 对小白鼠有致肝癌作用。安琼等的田间试验表明，DBP 和 DEHP 这两种化合物对蔬菜产量均有一定的影响，减产幅度可达 13％～60％；一般而言，DBP 处理者的影响大于 DEHP，因而我们必须重视酞酸酯对土壤—植物系统的污染问题。

2. 染料类

随着染料生产、纺织和印染工业的迅速发展，有机染料（图 7-7）在衣服、食物染色及家庭装修等方面应用广泛。有些染料具有致癌性，例如芳香胺类中的联苯胺、萘胺等。土壤中的染料主要来源于工业废水的排放、含有染料的污水灌溉、污泥和堆肥等。调查发现毗邻污染源地区的农业土壤环境中各种有机染料的总含量可达 19～3114 mg/kg。

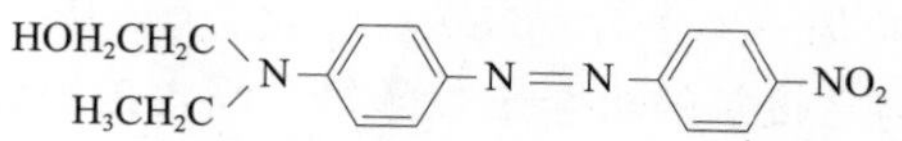

图 7-7　染料类结构式示例

3. 表面活性剂

表面活性剂是家庭和工业洗涤产品的活性成分(图 7-8),随着它的大量应用,含有表面活性剂的工业废水和城市生活污水,以污灌和污泥的方式进入土壤,对土壤产生不同的影响,甚至污染。表面活性剂分为阴离子型、阳离子型和非离子型 3 类。一般关于土壤污染的表面活性剂主要是烷基苯磺酸盐,如烷基苯磺酸钠。土壤中表面活性剂浓度低时能改善土壤团聚性能,提高土壤持水性;但是,较高浓度的表面活性剂进入土壤后可导致土壤黏粒稳定性增强,不利于黏粒聚沉,导致土壤粒子的分散,流动性增加,从而加重水土流失;同时,吸附于土壤黏粒上的农药和重金属,可随径流而转移,使污染范围扩大,从而加深水环境的污染程度。土壤中的许多营养成分富集在黏粒上,表面活性剂对土壤环境的污染亦会加重水体的富营养化和土壤自身的贫瘠化。

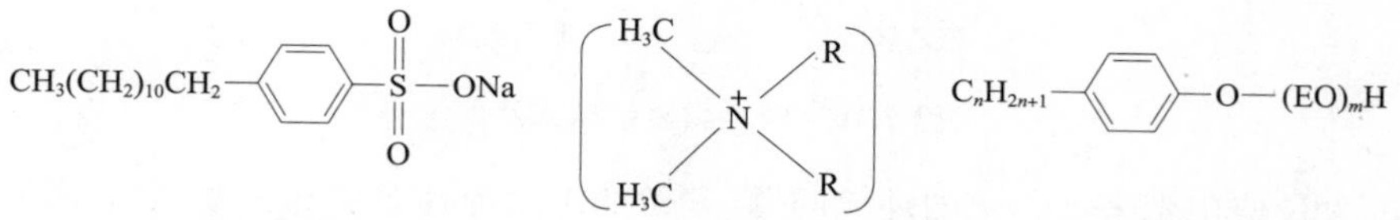

烷基苯磺酸钠（阴离子表面活性剂）　季胺盐（阴离子表面活性剂）　烷基苯酚聚氧乙烯醚（非离子表面活性剂）

图 7-8　表面活性剂结构示例

低浓度表面活性剂对植物(玉米、麦类)生长有刺激作用,但高浓度会导致减产。表面活性剂还对土壤微生物有影响,能引起微生物种群数降低。

4. 酚类和亚硝基化合物

酚类化合物(图 7-9)是芳烃的含羟基衍生物,可根据挥发性将其分为挥发性酚和不挥发性酚。环境中的酚污染物主要来源于工业企业排放的含酚废水,通常含酚废水中以苯酚和甲酚的含量最高。在许多工业领域,如煤气、焦化、炼油、冶金、机械制造、玻璃、石油化工、木材纤维、化学有机合成工业、塑料、医药、农药和油漆等工业排出的废水中均含有酚,这些废水若不经过处理或处理不达标而直接排放,或用于灌溉,就会污染土壤,并对土壤生物和人体健康产生不利影响,酚类物质被农作物吸收会导致农作物的可食部分产生异味。酚类和亚硝基化合物结构示例见图 7-9。

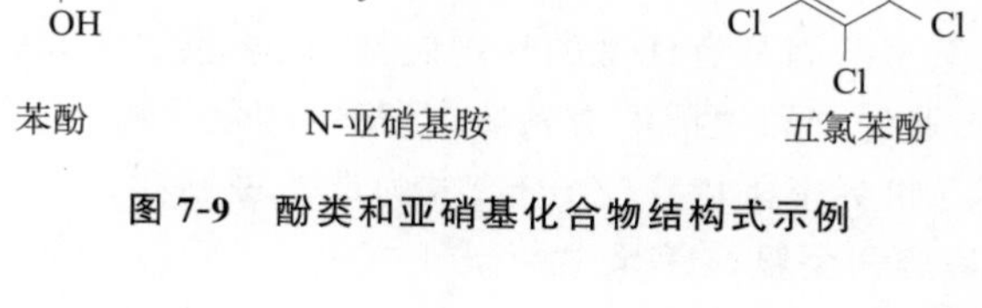

苯酚　N-亚硝基胺　五氯苯酚

图 7-9　酚类和亚硝基化合物结构式示例

N-亚硝基化合物(图 7-9)是一类含有 NNO 基的化合物,是一类广谱的致癌物,其前体物质广泛存在于环境中,人类与之接触的机会十分频繁。当农田中大量使用含有硝酸盐的化肥,或土壤中铁、钼元素缺乏,或光照不足时,会造成植物体中硝酸盐的明显积累。过多的硝酸盐不仅严重影响动植物产品的安全,它还会从土壤渗入地下水而对水体造成严重污染,而硝酸盐在一定条件下可转化为 N-亚硝基化合物。

5.废塑料制品

近年来,由于塑料价格便宜、性能好、加工方便,塑料工业迅速发展,各类农用塑料薄膜、快餐包装盒以及包装塑料袋、盒、绳等制品大量使用。这些制品使用后,除部分回收外,大量作为垃圾被抛弃或进行土地填埋。塑料是一种高分子材料,常用聚氯乙烯、聚乙烯、聚丙烯、聚苯乙烯等化工原料制成(图 7-10),由于它具有不易腐烂、难于降解的性能,散落在土地里,就会造成永久性"白色污染"。实验表明,塑料在土壤中需要 200 年之久才能被降解。

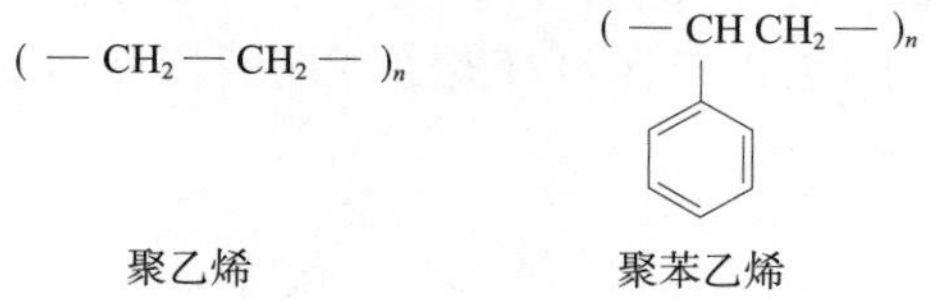

$$(-CH_2-CH_2-)_n \qquad (-CH\,CH_2-)_n$$

聚乙烯　　　　　　　　　聚苯乙烯

图 7-10　塑料物质结构式示例

农膜的大量使用带来了一定的环境问题,残留的地膜碎片会破坏土壤结构,阻断土壤中的毛细管,影响水肥在土壤中的运移,妨碍作物根系发育生长,使农作物产量降低。实验表明,每公顷土地残留地膜 45 kg 时,则蔬菜产量可减少 10%,而小麦每公顷可减产 450 kg。残膜还影响农田耕作管理,使农田生态系统受到大面积破坏。同时,增塑剂随农膜的使用而大量地进入农田生态系统,使农田土壤和作物生长发育及产品品质受到影响。

6.全氟化合物

全氟化合物(perfluoro chemicals,PFCs)指化合物分子中与碳原子连接的氢原子完全被氟原子所取代的一类有机化合物。PFCs 主要由离子型全氟烷基类化合物(PFASs)和非离子型全氟化合物(non-ionic,PFCs)等组成,PFASs 又可分为全氟磺酸类化合物(PFSAs)和全氟羧酸类化合物(PFCAs)。一般在环境和生物体中最常见的 PFCs 为:PFSAs 中的全氟辛烷磺酸(PFOS)和 PFCAs 中的全氟辛酸(PFOA)(图 7-11)。

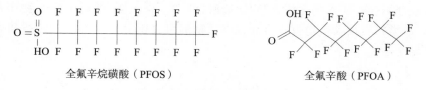

全氟辛烷磺酸(PFOS)　　　　　　　　全氟辛酸(PFOA)

图 7-11　全氟化合物结构式示例

全氟辛烷磺酸和全氟辛酸因具有优良的热稳定性、化学稳定性、高表面活性,以及疏水、疏油性能,被广泛应用于工业生产和生活消费领域,其稳定的化学性质、不易挥发,以及不能被生态系统降解的特性使其在世界范围内广泛分布,成为严重威胁生态环境和人群健康的安全隐患。2009 年,PFOS 及其盐和全氟辛烷磺酰氟被正式列入 POPs 名单。环境学家根据目前的初步调查结果认为,PFOS 和 PFOA 是继多氯联苯、二噁英等之后又一种新的持久性环境污染物,会对整个生态系统和人类健康产生严重影响。大气中的 PFCs 可通过干湿沉降进入土壤,水中的 PFCs 可通过地表径流、灌溉进入土壤。目前,土壤中 PFCs 的研究主要为河口及近岸、农田、水源保护地等,也有涉及工厂周边及城市不同功能区土壤的报道。通过了解土壤中的PFCs 含量及其污染特征,可以为 PFCs 环境风险评价及其来源解析提供重要的科学数据。

7. 溴代阻燃剂

溴代阻燃剂(brominated flame retardants,BFRs)是一类用于阻燃的溴代化合物,被广泛应用于工业生产和日用品中,包括电子产品、纺织、家具、防火材料、装饰物和塑料制品等,提高产品的着火点,降低发生火灾的可能性。由于这类化合物具有良好的阻燃性能和低廉的价格,一直是阻燃剂中使用最为广泛的一种。随着社会经济的快速发展,全球对溴代阻燃剂的需求量不断增加。其中,多溴联苯醚(PBDEs)、六溴环十二烷(HBCD)、四溴双酚 A(TBBPA)这 3 类产品(图 7-12)市场需求量最大。

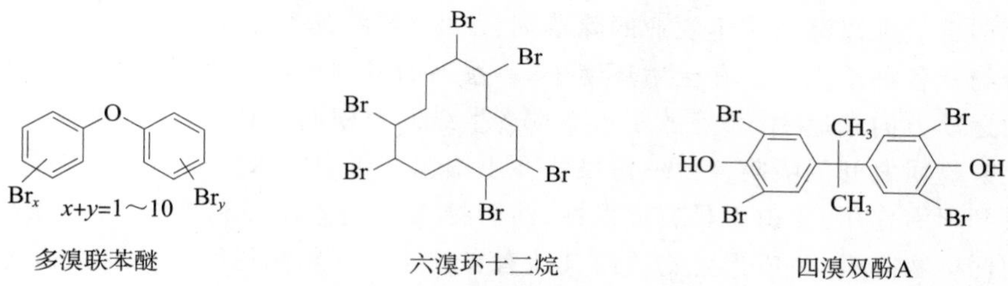

图 7-12　溴代阻燃剂结构式示例

溴代阻燃剂在自然环境中相当稳定,不易被降解,能够在环境中长期积累、迁移和转化,具有较强的生物蓄积毒性,研究者已从底泥、土壤和生物体等多种样品中检测到溴代阻燃剂。近年来,随着我国电子产业的迅猛发展,以及国际电子垃圾大量涌入,生态环境中溴代阻燃剂的含量显著提高。

土壤中多溴联苯醚的来源主要有 3 种途径:①主要来源于大气沉降。PBDEs 是一种添加型阻燃剂,缺乏化学键的束缚作用,因此阻燃剂聚合产品制造厂、电器制品厂、塑料制品厂等工业生产企业生产的 PBDEs 容易通过挥发进入环境,后经大气沉降进入土壤。②来源于地表径流和灌溉用水。由于电子垃圾在非法拆卸及长期露天堆放过程中,其中的 PBDEs 可通过泄露和降水作用进入地表径流,而后渗入土壤。③来源于污水处理厂污泥的农业利用。PBDEs 随污水进入污水处理厂,PBDEs 具有高辛醇-水分配系数,因此大部分 PBDEs 会被分配到污泥中。

7.2　土壤中有机污染物的环境行为

有机污染物在土壤中的行为受到它在空气、水溶液、固体、生物体四相之间分配趋势的制约,可能发生吸附、解吸、挥发、渗滤、生物降解、非生物降解等,这些过程往往同时发生,相互作用,有时难以区分并受许多因素的影响;可能挥发进入大气;随地表径流污染附近的地表水;吸附于土壤固相表面或有机质中;随降雨或灌溉水向下迁移,通过土壤剖面形成垂直分布,直至渗滤到地下水,造成其污染;或被生物或非生物降解以及作物吸收。图 7-13 给出了土壤中有机污染物的行为及其主要影响因素。

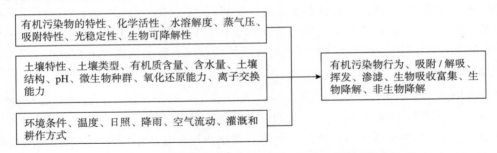

图 7-13　土壤中有机污染物的行为及其主要影响因素

有机污染物在土壤中主要以挥发态、自由态、溶解态和固态 4 种形态存在,绝大多数有机污染物都属于挥发性有机污染物。这些有机物主要来源于固体废物填埋场、地下密封储存的有害污染物的事故性泄漏及用于农业的除草剂、杀虫剂等,其类型多为卤代碳氢化合物、芳香类碳氢化合物及各种杀虫剂。在土壤环境中,一系列的机制控制污染物的运移:①地下水决定了污染物的运动方向和速率;②扩散使污染物产生纵向及横向的转移;③污染物与土壤颗粒中的有机质及矿物质之间的吸附、解吸,污染物在土壤包气带中的水气界面处的物质交换使污染物的运移受到阻滞作用;④由于具有挥发性,污染物还随气体迁移和扩散;⑤土壤中的生物与化学作用使污染物降解,生成无害物质或其他有害物质。要预测污染物的运移和其归宿,必须对土壤—水—空气这一复杂的系统及污染物在其中的诸多迁移机制有充分理解。这些挥发性有机污染物通过挥发、淋溶和由浓度梯度产生扩散等在土壤中迁移或逸入空气和水体中,或被生物吸收迁出土体之外,进而对大气、水体、生态系统和人类的生命造成极大的危害。

一般说来,土壤对外源性人工合成化学物质均具有自净能力,但是不同结构的化学物质在土壤中的降解历程却有很大的差异,一些有机物在土壤中可能还出现特异性反应,生成了比母体化合物毒性更大的产物和具有潜在危险性的转化产物。有机污染物被释放出来后,就会进入土壤或水体(地表水及地下水)等环境介质中去;进入大气中的有机污染物也会以某种形式进入土壤-水系统中去。在土壤-水体系中,虽然水是流动介质,但污染物并不随水的流动而立即消失,它们以某种形式进入土壤或河流、湖泊等水体的底部淤泥并残留下来,然后再缓慢释放,成为长期的二次污染源。所以,必须重视有机污染物在环境中的行为和归宿。对于土壤—水体系中吸收有机污染物的土壤类型、进入方式、吸收容量、污染程度及对生物影响的评估等,已成为当前环境科学研究中的热点问题。

7.2.1　土壤中有机污染物的主要环境行为

1.吸收有机污染物的土壤物质类型

土壤(包括水体底泥)的成分很复杂,既有矿物又有有机物,它们都可能成为有机污染物的吸收载体。土壤有机质的成分变异很大,其中既有未分解的或半分解的有机残体,又包括多种分子质量不同、聚合程度不同的腐殖物质(如胡敏素、胡敏酸及富里酸等)。无机矿物中,既有粗粒石英、长石、白云母等(它们一般不具有吸附功能),又有胶体的黏土矿物(如高岭石、蒙脱石、伊利石、无定形三氧化二铝、三氧化二铁等)。而且,不同类型土壤的组成又有所不同,从而使得有机污染物在土壤中行为的研究面临很大的困难。

通过大量研究发现,由于无机矿物具有较强的极性,矿物与水分子之间强烈的极性作用,使得极性小的有机分子很难与土壤矿物发生作用,它们对有机污染物的吸收量几乎微不足道,由此确认土壤有机质是土壤-水体系中吸收有机污染物的主要成分。

2.有机污染物进入土壤有机质的方式

有机污染物进入土壤有机质的方式并不是通常所认为的通过土壤有机质对有机污染物的吸附作用而进行的。应用高分子溶液化学理论,将有机污染物进入土壤有机质的过程定义为分配(partition)过程,并通过试验证实了这一方式。有研究表明,当用1,3-二氯苯和1,2,4-三氯苯的混合溶液进行试验时,土壤有机质对两种混合物质的吸收量与分别用两者单组分溶液进行试验时的吸收量一致,说明土壤对有机污染物的吸收,不是吸附作用,而是一种非竞争性的吸入作用,也就是分配作用。

3.有机污染物对土壤有机质吸收量的影响

有机污染物种类繁多,找出它们被土壤有机质吸收的规律十分重要。研究表明,土壤有机质吸收有机污染物的量与有机污染物的分子极性有关,由此可以从整体上对有机污染物的行为进行研究,避免了对单个有机污染物分别进行繁琐的研究,是对有机污染物在环境中行为研究的一个极为重要的突破。表 7-2 列出了几种有机污染物在辛醇-水体系和土壤有机质-水体系中的分配系数。随着有机污染物的摩尔体积(V)的增大,其水溶性($\lg S$)减小,表现出有机污染物在土壤有机质-水体系和辛醇-水体系中的分配系数(K_{om},K_{ow})增大,即从水中进入土壤有机质和辛醇中的有机污染物增加。由于水是极性溶剂,所以,有机物在水中的溶解度

表 7-2　几种有机污染物在辛醇-水体系和土壤有机质-水体系中的分配系数[1]

有机污染物	$\lg S$[2]	$V/(L/mol)$	$\lg S \times V$	$\lg K_{ow}$[3]	$\lg K_{om}$[4]
苯	−1.64	0.0894	−2.69	1.26	2.13
二甲苯	−1.58	0.109	−2.82	1.30	2.11
氯苯	2.36	0.102	3.35	1.68	2.84
乙基苯	−2.84	0.123	−3.75	1.98	3.15
1,2-二氯苯	−2.98	0.113	−3.98	2.27	3.38
1,3-二氯苯	−3.04	0.114	−3.98	2.23	3.38
1,4-二氯苯	(−3.03)	0.118	−3.96	2.20	3.39
1,2,4-二氯苯	−3.57	0.125	−4.47	2.70	4.02
2-聚氯联苯	(−4.57)	0.174[2]	−5.33	3.23	4.51
2,2′-聚氯联苯	(−5.08)	0.189	−5.57	3.68	4.80
2,4′-聚氯联苯	(−5.28)	0.189	−5.97	3.89	5.10
2,4,4′-聚氯联苯	(−5.98)	0.204	−6.67	4.38	5.62

①引自李法云等,2006。

②S 指 20～25 ℃时的溶解度,以 mol/L 计,括号内数据是根据有关公式推算出来的。

③2-聚氯联苯摩尔体积是根据有关公式推算出来的。

④K_{ow} 和 K_{om} 分别是辛醇-水体系和土壤有机质-水体系的分配系数。

与其极性强弱有关,一般是极性越强则溶解度越大,反之则小。由此可知,随着有机污染物的极性减小(即水溶性减小),它们在土壤有机质-水体系中的分配系数增大,也就是土壤有机质越容易吸收并保留它们,释放的速度也就越慢,它们在环境中的残留时间也就越长。这些残留在土壤有机质中的有机污染物会在以后的时间内逐渐向水体中释放(释放浓度和速率与其分配系数有关),形成长期的二次污染源。

4. 土壤有机质成分对有机污染物吸收的影响

土壤有机质的成分不同,从而影响其对有机污染物的吸收。研究证实,土壤有机质成分对有机污染物吸收的影响也可用极性的强弱来加以解释。表 7-3 和表 7-4 列出了几种有机质与有机污染物吸收量之间的关系。随着有机质中 C 含量的降低和 H、O、N 含量的提高,有机质吸收苯和 CCl_4 的量和分配系数(K_{om})下降,吸收极限值(质量或体积)也下降。S 的含量变化与这一趋势没有明显相关,这与表征这些元素极性的电负性是紧密相关的(电负性:O315、N310、S214)。

表 7-3　有机质样品的比表面积和元素含量[1]

有机质	比表面积 /(m^2/g)	元素含量/(g/kg)					
		C	H	O	N	S	灰分
浸提泥炭[2]	—	640	44.0	289	23.6	2.7	150
泥炭	1.5	571	44.9	339	36.0	6.5	136
腐熟有机肥	0.8	531	49.0	375	37.7	4.8	185
纤维素[3]	2.3	444	62.0	494	—	—	—

①引自李法云等,2006。

②浸提泥炭用 0.1 mol/L NaOH 溶液反复振荡离心,重复浸滤 50 次,用去离子水清洗所得。

③纤维素成分由分子式推算,故没有列出 N、S 和灰分。

表 7-4　土壤有机质对苯和四氯化碳的分配系数和极限溶量

有机质	苯			CCl_4		
	K_{om}/(L/kg)	Q_{om}^0 (mg/g)	Q_{om}^1 (mL/g)	K_{om} (L/kg)	Q_{om}^0 (mg/g)	Q_{om}^1 (mL/g)
浸提泥炭	20.8	37.1	42.2	73.5	58.8	36.9
泥炭	12.5	22.0	25.1	44.6	35.6	22.3
腐熟有机肥	7.67	13.7	15.5	27.8	22.2	13.9
纤维素	0.56	1.00	1.13	1.75	1.40	0.88

引自李法云等,2006。

就土壤有机质而言,含 C 量的增加和 H、O、N 含量的降低意味着有机质成分中木质化程度高、活性基团少和极性较弱,反之则极性较强。所以常用 C/O 和 C/N 来表示土壤有机质活性和极性的强弱,C/O、C/N 值低,则土壤有机质极性较强,反之则极性较弱。表 7-3 和表 7-4 数据显示,弱极性土壤有机质对有机污染物吸收量较大,而强极性土壤有机质则吸收量小。同时,表 7-3 和表 7-4 还反映出有机物比表面积与其对有机污染物的吸收量之间没有相关性,这也从另一个方面说明了土壤有机质吸收有机污染物不是由吸附作用引起的。

7.2.2　主要有机污染物在土壤中的主要化学行为

1. 有机污染物在土壤中的吸附与迁移

1) 吸附

土壤对有机污染物的吸着是环境土壤学的重要研究内容。吸着(sorption)包括了吸附(adsorption)和吸收(absorption)两个过程。当不能区分"吸附"和"吸收"作用时，则通称为吸着(在土壤学研究中亦称为"吸持")。吸附作用是有机污染物与土壤固相之间相互作用的主要过程，直接或间接影响着其他过程。

农药施于土壤或落在土壤上，虽然一部分可以挥发进入大气中或在表面受光解作用而分解，但大部分迅速被土壤粒子所吸附。残留农药在土壤溶液中可解离成有机阳离子，也可解离为有机阴离子，分别被带负电荷和带正电荷的土壤胶体所吸附。许多农药如林丹、西玛津等大部分吸附在土壤有机胶体上。

化学农药本身的性质和组成对吸附作用的影响差异较大，在农药的分子结构中凡带有—CONH$_2$、—OH、—NH$_2$COR、—NH$_2$、—OCOR、—NHR 官能团的农药吸附能力比较强，特别是带有—NH$_2$ 的化合物，吸附能力更强。在同一类型的农药中，农药的分子质量越大，则土壤对它的吸附能力就越强。土壤 pH 对农药的吸附作用也有很大影响。如 2,4-D 在 pH 为 3~4 的条件下解离成有机阳离子，而在 pH 6~7 的条件下，则解离为有机阴离子，前者为带负电荷的土壤胶体所吸附，后者则被带正电荷的土壤胶体所吸附。化学农药被土壤吸附后，由于存在形态的改变，其迁移转化能力和生理毒性也随之发生变化。比如，除草剂类的百草枯和杀草快被土壤黏土矿物强烈吸附后，它们在土壤溶液中的溶解度和生理活性就大大降低，所以土壤对农药的吸附作用，从某种意义上就是土壤对有毒污染物的净化和解毒作用。土壤的吸附能力越大，农药在土壤中的有效度越低，净化效果就越好。但这种净化作用是相对不稳定的，也是有限度的。当被吸附的农药被其他离子重新交换出来时，便又恢复了原有的性质。如果进入土壤中的农药量超过了土壤的吸附能力时，土壤就失去了对农药的净化作用，从而使土壤遭受农药污染。因此，土壤对农药的吸附作用，只是在一定条件下起净化作用和解毒作用，其主要的作用还是化学农药在土壤中进行积累的过程。

农药在土壤中的吸附作用通常用吸附等温线表示，常用的有 Freundlich，Langmuir 和 BET 公式。例如，将过 60 目的风干土和若干不同浓度的农药溶液，按一定的水土比在恒温条件下振荡 24 h 达到平衡后，离心测定清液中农药的余量，通过拟合 Freundlich 吸附公式可求得农药的土壤吸附系数(K_a)。

$$\lg c_s = \lg K_a + \frac{1}{n} + \lg c_e \tag{7-1}$$

式中：c_s 为农药吸附在土壤中的浓度，$\mu g/g$；c_e 为达到吸附平衡后溶液中农药的浓度，$\mu g/mL$；$\frac{1}{n}$ 为关系曲线的斜率。

就土壤本身而言，对有机污染物的吸附实际上是由土壤中的矿物组分和土壤有机质两部分共同作用的结果。近年来的研究表明，与土壤有机质相比，土壤中矿物组分对有机污染物的吸附是次要的，而且这种吸附多是以物理吸附为主，在动力学上符合线性等温吸附模式。因此，土壤吸附有机污染物机理的研究主要是从土壤中有机质的角度进行的。

　　早期的研究发现,土壤中有机碳的含量直接决定着土壤吸附杀虫剂的能力,并从机理上进行了解释,它假定土壤有机质的作用相当于有机萃取剂,有机污染物在土壤有机质与水之间的分配就相当于该化合物在水中憎水性有机溶剂之间的分配。经过许多学者的共同努力,20 世纪 80 年代初期形成了一个较为普遍接受的线性分配模型,该模型假定土壤有机质在组成和分子结构上都是均匀的,当疏水性有机化合物被土壤吸附时,实际上是这些化合物在土壤有机质上的分配过程,此过程的特点包括:①吸附等温线应该是线性的,对给定的疏水性有机化合物,其经过有机碳标记过的分配系数(K_a)为常数;②吸附速率很快;③吸附是完全可逆的;④不同疏水性有机化合物之间没有竞争吸附现象。然而,实际上的吸附并非总是线性的,有的学者从分配原理出发提出了非线性分配模型,试图用以解释实验中常常观察到的这一现象。该模型认为发生非线性吸附主要是由于以下一个或多个因素共同作用的结果:①液相中存在的悬浮物会改变疏水性有机化合物在土壤中分配系数的大小;②土壤中无机矿物组分参与了吸附;③土壤有机质组成和结构的不同影响吸附。但是,对给定的反应体系,该模型无法给出非线性吸附的范围和大小。

　　20 世纪 80 年代后,人们发现了大量非线性吸附现象:①所研究的土壤有机污染物体系,其吸附等温线常常是非线性的且遵循 Freundlich 吸附方程;②对一种非极性有机污染物,用不同的土壤进行吸附实验时,所得到的 K_a 值不同,而且实验所得到的 K_a 值比经验式预测的普遍偏高;③吸附速率随时间的增加逐渐减慢,吸附平衡时间可能需要数月;④同化学吸附相比,土壤对非极性有机污染物的吸附焓要小得多,有放热和吸热双重现象;对给定的非极性有机化合物,其吸附焓随土壤的不同而异;⑤有机污染物从土壤中的解吸速率明显低于吸附速率,有滞后现象;⑥不同物理化学性质的非极性有机污染物与土壤作用时存在竞争吸附,这是线性分配模型所无法解释的。

　　近年来,为了对实验中的现象进行合理解释,一些学者从各个角度出发,建立了一些新的模型,如双模式吸附模型。

　　越来越多的吸附现象,尤其是竞争吸附和两阶段吸附中的慢吸附,已无法再用平衡条件下的分配模式进行解释。Pignatello 开展土壤有机质的结构和性质的研究,一方面,他认为土壤有机质本身就不是一个理想的分配介质,因此它对有机污染物的吸附也就不仅仅是一个简单的分配过程;另一方面,他认为在土壤有机质中存在一些特殊吸附位置,因而产生了竞争吸附和慢吸附现象。

　　在一系列实验结果的基础上,Pignatello 与同事假设土壤有机质实际上是一个双模式的吸附剂,则可将土壤有机质分为溶解相(dissolution or partition domain)和孔隙填充相(hole-filling domain)两个部分。这两部分都会对吸附产生影响,但机理却完全不同。其中有机污染物在溶解相上的吸附是一个分配过程,它在此相中具有较大的扩散系数,吸附与解吸的速率都很快,不会发生滞后现象;而在孔隙填充相中的吸附则遵循 Langmuir 吸附等温模型,有机污染物在此相中的扩散比溶解相中的扩散要慢得多,需要的平衡时间较长,从而构成了慢吸附。双模式吸附模型认为土壤有机质中有大量性质不同的微小(纳米级)孔隙存在,而不同性质的孔隙对有机污染物的吸附能力不同,所以就会有不同的吸附和解吸速率,即滞后现象的发生。

　　就土壤有机质中的溶解相(相当于三端元反应模型中的无定形有机质)的存在,人们已经达成相当程度的共识,但对纳米级微小孔隙的存在则有一些分歧。主要原因是用标准的 N_2-BET 吸附法对土壤有机质进行测定时,并没有发现它们具有很大的表面积。为证明微小孔隙的存在,Xing 等用二氧化碳(273K)代替氮气(77K)对土壤有机质进行等温吸附实验。结果发现在土壤有机质中确实有大量的非均匀的纳米级大小的孔隙。在 77K 的低温条件下,由于氮气无法进入这些微孔中,因而无法测得准确的数据。

进一步的研究还表明竞争吸附只发生在土壤有机质相中,具体的吸附位置就是空隙填充相,而非溶解相。并且,随着土壤有机质缩合程度(degree of condensation)的增加(例如土壤腐殖质中的胡敏素比胡敏酸缩合程度大),吸附的非线性和竞争吸附现象也越明显。

与多端元反应模型相比,双模式吸附模型不但适应于非极性有机化合物,而且也可用于极性有机化合物。由于土壤有机质组成、微观结构以及性质的不均一性和复杂性,非常有必要用新的分析手段对其进行更深入的研究。

2)挥发

有机污染物在土壤中的挥发作用是指该物质以分子扩散形式从土壤中逸入大气中的现象。挥发作用的大小与有机物的性质及环境条件有关。

农药的挥发作用可产生于农药的生产、储运、使用等各个阶段之中,各种农药通过挥发作用损失的数量约占农药使用量的百分之几到 50% 以上不等。

各种农药的挥发性及由此而逸入大气中的难易程度差别很大,这主要决定于农药本身的溶解度和蒸气压、土壤湿度、温度以及影响土壤孔隙状况的质地和结构条件。某些土壤熏蒸消毒剂,如甲基溴等,其蒸气压很高,因而它们可以渗透到土壤孔隙中与生物接触而杀死有害生物。同时也正是因为其蒸气压很高,在施到土壤后的短时间内即会很快挥发而逸入大气。

农药的挥发受到很多因素的影响,例如农药本身的蒸气压、扩散系数、水溶性、土壤的吸附作用、农药的喷洒方式以及气候条件等。挥发性农药通过分子扩散从土壤表面穿过滞留的空气层到达湍流边缘,空气流速决定了滞留空气层的厚度,从而也决定了挥发速率。农药从土壤中的挥发速率通常可用下式来表示:

$$v_{sw/a} = \frac{c_w}{c_a}\left(\frac{1}{r} + K_a\right) \tag{7-2}$$

式中:$v_{sw/a}$ 为农药在土壤中的挥发速率;c_w 为农药在土壤溶液中的浓度;c_a 为农药在空气中的浓度;r 为土壤中土壤固相与水的重量比;k_a 为土壤对农药的吸附系数。$v_{sw/a}$ 值越小,表示农药的挥发性能越强,越易从土壤表面向大气中挥发;反之,其值越大,表示农药的挥发性能越弱。通常根据 $v_{sw/a}$ 值的大小,将农药的挥发性能划分为 3 个等级:$v_{sw/a} < 10^4$,为易挥发;$v_{sw/a}$ 值在 $10^4 \sim 10^6$ 为微挥发;$v_{sw/a} > 10^6$ 为难挥发。土壤吸附系数 k_a 越大,$v_{sw/a}$ 值也就越大,农药也就越不易从土壤中挥发,这就是为什么具有较高蒸气压的农药(如氟乐灵等)在水中有较大的挥发性,而进入土壤后却很少有挥发的原因。

3)移动性

有机污染物在土壤中移动性是指土壤中有机物随水分运动的可迁移程度。根据水分运动方向可分为沿土壤垂直剖面向下的运动(淋溶)和沿土壤水平方向的运动(径流)两种形式。径流可以使得农药等有机污染物从农田土壤转移至沟、塘、河流等地表水体中,淋溶则可使之进入地下水。有机污染物在土壤中的移动性是一种综合性特性,与土壤对农药的吸附作用密切相关,所有影响到有机物的吸附性能、水解性能、土壤降解性能、光解性能等因素都会或大或小地影响到它在土壤中的移动性。被土壤有机质和黏土矿物强烈吸附的农药,特别是难溶性农药在一般情况下不易在土体内随水向下淋移;相反,在有机质和黏土矿物含量较少的沙质土壤中则最易发生淋洗,尤其是一些水溶性农药。大量实验表明,除草剂往往比杀虫剂或杀菌剂更易移动。而且在移动性最大的 61 种农药中,有 58 种是除草剂。而在移动性最小的 29 种农药中,有 19 种是杀虫剂或杀菌剂。

对于有机农药,研究其在土壤中的移动性对于预测农药对水资源,尤其是地下水资源的污染影响具有重要意义。农药在土壤中移动性的研究方法一般有土壤薄层层析法和淋溶柱法。

(1)土壤薄层层析法 土壤薄层层析法是以自然土壤为吸附剂涂布于层析板上(土壤厚度为 0.5~0.75 cm),点样后,以水为展开剂,展开后采用适当的分析方法测量土壤薄板每段的农药含量,以 R_f 值作为衡量农药在土壤中的移动性能指标。R_f 值为农药在薄板上的平均移动距离与溶剂前沿移动距离之比。表 7-5 列出了一些农药在土壤中的移动性。

表 7-5 一些农药在土壤中的移动性

R_f 值	移动性能	农药品种
0.00~0.09	移动性很弱	草不隆,枯草隆,敌草索,林丹,甲拌磷,乙拌磷,敌草快,氯草灵,乙硫磷,代森锌,磺乐灵,灭螨猛,异狄氏剂,苯菌灵,狄氏剂,氯甲氧苯,氟乐灵,七氯,氟草胺,艾氏剂,异艾氏剂,氯丹,毒杀芬,DDT
0.10~0.34	移动性弱	环草隆,地散磷,扑草净,去草净,敌稗,敌草隆,利谷隆,杀草敏,禾草特,扑草灭,赛草青,灭草猛,敌草腈,克草猛,氯苯胺灵,保棉磷,二嗪磷
0.35~0.64	移动性中等	毒草安,非草隆,扑草通,抑草生,2,4,5-T,特草定,苯胺灵,伏草隆,草完隆,草乃敌,治线磷,草藻灭,灭草隆,莠去通,莠去津,西玛津,抑草津,甲草胺,莠灭净,扑草津,草达津
0.65~0.89	移动性强	毒莠定,伐草克,氯草定,2甲4氯,杀草强,2,4-D,地乐酚,除草定
0.89~1.00	移动性很强	三氯醋酸,茅草枯,草芽平,杀草畏,麦草畏,草灭平

引自林玉锁等,2000。

(2)淋溶法 在实验室条件下,根据土壤容量将一定质量的土壤样品装入淋溶柱(不锈钢或有机玻璃柱)中,将农药置于土柱的表层,模拟一定的降水量进行一段时间的淋溶,结束后将土柱分段取样,测定每段土壤中农药的含量。以距土壤表层的距离为横坐标、测得的土柱各段中农药的含量为纵坐标作图,即可得到待测物在土柱中的分布图,根据待测物在土柱中移动的远近可预测有机物在环境中移动性的强弱。

田间土壤中农药的实际移动性能也可用一定时期内农药在土层中的移动深度来衡量。俄罗斯麦尔尼科夫等在年均气温为 25 ℃、年降水量为 1500 mm 条件下,根据农药在土壤中的移动深度将农药的移动性能划分为 4 个等级:1 级,<10 cm/年;2 级,<20 cm/年;3 级,<35 cm/年;4 级,<50 cm/年。表 7-6 列出了部分农药的移动级别。

表 7-6　部分农药在土壤中的移动级别

农药	移动级别	农药	移动级别	农药	移动级别
谷硫磷	1～2	狄氏剂	1	2,4,5-T 酸	2
草不绿	1～2	乐果	2	对硫磷	2
艾氏剂	1	克菌丹	1	毒杀芬	1
苯菌灵	2	西维因	2	氟乐灵	1～2
七氯	1	马拉硫磷	2～3	倍硫磷	2
六六六	1	代森锰	3	磷胺	3～4
2,4-D	2	速灭磷	3～4	氯丹	1
茅草枯	4	甲基 1605	2	代森锌	2
DDT	1	2 甲 4 氯酸	2	异狄氏剂	1
二嗪农	2	砜吸磷	3～4	乙硫磷	1～2
二溴磷	3	敌稗	1～2		

引自林玉锁等,2000。

2.有机污染物在土壤中的转化

有机污染物在土壤中的转化行为包括非生物降解和生物降解两大类。其中,非生物降解主要指氧化还原、化学水解和光解,而生物降解是指通过生物的作用将有机污染物转化为其他物质的过程。

农药等有机污染物在土壤中的降解方式与其自身结构、理化性质和土壤环境条件相关。农药在土壤中的降解试验是将供试化合物添加到不同特性的土壤中,在一定的温度与水分条件下避光培养,定期采样,测定土壤中供试化合物的残留量,以得到供试化合物在不同性质土壤中的降解曲线,从而求得供试化合物的土壤降解半衰期。农药在土壤中的降解性根据半衰期($t_{1/2}$,d)分为 4 级：Ⅰ级,$t_{1/2} \leq 30$,易降解；Ⅱ级,$30 < t_{1/2} \leq 90$,中等降解；Ⅲ级,$90 < t_{1/2} \leq 180$,较难降解；Ⅳ级,$t_{1/2} > 180$,难降解。

1)氧化还原

土壤环境受到通气性和含水量的影响而处于不同的氧化还原状态。例如,一般旱地的氧化还原电位为 $+440 \sim +730 \text{mV}$,水田的氧化还原电位为 $-200 \sim +300 \text{mV}$。在厌氧条件下,土壤的氧化还原状态与以下几个氧化还原体系相关：铁体系 $Fe(\text{Ⅲ}) - Fe(\text{Ⅱ})$,锰体系 $Mn(\text{Ⅳ}) - Mn(\text{Ⅱ})$,硫体系 $SO_4^{2-} - S^{2-}$,氮体系 $NO_3^- - NO_2^- (N, NH_4^+)$ 和碳体系 $CO_3^{2-} - CH_4$ 这些氧化还原体系通常和土壤中有机污染物的氧化还原过程相耦合。

(1)土壤中的铁锰氧化物　土壤中含有大量的铁、锰元素,它们分别占地壳丰度的 4.75% 和 0.09%,而且存在不同的价态。铁元素的常见价态是 $0, +2, +3$,最高价态为 $+6$(不稳定)；锰的常见价态是 $+2, +3, +4$,最高价态是 $+7$。当环境中有氧气、过氧化氢等存在时,容易在铁、锰氧化物表面发生类芬顿反应,产生羟基自由基·OH,·OH 是一类活性强、广谱性的氧化性自由基,可以降解大多数有机物。

(2)土壤中的还原性有机质　土壤中的有机质主要来自于动植物体、微生物的残骸和根系分泌物等,这些有机质中通常含有酚羟基、—COOH 和酰胺基团等,这些基团可以与土壤颗粒中的铁、锰氧化物和黏土矿物发生吸附、氧化还原和配位等相互作用,由于电子传导而生成还原态的铁、锰离子和自由基等,从而促进有机污染物的氧化还原降解。

(3)土壤中的微生物胞外呼吸作用　在厌氧环境下,土壤微生物吸收有机物分子,通过氧化有机物分子获得碳源,释放出电子,产生的电子经胞内呼吸链传递到胞外受体,如铁、锰氧化物和层状硅酸盐等,获得生长的能量。这个过程也被称为微生物的胞外呼吸过程,它把生物的生长、有机物的氧化还原代谢和无机矿物的循环整合在一起。目前,发现有这类功能的微生物有金属还原地杆菌(*Geobacter metallireducens*)、奥奈达希瓦氏菌(*Shewanella oneidensis* MR-1)、铁还原红细菌(*Sinorhodobacter firrireducens*)和广东丛毛单胞菌(*Commamonas guangdongensis*)。微生物胞外呼吸的本质是微生物胞外电子传递,而微生物胞外电子传递是地球表层系统元素循环与能量交换的重要动力。近年来,以微生物-腐殖质-矿物之间电子转移为核心的生物地球化学过程得到重视,拓展了以带电的土壤胶体与离子之间的相互作用为重心的土壤界面过程的内涵,成为地球表层系统物质间相互作用新的关注点,启示应从化学与生物两个角度重新认识地表层系统过程。

2)水解

由于土壤体系含有水分,水解是有机污染物在土壤中的重要转化途径。水解过程指的是有机污染物(RX)与水的反应。在反应中,X基团与OH基团发生交换:

$$RX + H_2O \rightarrow ROH + HX \tag{7-3}$$

水解作用改变了有机污染物的结构。一般情况下,水解导致产物毒性降低,但并非总是生成毒性降低的产物,例如 2,4-D 酯类的水解作用就生成毒性更大的 2,4-D 酸。水解产物可能比母体化合物更易或更难挥发,与 pH 有关的离子化水解产物可能没有挥发性,而且水解产物一般比母体污染物更易于生物降解。

农药等有机污染物的水解速率主要取决于污染物本身的化学结构和土壤水的 pH、温度、离子强度及其他化合物(如金属离子、腐殖质等)的存在。

通常温度增加可使水解加快,而 pH 与溶液中其他离子的存在既可增加也可减小水解反应的速率。但是农药的水解受土壤 pH 的影响较大。研究表明,农药在土壤中的水解有酸催化或碱催化的反应,同时其水解还可能是由于黏土的吸附催化作用而发生的反应,例如扑灭津的水解是由于土壤有机质的吸着作用催化的。有研究表明,吡虫啉在酸性介质和中性介质下稳定性很好,在弱碱条件下吡虫啉缓慢水解,随着碱性的增大,吡虫啉的水解速率也增大,说明吡虫啉的水解属于碱催化。另外,很多农药的水解速率随 pH 的变化而变化,溴氟菊酯农药的水解速率随 pH 的增大而加快,在 pH 为 5、7、9 的溶液中,其水解半衰期分别为 15.6 d、8.3 d、4.2 d。但并非所有的农药都能很快水解,如丁草胺在纯水中黑暗放置 30 d。发现丁草胺的浓度并无变化,说明该农药在水体中的稳定性很高,而且污染地下水的贡献也很大。

3)光解

有机污染物在土壤表面的光解指吸附于土壤表面的污染物分子在光的作用下,将光能直接或间接转移到分子键,使分子变为激发态而裂解或转化的现象,是有机污染物在土壤环境中消失的重要途径。由于有机污染物中一般含有 C—C、C—H、C—O、C—N 等键,而这些键的离解正好在太阳光的波长范围内,因此有机污染物在吸收光子之后,就变成为激发态的分子,导致上述化学键的断裂,发生光解反应。土壤表面农药光解与农药防除有害生物的效果、农药对土壤生态系统的影响及污染防治有直接的关系。尽管 20 世纪 70 年代以前人们对农药光解的研究主要集中于水、有机溶剂和大气,但此后已对土壤表面农药光解十分重视,1978 年美国 EPA 等机构已规定,新农药注册登记时必须提供该农药在土壤表面光解资料。

相比较而言,农药在土壤表面的光解速度要比在溶液中慢得多。光线在土壤中的迅速衰减可能是农药土壤光解速率减慢的重要原因;而土壤颗粒吸附农药分子后发生内部滤光现象,可能是农药土壤光解速率减慢的另一重要原因。多环芳烃(PAH)在高含 C、Fe 的粉煤灰上光解速率明显减慢,可能是由于分散、多孔和黑色的粉煤灰提供了一个内部滤光层,保护了吸附态化学品不发生光解。此外,土壤中可能存在的光猝灭物质可猝灭光活化的农药分子,从而减慢农药的光解速率。

(1)影响因素　土壤环境存在许多影响农药等有机污染物光解的因素,主要包括土壤质地、土壤水分、共存物质、土层厚度和矿物组分等 5 个因素。

①土壤质地　可影响农药的光解,这可能因为土壤团粒、微团粒结构影响光子在土壤中的穿透能力和农药分子在土壤中的扩散移动性。例如,咪唑啉酮除草剂在质地较粗和潮湿的土壤中容易光解,除草剂 2-甲-4-氯丙酸和 2,4-D 丙酸在质地粗、粒径大的土壤中光解速率快。

②土壤水分　土壤湿度的变化影响光解速率的可能机制为:当湿度变大的时候,溶于水中的农药量也随之增加,而且水中的 OH^- 等氧化基团因光照也随之增加,从而使农药的氧化降解速率加快。另外,水分增加能增强农药在土壤中的移动性,有利于农药的光解。例如,研究发现,土壤湿度增大使西维因光解加快。

③共存物质　其他物质的猝灭和敏化作用也是影响土壤中有机污染物光解的重要因素。研究发现,土壤色素可猝灭光活化的农药分子;采用紫外吸收物质二苯甲酮作光保护剂,可使杀虫剂杀螟松光解周期大大延长。

④土层厚度　由于土壤颗粒的屏蔽使到达土壤下层的光子数急剧减少,因而土壤中农药的光解通常局限在土表 1 mm 范围内。间接光解同样影响着农药在土壤中的光化学转化,土壤中敏化物质在光照时能产生活性基因如单重态氧,由于单重态氧的垂直移动,会使得农药光解深度增加。

⑤矿物组分　土壤黏粒矿物具有相对高的表面积和电荷密度,能通过催化光降解作用使所吸附的农药失去活性。研究证实,氧和水在光照的黏粒矿物表面极易形成活性氧自由基,这些活性氧自由基对吸附态农药的光解会产生明显的影响。例如,光诱导氧化作用是有机磷杀菌剂甲基立枯磷在高岭石和蒙脱石等黏粒矿物上的主要降解途径,分子氧和水在黏粒矿物上经光照而生成的羟基和过氧化氢基与该农药反应,形成氧衍生物。

(2)光解类型　土壤表面农药的光解反应过程比较复杂,其主要类型有光氧化、光还原、分子重排和光异构化等。通常土壤表面农药光降解过程涉及多种光反应类型。

光氧化是农药光解的最重要、最常见的途径之一。在氧气充足的环境中,一旦有光照,许多农药比较容易发生光氧化反应,生成一些氧化中间产物。例如,对硫磷、杀螟松、地亚农、甲拌磷等硫逐型磷酸酯可进行光氧化反应;乙拌磷、倍硫磷、丁叉威、灭虫威等农药分子中的硫醚键可通过光氧化生成亚砜和砜。当农药芳香环上带有烷基时,该烷基会逐渐发生光氧化反应,如可氧化成羟基、羰基,或进一步氧化为羧基。

带氯原子农药在光化学反应中能被还原脱氯。如二氯苯醚菊酯在光照下生成一氯苯醚菊酯。一些农药可进行光化学的脱羟基反应,同时得到多种分解产物。对氟乐灵在土壤中的光分解研究证明，氟乐灵能脱羟基、硝基而被还原以及产生苯并咪唑衍生物。

一般认为农药光解过程有自由基参与。许多农药分子光分解后本身会产生自由基，这样在一定条件下就会发生分子重排。如草萘胺除草剂光解后会产生自由基，该自由基可进一步反应而得到对位转位体或猝灭为降解中间体，这种伴随自由基的光转位在农药光解过程中是不能忽视的。

光异构化总是形成对光更加稳定的异构体。一些有机磷农药光照下会发生异构化现象，分子的硫逐型（P=S）转化为硫赶型（P—S），如对硫磷的芳基异构化和乙基异构化。此外，农药在环境中还可以发生光亲核取代反应和光结合反应等。

4）生物降解

生物降解就是通过生物的作用将有机污染物分解为小分子化合物的过程。参与降解的生物类型包括各种微生物、高等植物和动物，其中微生物降解是最重要的。这是因为：①微生物具有氧化还原作用、脱羧作用、脱氮作用、水解作用、脱水作用等各种化学作用能力，对能量的利用要比高等生物体有效；②微生物具有高速度的繁殖和遗传变异性，使它的酶体系能够以最快的速度适应外界环境的变化；③虽然微生物、高等植物和动物能够代谢和降解许多有机污染物，尤其是人工合成的有机化合物，但是对于一些人工合成的有机污染物，微生物却比高等植物和动物具有将大多数有机化合物降解为无机物质（CO_2、H_2O 和矿物质）的潜力，或者说，微生物是有机化合物生物降解中的第一因素。所以，通常提到生物降解即指微生物降解。

（1）微生物代谢有机物的方式　土壤中微生物以多种方式代谢农药，见表 7-7。而且这种代谢受环境条件的影响，因为环境条件将影响微生物的生理状况。因此，就同一种微生物和同一种有机污染物而言，不同的环境条件下可能有不同的代谢方式。

表 7-7　微生物代谢农药的方式

A. 酶促方式

1. 不以农药为能源的代谢

　（i）通过广谱的酶水解（水解酶、氧化酶等）进行作用：(a)农药作为底物；(b)农药作为电子受体或供体

　（ii）共代谢

2. 分解代谢：以农药为能源的代谢。多发生在农药浓度较高且农药的化学结构适合于微生物降解及作为微生物的碳源被利用时

3. 解毒代谢：微生物抵御外界不良环境的一种抗性机制

B. 非酶方式

1. 以两种方式促进光化学反应的进行

　（i）微生物的代谢物作为光敏物吸收光能并传递给农药分子

　（ii）微生物的代谢物作为电子受体或供体

2. 通过改变 pH 发生作用

3. 通过产生辅助因子促进其他反应进行

引自林玉锁等，2002。

研究表明，在微生物降解烃类和农药等有机污染物的过程中，微生物的共代谢降解方式起着重要的作用，其突出特点是在有机物浓度非常低时（mg/kg 或 μg/kg），微生物也能对其进行降解。所谓共代谢降解，是指微生物的"生长基质"和"非生长基质"共酶，或是在污染物完全氧

化成 CO_2 和水的过程中有许多酶或微生物参与。"生长基质"是可以被微生物利用作为唯一碳源和能源的物质。"生长基质"和"非生长基质"共酶,是指有些有机污染物(非生长基质)不能作为微生物的唯一碳源和能源,其降解并不导致微生物的生长和能量的产生,它们只是在微生物利用生长基质时,被微生物产生的酶降解或转化为不完全的氧化产物,这种不完全氧化产物可以被别的微生物利用并彻底降解。

(2)微生物代谢有机物的途径　由于微生物降解有机污染物受到环境条件和微生物种类的影响,因而目前还难以预测某一有机污染物在土壤中的生物降解途径。概括起来,土壤中有机污染物的微生物降解有氧化、还原、水解、合成等几种类型的反应。

氧化是微生物降解有机污染物的重要酶促反应。其中有多种形式,如:羟基化、脱烃基、β-氧化、脱羧基、醚键断裂、环氧化、氧化偶联、芳环或杂环开裂等。以羟基化来说,微生物降解土壤中有机污染物的第一步将羟基引入有机分子中,结果这种化合物极性加强,易溶于水,从而容易被生物利用。羟基化过程在芳烃类有机物的生物降解中尤为重要,苯环的羟基化常常是苯环开裂和进一步分解的先决条件。

在有机氯农药的生物降解中常常发生还原性脱氯反应。在厌氧条件下,DDT 还原脱氯与细胞色素氧化酶和黄素腺嘌呤二核苷酸(FAD,氧化还原酶辅基)有关。微生物的还原反应还常使带有硝基的有机污染物还原成氨基衍生物,如硝基苯变成苯胺类,这在某些带芳环的有机磷农药代谢中较为常见。

在氨基甲酸酯、有机磷和苯酰胺一类具有醚、酯或酰胺键的农药中,水解是常见的,有酯酶、酰胺酶或磷酸酶等水解酶参与。水解酶多为广谱性酶,在不同的 pH 和温度条件下都较为稳定,又无需辅助因子,水解产物的毒性往往大大降低,在环境中的稳定性也低于母体化合物。因此,水解酶是有机污染物生物降解中最有实用前景的酶类。

生物降解中的合成反应可分为缩合和接合两类。如苯酚和苯胺类农药污染物及其转化产物在微生物的酚氧化酶和过氧化酶作用下,可与腐殖质类物质缩合。接合反应常见的有甲基化和酰化反应。

土壤中有机污染物的实际降解过程通常至少有两个或多个作用的组合。如涕灭威,在土壤中可同时发生氧化、裂解与水解等作用,其在土壤中的降解途径如图 7-14 所示。

(3)影响有机污染物生物降解的环境因素　影响土壤中有机污染物降解的主要因素是土壤有机质、土壤温度和土壤水分,这是因为这些因素决定了土壤中微生物的数量和活性。此外,有机污染物在土壤中的"老化"也是影响生物降解的重要因素。

①土壤类型和性质。农药在不同土壤的降解特性是由土壤所有特性影响的结果。例如,溴氰菊酯在江苏太湖水稻土、江西红壤和东北黑土中的降解半衰期($t_{1/2}$)分别为 4.8 d,8.4 d 和 8.8 d。

卤代苯胺类化合物为取代脲类农药在土壤中的主要降解产物,由于该类中间产物在土壤中相对稳定,生态毒性较大,因而对其中间产物环境行为的研究应引起足够的重视。秀谷隆(metobromuron)是取代脲类除草剂,4-溴苯胺为其主要降解产物。蒋新等对土壤中 4-溴苯胺的降解动力学的研究表明:4-溴苯胺在不同土壤中降解速率不同,在黏土中的表观半衰期 $t_{1/2}=10.7$ d,而沙土 $t_{1/2}=19.3$ d,它表明 4-溴苯胺在黏土中的降解速率明显大于在沙土中的降解速率,其原因主要是因为供试黏土中有机质含量高,相对沙土而言,微生物活动所需的物质与能量较为充分,因而微生物代谢能力较强;此外,黏土含有较多金属氧化物及有机无机胶体等细颗粒,比表面较大,且具有一定的催化降解能力。

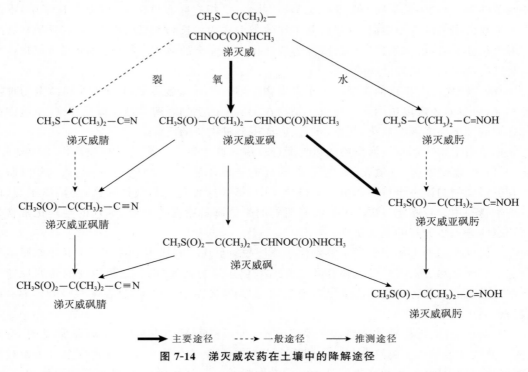

图 7-14　涕灭威农药在土壤中的降解途径

②土壤水分和温度。土壤水分对农药降解的影响因农药品种而异。例如,甲基异柳磷在水田土壤中的降解半衰期比旱田增加了 10 d,克草胺的半衰期也由水田条件下 3 d 增加到旱田的 5 d。温度对农药降解的影响程度因农药品种而异,一般来说,温度升高能提高农药降解速率。

③老化作用。有机污染物进入土壤后,随着时间的推移将会产生"老化"现象,使其与土壤组分的结合更为牢固,从而降低了生物可利用性,使其矿化率明显减少。

3. 土壤中农药的结合残留

(1)土壤农药结合残留的概念　结合残留又称不可萃取性残留。国际原子能利用委员会(IAPC)于 1986 年确定"用甲醇连续萃取 24 h 后仍残存于样品中的农药残留物为结合残留"。

研究表明,结合残留物既可以是农药母体化合物,也可以是其代谢产物。结合残留主要存在于样品的具有多种官能基团的网状结构组分中(例如土壤腐殖质和植物木质素),结合残留物同环境样品的结合可能包括化学键合和吸附过程及物理镶嵌等作用。

(2)某些常用农药的结合残留量　多年来,持久性有机氯农药被禁用,而有机磷、氨基甲酸酯、拟除虫菊酯类农药应用非常广泛,这些非持久农药与土壤都有较强的结合能力。表 7-8 概括了一些常用的高结合残留农药的结合残留量。由表 7-8 可以看出,有机磷杀虫剂在土壤中的结合残留量高达 26%～80%,氨基甲酸酯类农药西维因的结合残留量达 49%左右,拟除虫菊酯类农药的结合残留量达 36%～54%,一些除草剂的结合残留量达 28%～55%。

表 7-8　某些常用农药在土壤中的结合残留量

农药	土壤	农药用量/(mg/kg)	培养时间/d	结合残留量占使用量的百分比/%
对硫磷	壤土	1	28	32
甲基对硫磷	黏壤土	6	46	45
伏杀硫磷	黏壤土	10	84	80
甲拌磷	黏壤土	4	7	26
地虫硫磷	黏壤土	1	28	35
杀螟松	沙壤土	4	50	50
氯氰菊酯	壤土	0.075	120	36~54
溴氰菊酯	沙壤土	0.1	30	42
西维因	沙壤土	2	32	49
呋喃丹	黏壤土	117	30	27
氟乐灵	黏壤土	10	63	72
2,4-D	黏壤土	2	35	28
敌乐胺	黏壤土	0.6	244	55
扑草净	有机土	12.4	150	43

引自苏允兰等,1999。

(3)农药结合残留的特征　影响农药结合残留形成的因素有土壤有机质含量、土壤水分条件及土壤微生物活性,作物的种植也可影响结合残留的形成。农药结合残留一般具有以下特点:

①结合残留与农药品种有关。对土壤中农药结合残留的研究表明,氯代烃在土壤中只形成少量的结合残留,而苯酚类、苯胺类及其衍生物具有较高的结合残留。氨基甲酸酯、均三嗪和有机磷类农药也能形成相当的结合残留,特别是分子结构中有氨基或代谢反应生成氨基的某些有机磷农药,如对硫磷、甲基对硫磷、地虫硫磷、杀螟松、甲拌磷和伏杀磷等与土壤结合的速率是比较高的。

②结合点位主要为土壤腐殖质。土壤结合农药残留主要是农药及其降解产物与土壤腐殖质相结合。

③微生物对其有降解作用。土壤微生物可以将土壤中结合残留态农药释放出来,并将其降解。

④结合残留可降解农药的有效性和毒性。农药在土壤中呈结合状态对生物的毒性降低,植物对土壤中结合残留态农药的利用率也比较低。

7.3　土壤中有机污染物的生态效应

农药等有机污染物进入土壤后可能进入生物组织,并可在食物链中不断传递、迁移,从而可对生态环境产生有害的影响。

7.3.1　有机污染物对生物的影响

1. 对土壤过程中微生物的影响

微生物对农药的反应大体可分成 3 类，即可忽略、可忍受与可持久反应。有些种类的微生物对农药非常敏感，其主要代谢过程易受农药干扰；有些农药则作用于动植物和微生物共同的生化过程，因而构成对非靶生物的重大威胁。例如，除草剂地乐酚能够作用于生物反应的电子传递过程，影响氧化磷酸化，从而阻碍三磷酸腺苷（ATP）的生成。地乐酚具有一定的广谱性，能作用于包括土壤藻类、细菌和真菌在内的许多微生物。农药的选择性一定程度上取决于其作用方式，通常内吸型比非内吸型杀真菌剂更具选择性。尽管除草剂作用的具体部位各不相同，但其主要作用点是叶绿体，因而不难想象它们对植物的毒性远远高于对微生物的毒性。有些除草剂作用于与光合作用有关的部位，如镇草宁、杀草强及咪唑烷酮类和磺酰脲类除草剂通过抑制植物和微生物生长所需的某些氨基酸的合成。二硝基苯胺除草剂和氨基甲酸酯类农药能抑制维管束的形成，从而阻碍植物细胞分裂。许多研究表明，这些农药还能通过抑制真菌的维管束形成而对真菌产生影响。

氯乙酰替苯胺类除草剂（如草不绿、毒草安）也有抗真菌作用。虽然这些除草剂可能有许多不同的作用方式，但已经证实，它们与结构相似的杀真菌剂，如甲霜灵（metalaxyl）和 CGA29212（由瑞士 Ciba-GeigyAG 开发）都能抑制核糖核酸（RNA）的合成，只是它们的毒性阈浓度远高于甲霜灵的阈浓度。很显然，尽管农药对靶生物和非靶生物的作用方式相同，但大量比较研究表明，大多数农药对非靶生物的毒性远远低于对靶生物的毒性。农药作用方式与机理的研究有助于深入了解其对土壤微生物的生态效应。

（1）对微生物种群数量的影响　不同农药对土壤微生物群落的影响不完全相同，同一农药对不同微生物类群影响也不相同。一般认为，杀虫剂对土壤微生物种群数量影响很小，这也许是由于它们对微生物具有选择性，只能抑制某些敏感种，而其他种则取代敏感种，维持整体代谢活性不变。若以每年 5.60～22.4 kg/hm² 的剂量往一种沙质土壤中投加艾氏剂、狄氏剂、氯丹、DDT 和毒杀芬，土壤中的细菌数量和真菌数量均不发生变化，也不影响微生物分解植物残体的能力。据报道，以 2000 μg/g 狄氏剂处理的土壤中，在 12 周的培养期间，真菌和细菌数量与对照相比无明显差异。高剂量林丹（0.5%）或毒杀芬（0.05%～0.5%）在一段时间内对土壤中的细菌有刺激作用。在 56 d 培养期间，DDT 和狄氏剂均使细菌数量降低，而真菌数量则有所增加。而 3 mg/kg 的二嗪处理土壤 180 d 后，土壤中的细菌和真菌数并没有改变，而放线菌增加了 300 倍。5 mg/kg 浓度的甲拌磷处理使土壤细菌数量增加，而用椒菊酯处理则使细菌数量减少。Eisenhardt 发现辛硫磷显著降低了根瘤菌的固氮作用；也有研究报道了地乐醇在低浓度时对土壤固氮作用有明显抑制作用。

（2）对有机质分解过程的影响　植物残体和土壤有机质的分解是土壤养分循环的关键过程。百草枯和镇草宁曾是 2 种应用非常广泛的非选择性除草剂。研究表明，它们能减缓多种植物残体（如纤维素、小麦和大麦秸秆等）的分解，但这些研究结果并不完全一致。当植物残体与农药一起施用时，抑制作用显著；而当植物残体施于土壤表面时，分解作用则明显下降，这是由于土壤能通过吸附作用使这两种除草剂变得不活跃。除非浓度很高，其他除草剂如草灭特、2,4-D、2,4,5-T、伐草克、燕麦敌和氟乐灵及其代谢产物对纤维素和植物残体分解的影响很小。

（3）对氮元素生物化学循环的影响　除草剂和杀虫剂一般对氨化作用的影响很小，熏蒸剂和杀真菌剂则能引起土壤中氨态氮增加。例如，4-羟基-3,5-二碘苯甲腈、茅草枯、2-甲-4-氯苯氧基丙酸（MCPP）、毒莠定和杀草强在高于田间浓度 10 倍和 100 倍时均不影响氨化作用；施用杀真菌剂克菌丹、福美双和醋酸苯基汞（verdasan）之后，土壤 NH_4^+ 浓度显著提高；单独用土壤熏蒸剂三氯硝基甲烷或与甲基溴一起处理田间土壤后，1 g 土壤能释放 20～30 μg 铵态氮。

一般认为，按田间推荐浓度使用农药，大多数杀虫剂和除草剂对硝化作用影响很小，但某些杀真菌剂（如甲替二硫代氨基甲酸钠、代森钠等）和多数熏蒸剂（如甲基溴、三氯硝基甲烷等）能强烈抑制硝化过程。如异丙基氯丙胺灵在 80 mg/kg 时完全抑制硝化作用，五氯酚钠、克芜踪、氟乐灵、丁草胺和禾大壮 5 种除草剂分别施入土壤后，对硝化作用的抑制影响较为明显。值得注意的是，某些农药的作用与土壤 pH 相关，例如，杀虫剂对硝化作用的抑制多在 pH＜7 的土壤；西玛津和 4-羟基-3,5-二碘苯甲腈在碱性土壤中阻碍硝化作用，而在酸性土壤中则促进这个过程。苯胺类除草剂的分解产物可能会影响硝化作用，这是由于苯胺类除草剂降解前后对硝化作用的影响不同，因此应注意农药降解产物对土壤生化过程的影响。另外，土壤中硝态氮的减少有可能起因于反硝化作用，而不是硝化作用受农药的抑制。最明显的例子，如苯菌灵和毒菌锡能使土壤中的硝态氮提高到同一水平，但它们作用于不同的生化过程。苯菌灵显然是促进亚硝态氮氧化为硝态氮，而毒菌锡则是抑制反硝化速度。

在田间推荐使用浓度下，农药一般对反硝化过程无持久抑制作用，只在较高剂量时才产生抑制。虽然有人曾报道过，低浓度的除草剂茅草枯和杀虫剂西维因能产生抑制作用，但后续的研究并未证明茅草枯的抑制作用，反而发现高浓度除莠剂地乐酚能促进反硝化。

共生微生物的固 N 作用为豆科植物提供所需 N 的 30%～70%。用于豆科植物的种子和叶面杀菌剂和除草剂对植物生长和固氮细菌（如根瘤菌）可能会有影响。研究表明，西维因和二乙基二硫代氨基甲酸钠能减少豌豆和牛豌豆根瘤菌根瘤数量，而且效应取决于浓度的大小。

（4）对呼吸作用的影响　呼吸作用的大小通常与土壤微生物的总量有关，呼吸作用越强，微生物数量越大。呼吸强度是评价污染物对土壤微生物生态效应的重要指标之一。除草剂对呼吸作用的影响与浓度有关。例如，2.0 $\mu g/g$ 西玛津对呼吸强度无任何影响；而 10 $\mu g/g$ 西玛津能促进呼吸作用。一般来说，正常使用除草剂不会影响土壤呼吸作用。杀虫剂对呼吸作用的影响也很小。尽管土壤微生物消耗氧气的量随有机磷杀虫剂浓度的增大而提高，但这可能是农药被微生物代谢和利用的结果。广谱杀真菌剂和熏蒸剂能强烈抑制土壤呼吸作用，然而这种影响通常是短暂的，呼吸作用会很快得到恢复。

（5）土壤酶　20 世纪 70 年代初，人们开始注意到土壤微生物活性与土壤酶的相关性。与此同时，土壤酶也逐渐被广泛应用于污染物对土壤微生物影响的研究。研究发现，在一块每年施用 4 kg/hm² 除草剂莠去津的果园土壤中，磷酸酶、β-葡萄糖苷酶、蔗糖酶和脲酶活性降低了50%以上。酶活性的降低可能并非由于农药的直接影响，而是失去覆盖作物的结果。通过研究吡氟氯禾灵（haloxyfop）、灭草环（tridiphane）和 2-氯-6（2-甲氧基呋喃)-4-（三氯甲基）吡啶（pyroxyfur）3 种农药对脱氢酶、磷酸酶、脲酶和固氮酶的影响，发现仅脱氢酶活性显著增强。有人研究了脲酶抑制剂氢醌对多酚氧化酶、脱氢酶、蛋白酶、磷酸酶和蔗糖酶活性的影响，结论是氢醌能暂时促进或抑制这 5 种酶的活性，但培养结束时（88 d）抑制和促进作用均消失。

（6）硫的转化　由于硫酸根是植物可利用硫的主要来源，因此硫氧化为硫酸根，以及硫酸根的还原是非常重要的硫转化过程。在世界许多地区都不同程度地存在 S 的缺乏,因而农药对 S 氧化的影响显得特别重要。S 缺乏可以通过往土壤中加 S 来解决,但 S 必须先氧化成硫酸根才能为植物所利用。尽管如此,有关农药对 S 氧化影响的研究至今仍比较少。有机磷杀虫剂对土壤 S 水平影响很小,而杀线虫剂(诸如丰索磷、克百威和 DD 混剂等)只轻微抑制 S 的氧化。当按田间推荐浓度施用时,所有杀虫剂(如 DDT、六六六、艾氏剂和狄氏剂)都不会影响硫氧化细菌。

(7)磷的转化　磷是生物必需的营养元素,但有关农药对磷转化的影响研究却很少。有研究指出,10 $\mu g/g$ 和 100 $\mu g/g$ 的杀虫剂[二嗪农(diazinon)、毒死蜱(dursban)和硫磷嗪(zinophos)]不影响土壤有机磷的矿化;而经除草剂处理的土壤中无机磷增加,杀真菌剂(苯菌灵、福美双和克菌丹)能显著提高土壤中 $CaCl_2$ 可溶态磷,并促进所加入无机磷的溶解。

2. 对土壤动物的影响

所谓土壤动物是指经常或暂时栖息在包括大型植物残体在内的土壤环境中并在那里进行某些活动的类群。主要包括蚯蚓、线蚓、线虫、甲壳类、多足类、软体动物、昆虫及其幼虫、螨类、蜘蛛的某些类群。土壤动物身体微小,通常不引人注意,然而它们的数量惊人,生物量巨大,它们在土壤的形成与发展及生态系统的物质循环中起着极其重要的作用。

动物与环境统一是动物生存和分布的一般法则,任何动物的生存都离不开环境。土壤动物长期生活在土壤环境中,它们一方面积极同化各种有用物质以建造其自身,另一方面又将其排泄物归还到环境中从而不断地改造环境。因此,它们和环境间存在着密不可分的关系。土壤动物活动范围小、迁移能力弱,它们与环境间具有相对稳定的关系,土壤动物的组成、数量、生物量及其分布基本上反映了其生存环境的质量状况。土壤具有一定的自净能力,即大部分有机污染物进入土壤后逐步由种类繁多、数量巨大的土壤微生物、土壤动物分解转化,达到生物降解的目的。

污染物对土壤动物的影响目前主要限于蚯蚓,因为蚯蚓在土壤中存在数量大、范围广,对蚯蚓的生态监测与毒理研究既可反映土壤污染状况,又能鉴定、鉴别各种有害物质的毒性。从群落结构、污染物指示种类、剂量反应和毒性机理方面较为系统的研究表明,随着土壤污染程度增加,蚯蚓分布的种类与数量明显减少,其主要原因可能是蚯蚓属大型土壤动物,摄食量大,在摄食和移动过程中广泛接触有害物质,致使有害物质在蚯蚓体内大量富集后产生毒害效应,其中一些对污染物敏感的种类由于抵抗力差不能维持生存和繁衍而消失。多数农药在正常用量下对蚯蚓的危害不大,但有一些农药对蚯蚓毒性很大,在蚯蚓体内可积累相当大量的持久性农药;蚯蚓是鸟类和小型兽类的食物来源之一,它可能通过食物链传递,进一步对鸟类和兽类产生危害影响,蚯蚓在土壤生物与陆生生物之间起传递农药的桥梁作用。

3. 对植物生长的影响

三氯乙醛常随污水灌溉进入农田,天津市曾因此约有 $4 \times 10^3 hm^2$ 小麦受害、$1.3 \times 10^3 hm^2$ 绝收的严重事故。含三氯乙醛废酸磷肥的施用,曾导致数十万多公顷种农作物,特别是旱地禾本科作物遭受不同程度的危害。

三氯乙醛化学性质是不稳定的,在农田中会很快消失。试验表明,在添加 25 mg/kg 和 80 mg/kg 的三氯乙醛的三种土壤中,2 d 内在盐化草甸土中几乎全部消失;而水稻土和红壤在 10 d 内的降解率分别为 99% 和 80%。其中,降解历程可用一级动力学方程来描述。

三氯乙醛在土壤中可迅速转化为三氯乙酸,两者消长有密切的关系,土壤中的三氯乙酸是三氯乙醛在微生物作用下生成的,是生物氧化作用的产物。盐化草甸土在第 4 小时即可检出三氯乙酸,在第 4 天达到最大值(约占三氯乙醛初始浓度的 76%)。70 d 左右消失;红壤在第12 h 检出三氯乙酸,9 d 时达最高值(约占三氯乙醛初始浓度的 56%),100 d 左右消失。由此可见,三氯乙醛在不同土壤中均能转化成三氯乙酸,且消失趋势相似,但消失速度和转化率有明显差异。三氯乙酸是农作物受害的直接原因,因而磷肥中三氯乙醛(酸)的临界含量小于400 mg/kg。

阿特拉津是一种均三氮苯类灭生性除草剂,主要通过植物的根系吸收,对大部分一年生双子叶杂草具有很好的防治作用。其作用机理是抑制杂草的光合作用和蒸腾作用,使植物叶片失绿、干枯、死亡。乙草胺属酰胺类除草剂,生物活性较高,通过抑制植物的幼芽或根的生长,使幼芽严重矮化而最终死亡。甲磺隆是磺酰脲类化合物,是一种生物活性极高的超高效广谱除草剂,通过植物根和茎叶的吸收,在植物体内迅速传导、扩展,主要在生长分裂旺盛的分生组织中发挥除草作用。通过抑制乙酰乳酸合成酶,阻断一些氨基酸的合成,导致细胞分裂和植物生长受抑制。自 2019 年甲磺隆被列为禁止使用的农药。以上 3 种除草剂由于其生物活性、作用方式的不同,对农作物造成危害的剂量不同,所产生的危害症状也有区别(表 7-9)。

表 7-9　3 种除草剂对青菜的危害剂量及危害症状

除草剂	暴露方式	处理浓度	受害症状及受害过程
阿特拉津	叶面吸收	0.5 mg/L	叶片形态、颜色与对照无明显差异,生长旺盛,未观察到明显的受害症状
		1.0 mg/L	叶片绿色变浅,出现少量的枯叶,长势不好
		≥5.0 mg/L	大部分叶片失绿,从叶尖开始干枯,叶的边缘褪色,有时出现不规则的坏死伤斑,并逐渐向整个叶片扩展,使植株枯萎死亡
阿特拉津	根系吸收	0.1 mg/L	植株较对照组矮小,有部分叶片干枯
		0.5 mg/L	真叶未长出,子叶失绿变黄,叶尖干枯并逐渐向整个叶片扩展,部分植株逐渐死亡
		≥1.0 mg/L	症状同 0.5 mg/L 处理组,程度较之严重,植株全部死亡
乙草胺	叶面吸收	10 mg/L	未出现明显受害症状
乙草胺	根系吸收	0.01 mg/L	叶片颜色、形态与对照无差异,但株高略矮
		0.1 mg/L	株高矮,生长慢,叶片绿色变浅,叶脉清晰,呈深绿色,有的叶片发黄
		1.0 mg/L	只长出很小的直叶,生长缓慢,植株矮小,子叶绿色变深,真叶叶片失绿、变黄,叶脉呈深绿色,清晰可见,少数植株死亡
		10 mg/L	大部分植株死亡,少数存活者停止生长,植株矮小

续表 7-9

除草剂	暴露方式	处理浓度	受害症状及受害过程
甲磺隆	叶面吸收	1.0 μg/L	叶片无明显受害症状,但株高较对照组略矮
		10 μg/L	叶片皱缩,出现失绿斑,但程度较轻,植株较对照组矮小
		100 μg/L	叶片皱缩,凹凸不平,出现失绿斑,刚长出的新叶呈黄色,植株矮小,生长缓慢
甲磺隆	根系吸收	0.1 μg/L	少数真叶绿色变浅,叶片形态基本正常,但株高小于对照组
		1.0 μg/L	大部分真叶失绿变黄,新叶受害严重,株高较对照组明显矮小,主根短,侧根不生长,呈"鸡爪"状
		≥10 μg/L	不长直叶,子叶绿色变深,叶片变厚,植株严重矮化,从两片子叶中心开始褪绿变黄,逐渐向子叶的尖端扩展,植株逐渐失绿死亡

引自林玉锁等,2002。

7.3.2　农药污染与农产品质量安全

污染物在食物链中的传递严重地威胁着食品安全和人体健康。一些持久性有机污染物,例如,有机氯农药可通过土壤-植物系统残留于肉、蛋、奶、植物油中,通过人的膳食进入人体后,参加人体内各种生理过程,使人体产生致命的病变,破坏酶系统,阻碍器官的正常运行,从而导致神经系统功能失调,引起致癌、致畸、致突变的"三致"问题。

1.作物对土壤中农药的吸收、转运与积累

许多农药都是通过土壤-植物系统进入生物圈的。由于残留在食物中的农药对生物的直接影响,植物对农药的吸收被认为是农药在食物链中生物积累、并危害陆生动物的第一步。植物根系对农药的吸收与农药的结构特性和土壤性质有关。一般植物根系对相对分子质量小于500 的有机化合物易于吸收。如果相对分子质量大于500,根系能否吸收取决于这类化合物在水中的溶解度,溶解度越大、极性越大者越容易为植物所吸收,也越容易在植物体内转移。分子质量较大的非极性有机农药只能被根表面吸收,而不易进入组织内部。如 DDT 为非极性农药,在水中的溶解度又很小(1.2 μg/L),因此多附着于根的表面。

农药由土壤进入植物体内至少有两个过程:①根部吸收;②农药随蒸腾流而输送至植物体各部分。土壤中的农药主要通过根部吸收进入植物体。农药通过吸收进入植物根部有两种方式:主动吸收过程和被动吸收过程,前者需要消耗代谢能量,后者则包括吸收、扩散和质量流动。

2.农药污染对农产品品质的影响

农药的发明和使用无疑大大提高了农业生产力,被称为农业生产的一次革命。中国是农业大国,每年均有大面积的病虫害发生,需施用大量的农药进行病虫害防治,由此可挽回粮食损失为$(2.0\sim3.0)\times10^{10}$ kg。但由于过量和不当使用对农产品造成的污染也不可忽视。使用农药可造成农产品中硝酸盐、亚硝酸盐、亚硝胺、重金属和其他有毒物质在农产品中的积累,造成农药在动植物食品中的富集和残留,直接威胁着动植物和人体的健康,化学农药的使用使农产品质量与安全性降低。在我国,由于农药污染的不断加剧,以致出现农产品中农药超标而使农产品的国际竞争力下降的现象。例如,我国苹果产量居世界第 1 位,但目前苹果出口量仅占生产总量的 1‰左右,出口受阻的主要原因是农药残留超标。中国橙优质率为 3％左右,而美国、巴西等柑橘大国橙类的优质品率达 90％以上,原因是中国橙的农药残留量等超标。我国加入世贸组织后,一些国家对我国出口的茶叶允许的农药残留指标只有原来的 1％。因此,农药残留已成为制约农产品质量的重要因素之一。

农药对农作物污染程度与作物种类、土壤质地、有机质含量和土壤水分有关。沙质土壤要比壤土对农药的吸附弱,作物从中吸取农药较多。土壤有机质含量高时,土壤吸附能力强,作物吸取农药较少。土壤水分因能减弱土壤的吸附能力,从而增加了作物对农药的吸收。根据日本各地对污染严重的有机氯农药进行的调查,马铃薯和胡萝卜等作物的地下部分被农药污染严重,大豆、花生等油料作物污染也较严重,而茄子、番茄、辣椒、白菜等茄果类、叶菜类一般污染较少。

3. 减少农药对农产品污染的措施

农药的使用一定要讲究科学,严格按照操作规程进行。农作物病虫害的防治,应采取化学和生物相结合的措施,利用抗病品种、间种套种、合理施用微肥及生长调节剂等来增强植物的抗病虫能力;使用天敌昆虫、施用生物农药、选择高效、低毒、低残留化学农药等多项措施,降低农药用量,减轻农药对农产品的污染;根据防治对象和农作物生长特点,选择合适的农药和施药方法(如土壤处理、拌种、喷雾、喷粉、熏蒸等),利用合格的喷药器械,掌握最佳的防治时期,进行有效防治。施药时严格控制用药量和施药次数,特别是几种农药混合使用时注意浓度,确保农产品上农药残留量在有关允许标准之下。杜绝在蔬菜上使用剧毒、高毒农药,注意蔬菜采收时的安全间隔期。

7.3.3　农药污染对人和动物健康安全的影响

农药进入土壤后,使土壤性质、组成及性状等发生了变化,并对土壤微生物有抑制作用,使农药在土壤中的积累过程逐渐占据优势,破坏了土壤的自然动态平衡,导致土壤自然正常功能失调、土质恶化,影响植物的生长发育,造成农产品产量和质量下降,并通过食物链危害人类。如某些杀虫剂对大豆、小麦、大麦等敏感植物产生影响,妨碍其根系发育,并抑制种子发芽。喷过六六六的蔬菜、水果,化学药物通过植物的根或块茎吸收,或渗透到果核里而无法除去。用各种方式施用的农药,通过土壤、大气、水体在生物体内富集,残留在生物体内。有机氯农药随食物链的不断积累,危害不断增加,毒性也就逐渐增大。生物体级数越高,浓缩系数越大,人是生物体的最高形式,因而必将通过食物链危害人类健康。

有机氯农药难降解、易积累,直接影响生物的神经系统。如 DDT 主要影响人的中枢神经系统;狄氏剂除急性作用外,还有长期的后遗影响,使人健忘、失眠、做噩梦,直至癫狂。有机磷农药虽易降解、残留期短,但其毒性大,虽在生物体内分解不易蓄积,然而它有烷基化作用,会引起致癌、致突变作用;有机磷农药以一种奇特的方式对活的有机体起作用,毁坏酶类,危害有机体神经系统。当它与各种医药、人工合成物、食品添加剂相互作用时,其危害更大。氨基甲酸酯类农药在土壤中残留时间短,被微生物作用而降解,但研究表明,它是一种强烈的致畸胎毒剂。

7.4 土壤新型有机污染物及其土壤环境效应

7.4.1 土壤中的抗生素及其抗性基因

1.土壤中的抗生素

抗生素(antibiotics)是由微生物(包括细菌、真功和放线菌属)或高等植物在生活过程中所产生的具有抗病原体或其他活性的一类次级代谢产物,也包括用化学方法合成或合成的化合物,这些化学物质可干扰其他活细胞的生长与发育功能。当代抗生素的起源可追溯到19世纪70年代微生物间的拮抗现象,当时有研究发现真菌的生长往往会抑制细菌生长;19世纪80年代发现,通过给动物接种无害菌而抑制了炭疽症的发生;铜绿假单胞菌会产生一种特殊的扩散物质,抑制了包括葡萄球菌在内的其他菌的生长;从而说明微生物之间存在拮抗作用。19世纪80年代后期和90年代涌现出大量研究微生物抗菌活性的论文,例如,有美国学者利用假单胞杆菌的无细胞提取物局部治疗伤口感染,并取得了较好的效果。到20世纪初,已经发现并证实微生物间拮抗现象的普遍性。

抗生素进入土壤环境的途径主要包括施用含有抗生素的粪肥、污泥及灌溉含有抗生素的污水。此外,未使用或过期的、生产和运输过程中残留的抗生素药物通过填埋处理,以及喷洒抗生素防治水果、蔬菜和观赏性植物的细菌性病害也是抗生素进入土壤的重要途径。

2.微生物对抗生素的抗性机理

(1)抗生素抗性机理 作为20世纪最重要的医学发现之一,抗生素自从被发现以来已拯救了无数生命,为人类传染病的防治做出了重要贡献。但是由于不规范使用和滥用,抗生素会诱导细菌耐药性增强,从而引起潜在的公众健康风险。在医疗领域,对抗生素抗性细菌及抗性基因已有较为系统的研究,对各类已知抗性基因的分子机制已有较为清晰的认知,主要包括以下几类(图7-15)。

①通过对抗生素的降解或取代活性基团,改变抗生素的结构,使抗生素失活;

②通过对抗生素靶位进行修饰,使抗生素无法与之结合而表现出抗性;

③通过特异或通用的抗生素外排泵将抗生素排出细胞外,降低胞内抗生素浓度而表现出抗性;

④其他抗性机制包括在细胞膜上形成多糖类的屏障,减少抗生素进入细胞内。

(2)抗性基因 抗性基因(resistant gene)即决定抗生素抗性的遗传因子。抗生素在医药、畜牧和水产中的大量使用造成环境中的抗性耐药菌和抗性基因日益增加,抗生素抗性基因(antibiotic resistance gene,ARC)作为一种新型环境污染物已引起人们的广泛关注,世界卫生组织(WHO)已将抗生素抗性作为21世纪威胁人类健康的最重大挑战之一,并宣布将在全球范围内对控制抗生素抗性进行战略部署。抗生素抗性基因在环境中的持久性残留、传播和扩散比抗生素本身的危害还要大,抗生素抗性基因的研究在环境科学研究领域日益增多。

①抗性基因的来源。环境中抗生素抗性基因的来源包括内在抗性(intrinsic resistance)和外源输入。

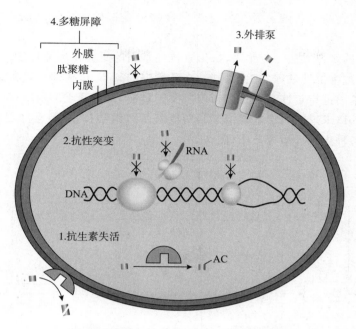

图 7-15 抗生素抗性机理(Allen et al. ,2010)

a. 内在抗性。内在抗性是指存在于细菌基因组上的抗性基因原型、准抗性基因,或平时没有表达的抗性基因。细菌可通过随机突变或表达潜在抗性基因而获得抗性。在自然环境中,抗生素的浓度通常低于临床使用浓度,环境中这些低浓度抗生素均可作为微生物种群间或种群内的信号分子,使微生物群落中的各微生物种群产生表的适应性反应,因此,这些微生物种群普遍存在内在抗性基因。

研究指出,抗生素抗性基因是一种古老的基因,普遍存在于环境微生物中。从北极 3 万年的冻土中提取到了来自晚更新世生物的脱氧核糖核酸(DNA),发现存在多样性很高的抗性基因,这些抗性基因对 β-内酰胺类、四环素类和糖肽类等抗生素具有抗性,这说明一些类型的抗生素抗性基因早就存在于自然界中,而并非是由现代临床治疗过程中抗生素的使用而造成的。抗生素是抗性基因的选择压力,随着环境抗生素污染的加剧,可能加速了细菌抗性基因突变和抗性基因水平转移。这些抗性基因一旦形成,可能通过基因水平转移进入人类致病菌内,从而危害人类健康。

b. 外源输入。抗性细菌通过人或动物粪便随着肠道细菌排出体外,是环境中抗生素抗性基因的重要来源之一。最初,大多数抗生素主要用于人体防治细菌感染,因此,多数抗性细菌最早也是在人体内被发现的,它们随着粪便排泄出体外,进入医疗废水、生活废水和其他环境中,而其携带的抗性基因即可通过水平转移传播到各种环境土著菌中。

②抗生素抗性基因在环境中的传播扩散。抗生素抗性基因在环境中的传播扩散途径有水、土壤和大气,包括土壤—植物体系由土壤向植物的扩散,在空气中的传播扩散,以及动植物体内抗生素抗性基因的扩散。目前,关于抗生素抗性基因在水环境和土壤中的研究日益增多,主要集中于城市污水处理过程中抗性基因的变化,以及农业生产过程中有机肥的添加导致的土壤中抗性基因的富集。相对于水和土壤环境,对抗性基因在空气中的扩散及动植物体内的研究相对较少。目前,在大气环境中已发现抗生素抗性基因,相关研究主要集中在养殖场附近

的空气环境中分离到的耐药细菌及抗性基因。食物链是抗生素抗性基因进入人体最直接的途径。

（3）抗性基因的研究方法　近年来，抗生素抗性基因的研究在环境科学领域也日益受到关注。但是，要评估抗生抗性基因的生态风险、在环境中的分布、传播途径和机制，需要对各个环境介质中的抗性基因进行定性和定量分析与监测。目前，采用基于细菌培养的筛选技术、定量聚合酶链式反应（qPCR）技术、宏基因组学和功能宏基因组学技术，科学家已经发现大量抗性基因广泛存在于各种生态环境介质中（图 7-16）。

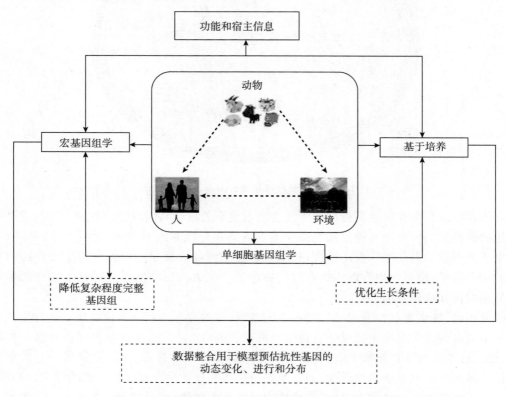

图 7-16　环境中抗性基因的研究方法（Su et al.，2017）

①基于细菌培养的基因组鉴定。鉴定抗生素抗性的经典方法是的传统的培养技术，使用抗生素抗性的选择培养基可以对特定的抗生素抗性菌群进行计数和分离。分离到的菌株抗性可以通过多种方法来测定，包括固体/液体培养基系列稀释评估最小抑制浓度（MIC），基于MIC 的药敏纸片琼脂平板扩散法和药敏实验分析。通过聚合酶链式反应（PCR）扩增特定的靶标基因，或者基因组序列注释，可以进一步鉴定分离菌株所携带的抗性基因。但是，基于细菌培养的方法通常费时、费力，且其最大局限在于复杂环境中仅有少量细菌是可培养的。

②宏基因组学挖掘抗生素抗性基因。宏基因组学以环境中所有微生物的基因组总和为研究对象，克服传统培养方法中绝大多数微生物不可培养的局限。宏基因组高通量测序技术规避了引物或探针设计与选择的限制，可以挖掘所有的抗生素抗性组学信息，包括各种复杂环境中未知抗性基因的检测，从而发现新型 ARGs 和抗性机制。该方法不仅可以提供微生物群落结构信息（包括物种丰度和分布），而且可以获得群落的代谢功能特征。目前，科学家利用宏基

因组学技术已经发现在人体肠道、动物粪便、水体、土壤和空气等生境中存在大量的 ARG 和 MGEs。基于宏基因组学分析，鉴定了新型抗生素抗性基因，包括 β-内酰胺、四环素、氨基糖苷和博来霉素抗生素抗性基因。

a. 基于序列分析的宏基因组学。基于测序的宏基因组学研究即直提取和随机测序环境中的总 DNA 序列，包括不可培养细菌的 DNA。环境样品中随机选取一个样品假设代表整个微生物群落，通过高通量测序技术对该样本 DNA 进行测序，获得的宏基因序列与已知的序列数据库（参考序列）进行比较，从而鉴定抗性基因或引发抗性的突变体。此外，宏基因组学序列分析可以剖析由抗生素处理带来的微生物群落（包括不可培养的生物）多样性变化特征。

b. 功能宏基因组学。功能家基因组学技术是在外源宿主中异源表达宏基因组 DNA，通过活性筛选，进面发现功能基因，但通过它们的序列并不易发掘这些基因的功能。该方法通过构建功能宏基因组文库，表达克隆的基因组片段，可以直接用抗生素进行克隆子筛选，规避了传统未知序列研究的缺陷；因此，功能宏基因组学可以挖掘以前未知的，以及通过序列无法认知的新的抗生素抗性功能蛋白。通过功能宏基因组学技术已经鉴定了可以使抗生素失活的蛋白编码基因，编码多种抗药性外排泵的基因及抗甲氧苄氨嘧啶（叶酸拮抗剂）的基因。

由于功能宏基因组学是基于功能筛选和 DNA 片段的克隆和表达技术，克隆子和插入片段的大小可能会限制由多个基因调控表达 ARGs 的鉴定，功能宏基因组片段在外源宿主中异源表达也可能会产生假阳性 ARGs。此外，采用不同种类的培养基，抗生素浓度和孵育方法，使得不同环境中的抗生素抗性很难进行比较。功能宏基因组文库中的许多 ARGs 可能在外源宿主中不表达，从而可低估环境样品中抗性基因的检出频率。

③基于基因芯片技术检测抗生素抗性基因。基于基因芯片的检测方法也是一种高通量分析复杂环境中微生物群落种类和功能基因的技术手段，它可以同时检测高达几十万个生物标记基因，根据靶标的生物标记基因种类的不同，可将基因芯片分为两个主要种类：系统发育基因芯片和功能基因芯片。系统发育基因芯片技术主要靶标是系统发育的标记基因，包括 rRNA（核糖体核糖核酸）和 gyrB 基因（结核分枝杆菌 DNA 旋转酶 B 亚单位编码基因），该技术已经广泛应用于研究环境中微生物群落的结构特征。科学家已经设计了多种系统发育基因芯片来监测不同生境中的微生物群落，包括可以检测广泛分布的微生物分类单元的 Phylo-Chip（生物微矩阵芯片）、堆肥中微生物群落的 COMPOCHIP（该微矩阵芯片针对稳定化的有机物料的典型微生物和病原菌）和人类肠道微生物的基因芯片。

功能基因芯片是基于种水平的各种细菌基因组：pan-基因组（细菌种水平所有菌株的全套基因）、比较基因组分析中的宏基因组，以及用于研究基因型分析或者研究微生物功能基因组成和结构的宏基因组而设计的。已鉴定的 ARGs 可以用来设计寡核苷酸探针，这些探针与基因组宏基因组 DNA 杂交可以研究环境中这些 ARGs 的分布特征。目前，科学家设计了多种可以检测特定 ARGs 的基因芯片，用于研究致病菌菌株和环境样品中的 ARGs。这些抗性基因芯片一直应用于畜禽养殖业中致病菌的抗性基因分布特征和基因型分型研究中。在基因芯片中，毒力致病因子基因常与 ARGs 组合共同用于在更细微水平上研究细菌菌株抗性和致病性基因型的特征。例如，毒力致病因子基因芯片（PathoChip）包含 3715 个探针，可以检测来自 1397 个种水平的微生物（2336 个菌株）的 13 类毒力致病因子，可以用于研究环境中致病菌群落动态变化和致病性特征。

与宏基因组学技术相比，基因芯片技术依赖于已知序列来设计探针，因此，无法检测新型

ARGs。但是,基因芯片技术具有高量、低检测限、高重复性和半定量等特征,这些特点使得基因芯片技术在 ARGs 的研究领域具有很好的发展前景。

④高通量定量聚合酶链反应技术。高通量定量聚合酶链反应(HT-qPCR)技术可以同时进行成千上万个纳升级的 qPCR 反应,进而评价上百个基因,包括致病菌毒力致病基因和抗性基因的表达丰度,在复杂环境中,抗性基因种类繁多且高度丰富,有限数目 ARGs 的检测不足以代表整体 ARGs 的水平,倒如,四环素类的抗性基因有 40 多种,这些基因主要是编码外排泵、核糖体保护蛋白和使酶失活的基因。目前,HT-qPCR 技术已广泛应用于各种环境中抗性基因分布和扩散机制的研究。

虽然 HT-qPCR 是一种快速检测和定量抗性基因的极具前景的技术,但是其最大缺陷,即引物设计,需要获得已知抗性基因序列。因此,无法检测环境中未知的异源 ARGs。此外,引物设计和扩增反应条件也限制了 HT-qPCR 技术的发展。另外,与传统的 qPCR 相比,HT-qPCR 技术采用纳升级的反应体系,其抗性基因的检测限则相对更高。

⑤单细胞基因组技术。生态系统中单个微生物细胞群的基因组是高度多样化的,单细胞基因组技术可以检测到其他方法(例如,宏基因组学和 HT-qPCR)无法检测到的稀有物种,单胞测序技术可以通过剖析微生物单个细胞的基因组学特征,从而进一步揭示单个细胞对于抗生素抗性的贡献。

单细胞基因组测序技术可以直接鉴定和组装环境或者临床上未可培养的细菌或病毒(微生物暗物质)。从而可以从目的微生物中鉴定多种参与特定功能或代谢途径的新型基因,以及数据库中未包含的基因,获得的单细胞基因组可以进一步应用于各个方面。例如,提高细菌生物能源生产、环境微生物临床治疗、微生物培养方法的研究(通过将细菌基因组与其营养需求和代谢过程联系起来),以及设计荧光原位杂交探针(用于分析微生物群落和高通量筛选目的微生物)。单细胞测序技术也可以与宏基因组技术结合,通过将微生物个体和群落总基因组相联系,共同揭示微生物群落结构变化。

同时,该方法在抗生素抗性基因的研究上具有不可替代的优势。理论上,在抗生素选择压力下,细胞个体中抗生素抗性的存在可以使抗性菌株生存和繁殖,并最终在与其他菌株的竞争中占据优势地位。环境中抗性突变和水平基因转移的频率是相对较低的(抗性突变频率为 10^{-8};水平基因转移频率为 10^{-5}),通过传统的培养方法追踪这些小概率事件费时费力。但是单细胞基因组技术可以灵敏地定量检测这些小概率事件。单细胞的分离使得快生长细胞和慢生长细胞之间无法竞争,因而可以获得大量培养方法无法获取的各种抗性表型,也可以揭示细菌异质抗性的遗传机制,揭示选择压力下细菌代谢的动态变化。

3.抗生素与抗性基因的土壤环境行为

1)抗生素在土壤中的吸附、降解等行为

抗生素进入土壤环境后,会发生吸附和降解等物理化学和生物过程,土壤的理化性质、有机质组成和抗生素本身的性质,以及微生物活动之间的交互作用决定抗生素在土壤中的吸附和降解行为。吸附过程会直接成间接地影响抗生素在土壤中的迁移、降解和生物有效性。

(1)抗生素在土壤中的吸附和影响因素 与非极性有机污染物不同,抗生素属于离子型极性有机化合物,它们一般含有多个离子型官能团,多个酸解离常数(pKa),并随溶液酸碱条件的变化,可出现阳离子、中性离子和阴离子等多种价态,一般具有较强的亲水性。对土壤或沉积物等吸附介质而言,抗生素的吸附主要与它们自身的憎水性、极性、可极化性及其空间构型等有关,而这些性质又是由它们的结构决定的,不同类型抗生素的结构各不相同,分别含有一些特殊的官能团、取代基,使得它们的吸附行为存在一定差异。抗生素在土壤中吸附能力的大小通常用土壤水分配系数(K_d)表示,K_d值越大,吸附作用越强。

$$K_d = C_s/C_w \tag{7-4}$$

式中:C_s 和 C_w 分别为吸附平衡时固相和液相中污染物的浓度。

影响抗生素吸附的主要因素包括土壤 pH、离子强度和多价态金属离子、有机质和可溶性有机质含量,以及土壤的综合性质。

土壤 pH 随土壤类型和组成的不同而有较大的变化,并通过改变抗生素和吸附介质的电荷对吸附产生显著影响。以土霉素(OTC)为例,当 pH<3.6 时,溶液中以 OTC^+ 为主;3.6<pH<7.5 时,以 OTC^0 为主;pH>7.5 时,主要以 OTC^- 的形式存在。当吸附介质为表面吸着大量可交换阳离子的纯黏土矿物时,pH 降低 OTC^+ 增多,阳离子交换作用增强,吸附量就会增加;当吸附介质为金属化物时,由于其表面电荷随 pH 可变性强,在酸性和碱性 pH 时,土霉素与金属氧化物表面因带有相同种电荷而相互排斥,导致吸附量较低。而多价态金属离子(如 Ca^{2+}、Mg^{2+}、Cu^{2+},Al^{3+} 和 Fe^{3+})是影响部分抗生素吸附行为的重要因素。通常在低 pH 时,它们会同阳离子态或零价态的抗生素竞争吸附位,从导致抗生素的吸附量降低。相反,在高 pH 时,它们可以起到桥接作用,通过共价键连接抗生素带负电部分与固体表面的吸附位点,形成抗生素-金属离子-吸附介质三相配合物,进而促进抗生的吸附。

有机质中大量的去质子化官能团,例如—COO^- 为带正电的抗生素离子提供了可能的吸附位;此外,抗生素可以与有机质中的极性官能团通过氢键作用而被吸附。然而,由于土壤中有机质的含量一般较低,而且有机质的存在可能屏蔽黏土矿物表面的吸附位点,因而减少了抗生素在土壤中的吸附,所以有机质并非自然土壤吸附抗生素的主要贡献者。溶解性有机质(DOM)含量很少,仅占土壤有机的很少一部分,但其含有羧基、羟基,羰基等多种活性功能团,有研究表明 DOM 可以显著影响有机污染物(如多环芳经和农药类)在土壤中的吸附和迁移行为。因此,DOM 对抗生素类污染物吸附的影响也越来越受到关注。

(2)抗生素在土壤中的降解行为　　自然环境中影响抗生素降解的因素主要有光照、温度、微生物作用等。由于抗生素自身结构性质不同,其在自然界中的降解行为也有差异,一些抗生素易发生生物降解,而一些抗生素则很难被生物降解。

①光解。在光照条件下,抗生素不稳定,容易发生光解,最终生成 H_2O、CO_2 和其他离子等。四环素、土霉素、红霉素在模拟日光下均能发生光降解,研究表明光照 3 h,降解率即可分别达到 69.9%、90.6% 和 92.8%。抗生素的光降解过程中,受到 pH、催化剂、初始浓度等因素的影响。

②水解。水解作用是抗生素在环境中降解的重要方式,抗生素中 β-内酰胺类、大环内酯类和磺胺类等易溶于水。有研究表明,pH 和温度影响氨苄青霉素、头孢噻吩和头孢西丁在环境的水解。在环境条件(pH=7,温度为 25 ℃)下,半衰期为 5.3~27 d。

③生物降解。生物降解是抗生素在环境中降解的最重要途径。被生物降解的抗生素可能转化为生物体的组成部分,或最终转化为没有生物毒性的无机或有机小分子。生物降解主要有植物降解和微生物降解两种方式。

④微生物降解。抗生素的微生物降解是指在微生物作用下,抗生素残留物的结构发生改

变,从面引起其化学和物理性质发生改变,即通过将抗生素残留物从大分子化合物降解为小分子化合物,最后成为 H_2O 和 CO_2,实现对环境污染的无害化处理的过程,其中耐药细菌起最重要的作用。耐药细菌直接破坏和修饰抗生素而使其失活,包括水解、基团转移和氧化还原 3 种机制。许多抗生素含有易水解的敏感化学键(如酯键和酰胺键),耐药细菌含有消除这些弱化学键的酶而摧毁这些抗生素的活性。

⑤植物降解。植物在水体或土壤中,与环境之间进行着复杂物质交换和能量交换,在维持生态环境的平衡中起着重要作用。植物修复主要有 3 种机制:a. 植物直接吸收有机污染物后转移或分解;b. 植物释放分泌物和特定酶降解土壤环境中的有机污染物;c. 植物促进根际微生物对土壤环境中有机污染物的吸收或利用转化。

2)抗性基因与重金属的相互作用

目前,一些金属(如锌、铜等微量元素)作为饲料添加剂,已被广泛添加到饲料中,造成养殖业的重金属污染问题;同时,多种抗生素也被添加到畜禽养殖饲料中,已经在养殖动物的粪便中发现高浓度的抗生素和重金属。高浓度的抗生素和重金属导致畜禽养殖场及其周边环境抗生素和重金属的复合污染,重金属和抗生素对细菌产生抗生素和重金属抗性的协同、交叉等机制,加剧了抗生素抗性基因的污染。越来越多的研究表明,抗生素抗性基因的丰度与砷、铜、镍、铬、铅等重金属污染程度显著相关,表明重金属和抗生素的复合污染可以增加环境中抗性基因丰度。例如,土壤中铜的含量与土壤中多种抗性基因[四环素类抗性基因($tetM$、$tetW$)、β-内酰胺类抗性基因(bla_{OXA})、大环内酯类抗性基因($ermB$、$ermF$)]的丰度有显著的正相关系,而铬、镍、铅等金属的含量与一些特定的抗性基因丰度也具有显著的正相关性。其中与金属铬相关的基因型有 $tetM$,bla_{CTX-M}(β-内酰胺类抗性基因)、bla_{OXA},与金属镍相关的基因型是 $tetW$。环境中的重金属污染对抗生系抗性基因的筛选具有促进作用,而且不同的重金属所促进的抗性基因也有区别。细菌抗生素抗性与重金属抗性的协同选择机制如图 7-17 所示。

(1)交叉抗性 细菌细胞利用同一种抗性系统对抗生素和重金属同时产生抗性,例如排泵系统。这种间接的选择过程是因为抗生素和重金属的抗性机制的耦合作用,这种抗性机制在生理学上的耦合作用称为交叉抗性。在交叉抗性的作用情形下,菌株对多种抗菌剂具有抗性,这些抗菌剂包括多种抗生素和重金属离子,当不同的抗生素攻击同一靶点时,可启动细胞共同通路,或者共享一个共同的途径获得各自的作用目标。

(2)协同抗性 协同抗性指细菌携带的多种特定抗性基因位于同一遗传元件上,如质粒、整合子或者转座子等。研究发现重金属抗性基因和抗生素抗性基因可以存在于质粒上。因此,在重金属的选择压力下能生存的微生物可能会对一些特定的抗生素同样具有抗性。

(3)细菌抗生素抗性与重金属抗性的协同调控 协同调控是指细菌在抗生素或重金属任何一种压力下,细菌体内的一系列转录和翻译应答系统均会对其做出反应的作用过程。例如,细菌可通过双组分系统进行协同调控,对环境变化做出应答。为应对不同的环境变化,细菌演化出多种细胞信号转导途径,其中磷酸化和去磷酸化在生物体中广泛存在,其过程由不同的激酶催化完成。几乎所有的细胞都利用磷酸化介导的信号转导机制来应对代谢、环境和细胞周期的变化。双组分系统在细菌、古生菌和真菌中均有发现,而在细菌中的存在最为广泛,参与对环境刺激做出反应的多种信号转导过程,双组分系统有多个"靶点",如感应外界激的位点、激酶自主磷酸化位点和反应调控蛋白磷酸化位点等。

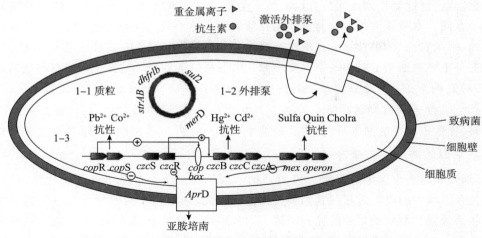

亚胺培南:碳青霉烯素类抗菌药,具有抗菌谱广及抗菌作用强的特性;
1-1:协同抗性机制;1-2:交叉抗性机制;1-3:协同调控机制

图 7-17 细菌抗生素抗性与重金属的协同选择机制示意图(Baker-Austin et al. ,2006)

3)抗性基因水平转移(horizontal gene transfer,HGT)

抗性基因作为一种新型的污染物,和传统污染物相比,其在不同环境介质中的传播扩散可能比抗生素本身的环境危害更大。其中,水平基因转移是抗生素抗性基因传播的重要方式,是造成抗性基因环境污染日益严重的原因之一。非病原菌中的抗性基因对人类健康没有直接的威胁,抗性基因可通过水平转移进入人类致病菌而威胁人类的健康。此外,肠道微生物进入环境中,由于条件的改变其可能很难生存,因此,水平转移对于这类抗性基因在环境中的传播与扩散起着至关重要的作用。

7.4.2 土壤纳米材料及其环境行为

纳米材料指颗粒三维粒径中至少一维尺寸小于 100 nm 的材料。因为纳米材料尺寸小、比表面积大和表面活性高,所以具有不同于一般大颗粒物质的物理化学性质,如表面效应、体积效应和量子尺寸效应等。根据化学组成,纳米材料一般分为:①碳纳米材料,包括单壁纳米碳管、多壁纳米碳管和富勒烯等,在催化剂、燃料电池、航空航天和汽车加工等领域的应用日益广泛。②金属及氧化物纳米材料,包括氧化物纳米材料(如纳米 CeO_2,纳米 TiO_2 等)、零价纳米金属材料(如纳米零价铁等)和纳米金属盐类(如纳米硅酸盐等)。其中,CeO_2 主要作为柴油燃烧催化剂,TiO_2 具有优良的光电催化性能,常用于太阳能电池、燃料等,且 TiO_2 和 ZnO 因具有抗紫外线性质,其在化妆品等方面也有大量应用。纳米零价铁作为一种有效的脱卤还原剂,可降解有机农药、卤代芳香烃等有机污染物;③量子点,如 CdSe 等,主要用于医学成像和靶向治疗等,在光电设备等方面也有应用;④纳米聚合物,如聚苯乙烯等,在生物、材料和医学等方面均有应用。在纳米科技快速发展及纳米材料广泛使用的同时,也带来了新的挑战,这些挑战不仅包括已有纳米材料不确定的生态风险和人体健康风险,还包括一些难以预测的新风险。

1. 土壤中纳米材料的来源

土壤是主要的环境介质,也可能是纳米材料最重要的汇。除了一些自然源(如火山爆发、沙尘暴和森林火灾等)会产生纳米颗粒并进入土壤以外,土壤本身也存在天然纳米颗粒,包括胶体矿物、纳米铁锰氧化物及部分有机质等。这些天然纳米颗粒为研究人工纳米颗粒的环行为提供了基础。本节重点关注被有意或无意释放到土壤中的人工纳米颗粒,它们可通过使用纳米肥料、纳米农药、污水、污泥、含纳米材料成分的土壤修复剂等方式直接进入土壤。

污泥是土壤中纳米材料的一个重要来源。消费品等各种来源的人工纳米材料进入污水处理厂,在污泥中浓缩,污泥中纳米材料的浓度在 $10^{-6} \sim 10^4$ mg/kg,其中,超过 90% 的 Ag、ZnO、CeO_2、TiO_2 或者富勒烯滞留于污泥中。由于有机质、氮和磷含量高,污泥在欧美国家被用作肥料,导致土壤中的纳米材料,尤其是纳米 TiO_2、纳米 ZnO 和纳米 Ag 等浓度显著增加。

2. 纳米颗粒的环境化学行为

(1)纳米颗粒在土壤中的吸附　　吸附是纳米颗粒在土壤中最基本的环境化学行为之一。纳米颗粒在土壤中的吸附过程与其团聚过程密切相关,纳米颗粒的团聚分为纳米颗粒间的同相团聚和纳米颗粒与介质颗粒的异相团聚。纳米颗粒的粒径小、表面能高,可通过活性碰撞发生同相团聚。发生同相团聚以后,纳米颗粒浓度迅速降低,粒径变大。当纳米颗粒与土壤中大粒物质,如黏土颗粒,发生异相团聚后,纳米颗粒的环境行为更倾向于黏土颗粒的环境行为,纳米颗粒的生物有效性会降低。影响纳米颗粒在土壤中发生团聚的因素有多种,主要包括纳米颗粒自身的性质(如颗粒浓度、粒径、形状和表面修饰等)和土理化性质(如土壤离子强度、有机含量和 pH 等)。一般来说,纳米颗粒表面修饰可以增加纳米材料的稳定性;高离子强度条件下,纳米颗粒的稳定性降低且高价阳离子的影响显著大于低价阳离子;土壤有机质、聚电解质和表面活性剂等大分子物质可以通过静电、空间位阻效应增加纳米颗粒的稳定性。纳米颗粒的团聚行为在反应受限和扩散受限的系统下差异很大。团聚行为的发生直接改变了纳米颗粒的离子溶出能力,进而导致纳米颗粒的生物有效性和毒性发生变化。此外,纳米颗粒的团聚会改变的纳米颗粒的粒径分布,影响它们在生物系统中的归趋,进而影响其毒性作用。

纳米颗粒在土壤中的固定与土壤性质密切相关。有研究结果表明,纳米银(AgNPs)在酸性土壤中的吸附量高于中性土壤,当土壤酸碱性相似时,土壤有机质含量越高,纳米银在其表面的吸附量越高,纳米银在 4 种土壤上的吸附等温线都能较好地利用 Freundlich 方程进行拟合,Ca^{2+} 的存在增加了纳米银在 4 种土壤上的吸附量,Ca^{2+} 浓度为 0.1～10 mol/L,纳米银在中性土壤上的吸附量随 Ca^{2+} 浓度的增加而增加,而在酸性土壤上则随着 Ca^{2+} 浓度的增加,出现先增大后减小的趋势

(2)纳米颗粒在土壤中的转化　　纳米颗粒在土壤中的转化(如团聚、氧化、硫化及溶解)将直接影响其在土壤中的形态,进而影响其生物有效性乃至毒性。因此,纳米颗粒在土壤中的转化和形态对于理解纳米材料的潜在生态风险和人体健康风险具有十分重要的意义。纳米颗粒在土壤中的转化在很大程度上受环境条件的影响,且其转化产物多具有热力学稳定性,基于同步辐射技术发现外源磷和外源硫可促使纳米 ZnO 向更稳定的磷化锌和硫化锌转变。

溶解是一些金属纳米材料(如纳米锌、氧化锌等)最常见的转化过程。纳米 ZnO 在土壤中很容易溶解,在进入土壤 1 h 后便检测不到纳米 ZnO。纳米银和纳米金(AgNPs 和 AuNPs)在土壤中标记 28 d 后,其溶出率分别约为 17% 和 8%。有机质和 pH 被认为是土壤中纳米银溶解的关键因素,在土壤中标记纳米银后,酸性土壤中可形成 AgCl,而中性及碱性土壤中形成了 Ag-S 化合物。溶出的银离子可以逐渐转化为单质银,并与土壤(尤其是碱性土壤)中的铁氧化物及硫结合。近期研究表明,水稻土的氧化还原电位和有机质含量控制纳米银的转化;通过 X

射线吸收近边结构(XANES)分析发现,尽管不同 Ag 形态(如 AgCl、Ag_2O 等)均在土壤中短暂存在(表 7-10),但在土壤厌氧条件下则主要以 Ag_2S 形式存在($>78\%$),且纳米银和 $AgNO_3$ 在水稻土中的转化途径不同;相反,好氧条件下土壤中银的硫化反应速率较慢,以单质纳米银,银-半胱氨酸(Ag-cysteine)和 Ag_2S 等形式存在。土壤中的有机质也会增加纳米银的固液分配系数,有机质可促使转化后的 Ag_2S 在土壤黏土矿物表面团聚,从而降低土壤溶液中 Ag 的含量。总之,纳米颗粒的溶解与颗粒自身性质(如颗粒表面修饰材料、化学组成和颗粒大小等)及土壤理化性质(如土壤氧化还原条件、土壤 pH、有机质、微生物活动和黏土含量等)相关。

表 7-10　不同氧化还原条件下土壤样品中 Ag 的形态(%)

处理组	时间/d	条件	Ag 标准物质[c]					R 因子
			Ag_2S	AgNPs	Ag_3-PO_4	AgCl	Ag_2O	
AgNPs-AN[a]	2	厌氧	95(0.8)		5(0.8)			0.000054
AgNPs-AN[a]	28	厌氧	95(0.9)		5(0.9)			0.000072
$AgNO_3$-AN[a]	2	厌氧	97(1.3)				3(1.3)	0.000046
$AgNO_3$-AN[a]	28	厌氧	96(1.4)				4(1.4)	0.000056
AgNPs+OM[b]	2	好氧	7(1.4)	90(0.5)			3(1.5)	0.000052
AgNPs+OM[b]	28	好氧	94(1.0)		6(1.0)			0.000087
$AgNO_3$+OM[b]	2	好氧	56(1.5)		3(2.4)	41(2.8)		0.000207
$AgNO_3$+OM[b]	28	好氧	73(1.5)	18(0.6)			9(1.6)	0.000055

引自:Li et al.,2017。

a.厌氧处理;b.没有移除有机质的土壤;c.光谱中 Ag 的 K 边 LCF 拟合结果;括号中的数值为不确定度;R 因子表征拟合优度,R 因子越小表示拟合结果越好。

3. 纳米颗粒的生态效应

1) 纳米颗粒与土壤微生物的相互作用

纳米颗粒对微生物的毒性效应对于评价纳米材料的环境和生态风险具有非常重要的作用。目前,在纳米材料的生态毒理学研究中,与微生物相互作用的研究相对较多,主要关注在单一细胞和种群水平上产生的毒性效应。多种纳米材料具有抗菌作用(如纳米银、纳米TiO_2),因此得以广泛应用。例如,纳米银由于其表面尺寸效应,其抗菌性能远大于传统的银系抗菌剂,具有广谱抑菌性,对金黄色葡萄球菌、产气荚膜杆菌、大肠杆菌、绿脓杆菌、白念珠菌和滑念珠菌等均有抑菌或杀菌作用。纳米 ZnO 和纳米 TiO_2 都对大肠杆菌具有毒性,且 ZnO 毒性比 TiO_2 毒性更高。基于基质诱导呼吸和土壤总脱氧核糖核酸(DNA)的分析发现,纳米 TiO_2 和纳米 ZnO 均减少了土壤微生物的生物量和多样性,改变了土壤细菌群落的组成,而且纳米 ZnO 的作用较纳米 TiO_2 强,因此,纳米金属氧化物对土壤细菌群落有不利影响。不同纳米材料对微生物产生抑制效应的机制不同,包括直接接触损伤和间接氧化损伤。直接接触损伤是纳米材料直接损伤细胞膜,或致使与细胞膜有关的酶失活。间接氧化损伤是纳米材料在含有微生物的介质或微生物细胞内产生的活性氧氧化间接造成的损伤。

微生物胞外聚合物(EPS)作为一种微生物产生的天然有机物质,占土壤生物膜干质量的

90％以上。EPS 由多糖、氨基糖、蛋白质磷壁和核酸组成，能够保护菌群应对周边环境威胁，为微生物细胞提供天然屏障。EPS 可以通过提供许多结合位点（例如磷酰基、羧基、酰胺、氨基和羟基基团）减轻金属纳米金属氧化物的微生物毒性。有试验证明绿叶假单胞菌（*Pseudomonas chlororaphis* O6）的 EPS 可以降低纳米银毒性。近期研究表明，恶臭假单胞菌（*Pseudomonas putida*，革兰氏阴性菌）的 EPS 可以显著降低纳米银对小麦根的毒性。与对照相比，EPS 处理的小麦相对根伸长增加 7％～59％，根生物量增加 8％～99％，丙二醛（MDA）含量降低 26％～32％，H_2O_2 含量降低 11％～43％。这主要因为 EPS 显著地降低了纳米银的溶出，并降低了 Ag^+ 的生物有效性，最终导致小麦根中银积累量降低（降低了 7％～79％）。可见，EPS 作为陆生生态系统中重要的天然有机物质，在毒性试验中如果忽视 EPS 的影响，可能会高估纳米银的植物毒性。

2）纳米颗粒与植物的相互作用

已有大量文献报道纳米颗粒对植物种子萌发、生长、生理生化过程和基因可能产生的影响。研究发现纳米 ZnO 显著降低了黑麦草的生物量，导致根尖收缩、根皮细胞发生空化和坍塌。研究发现，纳米银可以进入拟南芥的根尖与根毛中，并在根尖根冠及小柱细胞中聚集，导致小柱细胞受损，影响细胞分裂，并诱导侧根根冠细胞脱落，从而最终抑制根毛生长。Stampoulis 等（2009）研究了 5 种纳米颗粒[碳纳米管（MWCNT），Ag、Cu、ZnO 和 Si]对南瓜根的毒性，发现除了纳米铜会抑制根伸长和纳米银减少生物量外，其他纳米颗粒对南瓜种子的发芽没有影响，当南瓜在水培条件下暴露于 0.5 g/L 纳米 Fe_3O_4（直径 20 cm）悬浊液中时，会有 1.3％的纳米颗粒转移到植物叶片中，而大多数纳米颗粒则附着在南瓜根表面。以往认为，一些纳米金属颗粒通过释放金属离子而被植物吸收且产生毒性效应，但越来越多的证据表明纳米颗粒自身也可能以颗粒形式被植物吸收而致毒。研究表明，用半胱氨酸络合溶液溶解出来 Ag^+后，虽然黑麦草毒性得到缓解，但纳米银仍显著地抑制黑麦草生长，说明纳米颗粒态银对植物有毒性作用；通过激光共聚焦显微镜和电子透射显微镜发现纳米银自身而非 Ag^+ 对拟南芥（*Arabidopsis thaliana*）产生毒性并呈现特定的"褐色根尖"响应特征，并对拟南芥的生物量、根长、亚细胞结构、开花时间和抗氧化基因表达等产生不利影响，而同等浓度的 Ag^+ 则没有显著影响。

植物对纳米颗粒的吸收与毒性响应与其暴露途径相关。Li 等（2017）分析比较了纳米银的叶面和根系暴露对水稻和大豆幼苗的影响，发现叶面暴露下植物体内银的含量更高，然而纳米银的毒性却比根系暴露组小。有趣的是，不论哪种吸收途径，植物体内均检测到了尺寸相近的含银纳米颗粒（图 7-18），且颗粒尺寸大于原始颗粒粒径，说明纳米颗粒在生物体内可能发生了转化。此外，植物对纳米颗粒的吸收与植物的种类、大小，以及纳米颗粒的粒径、化学组成和稳定性等因素密切相关。

Root_Ag^+0.5 为根部暴露于 0.5 mg/LAg^+ 的植物根；Root_NP1 和 Root_NP30 分别代表根部暴露于 1 mg/L 和 30 mg/L 的 AgNPs；Foliar_Ag^+0.5 为叶片暴露于 0.5 mg/LAg^+ 的植物叶片；Foliar-NP30 代表叶片暴露于 30 mg/L 的 AgNPs。

纳米颗粒可以通过水分子通道，或者离子通道、内吞作用，与载体蛋白形成复合物、物理性损伤等方式进入植物细胞。不同植物、不同纳米颗粒其途径也有差别。因此，尽管过去几年纳米颗粒如何进入植物体内引起了关注，但是仍然缺乏足够的证据来证明纳米颗粒进入植物细胞的途径，这值得深入研究。

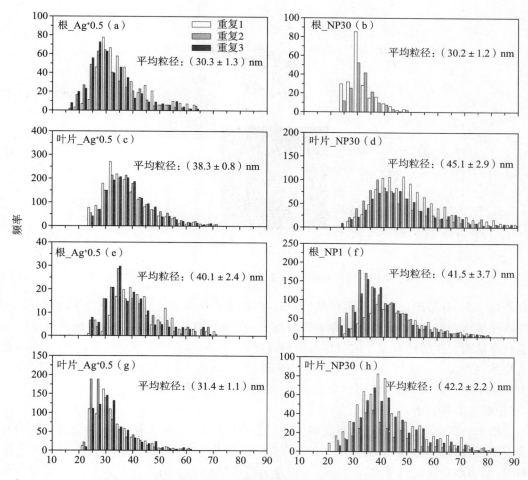

图 7-18　单颗粒模式电感耦合等离子体质谱法(SP-ICP-MS)检测到大豆[(a)～(d)]及
水稻[(e)～(h)]叶片中含银纳米颗粒的粒径分布(Li et al.,2017)

植物对纳米颗粒的吸收、积累与转化如图 7-19 所示。但近期研究表明,CuO、碳纳米管、CeO₂、TiO₂ 和 Au 等纳米颗粒能够在植物体内运输,并有转移到植物可食用部分的风险。

3)纳米颗粒与土壤动物的相互作用

纳米颗粒能富集于土壤动物体内并产生毒性,包括氧化应激反应、细胞坏死、凋亡、组织器官损伤、生长发育抑制和繁殖能力降低等。

(1)致毒机制　纳米金属颗粒的致毒机制包括溶解金属离子及纳米颗粒本身的毒性。纳米金属颗粒在环境中会溶解产生金属离子。通过纳米金属颗粒与金属离子、非纳米金属颗粒的毒性对比,人们可分析纳米金属颗粒的毒性机制,研究结果发现,等足类动物对锌的吸收主要来源于纳米 ZnO 溶解释放的 Zn^{2+},在 Zn 高达 6400 mg/kg 的土壤中暴露 28 d 后,白符跳(*Folsomia candida*)的繁殖力受到影响,纳米 ZnO、非纳米 ZnO 和 ZnCl₂ 处理的半效应浓度(EC50)值(Zn)分别为 1964 mg/kg、1591 mg/kg 和 298 mg/kg;当 EC50 值用土壤孔隙水锌浓度表征时,纳米 ZnO 和 ZnCl₂ 的数值相近(10.1 mg/L 和 16.8 mg/L),说明纳米 ZnO 释放的 Zn^{2+} 而非纳米颗粒本身导致了繁殖毒性。另外,纳米金属颗粒因为结构缺陷或不连续晶面而

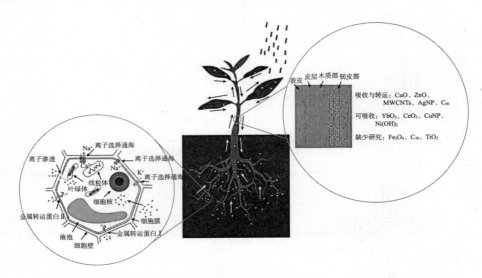

图 7-19 植物中纳米颗粒的吸收、运输和转化 (*Gardea-Torresdey* et al. ,2014)

具有活性位点,容易产生活性氧自由基(ROS),对细胞产生毒性。在光照条件下,纳米 TiO_2 会产生活性氧自由基,这可能是其致毒的重要原因,在非光照条件下纳米 TiO_2 也有可能产生活性氧自由基而对生物体致毒。同时也有研究表明,一些人工纳米金属颗粒能以颗粒形态在土壤生物体内富集。基于 X 射线荧光光谱(XRF)和 XANES 技术发现赤子爱胜蚓体内存在离子态 Cu 和纳米 CuO 颗粒,说明纳米 CuO 颗粒能够被生物吸收。

(2)毒性影响因素

①纳米金属自身的性质。纳米金属的性质包括尺寸大小、金属种类等,可能通过影响其在土壤中的行为和形态进而影响毒性。在水生生态系统中,纳米金属颗粒的大小与其毒性呈现负相关,即纳米金属颗粒越大,毒性越小,但是土壤体系中人工纳米金属颗粒的实际大小和毒性间可能没有直接的关系,这是因为土壤体系比水生系统更加复杂,纳米金属会在土壤颗粒和土壤溶液间重新分配;土壤溶液中含有天然胶体而导致纳米金属颗粒在土壤溶液中的聚集行为,最终影响毒性效应。

②环境因素。除了纳米颗粒的自身性质,环境因素也可能影响纳米金属颗粒的毒性。当土壤中标记的 TiO_2 未经超声处理时,较低(0.5 mg/kg)或较高浓度(2000 mg/kg 和 3000 mg/kg)的 TiO_2 会引起 CAT 和 GST 活性降低,而经过超声处理的 TiO_2 则无不利影响。

7.4.3 土壤中微塑料及其环境效应

塑料已经成为现代社会不可或缺的产品而被广泛应用,塑料污染也成了一个全球性的环境污染问题。近年来,土壤塑料污染的问题也开始受到关注。

土壤中微塑料的污染也十分普遍,主要通过农膜的大量使用和废弃物的循环利用等途径进入。德国科学家 Rillig 是世界上最早关注土壤微塑料污染的学者之一,他指出微塑料进入土壤后,积累到一定程度则会影响土壤性质、土壤功能及生物多样性。在随后的研究发现,土壤中的微塑料对水分、养分的运输和作物生长均有不良影响。因此,作为一种新型环境污染物,微塑料对土壤生态系统构成严重威胁,对其的研究将是环境土壤学研究的热点之一。

1. 微塑料的来源及在环境中的迁移

微塑料可以分为初生微塑料和次生微塑料。初生微塑料主要是指在生产中被制成微米级的微塑料颗粒,作为原料用于工业制造或化妆品生产等,如个人护理品去角质剂中添加的塑料微珠。次生微塑料包括:随洗衣废水排放的合成纤维;用于农业生产、工业生产和城市建设的大型塑料,经光照、高温及土壤磨损等环境作用,在环境中分裂或降解,或经土壤动物的作用,成为次生微塑料颗粒(图 7-20)。

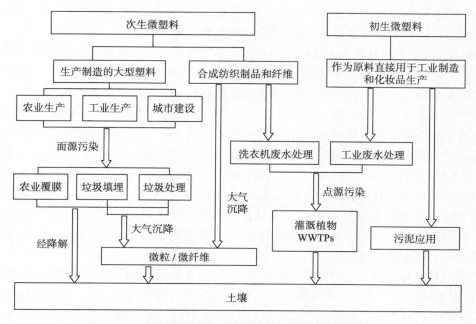

图 7-20　不同分类微塑料微粒进入土壤方式(Rillig,2012)

陆地微塑料主要由人类活动产生,主要来源于点源污染及面源污染。点源污染包括污水处理及污水污泥应用,进入工业废水及生活污水的初级微塑料及洗衣废水中的合成微纤维,通过污水排放、废水灌溉及污泥应用等方式进入土壤生态系统。农业中,废水灌溉植物(WWTPs)是微塑料进入农田生态系统的主要途径之一。生活中,洗衣过程中产生的合成微纤维及滚筒式干衣机是农田生态系统微塑料的来源之一。面源污染指农业用膜、垃圾填埋及垃圾处理等。农业中地膜的广泛应用成为农田生态系统中次生塑料微粒的来源之一,由垃圾填埋或其他表面沉积物产生的微粒和微纤维,可由空气作为其载体,通过大气沉降作用进入陆地生态系统(图 7-20)。食土动物如蚯蚓,食入脆性塑料废弃物后,这些废弃物在其胃囊被磨碎,从而产生次级微塑料,同时也是土壤食物网中传递的重要途径,另外,鸟类等迁徙类动物也可以作为微塑料长距离运输的载体,对微塑料的迁移及扩散起到一定作用。

2. 微塑料对土壤物理化学性质的影响

微塑料通过长期的农用地膜残留、有机肥和污泥的施用、地表水灌溉和大气沉降等方式进入土壤环境。在我国上海城郊浅表层(0～3 cm)和深表层(3～6 cm)土壤中,分别发现粒径为 5～20 mm 的微塑料丰度达到 78.00 个/kg 土和 62.50 个/kg 土,而粒径为 2～5 cm 的塑料丰度达到 6.75 个/kg 土和 3.25 个/kg 土,且有 48.79% 和 59.81% 的塑料粒径小于 1 mm。在滇池周边的农田和河岸森林土壤中也发现微塑料丰度达 7100～42960 个/kg 土（平均 18760 个/kg 土），且 95％的微塑料粒径在 0.05～1 mm。在欧洲农田中，污泥施用使得每千克土壤中微塑料颗粒达到 1000～4000 个。在澳大利亚悉尼工业区土壤中微塑料含量高达 0.03％～6.7％。这些进入土壤中的微塑料，在长期的风化作用、紫外照射及其与土壤中其他组分的相互作用下，表面逐步老化、粗糙、颗粒或碎片裂解，粒径变小，比表面积增大，吸附位点增加，表面官能团增多，疏水性增强，辛醇/水分配系数升高，在土壤 pH、盐度、有机质和离子交换等复杂因素的调控下，对土壤中重金属和多环芳烃、多氯联苯、农药、抗生素等有机污染物的吸附能力显著增强，从而改变土壤的理化性质，影响土壤生态系统健康。

微塑料进入土壤可以影响土壤的结构及其他物理性质。研究发现，在环境相关浓度下，微塑料可以影响土壤容重、水力特征以及团聚体的变化。此外，不同微塑料的影响存在较大差异，如聚酯显著降低土壤水稳性团聚体，而聚乙烯则可以显著提高土壤水稳性团聚体的量。

（1）微塑料对重金属的吸附　微塑料进入土壤环境会与重金属发生地球化学作用。研究发现，在有机质含量丰富的林地土壤中，高密度聚乙烯对 Zn^{2+} 的吸附能力更强，且吸附行为符合 Langmuir 和 Freundlich 方程。土壤中微塑料的老化对其吸附重金属也有显著的影响，微塑料老化不仅明显增加对 TOC、Cl、Ca、Cu、Zn 的吸附，而且也减弱了重金属的解吸和释放作用，表明老化的微塑料对重金属具备更强的固定能力。同时发现，土壤官能团吸附到微塑料表面，可改变微塑料和重金属表面的疏水性，从而影响其对重金属的吸附。因此，微塑料一旦进入土壤且被风化老化，在土壤复杂环境的影响下，其将成为重金属的有效载体固定在土壤环境中，可能损害土壤生态系统健康。

（2）微塑料对有机污染物的吸附　多环芳烃、多氯联苯、杀虫剂、除草剂和抗生素等有机污染物是影响土壤生态系统健康的重要因素。研究认为微塑料在环境中扮演着污染物迁移载体的角色，污染物的疏水性直接影响其在微塑料表面的吸附，且疏水作用是影响微塑料吸附性的主要因素。同时，环境中微塑料的老化风化对有机污染物的吸附也有很重要的影响，相比于新鲜塑料，环境中发泡微塑料对抗生素的吸附能力更易受 pH 的影响，有机质的存在影响抗生素与微塑料之间的静电作用，并且能够调控两者的吸附。此外，氢键和多价阳离子桥接、π-π 作用对微塑料吸附抗生素具有重要的调控能力。因此，土壤中的有机污染物会被微塑料所吸附，并且复杂的土壤环境条件对微塑料的吸附具有很强的调控能力。

（3）微塑料对微生物的吸附　微生物对土壤生态系统健康至关重要。已有研究，微塑料可为微生物提供吸附位点，使其长期吸附在微塑料表面，形成生物膜，影响土壤微生物的生态功能。而且，伴随微塑料的迁移，微生物会扩散到其他生态系统，改变生态系统的菌群和功能。

3.微塑料的生态效应

（1）微塑料对土壤微生物群落的影响　微塑料由土壤动物带入土壤内部，吸附于其表面的重金属、污染物及病原菌也随之进入土壤内部，对土壤微生物区系、土壤理化性质乃至植物生长均会产生不同程度的影响。塑料污染对土壤微生物群落影响的研究目前主要集中于塑料覆膜对微生物群落的影响以及微生物对塑料的降解。近期研究显示，覆膜塑料的残留可以显著降低土壤中碳氮循环相关基因的表达，从而降低土壤碳氮含量，影响土壤肥力。塑料的化学成分在塑料降解过程中释放，从而造成土壤污染，其中比较典型的是邻苯二甲酸酯，且随着土壤中二丁基邻苯二甲酸酯含量的提高，土壤微生物多样性下降，并可增加土壤中一些功能基因，包括信号传导基因和与二甲基邻苯二甲酸酯降解有关基因的表达，并认为此类基因表达的增加可能导致土壤中碳氮循环的加快,可能不利于相关土壤肥力的维持。

(2)微塑料与土壤动物的相互作用

①微塑料对土壤动物的影响。微塑料污染能在多个方面影响土壤动物。首先,由于微塑料微小的尺寸,它能够被土壤动物摄食,因此可能在土壤食物链中累积,从而影响各营养级的土壤动物(图7-21)。研究表明,微塑料能够被蚯蚓取食,且影响其成长、存活和造成肠道的损伤,从而影响其神经毒性、氧化损伤、繁殖率、成长和存活率,且微塑料粒径的影响大于微塑料种类的影响。同时,摄取微塑料后可破坏土壤动物(跳虫)肠道微生物的群落结构,但显著增加了其肠道微生物的多样性,并随着暴露浓度的增加,多样性随之下降。当然,微塑料进入土壤后通过改变土壤动物的栖息环境间接影响土壤动物的活动。微塑料可能堵塞土壤的孔隙,从而影响土壤中型动物的活动。

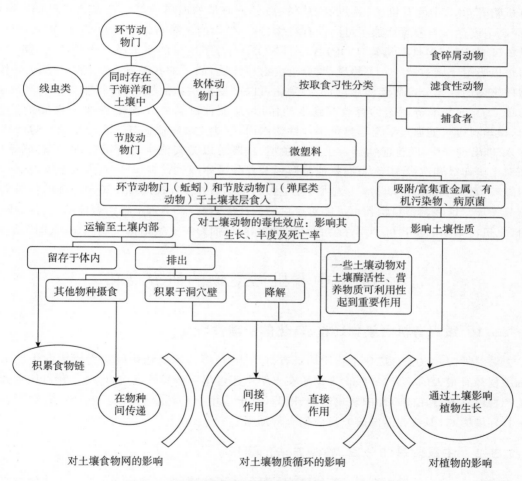

图 7-21 微塑料对陆地生态系统的影响(Rillig,2012)

②土壤动物对微塑料的影响。在土壤生态系统中,土壤动物能够影响微塑料的二次分解与迁移扩散。在大型食土动物蚯蚓的胃中,误食的塑料碎片可能被磨碎成微塑料,相比于土壤或食物,在蚓粪中能检测到更小粒径和更高浓度的微塑料颗粒。随着蚯蚓的活动,其取食的微塑料颗粒能通过表面附着、排泄和死亡躯体等形式扩散到其他区域。比如,土壤表面的微塑料

被蚯蚓取食后将会通过蚯蚓的活动带入深层的土壤中。此外,蚯蚓活动所形成的土壤孔隙也将有利于微塑料随着水分向下层土壤迁移。跳虫、螨虫等其他中型土壤动物也可以通过表面附着、抓、推等形式加速微塑料在土壤中的迁移。此外,个体小于 0.2 cm 的土壤微节肢动物能够移动微塑料颗粒到 9 cm 以外的区域。由于跳虫与螨虫个体较小,能够进入土壤孔隙中,随着它们的活动也将把微塑料颗粒带入土壤孔隙中,从而可能影响土壤水分和养分的迁移,同时增加微塑料进入地下水的风险;同时,土壤食物链中捕食与被捕食的联系可以增加微塑料的迁移。因此,土壤动物对微塑料的影响需要更多地考虑动物之间的联系。

(3)对土壤物质循环的影响　由于微塑料难于降解,可以长久留存于土壤中,一旦积累至一定浓度,对土壤乃至陆地生态系统功能及生物多样性会产生影响。微塑料可以直接影响土壤的理化性质及物质循环。有研究表明,在加入微塑料颗粒的第 30 d,低浓度的微塑料对可溶性有机物(DOM)中的有机碳、无机氮、总磷、高分子质量的腐殖质类物质及富里酸的影响很小,而高浓度微塑料显著增加了可溶性有机物(DOM)中的土壤可溶性有机碳(DOC)、可溶性有机氮(DON)、可溶性有机磷(DOP)、PO_4^{3-}、NO_3^-、高分子质量的腐殖质类物质及富里酸。微塑料可以吸附土壤溶液中有害物质,改变土壤物理性质,如增加孔隙度、改变团粒结构或成为土壤团聚体的一部分等而起作用,而这些变化可以改变微生物活性,并使得胞外酶分泌增加,对土壤 C、N、P 等营养元素的释放起到推动作用,从而促进营养元素在植物-土壤间的迁移。同时,微塑料也可能通过对土壤物种多样性的作用,影响土壤物质循环。在土壤动物对微塑料的食入-排出过程中,随排泄物排入土壤的微塑料,既可以为其他生物所摄食,也可能被降解,从而对土壤初级和次级生产力、有机质降解以及养分循环产生影响。另外,进入土壤内部的微塑料颗粒,对更多的土壤动物构成威胁,通过影响土壤物种多样性间接作用于土壤的物质降解及营养循环。这些微塑料颗粒也可能对土壤结构产生影响,若纳入土壤团聚体结构,其吸附的有机、无机污染物的生物可利用性会受到一定影响,进而影响土壤结构及物质循环(图 7-21)。

7.5　土壤中有机污染物的研究展望

7.5.1　重视有机污染物迁移、转化的机理性研究

土壤对外源性人工合成化学物质均具有自净能力,但是不同结构的化学物质在土壤中的降解历程却有很大的差异,一些化学物质在土壤中还可出现特异性反应,生成了比母体毒性更大的产物或具有潜在危险性的转化产物,因此,对土壤中有机污染物行为的研究,有利于正确评价其环境影响,但这方面的研究目前仍有待加强。

7.5.2　注重背景和分离、检测方法的研究

迄今为止,我国土壤中有机污染物的背景情况尚不清楚,在一定程度上是由于土壤有机污染物提取和分离方法的限制,因此研究有效地分离和监测土壤污染物的方法是正确评估土壤有机污染迫切而重要的内容。

7.5.3　强化复合污染的研究

由于土壤体系组成复杂,研究难度大,因而对于土壤体系的多介质环境问题的系统研究甚

少,目前的研究大都取其中的某些界面,研究某种污染物在其中的环境行为。然而污染物之间复杂的交互作用是土壤污染的重要特征,因而应加强有机污染物参与的复合污染的研究。

1.有机污染物之间构成的复合污染

土壤中一些有毒有机污染物有相当一部分是难以降解的人工合成化学品,它们在土壤中经常发生相互作用,其毒性效应也随着污染物的浓度、形态以及老化时间等的变化而变化。有机污染物在土壤环境中的毒性效应往往是非单一性的行为,如各种杀虫剂、除草剂、石油烃、多环芳烃、多氯联苯、有机染料等之间的相互作用,由于能够形成毒性更大的降解产物或中间体,因此要比无机污染物之间的相互作用更为复杂,其结果也更难以预测。

2.重金属与有机污染物所构成的复合污染

由于污水处理厂的污泥、城市生活垃圾、各种农药的施用以及工业废水等造成的污染,在同一环境介质中往往同时存在一些难降解的有机污染物和重金属。土壤中重金属和有机污染物的产生有时是同源,有时是异源。它们进入土壤环境以后,除了自身的毒性效应外,互相之间还发生交互作用。而土壤-植物系统中现存的各种生态因子与条件,可以催化有机污染物和重金属之间的相互作用,为重金属-有机污染物的复合污染提供了可能性。不同污染源产生不同的污染物和土壤污染类型,它们产生的重金属和有机污染物可以通过不同的途径进入土壤、水、大气等载体发生相互作用。

(1)有机污染物-重金属复合污染研究的重要性　研究复合污染物在土壤-水-植物系统中的迁移、转化、累积以及经农作物和食物链危害人体健康的途径和过程,具有非常重要的科学意义和实践价值。近年来,国内外已相继开展了重金属-重金属以及有机物-有机物复合污染方面的研究工作,并取得了富有成效的理论和实践成果。可是,对于有机污染物与重金属复合污染的研究,由于其工作难度较大,所以开展得相对较少。加强有机污染物和重金属复合污染的研究,对正确评价复合污染条件下污染物质迁移转化行为,帮助人们采取合理的诊治措施等都具有非常重要的意义。

(2)有机污染物-重金属在土壤中交互作用的形式及其特点　有机污染物-重金属在土壤中的交互作用主要包括3种形式:

①吸附行为的交互作用。有机污染物在土壤中的吸附点位主要是土壤中的腐殖质部分。土壤中有机质的碳链结构所构成的憎水微环境,对有机污染物质的吸附起着非常重要的作用。有机化合物通过在这些憎水微环境与水界面上的分配而被吸附在土壤表面。疏水性的有机污染物在土壤中的吸附系数往往与土壤中有机碳的含量相关。

重金属在土壤中吸附行为的影响因素较多,概括起来主要有土壤的阳离子交换容量、黏土矿物组成、有机质质量分数、重金属离子本身的电荷性质、价态、水合半径以及平衡介质的酸度等。重金属的存在通常不会影响有机污染物(特别是分子形态存在的有机物)在土壤上的吸附,它本身在土壤有机质上的吸附则主要是通过与有机官能团之间的络合作用而产生的,其中Hg、Cu、Ni和Cd等具有比较强的络合能力,其络合点位主要为羧基、羟基以及氨基等;而极性有机污染物可以通过静电作用以及在土壤中的黏土矿物上形成氢键等方式被吸附在土壤表面,从而与重金属发生竞争吸附。金属离子的存在对有机酸在矿物表面上的吸附行为有影响,随离子电荷数的增加,其影响效果愈加明显。综上所述,有机污染物-重金属在土壤中可能存在对吸附点位的竞争,它们在环境中的同时出现势必导致其吸附过程的相互制约。

　　②化学过程的交互作用。从化学角度来考虑,重金属-有机污染物在土壤中的交互作用过程主要包括络合、氧化还原以及沉淀等,这些过程的发生对其在土壤中的交互作用有非常重要的影响。有机污染物通常与重金属共存,其直接的结果就是可能形成金属—有机络合物,这些络合物将显著改变重金属以及有机污染物在土壤中的物理化学行为,从而使得土壤表面对重金属的保持能力、水溶性、生物有效性等发生一系列的影响;另外,一些重金属还能与有机污染物作用而导致有机化,例如,Hg、Sn 等可与有机污染物发生作用而生成毒性更大的金属有机化合物(甲基汞、三甲基锡)。当然,也可以利用部分外源有机酸对重金属的增溶作用而实现土壤中重金属污染的修复。络合剂(DTPA、2,2-联吡啶、有机酸等)均能够与具有配位能力的重金属产生络合作用,从而影响重金属离子在土壤—水界面的分配。

　　③土壤中生物过程的交互作用。污染物质在土壤中的作用不仅包含物理的和化学的过程,同时也包含生物过程。由于土壤中微生物的普遍存在,因此考虑重金属-有机污染物的交互作用必须要同时考虑微生物在其中扮演的角色。从目前所掌握的材料来看,这一部分的研究工作还相当缺乏,因此以后应逐步加强。有机污染物-重金属复合污染对土壤生物学过程的作用,一方面,主要是通过影响酶的活性从而间接影响有机污染物的降解;另一方面,它们也通过改变土壤的氧化还原能力从而影响对有机污染物-重金属的交互作用。通常,重金属污染容易导致土壤中酶活性的降低,呼吸作用减小,N 的矿化速率变慢,有机污染物降解半衰期延长等。

　　3.有机污染物与病原微生物构成的复合污染

　　有机污染物与病原微生物的复合污染是一个重要的复合污染类型。随着污水处理事业的发展,大量的污泥产生并应用于农业土壤或在林地、休闲地进行堆置,它们会产生有机污染物-病原微生物的复合污染。而对那些没有进行处理的生活或工业污水,随着农田灌溉进入土壤,亦容易产生这种类型的复合污染。同时土壤历来是作为废物的堆放、处置和处理的场所,使大量的有机污染物和病原微生物随之进入土壤-植物系统;农业化学物质和有机肥的施用,也会带入某些病原微生物,与农药本身及其分解残留物或者其他有机污染物构成了复合污染。

7.5.4　加强抗生素及其抗性基因等新型污染物环境效应研究

　　抗生素是近年来关注度迅速提高的一类新污染物,土壤是抗生素抗性的巨大储库,减少土壤生态系统中的抗生素抗性对人类可持续发展至关重要。目前,对土壤环境抗生素抗性的研究主要集中在抗性基因的定性、定量及一些相应抗性菌株的检测等,大多数研究比较单一,缺乏整体性和系统性。现实环境的污染情况却日趋复杂,存在多种抗生素污染,抗生素-重金属复合型污染等,因此,相关研究在考虑抗生素污物的前提下,还应该考虑复合型污染所带来的环境效应,所以有必要开展环境中抗生素和金属的复合污染、多重抗性和抗性基因组学的研究等。

　　许多抗生素抗性基因常与一些可移动遗传元件相关联,而这些元件往往还携带大量的其他种类的抗性基因,如重金属抗性基因、抗杀虫剂基因等,从而使微生物具有多重抗性,对环境和人类生活都造成更大的潜在危害。因此,需开展对各环境介质中多重抗性的污染水平、抗性基种类和基因水平迁移规律的研究,评估其生态健康风险,为国家制定相关政策提供理论依据。

　　此外,开展抗生素抗性基因在环境中的传播、扩散机制和控制对策的研究,特别是抗性基因从污染源向地表水迁移、地下水渗漏及在土壤介质中的传播规律,同时应对渔业、畜牧境中抗生素抗性基因、重金属抗性基因的传播、扩散机制开展深入研究,以期更加有效地遏制抗生素抗性基因在环境中的扩散。

7.5.5　关注土壤中优势流对有机污染物迁移影响的研究

土壤中的优势流(preferential flow)是指土壤在整个入流边界上接受补给,但水分和溶质绕过土壤基质,只通过少部分土壤体的快速运移。优势流是田间土壤中非常普遍的一种水分和溶质运移形式,其存在将导致溶质快速向下迁移,从而有可能引起地下水污染,有关此方面的研究尚不是很多。优势流是一种普遍存在的现象,而不是一种特例。它受许多因素的控制,如土壤中的大空隙、土壤结构、土壤质地、土壤水分含量、土壤初始水分含量、水和溶质的施加速率及溶质的施加方法等。土壤中优势流的存在,降低了作物对水和养分的可利用性,同时,由于同土壤基质接触的面积小、时间短,使得许多污染物来不及降解就快速向下运移,从而增加了地下水污染的危险性。

虽然人们已经提出了许多模型来描述优势流,但对它的模拟却非常困难。使用平均运移参数的模拟模型已被广泛用来预测水和溶质通过非饱和土壤的运移。然而,在模型计算的结果和实际田间测量之间常常出现差异。这是因为,建立在 Richards 方程和对流-弥散方程基础上的模拟模型,其中所用的流速是平均流速,它表示了水和溶质在非饱和土壤中运移时的所有路径,而体现不出能使水和溶质快速运移的优势路径。

思考题

1. 列举土壤环境中常见有机污染物的来源与分布特征。

2. 简述土壤中有机污染物的水解、光解和生物降解的试验和表征方法。

3. 叙述土壤中有机污染物的主要生态效应及其对环境质量的影响。

4. 微生物代谢土壤有机污染物的方式有哪些? 并简述影响有机污染物生物降解的环境因素。

5. 有机污染物的研究是土壤环境研究的重要内容,你认为目前研究工作中需要关注的问题有哪些?

6. 举例说明农业活动对环境中抗生素抗性基因的影响。

7. 结合实际生活谈谈如何从自身做起降低抗生素抗性基因的传播与扩散。

8. 土壤中人工纳米材料对土壤微生物和酶有哪些影响?

9. 简述进入土壤中微塑料的生态效应。

应用篇

第8章 土壤环境质量评价与风险评估

环境质量评价是环境科学体系研究的一个主要分支,土壤环境质量评价是环境质量评价的重要组成部分。为了有效地保护土壤环境,提高土壤环境质量,提出控制与减缓环境不利变化的对策与措施,必须进行土壤环境质量评价工作。土壤环境质量评价,是在研究土壤环境质量变化规律的基础上,对土壤环境质量的高低与优劣的定性、定量评价。它既可为土壤环境保护提供科学依据,也是进行土壤环境管理的重要手段之一。随着国家对土壤环境保护由单纯质量管理转变为风险管控,科学精准判别建设用地和农用地的污染风险十分重要。本章主要介绍土壤环境质量现状评价、土壤环境影响评价、污染场地和受污染耕地风险评估方法。

8.1 土壤环境质量现状评价

土壤环境现状调查与评价的目的是了解一个地区土壤污染现状水平及污染物的空间分布,为保护土壤,制定土壤环境规划、地方土壤环境保护法规提供科学依据;为拟开发活动进行土壤环境影响预测、分析、评价提供土壤背景资料,提高土壤环境影响预测的可信度;为提出减少拟开发活动对土壤环境污染的措施服务,是土壤环境影响评价工作的重要组成部分和基础工作之一。

土壤环境现状调查与评价工作应遵循资料收集与现场调查相结合、资料分析与现状监测相结合的原则;土壤环境现状调查与评价工作的深度应满足相应的工作级别要求,当现有资料不能满足要求时,应通过组织现场调查、监测等方法获取;建设项目同时涉及土壤环境生态影响型与污染影响型时,应分别按相应评价工作等级要求开展土壤环境现状调查,可根据建设项目特征适当调整、优化调查内容;工业园区内的建设项目,应重点在建设项目占地范围内开展现状调查工作,并兼顾其可能影响的园区外围土壤环境敏感目标。

8.1.1 土壤环境现状调查

1.现状调查评价范围

调查评价范围应包括建设项目可能影响的范围,能满足土壤环境影响预测和评价要求;改、扩建类建设项目的现状调查评价范围还应兼顾现有工程可能影响的范围;建设项目(除线性工程外)土壤环境影响现状调查评价范围可根据建设项目影响类型、污染途径、气象条件、地形地貌、水文地质条件等确定并说明,或参照表8-1确定。建设项目同时涉及土壤环境生态影响与污染影响时,应各自确定调查评价范围。危险品、化学品或石油等输送管线应以工程边界两侧向外延伸 0.2 km 作为调查评价范围。

表 8-1　现状调查范围

评价工作等级	影响类型	调查范围*	
		占地范围内	占地范围外
一级	生态影响型		5 km 范围内
	污染影响型		1 km 范围内
二级	生态影响型	全部	2 km 范围内
	污染影响型		0.2 km 范围内
三级	生态影响型		1 km 范围内
	污染影响型		0.05 km 范围内

* 涉及大气沉降途径影响的,可根据主导风向下风向的最大落地浓度点适当调整。

2.现状调查内容

根据建设项目特点、可能产生的环境影响和当地环境特征,有针对性收集调查评价范围内的相关资料,主要包括以下内容:①土地利用现状图、土地利用规划图、土壤类型分布图;②气象资料、地形地貌特征资料、水文及水文地质资料等;③土地利用历史情况。

在充分收集资料的基础上,根据土壤环境影响类型、建设项目特征与评价需要,有针对性地选择土壤理化特性调查内容,主要包括土体构型、土壤结构、土壤质地、阳离子交换量、氧化还原电位、饱和导水率、土壤容量、孔隙度等;土壤环境生态影响型建设项目还应调查植被、地下水位埋深、地下水溶解性总固体等。同时还应调查与建设项目产生同种特征因子或造成相同土壤环境影响后果的影响源,对于改、扩建的污染影响型建设项目,其评价工作等级为一级、二级的,应对现有工程的土壤环境保护措施情况进行调查,并重点调查主要装置或设施附近的土壤污染现状。

8.1.2　现状监测

建设项目土壤环境现状监测应根据建设项目的影响类型、影响途径,有针对性地开展监测工作,了解或掌握调查评价范围内土壤环境现状。

1.布点及监测要求

土壤环境现状监测点布设应根据建设项目土壤环境影响类型、评价工作等级、土地利用类型确定,采用均布性与代表性相结合的原则,充分反映建设项目调查评价范围内的土壤环境现状,可根据实际情况优化调整。调查评价范围内的每种土壤类型应至少设置 1 个表层样监测点,应尽量设置在未受人为污染或相对未受污染的区域。生态影响型建设项目应根据建设项目所在地的地形特征、地面径流方向设置表层样监测点。涉及入渗途径影响的,主要产污装置区应设置柱状样监测点,采样深度需至装置底部与土壤接触面以下,根据可能影响的深度适当调整。涉及大气沉降影响的,应在占地范围外主导风向的上,下风向各设置 1 个表层样监测点,可在最大落地浓度点增设表层样监测点。线性工程应重点在站场位置(如输油站、泵站、阀室、加油站及维修场所等)设置监测点,涉及危险品、化学品或石油等输送管线的应根据评价范围内土壤环境敏感目标或厂区内的平面布局情况确定监测点布设位置。评价工作等级为一级、二级的改、扩建项目,应在现有工程厂界外可能产生影响的土壤环境敏感目标处设置监测点。建设项目占地范围及其可能影响区域的土壤环境已存在污染风险的,应结合用地历史资料和现状调查情况,在可能受影响最重的区域布设监测点;取样深度根据其可能影响的情况确定。

建设项目各评价工作等级的监测点数不少于表 8-2 的要求。生态影响型建设项目可优化调整占地范围内、外监测点数量,保持总数不变;占地范围超过 5000 hm² 的,每增加 1000 hm² 增加 1 个监测点。污染影响型建设项目占地范围超过 100 hm² 的,每增加 20 hm² 增加 1 个监测点。

表 8-2　现状监测布点类型与数量

评价工作等级	影响类型	占地范围内	占地范围外
一级	生态影响型	5 个表层样点①	6 个表层样点
	污染影响型	5 个柱状样点②,2 个表层样点	4 个表层样点
二级	生态影响型	3 个表层样点	4 个表层样点
	污染影响型	3 个柱状样点,1 个表层样点	2 个表层样点
三级	生态影响型	1 个表层样点	2 个表层样点
	污染影响型	3 个表层样点	—

注:①表层样应在 0～0.2 m 取样。

②柱状样通常在 0～0.5 m、0.5～1.5 m、1.5～3 m 分别取样,3 m 以下每 3 m 取一个样,可根据基础埋深、土体构型适当调整。

"—"表示无现状监测布点类型与数量的要求。

2. 监测因子

土壤环境现状监测因子分为基本因子和建设项目的特征因子,基本因子为《土壤环境质量农用地土壤污染风险管控标准(试行)》(GB 15618—2018)、《土壤环境质量建设用地土壤污染风险管控标准(试行)》(GB 36600—2018)中规定的基本项目(包括镉、汞、砷、铅、铬、铜、镍、锌及挥发性有机物和半挥发性有机物),分别根据调查评价范围内的土地利用类型选取;特征因子为建设项目产生的特有因子;既是特征因子又是基本因子的,按特征因子对待。

3. 取样方法及监测频次

表层样监测点及土壤剖面的土壤监测取样方法一般为监测采集表层土,采样深度 0～20 cm,特殊要求的监测(土壤背景、环评、污染事故等),必要时选择部分采样点采集剖面样品。剖面的规格一般为长 1.5 m、宽 0.8 m、深 1.2 m。挖掘土壤剖面要使观察面向阳,表土和底土分两侧放置。一般每个剖面采集 A、B、C 三层土样,地下水位较高时,剖面挖至地下水出露时为止;山地丘陵土层较薄时,剖面挖至风化层。具体可参照《土壤环境监测技术规范》(HJ/T 166—2019)执行。

柱状样监测点和污染影响型改、扩建项目的土壤监测取样方法可根据系统随机布点法、专业判断布点法、分区布点法、系统布点法确定采样点位,深层土的采样深度应考虑污染物可能释放和迁移的深度(如地下管线和储槽埋深)、污染物性质、土壤的质地和孔隙度、地下水位和回填土等因素;采集含挥发性污染物的样品时应尽量减少对样品的扰动,严禁对样品进行均质化处理;土壤样品采集后,应根据污染物理化性质等,选用合适的容器保存,含汞或有机污染物的土壤样品应在 4 ℃ 以下的温度条件下保存和运输,具体可参照《场地环境调查技术导则》(HJ25.1—2014)、《场地环境监测技术导则》(HJ25.2—2019)执行。

8.1.3 现状评价

1.评价因子的选取

评价因子的选取可参照土壤环境现状监测因子的选取进行。

2.评价标准的确定

(1)根据调查评价范围内的土地利用类型,分别选取 GB 15618—2018、GB 36600—2018 等标准中的筛选值进行评价。

(2)评价因子在 GB 15618—2018、GB 36600—2018 等标准中未规定的,可参照行业、地方或国外相关标准进行评价。

(3)以区域土壤环境背景值作为评价标准

区域土壤背景值是指一定区域内,远离工矿、城镇和道路(公路和铁路),无明显污染影响的土壤污染物质的平均含量。其计算公式为:

$$C_{0i} = C_i \pm S(或\ 2S)$$
$$S = \sqrt{\frac{\sum_{i=1}^{n}(C_{ij} - \overline{C_i})^2}{N-1}} \tag{8-1}$$

式中:C_{0i} 为区域土壤中第 i 种污染物质的背景值,mg/kg;C_i 为区域土壤中第 i 种污染物质实测值的平均值,mg/kg;C_{ij} 为区域土壤中第 i 种污染物质实测值,mg/kg;S 为标准差,mg/kg;N 为统计样品数。其中应用"背景值+2 倍标准差"的居多。我国在"六五""七五"期间对全国土壤环境背景值进行了广泛的调查,为这一评价标准的确定提供了依据。国家土壤环境标准颁布之后,目前仍有学者习惯采用此标准值,在正式发表的评价报告或论文中均能见到。

(4)土壤盐化酸化碱化等的分级标准参见表 8-3、表 8-4。

表 8-3 土壤盐化分级标准　　　　　　　　　　　　　　　　　g/kg

分级	土壤含盐量(SSC)	
	滨海、半湿润和半干旱地区	干旱、半荒漠和荒漠地区
未盐化	SSC<1	SSC<2
轻度盐化	1≤SSC<2	2≤SSC<3
中度盐化	2≤SSC<4	3≤SSC<5
重度盐化	4≤SSC<6	5≤SSC<10
极重度盐化	SSC≥6	SSC≥10

注:根据区域自然背景状况适当调整。

表 8-4 土壤酸化、碱化分级标准

土壤 pH	土壤酸化、碱化强度	土壤 pH	土壤酸化、碱化强度
pH<3.5	极重度酸化	8.5≤pH<9.0	轻度碱化
3.5≤pH<4.0	重度酸化	9.0≤pH<9.5	中度碱化
4.0≤pH<4.5	中度酸化	9.5≤pH<10.0	重度碱化
4.5≤pH<5.5	轻度酸化	pH≥10.0	极重度碱化
5.5≤pH<8.5	无酸化或碱化		

注:土壤酸化、碱化程度指受人为影响后呈现的土壤 pH,可根据区域自然背景状况适当调整。

3.评价方法

土壤环境质量现状评价常采用标准指数法,并进行统计分析,给出样本数量、最大值、最小值、均值、标准差、检出率和超标率、最大超标倍数等。

1)单因子指数法

$$P_i = C_i / S_i \tag{8-2}$$

式中:P_i 为土壤中污染物 i 的污染分指数;C_i 为土壤中污染物 i 的实测浓度的统计平均值;S_i 为污染物 i 的评价标准。

当 $P_i > 1$ 时,表示受到污染物 i 不同程度的污染,P_i 值越大,污染越严重。在某些情况下,也可按各单因子污染物的分指数(P_i 值)的大小顺序排序,区分各污染物的影响和污染程度,作为多因子污染综合评价的依据。

2)内梅罗综合指数法

单因子污染指数,可以分别反映各个污染物的污染程度,有时不能全面、综合地反映土壤的污染状况。故进行土壤评价时,需将单因子污染指数按一定方法综合,采用污染综合指数进行评价,以全面反映土壤的环境质量,由于污染指数 P_i 消除了量纲,为综合指数的获取提供了方便。综合指数主要叠加型综合指数、加权综合污染指数等形式,现介绍较常用的内梅罗(N. L. Nemerow)土壤污染综合指数:

$$P = \sqrt{\frac{\left(\dfrac{C_i}{S_i}\right)^2_{ave} + \left(\dfrac{C_i}{S_i}\right)^2_{max}}{2}} \tag{8-3}$$

式中:$\left(\dfrac{C_i}{S_i}\right)^2_{ave}$ 为土壤中各污染物分指数平均值的平方;$\left(\dfrac{C_i}{S_i}\right)^2_{max}$ 为土壤各污染物分指数中数值最大者的平方。

此方法兼顾了单因子污染指数平均值和最高值,可以突出污染较重的污染物的作用。其指数形式简单,适应污染物个数的增减,是比较适用的土壤综合污染指数。如北京东南郊土壤质量综合评价,为了给较严重污染物以较大的权值,就采用了上述方法。

8.1.4 应用实例

某地区 1997 年被中国绿色食品发展中心定为绿色果品生产基地,位于晋南,西临黄河,交通方便;地处暖温带,年均气温 21.5 ℃,年均降水量 568.7 mm,无霜期 224 d。基地土壤肥沃,灌溉渠系配套,从地理条件和气候条件看,该区域是较理想的绿色果品生产基地。但随着工农业生产和交通的不断发展,基地周边地区的生态环境受到了一定的影响。了解基地环境质量变化状况,对确保果品质量具有重要意义。为此,对基地的土壤、水、大气等环境要素及果品进行了现状监测分析与评价,本实例主要讨论土壤环境质量现状评价。

依据基地区域的地质、土壤分布情况,选取有代表性的苹果园地块,布设土壤采样点 8 个。样品采制和分析方法均按《绿色食品　产地环境质量》(NY/T 391—2021)中的规定进行。采用中国绿色食品发展中心推荐的单项污染指数法和综合污染指数法进行土壤环境质量现状评价。以当地土壤(褐土)环境背景值加两倍标准差为评价标准。按模式 $P_i = C_i/S_i$ 计算单项污染指数,当 $P_i \leqslant 1$ 时,表示土壤未受污染;$P_i > 1$ 时,表示土壤受到污染,且 P_i 越大,污染越严重(表 8-5)。

表 8-5　土壤污染指数

监测点	Hg	Cd	As	Cr	Pb	六六六	DDT	综合指数
1	0.16	0.36	0.47	0.51	0.55	0.03	0.02	0.44
2	0.30	1.05	0.33	0.78	0.39	0.02	0.08	0.80
3	0.17	0.42	0.53	0.60	0.42	0.01	0.01	0.48
4	0.17	1.09	0.48	0.64	0.49	0.05	0.04	0.83
5	0.57	0.57	0.39	0.46	0.37	0.04	0.04	0.53
6	0.16	0.74	0.46	0.53	0.31	0.02	0.02	0.57
7	0.16	0.83	0.43	0.26	0.44	0.04	0.02	0.63
8	0.30	0.50	0.36	0.61	0.38	0.03	0.02	0.42

为突出高浓度污染物对环境质量的影响,综合放映不同污染物对土壤的不同作用,采用内梅罗综合污染指数模式对土壤环境质量做综合评价(表 8-6)。

表 8-6　土壤评价分级标准

等级划分	$P_综$	污染等级	污染水平
1	$P_综 \leqslant 0.7$	安全	清洁
2	$0.7 < P_综 \leqslant 1$	警戒级	尚清洁
3	$1 < P_综 \leqslant 2$	轻污染	土壤轻污染,作物开始受到污染
4	$2 < P_综 \leqslant 3$	中污染	土壤作物均受中度污染
5	$P_综 > 3$	重污染	土壤作物受污染已相当严重

注:1、2 级水平可用作绿色食品生产。

从表 8-5 的单项污染指数看,2 号、4 号监测点的土壤已受到 Cd 的轻度污染,其余监测点的各项指数均小于 1,表明未受污染。从综合污染指数可知,8 个样品 7 项评价因子中,除 2 号和 4 号监测点超过 0.7,属尚清洁水平外,其余监测点的综合污染指数均小于 0.5,属清洁水平。

2 号、4 号监测点土壤受 Cd 轻度污染,其主要原因与该 2 个监测点靠近村庄,长期以来受人为活动影响强烈,且有较悠久的耕作历史有关。该地区长期大量使用磷肥(尤其是过磷酸钙),致使 Cd 污染物较多地残留在土壤中。

另外,对基地大气、灌溉水质量也进行了监测评价,其结果均处于清洁或尚清洁水平,达到 A 级绿色食品要求的环境质量标准,仍是较理想的绿色果品生产基地。

虽然有个别土壤已开始受 Cd 的轻度污染,但果品中的污染物含量均远低于国家食品卫生标准,建议在果品基地建设中,严格执行绿色食品种植操作规程,禁止长期大量使用有机剧毒农药及含重金属尤其 Cd 较高的磷肥,重视增施有机肥,提高土壤对 Cd 的吸附能力,以抑制作物对 Cd 的吸收,培肥果园,保持地力常新,果品产量稳步增长。

8.2　土壤环境影响评价

土壤环境影响评价是环境影响评价的重要组成部分,它是从预防性环境保护的目的出发,依据建设项目的特征与开发区域土壤环境条件,通过监测调查了解情况,识别各种污染和破坏因素对土壤可能产生的影响;预测影响的范围、程度及变化趋势,然后评价影响的含义和重大性;提出避免、消除和减轻土壤侵蚀与污染的对策,为行动方案的优化决策提供依据。

8.2.1　评价等级的划分与工作内容

土壤环境影响评价应按划定的评价工作等级开展工作,识别建设项目土壤环境影响类型、影响途径、影响源及影响因子,确定土壤环境影响评价工作等级;开展土壤环境现状调查,完成土壤环境现状监测与评价;预测与评价建设项目对土壤环境可能造成的影响,提出相应的防控措施与对策。涉及两个或两个以上场地或地区的建设项目或涉及土壤环境生态影响型与污染影响型两种影响类型的项目应按要求分别开展评价工作。

1. 评价工作等级划分

土壤环境影响评价工作等级划分为一级、二级、三级。

(1)生态影响型工作等级划分　首先对建设项目所在地土壤环境敏感程度分为敏感、较敏感、不敏感,判别依据见表 8-7;同一建设项目涉及两个或两个以上场地或地区,应分别判定其敏感程度;产生两种或两种以上生态影响后果的,敏感程度按相对最高级别判定。再根据识别的土壤环境影响评价项目类别与敏感程度分级结果划分评价工作等级(表 8-8)。

表 8-7　生态影响型敏感程度分级

敏感程度	判别依据		
	盐化	酸化	碱化
敏感	建设项目所在地干燥度[①]>2.5 且常年地下水位平均埋深<1.5 m 的地势平坦区域;或土壤含盐量>4 g/kg 的区域	pH≤4.5	pH≥9.0

续表 8-7

敏感程度	判别依据		
	盐化	酸化	碱化
较敏感	建设项目所在地干燥度①＞2.5 且常年地下水位平均埋深≥1.5 m 或 1.8＜干燥度≤2.5 且常年地下水位平均埋深＜1.8 m 的地势平坦区域；建设项目所在地干燥度＞2.5 或常年地下水位平均埋深＜1.5 m 的平原区；或 2 g/kg＜土壤含盐量≤4 g/kg 的区城	4.5＜pH≤5.5	8.5≤pH＜9.0
不敏感	其他	5.5＜pH＜8.5	

①干燥度是指采用 E601 观测的多年平均水面蒸发量与降水量的比值，即蒸降比值。

表 8-8　生态影响型评价工作等级划分

敏感程度	项目类别		
	Ⅰ类	Ⅱ类	Ⅲ类
敏感	一级	二级	三级
较敏感	二级	二级	三级
不敏感	二级	三级	—

注："—"表示可不开展土壤环境影响评价工作。

(2)污染影响型工作等级划分　首先将建设项目所在地周边的土壤环境敏感程度分为敏感、较敏感、不敏感，判别依据见表 8-9，再将建设项目占地规模分为大型（≥50 hm²）、中型（5～50 hm²）、小型（≤5 hm²），建设项目占地主要为永久占地；根据土壤环境影响评价项目类别、占地规模与敏感程度划分评价工作等级如表 8-10 所示。

表 8-9　污染影响型敏感程度分级表

敏感程度	判别依据
敏感	建设项目周边存在耕地、网地、牧草地、饮用水水源地或居民区、学校、医院、疗养院、养老院等土壤环境敏感目标
较敏感	建设项目周边存在其他土壤环境敏感目标
不敏感	其他情况

表 8-10　污染影响型评价工作等级划分表

敏感程度	Ⅰ类			Ⅱ类			Ⅲ类		
	大	中	小	大	中	小	大	中	小
敏感	一级	一级	一级	二级	二级	二级	三级	三级	三级
较敏感	一级	一级	二级	二级	二级	三级	三级	三级	—
不敏感	一级	二级	二级	二级	三级	三级	三级	—	—

注："—"表示可不开展土壤环境影响评价工作。

　　建设项目同时涉及土壤环境生态影响型与污染影响型时,应分别判定评价工作等级,并按相应等级分别开展评价工作,当同一建设项目涉及两个或两个以上场地时,各场地应分别判定评价工作等级,并按相应等级分别开展评价工作。

　　2. 工作内容

　　土壤环境影响评价工作可划分为准备阶段、现状调查与评价阶段、预测分析与评价阶段和结论阶段。土壤环境影响评价工作程序见图 8-1。

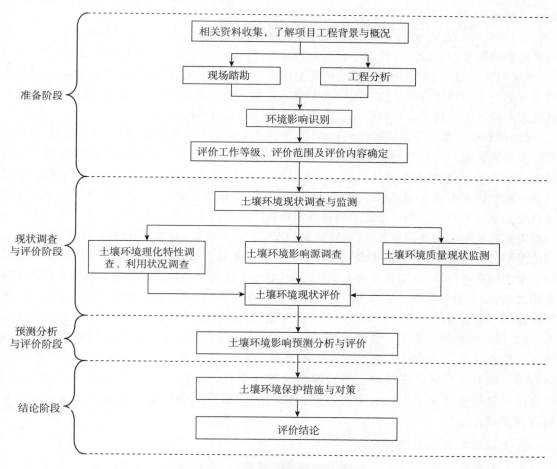

图 8-1　土壤环境影响评价工作程序

　　准备阶段的主要工作内容为:收集分析国家和地方土壤环境相关的法律、法规、政策、标准及规划等资料;了解建设项目工程概况,结合工程分析,识别建设项目对土壤环境可能造成的影响类型,分析可能造成土壤环境影响的主要途径;开展现场踏勘工作,识别土壤环境敏感目标;确定评价等级、范围与内容。

　　现状调查与评价阶段的主要工作内容为:采用相应标准与方法,开展现场调查、取样、监测和数据分析与处理等工作,进行土壤环境现状评价。

　　预测分析与评价阶段的主要工作内容为:依据本标准制定的或经论证有效的方法,预测分析与评价建设项目对土壤环境可能造成的影响。

结论阶段的主要工作内容为:综合分析各阶段成果,提出土壤环境保护措施与对策,对土壤环境影响评价结论进行总结。

8.2.2　土壤环境影响识别

1. 土壤环境影响的类型

不同人类活动对土壤产生的影响也不同。按照对土壤影响的方式、性质以及对土壤环境影响的结果,土壤环境影响可分为以下几种类型。

(1)按影响的方式分类　按影响的方式,土壤环境影响分为直接影响和间接影响。直接影响是指影响因子产生后直接作用于被影响的对象,直接显示出因果关系。如土壤侵蚀、土壤沙化、土壤污染等对土壤的影响,对于土壤环境而言均为直接影响。间接影响是指影响因子产生后需要通过中间转化过程才能作用于被影响的对象。如土壤的沼泽化、盐渍化是经过地下水或地表水的浸泡作用或矿物盐的浸渍作用后产生的对土壤环境的影响。

(2)按影响的性质分类　按影响的性质,土壤环境影响分为可逆影响、不可逆影响、积累性影响和协同影响。可逆影响是指施加影响的活动停止以后,土壤可迅速或逐渐恢复到原来的状态,如经过恢复植被和生物化学作用对有机物的降解等,土壤可逐步消除沙化、沼泽化、盐渍化和有机物污染而恢复到原来的状况;不可逆影响是指施加影响的活动停止后,土壤不能或很难恢复到原来的状态。如严重的土壤侵蚀很难恢复原来的土层和土壤剖面。土壤重金属污染和难降解有机物污染具有持久性、难降解的特点,易被土壤黏土矿物和有机物吸附,难以从土壤中淋溶、迁移,因此,重金属和难降解有机物污染的土壤一般难以恢复;积累性污染是指排放到土壤中的某些污染物,需要经过长期的作用,其危害性直到积累的浓度超过其临界值时才能表现出来,如土壤重金属污染对作物的污染就是积累性影响;协同影响是指两种以上的污染物同时作用于土壤时所产生的影响大于每一种污染物单独影响的总和。

(3)按影响的结果分类　按影响的结果,土壤环境影响分为生态影响型和污染影响型两种。土壤环境生态影响重点指土壤环境的盐化、酸化、碱化等。土壤污染型影响是指人类活动排出的有毒有害污染物对土壤环境产生的化学性、物理性和生物性的污染危害,如工业生产排放的重金属元素对土壤的污染和化工生产释放的有机污染物对土壤的危害等均属这种类型。

2. 土壤环境影响的识别内容

在工程分析结果的基础上,结合土壤环境敏感目标,根据建设项目建设期、运营期和服务期满后(可根据项目情况选择)三个阶段的具体特征,识别土壤环境影响类型与影响途径;对于运营期内土壤环境影响源可能发生变化的建设项目,还应按其变化特征分阶段进行环境影响识别。

(1)根据行业特征、工艺特点或规模大小等将建设项目类别分为Ⅰ类、Ⅱ类、Ⅲ类、Ⅳ类,其中Ⅳ类建设项目可不开展土壤环境影响评价;自身为敏感目标的建设项目,可根据需要仅对土壤环境现状进行调查,可根据表8-11识别建设项目所属行业的土壤环境影响评价项目类别。

表 8-11　土壤环境影响评价项目类别

行业类别		项目类别			
		Ⅰ类	Ⅱ类	Ⅲ类	Ⅳ类
农林牧渔业		灌溉面积大于 50 万亩的灌区工程	新建 5 万～50 万亩的、改造 30 万亩及以上的灌区工程，年出栏生猪 10 万头（其他牲畜种类折合猪的养殖规模）及以上的畜禽养殖场或养殖小区	年出栏生猪 5000 头（其他牲畜种类折合猪的养殖规模）及以上的牲畜养殖场或养殖小区	其他
水利		库容 1×10^8 m³ 及以上水库，长度大于 1000 km 的引水工程	库容 1×10^7 m³ 至 1×10^8 m³ 的水库，跨流域调水的引水工程	其他	
采矿业		金属矿、石油、页岩油开采	化学矿采选；石棉矿采选；煤矿采选，天然气开采，页岩气开采，砂岩气开采，煤层气开采（含净化、液化）	其他	
制造业	纺织、化纤，皮革等及服装、鞋制造	制革等，毛皮鞣制	化学纤维制造，有洗毛、集整、脱胶工段及产生薄丝废水、精炼废水的纺织品；有湿法印花、染色、水洗工艺的服装制造。使用有机溶剂的制鞋业	其他	
	造纸和纸制品		纸浆、溶解浆、纤维浆等制造，造纸（含制浆工艺）	其他	
	设备制造，金属制品、汽车制造及其他用品制造	有电镀工艺的；金属制品表面处理及热处理加工的；使用有机涂层的（喷粉、喷塑和电泳除外）；有钝化工艺的热镀锌	有化学处理工艺的	其他	
	石油、化工	石油加工、炼焦；化学原料和化学制品制造；农药制造；涂料、染料、颜料、油墨及其类似产品制造；合成材料制造；炸药、火工及焰火产品制造；水处理剂等制造；化学药品制造；生物、生化制品制造	半导体材料、日用化学品制造；化学肥料制造		
	金属冶炼和压延加工及非金属矿物制品	有色金属冶炼（含再生有色金属冶炼）	有色金属铸造及合金制造；炼铁；球团；烧结炼钢；冷轧压延加工；烙铁合金制造；水泥制造；平板玻璃制造；石棉制品；含焙烧的石墨、碳素制品	其他	

（2）识别建设项目土壤环境影响类型与影响途径、影响源与影响因子，初步分析可能影响的范围，具体识别内容见表8-12至表8-14。

表 8-12　建设项目土壤环境影响类型与影响途径

不同时段	污染影响型				生态影响型			
	大气沉降	地面漫流	垂直入渗	其他	盐化	碱化	酸化	其他
建设期								
运营期								
服务期满后								

注：在可能产生的土壤环境影响类型处打"√"，列表未涵盖的可自行设计。

表 8-13　污染影响型建设项目土壤环境影响源及影响因子识别

污染源	工艺流程/节点	污染途径	全部污染物指标①	特征因子	备注②
车间/场地		大气沉降			
		地面漫流			
		垂直入渗			
		其他			

①根据工程分析结果填写。
②应描述污染源特征，如连续、间断、正常、事故等；涉及大气沉降途径的，应识别建设项目周边的土壤环境敏感目标。

表 8-14　生态影响型建设项目土壤环境影响途径识别

影响结果	影响途径	具体指标	土壤环境敏感目标
盐化/酸化/碱化/其他	物质输入/运移		
	水位变化		

8.2.3　土壤环境影响预测与评价

土壤环境影响预测是根据影响识别结果与评价工作等级，结合当地土地利用规划确定影响预测的范围、时段、内容和方法。选择适宜的预测方法，预测评价建设项目各实施阶段不同环节与不同环境影响防控措施下的土壤环境影响，给出预测因子的影响范围与程度，明确建设项目对土壤环境的影响结果，应重点预测评价建设项目对占地范围外土壤环境敏感目标的累积影响，并根据建设项目特征兼顾对占地范围内的影响预测。建设项目导致土壤潜育化、沼泽化、潴育化和土地沙漠化等影响的，可根据土壤环境特征，结合建设项目特点，分析土壤环境可能受到影响的范围和程度。

1.预测评价范围、时段、因子

（1）预测评价范围，一般与现状调查评价范围一致。

（2）预测评价时段，根据建设项目土壤环境影响识别结果，确定重点预测时段。

（3）预测评价因子，污染影响型建设项目应根据环境影响识别出的特征因子选取关键预测因子。可能造成土壤盐化、酸化、碱化影响的建设项目，分别选取土壤盐分含量、pH等作为预测因子。

2. 预测方法

土壤环境影响预测方法应根据建设项目土壤环境影响类型与评价工作等级确定。

1) 以面源形式进入土壤环境的影响预测

(1) 评价工作等级为一级、二级,可能引起土壤盐化、酸化、碱化等影响的建设项目或污染影响型建设项目预测方法。

① 单位质量土壤中某种物质的增量可用下式计算:

$$\Delta S = \frac{n(I_\mathrm{s} - L_\mathrm{s} - R_\mathrm{s})}{\rho_\mathrm{b} \times A \times D} \tag{8-4}$$

式中:ΔS 为单位质量表层土壤中某种物质的增量,g/kg(表层土壤中游离酸或游离碱浓度增量,mmol/kg);I_s 为预测评价范围内单位年份表层土壤中某种物质的输入量,g(预测评价范围内单位年份表层土壤中游离酸、游离碱输入量,mmol);L_s 为预测评价范围内单位年份表层土壤中某种物质经淋溶排出的量,g(预测评价范围内单位年份表层土壤中经淋溶排出的游离酸、游离碱的量,mmol);R_s 为预测评价范围内单位年份表层土壤中某种物质经径流排出的量,g(预测评价范围内单位年份表层土壤中经径流排出的游离酸、游离碱的量,mmol);ρ_b 为表层土壤容重,kg/m³;A 为预测评价范围,m²;D 为表层土壤深度,一般取 0.2 m,可根据实际情况适当调整;n 为持续年份,年。

需要指出的是,土壤中某种物质的输出主要包括淋溶或径流排出、土壤缓冲消耗等两部分;植物吸收量通常较小,不予考虑;涉及大气沉降影响的,可不考虑输出量。

② 单位质量土壤中某种物质的预测值可根据其增量叠加现状值进行计算,如式(8-5):

$$S = S_\mathrm{b} + \Delta S \tag{8-5}$$

式中:S_b 为单位质量土壤中某种物质的现状值,g/kg;S 为单位质量土壤中某种物质的预测值,g/kg。

③ 酸性物质或碱性物质排放后表层土壤 pH 预测值,可根据表层土壤游离酸或游离碱浓度的增量进行计算,如式(8-6):

$$\mathrm{pH} = \mathrm{pH_b} \pm \Delta S / BC_\mathrm{pH} \tag{8-6}$$

式中:$\mathrm{pH_b}$ 为土壤 pH 现状值;BC_pH 为缓冲容量,mmol/(kg·pH);pH 为土壤 pH 预测值。

④ 缓冲容量(BC_pH)测定方法:采集项目区土壤样品,样品加入不同量游离酸或游离碱后分别测定。

该方法适用于某种物质可概化为以面源形式进入土壤环境的影响预测,包括大气沉降、地面漫流以及盐、酸、碱类等物质进入土壤环境引起的土壤盐化、酸化、碱化等。

(2) 评价工作等级为一级、二级,土壤盐化类建设项目的综合评分预测方法,根据表 8-15 选取各项影响因素的分值与权重,采用式(8-7)计算土壤盐化综合评分值(S_a),对照表 8-16 得出土壤盐化综合评分预测结果。

$$S_\mathrm{a} = \sum_{i=1}^{n} W x_i \times I x_i \tag{8-7}$$

式中:n 为影响因素指标数目;Ix_i 为影响因素 i 指标评分;Wx_i 为影响因素 i 指标权重。

表 8-15　土壤盐化影响因素赋值

影响因素	分值				权重
	0分	2分	4分	6分	0.35
地下水位埋深 (GWD)/m	GWD≥2.5	1.5≤GWD<2.5	1.0≤GWD<1.5	GWD<1.0	0.25
干燥度(蒸降比值) (EPR)	EPR<1.2	1.2≤EPR<2.5	2.5≤EPR<6	EPR≥6	0.15
土壤本底含盐量 (SSC)/(g/kg)	SSC<1	1≤SSC<2	2≤SSC<4	SSC≥4	0.15
地下水溶解性总固体 (TDS)/(g/L)	TDS<1	1≤TDS<2	2≤TDS<5	TDS≥5	0.15
土壤质地	黏土	沙土	壤土	沙壤、粉土、沙粉土	0.10

表 8-16　土壤盐化预测

土壤盐化综合评分值(S_a)	$S_a<1$	$1≤S_a<2$	$2≤S_a<3$	$3≤S_a<4.5$	$S_a≥4.5$
土壤盐化综合评分预测结果	未盐化	轻度盐化	中度盐化	重度盐化	极重度盐化

评价工作等级为三级的建设项目,可采用定性描述或类比分析法进行预测。

无论哪一级别的建设项目,在一定条件下,均可采用类比分析法进行土壤环境影响预测与评价。

2)以点源形式垂直进入土壤环境的影响预测

(1)一维非饱和溶质运移模型预测方法　一维非饱和溶质垂向运移控制方程:

$$\frac{\partial(\theta c)}{\partial t} = \frac{\partial}{\partial z}\left(\theta D \frac{\partial c}{\partial z}\right) - \frac{\partial}{\partial z}(qc) \tag{8-8}$$

式中:c 为污染物介质中的浓度,mg/L;D 为弥散系数,m²/d;q 为渗流速率,m/d;Z 为沿 z 轴的距离,m;t 为时间变量,d;θ 为土壤含水率,%。

(2)初始条件

$$c(z,t)=0 \qquad t=0,L≤z<0$$

(3)边界条件　第一类 Dirichlet 边界条件,其中式(8-9)适用于连续点源情景,式(8-10)适用于非连续点源情景。

$$c(z,t)=c_0 \qquad t>0,z=0 \tag{8-9}$$

$$c(z,t)= \begin{cases} c_0 & 0<t≤t_0 \\ 0 & t>t_0 \end{cases} \tag{8-10}$$

第二类 Neumann 零梯度边界。

$$-\theta D \frac{\partial c}{\partial z} = 0 \qquad t>0,z=L \tag{8-11}$$

3. 预测评价结论

(1)以下情况可得出建设项目土壤环境影响可接受的结论:

①建设项目各不同阶段,土壤环境敏感目标处或占地范围内各评价因子均满足相关标准要求的。

②生态影响型建设项目各不同阶段,出现或加重土壤盐化、酸化、碱化等问题,但采取防控措施后,可满足相关标准要求的。

③污染影响型建设项目各不同阶段,土壤环境敏感目标处或占地范围内有个别点位,层位或评价因子出现超标,但采取必要措施后,可满足《土壤环境质量　农用地土壤污染风险管控标准(试行)》(GB 15618—2018)、《土壤环境质量　建设用地土壤污染风险管控标准(试行)》(GB 36600—2018)或其他土壤污染防治相关管理规定的。

(2)以下情况不能得出建设项目土壤环境影响可接受的结论:

①生态影响型建设项目:土壤盐化、酸化、碱化等对预测评价范围内土壤原有生态功能造成重大不可逆影响的。

②污染影响型建设项目各不同阶段,土壤环境敏感目标处或占地范围内多个点位、层位或评价因子出现超标,采取必要措施后,仍无法满足《土壤环境质量　农用地土壤污染风险管控标准(试行)》《土壤环境质量　建设用地土壤污染风险管控标准(试行)》或其他土壤污染防治相关管理规定的。

4. 保护措施与对策

土壤环境保护措施与对策应包括:保护的对象、目标、措施的内容,设施的规模及工艺、实施部位和时间、实施的保证措施、预期效果的分析等,在此基础上估算(概算)环境保护投资,并编制环境保护措施布置图;在建设项目可行性研究提出的影响防控对策基础上,结合建设项目特点、调查评价范围内的土壤环境质量现状,根据环境影响预测与评价结果,提出合理、可行、操作性强的土壤环境影响防控措施;改、扩建项目应针对现有工程引起的土壤环境影响问题,提出"以新带老"措施,有效减轻影响程度或控制影响范围,防止土壤环境影响加剧;涉及取土的建设项目,所取土壤应满足占地范围对应的土壤环境相关标准要求,并说明其来源;弃土应按照固体废物相关规定进行处理处置,确保不产生二次污染。

1)建设项目环境保护措施

(1)土壤环境质量现状保障措施,对于建设项目占地范围内的土壤环境质量存在点位超标的,应依据土壤污染防治相关管理办法规定和标准,采取有关土壤污染防治措施。

(2)源头控制措施,生态影响型建设项目应结合项目的生态影响特征、按照生态系统功能优化的理念、坚持高效适用的原则,提出源头防控措施;污染影响型建设项目应针对关键污染源、污染物的迁移途径提出源头控制措施,并与相关标准要求相协调。

(3)过程防控措施,建设项目根据行业特点与占地范围内的土壤特性,按照相关技术要求采取过程阻断、污染物削减和分区防控措施。涉及酸化、碱化影响的可采取相应措施调节土壤pH,以减轻土壤酸化、碱化的程度;涉及盐化影响的,可采取排水排盐或降低地下水位等措施,以减轻土壤盐化的程度;涉及大气沉降影响的,占地范围内应采取绿化措施,以种植具有较强吸附能力的植物为主;涉及地面漫流影响的,应根据建设项目所在地的地形特点优化地面布局,必要时设置地面硬化、围堰或围墙,以防止土壤环境污染,涉及入渗途径影响的,应根据相关标准规范要求,对设备设施采取相应的防渗措施,以防止土壤环境污染。

2)跟踪监测

土壤环境跟踪监测措施包括制订跟踪监测计划、建立跟踪监测制度,及时发现问题,采取措施。土壤环境跟踪监测计划应明确监测点位,监测指标、监测频次以及执行标准等:①监测点位应布设在重点影响区和土壤环境敏感目标附近;②监测指标应选择建设项目特征因子;③评价工作等级为一级的建设项目一般每3年内开展1次监测工作,二级的每5年内开展1次,三级的必要时可开展跟踪监测;④生态影响型建设项目跟踪监测应尽量在农作物收割后开展。

8.2.4　应用实例

1.概述

某地拟新建一座工业废物资源利用处置中心,项目总占地约 23 hm²。项目处置的危险废物包括有机类危险废物及无机类危险废物,采用的处理工艺包括焚烧、物化、煤焦油/矿物油资源化、废包装容器资源化、固化/稳定化＋安全填埋等。项目主要建设内容包括焚烧处理车间、安全填埋场、物化处理车间、固化车间、废包装容器处理车间和煤焦油/矿物油资源化系统、污水处理车间及配套的辅助生产和生活管理设施、环保设施等。

项目危险废物处理处置的总体流程为:危险废物→收集运输(不在本项目评价范围内)→进厂计量→分析鉴别→分类贮存→分类利用或处置。评价范围为:危险废物进厂计量、分析鉴别、分类贮存、分类利用或处置,本次评价不包括危险废物的收集、运输工程内容。

项目对土壤环境的影响:当拟建项目车间处理单元防渗措施不到位、不规范或储罐发生泄漏等事故时,危废渗滤液、淋滤液、污水或储罐废液发生下渗、迁移、扩散,焚烧炉烟气中污染物沉降等,会造成厂区内及周边土壤环境污染,影响厂区周边农用地农作物的生长。项目按照《环境影响评价技术导则土壤环境(试行)》(HJ 964—2018),进行土壤环境影响评价,并提出防治措施。

2.评价因子

项目厂区占地范围内属于《土壤环境质量　建设用地土壤污染风险管控标准(试行)》(GB 36600—2018)二类用地,占地范围外属于《土壤环境质量　农用地土壤污染风险管控标准(试行)》(GB 15618—2018)农用地土壤。

厂区占地范围内依据 GB 36600—2018 确定本项目土壤现状评价因子:基本因子包括四氯化碳、氯仿、氯甲烷、1,1-二氯乙烷、1,2-二氯乙烷、1,1-二氯乙烯、顺-1,2-二氯乙烯、反-1,2-二氯乙烯、二氯甲烷、1,2-二氯丙烷、1,1,1,2-四氯乙烷、1,1,2,2-四氯乙烷、四氯乙烯、1,1,1-三氯乙烷、1,1,2-三氯乙烷、三氯乙烯、1,2,3-三氯丙烷、氯乙烯、苯、氯苯、1,2-二氯苯、1,4-二氯苯、乙苯、苯乙烯、甲苯、间二甲苯＋对二甲苯、邻二甲苯、硝基苯、苯胺、2-氯酚、苯并[a]蒽、苯并[a]芘、苯并[b]荧蒽、苯并[k]荧蒽、䓛、二苯并[a,h]蒽、茚并[1,2,3-cd]芘、萘,共 38 项。特征因子包括:砷、镉、铬(六价)、铜、铅、汞、镍、锑、铍、氰化物、二噁英类,共 11 项。

厂区占地范围外依据 GB 15618—2018 确定本项目土壤现状评价因子:镉、汞、砷、铅、铬、铜、镍、锌、六六六总量、滴滴涕总量、苯并[a]芘,共 11 项。

预测因子:大气沉降预测因子:汞、镉、铅、二噁英类有机物;垂直入渗预测因子:六价铬、砷、氰化物、镉。

3.评价标准

项目厂区占地范围内执行《土壤环境质量　建设用地土壤污染风险管控标准(试行)》(GB

36600—2018)二类用地土壤污染风险筛选值,占地范围外执行《土壤环境质量　农用地土壤污染风险管控标准(试行)》(GB 15618—2018)农用地土壤污染风险筛选值。

4.评价工作等级和评价范围

1)工作等级

(1)项目类别　依据导则要求,本项目为危险废物利用及综合处置项目,归类为环境和公共设施管理业中的危险废物利用及处置类,均属Ⅰ类项目。详见表 8-17。

表 8-17　土壤环境影响评价项目类别

项目类别 行业类别	Ⅰ 类	Ⅱ 类	Ⅲ 类	Ⅳ 类
环境和公共设施管理业	危险废物利用及处置	采取填埋和焚烧方式的一般工业固体废物处置及综合利用;城镇生活垃圾(不含餐厨废弃物)集中处置	一般工业固体废物处置及综合利用(除采取填埋和焚烧方式以外的);废旧资源加工、再生利用	其他

(2)占地规模　建设项目占地规模分为大型(≥50 hm²)、中型(5～50 hm²)、小型(≤5 hm²)。本项目占地规模 23 hm²,属于中型(5～50 hm²)。

(3)项目所在地周边土壤环境敏感程度　建设项目所在地周边的土壤环境敏感程度可分为敏感、较敏感、不敏感,判定依据见表 8-18。

表 8-18　污染影响型敏感程度分级

敏感程度	判别依据	本项目
敏感	建设项目周边存在耕地、园地、牧草地、饮用水水源地或居民区、学校、医院、疗养院、养老院等土壤环境敏感目标的	本项目位于某工业园区东侧,根据现场调查,项目拟建场址周边 1km 范围内存在耕地和居民区,因此项目所在区域土壤环境敏感程度为"敏感"
较敏感	建设项目周边存在其他土壤环境敏感目标的	
不敏感	其他情况	

(4)评价工作等级

根据导则,土壤环境影响评价级别判断依据见表 8-19。

表 8-19　土壤环境影响评价级别判断

敏感程度	占地规模								
	Ⅰ 类			Ⅱ 类			Ⅲ 类		
	大	中	小	大	中	小	大	中	小
敏感	一级	一级	一级	二级	二级	二级	三级	三级	三级
较敏感	一级	一级	二级	二级	二级	三级	三级	三级	—
不敏感	一级	二级	二级	二级	三级	三级	三级	—	—

注:"—"可不开展土壤环境影响评价工作

根据上述识别结果,本项目为污染影响型建设项目,为危险废物利用及处置类别,属Ⅰ类项目,占地规模属中型,土壤环境敏感程度为敏感,综合判定土壤环境影响评价工作等级为"一级"。

2)评价范围

根据导则,本项目为污染影响型一级评价项目,现状调查和评价范围为占地范围内全部,占地范围外 1 km 范围内。因此本项目土壤环境评价范围为场区及场界外 1 km 范围内,调查评价范围面积为 5.46 km²。

5.环境质量现状调查与评价

1)土壤环境质量现状调查

项目区的地形地貌、水文地质、土地利用、土壤类型及理化特性等现状调查情况此处略。

2)土壤环境质量现状监测与评价

(1)监测点位布设 土壤环境质量现状监测布点分为占地范围内和占地范围外:其中占地范围内设置 5 个柱状样点(Z1♯-Z5♯)、2 个表层样点(B1♯-B2♯);占地范围外设 4 个表层样点(B3♯-B6♯)。其中,表层样 B1♯-B6♯ 在 0.2 m 深度取样,柱状样取样点 Z1♯-Z5♯ 在 0.2 m、1.0 m、3.0 m、6.0 m 深度分别取样。

(2)监测项目、时间及频次 根据导则及拟建项目排污特征确定占地范围内及占地范围外监测项目见表 8-20。

表 8-20 土壤环境质量现状监测信息

监测地点	监测点位		监测项目	监测频次
占地范围内	柱状样	Z1♯	特征因子:砷、镉、铬(六价)、铜、铅、汞、镍、锑、铍、氰化物、二噁英类,共 11 项 其他因子:pH、土壤含盐量、阳离子交换量、氧化还原电位、饱和导水率、土壤容重、孔隙度,共 7 项	1 次 (采样时间为 X 年 X 月 Y 日-S 日)
		Z2♯		
		Z3♯		
		Z4♯		
		Z5♯		
	表层样	B2♯	基本因子:四氯化碳、氯仿、氯甲烷、1,1-二氯乙烷、1,2-二氯乙烷、1,1-二氯乙烯、顺-1,2-二氯乙烯、反-1,2-二氯乙烯、二氯甲烷、1,2-二氯丙烷、1,1,1,2-四氯乙烷、1,1,2,2-四氯乙烷、四氯乙烯、1,1,1-三氯乙烷、1,1,2-三氯乙烷、三氯乙烯、1,2,3-三氯丙烷、氯乙烯、苯、氯苯、1,2-二氯苯、1,4-二氯苯、乙苯、苯乙烯、甲苯、间二甲苯＋对二甲苯、邻二甲苯、硝基苯、苯胺、2-氯酚、苯并[a]蒽、苯并[a]芘、苯并[b]荧蒽、苯并[k]荧蒽、䓛、二苯并[a,h]蒽、茚并[1,2,3-cd]芘、萘,共 38 项 特征因子:砷、镉、铬(六价)、铜、铅、汞、镍、锑、铍、氰化物、二噁英类,共 11 项 其他因子:pH、土壤含盐量、阳离子交换量、氧化还原电位、饱和导水率、土壤容重、孔隙度,共 7 项	
		B1♯		
占地范围外	表层样	B3♯	特征因子:镉、汞、砷、铅、铬、铜、镍、锌;六六六、滴滴涕和苯并芘,共 11 项 其他因子:pH、土壤含盐量、阳离子交换量、氧化还原电位、饱和导水率、土壤容重、孔隙度,共 7 项	
		B4♯		
		B5♯		
		B6♯		

(3)监测结果与评价 于 X 年 S 月 Y 日-S 日进行了土壤采样检测,B1♯监测点位监测结果见表 8-21,Z1♯-Z5♯和 B2♯监测点位监测结果见表 8-22,B3♯-B6♯监测结果见表 8-23。

表 8-21 B1♯监测点位监测结果(场内) mg/kg

污染物项目	砷	镉	铬(六价)	铜	铅	汞	镍	锑	铍
筛选值	60	65	5.7	18000	800	38	900	180	29
监测值	12.7	0.05	<0.16	19	28.5	0.072	32	1.03	4.50
达标情况	达标	达标	达标	达标	达标	达标	达标	达标	达标
污染物项目	氰化物	二噁英类	四氯化碳	氯仿	氯甲烷	1,1-二氯乙烷	1,2-二氯乙烷	1,1-二氯乙烯	
筛选值	135	4×10^{-5}	2.8	0.9	37	9	5	66	
监测值	0.02	0.14×10^{-6}	$<1.3 \times 10^{-3}$	$<1.1 \times 10^{-3}$	$<1.0 \times 10^{-3}$	$<1.2 \times 10^{-3}$	$<1.3 \times 10^{-3}$	$<1.0 \times 10^{-3}$	
达标情况	达标	达标	达标	达标	达标	达标	达标	达标	
污染物项目	顺-1,2-二氯乙烯	反-1,2-二氯乙烯	二氯甲烷	1,2-二氯丙烷	1,1,1,2-四氯乙烷	1,1,2,2-四氯乙烷	四氯乙烯	1,1,1-三氯乙烷	
筛选值	596	54	616	5	10	6.8	53	840	
监测值	$<1.3 \times 10^{-3}$	$<1.4 \times 10^{-3}$	$<1.5 \times 10^{-3}$	$<1.1 \times 10^{-3}$	$<1.2 \times 10^{-3}$	$<1.2 \times 10^{-3}$	$<1.4 \times 10^{-3}$	$<1.3 \times 10^{-3}$	
达标情况	达标	达标	达标	达标	达标	达标	达标	达标	
污染物项目	1,1,2-三氯乙烷	三氯乙烯	1,2,3-三氯丙烷	氯乙烯	苯	氯苯	1,2-二氯苯	1,4-二氯苯	
筛选值	2.8	2.8	0.5	0.43	4	270	560	20	
监测值	$<1.2 \times 10^{-3}$	$<1.2 \times 10^{-3}$	$<1.2 \times 10^{-3}$	$<1.0 \times 10^{-3}$	$<1.9 \times 10^{-3}$	$<1.2 \times 10^{-3}$	$<1.5 \times 10^{-3}$	$<1.5 \times 10^{-3}$	
达标情况	达标	达标	达标	达标	达标	达标	达标	达标	
污染物项目	乙苯	苯乙烯	甲苯	间二甲苯+对二甲苯	邻二甲苯	硝基苯	苯胺	2-氯酚	
筛选值	28	1290	1200	570	640	76	260	2256	
监测值	$<1.2 \times 10^{-3}$	$<1.1 \times 10^{-3}$	$<1.3 \times 10^{-3}$	$<1.2 \times 10^{-3}$	$<1.2 \times 10^{-3}$	<0.09	$<5 \times 10^{-3}$	<0.06	
达标情况	达标	达标	达标	达标	达标	达标	达标	达标	
污染物项目	苯并[a]蒽	苯并[a]芘	苯并[b]荧蒽	苯并[k]荧蒽	䓛	二苯并[a,h]蒽	茚并[1,2,3-cd]芘	萘	
筛选值	15	1.1	15	151	1293	1.5	15	70	
监测值	<0.2	<0.1	<0.2	<0.1	<0.1	<0.1	<0.1	<0.09	
达标情况	达标	达标	达标	达标	达标	达标	达标	达标	

表 8-22　Z1♯-Z5♯和 B2♯监测点位监测结果（场内）　　　　　　mg/kg

污染物项目	筛选值	Z1♯监测点位				Z2♯监测点位				达标情况
		0.2m	1.0m	3.0m	6.0m	0.2m	1.0m	3.0m	6.0m	
砷	60	9.14	6.31	8.71	13.3	9.34	10.2	10.6	9.84	达标
镉	65	0.06	0.05	0.04	0.04	0.07	0.05	0.04	0.07	达标
铬（六价）	5.7	<0.16	<0.16	<0.16	<0.16	<0.16	<0.16	<0.16	<0.16	达标
铜	18000	17	18	16	28	18	18	23	18	达标
铅	800	28.2	25.9	25.1	32.1	26.7	19.6	26.9	48.0	达标
汞	38	0.076	0.091	0.194	0.121	0.045	0.143	0.102	0.100	达标
镍	900	29	32	32	43	34	34	41	32	达标
锑	180	0.82	1.42	1.66	1.98	1.08	1.66	1.82	1.57	达标
铍	29	4.49	4.75	4.33	5.50	5.21	4.66	4.98	4.49	达标
氰化物	135	0.04	<0.01	0.05	0.02	0.03	<0.01	<0.01	<0.01	达标
二噁英类	4×10^{-5}	0.14×10^{-6}	0.14×10^{-6}	0.14×10^{-6}	0.14×10^{-6}	0.15×10^{-6}	0.14×10^{-6}	0.14×10^{-6}	0.14×10^{-6}	达标
污染物项目	筛选值	Z3♯监测点位				Z4♯监测点位				达标情况
		0.2m	1.0m	3.0m	6.0m	0.2m	1.0m	3.0m	6.0m	
砷	60	10.8	9.47	10.3	10.3	9.83	8.56	9.32	9.34	达标
镉	65	0.07	0.05	0.05	0.05	0.11	0.06	0.11	0.04	达标
铬（六价）	5.7	<0.16	<0.16	<0.16	<0.16	<0.16	<0.16	<0.16	<0.16	达标
铜	18000	17	18	25	19	19	18	16	15	达标
铅	800	26.8	22.9	26.6	31.5	29.7	23.6	23.8	29.4	达标
汞	38	0.080	0.060	0.084	0.063	0.128	0.086	0.091	0.088	达标
镍	900	27	36	41	35	34	35	33	35	达标
锑	180	0.45	0.86	1.52	1.57	0.84	1.44	0.45	1.29	达标
铍	29	4.89	4.58	4.85	5.49	4.40	4.55	4.45	5.07	达标
氰化物	135	0.03	0.03	<0.01	0.01	0.07	<0.01	<0.01	<0.01	达标
二噁英类	4×10^{-5}	0.14×10^{-6}	0.14×10^{-6}	0.14×10^{-6}	0.14×10^{-6}	0.14×10^{-6}	0.14×10^{-6}	0.14×10^{-6}	0.14×10^{-6}	达标
污染物项目	筛选值	Z5♯监测点位				B2♯监测点位				达标情况
		0.2m	1.0m	3.0m	6.0m	0.2m				
砷	60	10.8	9.28	6.38	7.43	6.11				达标
镉	65	0.11	0.04	0.06	0.04	0.05				达标
铬（六价）	5.7	<0.16	<0.16	<0.16	<0.16	<0.16				达标
铜	18000	19	16	15	13	18				达标

续表8-22

污染物项目	筛选值	Z5#监测点位				B2#监测点位	达标情况
		0.2m	1.0m	3.0m	6.0m	0.2m	
铅	800	28.0	24.8	27.6	23.4	34.8	达标
汞	38	0.100	0.044	0.060	0.088	0.068	达标
镍	900	29	33	40	34	30	达标
锑	180	0.74	1.02	1.39	1.35	1.16	达标
铍	29	4.64	4.62	4.58	4.25	4.59	达标
氰化物	135	0.03	<0.01	0.01	0.01	0.01	达标
二噁英类	4×10^{-5}	0.14×10^{-6}	0.14×10^{-6}	0.14×10^{-6}	0.14×10^{-6}	0.14×10^{-6}	达标

表8-23　B3#-B6#监测点位监测结果（场外）　　　　　　　　mg/kg

污染物项目	筛选值（其他）	B3#点位	B4#点位	B5#点位	B6#点位	达标情况
		0.2m	0.2m	0.2m	0.2m	
pH	pH>7.5	8.46	8.89	8.29	8.70	/
镉	0.6	0.07	0.06	0.06	0.06	达标
汞	3.4	0.035	0.181	0.083	0.044	达标
砷	25	8.04	14.2	11.1	10.9	达标
铅	170	27.0	31.6	29.3	24.9	达标
铬	250	55	56	68	82	达标
铜	100	14	18	18	19	达标
镍	190	29	27	25	34	达标
锌	300	70.3	74.5	76.8	71.5	达标
六六六总量	0.10	未检出	未检出	未检出	未检出	达标
滴滴涕总量	0.10	未检出	未检出	未检出	未检出	达标
苯并[a]芘	0.55	<0.1	<0.1	<0.1	<0.1	达标

　　根据土壤环境现状监测数据，厂区占地范围内土壤环境中各污染物项目均小于《土壤环境质量　建设用地土壤污染风险管控标准（试行）》(GB 36600—2018)二类用地土壤污染风险筛选值，厂区占地范围外土壤环境中各污染物项目均小于《土壤环境质量　农用地土壤污染风险管控标准（试行）》(GB 15618—2018)其他农用地土壤污染风险筛选值，厂区占地及评价范围内土壤环境质量良好。

6.土壤环境影响预测与评价

　　根据评价等级划分判定结果，本项目土壤环境影响评价工作等级为一级。

　　结合工程的特点及区域环境特征，确定本次评价工作重点为：建设项目土壤环境影响类型与影响途径识别、建设项目周边土壤环境现状调查、土壤环境影响预测及评价、土壤环境污染防治措施及建议。

1)土壤环境影响识别

本项目属于新建项目,根据工程组成,可分为建设期、运营期两个阶段对土壤的环境影响(本次预测评价不包含服务期满后内容,服务期满后需通过土壤跟踪监测数据进行污染影响分析)。施工期环境影响识别主要针对施工过程中施工机械在使用过程中,施工人员在施工生活过程中,固体废物在临时储存过程中对土壤产生的影响等。

运营期环境影响识别主要针对排放的大气污染物、废水污染物、渗滤液等,本项目主要包含危废暂存间、废液储罐区、焚烧车间、填埋场区、废水处理车间、资源化利用车间等使用过程中对土壤产生的影响等。

(1)土壤环境影响途径　本项目对土壤的影响类型和途径见表8-24。

表 8-24　本项目土壤环境影响类型与影响途径

不同时段	污染影响型			
	大气沉降	地面漫流	垂直入渗	其他
建设期				
运营期	√		√	
服务期满后			√	

注:在可能产生的土壤环境类型处打"√"

(2)土壤环境影响源及影响因子识别　根据工程分析,分车间对土壤环境影响源及影响因子进行识别,识别结果见表8-25。

表 8-25　本项目土壤环境影响源及影响因子识别

污染源	工艺流程/节点	污染途径	全部污染物指标	特征因子	备注
无机废物贮存库	无机废物贮存	大气沉降	H_2S、NH_3、HCl、HF	—	连续
		垂直入渗	COD、总氮、硫化物、氯化物、氟化物、As、Cd、Cr、Fe、Cu、Pb、Zn、Ni、Cr^{6+}、Be、CN^-	As、Cd、Cr^{6+}、Cu、Pb、Hg、Ni、Zn、Be、CN^-等	事故
1#、2#有机废物贮存库	有机废物贮存	大气沉降	H_2S、NH_3、非甲烷总烃、VOCs	—	连续
		垂直入渗	COD、TP、总硫、总氮、氯化物、四氯化碳、氯仿、氯甲烷、1,1-二氯乙烷、1,2-二氯乙烷、1,1-二氯乙烯、顺-1,2-二氯乙烯、反-1,2-二氯乙烯、二氯甲烷、1,2-二氯丙烷、1,1,1,2-四氯乙烷、1,1,2,2-四氯乙烷、四氯乙烯、1,1,1-三氯乙烷、1,1,2-三氯乙烷、三氯乙烯、1,2,3-三氯丙烷、氯乙烯、苯、氯苯、1,2-	四氯化碳、氯仿、氯甲烷、1,1-二氯乙烷、1,2-二氯乙烷、1,1-二氯乙烯、顺-1,2-二氯乙烯、反-1,2-二氯乙烯、二氯甲烷、1,2-二氯丙烷、1,1,1,2-四氯乙烷、1,1,2,2-四氯乙烷、四氯乙烯、1,1,1-三氯乙烷、1,1,2-三氯乙烷、三氯乙烯、1,2,3-三氯丙烷、氯乙烯、苯、	事故

续表 8-25

污染源	工艺流程/节点	污染途径	全部污染物指标	特征因子	备注
1♯、2♯ 有机废物贮存库	有机废物贮存	垂直入渗	二氯苯、1,4-二氯苯、乙苯、苯乙烯、甲苯、间二甲苯＋对二甲苯、邻二甲苯、硝基苯、苯胺、2-氯酚、苯并[a]蒽、苯并[a]芘、苯并[b]荧蒽、苯并[k]荧蒽、䓛、二苯并[a,h]蒽、茚并[1,2,3-cd]芘、萘等	氯苯、1,2-二氯苯、1,4-二氯苯、乙苯、苯乙烯、甲苯、间二甲苯＋对二甲苯、邻二甲苯、硝基苯、苯胺、2-氯酚、苯并[a]蒽、苯并[a]芘、苯并[b]荧蒽、苯并[k]荧蒽、䓛、二苯并[a,h]蒽、茚并[1,2,3-cd]芘、萘等	事故
储罐区	液体废物贮存	大气沉降	非甲烷总烃、VOCs	—	连续
焚烧炉	焚烧废气排放	大气沉降	HCl、HF、Hg、Cd、As、Ni、Pb、Cr、Sn、Sb、Cu、Mn、二噁英类、烟尘、SO₂、NOx、CO 等	Hg、Cd、As、Ni、Pb、Cu、二噁英类	连续
焚烧车间料坑	焚烧料坑、配料等	大气沉降	H₂S、NH₃、HCl、HF、非甲烷总烃、VOCs	—	—
		垂直入渗	四氯化碳、氯仿、氯甲烷、1,1-二氯乙烷、1,2-二氯乙烷、1,1-二氯乙烯、顺-1,2-二氯乙烯、反-1,2-二氯乙烯、二氯甲烷、1,2-二氯丙烷、1,1,1,2-四氯乙烷、1,1,2,2-四氯乙烷、四氯乙烯、1,1,1-三氯乙烷、1,1,2-三氯乙烷、三氯乙烯、1,2,3-三氯丙烷、氯乙烯、苯、氯苯、1,2-二氯苯、1,4-二氯苯、乙苯、苯乙烯、甲苯、间二甲苯＋对二甲苯、邻二甲苯、硝基苯、苯胺、2-氯酚、苯并[a]蒽、苯并[a]芘、苯并[b]荧蒽、苯并[k]荧蒽、䓛、二苯并[a,h]蒽、茚并[1,2,3-cd]芘、萘、砷、镉、铬（六价）、铜、铅、汞、镍、锑、铍、氰化物、二噁英类、氟化物、氯化物、硫化物、COD、TP、总硫、总氮、氰化物等	四氯化碳、氯仿、氯甲烷、1,1-二氯乙烷、1,2-二氯乙烷、1,1-二氯乙烯、顺-1,2-二氯乙烯、反-1,2-二氯乙烯、二氯甲烷、1,2-二氯丙烷、1,1,1,2-四氯乙烷、1,1,2,2-四氯乙烷、四氯乙烯、1,1,1-三氯乙烷、1,1,2-三氯乙烷、三氯乙烯、1,2,3-三氯丙烷、氯乙烯、苯、氯苯、1,2-二氯苯、1,4-二氯苯、乙苯、苯乙烯、甲苯、间二甲苯＋对二甲苯、邻二甲苯、硝基苯、苯胺、2-氯酚、苯并[a]蒽、苯并[a]芘、苯并[b]荧蒽、苯并[k]荧蒽、䓛、二苯并[a,h]蒽、茚并[1,2,3-cd]芘、萘、砷、镉、铬（六价）、铜、铅、汞、镍、锑、铍、氰化物、二噁英类	事故

续表 8-25

污染源	工艺流程/节点	污染途径	全部污染物指标	特征因子	备注
物化车间	物化处理	大气沉降	H_2S、NH_3、HCl、HF、H_2SO_4、非甲烷总烃	—	间断
		垂直入渗	COD、总氮、硫化物、氯化物、氟化物、As、Cd、Cr、Fe、Cu、Pb、Zn、Ni、Cr^{6+}、CN^-	As、Cd、Cr^{6+}、Cu、Pb、Hg、Ni、Zn、CN^- 等	事故
废矿物油/煤焦油回收	废矿物油/煤焦油回收	大气沉降	SO_2、NOx、烟尘、VOCs、非甲烷总烃	—	连续
废包装桶清洗	废桶清洗	大气沉降	HCl、VOCs、非甲烷总烃	—	间断
稳定化车间	固化、稳定化	大气沉降	颗粒物	—	间断
		垂直入渗	硫化物、氯化物、氟化物、As、Cd、Cr、Fe、Cu、Pb、Zn、Ni、Cr^{6+}、CN^-	As、Cd、Cr^{6+}、Cu、Pb、Hg、Ni、Zn、CN^- 等	事故
废水处理车间	污水处理	大气沉降	H_2S、NH_3	—	连续
		地表漫流	COD、总氮、硫化物、氯化物、氟化物、As、Cd、Cr、Fe、Cu、Pb、Zn、Ni、Cr^{6+}	As、Cd、Cr^{6+}、Cu、Pb、Hg、Ni、Zn 等	事故
		垂直入渗	COD、总氮、硫化物、氯化物、氟化物、As、Cd、Cr、Fe、Cu、Pb、Zn、Ni、Cr^{6+}	As、Cd、Cr^{6+}、Cu、Pb、Hg、Ni、Zn 等	事故
安全填埋场	安全填埋	垂直入渗	COD、总氮、硫化物、氯化物、Hg、Pb、Cd、Cr、Cr^{6+}、Cu、Zn、Be、Ba、Ni、As、氟化物、氰化物	Hg、Pb、Cd、Cr^{6+}、Cu、Zn、Ni、As、氰化物	事故

本项目各储存库、处理车间等均为车间内设施,带顶棚,不考虑地面漫流的污染途径。液体储罐区按规定设置围堰,且场区内设有雨水收集管道和雨水收集池,正常情况下雨排口关闭,场区内做硬化处理,不会发生液体泄漏后在土壤上部漫流的情况,因此不考虑地表漫流影响。安全填埋场设置雨污分流措施,库区渗滤液流至集液池通过污水泵输送至渗滤液调节池,清净雨水通过排水泵排至场外,库区与外部无其他排水路径,不会发生库区渗滤液漫流影响。

2)土壤环境质量现状调查

(1)项目区的地形地貌、水文地质、土地利用、土壤类型及理化特性等现状调查情况此处略。

(2)土壤环境质量现状

根据本报告环境现状调查与评价章节可知,项目场区范围内土壤采样点各监测因子均满足《土壤环境质量　建设用地土壤污染风险管控标准(试行)》(GB 36600—2018)中表 1、表 2 第二类用地风险筛选值要求;项目场区范围外监测点监测因子均能满足《土壤环境质量　农用地土壤污染风险管控标准(试行)》(GB 15618—2018)中表 1 和表 2 农用地风险筛选值要求。本项目调查评价区内土壤环境质量状况良好。

(3)土壤污染源调查

项目周边 1 km 范围内无工业企业分布,评价范围内分布的土壤污染源主要为 D 村、B 村等村庄的农业面源和 L 区 A 乡 D 村土地开发项目。

农业污染源:评价范围内有部分旱地,农业污染主要为农药、化肥的使用、农药废弃包装物等。

L 区 A 乡 D 村土地开发项目位于本项目场地西侧约 550 m 处,主要建设内容为在东风村北一条荒沟内进行整平造地,采取分段填埋,填埋材料主要来源于 L 热电有限公司的粉煤灰和当地就近的黄土,项目总占地 3.2125 hm²,经过改造后,可建成补充耕地 2.9540 hm²。粉煤灰中含有 Cd、Pb、Cu、Cr、Ni 等重金属,淋溶液中 pH 一般大于 9。

3)土壤环境影响预测与评价

(1)大气沉降影响预测　随着废气排出的重金属通过干湿沉降进入土壤,因其不容易降解,可在土壤中进行累积,大气沉降途径对土壤的影响主要预测焚烧炉烟气。废气中含有的微量重金属、二噁英,可能沉降至评价区周围土壤。重金属会在土壤中积累,导致土壤理化性质改变,肥力下降,并有可能通过作物进入食物链,影响人群健康。二噁英类有机物暴露在阳光下,几天后就会分解,但如果沉降积累在土壤中,其半衰期为 10 年以上,造成土壤污染。

①预测范围和评价时段。项目的预测评价范围与调查评价范围一致,预测评价范围为 5.46 km²(即调查评价范围,含厂内)。评价时段为项目运营期。

②预测情景设置。以项目正常运营为预测工况。焚烧炉废气中重金属、二噁英类有机物污染物在干沉降作用下进入土壤层,进入土壤的重金属、二噁英类有机物多为难溶态,在土壤吸附、络合、沉淀和阻留作用下,迁移速度较缓慢,大部分残留在土壤耕作层,极少向下层土壤迁移。本次评价假定废气中污染物全部沉降在耕作层中,不考虑其输出影响,按正常排放工况下进行预测。

大气沉降量采用 EIAPro2018 中的 AERMOD 模型进行计算,选取最大的累计沉降量,设置不同的持续年份(分为 5 年、10 年、25 年)的情形进行土壤中污染物的增量预测。

③预测评价因子。根据工程分析及环境影响识别结果,结合《危险废物焚烧污染控制标准》(GB 18484—2020),确定本项目焚烧烟气通过大气沉降对土壤环境要素的影响评价因子为汞、镉、铅、二噁英类有机物,见表 8-26。

表 8-26　大气沉降评价因子筛选

环境要素	装置区	预测评价因子
土壤环境	焚烧炉系统	大气沉降:汞、镉、铅、二噁英类有机物

④预测方法

A.单位质量土壤中某种物质的增量可用下式计算:

$$\Delta S = n(I_E - L_E - R_S)/(P_b \times A \times D) \tag{8-12}$$

式中:ΔS 为单位质量表层土壤中某种物质的增量,g/kg;Is 为预测评价范围内单位年份表层土壤中某种物质的输入量,g;Ls 为预测评价范围内单位年份表层土壤中某种物质经淋溶排出的量,g;Rs 为预测评价范围内单位年份表层土壤中某种物质经径流排出的量,g;ρ_b 为表层土壤容重,kg/m³;A 为预测评价范围,m²;D 为表层土壤深度,一般取 0.2 m,可根据实际情况适当调整;n 为持续年份,年。

根据土壤导则,项目涉及大气沉降影响的,可不考虑输出量,因此上述式(8-12)可简化为式(8-13):

$$\Delta S = nI_g / (\rho_b \times A \times D) \tag{8-13}$$

B. 单位质量土壤中某种物质的预测值可根据其增量叠加现状值进行计算:

$$S = S_b + \Delta S \tag{8-14}$$

式中:S_b 为单位质量表层土壤中某种物质的现状值,g/kg;ΔS 为单位质量表层土壤中某种物质的预测值,g/kg。

⑤预测结果。大气沉降量采用 EIAPro2018 中的 AERMOD 模型进行计算,预测气象参数同大气影响预测。大气沉降参数设定如表 8-27。

表 8-27　大气沉降参数值

粒子成分	2.5 μm 以下质量百分比/%	中位径/μm
汞复合物(不含气态汞)	80	0.4
镉复合物	70	0.6
铅复合物	75	0.5
多环有机复合物,如:PCCD/Fs	90	0.1

经计算,各污染物在网格点的年总沉积量最大值见表 8-28。

表 8-28　大气沉降量预测结果

污染物	汞	镉	铅	二噁英
年总沉积量/[g/(m²·年)]	0.00012	0.00015	0.00137	0.0001×10^{-6}

预测评价范围内单位年份表层土壤中各污染物的输入量采用 AERMOD 模型对各污染物在网格点的年总沉积量中的最大值进行计算,其预测情形参数设置及预测结果见表 8-29。

表 8-29　大气沉降预测参数设置及结果

预测因子	n /年	ρ_b /(kg/m³)	A /m²	D /m	IS /mg	背景值* /(mg/kg)	ΔS /(mg/kg)	预测值 /(mg/kg)
汞	5	1500	1	0.2	0.12	0.181	0.002	0.183
	10	1500	1	0.2	0.12	0.181	0.004	0.185
	25	1500	1	0.2	0.12	0.181	0.01	0.191

续表 8-29

预测因子	n /年	ρ_b /(kg/m³)	A /m²	D /m	IS /mg	背景值 * /(mg/kg)	ΔS /(mg/kg)	预测值 /(mg/kg)
镉	5	1500	1	0.2	0.15	0.11	0.0025	0.1125
	10	1500	1	0.2	0.15	0.11	0.005	0.115
	25	1500	1	0.2	0.15	0.11	0.0125	0.1225
铅	5	1500	1	0.2	1.37	34.8	0.02	34.82
	10	1500	1	0.2	1.37	34.8	0.05	34.85
	25	1500	1	0.2	1.37	34.8	0.11	34.91
二噁英 (TEQ)	5	1500	1	0.2	1.0E-07	0.15E-06	1.67E-09	1.52E-07
	10	1500	1	0.2	1.0E-07	0.15E-06	3.33E-09	1.53E-07
	25	1500	1	0.2	1.0E-07	0.15E-06	8.33E-09	1.58E-07

＊注：背景值选取本次现状监测结果中表层样的最大值。

预测结果显示，焚烧炉排入大气环境的汞、镉、铅、二噁英类有机物沉降对土壤环境影响均较小，预测叠加结果各因子均满足《土壤环境质量　农用地土壤污染风险管控标准（试行）》（GB 15618—2018）、《土壤环境质量　建设用地土壤污染风险管控标准（试行）》（GB 36600—2018）中的相应标准。焚烧炉烟气通过大气沉降途径对土壤环境质量影响较小。

（2）垂直入渗影响预测　对于厂区内地下或半地下工程构筑物，在事故情况下，会造成物料、污染物等的泄漏，通过垂直入渗途径污染土壤。本项目危险废物贮存根据《危险废物贮存污染控制标准》（GB 18597—2023）中的要求，根据场地特性和项目特征，制定分区防渗。对于储罐区、洗车区、初期雨水池、渗滤液调节池、污水综合处理池及危险废物暂存库采取重点防渗；对于焚烧车间、物化车间、固化车间采取一般防渗；办公住宿区、车库、供配电室、机修车间及车棚等辅助区采用一般地面硬化。危险废物填埋根据《危险废物填埋污染控制标准》（GB 18598—2019）的要求进行防渗处理，设置 2 层防渗系统并设有渗漏检测系统。在全面落实分区防渗措施的情况下，物料或污染物的垂直入渗对土壤影响较小。

由于综合处置区各项建构筑物大都为地上设施且有顶棚，除自身存储的液体外无雨水流入，地面均进行了硬化和防渗处理，正常情况下不会发生渗漏。安全填埋区由于大气降水渗入而形成的渗滤液会对安全填埋区底部土壤环境造成污染，本项目垂直入渗途径对土壤的影响分析主要针对安全填埋区。

①预测范围和评价时段。项目的垂直入渗影响预测评价范围主要为本项目场区所在范围，评价时段为项目运营期。

②预测情景设置。以项目正常运营为预测工况。对于安全填埋库区，通常考虑填埋区渗滤液的泄漏，通过垂直入渗途径污染土壤。本次评价情景设置为安全填埋区防渗系统存在破损，即产生的渗滤液直接下渗至土壤，渗滤液饱和液位高度取 0.3 m。

③预测评价因子。根据工程分析及环境影响识别结果，本项目垂直入渗途径对土壤的影响主要考虑安全填埋厂渗滤液污染因子主要为：Pb、Cr⁶⁺、Ni、Cu、Zn、Hg、Cd、As、氨氮、氰化物、硫化物、COD、氟化物、氯化物等。由于垂直入渗均在场区占地范围内发生，根据《危险废物填埋污染控制标准》（GB 18598—2019）中的允许填埋废物的浸出液中有害成分控制限值，

参照《土壤环境质量　建设用地土壤污染风险管控标准（试行）》（GB 36600—2018）中的污染物土壤污染风险筛选值，采用等标污染负荷法对其进行分析比较，对比情况见表 8-30。

表 8-30　安全填埋区主要污染物与土壤环境质量标准的比较

序号	项目	GB 18598—2019 稳定化控制限值/(mg/L)	GB 36600—2018	
			筛选值/(mg/kg)	等标污染负荷
1	有机汞	—	45	—
2	汞及其化合物（以总汞计）	0.12	38	0.003156
3	铅（以总铅计）	1.2	800	0.0015
4	镉（以总镉计）	0.6	65	0.00923
5	总铬	15	—	
6	六价铬	6	5.7	1.0526
7	铜及其化合物（以总铜计）	120	18000	0.006667
8	锌及其化合物（以总锌计）	120	—	
9	铍及其化合物（以总铍计）	0.2	29	0.006897
10	钡及其化合物（以总钡计）	85	—	
11	镍及其化合物（以总镍计）	2	900	0.00222
12	砷及其化合物（以总砷计）	1.2	60	0.02
13	无机氟化物（不包括氟化钙）	120		
14	氰化物（以 CN⁻ 计）	6	135	0.04444

等标污染负荷较大的污染物为六价铬、氰化物、砷、镉等，本次预测选取等标污染负荷比较大污染物的作为预测评价因子，见表 8-31。

表 8-31　垂直入渗评价因子筛选

环境要素	装置区	预测评价因子
土壤环境	安全填埋区	垂直入渗：六价铬、氰化物、砷、镉

④预测方法。导则要求"预测评价建设项目各实施阶段不同环节与不同环境影响防控措施下的土壤环境影响，给出预测因子的影响范围与程度，明确建设项目对占地范围内、外土壤环境的影响及趋势。可根据土壤环境特征，结合建设项目特点，分析土壤环境可能受到影响的范围和程度"。对于以点源形式垂直进入土壤环境的污染物影响深度预测，导则推荐采用"一维非饱和溶质垂直运移控制方程"，即"对流-弥散方程"，适用于某种污染物以点源形式垂直进入土壤环境的影响预测，重点预测污染物可能影响到的深度。

导则中给出的一维非饱和溶质垂向运移控制方程为：

$$\frac{\partial(\theta c)}{\partial t} = \frac{\partial}{\partial z}\left(\theta D \frac{\partial c}{\partial z}\right) - \frac{\partial}{\partial z}(qc) \tag{8-15}$$

式中：c 为污染物介质中的浓度，mg/L；D 为弥散系数，m²/d；q 为渗流速率，m/d；z 为沿 z 轴的距离,m;t 为时间变量,d;θ 为土壤含水率,%。

Hydrus-1D 是求解该方程,模拟该类一维问题的最简单、高效的工具。Hydrus-1D 软件使用经典对流-弥散方程描述一维溶质运移(单点吸附模型-化学非平衡),公式如下:

$$\frac{\partial(\theta c)}{\partial t} + \rho \frac{\partial S^k}{\partial t} = = \frac{\partial}{\partial z}\left(\theta D \frac{\partial c}{\partial z}\right) - \frac{\partial qc}{\partial z} - \varphi \tag{8-16}$$

式中:c、D、q、z、t、θ 符号含义同上;S^k 为动力学吸附位点的吸附浓度;φ 为源汇项,解释在动力学吸附位点的各种零级和一级或其他反应,溶质在运移过程中在固、液、气三相间发生的各种反应,主要有零级反应、一级非链式反应和一级链式反应。

Hydrus-1D 软件中相比导则中给出的方程考虑了溶质在运移过程中在固、液、气三相间发生的各种反应,在设定不考虑各种反应的情况下,Hydrus-1D 软件模拟结果能够符合导则中的模式要求。

⑤预测结果。

a. 预测参数设置。据《危险废物填埋污染控制标准》(GB 18598—2019),双人工衬层的天然材料衬层经机械压实后的渗透系数不大于 1.0×10^{-7} cm/s,厚度不小于 0.5 m。土壤基础层饱和渗透系数不大于 1×10^{-5} cm/s,且厚度不小于 2 m。本项目次衬层下部土壤按 2 层考虑,上部渗透系数取 1.0×10^{-6} cm/s,厚度 0.5 m。底部渗透系数取 1×10^{-5} cm/s,计算深度按 6.0 m。土壤水力参数值见表 8-32。

表 8-32　土壤水力参数值

土壤层次 /cm	土壤 类型	土壤密度 ρ/(g/cm³)	残余 含水率/ (cm³/cm³)	饱和 含水率/ (cm³/cm³)	经验参数 α /(cm⁻¹)	保水函数 中的参数 n	饱和 渗透系数 Ks/(cm/d)	电导函数 中的曲 折度 l
0～50	粉质 黏土	1.7	0.07	0.36	0.005	1.09	0.09	0.5
50～600	黏 壤土	1.5	0.095	0.41	0.019	1.31	0.86	0.5

本项目污染物溶质均为离子形态,污染物溶质在自由水中的扩散系数根据单一电解质在稀溶液中的扩散系数公式进行计算,计算公式如下:

$$D_{\mathrm{AB}}^{\circ} = \left(\frac{RT}{F_a^2}\right)\left(\frac{\dfrac{1}{n_+} + \dfrac{1}{n_-}}{\dfrac{1}{\lambda_+^{\circ}} + \dfrac{1}{\lambda_-^{\circ}}}\right) \tag{8-17}$$

式中:D_{AB}° 为无限稀释时的扩散系数,cm²/s;R 为气体常数,R = 8.316 J/(mol·K);λ_+°、λ_-° 为离子极限(零浓度)导电率,S·cm²/mol;n_+、n_- 为阳、阴离子的电荷数;F_a 为法拉第常数,96500 C/mol。

本项目扩散系数计算过程中各预测评价因子六价铬、砷、氰化物、镉的存在形态按 H_2CrO_4、H_3AsO_4、HCN、$CdSO_4$ 进行计算。

各种离子在水溶液中(25 ℃)的极限当量电导(S·cm²/mol)为:H^+ 349.82;CrO_4^{2-} 85;

$H_2AsO_4^-$ 34；CN^- 78；Cd^{2+} 54；SO_4^{2-} 80，经计算，各污染物在 25 ℃水溶液中的扩散系数为六价铬（$4.57×10^{-5}$ cm²/s）、砷（$1.65×10^{-5}$ cm²/s）、氰化物（$3.39×10^{-5}$ cm²/s）、镉（$8.58×10^{-6}$ cm²/s）。

由于土壤温度较低，按 10 ℃进行计算，则溶质在水中的扩散系数取 10 ℃时的数据，折算根据 25 ℃时的 D_{AB} 乘以 $T/(334\eta_w)$，η_w 为温度 T 时水的黏度，cP。则各污染物在 10 ℃水溶液中的扩散系数为六价铬（$2.96×10^{-5}$ cm²/s，2.56 cm²/d）、砷（$1.07×10^{-5}$ cm²/s，0.92 cm²/d）、氰化物（$2.2×10^{-5}$ cm²/s，1.90 cm²/d）、镉（$5.56×10^{-6}$ cm²/s，0.48 cm²/d）。

b. Hydrus-1D 预测影响结果。水流模型采用 van Genuchten，以压力水头为变量，上边界条件选择定压力水头边界，下边界为自由排水边界。溶质运移模型采用单点吸附模型（化学非平衡），上边界为定浓度边界，下边界为零通量边界。

其中定压力水头为 30 cm，污染物浓度分别为六价铬 6 mg/L、砷 1.2 mg/L、氰化物 6 mg/L、镉 0.6 mg/L。预测时间为 100 d 和 365 d，土壤剖面中浓度随深度的分布见图 8-2。

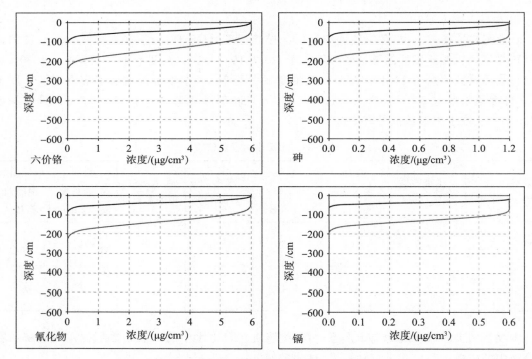

图 8-2　土壤剖面中浓度随深度的分布图（100 d、365 d）

在设定的条件下，六价铬在连续下渗 365 d 时超出地下水Ⅲ类水质（0.05 mg/L）的影响深度约 −231 cm；砷及其化合物在连续下渗 365 d 时超出地下水Ⅲ类水质（0.01 mg/L）的影响深度约 −198 cm；氰化物在连续下渗 365 d 时超出地下水Ⅲ类水质（0.05 mg/L）的影响深度约 −219 cm；镉及其化合物在连续下渗 365 d 时超出地下水Ⅲ类水质（0.005 mg/L）的影响深度约 −202 cm。

渗滤液中的污染物在土壤吸附、络合、沉淀和阻留作用下，迁移速度较缓慢，大部分残留在土壤上层，根据预测结果，各污染物的最大影响深度在 2.17 m（以超出地下水Ⅲ类水质考虑），对深部土壤环境影响较小，不会下渗至含水层中。预测情景设定为 365 d 连续渗入，由于降雨大多集中在 7—9 月，不会出现连续 365 d 维持 30 cm 水头持续下渗的情况，实际影响深度会小于预测影响深度。在安全填埋场运行过程中应加强防渗层的渗漏检测，一旦发生渗漏及时进行修补，进一步减轻项目建设对土壤环境的影响。

4）土壤环境保护措施与对策

（1）源头控制措施　从原料和产品储存、装卸、运输、生产过程、污染处理装置等全过程控制各种有毒有害原辅材料、中间材料、产品泄漏（含跑、冒、滴、漏），同时对有害物质可能泄漏到地面的区域采取防渗措施，阻止其进入土壤中，即从源头到末端全方位采取控制措施，防止项目的建设对土壤造成污染。

控制焚烧炉入炉物料的重金属含量和氯含量，保证各废气处理措施运行良好，可有效降低 Hg、镉、铅等重金属和二噁英对环境的排放，降低大气沉降对土壤的影响。

从生产过程入手，在工艺、管道、设备、给排水等方面尽可能地采取泄漏控制措施，从源头最大限度降低污染物质泄漏的可能性和泄漏量，使项目区污染物对土壤的影响降至最低，一旦出现泄漏等即可由各种配套措施进行收集、处置，同时经过硬化处理的地面有效阻止污染物的下渗。

（2）过程防控措施　从大气沉降、地面漫流、垂直入渗三个途径分别进行控制。

①大气沉降污染途径治理措施及效果。本项目针对各类废气污染物均采取了对应的治理措施，确保污染物达标排放，具体措施此处略。

②地面漫流污染途径治理措施及效果。涉及地面漫流途径须设置三级防控、储罐围堰、地面硬化等措施。

③垂直入渗污染途径治理措施及效果。项目按重点污染防治区、一般污染防治区、简单防渗区分别采取不同等级的防渗措施。

（3）土壤环境跟踪监测　对本项目场区占地范围内以及占地范围外的土壤环境保护目标的土壤进行定期监测，发现土壤污染时，及时查找泄漏源，防止污染源的进一步下渗，必要时对已污染的土壤进行替换或修复。根据土壤导则要求，监测点位应布设在重点影响区和土壤环境敏感目标附近，监测指标选择建设项目特征因子。基于建设项目现状监测点设置兼顾土壤环境影响跟踪监测计划的原则，环评建议土壤跟踪监测点位分别设在 1# 有机废物贮存库旁（1#）、废液储罐区旁（2#）、污水处理区（3#）、场外在下风向现状 B3# 点位处（4#）、填埋区坝下沟底处（5#）。

上述监测结果应按项目有关规定及时建立档案，并定期向建设单位安全环保部门汇报，对于常规监测数据应该进行公开，特别是对项目所在区域的公众进行公开，满足法律中关于知情权的要求。如发现异常或发生事故，加密监测频次，并分析污染原因，确定泄漏污染源，及时采取对应的应急措施。

5）小结

（1）土壤环境现状　本项目场地位于 L 区 A 乡 D 村的东部，A 山山脚附近。勘探深度范围内，本场地内未见地下水。经对周边村民了解、调查，本场地地下水埋深约 100 m 以下。调查评价范围内土壤类型为褐土。

项目场区范围内土壤采样点各监测因子均满足《土壤环境质量　建设用地土壤污染风险管控标准（试行）》（GB 36600—2018）中表 1、表 2 第二类用地风险筛选值要求；项目场区范围外监测点监测因子均能满足《土壤环境质量　农用地土壤污染风险管控标准（试行）》（GB 15618—2018）中表 1 和表 2 农用地风险筛选值要求。本项目调查评价范围内土壤环境质量状况良好。

　　(2)预测评价结果　　针对大气沉降、地表漫流和垂直入渗途径分别进行分析。

　　焚烧烟气通过大气沉降对土壤环境要素的影响评价因子为汞、镉、铅、二噁英类有机物,大气沉降量采用 EIAPro2018 中的 AERMOD 模型进行计算,选取最大的累计沉降量,设置不同的持续年份(分为 5 年、10 年、25 年)的情形进行土壤中污染物的增量预测。预测结果显示,焚烧炉排入大气环境的汞、镉、铅、二噁英类有机物沉降对土壤环境影响均较小,预测叠加结果各因子均满足《土壤环境质量　农用地土壤污染风险管控标准(试行)》(GB 15618—2018)、《土壤环境质量　建设用地土壤污染风险管控标准(试行)》(GB 36600—2018)中的相应标准。焚烧炉烟气通过大气沉降途径对土壤环境质量影响较小。

　　厂区采取地面硬化,设置围堰,布设完整的排水系统,并以定期巡查和电子监控的方式的防止废水外泄,对土壤的影响概率较小,场区内设置完善的排水系统,并设置初期雨水池和事故水池,场区内非绿化部位均进行场地硬化,在全面落实三级防控措施的情况下,事故废水和可能受污染的雨水不会发生地面漫流进入土壤,物料或污染物通过地面漫流对土壤影响的较小。

　　垂直入渗途径对土壤的影响分析主要针对安全填埋区,预测选取等标污染负荷比较大污染物六价铬、砷、氰化物、镉作为预测评价因子,采用 Hydrus-1D 软件模拟,根据预测结果,各污染物的最大影响深度在 231 cm,仍处于人工衬层的压实黏土衬层内,对黏土衬层下部的土壤环境影响基本无影响。

　　(3)防控措施　　土壤环境保护措施主要通过源头控制和过程防控等。

　　从储存、装卸、运输、生产过程、污染处理装置等全过程控制各种有毒有害原辅材料泄漏,同时对有害物质可能泄漏到地面的区域采取防渗措施,阻止其进入土壤中,即从源头到末端全方位采取控制措施。控制焚烧炉入炉物料的重金属含量和氯含量,从源头上降低 Hg、镉、铅等重金属和二噁英等污染物的排放。

　　大气沉降污染途径控制针对各类废气污染物均采取对应的治理措施,确保各大气污染源排放的污染物实现达标排放。地面漫流途径控制采取设置三级防控、储罐围堰、地面硬化等措施。垂直入渗污染途径防控措施主要为按重点污染防治区、一般污染防治区、简单防渗区分别采取不同等级的防渗措施,防渗层尽量在地表铺设,防渗材料拟选取环氧树脂和水泥基渗透结晶型防渗材料,按照污染防治分区采取不同的防渗措施,防止危险废物暂存和处置过程中因物料泄漏造成对区域土壤环境的污染。

　　(4)跟踪监测计划　　对本项目场区占地范围内以及占地范围外的土壤环境保护目标的土壤进行定期监测,设置了 5 个跟踪监测点位,项目投产后每 3 年进行 1 次监测。通过跟踪监测结果确定污染情况并分析污染原因,确定泄漏污染源,及时采取相应的应急措施。

　　综上,根据影响分析预测结果,本项目运行期环境敏感目标及占地范围内土壤环境各评价因子能够满足土壤环境质量标准要求,且项目采取了相应的土壤污染防控措施,并制定了跟踪监测计划,本项目土壤环境影响可以接受。

　　(5)土壤环境影响评价自查表　　本项目土壤环境影响评价自查表见表 8-33。

表 8-33　土壤环境影响评价自查

工作内容		完成情况			备注
影响识别	影响类型	污染影响型☑;生态影响型☑;两种兼有☑			
	土地利用类型	建设用地☑;农用地☑;未利用地☑			土地利用类型图
	占地规模	23 hm²			
	敏感目标信息	敏感目标(农田)、方位(W)、距离(15m); 敏感目标(农田)、方位(N)、距离(500m); 敏感目标(D村)、方位(W)、距离(350m)			
	影响途径	大气沉降☑;地面漫流□;垂直入渗☑;地下水位□;其他(　)			
	全部污染物	见表 8-25			
	特征因子	见表 8-25			
	所属土壤环境影响评价项目类别	Ⅰ类☑;Ⅱ类□;Ⅲ类□;Ⅳ类□			
	敏感程度	敏感☑;较敏感□;不敏感□			
评价工作等级		一级☑;二级□;三级□			
现状调查内容	资料收集	a)☑;b)☑;c)☑;d)□			
	理化特性				
	现状监测点位		占地范围内	占地范围外	深度	点位布置图
		表层样点数	2	4	0.2	
		柱状样点数	5	0	0.2、1.0、3.0、6.0	
	现状监测因子	**占地范围内:** 基本因子:四氯化碳、氯仿、氯甲烷、1,1-二氯乙烷、1,2-二氯乙烷、1,1-二氯乙烯、顺-1,2-二氯乙烯、反-1,2-二氯乙烯、二氯甲烷、1,2-二氯丙烷、1,1,1,2-四氯乙烷、1,1,2,2-四氯乙烷、四氯乙烯、1,1,1-三氯乙烷、1,1,2-三氯乙烷、三氯乙烯、1,2,3-三氯丙烷、氯乙烯、苯、氯苯、1,2-二氯苯、1,4-二氯苯、乙苯、苯乙烯、甲苯、间二甲苯＋对二甲苯、邻二甲苯、硝基苯、苯胺、2-氯酚、苯并[a]蒽、苯并[a]芘、苯并[b]荧蒽、苯并[k]荧蒽、䓛、二苯并[a,h]蒽、茚并[1,2,3-cd]芘、萘,共 38 项 **占地范围内:** 特征因子:砷、镉、铬(六价)、铜、铅、汞、镍、锑、铍、氰化物、二噁英类,共 11 项 **占地范围外:** 特征因子:镉、汞、砷、铅、铬、铜、镍、锌、六六六、滴滴涕和苯并芘,共 11 项			

续表 8-33

	工作内容	完成情况		备注
现状评价	评价因子	同现状监测因子		
	评价标准	GB 15618☑;GB 36600☑;其他( )		
	现状评价结论	占地范围内土壤采样点各监测因子均满足 GB 36600—2018 中表 1、表 2 第二类用地风险筛选值要求;占地范围外监测点各监测因子均能满足 GB 15618—2018 中表 1 和表 2 农用地风险筛选值要求。本项目调查评价范围内土壤环境质量状况良好		
影响预测	预测因子	大气沉降预测因子:汞、镉、铅、二噁英类有机物;垂直入渗预测因子:六价铬、砷、氰化物、镉		
	预测方法	附录 E☑;附录 F☑;其他( )		
	预测分析内容	影响范围(6.42 km²,即调查评价范围,含场区占地范围) 影响程度(大气沉降:25 年 Hg 0.191 mg/kg、Cd 0.1225 mg/kg、Pb 34.91 mg/kg,二噁英 $1.58×10^{-7}$ mg TEQ/kg,均小于 GB 36600 中筛选值 垂直入渗:365 d,六价铬影响深度 43 cm、砷和镍影响深度 28 cm、氰化物影响深度 38 cm,位于黏土衬层内,影响较小)		
	预测结论	达标结论:a)☑;b)□;c)□ 不达标结论:a)□;b)□		
防治措施	防控措施	土壤环境质量现状保障□;源头控制☑;过程防控☑;其他( )		

		监测点数	监测指标	监测频次	
防治措施	跟踪监测	5	占地范围内:pH、砷、镉、铬(六价)、铜、铅、汞、镍、锑、铍、氰化物、二噁英类;占地范围外:pH、镉、汞、砷、铅、铬、铜、镍、锌	每 3 年 1 次	
	信息公开指标	土壤环境质量跟踪监测达标情况			
	评价结论	在采取环境规定的污染防治措施的情况下,土壤环境影响可接受			

注 1:"□"为勾选项,可√;"( )"为内容填写项;"备注"为其他补充内容。

注 2:需要分别开展土壤环境影响评级工作的,分别填写自查表。

8.3 污染场地土壤风险评估方法

8.3.1 污染场地风险评估发展概述

建设用地土壤污染事关百姓住得安心,本节主要介绍污染场地土壤风险评估的方法,其中建设用地健康风险评估主要关注污染物暴露途径、对人体的致癌风险或危害水平。污染场地带来一系列问题,如对人体健康的危害,土地价值的降低,农业或城市用地的减少,污染场地引发的严重的责任纠纷,巨额的修复处理经费支出等。

场地污染有很大隐蔽性、滞后性和持久性。污染通常存在于土壤并通过土壤转移,变化和移动非常缓慢,只有触及受体时才可能会被发现。发达国家对污染场地管理始于 20 世纪 80 年代,形成各自的污染场地的管理模式,共同之处都是经过一个管理流程:疑似污染场地的发现,场地的初步调查、初步筛选确定优先管理名单,场地详细调查和风险评估,确定管理措施——修复或其他措施。各国支持这样一个管理流程的技术体系等有所不同,但风险评估方面的技术是必不可少的。

国际上,自美国国会通过《综合环境响应补偿与责任法》(CERCLA,又称《超级基金法》)后,美国环保局就相继出台了系列场地环境调查和风险评估技术导则,并于 1989 年发布了《超级基金场地风险评估导则 第一卷 健康风险评估手册》,详细规定了开展超级基金污染场地风险评估的技术方法,包括场地数据采集整理与分析、暴露评估、毒性评估和风险表征的四步评估法。1995 年,美国材料与试验协会(ASTM)出台了《石油泄漏场地基于风险的纠正行动标准导则》以及《建立污染场地概念暴露模型的标准导则》,并分别于 2002 年和 2003 年重新审定。1996 年,美国环保局发布了基于污染土壤健康风险评估方法确定土壤筛选值的技术导则,2001 年发布了补充技术导则文件,建立了基于健康风险评估确定住宅、商业和工业等用地方式下土壤筛选值的技术方法。1998 年,ASTM 制订发布了《基于风险纠正行动标准导则》,2010 年对该导则进行修订和重审后再次发布。2002 年,英国环境署发布了《污染土地暴露评估模型:技术基础和算法》《污染土地管理的模型评估方法》等系列技术文件,初步建立了英国污染土地风险评估的框架体系;2009 年,英国环境署修订后发布了最新的污染土地健康风险评估的技术方法。1994 年,荷兰研究提出了开展污染土壤健康风险评估的技术方法,探讨了人群对土壤污染的暴露途径及模型评估方法,并将该方法用于保护人体健康的土壤基准的制定,2008 年荷兰环境部修订印发了最新的污染土壤风险管理和修复技术文件。

在我国,风险评估研究起步于 20 世纪 80 年代,以介绍和应用国外的研究成果为主。2014 年修订的《环境保护法》和 2016 年修订的《环境影响评价法》也只对规划和建设项目开展环境影响评价作出规定,尚未涉及污染场地健康风险评价方面的内容。随着我国工业化和城市化的发展,污染场地的管理问题越来越重要,一些土壤污染调查研究的数据以及时有发生的土地污染纠纷事件也表明污染场地风险管理的重要性和迫切性。鉴于污染场地潜在的危害性,越来越多的国内学者开始关注污染场地的管理与治理对策,中央及地方政府开始对污染场地的评估与治理工作作出响应。原国家环境保护总局于 2004 年印发了《关于切实做好企业搬迁过程中环境污染防治工作的通知》(环办〔2004〕47 号),要求关闭或破产企业在结束原有生产经营活动,改变原土地使用性质时,必须对原址土地进行调查监测,报环保部门审查,并制定土壤功能修复实施方案。对于已经开发和正在开发的外迁工业区域,要对施工范围内的污染源进行调查,确定清理工作计划和土壤功能恢复实施方案,尽快消除土壤环境污染。2008 年生态环境部印发了《加强土壤污染防治工作意见》(环发〔2008〕8 号),突出强调污染场地土壤环境保护监督管理是土壤污染防治的重点工作之一。"十二五"期间,土壤环境保护和综合治理相关工作已纳入国家环境政策和发展规划。2011 年国务院印发《国家环境保护"十二五"规划》,将"加强土壤环境保护"列为需要切实解决的突出环境问题,提出要"研究建立建设项目用地土壤环境质量评估与备案制度及污染土壤调查、评估和修复制度,明确治理、修复的责任主体和要求""加强城市和工矿企业污染场地环境监管,开展污染场地再利用的环境风险评估,将场地环境风险评估纳入建设项目环境影响评价,禁止未经评估和无害化治理的污染场地进行土地流转和开发利用。经评估认定对人体健康有严重影响的污染场地,应采取措施防止污染扩散,且不得用于住宅开发,对已有居民要实施搬迁"。2012 年生态环境部等四部委联合印发了《关于保障工业企业场地再开发利用环境安全的通知》,将已关停并转、破产、搬迁的化工、金属冶炼、农药、电镀和危险化学品生产、储存、使用企业,且原有场地拟再开发利用的以及本地区其他重点监管工业企业为对象,组织开展场地环境调查和风险评估,掌握场地土壤和地下水污染基本情况等。2013 年国务院办公厅印发《近期土壤环境保护和综合治理工作安排》,强调要强化被污染土壤的环境风险控制。针对已被污染地块改变用途或变更使用权人的,应按照有关规定开展土壤环境风险评估,并对土壤环境进行治理修复,未开展风险评估或土壤环境质量不能满足建设用地要求的,有关部门不得核发土地使用证和施工许可证。2014 年生态环境部发布了《污染场地风险评估技术导则》,规定了污染场地风险评估的原则、内容、程序、方法和技术要求。其推荐的风险评估流程、方法和模型也与国际惯用风险评估方法一致,包括:危害识别、暴露评估、毒性评估、风险表征、以及土壤风险控制值计算五项工作内容。2019 年发布新的《建设用地土壤污染风险评估技术导则》,规范建设用地土壤污染状况调查、土壤污染风险评估等工作。

8.3.2　污染场地风险评估方法

污染场地风险评估分为人体健康风险评估和生态风险评估。污染场地健康风险评估是指针对特定土地利用方式下的场地条件,评价场地上一种或多种污染物质对人体健康产生危害可能性的技术方法;污染场地生态风险评估是评价场地污染物对植物、动物和特定区域的生态系统影响的可能性及影响大小。场地受到污染后,通常需要采取一定的措施,以削减土地利用过程中的人群健康风险和生态风险。

生态风险评价实际上是一个不断变化的动态过程,其受体涵盖整个生态系统,包括区域、群落、种群、个体等,不仅需要涉及生物与生物之间的相互关系,也需要涉及生态系统内在的复杂关系。生态风险评价有多种方法,其中最主要采用熵值法(HQ),该方法得出的结果为"是"与"否",即最直截了当的结果反映生态风险的高低,通常可以用于水平评价的筛选。HQ 的计算公式为:

$$HQ = ADD/RfD \qquad (8-18)$$

式中:ADD 为生物可利用部分的暴露量;RfD 为风险评价效应浓度(标准值,由美国环保署提供的）。

　　HQ 值与"1"进行对比，当环境监测的浓度超过标准参照浓度时，被认定其有潜在影响，反之则被认定没有潜在风险。

　　污染场地健康风险评估考虑到多种污染物可能同时存在于场地不同的介质之中，如土壤、空气、水、食物和尘埃等，通过分析与受体相关的多种暴露途径，实现对多介质的健康风险评估；以可接受健康风险水平为出发点，提出保护人体健康的土壤修复目标值。污染场地风险评估结果是进行污染修复和管理决策的科学依据，有助于分析和比较多种修复措施的有效性，为合理制定土地利用规划和污染治理计划提供依据，有效地规避场地污染风险。

　　相对于生态风险评估来说，健康风险评估的方法已经基本定型，主要发展趋势有：由单一污染物作用进一步考虑多种污染物的复合作用；在考虑有毒有害化学物的基础上考虑非化学因子对人体健康的不利影响；进一步对模型进行优化，降低风险评估过程中的不确定性。

　　污染场地的健康风险评估包括危害识别、暴露评估、毒性评估、风险表征和土壤风险控制值的计算。污染场地健康风险评估程序见图 8-3。

　　1. 危害识别

　　根据场地环境调查获取的资料，结合场地土地的规划利用方式，调查获得污染场地的关注污染物信息和污染物的浓度分布，确定可能的敏感受体，如儿童、成人、地下水体等。

　　2. 暴露评估

　　在危害识别的工作基础上，分析场地内关注污染物迁移进入和危害敏感受体的情景，确定场地内污染物对敏感人群的暴露途径，确定污染物在环境介质中的迁移模型和敏感人群的暴露模型，确定与场地污染状况、土壤性质、地下水特征、敏感人群和关注污染物性质等相关的模型参数值，计算敏感人群暴露于场地土壤和地下水污染对应的土壤和地下水暴露量。

　　暴露评估的暴露情景分为以住宅用地为代表的敏感用地（简称"住宅类敏感用地"）和"以工业用地为代表的非敏感用地"（简称工业类非敏感用地）。

　　住宅类敏感用地方式下，人群可因不慎经口摄入污染土壤、皮肤接触污染土壤、呼吸吸入空气中的土壤颗粒物暴露于污染物，如场地内存在挥发性污染物，人群还可因呼吸吸入室内和室外空气中的气态污染物而暴露于污染物。住宅类敏感用地方式下，儿童和成人均可能会长时间暴露于场地污染物而产生健康危害。对于污染物的致癌效应，健康危害无阈值浓度，考虑人群的终生暴露危害，一般根据儿童期和成人期的暴露来评估污染物的终生致癌风险；对于污染物的非致癌效应，健康危害有阈值浓度，儿童体重较轻且暴露量较高，一般根据儿童期暴露来评估污染物的非致癌危害效应。

　　(1) 住宅类敏感用地暴露评估模型

　　① 经口摄入土壤途径。对于单一污染物的致癌效应，考虑人群在儿童期和成人期暴露的终生危害。经口摄入土壤途径的土壤暴露量采用式 (8-19) 进行计算：

$$\text{OISER}_{ca} = \frac{\left(\dfrac{\text{OSIR}_c \times ED_c \times EF_c}{BW_c} + \dfrac{\text{OSIR}_a \times ED_a \times EF_a}{BW_a} \right) \times \text{ABS}_o}{AT_{ca}} \times 10^{-6} \tag{8-19}$$

式中：OISER_{ca} 为经口摄入土壤暴露量（致癌效应），kg 土壤/(kg 体重·d)；OSIR_c 为儿童每日摄入土壤量，mg/d；OSIR_a 为成人每日摄入土壤量，mg/d；ED_c 为儿童暴露期，年；ED_a 为成人暴露期,年;EF_c为儿童暴露频率,d/年;EF_a为成人暴露频率,d/年;BW_c为儿童体重,kg;BW_a为成人体重,kg;ABS_o为经口摄入吸收效率因子,无量纲;AT_{ca}为致癌效应平均时间,d。

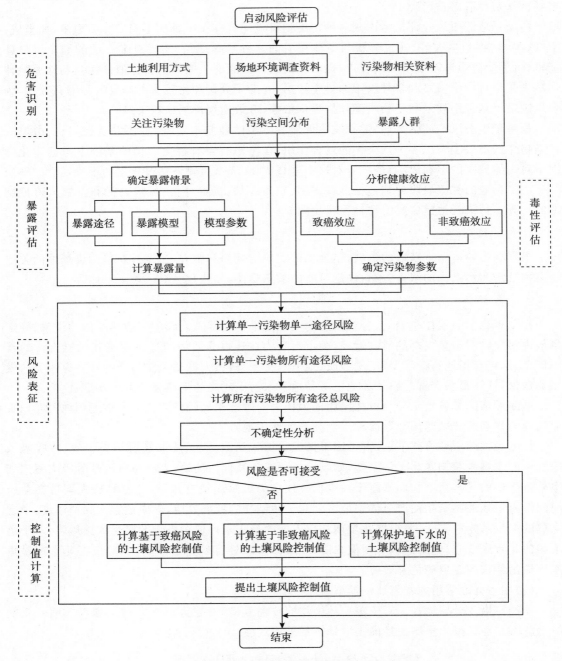

图 8-3　污染场地风险评估程序与内容

对于单一污染物的非致癌效应,考虑人群在儿童期暴露受到的危害。经口摄入土壤途径的土壤暴露量采用式(8-20)进行计算:

$$OISER_{nc} = \frac{OSIR_c \times ED_c \times EF_c \times ABS_o}{BW_c \times AT_{nc}} \times 10^{-6} \qquad (8\text{-}20)$$

式中：$OISER_{nc}$ 为经口摄入土壤暴露量（非致癌效应），kg 土壤/(kg 体重·d)；AT_{nc} 为非致癌效应平均时间，d。

②皮肤接触土壤途径。对于单一污染物的致癌效应，考虑人群在儿童期和成人期暴露的终生危害。皮肤接触土壤途径对应的土壤暴露量采用式(8-21)计算：

$$DCSER_{ca} = \frac{SAE_c \times SSAR_c \times EF_c \times ED_c \times E_v \times ABS_d}{BW_c \times AT_{ca}} \times 10^{-6} +$$
$$\frac{SAE_a \times SSAR_a \times EF_a \times ED_a \times E_v \times ABS_d}{BW_a \times AT_{ca}} \times 10^{-6} \qquad (8\text{-}21)$$

式中：$DCSER_{ca}$ 为皮肤接触途径的土壤暴露量（致癌效应），kg 土壤/(kg 体重·d)；SAE_c 为儿童暴露皮肤表面积，cm^2；SAE_a 为成人暴露皮肤表面积，cm^2；$SSAR_c$ 为儿童皮肤表面土壤黏附系数，mg/cm^2；$SSAR_a$ 为成人皮肤表面土壤黏附系数，mg/cm^2；ABS_d 为皮肤接触吸收效率因子，无量纲；E_v 为每日皮肤接触事件频率，次/d。

SAE_c 和 SAE_a 的参数值分别采用式(8-22)和式(8-23)计算：

$$SAE_c = 239 \times H_c^{0.417} \times BW_c^{0.517} \times SER_c \qquad (8\text{-}22)$$

$$SAE_a = 239 \times H_a^{0.417} \times BW_a^{0.517} \times SER_a \qquad (8\text{-}23)$$

式中：H_c 为儿童平均身高，cm；H_a 为成人平均身高，cm；SER_c 为儿童暴露皮肤所占面积比，无量纲；SER_a 为成人暴露皮肤所占面积比，无量纲。

对于单一污染物的非致癌效应，考虑人群在儿童期暴露受到的危害。皮肤接触土壤途径对应的土壤暴露量采用式(8-24)计算：

$$DCSER_{nc} = \frac{SAE_c \times SSAR_c \times EF_c \times ED_c \times E_v \times ABS_d}{BW_c \times AT_{nc}} \times 10^{-6} \qquad (8\text{-}24)$$

式中：$DCSER_{nc}$ 为皮肤接触的土壤暴露量（非致癌效应），kg 土壤/(kg 体重·d)。

③吸入土壤颗粒物

对于单一污染物的致癌效应，考虑人群在儿童期和成人期暴露的终生危害。吸入土壤颗粒物途径对应的土壤暴露量采用式(8-25)计算：

$$PISER_{ca} = \frac{PM10 \times DAIR_c \times ED_c \times PIAF \times (fspo \times EFO_c + fspi \times EFI_c)}{BW_a \times AT_{ca}} \times 10^{-6} +$$
$$\frac{PM10 \times DAIR_a \times ED_a \times PIAF \times (fspo \times EFO_a + fspi \times EFI_a)}{BW_a \times AT_{ca}} \times 10^{-6} \qquad (8\text{-}25)$$

式中：$PISER_{ca}$ 为吸入土壤颗粒物的土壤暴露量（致癌效应），kg 土壤/(kg 体重·d)；PM10 为空气中可吸入浮颗粒物含量，mg/m^3；$DAIR_a$ 为成人每日空气呼吸量，m^3/d；$DAIR_c$ 为儿童每日空气呼吸量，m^3/d；PIAF 为吸入土壤颗粒物在体内滞留比例，无量纲；fspi 为室内空气中来自土壤的颗粒物所占比例，无量纲；fspo 为室外空气中来自土壤的颗粒物所占比例，无量纲；EFI_a 为成人的室内暴露频率，d/年；EFI_c 为儿童的室内暴露频率，d/年；EFO_a 为成人的室外暴露频率，d/年；EFO_c 为儿童的室外暴露频率，d/年。

对于单一污染物的非致癌效应,考虑人群在儿童期暴露受到的危害。吸入土壤颗粒物途径对应的土壤暴露量采用式(8-26)计算:

$$PISER_{nc} = \frac{PM10 \times DAIR_c \times ED_c \times PIAF \times (fspo \times EFO_c + fspi \times EFI_c)}{BW_c \times AT_{nc}} \times 10^{-6} \quad (8-26)$$

式中:$PISER_{nc}$为吸入土壤颗粒物的土壤暴露量(非致癌效应),kg 土壤/(kg 体重·d)。

④吸入室外空气中气态污染物途径。对于单一污染物的致癌效应,考虑人群在儿童期和成人期暴露的终生危害。吸入室外空气中来自场地表层土壤、下层土壤和地下水中的气态污染物对应的土壤和地下水暴露量,分别采用式(8-27)、式(8-28)和式(8-29)计算:

$$IOVER_{ca1} = VF_{suroa} \times \left(\frac{DAIR_c \times EFO_c \times ED_c}{BW_c \times AT_{ca}} + \frac{DAIR_a \times EFO_a \times ED_a}{BW_a \times AT_{ca}} \right) \quad (8-27)$$

$$IOVER_{ca2} = VF_{suboa} \times \left(\frac{DAIR_c \times EFO_c \times ED_c}{BW_c \times AT_{ca}} + \frac{DAIR_a \times EFO_a \times ED_a}{BW_a \times AT_{ca}} \right) \quad (8-28)$$

$$IOVER_{ca3} = VF_{gwoa} \times \left(\frac{DAIR_c \times EFO_c \times ED_c}{BW_c \times AT_{ca}} + \frac{DAIR_a \times EFO_a \times ED_a}{BW_a \times AT_{ca}} \right) \quad (8-29)$$

式中:$IOVER_{ca1}$为吸入室外空气中来自表层土壤的气态污染物对应的土壤暴露量(致癌效应),kg 土壤/(kg 体重·d);$IOVER_{ca2}$为吸入室外空气中来自下层土壤的气态污染物对应的土壤暴露量(致癌效应),kg 土壤/(kg 体重·d);$IOVER_{ca3}$为吸入室外空气中来自地下水的气态污染物对应的地下水暴露量(致癌效应),L 地下水/(kg 体重·d);VF_{suroa}为表层土壤中污染物进入室外空气的挥发因子,kg/m³;VF_{suboa}为下层土壤中污染物进入室外空气的挥发因子,kg/m³;VF_{gwoa}为地下水中污染物进入室外空气的挥发因子,L/m³。

对于单一污染物的非致癌效应,考虑人群在儿童期暴露受到的危害。吸入室外空气中来自场地表层土壤、下层土壤和地下水中的气态污染物对应的土壤和地下水暴露量,分别采用式(8-30)、式(8-31)和式(8-32)计算:

$$IOVER_{nc1} = VF_{suroa} \times \frac{DAIR_c \times EFO_c \times ED_c}{BW_c \times AT_{nc}} \quad (8-30)$$

$$IOVER_{nc2} = VF_{suboa} \times \frac{DAIR_c \times EFO_c \times ED_c}{BW_c \times AT_{nc}} \quad (8-31)$$

$$IOVER_{nc3} = VF_{gwoa} \times \frac{DAIR_c \times EFO_c \times ED_c}{BW_c \times AT_{nc}} \quad (8-32)$$

式中:$IOVER_{nc1}$为吸入室外空气中来自表层土壤的气态污染物对应的土壤暴露量(非致癌效应),kg 土壤/(kg 体重·d);$IOVER_{nc2}$为吸入室外空气中来自下层土壤的气态污染物对应的土壤暴露量(非致癌效应),kg 土壤/(kg 体重·d);$IOVER_{nc3}$为吸入室外空气中来自地下水的气态污染物对应的地下水暴露量(非致癌效应),L 地下水/(kg 体重·d)。

⑤吸入室内空气中气态污染物途径。对于单一污染物的致癌效应,考虑人群在儿童期和成人期暴露的终生危害。吸入室内空气中来自下层土壤和地下水中的气态污染物对应的土壤和地下水暴露量,分别采用式(8-33)和式(8-34)计算:

$$\text{IIVER}_{ca1} = VF_{subia} \times (\frac{\text{DAIR}_c \times \text{EFI}_c \times \text{ED}_c}{BW_c \times \text{AT}_{ca}} + \frac{\text{DAIR}_a \times \text{EFI}_a \times \text{ED}_a}{BW_a \times \text{AT}_{ca}}) \tag{8-33}$$

$$\text{IIVER}_{ca2} = VF_{gwia} \times (\frac{\text{DAIR}_c \times \text{EFI}_c \times \text{ED}_c}{BW_c \times \text{AT}_{ca}} + \frac{\text{DAIR}_a \times \text{EFI}_a \times \text{ED}_a}{BW_a \times \text{AT}_{ca}}) \tag{8-34}$$

式中：IIVER_{ca1} 为吸入室内空气中来自下层土壤的气态污染物对应的土壤暴露量（致癌效应），kg 土壤/(kg 体重·d)；IIVER_{ca2} 为吸入室内空气中来自地下水的气态污染物对应的地下水暴露量（致癌效应），L 地下水/(kg 体重·d)；VF_{subia} 为下层土壤中污染物进入室内空气的挥发因子，kg/m^3；VF_{gwia} 为地下水中污染物进入室内空气的挥发因子，L/m^3。

对于单一污染物的非致癌效应，考虑人群在儿童期暴露受到的危害。吸入室内空气中来自下层土壤和地下水中的气态污染物对应的土壤和地下水暴露量，分别采用式（8-35）和式（8-36）计算：

$$\text{IIVER}_{nc1} = VF_{subia} \times \frac{\text{DAIR}_c \times \text{EFI}_c \times \text{ED}_c}{BW_c \times \text{AT}_{nc}} \tag{8-35}$$

$$\text{IIVER}_{nc2} = VF_{gwia} \times \frac{\text{DAIR}_c \times \text{EFI}_c \times \text{ED}_c}{BW_c \times \text{AT}_{nc}} \tag{8-36}$$

式中：IIVER_{nc1} 为吸入室内空气中来自下层土壤的气态污染物对应的土壤暴露量（非致癌效应），kg 土壤/(kg 体重·d)；IIVER_{nc2} 为吸入室内空气中来自地下水的气态污染物对应的地下水暴露量（非致癌效应），L 地下水/(kg 体重·d)。

⑥饮用地下水途径。对于单一污染物的致癌效应，考虑人群在儿童期和成人期暴露的终生危害。饮用场地及周边受影响地下水对应的地下水暴露量，采用式（8-37）计算：

$$\text{CGWER}_{ca} = \frac{\text{GWCR}_c \times EF_c \times \text{ED}_c}{BW_c \times \text{AT}_{ca}} + \frac{\text{GWCR}_a \times EF_a \times \text{ED}_a}{BW_a \times \text{AT}_{ca}} \tag{8-37}$$

对于单一污染物的非致癌效应，考虑人群在儿童期的暴露危害。饮用场地及周边受影响地下水对应的地下水暴露量，采用式（8-38）计算：

$$\text{CGWER}_{nc} = \frac{\text{GWCR}_c \times EF_c \times \text{ED}_c}{BW_C \times \text{AT}_{nc}} \tag{8-38}$$

式中：CGWER_{ca} 为饮用受影响地下水对应的地下水的暴露量（致癌效应），L 地下水/(kg 体重·d)；CGWER_{nc} 为饮用受影响地下水对应的地下水的暴露量（非致癌效应），L 地下水/(kg 体重·d)；GWCR_c 为儿童每日饮水量，L 地下水/d；GWCR_a 为成人每日饮水量，L 地下水/d。

工业类非敏感用地方式下，人群可因不慎经口摄入污染土壤、皮肤接触污染土壤、呼吸吸入空气中的土壤颗粒物而暴露于污染物，如场地内存在挥发性污染物，人群还可吸入室内和室外空气中的气态污染物。工业类非敏感用地方式下，成人的暴露期长且暴露频率高，一般根据成人期的暴露来评估污染物的致癌风险和非致癌效应。

（2）工业类非敏感用地暴露评估模型

①经口摄入土壤途径。对于单一污染物的致癌效应，考虑人群在成人期暴露的终生危害。经口摄入土壤途径的土壤暴露量采用式（8-39）计算：

$$\text{OISER}_{ca} = \frac{\text{OSIR}_a \times \text{ED}_a \times EF_a \times \text{ABS}_o}{BW_a \times \text{AT}_{ca}} \times 10^{-6} \tag{8-39}$$

对于单一污染物的非致癌效应,考虑人群在成人期的暴露危害。经口摄入土壤途径对应的土壤暴露量采用式(8-40)计算:

$$OISER_{nc} = \frac{OSIR_a \times ED_a \times EF_a \times ABS_o}{BW_a \times AT_{nc}} \times 10^{-6} \tag{8-40}$$

②皮肤接触土壤途径。对于单一污染物的致癌效应,考虑人群在成人期暴露的终生危害。皮肤接触土壤途径的土壤暴露量采用式(8-41)计算:

$$DCSER_{ca} = \frac{SAE_a \times SSAR_a \times EF_a \times ED_a \times E_v \times ABS_d}{BW_a \times AT_{ca}} \times 10^{-6} \tag{8-41}$$

对于单一污染物的非致癌效应,考虑人群在成人期的暴露危害。皮肤接触土壤途径对应的土壤暴露量采用式(8-42)计算:

$$DCSER_{nc} = \frac{SAE_a \times SSAR_a \times EF_a \times ED_a \times E_v \times ABS_d}{BW_a \times AT_{nc}} \times 10^{-6} \tag{8-42}$$

③吸入土壤颗粒物。对于单一污染物的致癌效应,考虑人群在成人期暴露的终生危害。吸入土壤颗粒物途径对应的土壤暴露量采用式(8-43)计算:

$$PISER_{ca} = \frac{PM10 \times DAIR_a \times ED_a \times PIAF \times (fspo \times EFO_a + fspi \times EFI_a)}{BW_a \times AT_{ca}} \times 10^{-6} \tag{8-43}$$

对于单一污染物的非致癌效应,考虑人群在成人期的暴露危害。吸入土壤颗粒物途径对应的土壤暴露量采用式(8-44)计算:

$$PISER_{nc} = \frac{PM10 \times DAIR_a \times ED_a \times PIAF \times (fspo \times EFO_a + fspi \times EFI_a)}{BW_a \times AT_{nc}} \times 10^{-6} \tag{8-44}$$

④吸入室外空气中气态污染物途径。对于单一污染物的致癌效应,考虑人群在成人期暴露的终生危害。吸入室外空气中来自表层土壤、下层土壤和地下水中的气态污染物对应的土壤和地下水暴露量,分别采用式(8-45)、式(8-46)和式(8-47)计算:

$$IOVER_{ca1} = VF_{suroa} \times \frac{DAIR_a \times EFO_a \times ED_a}{BW_a \times AT_{ca}} \tag{8-45}$$

$$IOVER_{ca2} = VF_{suboa} \times \frac{DAIR_a \times EFO_a \times ED_a}{BW_a \times AT_{ca}} \tag{8-46}$$

$$IOVER_{ca3} = VF_{gwoa} \times \frac{DAIR_a \times EFO_a \times ED_a}{BW_a \times AT_{ca}} \tag{8-47}$$

对于单一污染物的非致癌效应,考虑人群在成人期的暴露危害。吸入室外空气中来自表层土壤、下层土壤和地下水中的气态污染物对应的土壤和地下水暴露量,分别采用式(8-48)、式(8-49)和式(8-50)计算:

$$IOVER_{nc1} = VF_{suroa} \times \frac{DAIR_a \times EFO_a \times ED_a}{BW_a \times AT_{nc}} \tag{8-48}$$

$$IOVER_{nc2} = VF_{suboa} \times \frac{DAIR_a \times EFO_a \times ED_a}{BW_a \times AT_{nc}} \tag{8-49}$$

$$\mathrm{IOVER}_{nc3} = VF_{gwoa} \times \frac{\mathrm{DAIR}_a \times \mathrm{EFO}_a \times \mathrm{ED}_a}{BW_a \times AT_{nc}} \tag{8-50}$$

⑤吸入室内空气中气态污染物途径。对于单一污染物的致癌效应,考虑人群在成人期暴露的终生危害。吸入室内空气中来自下层土壤和地下水中的气态污染物对应的土壤和地下水暴露量,分别采用式(8-51)和式(8-52)计算:

$$\mathrm{IIVER}_{ca1} = VF_{subia} \times \frac{\mathrm{DAIR}_a \times \mathrm{EFI}_a \times \mathrm{ED}_a}{BW_a \times AT_{ca}} \tag{8-51}$$

$$\mathrm{IIVER}_{ca2} = VF_{gwia} \times \frac{\mathrm{DAIR}_a \times \mathrm{EFI}_a \times \mathrm{ED}_a}{BW_a \times AT_{ca}} \tag{8-52}$$

对于单一污染物的非致癌效应,考虑人群在成人期的暴露危害。吸入室内空气中来自下层土壤和地下水中的气态污染物对应的土壤和地下水暴露量,分别采用式(8-53)和式(8-54)计算:

$$\mathrm{IIVER}_{nc1} = VF_{subia} \times \frac{\mathrm{DAIR}_a \times \mathrm{EFI}_a \times \mathrm{ED}_a}{BW_a \times AT_{nc}} \tag{8-53}$$

$$\mathrm{IIVER}_{nc2} = VF_{gwia} \times \frac{\mathrm{DAIR}_a \times \mathrm{EFI}_a \times \mathrm{ED}_a}{BW_a \times AT_{nc}} \tag{8-54}$$

⑥饮用地下水途径。对于单一污染物的致癌效应,考虑人群在成人期暴露的终生危害。饮用场地及周边受影响地下水对应的地下水暴露量,采用式(8-55)计算:

$$\mathrm{CGWER}_{ca} = \frac{\mathrm{DWCR}_a \times EF_a \times ED_a}{BW_a \times AT_{ca}} \tag{8-55}$$

对于单一污染物的非致癌效应,考虑人群在成人期的暴露危害。饮用场地及周边受影响地下水对应的地下水暴露量,采用式(8-56)计算:

$$\mathrm{CGWER}_{nc} = \frac{\mathrm{DWCR}_a \times EF_a \times ED_a}{BW_a \times AT_a} \tag{8-56}$$

3. 毒性评估

在危害识别的基础上,分析关注污染物对人体健康的危害效应,包括致癌效应和非致癌效应,确定与关注污染物相关的参数,包括参考剂量、参考浓度、致癌斜率因子和吸入单位致癌因子等。

致癌效应毒性参数包括呼吸吸入单位致癌因子(IUR)、呼吸吸入致癌斜率因子(SF_i)、经口摄入致癌斜率因子(SF_o)和皮肤接触致癌斜率因子(SF_d)。

非致癌效应毒性参数包括呼吸吸入参考浓度(RfC)、呼吸吸入致癌斜率因子(RfD_i)、经口摄入参考剂量(RfD_o)和皮肤接触参考剂量致癌斜率因子(RfD_d)。

(1)呼吸吸入致癌斜率因子和参考剂量外推模型公式　呼吸吸入致癌斜率因子(SF_i)和呼吸吸入参考剂量(RfD_i),分别采用式(8-57)和式(8-58)计算:

$$SF_i = \frac{\mathrm{IUR} \times BW_a}{\mathrm{DAIR}_a} \tag{8-57}$$

$$\mathrm{RfD}_i = \frac{\mathrm{RfC} \times \mathrm{DAIR}_a}{BW_a} \tag{8-58}$$

式中:SF 为呼吸吸入致癌斜率因子,mg 污染物/(kg 体重・d);RfD_i 为呼吸吸入参考剂量,mg 污染物/(kg 体重・d)。IUR 为呼吸吸入单位致癌因子,m^3/mg。RfC 为呼吸吸入参考浓度,mg/m^3。

(2)皮肤接触致癌斜率因子和参考剂量外推模型公式 皮肤接触致癌斜率系数和参考剂量分别采用式(8-59)和式(8-60)计算:

$$SF_d = \frac{SF_o}{ABS_{gi}} \tag{8-59}$$

$$RfD_d = RfD_o \times ABS_{gi} \tag{8-60}$$

式中:SF_d 为皮肤接触致癌斜率因子,mg 污染物/(kg 体重・d);SF_o 为经口摄入致癌斜率因子,mg 污染物/(kg 体重・d);RfD_o 为经口摄入参考剂量,mg 污染物/(kg 体重・d);RfD_d 为皮肤接触参考剂量,mg 污染物/(kg 体重・d);ABS_{gi} 为消化道吸收效率因子,无量纲。

风险评估所需的污染物理化性质参数包括无量纲亨利常数(H')、空气中扩散系数(D_a)、水中扩散系数(D_w)、土壤-有机碳分配系数(K_{oc})、水中溶解度(S)。其他污染物相关参数包括消化道吸收因子(ABSGI)、皮肤吸收因子(ABSd)等。

4. 风险表征

在暴露评估和毒性评估的基础上,采用风险评估模型计算单一污染物经单一暴露途径的风险值、单一污染物经所有暴露途径的风险值;进行不确定性分析,包括对关注污染物经不同暴露途径产生健康风险的贡献率和关键参数取值的敏感性分析;根据需要,进行风险的空间表征。风险表征计算的风险值包括单一污染物的致癌风险和单一污染物的危害商。

计算致癌风险和危害商的推荐模式如下:

(1)土壤中单一污染物致癌风险 经口摄入土壤中单一污染物的致癌风险,采用式(8-61)计算:

$$CR_{ois} = OISER_{ca} \times c_{sur} \times SF_o \tag{8-61}$$

式中:CR_{ois} 为经口摄入土壤暴露于单一污染物的致癌风险,无量纲;c_{sur} 为表层土壤中污染物浓度,mg/kg;必须根据场地调查获得参数值。

皮肤接触土壤中单一污染物的致癌风险,采用式(8-62)计算:

$$CR_{dcs} = DCSER_{ca} \times c_{sur} \times SF_d \tag{8-62}$$

式中:CR_{dcs} 为皮肤接触土壤暴露单一污染土壤的致癌风险,无量纲。

吸入土壤颗粒物中单一污染物的致癌风险,采用式(8-63)计算:

$$CR_{pis} = PISER_{ca} \times c_{sur} \times SF_i \tag{8-63}$$

式中:CR_{pis} 为吸入土壤颗粒物暴露于单一污染物致癌风险,无量纲;

吸入室外空气中来自表层土壤的单一气态污染物的致癌风险,采用式(8-64)计算:

$$CR_{iovl} = IOVER_{cal} \times c_{sur} \times SF_i \tag{8-64}$$

式中:CR_{iovl} 为吸入室外空气暴露于单一污染物的致癌风险,无量纲。

吸入室外空气中来自下层土壤的单一气态污染物的致癌风险,采用式(8-65)计算:

$$CR_{iov2} = IOVER_{ca2} \times c_{sub} \times SF_i \qquad (8-65)$$

式中：CR_{iov2} 为吸入室外空气暴露于单一污染物的致癌风险，无量纲；c_{sub} 为下层土壤中污染物浓度，mg/kg；必须根据场地调查获得参数值。

吸入室内空气中来自下层土壤的单一气态污染物的致癌风险，采用式(8-66)计算：

$$CR_{iiv1} = IIVER_{ca1} \times c_{sub} \times SF_i \qquad (8-66)$$

式中：CR_{iiv1} 为吸入室内空气暴露于单一污染物的致癌风险，无量纲。

土壤中单一污染物经所有暴露途径的致癌风险，采用式(8-67)计算：

$$CR_n = CR_{ois} + CR_{dcs} + CR_{pis} + CR_{iov1} + CR_{iov2} + CR_{iiv1} \qquad (8-67)$$

式中：CR_n 为经所有暴露途径暴露于单一污染物(第 n 种)的致癌风险，无量纲。

（2）土壤中单一污染物非致癌危害商

经口摄入污染土壤中单一污染物的非致癌危害商，采用式(8-68)计算：

$$HQ_{ois} = \frac{OISER_{nc} \times c_{sur}}{RfD_o \times SAF} \qquad (8-68)$$

式中：HQ_{ois} 为经口摄入土壤暴露于单一污染物的非致癌危害商，无量纲；SAF 为暴露于土壤的参考剂量分配系数，无量纲。

皮肤接触污染土壤中单一污染物的非致癌危害商，采用式(8-69)计算：

$$HQ_{dcs} = \frac{DCSER_{nc} \times c_{sur}}{RfD_d \times SAF} \qquad (8-69)$$

式中：HQ_{dcs} 为皮肤接触土壤暴露单一污染物的非致癌危害商，无量纲。

吸入受污染土壤颗粒物中单一污染物的非致癌危害商，采用式(8-70)计算：

$$HQ_{pis} = \frac{PISER_{nc} \times c_{sur}}{RfD_i \times SAF} \qquad (8-70)$$

式中：HQ_{pis} 为吸入土壤颗粒物暴露于单一污染物的非致癌危害商，无量纲；

吸入室外空气中来自表层土壤的单一气态污染物的非致癌危害商，采用式(8-71)计算：

$$HQ_{iov1} = \frac{IOVER_{nc1} \times c_{sur}}{RfD_i \times SAF} \qquad (8-71)$$

式中：HQ_{iov1} 为吸入室外空气暴露于单一污染物非致癌危害商，无量纲；

吸入室外空气中来自下层土壤的单一气态污染物的非致癌危害商，采用式(8-72)计算：

$$HQ_{iov2} = \frac{IOVER_{nc2} \times c_{sub}}{RfD_i \times SAF} \qquad (8-72)$$

式中：HQ_{iov2} 为吸入室外空气暴露于单一污染物非致癌危害商，无量纲。

吸入室内空气中来自下层土壤的单一气态污染物的非致癌危害商，采用式(8-73)计算：

$$HQ_{iiv1} = \frac{IIVER_{nc1} \times c_{sub}}{RfD_i \times SAF} \qquad (8-73)$$

式中：HQ_{iiv1} 为吸入室内空气暴露于单一污染物非致癌危害商，无量纲。

单一土壤污染物经所有途径的非致癌危害商,采用式(8-74)计算:

$$HQ_n = HQ_{ois} + HQ_{dcs} + HQ_{pis} + HQ_{iov1} + HQ_{iov2} + HQ_{iiv1} \qquad (8-74)$$

式中:HQ_n为经所有途径暴露于单一污染物(第n种)的非致癌危害商,无量纲。

5. 土壤风险控制值的计算

在风险表征的基础上,判断计算得到的风险值是否超过可接受风险水平。如污染场地风险评估结果未超过可接受风险水平,则结束风险评估工作;如污染场地风险评估结果超过可接受风险水平,则分别计算关注污染物基于致癌风险和非致癌风险的土壤风险控制值;如暴露情景分析表明,土壤中的关注污染物可迁移进入地下水,影响地下水环境质量,则计算保护地下水的土壤风险控制值;进行关键参数取值的敏感性分析。

综合上述基于致癌风险的土壤风险控制值、基于非致癌风险的土壤风险控制值和保护地下水的土壤风险控制值,提出关注污染物的场地土壤风险控制值。

8.4 污染农用地土壤风险评估方法

8.4.1 农用地土壤污染风险评估发展概述

我国土地管理中一级地类包括建设用地、农用地和未利用地,农用地又包括耕地、园地、林地、牧草地,本节讨论的农用地土壤风险评估通常重点关注的是耕地和园地。国外发达国家在土壤污染防治方面的工作开展的较早,许多国家都已建立了相对完善的污染土壤识别、风险评估和治理体系。日本是最早在土壤保护方面立法的国家,先后于20世纪70~90年代颁布了《农用地土壤污染防治法》和《土壤污染对策法》等法律、法规,提出了相对完善的污染土壤识别、风险评估及处理流程。此外,美国、加拿大等也根据自身实际建立了行之有效的土壤保护政策和模式。其共同点是注重土壤污染的预防,重视污染土壤的改良、修复和再利用,并在此过程中充分利用政府、地方及公众的资金和力量。因此,迫切需要借鉴国外发达国家在农用地污染土壤管控方面的先进经验,尽快建立适用于我国实际情况的农用地土壤风险管控对策。

农用地土壤污染风险评价对于控制土壤污染具有重要意义,是降低污染风险的基础和前提。研究者们针对具体的评价目的和评价尺度建立了多种评价方法。国内外常见的农用地土壤污染风险评估方法大致可以分为指数法和模型法两大类。指数法包括:单项污染指数法、内梅罗指数法、污染负荷指数法、环境风险指数法、地累积指数法。模型法包括:富集因子法、潜在生态危害指数法、物元分析法、灰色聚类法。此外还有基于GIS的地统计法学评价法、健康风险评价方法等。指数法和模型法在应用于土壤重金属污染风险评价时各有优缺点。指数法因其指数形式简单、易懂、易学、易操作等特点成为人们评价土壤质量时首先想到的方法,它运用明确的标准界限对土壤质量进行划分,忽略了实际土壤重金属污染存在的渐变性和模糊性。模型法考虑了土壤系统存在的灰色性以及土壤质量变化的模糊性,但其在运用过程中需要建立大量函数,运算繁琐,不易理解掌握,同时模型中最佳权重的确定是影响模型有效性的重要因素。

随着耕地土壤污染受重视,这些已有的评价方法被单独或者联合应用于耕地土壤污染评价。通过这些评价方法,耕地土壤污染的程度、时空分布特征一目了然。然而,在实际耕地土壤污染防治过程中,以上评价方法表现出了其局限性,不能满足工作要求。出现的问题如下:①现有评价方法给出了耕地土壤污染的程度和时空分布特征,然而对其污染趋势却研究较少;②以重金属为例,农产品在人体摄取重金属方面占主要比重,通过食物摄取进入人体的重金属占进入人体重金属总量的 50% 以上。因此,在耕地土壤污染风险评价时除了土壤污染外,还应将农产品安全考虑在内。而以上评价方法很少考虑。③农产品中污染物含量的除了受农田土壤中污染物总量影响外,还受农作物自身污染物富集能力、土壤基本理化性质(pH、有机质等)影响,单纯的土壤污染物总量值无法准确反映土壤污染物的污染风险。因此出现"土壤不超标、农产品超标;土壤超标,农产品不超标"的问题,前者给居民健康带来直接危害,后者导致政府投资治理土壤污染问题,浪费大量财力物力。而现有的评价方法在面对这些问题时显得束手无策。④根据以上评价方法获得了耕地土壤污染的程度和时空分布特征,然而却未给出风险来源。这使得在耕地土壤污染防治工作中,根据现有评价方法获得结果,对土壤污染防治措施制定的作用很小。

综上所述,为保证农业的可持续发展和农产品的安全利用,农用地土壤污染风险评估方法的研究趋势是:给出农用地土壤污染的程度、时空特征的同时,可以判断污染的来源、发展趋势,并且评价结果为农用地土壤污染防治给予支持。马义兵老师团队,基于风险管理理论,提出以目标为导向的农用地土壤污染风险评估方法:"污染程度-趋势-危害综合评价方法"。依据此评估方法,可以直观的获得农产品和农用地土壤的污染程度和范围,判断污染风险的来源,并给出合理的农用地土壤污染防治建议。

8.4.2 农用地土壤污染风险评估方法

农用地土壤污染风险评价是一项系统性很强的工作,随着评价评价目的和评价尺度的不同,评价指标和评价方法都有很大的差别。国内外常用的农用地土壤风险评估方法大致可分为指数法和模型法两大类。指数法包括:单因子指数法、内梅罗综合指数法、污染负荷指数法、地质累积指数法;模型法包括:富集因子法、潜在生态危害指数法、物元分析法、灰色聚类法。此外,还有基于 GIS 的地统计法学评价法、健康风险评价方法等。下文分别列出部分常用评价方法,并对其优势和局限性进行简单评述(表 8-34)。随着农用地土壤污染受重视,这些已有的评价方法被单独或者联合应用于风险评估。

表 8-34 常用农用地土壤风险评估方法对比

序号	评价方法	优势	局限性
1	单因子指数法	简单、易操作,可以快速筛选主要污染因子,是其他综合评价方法的基础	忽略了多因子复合污染作用
2	内梅罗综合指数法	避免由于平均作用削弱污染金属的权值	没有考虑土壤中各种污染物对作物毒害,可能会人为夸大或缩小某些因子的影响
3	污染负荷指数法	能反映各个污染物对区域污染的贡献程度,反映各个污染物的时空变化特征	没有考虑不同污染源所引起的背景差别

续表 8-34

序号	评价方法	优势	局限性
4	地质累积指数法	考虑了成岩作用对土壤背景值的影响	侧重单一污染物；既未引入生物有效性和相对贡献比例，也没有充分考虑污染物的形态分布和地理空间异质性的影响；修正系数 K 选取带有很强的主观性
5	次生原生比值法	突出元素形态的影响	未考虑元素总量和背景值，导致评价结果不能有效地与其他评价方法进行比较
6	富集因子法	能够比较准确地判断人为污染状况	参比元素的选择有待规范
7	潜在生态危害指数法	将环境效应与毒理学联系起来，侧重于考虑不同污染物的毒性差异，体现了生物有效性和相对贡献比例，消除了区域差异及异源污染影响，能综合反映沉积物中污染物的影响潜力	忽略了复合污染时各污染物之间的加权或拮抗作用；毒性系数加权求和带有主观性
8	层次分析法	适用于分析难以完全定量的复杂决策问题	
9	模糊数学法	考虑了土壤环境质量的模糊性和综合性	计算方法相对复杂

(1)单因子指数法　单因子指数法具有简单、易操作的优点,在所有重金属污染评价方法中,单因子指数法的运用的频率最高。计算公式详见本章第一节现状评价公式(8-2)。

(2)内梅罗综合指数法　该方法由美国叙拉古大学内梅罗(N. L. Nemerow)教授在其所著的《河流污染科学分析》一书中提出,详见本章第一节现状评价公式(8-3)。

(3)污染负荷指数法　污染负荷指数(pollution load index,PLI)法由 Tomlinson 等提出。该指数由评价区域所包含的多种重金属成分共同构成,它能直观地反映出多种重金属对环境污染的贡献以及他们在时间、空间上的变化趋势。计算公式如下:

①某一点的 PLI 值。首先根据沉积物中重金属的实测浓度和该重金属的背景值求出最高污染系数,简称 CF,然后据此求出污染负荷指数 PLI。

$$CF_i = \frac{C_i}{C_{0i}} \tag{8-75}$$

式中:CF_i 为重金属 i 的最高污染系数;C_i 为沉积物中重金属 i 的实测值;C_{0i} 为重金属 i 的背景值。

$$PLI = \sqrt[n]{CF_1 \times CF_2 \times CF_3 \times \cdots \times CF_n} \tag{8-76}$$

式中:PLI 为某点重金属的污染负荷指数;n 为参加评价的重金属种类。

②某一带的 PLI 值求法。

$$PLI_{zone} = \sqrt[n]{PLI_1 \times PLI_2 \times PLI_3 \times \cdots \times PLI_n} \tag{8-77}$$

式中:PLI_{zone} 为某一污染带的污染负荷指数;n 为该污染带所包含的采样点数目。

　　污染负荷指数通过求积的统计法得出,其指数由评价区域所包含的多种重金属成分共同构成,因此能反应各个重金属对区域污染的贡献程度,还可进一步反应各个重金属污染的时空变化特征。污染负荷指数法不足之处在于该方法没有考虑不同污染源所引起的背景差别。

　　(4)地质累积指数法　地质累积指数法是在单因子指数法基础上改进而来,计算公式较为简洁,污染评价结果较单因子指数法低。地累积指数法要求有重金属实测浓度、修正系数和环境地球化学背景值,是根据沉积物重金属含量进行评价,考虑到自然成岩作用等自然地质过程可能会引起背景值变动,反映重金属分布的自然变化特征,还可区分人为活动对环境影响的重要参数,综合考虑了人为活动对环境的影响。地积累指数法是德国海德堡大学沉积物研究所的科学家 Muller 在 1969 年提出的,用于定量评价沉积物中的重金属污染程度(Muller,1969)。其计算公式为:

$$I_{\text{geo}} = \log_2 \left[C_n \Big/ KB_n \right] \tag{8-78}$$

式中:C_n 为元素 n 在沉积物中的浓度;B_n 为沉积物中该元素的地球化学背景值;K 是为考虑各地岩石差异可能会引起背景值的变动而取的系数(一般取值为 $K=1.5$)。

　　地积累指数法能够较好地考虑地质背景所带来的影响,它越来越多地被用来评价土壤重金属污染。在评价土壤重金属污染时,式中 C_n 表示测定土壤中某一给定元素的含量,而 B_n 表示地壳中元素的含量。运用该方法进行评价时,通过地积累指数的变化可以反映出采样点土壤特性以及污染来源的变化。但是,该方法只能给出各采样点某种重金属的污染指数,无法对元素间或区域间环境质量进行比较分析。因此可以采用地积累指数与聚类分析相结合的方法进行评价。此外,在应用该方法进行评价时,K 值的选择带有一定的主观性。

　　(5)次生原生比值法　次生相与原生相分布比值法(RSP 法)一般用来评价重金属对环境污染的可能污染程度,这种方法最早由陈静生和王学军(1987)根据传统地球化学观念提出,他们将颗粒物中原生矿物称为原生地球化学相(简称原生相),把原生矿物的风化产物(如碳酸盐和 Fe-Mn 氧化物等)和外来次生物质(如有机质等)统称为次生地球化学相(简称次生相),并认为重金属在原生相和次生相中的分配比例可以在一定程度上反映颗粒物是否被污染及其污染水平。该评价中次生相的分配比例越大,说明重金属污染物释放到环境中的可能性越大,对环境和人体造成的潜在危害也就越大。其计算公式如下:

$$\text{RSP} = M_{\text{sec}} \Big/ M_{\text{prinm}} \tag{8-79}$$

式中:RSP 为重金属的污染程度;M_{sec} 为土壤次生相中重金属的含量;M_{prim} 为土壤原生相中重金属的含量。

　　次生原生比值法突出元素形态的影响,未考虑元素总量和背景值,导致评价结果不能有效地与其他评价方法进行比较,在部分数据上还会出现污染浓度高却得到污染等级低的结论。

　　(6)富集因子法　富集因子是分析表生环境中污染物来源和污染程度的有效手段,富集因子(EF)是 Zoller 等(1974)为了研究南极上空大气颗粒物中的化学元素是源于地壳还是海洋而首次提出来的。它选择满足一定条件的元素作为参比元素(一般选择表生过程中地球化学性质稳定的元素),然后将样品中元素的浓度与基线中元素的浓度进行对比,以此来判断表生环境介质中元素的人为污染状况。富集因子的计算公式为:

$$EF = \frac{\left(C_n \middle/ C_{\text{ref}}\right)_{\text{参比}}}{\left(B_n \middle/ B_{\text{ref}}\right)_{\text{背景}}} \tag{8-80}$$

式中：C_n 为待测元素在所测环境中的浓度；C_{ref} 为参比元素在所测环境中的浓度；B_n 为待测元素在背景环境中的浓度；B_{ref} 为参比元素在背景环境中的浓度。

富集因子法是建立在对待测元素与参比元素的浓度进行标准化基础之上的。参比元素要具有不易变异的特性。随着富集因子研究方法的日渐成熟，国内外许多学者开始把它应用到土壤重金属污染的评价中。但富集因子在应用过程中也存在一些问题，由于在不同地质作用和地质环境下，重金属元素与参比元素地壳平均质量分数的比率会发生变化，如果在大范围的区域内进行土壤质量评价，富集因子就会存在偏差。同时，由于参比元素的选择具有不规范性、微量元素与参比元素比率的稳定性难以保证以及背景值的不确定性，富集因子尚不能应用于区域规模的环境地球化学调查中。在具体的研究区域内，不同背景值对富集程度的判断会产生较大的差异，使得有些富集因子的判断结果不能真实反映自然情况。

(7)潜在生态危害指数法　潜在生态危害指数法是根据重金属性质及其在环境中迁移转化沉积等行为特点，从沉积学的角度对沉积物中的重金属进行评价，结合化学、生物毒理学、生态学等方面的内容，以重金属的含量、数量、毒性及敏感条件为原则，利用沉积物中重金属相对于工业化以前沉积物的最高背景值的富集程度及相应重金属的生态毒性系数加权求和得到生态危害指数，综合反映沉积物中重金属对生态环境的影响潜力，具有简便、快速且较为准确的特点，是国内外重金属质量评价中应用最为广泛的方法之一，侧重于考虑不同重金属的毒性差异，体现了生物有效性和相对贡献比例，消除了区域差异及异源污染影响，能综合反映沉积物中重金属的影响潜力。潜在危害指数法由瑞典科学家 Hakanson 提出，其计算公式如下：

单个重金属污染系数的确定：

$$C_j^i = c_{\text{表层}}^i \middle/ C_n^i \tag{8-81}$$

式中：C_j^i 为某一重金属的污染系数，$C_{\text{表层}}^i$ 为土壤（沉积物）重金属浓度实测值，C_n^i 为计算所需的参比值。Hakanson 提出以现代工业化前沉积物中重金属的最高背景值作为参比值，也有的学者在评价中以国家土壤环境标准值作为参比值。

土壤（沉积物）重金属污染度，简称 C_d 值，是多种重金属污染系数之和：

$$C_d = \sum C_f^i \tag{8-82}$$

各重金属的毒性响应系数，简称 T_r^i 值，用来反映重金属在水相沉积固相和生物相之间的响应关系。采用 Hakanson 制定的标准化重金属毒性响应系数为评价依据，其毒性响应系数分别为：

$$Zn = 1 < Cr = 2 < Cu = Ni = Pb = 5 < As = 10 < Cd = 30 < Hg = 40$$

某个单个重金属的潜在生态危害系数，简称 E_r^i 值，计算公式如下：

$$E_r^i = T_r^i \times C_r^i \tag{8-83}$$

土壤（沉积物）多种重金属潜在生态危害指数，简称 RI 值，计算公式如下：

$$RI = \sum_{i=1}^{n} E_r^i \tag{8-84}$$

潜在生态危害指数法引入毒性响应系数,将重金属的环境生态效应与毒理学联系起来,使评价更侧重于毒理方面,对其潜在的生态危害进行评价,不仅可以为环境的改善提供依据,还能够为人们的健康生活提供科学参照。美国国家环保局提出的毒性响应系数主要适用于大气的环境评价,若应用于土壤重金属环境评价需根据实际情况对之进行修正,可根据重金属元素在各环境物质中(如岩石、淡水、土壤、陆生动植物等)的丰度来进行修正计算。

(8)层次分析法　层次分析法(analytical hierarchy process)简称 AHP 法,是美国运筹学家 T. L. Saaty 提出。这是一种定性和定量相结合的、系统化、层次化的分析方法,特别适用于分析难以完全定量的复杂决策问题,因而很快在世界范围得到重视并在多个领域广泛应用。层次分析法的应用步骤是:首先,根据问题和要达成的目标,把复杂问题的各种因素划分成相互联系的有序层次,形成一个多层次的分析结构模型。然后,根据客观现实进行判断,给每一层次各元素两两间相对重要性以相应的定量表示,从而构造出判断矩阵。最后,用特定的数学方法如和法、根法、特征根法或者最小二乘法等求出各种因素的相对权重,从而确定了全部要素相对重要性次序以及对上一层的影响。在多种重金属复合污染的情况下,各种重金属对土壤质量的影响是不同的,可以运用层次分析法来确定各个因素的权重。然而,研究者在应用层次分析法时也发现部分问题。孟宪林等研究发现,一般层次分析法最后是按层次全职的最大值,即"最大原则"来进行分类,忽略比它小的上亿级别的层次权值,完全不考虑层次权值之间的关联性,因此导致分别率降低,评价结果出现不尽合理的现象。

(9)模糊数学法　模糊数学法由 L. A. Zadeh(1965)提出,经充分发展,已被广泛应用于生产实践。模糊数学是描述没有明确界限的模糊事物的数学分析方法,利用模糊变换对各相关因素进行综合评价。土壤重金属的污染程度的界限是渐变、模糊的,将模糊数学概念引入土壤重金属污染评价中可以有效解决土壤重金属污染级别模糊边界的问题。应用模糊数学法进行土壤重金属污染风险评价的基本原理是:基于重金属元素实测值和污染分级指标之间的模糊性,运用模糊线性变换原理,通过隶属度的计算首先确定单种重金属元素在污染分级中所属等级,进而经权重计算确定每种元素在总体污染中所占的比重,最后运用模糊矩阵复合运算,得出污染等级。在该方法中,如何确定指标的权重是决定方法成功与否的关键。

(10)灰色聚类法　灰色聚类法是在模糊数学方法基础上发展起来的。应用灰色聚类法进行土壤重金属污染评价的步骤为:构造白化函数,引入修正系数,确定污染物权重,再计算聚类系数实现土壤样本的环境质量等级评判与排序。相对于模糊数学方法,优点在于不丢失信息,在权重处理上更趋于客观合理,用于环境质量评价所得结论比较符合实际,具有一定可比性。然而,一般灰色聚类法最后是按聚类系数的最大值,即"最大原则"来进行分类,忽略比它小的上一级别的聚类系数,完全不考虑聚类系数之间的关联性,因而导致分辨率降低,评价结果出现不尽合理的现象。

(11)人工神经网络　人工神经网络(artificial neural networks,ANN)是一种用计算机模拟生物机制的方法,它具有自学习和自适应的能力,可以通过预先提供的一批相互对应的输入-输出数据,分析掌握两者之间潜在的规律,最终根据这些规律,用新的输入数据来推算输出结果。人工神经网络由于其强大的非线性映射能力及自组织性、自学习、自适应等特点,能够智能地学习各个采样点的空间位置与该点各重金属含量之间的映射关系,并能够稳健地对各个空间插值点处的土壤重金属含量进行预测。人工神经网络模型建立的难点在于,模型建立过程中需要进行大量训练样本的学习以及测试样本的检验。然而,这一问题的难度在先进的计算机软件(如 MatLab)的支持下的大幅度降低。在土壤重金属污染评价方面,BP 神经网络是应用较多的一种模型。

(12)物元分析法 物元分析法是研究解决矛盾问题的规律和方法,是系统科学、思维科学、数学交叉的边缘学科,是贯穿自然科学和社会科学而应用较广的横断学科。利用物元分析方法,可建立事物多指标性能参数的质量评定模型,并能以定量的数值表示评定结果,从而能够较完整地反映事物质量的综合水平,并易于用计算机进行编程处理。

(13)双指标法 以土壤中重金属的总量或者生物有效态含量作为基础数据的各种评价方法给出了耕地土壤重金属的污染程度、污染范围以及时空变化等,并对重金属在土壤-植物系统的迁移转化进行了预测。然而,受植物种类、品种等因素影响,重金属在土壤-植物系统中的迁移转化存在显著差异。因此,仅以耕地土壤中重金属的总量或者生物有效态含量为基础开展耕地土壤重金属污染风险评价工作还不足以反映产出的不同种类农产品的风险水平。鉴于以上考虑,提出了土壤-植物双指标的评价方法评价耕地土壤重金属污染的风险。评价方法基于单因子指数法,即土壤单因子指数和农产品单因子指数,计算公式同式(8-2)。

综合考虑农产品种类、土壤理化性质等因素,以保障食用农产品为主要目的的产地土壤重金属安全评估,参比值按表 8-35 执行。

表 8-35 农产品产地土壤安全评估参比值

项目	农产品产地土壤	土壤 pH		
		<6.5	6.5~7.5	>7.5
镉	农产品产地土壤≤	0.3	0.4	0.5
汞	农产品产地土壤≤	0.3	0.5	0.7
砷	水稻及蔬菜产地土壤≤	25	20	20
	其他农产品产地土壤≤	40	30	30
铅	蔬菜产地土壤≤	40	60	80
	其他农产品产地土壤≤	100	150	200
铬	蔬菜产地土壤≤	150	200	250
	其他农产品产地土壤≤	200	250	300

按照保证农产品质量的安全程度,其土壤的安全性水平分为无风险、低风险、中风险和高风险,划分依据按照表 8-36 执行。

表 8-36 依据土壤重金属的安全划分等级

等级	划分依据		
	单项指数	点位最大指数	土壤安全水平
1	$P_i \leqslant 1$	$P_{imax} \leqslant 1$	无风险
2	$1 < P_i \leqslant 2$	$1 < P_{imax} \leqslant 2$	低风险
3	$2 < P_i \leqslant 3$	$2 < P_{imax} \leqslant 3$	中风险
4	$P_i > 3$	$P_{imax} > 3$	高风险

* P_{imax},土壤单因子指数的最大值。

农产品单因子指数计算公式如下：

$$E_i = \frac{A_i}{S_{oi}} \tag{8-85}$$

式中：E_i 为协同监测的农产品中重金属 i 的单因子指数；A_i 为协同监测的农产品中重金属 i 的实测浓度；S_{oi} 为农产品中重金属 i 的限量标准值；农产品评估依据参考我国现行有效的《食品中污染物限量》(GB 2762—2022)中重金属限量标准(表 8-37)。

表 8-37　农产品中重金属限量标准值　　　　　　　　　　mg/kg

项目	农产品种类	标准限量值
镉	水稻、蔬菜(叶菜类)、大豆	0.2
	小麦、玉米、蔬菜(豆类)、蔬菜(根茎类)	0.1
	蔬菜(茄果类)、水果	0.05
汞	水稻、小麦、玉米	0.02
	蔬菜	0.01
砷	小麦、玉米、蔬菜	0.5
	水稻	0.2(以无机砷计)
铅	茶叶	5
	蔬菜(叶菜类)	0.3
	水稻、小麦、玉米、蔬菜(豆类)、蔬菜(根茎类)、大豆	0.2
	蔬菜(茄果类)、水果	0.1
铬	水稻、小麦、玉米、大豆	1.0
	蔬菜	0.5

划分方法：评价方法采用土壤单因子指数和农产品单因子指数相结合的方法。采用点位单项指数最大值 $P_{i\max}$ 结合农产品单因子实数 E_i 进行划分。

划分等级：对于实施土壤农产品协同监测的区域，其安全等级划分除了采用单因子指数法和最大单因子指数法划分外，增加使用针对点位的单因子指数法进行等级划分，其等级划分依据按表 8-38 执行。采用单因子指数结合法的分级结果应当与相应区域最大单项指数法的分级结果做对比分析，并说明其差异原因。

表 8-38　依据土壤和农产品重金属的安全划分等级

划分依据		土壤安全水平	划分依据说明
土壤指数($P_{i\max}$)	农产品指数(E_i)		
$P_{i\max} \leqslant 1$	$E_i \leqslant 1$	无风险	土壤重金属含量未超过参比值，农产品达标，表明生产环境对农产品安全未构成危害
$P_{i\max} \leqslant 1$	$1 < E_i \leqslant 2$	低风险	土壤重金属含量未超过参比值，但农产品重金属含量为限量标准的 1～2 倍，表明生产环境对农产品安全已造成一定的危害
$1 < P_{i\max} \leqslant 2$	$E_i \leqslant 1$		土壤重金属含量为参比值的 1～2 倍，但农产品达标，提示产地环境具有一定的潜在安全风险

续表 8-38

划分依据		土壤安全水平	划分依据说明
土壤指数(P_{imax})	农产品指数(E_i)		
$1 < P_{imax} \leqslant 2$	$1 < E_i \leqslant 2$	中度风险	土壤重金属含量为参比值的 1~2 倍,且农产品重金属含量为限量标准的 1~2 倍,表明生产环境对农产品安全已构成较大威胁
$2 < P_{imax} \leqslant 3$	$E_i \leqslant 2$		土壤重金属含量为参比值的 2~3 倍,但农产品未超标或超标在 2 倍以内,提示生产环境对农产品安全的潜在风险很大
$P_{imax} > 3$	任意	高风险	土壤重金属含量为参比值的 3 倍以上,无论当季农产品质量如何,都表明产地具有极高的风险
任意	$E_i > 2$		无论土壤重金属含量如何,农产品中重金属含量为限量标准的 2 倍以上,表明农产品安全已受到极大的安全威胁

思考题

1. 土壤环境质量现状评价的方法主要有哪些?

2. 简述建设项目土壤环境影响评价的步骤和主要内容。

3. 污染场地健康风险的暴露途径有哪些?

4. 农用地土壤健康风险评价常用的方法有哪几种?

第9章 污染土壤修复技术

污染土壤修复是指利用物理、化学和生物的方法转移、吸收和转化土壤中污染物,使其浓度降低到可接受水平,或将有毒有害的污染物转化为无害或毒性较小的物质,进而使遭受污染的土壤恢复正常功能的技术措施。针对农业用地、建设用地和工矿场地的功能区别,其修复的技术也因其恢复正常功能的目标不同采取不同的策略,同时因污染物类型的不同,采用不同的技术或技术组合。农业用地由于对其产品的健康安全要求,使其所用土壤修复技术与工业场地污染控制技术存在显著区别,在学习和应用中需要针对性分析和理解。

本章主要对已有研究和工程应用中常见的土壤修复技术的原理、方法、适用范围和特点进行概述,以期为后续章节中不同类型污染物、不同功能土壤的技术应用提供基础理论依据。

9.1 修复技术概述

土壤修复技术根据场地可分为原位修复(in-situ)技术和异位修复(ex-situ)技术。原位修复技术指对未挖掘的土壤进行治理的过程,对土壤没有任何扰动。异位修复技术指对挖掘后的土壤进行处理的过程,异位修复包括原地处理(on-situ)和异地处理(off-situ)两种。所谓原地处理,指发生在原地的对挖掘出的土壤进行处理的过程。异地处理指将挖掘出的土壤运至另一地点进行处理的过程。原位处理对土壤结构和肥力破坏较小,需要进一步处理和弃置的残余物少,但对处理过程中产生的废气和废水较难控制。异位处理的优点是对处理过程条件控制得较好,与污染物接触较好,容易控制处理过程中产生的废气和废物,但是缺点是在处理前需要挖土和运输,会影响处理过的土壤的再利用,费用较高。原位和异位修复技术的区别如表 9-1 所示。

表 9-1 原位与异位修复技术比较

修复条件	原位修复技术	异位修复技术
土壤处理量	大	小
场地情况	污染物为石油、有机污染物、放射性废弃物等	污染物为高浓度油类、重金属、危险废物类等
	污染物浓度低、分布范围广	污染物浓度高,分布相对集中
	安全保障相对困难	安全保障相对容易
处理时间	长	短
费用	低	高
效率	低	高

　　按照修复技术的原理,土壤污染修复技术也可分为物理修复技术、化学修复技术、生物修复技术和联合修复技术。物理修复技术是以物理手段为主体的移除、覆盖、稀释、挥发等污染治理技术。化学修复技术是利用外来或土壤自身物质之间的、或因环境条件改变引起的化学反应来进行污染治理的技术。部分修复技术中由于采取的措施不同,其处理过程中可发生物理或化学反应,也有将这类修复技术归纳为物理化学修复技术。生物修复技术是指利用植物、动物和微生物及其联合作用为主体的环境污染治理技术,即利用吸收、降解、转化土壤中的污染物,使污染物浓度降低到可接受水平,或将有毒有害污染物转化为无害物质。鉴于土壤介质的非均质各向异性带来的土壤污染体系的复杂性和土壤污染的特殊性,单一的修复技术往往难以达到有效修复和净化的目的,另外,在土壤体系中,物理、化学与生物学过程本身也难以截然分开,因此在进行实际修复时多采用联合修复,包括物理-化学联合,化学-生物联合,以及物理-化学-生物的联合,通过多种作用机制与过程,去除土壤中的污染物。以上各种修复技术类型及其适用范围如表 9-2 所示。

表 9-2　污染土壤修复技术主要类型及适用范围

类型	修复技术	适用范围		
		土壤类型	污染物类型	原位/异位
物理修复技术	土壤气相抽提	农业/非农业	挥发性有机污染物	原位/异位
	热处理技术	非农业	有机污染物	原位/异位
	电动力学修复	农业/非农业	重金属	原位
	固定化/稳定化	农业/非农业	所有类型	原位/异位
化学修复技术	化学淋洗	非农业	重金属、有机污染物	原位/异位
	溶剂浸提	非农业	疏水性有机物	异位
	氧化还原	非农业	有机污染物、重金属	原位/异位
	玻璃化	非农业	所有类型	异位
	热裂解/焚烧	非农业	(半)挥发性污染物	原位/异位
生物修复技术	微生物修复	农业/非农业	重金属、有机污染物	原位/异位
	植物修复	农业/非农业	重金属、有机污染物	原位
	生物通风	农业/非农业	(半)挥发性污染物	原位
	生物堆	农业/非农业	有机污染物	异位

　　除上述技术类型分类外,还有针对污染源的阻断技术(填埋、封堵等)、地质工程技术、生态工程技术等的类型,随着我国修复工程应用逐步开展,各种新技术不断涌现。本章就表 9-2 中常用技术进行了简要介绍。

9.2 物理修复

9.2.1 土壤气相抽提技术

1.技术原理

土壤气相抽提技术(soil vapor extraction,SVE),是基于多孔介质孔隙中气体与大气的交换,利用污染物在土壤固相、液相和气相之间的浓度梯度,采用空气注射或抽提作为驱动力,加速孔隙内气体与大气的交换速率,进而促进污染土壤中挥发性有机物从固相和液相到气相的转变、从微孔向大孔隙扩散(见图 9-1)。VOCs 被交换到干净空气中后,在压力梯度作用下随气流向抽气井迁移,并最终以气体形式被抽离污染区域,进入后续的尾气处理系统进行处理最终安全排放。

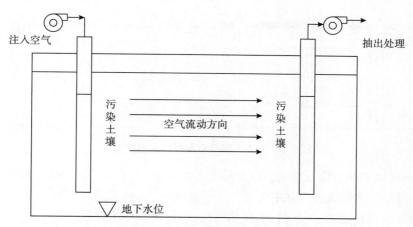

图 9-1 土壤气相抽提技术原理示意图

SVE 技术主要基于污染物的原位物理去除,通过在包气带抽提气相来强迫土壤空气定向流向并夹带 VOCs 迁移到地上得以处理,该技术具有成本低、可操作性强、处理污染物的范围宽、可用标准设备操作、不破坏土壤结构以及对回收利用废物有潜在价值等显著特点,是美国环保署推荐的绿色修复技术之一,因此具有巨大的潜在价值而很快应用于商业实践。

2.系统构成

SVE 系统的设计是基于气相流通路径与污染区域交叉点的相互作用过程,其运行以提高污染物去除效果和减小费用为原则。因此,SVE 系统设计主要基于三个方面:①污染物的组成和特征;②气相流通路径和速率;③污染物在气相流通路径上的位置分布。SVE 系统要求在包气带中设立抽气井(群),使用真空泵在地表抽取包气带中的空气,抽出的气体井尾气处理系统后排出,因此一个典型的 SVE 系统包括抽提系统、监测系统和尾气处理系统。图 9-2 为原位土壤气相抽提技术系统组成。

抽提系统是 SVE 最重要的组成部分,用于向污染土壤注入空气,并从污染区域抽取包气带中的空气。该系统通常分为竖井和水平井两种,其中竖井应用最广泛,具有影响半径大、流场均匀和易于复合等特点,适用于处理污染至地表以下较深部位的情况。抽提系统通常包括注气井、抽提井、布气管道、真空泵等。注气井和抽气井的底部一般在地下潜水面以上。气体抽提井的数量、分布、形状、深度、口径大小等需要根据污染区的地质条件、地下水位、污染范围等决定。

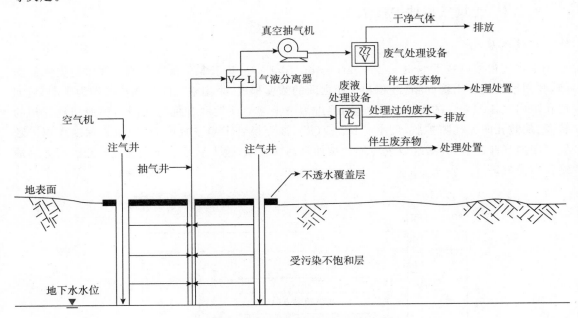

图 9-2　原位土壤气相抽提技术系统组成

监测系统用以确保系统有效运行以及确定系统关闭的时间。通常测量和记录以下参数:测量日期及时间;每个抽提井及注射井的气相流速和压力;抽提井的气相浓度及组成;土壤及环境空气的温度;水位监测;气象数据,包括气压、蒸发量及相关数据。

尾气处理系统是将抽提出的气相污染物进行收集并处理,最后排到大气中。处理技术有活性炭吸附、焚烧、催化氧化或者浓缩。处理类型的选择取决于污染物的性质和浓度。近年来,活性炭吸附广泛应用于处理污染蒸气,适合于大多数挥发性有机物。

3.影响因素

影响 SVE 技术修复效果的关键技术参数包括土壤的渗透性、污染物的性质、气相抽提流量、土壤结构、地下水深度及土壤含水率等(表 9-3)。

表 9-3　影响土壤气相抽提技术应用的条件

条件		适宜的条件	不利的条件
污染物	主要形态	气态或蒸发态	固态或强烈吸附于土壤
	蒸气压	>100 mmHg	<10 mmHg
	水中溶解度	<100 mg/L	>1000 mg/L
	亨利常数	>0.01	<0.01

续表 9-3

条件		适宜的条件	不利的条件
土壤	温度	>20 ℃（通常需要额外加热）	<10 ℃（通常在北方气候下）
	湿度	<10%（体积比）	>10%（体积比）
	空气传导率	>10⁻¹ cm/s	<10⁻⁶ cm/s
	组成	均匀	不均匀
	土壤比表面积	<0.1 m²/g	>0.1 m²/g
	地下水深度	>20 m	<1 m

4.适用性

（1）一般要求

①所治理的污染物必须是挥发性的或者是半挥发性有机物,蒸气压不能低于 0.5 mmHg;

②污染物必须具有较低的水溶性,并且土壤湿度不可过高;

③污染物必须在地下水位以上;

④被修复的污染土壤应具有较高的渗透性,而对于容重大、土壤含水量大、孔隙度低、渗透速率小的土壤,土壤蒸气迁移会受到很大限制。

（2）适用性评价　根据污染土壤的渗透性和污染物的挥发性快速确定 SVE 技术的适用性,如图 9-3 所示。在初步选定 SVE 技术之后,要进行进一步的适用性评价,主要评价土壤渗透性,土壤和地下水结构、水分含量等影响土壤渗透性的因素和蒸气压,污染物质构成、亨利常数等影响污染物挥发特性的因素。

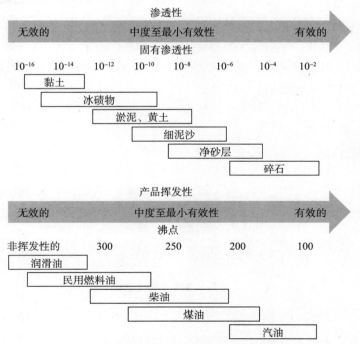

图 9-3　土壤渗透性和产物挥发性对修复效果的影响

9.2.2　热处理技术

1.技术原理

热处理技术(thermal treatment)是指通过加热升高污染区域的温度,改变污染物的物化性质(蒸气压及溶解度增加,黏度、表面张力、亨利系数及土水分配系数减小),增加气相或者液相中污染物的浓度,提高液相抽出或土壤气相抽提对污染物的去除率。土壤被加热后,土壤中的 VOCs 和 SVOCs 会汽化或通过以下多种机制被降解:①蒸发;②蒸汽蒸馏(随水蒸气一并蒸馏出来);③沸腾;④氧化;⑤高温分解。按照不同的加热方式,原位热处理技术主要分为电阻加热、热传导加热和蒸汽加热 3 种类型。其他的产热方法有红外辐射、微波和射频方式等,也有引入地热等来加热土壤的。在修复过程中须对脱附后的气相需进行处理并监控,防止气相中污染物的超标。

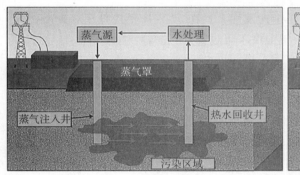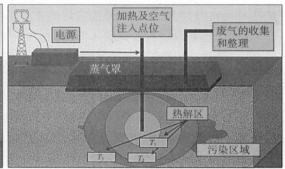

图 9-4　土壤原位热处理工艺示意图

原位热处理技术主要用于处理场地土壤小范围的局部污染,一般情况下较难开展异位修复。如深层土壤以及建筑物下面的污染修复。土壤原位热处理工艺如图 9-4 所示。

异位热处理技术与常规污泥干化技术类似,需要首先对待污染土壤进行挖掘和预处理,常见异位热处理技术工艺流程如图 9-5 所示。

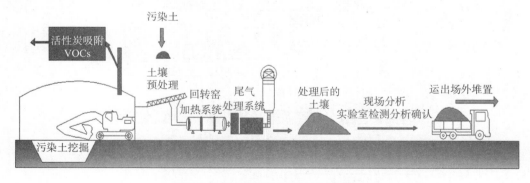

图 9-5　土壤异位热处理工艺示意图

2.系统构成

原位和异位热处理修复系统主要包括供能系统、加热系统、抽提系统、废水尾气处理系统和监控系统等,异位热处理则需要增加进料系统。

（1）进料系统 通过筛分、脱水、破碎、磁选等预处理，将污染土壤从车间运送到脱附系统中。

（2）热脱附系统 根据污染土壤与热脱附系统中热源的接触情况，热脱附系统分为直接热脱附和间接热脱附。直接热脱附系统中污染土壤进入热转窑后，与热转窑燃烧器产生的火焰直接接触，被均匀加热至目标污染物气化的温度以上，达到污染物与土壤分离的目的；间接脱附系统中燃烧器产生的火焰均匀加热转窑外部，污染土壤被间接加热至污染物的沸点后，污染物与土壤分离，废气经燃烧直排。

（3）尾气处理系统 直接热脱附系统产生的富集气化污染物的尾气通过旋风除尘、焚烧、冷却降温、布袋除尘、碱液淋洗等环节去除尾气中的污染物。

间接热脱附系统产生的富集气化污染物的尾气通过过滤器、冷凝器、超滤设备等环节去除尾气中的污染物，气体通过冷凝器后可进行油水分离，浓缩回收有机污染物。

3. 影响因素

（1）土壤特性

①土壤质地。沙土质疏松，对液体物质的吸附力及保水能力弱，受热易均匀，故易热脱附；黏土颗粒细，性质正好相反，不易热脱附。

②水分含量。水分受热挥发会消耗大量的热量。为保证热脱附的效能，进料土壤的含水率低于 25%。

③土壤粒径分布。不同粒径的土壤颗粒对有机污染物的吸附作用不同，对污染物吸附作用强的热脱附较难。另外细颗粒土壤可能会随气流排出，导致气体处理系统超载，大大降低系统的性能与效率。

（2）污染物特性 污染物的温度特性和其挥发性等性质与热脱附的效率和修复技术的成败有重要影响。图 9-6 为土壤中常见有机污染物的热处理适宜温度和适用的热处理过程和具体技术形式。

（3）二噁英的形成 多氯联苯及其他含氯化合物在受到低温热破坏时或者高温热破坏过程易生产二噁英。因此，在废气燃烧破坏时还需要特别的急冷装置，使高温气体的温度速降低至 200 ℃，防止二噁英的生成。

4. 适用性

热处理技术具有污染物处理范围宽、设备可移动、修复后土壤可再利用等优点，可以有效降解、去除含氯有机物（CVOCs）、苯系物（BTEX）、石油烃类（TPH）、汞（Hg）、农药、多氯联苯（PCBs）、二噁英等污染物，也可处理自由相污染物（NAPL），适用于焦化厂、钢铁厂、煤制气厂、石油化工厂、地下油库、农药厂等有机污染场地。相比异位热处理，原位热脱附具有以下优点：①无须开挖，适合无法实施开挖工程的建筑物或污染深度较大的场地；②使绝大多数污染物在地下环境就被降解，只有一小部分被抽出，而可有效避免二次污染。目前国内异位热脱附修复案例相对较多，原位热脱附的应用案例仍比较少。

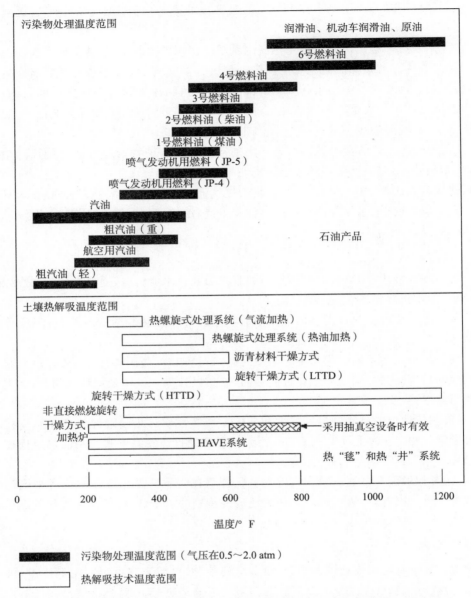

图 9-6　土壤中常见有机污染物的热处理适宜温度和适用的热处理具体技术形式

9.2.3　电动力学修复技术

1. 技术原理

电动力学修复技术(electrokinetic separation)的基本原理类似电池,是在土壤/液相系统中插入电极,在两端加上低压直流电场,在直流电的作用下,通过电渗析、电迁移和电泳等作用使土壤孔隙中的水和荷电离子或粒子发生迁移运动,从而去除污染物的技术。电动修复技术示意图如图 9-7 所示。

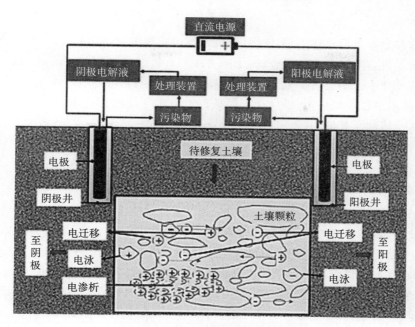

图 9-7　电动力土壤修复示意图

2.系统构成

（1）电极　电动修复中所使用的电极材料包括石墨、铁、铂、钛铱合金等，由于在阳极发生的是失电子反应，且水解反应使阳极始终处于酸性环境，因此阳极材料很容易被腐蚀，而阴极相对于阳极则只需有良好的导电性能即可。

电极设置方式对污染物去除效率和能耗等均有影响。采取合适的电极设置方式直接关系到修复成本和污染物去除效率，二维电极设置方式通常在田间设置成对的片状电极，形成均匀的电场梯度，是比较简单、成本较低的电极设置方式。

（2）电源　一般而言，电动修复中的电场强度为 $50\sim100$ V/m，电流密度为 $1\sim10$ A/m^2，在实际的操作中采用较多的是稳压供电模式，具体采用的供电模式和施加电场大小要根据实际情况。

3.影响因素

影响土壤电动修复效率的因素很多，包括土壤类型、污染物性质、电压和电流大小、洗脱液组成和性质、电极材料和结构等。

（1）土壤类型　不同渗透率的土壤其运动修复效率和机制有所差别。重金属在黏土中的去除率高于多孔、高渗透性的土壤中重金属去除率。土壤酸碱缓冲能力也影响电动修复的效率和过程。具有较低酸碱缓冲能力的高岭土由于较易获得介质的酸性，对重金属有较高的去除率；而蒙蛭土则通常酸碱缓冲能力较强，需要较多的酸碱试剂来增强重金属的脱附。

（2）污染物特性　污染物的电荷特性和价态均会对电动修复的效果造成影响。

（3）电压和电流　电压和电流是电动修复过程的主要控制参数，较高的电流强度能够加快污染物的迁移速度，但能耗较高。一般电动修复过程采用的电流强度为 $10\sim100$ mA/cm^2，电压梯度在 0.5 V/cm^2 左右。

4. 适用性

电动力学修复技术可以适用于其他修复技术难以实现的污染场地,可以去除可交换态、碳酸盐和以金属氧化物形态存在的重金属,不能去除以有机态、残留态存在的重金属。

电动力修复技术适用于污染范围小的区域,但是受污染物溶解和脱附的影响。不适于酸性条件,该项技术虽然在经济上是可行的,但是由于土壤环境的复杂性,常会出现与设期结果相反的情况从而限制了其应用。

9.2.4　固化/稳定化技术

1. 技术原理

固化/稳定化技术(solidification/stabilization)是将污染土壤与能聚结成固体的材料(如水泥、沥青、化学制剂等)相混合,通过形成晶格结构或化学键,将土壤或危险物捕获或者固定在固体结构中,从而降低有害组分的移动性或浸出性。其中固化是将污染物封入特定的晶格材料中,或者在其表面覆盖渗透性低的惰性材料,以限制其迁移活动的目的;稳定化技术是从改变污染物的有效性出发,将污染物转化为不易溶解、迁移能力或毒性更小的形式,以降低其环境风险和健康风险。图 9-8 为污染土壤的原位固化/稳定化修复示意图。

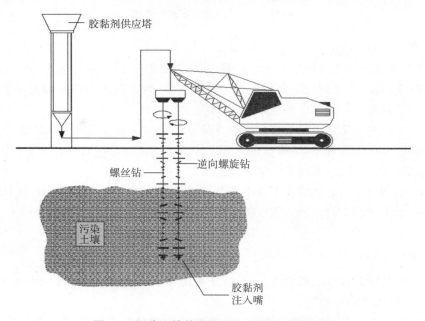

图 9-8　污染土壤的原位固化/稳定化修复示意

2. 系统构成

固化/稳定化技术中黏结剂的选择直接影响到固化/稳定化的效果。参与固化/稳定化修复技术常用的胶凝材料可以分为:无机黏结物质,如水泥、石灰、碱激发胶凝材料等;有机黏结剂,如沥青等热塑性材料;热硬化有机聚合物,如尿素、酚醛塑料和环氧化物等以及化学稳定药剂。水泥和石灰等无机材料在污染土壤修复的应用最为广泛,占项目总数的 94%。

3.影响因素

无机材料在污染土壤修复过程中的水化作用是其凝固和硬化的必要条件。因此,影响水化反应的因素都会影响污染土壤固化/稳定化的效果,如土壤 pH、土壤孔隙结构、化学组成、水分含量以及氧化还原电位等。

4.适用性

固化/稳定化技术可以被用于处理大部分无机污染物和部分有机污染物。与其他技术相比,突破了将污染物从土壤中分离出来的传统思维,转而将其固定在土壤介质中或改变其生物有效性,以降低其迁移性和生物毒性,其处理后所形成的固化物还可被建筑行业所采用(路基、地基、建筑材料),而且具有费用低、修复时间短、易操作等优点,是一种经济有效的污染土壤修复技术。

但固化/稳定化技术最主要的问题在于它不破坏、不减少土壤中的污染物,而仅仅是限制污染物对环境的有效性。随着时间的推移,被固定的污染物有可能重新释放出来,对环境造成危害。因此该修复技术的长期有效性受到质疑。

9.3　化学修复

9.3.1　土壤淋洗技术

1.技术原理

土壤淋洗(soill eaching/ flushing/ washing)技术是指将能够促进土壤中污染物溶解或迁移作用的溶剂注入或渗透到污染土壤中,从而将污染物从土壤中溶解、分离出来并进行处理的技术。

土壤淋洗主要包括三阶段:向土壤中施加淋洗液,淋出液收集以及淋出液处理。淋洗液可以是清水,也可以是包含酸、碱、有机溶剂等化学淋洗助剂的溶液。通过改变污染物的化学性质和溶解特性,使其从土壤介质中更好地释放出来,进入淋洗液而排除土壤系统。因此,提高污染土壤中污染物的溶解性及其在液相中的可迁移性,是实施该技术的关键。

2.系统组成

原位土壤淋洗技术需要在原地搭建修复设施,包括清洗液投加系统、土壤下层淋出液收集系统和淋出液处理系统,具体如图 9-9 所示。原位土壤淋洗可能会污染地下水,无法对去除效果与持续修复时间进行预测,去除效果受制于场地地质情况等。

异位土壤洗脱一般包括如下步骤:①污染土壤的挖掘;②污染土壤的淋洗修复处理;③污染物的固液分离;④残余物质的处理和处置;⑤最终土壤的处置。土壤异位淋洗流程如图 9-10 所示。

原位和异位土壤淋洗工艺比较见表 9-4。

对于土壤重金属洗脱废水,一般采用铁盐加碱沉淀的方法去除水中重金属,加酸回调后可回用增效剂;有机物污染土壤的表面活性剂洗脱废水可采用溶剂增效等方法去除污染物并实现增效剂回用。

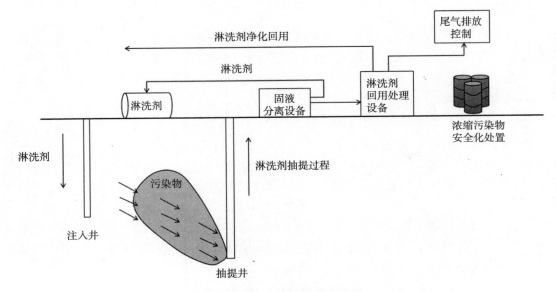

图 9-9　原位土壤淋洗修复示意

表 9-4　原位和异位土壤淋洗工艺比较

项目	原位土壤淋洗	异位土壤淋洗
适用性	均质,渗透性土壤	沙质含量至少 50%～70%
工艺特点	通过注射井投加淋洗剂	不同粒径土壤分别淋洗
优点	无须挖掘、运输污染土壤	污染物去除效率高
缺点	去除效果受制于场地水文地质情况	有土壤质地的损失

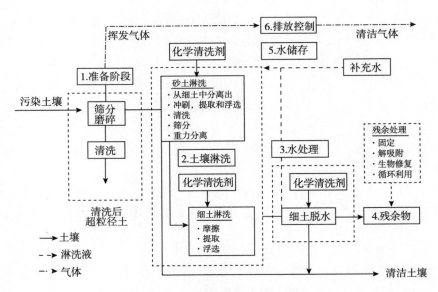

图 9-10　异位土壤淋洗法流程图

3.影响因素

影响土壤洗脱修复效果的关键技术参数包括土壤细粒含量,污染物的性质和浓度,分级/洗脱方式,水土比,洗脱时间,洗脱次数,体系温度和 pH,增效剂的选择,增效洗脱废水的处理及增效剂回用,回用水水质等。

(1)土壤细粒含量　土壤细粒的百分含量是决定土壤洗脱修复效果和成本的关键因素。通常异位土壤洗脱处理对于细粒含量达到 25% 以上的土壤不具有成本优势。在某些土壤淋洗实践中,还需要打碎大粒径土壤,缩短土壤淋洗过程中污染物和淋洗液的扩散路径。

(2)污染物的性质和浓度　污染物的水溶性和迁移性直接影响土壤洗脱特别是增效洗脱修复的效果。

(3)淋洗剂的类型　淋洗剂的选择取决于污染物的性质和土壤特征。酸和螯合剂通常被用于淋洗有机物和重金属污染土壤;氧化剂(如过氧化氢和次氯酸钠)能改变污染物化学性质,促进土壤淋洗的效果;有机溶剂常用来去除疏水性有机物。

4.适用性评价

土壤淋洗技术能够处理地下水位以上较深层次的重金属污染,也可用于处理有机物污染的土壤。土壤淋洗技术最适用于多孔隙、易渗透的土壤,尤其是用于沙地或沙砾土壤和沉积土等。一般来说渗透系数大于 10^{-3} cm/s 的土壤处理效果较好。质地较细的土壤需要多次淋洗才能达到处理要求。当土壤中黏土含量达到 25%~30% 时,不考虑采用该技术。淋洗技术可能会破坏土壤理化性质,使大量土壤养分流失,并破坏土壤微团聚体结构。此外,淋洗技术容易造成污染范围扩散并产生二次污染。

9.3.2　溶剂提取技术

1.技术原理

溶剂萃取(solvent extraction)是根据土壤溶液中某些物质在水和有机相间的分配比例不同,利用有机溶解将土壤污染物选择性地转移到有机相进行物质分离或富集的过程。在原理上,溶剂萃取修复技术是利用批量平衡法,将污染土壤挖掘出来并放置在一系列提取箱(除出口外密封很严的容器)内,在其中进行溶剂对污染物的溶解,土壤中的污染物基本溶解于浸提剂时,再借助泵的力量将其中的浸出液排出提取箱并引导到溶剂恢复系统中。按照这种方式重复提取过程,直到目标土壤中污染物水平达到预期标准。同时,要对处理后的土壤引入活性微生物群落和富营养介质,快速降解残留的浸提液。

2.系统构成

溶剂萃取技术的运行过程如图 9-11 所示,萃取过程可分为以下五部分:①预处理,除去较大的石块和植物根茎;②萃取;③分离回收萃取溶剂;④土壤中残余溶剂的去除;⑤污染物的进一步处理。

因此,溶剂萃取系统主要有土壤收集与杂物分离系统、溶剂萃取系统、油水分离系统、污染物收集系统、萃取剂回用系统和废水处理系统等构成,如图 9-12 所示。

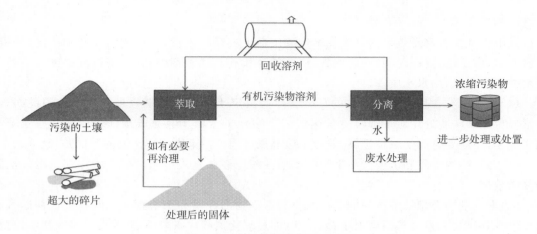

图 9-11　溶剂萃取技术运行过程

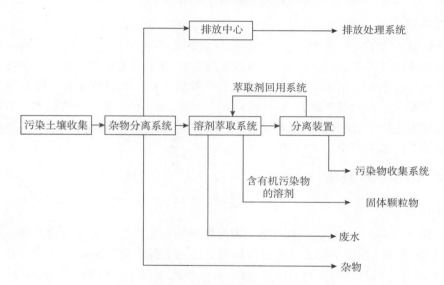

图 9-12　溶剂萃取系统的组成

3.影响因素

在溶剂萃取过程中,对污染物的萃取效率通常会受到很多因素的影响,如溶剂类型、溶剂用量、水分含量、污染物初始浓度、黏土含量、土壤有机质含量等。

4.适用性评价

溶剂萃取技术是近年发展迅速的难降解有机污染物快速去除技术,其主要特点如下:①可用于处理土壤中难以分离和去除的污染物。②异位开展的溶剂萃取技术更为快捷和高效。溶剂萃取技术的开展一般是在原场地进行挖掘和萃取处理既省去大量的运输费用和额外的土壤处理费用,同时萃取剂可以循环使用。③溶剂萃取技术的处理装置和组件可以运输到其他地方进行方便组装和应用,同时还可以根据待处理土壤的规模灵活调节系统容量,且其组件多为标准件,容易购买,使该技术的可推广性大大提高。

溶剂浸提技术适用于修复 PCBs、石油烃、氯代烃、PAHs、二噁英以及多氯二苯呋喃

（PCDF）等有机污染物污染的土壤。同时，这项技术也可用在农药（包括杀虫剂、杀真菌剂和除草剂等）污染的土壤上，湿度＞20％的土壤要先风干，避免水分稀释提取液而降低提取效率，黏粒含量高于15％的土壤不适于采用这项技术。

9.3.3　化学氧化技术

1. 技术原理

化学氧化修复技术（chemical oxidation technology）主要是通过向土壤中加入化学氧化剂，与污染物产生氧化反应，达到使污染物降解或转化为低毒、低移动性产物的一项污染土壤修复技术。

原位化学氧化修复技术主要用来修复被油类、有机溶剂、多环芳烃（如萘）、农药以及非水溶态氯化物（如 TCE）等污染的土壤。通常这些污染物在污染土壤中长期存在，很难被生物所降解。而氧化修复技术不但可以对这些污染物起到降解脱毒的效果，而且反应产生的热量能够使土壤中的一些污染物和反应产物挥发或变成气态溢出地表。这样可以通过地表的气体收集系统进行集中处理。技术缺点是加入氧化剂后可能生成有毒副产物，使土壤生物量减少或影响重金属存在形态。

2. 系统构成

（1）原位化学氧化　由药剂制备/储存系统、药剂注入井（孔）、药剂注入系统（注入和搅拌）、监测系统等组成。其中，药剂注入系统包括药剂储存罐、药剂注入泵、药剂混合设备，药剂流量计、压力表等组成。药剂通过注入井注入污染区，注入井的数量和深度根据污染区的大小和污染程度进行设计，在注入井的周边及污染区的外围还应设计监测井，对污染区的污染物及药剂的分布和运移进行修复过程中及修复后的效果监测，可以通过设置抽水井，促进地下水循环以增强混合，有助于快速处理污染范围较大的区域。

（2）异位化学氧化　修复系统包括土壤预处理系统、药剂混合系统和防渗系统等。

①预处理系统。对开挖出的污染土壤进行破碎、筛分或添加土壤改良剂等。该系统设备包括破碎筛分铲斗、挖掘机、推土机等。

②药剂混合系统。将污染土壤与药剂进行充分混合搅拌，按照设备的搅拌混合方式，可分为内搅拌设备和外搅拌设备。

3. 影响因素

影响有机污染土壤的化学氧化修复效率的因素主要是土壤状况、污染物的物理化学特性、氧化剂的种类和浓度及应用条件等。影响化学氧化修复的主要因子详见表9-5。最常用的氧化剂是 $KMnO_4$、过氧化氢、过硫酸盐和臭氧气体（O_3）等。

表 9-5　化学氧化技术主要影响因子

土壤	污染物	氧化剂
含水量	污染物种类	氧化强度
金属氧化物含量	化学性质	氧化剂浓度
土壤中还原性物质	溶解度	催化剂比例
土壤渗透性	分配系数	氧化剂用量

4.适用性评价

采用化学氧化技术修复有机污染土壤时,针对土壤和污染物特性,首先快速判断化学氧化技术处理目标污染土壤的可行性,然后通过实验室试验,研究各种影响因子,评价化学氧化的技术和经济可行性,进而考察各种设计参数的可靠性,然后要充分考虑试运行,调试运营、监理、监控指标、应急预案等。

9.4　生物修复

9.4.1　微生物修复技术

1.重金属污染土壤的微生物修复原理

重金属污染的土壤中常常存在多种耐重金属的真菌和细菌等各种微生物,其修复重金属的机理主要包括 4 个方面的作用,即生物吸附和积累作用、螯合溶解作用、沉淀作用、氧化还原作用等。图 9-13 描述了金属与微生物的主要作用机制。

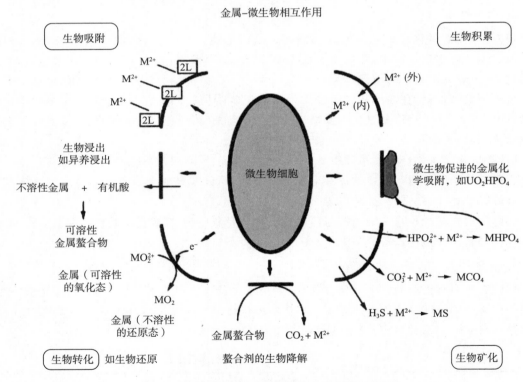

图 9-13　重金属与微生物之间相互作用的示意图

1)微生物对重金属的固定

微生物固定作用有胞外吸附作用、胞外沉淀作用和胞内积累作用 3 种形式。

(1)胞外吸附作用　主要是指重金属离子与微生物的产物或细胞壁表面的一些基团通过

络合、螯合、离子交换、静电吸附、共价吸附等作用中的一种或几种相结合的过程。细菌及其代谢产物对溶解态的金属离子有很强的络合能力,这主要因为细菌表面有独特的化学组成。细胞壁带有负电荷而使整个细菌表面带负电荷,而细菌的产物或细胞壁表面的一些基团如—COOH、—NH$_2$、—SH、—OH 等阴离子可以增加金属离子的络合作用。

(2)胞外沉淀作用　　指微生物产生的某些代谢产物与重金属结合形成沉淀的过程。在厌氧条件下,硫酸盐还原菌可还原硫酸盐生成硫化氢,硫化氢与 Hg^{2+} 形成 HgS 沉淀,抑制了Hg^{2+} 的活性。某些微生物产生的草酸与重金属形成不溶性草酸盐沉淀。

(3)胞内积累作用　　指重金属被吸收到微生物细胞内而富集的过程。重金属进入细胞后,通过区域化作用分布在细胞内的不同部位,微生物可将有毒金属离子封闭或转变成为低毒的形式。微生物细胞内可合成金属硫蛋白,金属硫蛋白与 Hg、Zn、Cd、Cu、Ag 等重金属有强烈的亲和性,结合形成无毒或低毒络合物。如真菌木霉、小刺青霉和深黄被包霉通过区域化作用对 Cd、Hg 都有很强的胞内积累作用。

2)微生物对重金属的转化

微生物对重金属的转化作用包括氧化还原作用和甲基化与去甲基化作用。土壤中的一些重金属元素可以多种价态和形态存在,不同价态和形态的溶解性和毒性不同,可通过微生物的氧化还原作用和去甲基化作用改变其价态和形态,从而改变其毒性和移动性。

如土壤中自养铁-硫氧化杆菌在氧化环境下可产酸使土壤 pH 幅度降低,从而增加了重金属迁移性,而利用硫酸盐还原细菌可将硫酸盐还原成 S^{2-} 并分泌于体外,此外,部分微生物可通过代谢半胱氨酸形成硫化物,这两种方式均可以与 Cd^{2+} 形成沉淀,这在重金属污染治理方面有重要的意义。

就 Cr 元素而言,土壤中分布有多种可以使铬酸盐和重铬酸盐还原的细菌,如产碱菌属、芽孢杆菌属、棒杆菌属、肠杆菌属、假单胞菌属和微球菌属等,这些菌能将高毒性的 Cr^{6+} 还原为低毒性的 Cr^{3+}。利用微生物对土壤中的重金属进行修复有以下 5 个显著优点:①个体微小,比表面积大;②繁殖快,代谢能力强;③种类多,分布广;④适应性强;⑤容易培养,这造就了其在自然界物质循环、污染土壤修复改良中的独特地位。

3)微生物修复土壤重金属污染物适用性

目前利用微生物修复土壤重金属污染主要采取的措施是在原位施入微生物菌剂于土壤中,并配合营养物质输入、控制氧化还原条件,以实现生物量的扩增,促进固定、吸附、氧化或还原作用,多数情况下则是与植物修复联合使用,才能达到更好的效果。微生物修复主要存在效率低、无法修复重污染土壤,加入修复现场中的微生物会与土著菌株竞争,可能因其竞争不过土著微生物,而导致目标微生物数量减少或其代谢活性丧失,微生物难以从土壤中分离,重金属回收困难。

2. 有机污染土壤的微生物修复原理

微生物修复通过土著微生物或工程微生物将土壤中有机污染物降解为无害的无机物质。微生物利用有机污染物的过程中,污染物可提供微生物细胞的碳源和能量来源,细胞催化氧化有机污染物(给电子体)时将其电子转移到一些电子受体上。在氧化反应中,受体是氧,在厌氧反应中,电子受体是有硝酸盐、锰铁等。有关有机污染物的修复过程中转化机制与第 7 章中有机物在土壤中的生物转化机制基本一致,在此不再赘述。

由于不同修复目标所用微生物菌剂在土壤环境条件有一定的差异,其中最主要是厌氧微生物和好氧微生物菌剂的差异。表 9-6 列出了适宜好氧微生物修复的土壤条件。

表 9-6　适宜好氧微生物修复的土壤条件

环境因素	适宜的土壤环境因素
有效土壤水分	25%～85%
氧气(需氧降解)	土壤溶液中 D_O 大于 0.2mg/L，>10% 的空气补充量
Eh	>50mV
营养物质(摩尔比)	C∶N∶P 为 120∶10∶1
pH	5.5～8.5
温度/℃	15～45

目前应用微生物修复有机污染土壤的技术有原位的空气注入(air injection)、土壤通风技术(bioventing)法(可与气提法联用)、异位的生物泥浆方法(bioslurry)、土壤耕作(land farming)法、生物堆肥法(biopiles)。各项技术中均需要将电子受体和营养物质输送到相应装置内或土层中的污染部位。空气注入、土壤通风技术法相比土壤气体抽提法(SVE)，其差异主要在于将空气、营养物质注入，实现土著菌或工程菌的大量繁殖，使土壤中有机物得到彻底降解或将降解的挥发性中间产物从系统中抽取出来，进而达到修复的目标。以下主要对异位修复技术进行描述。

1)土地耕作法及其应用

土地耕作法(land farming)是被广泛采用的处理土壤污染的方法，它通过在受污染土壤上进行耕耙、施肥、灌溉等活动，为微生物代谢提供一个良好环境，保证生物降解发生，从而使受污染土壤得到修复。实施修复时，一般都要投加肥料以平衡土壤中的 C∶N∶P，调节土壤湿度及 pH 以优化烃类生物降解条件，进行机械翻耕以改善土壤充氧并使污染物与营养物、细菌和空气充分接触，使处理带保持好氧状态。图 9-14 为常规采用的土地耕作修复污染土壤的工作场地的基本结构，由该图可以看出，为确保修复效果和防止二次污染，耕作区域周边和底部应有适当的防护体系。

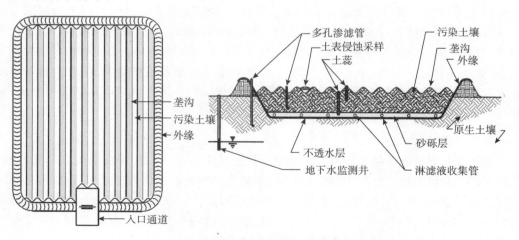

图 9-14　土地耕作修复设计和结构

土地耕作法成本较低,目前应用最多的仍然是石油污染土壤的修复。采用该方法进行修复设计时应考虑的因素有以下几个方面。

(1)修复范围 已污染土壤的总量、面积和深度这 3 个参数是土地耕作法实施的前提,通常耕作设备实施的土层深度在 30~50 cm,最大深度不超过 70 cm。

(2)耕作场地 污染场地是否适宜耕作设备操作和出入,需明确修复地块的分散情况。

(3)耕作设备 耕作设备的目的是为了保障土壤的通透性提高,采用的耕作设备要围绕这一目的。

(4)水分管理 修复场地根据当地降水情况,需要设置灌溉和排水配套设施以保障生物降解对水分的需求。

(5)土壤侵蚀 在耕作修复过程中应关注水土流失。

美国环保局(USEPA)于 1989 年在阿拉斯加的威廉王子湾海滩实施的原油污染生物修复项目,采用这种生物耕作法,在 80 km 的海滩上施用了氮磷肥料,不到 20 d 可在几个月内使石油浓度从 70 g/kg 降低到 100~200 mg/kg。这种方法要把污染土壤的石油浓度降到更低,则需要更长的处理时间以及增加微生物、表面活性剂和频繁的土壤旋耕和翻耕。这种方法存在的问题是,挥发性有机物会造成空气污染,难降解物质的缓慢积累会增加土壤的毒性。

2)生物堆肥法及其应用

生物堆肥它是将取出的污染土壤进行堆垛、利用土壤中已有或外加的微生物通过鼓风、补充营养物等方式实现有机污染物的生物降解的一种异位修复方法。它与土壤耕作法相似,都属于地面机械化手段供氧,其区别在于生物堆肥采用强制通风方法供氧和加入了土壤调理剂以提供微生物生长和污染物生物降解的能量。

生物堆肥与土地耕作法均可有效去除土壤有机污染物,特别是油罐泄露导致的易挥发性石油烃(如汽油)的降解并可达到较高的修复目标,对于柴油、煤油等石油烃类的去除更多是通过鼓风使烃类降解的同时挥发到大气中去,对于重油如润滑油则在通风降解的过程中很难挥发,修复则需要较长的时间。和土壤耕作法相比土壤堆腐法可以降低修复时间,处理时间是 1~4 个月。

堆肥修复土壤过程中关键的工程参数主要取决于以下三个方面。

(1)土壤质地 它主要影响堆垛的通透性、湿度、堆密度。当土壤颗粒较细时,堆垛的通透性差、可保持较高的水分条件,容易结块,使输入的水分、营养物质和空气很难分布均匀,必要时可通过翻垛或机械搅拌的方式以提高生物降解性。

(2)土壤组成 这里主要指土壤中氧气、C、N、P 等营养物质组成及其配比,这类物质主要会影响土壤中微生物种群分布和总量。排水性好的土壤尤其适合堆肥方式,对应的微生物主要以好氧菌为主。当土壤中氧气不足时,细菌可能成为优势菌。其次,土壤中的 C、N、P 的水平对微生物生长有显著的影响,必要时可通过加入调理剂和营养物质以提高土壤的渗透性,增加 O_2 的传输,改善土壤质地,为快速建立一个大的微生物种群提供能源。

(3)气象条件 主要指堆肥所处的湿度和温度条件。太干和太湿的土壤都不适宜微生物的大幅度降解有机污染物。通常适宜的土壤湿度应在 45%~60%,相比温度条件,土壤湿度可通过人为因素加以控制,而温度则受自然因素控制。当气温低于 10 ℃时,污染物的生物降解活性大幅度降低,而高于 45 ℃时,降解石油类污染物微生物也大量失活。在 10~45 ℃,温度每升高 10 ℃微生物活性增加 1 倍。

利用生物堆肥法修复土壤时,堆垛通常设置成多层结构,每堆到一定高度预先铺设通风调湿管,随后再往上层堆,典型的堆垛高度一般在1～3 m,堆垛侧面需有一定斜坡,堆垛增高有助于保持温度。堆垛宽度一般取决于翻垛方式,一般在1.8～2.5 m。由于修复土壤中挥发性有机污染物时,污染物并不一定彻底降解,因此,还需设计引风系统捕获挥发性气体,捕获的气体可以通入已经堆熟的土壤或堆垛中以消除恶臭和进行吸附,必要时可单独设置挥发性气体的处理装置。为防止修复过程中渗滤液进入地下水,修复场所可设置在不透水层上面,并对渗滤液进行单独的处理。详细的生物堆肥修复设计和结构如图9-15所示。

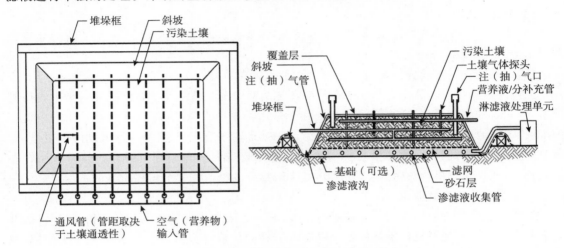

图 9-15　生物堆肥修复设计和结构

20世纪80年代,纽约长岛汽油站发生汽油泄漏,大约100 t汽油进入附近土壤和地下水中,后来通过回收未被土壤吸附的汽油,回收了约80 t汽油,但仍有相当多的汽油残留在土壤中。污染面积为8000 m²、污染深度为8 m,修复时将石油污染土壤与有机粪肥按土肥比3.5∶1混合,堆放在场地上,堆高1.5～1.8 m,中间放置两层直径100 m的多孔软管,软管间距为3.5 m,用于通气和排水,堆肥上覆盖塑料布,下渗水采用收集管和过滤系统。修复过程中注入营养物、曝气和接种优势微生物等强化措施以促进污染物的降解。经过15周的处理,土样中石油烃类化合物的浓度从136～200 mL/L降低到20～32 mL/L。目前生物堆肥法修复土壤污染应用最多的是石油烃污染土壤。

3)生物泥浆法及其应用

生物泥浆法是将污染土壤置于一专门的反应器中处理。生物反应器可建在污染现场或异地的处理场地。因为反应器可使土壤与微生物及其他添加物如营养盐、表面活性剂等混合,能很好地控制降解条件,因而处理速度快、效果好。泥浆生物反应器是最灵活的方法,它首先将污染土壤用水调成泥浆,装入生物反应器内,控制一些重要的生物降解条件,提高处理效果。还可用上批处理过的泥浆接种下一批新泥浆。为提高降解速率,常在反应器先前处理的土壤中分离出已被驯化的微生物,并将其加入准备处理的土壤中。

1990—1994年美国国家环保局采用生物泥浆法对Mississippi河岸坎顿的一个废弃木材防腐处理场的污染土壤及其沉积物进行修复处理,修复前该场地的土壤及沉积物中PAHs含量达到4000 mg/kg。整个修复处理系统包括机械筛、一个泥浆混合槽、4个泥浆生物反应器及混浆脱水机。其处理流程如图9-16所示。

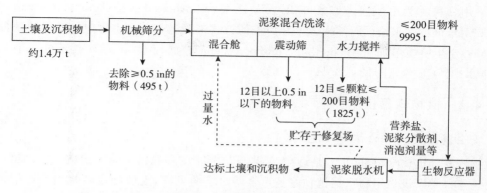

图 9-16　Mississippi 河岸坎顿修复点生物泥浆泥处理土壤流程图

该系统生物反应器直径 12 m,高度为 7 m,运行采用间歇式,泥浆通过机械搅拌器和曝气装置确保呈悬浮态,通过 13 批次的处理,PAH 浓度由原来的 8545 mg/kg 降低到 634 mg/kg,去除率高达 93%,其中 B(a)P 的浓度由 467 mg/kg 降到了 152 mg/kg,去除率为 67%。分析显示,处理初期的 5～10 d 是效率最高的时期,经过 13 批次约 19 d 的处理期可以达到 PAHs <950 mg/kg、B(a)P<180 mg/kg 的处理目标,直接成本为 170 美元/t。

4)复合生物修复技术的应用

在原位生物修复土壤中多数采用空气注入来促进污染物的好氧降解,但对于部分有机污染物在厌氧条件下更易降解,因此,原位修复与异位修复结合、厌氧与好氧相结合的修复技术被不断开发和应用。Okx 和 Stein 设计了一个厌氧-好氧连续处理系统(图 9-17)修复四氯乙烯(PCE)污染的土壤。PCE 在好氧条件下难以脱氯,但在厌氧条件下 PCE 较易脱氯成为三氯乙烯(TCE)和二氯乙烯(DCE),在含氯较少时,好氧微生物可以通过共代谢脱毒,因此引入了厌氧-好氧二步法生物降解 PCB。在该方法中包括了土壤注气法、气提法、营养物质输入及水流控制法,同时如果原位修复不能达到要求,还可以结合异位生物反应器修复。在类似研究中,

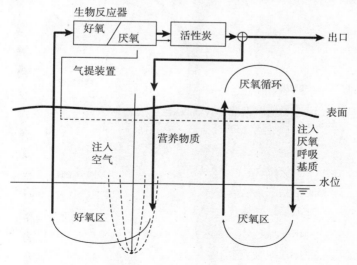

$$H_2O + CO_2 + Cl \Longleftarrow c\text{-}DCE \Longleftarrow TCE \Longleftarrow PCE$$

图 9-17　原位与异位相结合的厌氧-好氧联合生物修复技术

Sutfin 采用一种称为甲烷注入修复 TCE 污染土壤(chlorinated treatment of methane injection,CTMI),该技术采用同时注入氧气和甲烷的方式来刺激土著微生物中的产甲烷菌(methanotrophs)产生甲烷单加氧酶(methane monooxygenase)促使 TCE 降解。经过 3 个月的处理,地下水中 TCE 含量降低了 60%~80%。

9.4.2 植物修复技术

1. 重金属污染土壤的植物修复

植物修复(phytoremediation)是近 20 年来发展起来的环境污染修复技术。大量超累积植物的发现使科学家设想用超富集植物修复重金属污染的土壤,当植物成熟收割后可带走土壤中的大量重金属,再进一步将重金属提纯作为工业原料,达到了修复土壤污染以及变废为宝的双重目的。植物修复技术是利用植物根系的吸收作用以及植物体内发达的酶系统对污染的环境介质进行治理,其具有廉价、清洁和效果好的优势,因此植物修复技术被各国作为污染物原位修复的优先推荐方法之一。特别是近 20 年来科研人员对污染物在植物细胞内生化反应的大量实验研究为植物修复技术的商业推广提供了重要的技术支持,也使得这项技术发展迅速,成为 21 世纪重要的绿色环境修复技术之一。

1)重金属植物修复的概念

植物修复重金属主要通过一些耐性植物的吸收积累等作用来去除土壤中重金属。重金属污染土壤的植物修复技术主要有以下 4 种方式,如图 9-18。

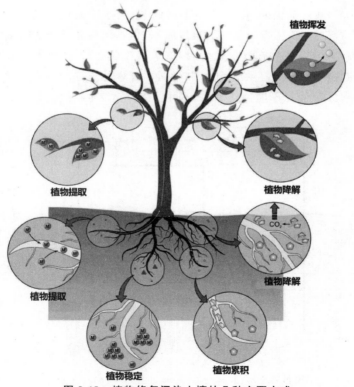

图 9-18 植物修复污染土壤的几种主要方式

（1）植物提取（phytoextraction）　修复是目前研究最多且最有发展前途的一种植物修复技术。Chaney 首次提出的利用植物对金属的吸收作用，将重金属在植物体内转移和储存，然后通过收割植物将其从土壤中去除，就是植物提取的方法。

（2）植物挥发（phytovolatilization）　是利用植物的吸收作用，将重金属转化为可挥发态的从土壤中挥发从而减少土壤中重金属含量的过程。

（3）植物稳定或固化（phytostabilization）　是利用土壤环境物质的作用降低重金属的移动性从而减少重金属在土壤中的富集，并进一步造成污染的可能性的过程。

（4）根系过滤（rhizofiltration）技术　简称根滤，是利用植物庞大的根系和巨大的表面积过滤、吸收、富集水体中重金属元素，将植物收获处理，达到治理水体重金属污染的目的的一种植物修复技术。

一般情况下，植物提取修复技术是以超累积植物为研究基础的。但是，有些没有超富集特征的植物对重金属也有较强的富集能力，且生物量大，也可以加以应用。具有挥发性的重金属汞和硒，可以采用植物挥发技术来去除，但这种方法会将挥发性污染物转移到空气中，造成二次污染而给生态环境带来的风险。有些重金属可以通过植物的根系分泌物质来累积或沉淀，也就是植物固化作用，从而降低重金属的生物有效性，这一方法可以避免重金属再次进入环境而造成二次污染。此外，轻度污染水体和放射性核素污染水体大多都采用根系过滤技术来进行净化处理。表 9-7 列出了典型的植物修复过程及其适用场景。

表 9-7　典型的植物修复过程

过程	修复目标	污染物介绍	污染物	所用植物	应用状态
植物提取	提取收集污染物	沉积物、土壤、污泥	Ag、As、Cd、Co	印度芥菜、	实验室及野外工程试验均已开展
			Cu、Hg、Mn、Mo、Ni、Pb	遏蓝菜、向日葵	
			Zn、Sr137、Cs235 Pu236,234	杂交杨树、蜈蚣草	
根际过滤	提取收集污染物	地下水、地表水	重金属、放射性元素	印度芥菜、向日葵、水葫芦	实验室
植物稳定	污染物稳定	沉积物、土壤、污泥	As、Cd、Cr、Cu、Hs、Pb、Zr	印度芥菜、向日葵	工程应用
植物挥发	从介质中提取污染物挥发至空气中	地下水、土壤、污泥、沉积物	有机氯溶剂、As、Se、Hg	杨树、桦树、印度芥菜	实验室及野外工程应用

2）植物修复的优势与缺点

与传统的物理、化学、微生物修复土壤的方法相比，植物修复具有更多的优点，同时污染土壤的植物修复属于原位修复的范畴，因此其又具有原位修复的诸多优点，具体表现在以下几个方面：

（1）植物修复的成本较低。植物修复只需在污染场地进行原位修复，不需要专门的大型设备以及专业操作人员，比较易于推广和实施。因此，整个投资和运作成本均较低。

(2)常规的固定化/稳定化技术在修复土壤重金属污染时有一定时效性,而植物修复技术中植物对重金属的提取、挥发、降解作用,使其对土壤污染的修复具有永久性。

(3)植物修复有美化环境的作用。用植物修复的方法来处理污染的土地比较容易被社会接受。特别是对于生活在污染地附近的居民来说,种植一些对重金属有积累作用的花草树木,能够达到美化其生活环境和消除环境污染物的双重目的。

(4)植物修复是一种清洁的,绿色环保的技术。它能维持土壤原有的理化性质、肥力和土壤结构,不会带来二次污染而对生态环境造成破坏。

(5)植物在修复土壤重金属的过程中,同时也给土壤带来了大量的有机质,增加了土壤的肥力,修复后的土壤更加适应于农作物的生长。

(6)植物修复土壤收割后的植物,可以通过一些工艺措施从这些植物中回收一定量的重金属。这就相当于组建一个廉价的、以太阳能为能源的重金属生物加工厂,每收割一季植物就可以回收数量可观的重金属。

大自然中丰富的植物资源,使得筛选修复植物潜力巨大,这又为植物修复技术提供了坚实的基础。但植物修复技术也有自身的缺陷,主要表现在:

(1)植物的生长受到季节的影响,比较缓慢,场地治理的周期比较长。

(2)超富集植物的植株都比较矮小,生长缓慢,生物量小,适应能力也不强,实际上能够从土壤中带走的重金属总量并不大。

(3)由于植物的发育、生长受地理气候等因素的影响,人们需在不同的污染地点筛选不同的适应性植物,这一过程也比较长。

(4)植物修复一般都是应用超富集植物,超富集植物往往只能积累一种或两种重金属,而土壤重金属污染一般为复合污染,用一种超富集植物修复土壤的作用不大。

(5)植物的根系一般只能到达土壤表层(0~20 cm),只能吸收富集土壤表层的重金属,对于深层土壤污染的修复有局限性。

(6)缺乏有效的用于筛选修复植物的手段,同时对已筛选出来的修复植物的生活习性也了解很少,这也部分限制了植物修复技术的应用。

(7)富集了污染物的植物在收割后需作为废弃物进一步妥善处理,不然植物各器官往往会通过腐烂、落叶等途径再次进入土壤中。

(8)此外,植物修复所引入的外来植物,有可能对当地的生物多样性造成不可忽视的危险。

综上所述,植物修复技术具有十分明显的优势和很好的应用前景,同时也存在着一些缺点和不足,有必要因地制宜地加以使用,并结合其他技术的优势不断地完善和提高。

3)植物对重金属的耐性

(1)超富集植物的定义及特征　　超富集植物即指那些能够超量吸收重金属并将其转移到地上部分的植物。早期的超富集植物是 Ni 的超富集体的定义为参照标准:如果某种植物的地上部分干物质中 Ni 的浓度达到了 1000 mg/kg,就认为该种植物为 Ni 的超富集植物。超富集植物的界定一般主要考虑 3 个特征:①植物对重金属有一定的耐受能力,在重金属污染的土壤上这类植物能良好地生长,没有出现明显的受害症状。②植物地上部分(茎和叶)富集重金属的含量是普通植物在同一生长条件下的 10~500 倍,由于不同元素在土壤和植物中的自然浓度不同,目前采用较多的参考值是 Baker 和 Brooks 提出:Zn 10000 mg/kg,Cd 100 mg/kg,Au 1 mg/kg,Pb、Cu、Ni、Co 均为 1000 mg/kg。③植物地上部富集重金属含量大于根部。普通植物根内的重金属浓度往往比茎叶中的相应元素浓度高 10 倍以上,但超富集植物茎叶内重金属浓度超过了根部的水平。

　　自然界中天然存在着许多能够强烈富集重金属元素的超富集植物。它们是一些古老的物种,是在长期环境胁迫的诱导、驯化下产生的一种适应突变体。它们生长缓慢,生物量小,且分布具有较强的区域性,一般生长于矿区、成矿作用带或某些特定的地表土壤中。21 世纪以来,我国学者对于超富集植物的研究也迅速发展起来,聂发辉在传统的超富集植物定义的基础上提出了生物富集量系数这一新的评价标准,这一标准扩大了超富集植物的范围,使得一些富集量不大但生物量很大的植物也能作为超富集植物。因此,作为植物修复的超富集植物,除了以上所讲的 3 个特征外,还应具有生长速度快、生物量较高以及有发达的根系的特点。

　　(2)植物吸收重金属的生理机制　超富集植物对重金属有很强的耐性和积累能力。在重金属浓度相对较低的溶液或土壤中,超富集植物的重金属浓度比普通植物高 10 倍甚至上百倍而不产生毒害作用,表明超富集植物对重金属具有持续向地上部运输并储存的能力。自从发现超富集植物以来,这类植物是怎样吸收、转运、积累重金属的,在高浓度重金属状况下它们为何仍能维持正常的代谢过程,这些机制一直是人们研究的重点。

　　(3)植物的根际效应　常规植物一般只吸收水溶态和可交换态的重金属,这类有效态重金属的含量在土壤中是十分小的,因此能真正被植物吸收的部分很少。而超富集植物因其根部独特的特点使它吸收和富集重金属的量是普通植物的几十上百倍。

　　①根系的形态。超富集植物为了实现其特异的吸收和积累重金属的能力,它们的根系都很发达,根毛比较稠密,并且根部的生长有主动探寻重金属的能力,从而有利于根系对重金属的吸收。如超富集植物 *T. careulesscens* 是一种"嗜 Zn"植物,它的根系生长会向着 Zn 浓度高的土壤伸展。*T. careulesscens* 的根系形态主要有两种形式:一是在高浓度 Zn 的土壤中,根系分布整体比较密集,生长过程中会产生大量的不定根;二是在其他重金属污染或非污染的土壤中,根系主要是细长根,呈垂直分布,侧根分布比较分散。

　　②根系分泌物。大量的研究报道了超富集植物根际可分泌某种或某些特定的有机物或重金属结合体(MTs,PCs),这类物质可能对某一重金属具有专一性,可以提高其植物有效性,从而通过细胞膜在植物体内富集,这个过程称为植物螯合作用。根系分泌物主要包括植物细胞主动释放或被动渗漏出的多种低分子化合物单糖、氨基酸、脂肪酸、酮酸以及高分子化合物多糖、聚乳糖和黏液等,同时植物的根系也可以分泌质子。这些物质对重金属具有螯合作用或能够酸化土壤中不溶态的重金属,从而促进植物对土壤中重金属的活化和吸收,还能把有毒金属转变为无毒或毒性较低的形态,减少污染物向地下水迁移和淋溶。其中,较常见的是有机酸,它是广泛存在于根际环境中的,一种带有一个或者多个羟基基团的低分子金属配合物,它与重金属的结合降低了其与重要酶蛋白活性中心的结合,从而减少了对植物的伤害。许多有机酸能够影响土壤固相结合 Cd 的释放,增加土壤中 Cd 的溶解。研究发现作物根系分泌的脂肪酸能在根际环境中积累,尤其是在还原条件下的积累会造成局部土壤酸性环境。

　　③根际微生物效应。根际微生物效应对植物吸收重金属的影响是不可忽视的。在重金属污染的土壤中,往往存在着大量耐重金属的真菌和细菌,这些微生物可以通过多种方式影响土壤中重金属的毒性和生物有效性,其中影响较大报道也比较多的是菌根。菌根是在自然状态下形成的寄生在植物根系上的一类真菌。菌根的形成增加了植物根系的表面积,它可以延伸到植物根系无法达到的空间,增加了植物根系对水分、养分以及重金属等矿质元素的吸收,从

而有利于植物的生长(图 9-19)。大量菌根浸染蜈蚣草的实验表明,菌根显著增加了蜈蚣草羽叶的面积和地上部分的生物量,提高了蜈蚣草体内 As 的含量,从而提高了蜈蚣草对 As 的吸收总量。印度芥菜根际环境中的细菌数量和微生物的变化趋势都影响其对重金属的超累积能力。但是也有学者认为,重金属污染的土壤以及超富集植物体内高浓度的重金属已经阻碍了细菌和真菌等微生物的生长,因此菌根对超富集植物累积重金属的影响不大。

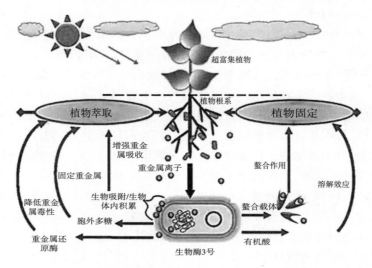

图 9-19　超富集植物与根际微生物的协同作用方式

4)重金属在植物体内的转运与积累

(1)吸收与转运　重金属进入超富集植物体内的整个过程包括植物根表皮的吸收、重金属向细胞内的主动运输、重金属在植物体内的转运、运输以及最终在体内的超富集或转化等多个生化反应和过程。由于超富集植物所在土壤环境的不同,pH、水分、养分有机质等条件的不同,超富集植物对重金属的吸收量也会不同。

植物对重金属的吸收主要是通过根系的被动吸收和主动吸收两种方式。被动吸收即重金属顺着本身浓度差或细胞膜的电化学势进入植物体内。主动吸收即是根表皮细胞膜上的转运蛋白或根系分泌的一些有机酸作为重金属进入植物体内的载体,这一过程需要消耗能量。重金属进入植物根部后,与植物体内的金属结合蛋白络合形成复合物,然后运转到各个器官。植物的木质部存在着大量的有机酸和氨基酸,它们是重金属运输过程中的主要螯合物。目前在超富集植物体内发现多种小分子和大分子重金属螯合物。小分子螯合物包括草酸、组氨酸、苹果酸、柠檬酸和谷胱甘肽(GSH)等物质,大分子螯合物包括金属硫蛋白(MT)、植物络合素(PC)、金属结合体(MBC)和金属结合蛋白(MBP)等物质。在木质部内,铁主要以柠檬酸铁的形式存在,锌一般与苹果酸或柠檬酸结合,而铜则随着植物的不同可以与天冬酰胺酸、组氨酸、谷氨酸等结合。研究发现,组氨酸与 Ni 的富集能力密切相关,当 *Alyssum montanum* 地上部分 Ni 含量很高时,木质部中组氨酸的含量也很高。因此,通过加入外源组氨酸的方式可以促进 Ni 向木质部的转运,从而提高其在地上部分的运输能力。

超富集植物在体内积累大量的重金属而不会产生毒害现象,一般是因为其自身存在一定解毒机制,即重金属在植物体内以不具生物活性的解毒形式存在:如金属离子主动运输进入液泡,与有机酸或某些蛋白质的结合等,同时也可能是植物保护酶活性的机制,从而使植物在高浓度重金属存在状态下仍能进行正常的代谢。重金属在植物体内的积累的第一个方式就是与细胞壁的结合,植物的细胞壁是重金属进入植物体内的第一屏障,它的金属沉淀作用很可能是超富集植物耐重金属的原因,细胞壁可以阻止重金属离子进入到细胞的原生质,从而免其受伤害。如 Zn、Cd、Cu 在 *Athyrium yokoscense* 细胞壁中大量积累,占整个细胞总量的 70%～90%。黄瓜与菠菜中 Pb 大量沉积在细胞壁上,而 Cd 可溶性较大,不在细胞壁积累。因此,不是所有的重金属在植物细胞壁中都会产生沉淀作用,这还受到重金属及植物种类的影响。

(2)积累与耐性　研究发现,Cd 在海洋硅藻中发挥生物学功能,替代补偿了光合 Zn 酶碳酸酐酶(CA)中的 Zn。Cd 可以替代补偿其他多种 Zn 酶(藻类、微生物、动植物)中 Zn 的功能。"毒性元素"Cd 在超富集植物中具有生理功能,可通过促进光合作用的关键酶碳酸酐酶的金属活性位点促进植物生长。

在一些超富集植物的叶片中,主要是叶片细胞中还有大量的 Ni、Zn、Cd 等。在进一步的研究中发现,液泡很可能是重金属离子贮存的主要场所。超富集植物 *T. careulesscens* 叶片的液泡大小与 Zn 的累积密切相关,表皮细胞越大 Zn 富集得就越多,在叶肉细胞中 Zn 也主要贮存在液泡内,也就是说表皮细胞的液泡化是 Zn 在叶片内富集的重要动力。液泡里含有各种蛋白质、糖、有机酸等,能与重金属结合而解毒。大量研究表明,超富集植物对重金属的耐性可以借助液泡作用来实现。小麦液泡对进入细胞内的 Cd 有一定的分隔作用;烟草的液泡内 Cd 会与无机磷酸根形成磷酸盐的沉淀,从而降低了 Cd 的毒性;还通过电子显微镜观察到 Cd 在植物液泡中产生结晶。这些都充分证明了植物液泡对重金属元素的区域化作用。

当部分重金属穿过细胞壁和细胞膜进入细胞后,能与细胞中的蛋白质、氨基酸及有机酸形成复杂而稳定的螯合物积累起来,从而降低重金属的毒性。与硫共价结合的金属如砷、汞、镉、镍、铜等能与这些多肽分子结合形成络合物。一般来说,毒性重金属在植物体内与这些金属硫蛋白、植物络合素等结合成为复合物后,就能随着蛋白一起被转运,随后在植物体内的各个器官中积累下来,并通过这些组织细胞内的液泡膜上的转运蛋白的跨液泡膜转运作用在液泡中富集。小分子的谷胱甘肽(GSH)具有很好的螯合能力,且在植物吸收、积累重金属时表现出耐性能力:一是在细胞的抗氧化系统中发挥作用,例如 Wechx 等发现铜能促进植物体内过氧化氢酶和抗坏血酸酶的活性,减轻细胞质膜的脂类过氧化而造成细胞结构和功能上的破坏;二是谷胱甘肽与镉形成稳定的复合态贮存于细胞的局部区域(如液泡内)。超富集植物体内镉解毒的主要机制之一是区域化分布,且以 PCS-Cd 或 GSH-Cd 等复合态存在。谷胱甘肽又是植物络合素的前体物质,可见谷胱甘肽在植物积累镉的过程中不仅能起到直接作用,而且更能发挥间接作用。细胞质内其他的物质如草酸、柠檬酸、苹果酸也和谷胱甘肽一样参与重金属的螯合反应。

此外,超富集植物体内还有另外一种重要的解毒方式,称为植物转化作用,也就是在某些特异性催化酶的作用下,使重金属由毒性极强的有机态(CH_3-Hg^+)或离子态(Hg^+)还原成毒性比较低的形态(Hg^0),随后通过植物的表皮细胞挥发出来;或者毒性较强的价态转化为毒性较低的价态。

目前,世界上已发现超富集植物 400 多种,其中镍的超富集植物占 70% 左右。这些植物涵盖了 20 多个科,其中十字花科植物较多(表 9-8)。

表 9-8　我国发现的重金属超富集植物

重金属	超富集植物	发现者
铜（Cu）	鸭跖草（*Silene fortunei*）	束文圣（2001）
镉（Cd）	宝山堇菜（*Viola baoshanensis*）	刘威（2003）
	球果蔊菜［*Rorippa globosa*（Turcz.）Thell.］	周启星,魏树和（2004）
	龙葵（*Solanum nigtrum* L.）	魏树和,周启星（2004）
	紫茉莉（*Mirabilis jalapa* L.）	周启星,刘家女（2006）
	三叶鬼针草（*Bidentis pilosae*）	魏树和,周启星（2006）
砷（As）	蜈蚣草（*Pteris vittata* L.）	陈同斌（2002）
	大叶井口边草（*Pteris cretica* L.）	韦朝阳（2002）
锌（Zn）	东南景天（*Sedum alferdii* Hance）	杨肖娥（2002）
锰（Mn）	商陆（*Phytolacca acinosa* Roxb.）	薛生国（2003）
铬（Cr）	李氏禾（*Leersia hexandra* Swartz）	张学洪（2006）

（3）修复植物的筛选　土壤的重金属污染是相当复杂的,有时是单一元素污染,但更多的则是多种元素共同作用的复合污染。在进行植物修复时,就必须有大量的修复植物来满足各式各样污染土壤的修复。植物修复重金属是一项复杂的工程,虽然从发现至今时间比较久,但大部分的工作都还处于初级阶段,且仍存在着许多问题有待解决,尤其是对重金属有积累能力的植物的寻找和筛选。因为土壤重金属污染的状况不一样,所选用的植物也就不一样,有些植物只对一种重金属有富集作用,而有些植物对多种重金属有富集作用,还有一些植物对某种金属有富集、对其他金属的存在会产生毒害作用。传统用于治理重金属污染的超富集植物大多生长周期长、生物量小,对环境的适应能力差,实际的应用效果不大。因此,寻找筛选抗性较强、地上部生物量大、生长周期短且具吸收重金属量大的植物,具有很重要的现实意义和实用价值。研究者通过大量的资料总结,筛选了一些对重金属 Cd、Pb、Zn、Cu、Mn 污染土壤有较好修复效果的植物（表 9-9）。

表 9-9　恢复重金属的优良植物的评价

植物名称	所属科	可修复的重金属	富集系数	转移系数	备注
草本植物					
百喜草	禾本科	Cd	地上部 0.96	0.4	
杂交狼尾草	禾本科	Cd	地上部 2.49	1.19	
香根草	禾本科	Pb、Zn	大于 0.5	0.4	分布较广、抗逆性强、生物量大且根系发达
五节草	禾本科	Pb	较高	2.709	
芨芨草	禾本科	Cu	大于 0.5	大于 0.5	
求米草	禾本科	Mn	大于 0.5	大于 0.5	为常见植物,易于生长
马唐	禾本科	Mn	大于 0.5	大于 0.5	
野菊花	菊科	Pb、Zn、Cu	均较高	大于 1	生物量大,适应性强

续表 9-9

植物名称	所属科	可修复的重金属	富集系数	转移系数	备注
白苞蒿	菊科	Cd、Pb	大于 3	0.9	
蒲公英	菊科	Cd	大于 1	大于 1	对 Cd-Pb-Cu-Zn 复合污染亦有较强的耐性
小白酒花	菊科	Cd	大于 1	大于 1	地上部含量达到富集植物的临界含量标准
钻形紫苑	菊科	Cd、Pb	约为 20	约为 4	
苍耳	菊科	Pb、Mn	大于 0.5	大于 0.5	
羽叶鬼针草	菊科	Pb	大于 1	大于 1	
一年蓬	菊科	Cu	大于 0.5	大于 1	分布广,抗逆性强,易于生长
小飞蓬	菊科	Cu	大于 0.5	大于 1	
商陆	商陆科	Cd、Mn	大于 3	大于 1	商陆对 Mn 的转移系数高达 13.7
龙葵	茄科	Cd	大于 1	大于 1	对 Cd-Pb-Cu-Zn 复合污染有较强的耐性
莎草	莎草科	Pb	较高	1.255	莎草繁殖蔓延迅速,匍匐根茎长
酸模	蓼科	Pb	大于 1	大于 1	分布广,易于生长
裂叶荆芥	唇形科	Pb	大于 0.5	大于 1	
土荆芥	藜科	Pb	大于 7	大于 1	Pb 的超富集植物
荨麻	荨麻科	Zn	14.7	1.004	生命旺盛,生长迅速,对土壤要求不严
白苏	唇形科	Zn	7.8	1.0	分布广,常成批生长,自成群体
角果藜	藜科	Cu	大于 0.5	大于 0.5	直根系,适应性强,抗逆性强
耳草	茜草科	Mn	大于 0.5	1.68	
木本植物					
木荷	山茶科	Mn	0.96	15.75	对土壤要求高,在碱性土壤上生长不良
法国冬青	冬青科	Cd	较高	大于 1	生物量大
臭椿	苦木科	Pb	较高	较高	生物量大,积累的污染物不会在短期内释放到环境中
紫穗奎	豆科	Pb	较高	较高	
银柳	杨柳科	Zn	大于 0.5	大于 1	
杨树	杨柳科	Cu	大于 0.5	大于 1	生物量大,适宜推广
樟树	樟科	Mn	较高	较高	

2. 有机污染土壤的植物修复

有关植物修复有机污染土壤方面的研究国内外已有大量的研究报道,虽然植物修复土壤的研究仍处于起步阶段,但其发展十分迅速,有的已经进行了野外试验并已达到商业应用。植物修复有机污染物的机制主要包括以下几个方面。

(1)植物的直接吸收和降解　植物可以直接吸收并在植物组织中积累非植物毒性代谢物,环境中如 BTEX、氯代溶剂、链脂肪族化合物等都可以通过这种方式去除。对高浓度深层有机污染土壤,因植物生长及微生物的生存环境无法满足条件,因而必须与其他技术配合使用。

(2)植物释放酶的降解作用　植物可释放物质到土壤中,包括酶及一些糖、醇、蛋白质、有机酸等。植物释放促进生物化学反应的酶如脱卤酶、硝酸还原酶、过氧化物酶、漆酶、腈水解酶等,可加速有机物降解,植物释放到根际土壤中的酶可直接降解农药等有机污染物。研究发现,某些能降解污染物的酶来源于植物而不是微生物,植物生长在土壤中,酶因被保护在植物体内或吸附在植物表面,不会受到损伤,从而保持其降解活性。有机农药在植物体内的脱毒过程基本是在酶的作用下进行的,但植物修复还要靠整个植物体来实现。

(3)根际微生物的联合矿化作用　植物光合产物 40% 以上通过根释放到土壤,供相关的微生物种群代谢作用,包括自由生活的微生物及与植物共生的根瘤菌和菌根真菌,根系分泌物影响土壤中微生物的数量及群落组成。土壤中由于植物根系的存在,微生物的活性和数量比无根系土壤中微生物活性和数量增加 5～10 倍,有的高达 100 倍。在植被覆盖的土壤中,农药在根际区域发生降解的速度是最快的。

植物修复相比其他修复技术有一定的局限性,例如,清除污染物的时间较长,且往往只适合特定的一种或几种污染物的修复;受根系的限制,植物修复只能在表层或亚表层土壤进行,当污染物在土层 10 m 以下时,植物的根系就无法伸展到该污染带。

由于有机污染物类型多、成分复杂,所处污染环境特点因地而异,同时经济条件对技术的使用也有很多限制,应根据污染物特点、所处环境条件、经济原因等因素,采用多种修复技术相结合的方式进行治理,同时在应用中应注重每个环节的优化,达到技术和经济的统一。土壤污染大多属于复合污染,而单一修复方法难以解决复合污染土壤修复问题,所以不同修复方法的组合是污染土壤修复的实际需求。两种乃至多种方法的组合已难以用单一的物理、化学、生物名称来描述。把多种修复方法涵盖在统一系统之内,是污染土壤修复应用的需要。采用异位与原位修复相结合,强化微生物降解、植物修复等经济高效的修复技术是恢复我国土壤资源的有效方法之一,以生物修复为主,生物与化学修复或其他方法相结合的技术是修复土壤有机污染的发展方向。

9.5　联合修复

9.5.1　物理-化学联合修复

热增效修复技术(thermally enhanced remediation technologies)是利用直接或间接的热交换并配合 SVE 技术使难挥发性有机污染物加速挥发。通过升温可提高污染物蒸气压、降低表面张力、促进液相流动,使大量的污染物进入气相。升温方式有热空气、热蒸汽、热水来实现,导热方式可通过热井、低电流电加热、低辐射加热、微波加热等方式进行。最常用的方法为热蒸汽注入井、电加热及两者的配合使用。热增效方法也可以配合原位氧化技术使污染物通过降解,将大分子有机物转化挥发性有机物或直接氧化为 CO_2 和 H_2O,但此时要求的温度较高,但其应用相比配合 SVE 技术要少得多。图 9-20 为热蒸汽注入与 SVE 联合原位修复 TCE 技术示意图。

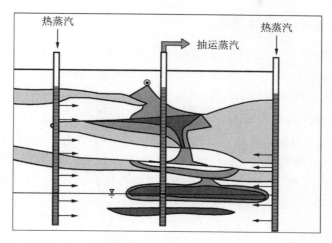

图 9-20　热蒸汽注入与 SVE 联合原位修复 TCE 技术示意(Udell,2002)

电加热法目前在原位修复中也有一定的应用,加热方式主要是通过埋入电极,通过低电流加热进行。图 9-21 显示了 2005 年美国 Ft. Lewis 电加热修复土壤和监测现场情况。

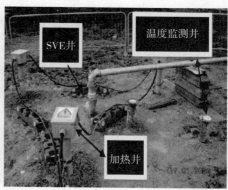

图 9-21　电加热修复土壤和监测现场情况

采用任何加热方式,升温效果很大程度上取决于土壤本身特性(如水分含量、热容值)及污染物类型、现场因素等方面,相应也决定了修复效果。主要考查修复效果的因素有以下几个方面:

(1)升温方式　不同升温方式可达到最高温度有很大差异,以热蒸汽方式加热其最高温度也只能达到 100 ℃。

(2)热处理范围　加热井或电极的布置决定了土壤最高温度可达到的距离。

(3)升温温度　升温温度的确定取决于土壤污染范围内污染物达到挥发或降解所需要的温度。当与 SVE 技术配合使用时,升温温度取决于污染物在水中的沸点温度,如 TCE,在常压下纯 TCE 的沸点为 87 ℃,而在水中时其沸点温度为 73 ℃,而 PCE 对应的温度分别为 121 ℃和 88 ℃。

(4)处理极限 能否达到处理要求取决于处理的时间和污染程度以及处理目标。针对一般有机污染物,其处理的限度与 SVE 技术基本一致。在处理后期,可以通过降低加热温度到微生物适宜的范围,进而通过生物降解和 BV 方式来实现。

9.5.2 物化-生物联合修复技术

在土壤修复中应用最广的原位修复技术是土壤气提(soil vapor extraction,SVE)技术及生物通风(bioventing,BV)技术,SVE 技术主要针对挥发性较强的有机污染物,而 BV 技术则是针对半挥发性或挥发性较差的有机污染物。

1. SVE 和 BV 技术流程

SVE 技术是一种通过强制新鲜空气流经污染区域,将挥发性有机污染物从土壤中解吸至空气流并引至地面上处理的原位土壤修复技术。典型的土壤气体抽提装置如图 9-22 所示,其中气体抽排井的分布、形状、深度、口径大小等需根据污染区的地质条件、地下水水位、污染范围等决定。

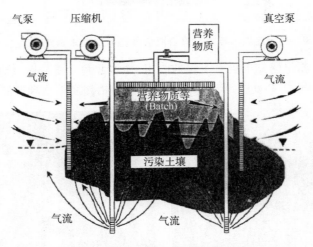

图 9-22 典型的土壤气体抽提装置

SVE 将抽提井放在被污染区域的中心,注射井放在被污染区域的边缘,目的是在修复污染物时使空气抽提速率达到最大,利用挥发性去除污染物。SVE 主要应用于含挥发性有机污染物的场所,且此场所受污染面积小,属点源污染类型,如汽油储罐泄漏的情况。在治理地下储油罐的泄漏方面,SVE 技术是最值得推荐的治理技术之一。其净化油污染土壤的原理,是将外界空气引入被污染土层,利用有机物的易挥发性,通过不断地抽排出含有油蒸气的气体而达到去除污染物的目的。因此,由有机物性质和挥发过程所决定的抽排气体中有机蒸气浓度是影响 SVE 技术净化效率和效果的最关键因素。有机物、土壤以及周围环境都不同程度地影响气相中的有机物浓度。就化学物质本身来说,其主要影响因素是饱和蒸气压、水中溶解度、亨利常数以及有机物分子附着能力。影响挥发速率的土壤条件和环境因素为:土层空气流速、孔隙率、土壤含水率以及土壤性质,包括有机质含量、密度、黏土含量等。

生物通风(BV)技术是一种生物增强式 SVE 技术,通过注入低流动速率的空气至气带污染土壤中刺激微生物活性,增强对污染物的生物降解,可修复不满足 SVE 修复要求的石油污染低渗透性、高含水率土壤,同时可给土壤注入纯氧气、升高土壤温度、添加表面活性剂或添加工程菌等方法将石油类物质从其所吸附的土壤颗粒上剥落下来,从而大大提高生物可利用性。图 9-23 介绍了采用 BV 技术修复污染土壤的工作流程。

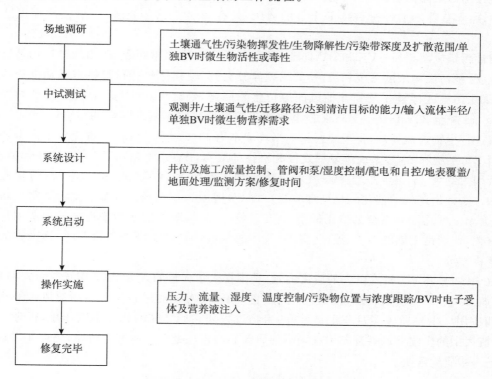

图 9-23　BV 技术修复污染土壤的工作流程

2. SVE 和 BV 技术应用案例

实际修复工程中引入气体挥发土壤中有机物和促进降解是无法严格区分的,因此 SVE 和 BV 常常配合使用。SVE 更多地应用于从土壤气相中尽快地去除掉挥发性污染物,因此被限定为处理挥发性有机污染物,而 BV 可解决低挥发性污染物,更注重通过低气流速率加速污染物生物降解,实地修复发现,日交换气体量只要在 0.25～0.5 倍的土壤气相体积即可达到生物降解的目标。

在美国犹他州的空军基地,为了处理约 90 t 航空燃料油的泄漏污染。在修复过程的前 9 个月一直用 BV 技术进行操作,共去除 62.6 t 污染物。经检测发现在去除的污染物中部分是由于微生物的降解完成的,占所去除污染物的 15%～20%。随后改变操作系统,增加气流路径和气体在土壤中的停留时间,结果尾气的量明显减少,由原来的 90～180 kg/d 降到 9 kg/d,处理的石油污染物的量也随之增加,从 32 kg/d 增加到 45 kg/d。若改变其他条件,如提高土壤湿度、增加营养物等均能促进生物降解速度。加入无机营养元素(N、P 等),将土壤湿度从 6%增加到 18%,由微生物降解除去的污染物占全部的 40%。

Hinchee 和他的同事采用改造的 SVE 设计系统增大生物降解的贡献,使生物降解达到了

85%～90%。Hogg 等在新西兰成功应用生物通风技术对含有机污染物的土壤进行了修复，在操作了 13 个月后，土壤中石油有机物的浓度减少了 92%。Breedveld 等比较加入营养物对 BV 系统的影响，结果显示，在污染现场生物通风 1 年后，加入营养物的处理，TPH 含量减少了 66%，而没有添加营养物，残余石油几乎与原来一样，只有极少轻组分被去除了。Bulman 在处理柴油污染的修复工程中，通风操作 6 个月总有机物浓度减少了 10%～30%，去除深度达 3 m，加入营养物后经过后续 6 个月的通风，又有 30% 的污染物被去除，去除深度达到了 3.5 m。

对油污染土壤进行 SVE 和 BV 处理，因投资及运行（包括通风系统、增加微生物活性的灌溉系统、分析污染物浓度系统和维护）费用差异较大，美国犹他州针对被航空发动机油污染的土壤，采用污染区打竖井及竖井抽风的原位生物降解，经过 13 个月后土壤中油平均含量由 410 mg/kg 降至 38 mg/kg。Zwick 报道在加利福尼亚某空军基地对渗油污染达 2000 mg/kg 的土壤进行生物通风处理，每千克污染物平均成本为 11.5 美元。Ramiz 等比较了南卡罗来纳州利用 BV 系统和 SVE 系统修复挥发性有机物的成本，BV 系统（包括一对注射井和抽提井）总的费用大约为 354000 美元，每千克污染物平均成本为 12.25 美元；SVE 系统（包括四个抽提井和一个抽出尾气的催化氧化处理装置）总的费用为 380000 美元，每千克污染物平均成本为 14 美元。可见，BV 系统的费用低于 SVE 系统。当然，单位质量污染物的处理费用与多种因素有关，特别是土壤的性质（温度、湿度、气体的渗透性等）、需添加的营养物、污染物的种类及降解机理等。

由于 SVE 和 BV 技术巨大的应用前景，美国投入了大量的人力、物力对该技术进行研究。同时，加拿大、欧洲、澳大利亚、日本、南非、以色列、印度等先后进行了与生物通风修复相关的研究和应用。生物通风涉及非生物过程、生物过程和它们之间的相互影响作用，机理十分复杂，土壤污染的生物通风修复技术在国内的研究和应用还处于刚刚起步阶段，仍存在许多问题有待进一步研究解决。

思考题

1. 简述土壤修复技术主要类型和原理。
2. 重金属污染土壤修复技术有哪些，各自的适合范围和条件如何？
3. 有机污染土壤修复技术有哪些？各自的适合范围和条件如何？
4. 适用于重金属和有机污染物复合污染土壤的修复技术有哪些？
5. 相比单一修复技术，联合修复技术应用上有哪些优势和问题？

第10章　农用地土壤修复与安全利用

受污染农用地的修复与安全利用事关人民群众吃得放心和身体健康,我国土壤污染防治法明确农用地实施分类管理,按照污染程度不同将耕地分成优先保护类(未污染)、安全利用类(轻中度污染)和严格管控类(重度污染)三大类,本章重点针对安全利用类耕地土壤,在阐述农用地污染土壤修复一般原则的基础上,采用理论与实践相结合的思路,分别介绍了水田土壤、旱地土壤、污水灌区土壤、设施农业土壤的污染特征以及可以采取的修复技术和农艺措施,包括具体的修复流程和实际应用的工程案例。

10.1　农用地污染土壤修复原则

10.1.1　科学性原则

在修复农用地污染土壤的时候,要因地制宜,不能简单照搬已有的农用地污染土壤修复技术,要根据土壤的污染面积、污染种类,污染的来源、污染程度、修复的时间成本和未来土地的用途来综合考虑,经过修复前期对土壤的资料收集、水文地质资料及气象气候资料的收集、现场勘查,采样分析,做出风险评估,确定修复目标的基本情况,做出科学的论证,制定出农用地土壤修复的方案,选择最适合的修复技术。

10.1.2　可行性原则

(1)技术上可行　选用的修复技术有成功的修复案例,能较好地针对要进行修复的污染农田土壤,修复效果好且能达到预期目标,能大面积实施和推广。

(2)经济上可行　治理成本不能太高,让农村、农户能够承受,便于推广,应尽量采用成熟度高和可操作性强的技术。

(3)实施上可行　修复方案在具体的实施过程中,操作简单快捷,使得农户有积极性,愿意来配合整体上的修复工作。

10.1.3　可持续性原则

"持续性"一词首先是由生态学家提出来的,即所谓"生态持续性"(ecological sustainability)。意在说明自然资源及其开发利用程序间的平衡。农用地污染土壤修复的可持续性主要为以下五个方面:

(1)修复工程带来的长期利益远大于修复工程本身付出的代价。其中,利益和代价的评估涵盖经济因素和非经济因素。经济因素包括修复引起的土地价格的变动,包括对周边土地价格的影响;场地的前期调查和监测费用、现场的施工费用、专家咨询费、人力资源费、后续的维护费、以及异地处理费等。非经济利益评估包括因土地功能的转变所面临的再次利用的风险;因污染和修复工程带给公众的健康风险;工程实施后周边环境质量的改变等。

(2)修复工程对环境产生的不良影响应小于不采取修复工程对环境产生的影响。环境的不良影响可以是土壤性状的改变,周边水质、空气质量和生态环境的恶化,人类健康受到的影响,土地部分功能的丧失等。

(3)修复工程的实施对环境影响应减至最小,并且可以用具体的环境指标衡量,这些指标包括工程实施中空气污染物的排放、自然资源的直接利用、能量的消耗、材料的利用以及废弃物的再次利用率等。

(4)采用修复方法时还应考虑修复工程对环境产生的影响给子孙后代带来的风险。因此长期的环境监测、修复后的维护、地下土层和地下水的活动情况、土地的管理事宜、污染物持久性的降解过程以及土壤的持续性利用问题都应该在考虑范围之内。

(5)决策过程还应注重社会中利益相关方的参与性。

10.1.4 安全性原则

尽可能选择对土壤肥力、生产力负面影响小的技术,如植物修复技术、微生物修复技术等。在农田土壤修复技术在实施过程中要确保修复工程实施安全,防止对施工人员,周边人群健康以及生态环境产生危害和二次污染。

10.2 水田污染土壤修复技术

10.2.1 水田土壤系统污染特征

水田指用于种植水稻、莲藕等水生农作物的耕地。包括实行水生、旱生农作物轮种的耕地。水田按水源情况分为灌溉水田和望水田两类。灌溉水田指有水源保证和灌溉设施,在一般年景能正常灌溉,包括灌溉的水旱轮作地。望水田指无灌溉工程设施,主要依靠天然降雨,包括无灌溉设施的水旱轮作地。

水田目前主要存在两大问题:

(1)水田开发在有效利用土地资源,增加粮食产量,提高农民生活质量,保障国家粮食安全的同时,也会带来一系列环境问题。比如盐碱化土地进行水田开发活动带来的影响更为突出。土地利用方式的改变明显地影响土壤的水分管理和耕作方式,土壤剖面的氧化还原环境也发生了明显的变化,由此引起了土壤性质的演变。基于同样的经济利益原因,20 世纪 80 年代以来,大量的水田被改造成菜地和果园,农民投入大量的肥料以期获得较高的收益,对土地进行了高强度的集约化管理,扰动剧烈,也就造成了土壤养分的不稳定流动,导致土壤氮、磷流失风险加大,农业面源污染排放负荷量增加等。

建议的方法是:适度使用有机肥;采用化学改良剂及生物改良剂;污染严重的水田,避免种植食用的农作物;采用农业生态工程措施对污染区域进行修复,如植物及微生物共同作用可有效降低环境中重金属含量。例如:云南大理市水产技术推广站对 2600 多亩清退库塘开展水生经济作物种植示范,实施种植水生蔬菜(海菜花、莲藕、慈姑、菱角等品种)和利用微生物制剂调节水质等生态养殖技术,改善养殖水体生态环境,实现健康、环保的新型养殖模式。

(2)水稻田重金属污染现状严峻。水稻是全球近 50% 人口及我国 65% 以上人口的主粮。我国水稻土面积为 2978.0 万 hm^2,约占全国耕地面积的 1/5。我国粮食主产区水稻土分为 4 大区域:东北区,主要分布在吉林、黑龙江;长江中下游地区,主要分布在江苏、上海、浙江、安徽、江西、湖北、湖南;西南区,主要分布在四川、重庆、云南、贵州;华南区,主要分布在福建、广东、广西、海南。

在工业化、城市化和现代集约化农业快速发展的背景下,工矿业污染、农业过度施肥与污染水源灌溉等人类活动,造成水稻土中重金属元素的输入量和累积量超出土壤本身自净能力,并在作物可食用部分中累积和通过食物链传递,威胁着人类健康,重金属污染水稻田的治理迫在眉睫。稻田重金属污染的治理目标,不仅是抑制重金属对水稻的毒害和提高其产量,更重要的是减少水稻对重金属元素的吸收,抑制其进入食物链,保障粮食安全。

在我国,不同学者根据不同地区的稻田土壤及稻米 Cd 污染情况进行了相关研究。在我国各地均有稻米中 Cd 含量超标的现象,特别是在湖南、福建、广东、浙江等南方省份。Cd 通过食物链进入人体,能在人体内长期存在,对人体的骨骼、肾脏、肝脏等产生毒害作用。1989 年就有报道表明,我国 11 个灌区遭受 Cd 污染农田面积达 12000 hm^2。沈阳张士灌区严重污染区土壤 Cd 含量高达 5~7 mg/kg,稻米 Cd 含量也达 1~2 mg/kg。针对太湖地区几种类型水稻土进行的研究结果显示 Cd 的积累速率达到 0.3~3 $\mu g/(kg \cdot 年)$,年污染通量为 0.0008~0.01 $kg/(hm^2 \cdot 年)$,整个区域 Cd 的污染通量较国际上的报道偏高。在湖南省矿业城市郴州的一次 2515 km^2 稻田土壤及稻米 Cd 抽样调查中,土壤 Cd 含量为 2.72~4.83 mg/kg,相应的稻米中 Cd 含量为 0.01~4.43 mg/kg,平均值为 0.39 mg/kg,超标严重。

2000 年以来频繁报道的"砷米"事件引起了社会各界广泛的关注。水稻对 As 的吸收能力相当于小麦、大麦、玉米等其他谷类农作物的 10 倍。调查发现,世界上许多国家生产的大米中 As 含量超过 100 $\mu g/kg$,而一些污染严重地区比如孟加拉国生产的稻米中 As 含量超过 1800 $\mu g/kg$。我国大米中总 As 的含量平均为 140 $\mu g/kg$,无机 As 含量平均为 103 $\mu g/kg$,但是在一些污染的矿区比如湖南和广东省大宝山生产的大米平均砷含量超过 200 $\mu g/kg$。稻米是通过食物途径暴露无机砷的最重要来源,大约是我国人群无机砷平均摄入量的 60%。

2000 年中国总膳食 Hg 摄入量的研究结果显示,居民膳食中总 Hg 摄入量的约 50% 来自谷类(主要为大米)。研究发现中国稻米 Hg 含量呈带状分布,受 Hg 污染的情况由南到北和由东到西均呈现轻-重-轻的趋势。江西、湖北、湖南、广东、广西和四川等 6 省(自治区)抽检的 1321 份稻米样品中总 Hg 含量范围是 0.8~63.4 $\mu g/kg$,各省稻米平均 Hg 含量范围是 3.7、12.3、2.1、2.3、1.3、3.1 $\mu g/kg$。广东、东北三省、江西、广西、湖北、湖南、贵州、江苏和上海等地精米中总 Hg 含量为 0.86~47 $\mu g/kg$,总平均值为 9.5 $\mu g/kg$,且我国稻米中总 Hg 对居民健康风险贡献为 1.7~12%。大量实地采样结果显示土壤中 Hg 含量在一定范围内和水稻 Hg 含量呈正相关,在水稻生长过程中根系会吸收土壤中的 Hg,在向上运输营养物质的同时也将 Hg 带到水稻植株的其他部位,进而造成 Hg 的积累和危害。

上述这些研究虽然地域分散,在全国范围内不具有系统性、全面性,但也基本呈现出一些特点,即污染区域多分布在金属采矿区、工业区和乡镇企业周围,在南方经济相对发达地区具有一定的普遍性,这些区域的污染土壤至今没有得到有效的控制与修复,有必要采取一些措施改善这种状况以确保稻米的安全生产。

10.2.2　水田污染土壤修复适用技术概述

水田污染土壤污染修复技术可以分为物理修复技术、化学修复技术以及生物修复技术。但是考虑到水田生态系统的安全稳定,土壤功能的可持续性,可操作性、经济可达性及社会可接受性,很多物理和化学技术措施都不可用。针对水田土壤污染状况,适用的修复技术主要有:

源头控制技术:水田的污染物主要是污水灌溉、大气干湿沉降、畜禽粪便的直接施入以及肥料等添加剂的直接施入这几个过程引入的。因此污染的源头控制技术可以对应其目标分为以下几类:灌溉水净化技术、畜禽粪便无害化处理技术等。

污染物移除技术:将污染物从土壤中移除,主要指超富集植物技术等。

污染物钝化技术:将污染物固定稳定在土壤中,转化为不易溶解、迁移能力或毒性更小的形式,使其不易被植物吸收,如无机钝化技术、有机钝化技术、生物钝化技术等。

农艺调控技术:对作物进行筛选,及农艺管理措施调控,降低作物对土壤中污染物的吸收。如:低积累作物技术、叶面阻隔技术、水分管理、养分调控技术。

1. 灌溉水处理技术

水田中污染物大部分是由于利用污染水体灌溉而输入农田的,因此,保证灌溉水达到《农田灌溉水质标准》,减少污染物通过灌溉水进入农田十分重要。适用于农田灌溉水处理的方法大致可以分为化学法、物理处理法、生物处理法三大类。其中化学方法主要包括沉淀法和电解法;物理处理法包括溶剂萃取分离法、离子交换法、膜分离和吸附法;生物处理法包括生物吸附法、生物絮凝法。

(1)化学沉淀法　化学沉淀法的原理是通过化学反应使废水中呈溶解状态的重金属转变为不溶于水的重金属化合物,通过过滤和分离使沉淀物从水溶液中去除,包括中和沉淀法、硫化物沉淀法、铁氧体共沉淀法等。由于受沉淀剂和环境条件的影响,沉淀法往往出水浓度达不到要求,需作进一步处理,产生的沉淀物必须很好地处理与处置,否则会造成二次污染。

(2)溶剂萃取分离法　溶剂萃取法是分离和净化物质常用的方法。由于液液接触,可连续操作,分离效果较好。使用这种方法时,要选择有较高选择性的萃取剂,废水中重金属一般以阳离子或阴离子形式存在,例如在酸性条件下,与萃取剂发生络合反应,从水相被萃取到有机相,然后在碱性条件下被反萃取到水相,使溶剂再生以循环利用。这就要求在萃取操作时注意选择水相酸度。尽管萃取法有较大优越性,然而溶剂在萃取过程中的流失和再生过程中能源消耗大,使这种方法存在一定局限性,应用受到很大的限制。

(3)膜分离法　膜分离技术是利用一种特殊的半透膜,在外界压力的作用下,不改变溶液中化学形态的基础上,将溶剂和溶质进行分离或浓缩的方法,包括电渗析和隔膜电解。电渗析是在直流电场作用下,利用阴阳离子交换膜对溶液阴阳离子选择透过性使水溶液中重金属离子与水分离的一种物理化学过程。隔膜电解是以膜隔开电解装置的阳极和阴极而进行电解的方法,实际上是把电渗析与电解组合起来的一种方法。上述方法在运行中都遇到了电极极化、结垢和腐蚀等问题。

(4)物理吸附法　吸附法是利用多孔性固态物质吸附去除水中重金属离子的一种有效方

法。吸附法的关键技术是吸附剂的选择,传统吸附剂是活性炭。活性炭有很强吸附能力,去除率高,但活性炭再生效率低,处理水质很难达到回用要求,价格贵,应用受到限制。近年来,逐渐开发出有吸附能力的多种吸附材料。有相关研究表明,壳聚糖及其衍生物是重金属离子的良好吸附剂,壳聚糖树脂交联后,可重复使用 10 次,吸附容量没有明显降低。利用改性的海泡石治理重金属废水对 Pb^{2+}、Hg^{2+}、Cd^{2+} 有很好的吸附能力,处理后废水中重金属含量显著低于污水综合排放标准。

(5)生物吸附法 生物吸附法是指生物体借助化学作用吸附金属离子的方法。藻类和微生物菌体对重金属有很好的吸附作用,并且具有成本低、选择性好、吸附量大、浓度适用范围广等优点,是一种比较经济的吸附剂。用生物吸附法从废水中去除重金属的研究,美国等国家已初见成效。有研究者预处理假单胞菌的菌胶团后,将其固定在细粒磁铁矿上来吸附工业废水中 Cu,发现当浓度高至 100 mg/L 时,除去率可达 96%,用酸解吸,可以回收 95% 铜,预处理可以增加吸附容量。但生物吸附法也存在一些不足,例如吸附容量易受环境因素的影响,微生物对重金属的吸附具有选择性,而重金属废水常含有多种有害重金属,影响微生物的作用,应用上受限制等,所以还需再进行进一步研究。

(6)生物絮凝法 生物絮凝法是利用微生物或微生物产生的代谢物进行絮凝沉淀的一种除污方法。生物絮凝法的开发虽然不到 20 年,却已经发现有 17 种以上的微生物具有较好的絮凝功能,如霉菌、细菌、放线菌和酵母菌等,并且大多数微生物可以用来处理重金属。生物絮凝法具有安全无毒、絮凝效率高、絮凝物易于分离等优点,具有广阔的发展前景。

2. 畜禽粪便无害化处理技术

畜禽粪便是水田污染源之一,大量的畜禽粪便未经过无害化处理被农民充当有机肥施入土壤中,导致畜禽粪便中大量的病原菌、病虫卵、重金属、抗生素、化学添加剂等污染物进入土壤环境,造成土壤污染及退化。因此畜禽粪便必须进过无害化处理后,再施入土壤,才能保证农产品的安全生产。

传统的畜禽粪便无害化处理技术有堆肥处理法、生物发酵法及干燥处理法,其无害化主要针对畜禽粪便中的病原菌、虫卵。由于养殖业的集约化发展,畜禽粪便中出现越来越多的污染物,特别是重金属、抗生素。当今畜牧业生产中大量使用各种能促进生长和提高饲料利用率、抑制有害菌的微量元素添加剂,如 Zn、Cu、As 等金属元素添加剂,而这些无机元素在畜禽体内的消化吸收利用率极低,在排放的粪便中含量相当高。研究发现,在仔猪和生长猪日粮中添加无机铜($CuSO_4$)达 $100\sim250$ mg/kg,在猪的浓缩料中 Cu 的含量达 $1000\sim1500$ mg/kg;有的在仔猪日粮中添加锌($ZnSO_4$)达 $2000\sim3000$ mg/kg。中国每年使用微量元素添加剂 $15\sim18$ 万 t,但由于生物利用率低,大约有 10 万 t 未被动物利用随粪便排出至环境。

传统的无害化处理技术需要改良才能达到更好的无害化程度。重金属、抗生素及化学添加剂残留的减少变成衡量无害化程度的重要指标。随着堆肥腐殖化进程,畜禽粪便中重金属可被钝化,生物有效性降低。在畜禽粪污堆肥处理中适当添加钝化剂可以降低其还田后的重金属残留。常见的钝化剂有硅酸盐物质、钙镁磷肥、磷矿粉和粉煤灰等碱性物质含量较高的物质(表 10-1)。

另外,在畜禽日粮和垫料中添加 EM 微生物复合剂、丝兰属植物提取物、沸石粉、绿矾、活性炭、酸化剂等除臭剂,以此来吸附、分解、转化和抑制排泄物中的有毒有害污染物,对其进行无害化处理。在生长猪日粮中添加 2% 海泡石,可使粪尿中氨含量减少 6%。在幼畜日粮中添加酶制剂,可有效提高饲料消化利用率,降低粪尿中有害气体的产生量。

表 10-1 钝化剂对畜禽粪便堆肥中重金属的钝化效果

钝化剂类别	堆肥原料	钝化剂种类及比例	钝化效果					
			Cu	Zn	Pb	Cd	As	Cr
物理+化学钝化剂	猪粪	2.5%沸石+2.5%粉煤灰	69.72%	71.46%	72.60%	92.70%	54.82%	65.12%
		2.5%沸石+2.5%钙镁磷肥	69.72%	71.46%	72.60%	92.70%	54.82%	65.12%
物理钝化剂	猪粪	2.5%沸石	54.79%	63.35%	59.10%	74.04%	34.34%	59.82%
		10%硅藻土	—	—	50.66%	56.72%	22.10%	—
		2.5%沸石				87.80%		
化学钝化剂	猪粪	10%风化煤	69.03%	84.09%	—	—	27.49%	55.76%
	鸡粪	10%风化煤	76.91%	79.34%			24.98%	63.93%
	牛粪	0.65%木醋液	21.72%	33.11%				
生物钝化剂	猪粪	香菇菌渣	—	—		45.45%	71.38%	57.89%

3.超富集植物修复技术

利用超富集植物原位修复技术可以降低水田土壤中重金属污染物的含量,另外,可以通过在土壤中添加一些化学试剂,强化植物根系对土壤重金属污染物的吸收。一般超富集植物修复中度污染 Cd、As 污染农田至少需要十年以上,甚至长达几十年至上百年;对重金属轻度污染土壤,一般不宜采用植物修复。植物修复比较适应于高重金属污染土壤,但随着修复年限的增加,修复效率也会逐渐下降,影响修复治理效果,增加治理费用。

4.污染物钝化技术

水田钝化技术即水田的稳定化技术,即通过施用调理剂来调节土壤理化性质以及吸附、沉淀、离子交换、腐殖化、氧化-还原等一系列反应,使重金属在一定时期内不同程度地稳定在土壤中,阻止其从土壤通过植物根部向农作物地上部的迁移累积。土壤钝化技术又可以分为无机钝化技术、有机钝化技术、生物钝化技术。

无机钝化技术的可选材料有很多,包括磷酸盐类(羟基磷灰石、磷矿粉、磷酸、磷肥和骨炭等),硅酸盐类(膨润土、蒙脱石、海泡石、钾长石、凹凸棒土、麦饭石和沸石等),碳酸盐类(石灰、粉煤灰、石膏和白云石等),金属及金属氧化物(零价铁、氢氧化铁、硫酸铁、针铁矿、水合氧化锰、锰钾矿、氢氧化铝、赤泥等)还有一些化学试剂等。

有机物料不仅可作为土壤肥力改良剂,也是有效的土壤重金属吸附、络合剂,因而被广泛应用于土壤重金属污染修复中。有机物质通过提升土壤 pH、增加土壤阳离子交换量、形成难溶性金属有机络合物等方式来降低土壤重金属的生物可利用性。常见的有机钝化剂有堆肥、腐殖酸、生物碳等。

生物钝化是指依靠微生物活动使环境中的污染物活性降低,转化为低毒甚至无毒物质的过程。某些微生物细胞壁外含有大量带正、负电荷的基团,如氨基、咪唑、碳水化合物、去磷脂酸、肽聚糖,以及微生物代谢产生的胞外聚合类物质等均可与环境中的多种重金属元素发生诸如离子交换、配位结合或络合等定量化合反应而达到固定重金属的目的。

钝化修复技术具有修复速率快、稳定性好、费用低、操作简单等特点,同时不影响农业生产,可以实现边修复边生产,尤其适用于修复大面积中轻度重金属污染农田土壤。大量研究表明:土壤经钝化修复后,重金属 Cd、Pb 等有效态一般可降低 30%～60%,农作物(稻米、蔬菜地上部)中 Cd、Pb 等含量可降低 30%～70%;一般土壤中 Cd、Pb 等钝化修复稳定性可以达到 3 年以上。但该项修复技术可能会影响土壤环境质量,修复稳定性需要进行长期监控评估。

5. 低积累作物技术

在土壤-植物系统中,污染物的类型、浓度、植物生理生化指标、品种基因差异和土壤生态环境都会影响植物吸收累积污染物。低积累作物技术是筛选和培育重金属低累积品种,使其可食部位的污染物含量低于相关食品安全标准限值。

在轻度重金属污染的农田种植低累积作物品种可以明显降低作物地上部重金属累积量,但低累积作物品种对重金属含量稍高的土壤不适应,需要与诸如化学钝化修复技术进行联合。

6. 水肥管理技术

研究表明:水稻全生育期淹水,可显著降低土壤 Cd 有效态,降低稻米中 Cd 的吸收累积。采用水田改旱地种植模式可以降低土壤 As 的毒性。但在 Cd、As 复合污染下,水田改旱地会增加 Cd 的生物有效性。所以 Cd、As 污染农田治理需要统筹考虑,以免在降低 Cd 污染的同时,却增加了 As 污染。

在农田 Cd 含量处于污染临界值附近或已受 Cd 污染的土壤上,应避免施用高量的酸性肥料如尿素、氯化铵、普钙,以及其他酸性物料。在常用磷、钾肥中,磷酸二铵和硫酸钾在 Cd 污染土壤上施用更为适合。

7. 叶面阻隔技术

叶面阻隔技术是向植物叶面喷施阻隔剂,通过阻隔剂改变重金属在植株体内的分配,抑制重金属向农产品可食部位运输,降低农产品中重金属含量。尽管叶面阻隔技术易受天气因素制约,不适用于高污染区,但因成本低、环境友好、无二次污染、高效增产,有大面积应用于中轻度重金属污染稻田的潜力。

目前喷施的阻隔剂大部分为硅制剂材料,例如在 Cd、Pb、Cu、Zn 复合污染土壤中种植水稻,在 3 个生长期(苗期、分蘖期、抽穗期)内进行叶面喷施纳米硅,结果表明,籽粒中 Cd、Pb、Cu、Zn 的吸收量均显著降低,且喷施有机硅对水稻重金属毒害的缓解效果更显著。叶面施用 B、Mo 和 Se 等其他微量元素,既可以补充农作物微量元素、改善农产品质量,又可以与重金属发生拮抗作用,缓解重金属对农作物的毒害作用及其在农作物体内的积累。

10.2.3　水田污染土壤修复实施的基本流程

水田污染土壤修复实施的一般程序参照《受污染耕地治理与修复导则》(NY/T 3499—2019),如图 10-1 所示,包括:基础数据和资料收集、受污染水田污染特征和成因分析、治理与修复的范围和目标确定、治理与修复模式选择、治理与修复技术确定、治理与修复实施方案编制、治理与修复组织实施、治理与修复效果评估等。

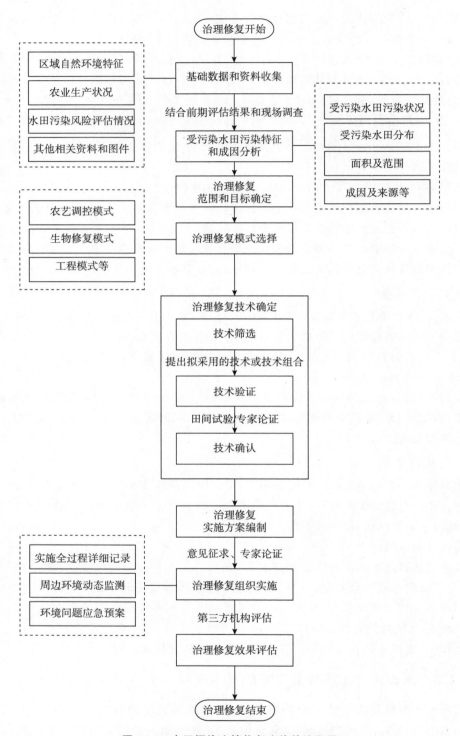

图 10-1 水田污染土壤修复实施的流程图

10.2.4　水田污染土壤修复实施方案设计

1.基础数据和资料收集

在受污染水田修复工作开展之前,应收集治理与修复相关的资料,包括但不限于以下内容:

(1)区域自然环境特征　气候、地质地貌、水文、土壤、植被、自然灾害等。

(2)农业生产状况　农作物种类、布局、面积、产量、农作物长势、耕作制度等。

(3)水田污染风险评估情况　包含土壤环境状况、农产品监测资料、污染成因分析等。

土壤环境状况:土壤污染物种类、含量、有效态含量、历史分布与范围,土壤环境质量背景值状况、污染源分布情况等。

农产品监测资料:农产品超标元素历年值、农产品质量现状等。

污染成因分析:受污染水田与农产品污染来源、污染物排放途径和年排放量资料、农灌水质及水系状况、大气环境质量状况、农业投入品状况等。

(4)其他相关资料和图件　土地利用现状图、土地利用总体规划、行政区划图、农作物种植分布图、土壤(土种)类型图、高程数据、耕地地理位置示意图、永久基本农田分布图、粮食生产功能区分布图等。

收集资料应尽可能包括空间信息。点位数据应包括地理空间坐标,面域数据应有符合国家坐标系的地理信息系统矢量或栅格数据。

2.治理修复区域内水田污染特征分析

汇总已有调查资料和数据,判断已有数据是否足以支撑治理与修复工作精准实施。如有必要,应在治理和修复工作开展前,进行土壤与农产品加密调查,摸清底数,确定治理修复边界。综合分析收集到的资料和数据,明确水田土壤污染的成因和来源等,为制定方案和开展治理修复工作提供支撑。

3.治理与修复的范围和目标确定

根据耕地污染风险评估及土壤与农产品加密调查结果,综合工作基础、实际情况、经济性、可行性等因素,明确受污染水田治理修复的范围,确定受污染水田经治理与修复后需达到基本目标还是参考目标。

4.治理与修复模式选择

根据耕地污染风险评估及土壤与农产品加密调查结果,基于水田污染类型、程度、范围、污染来源及经济性、可行性等因素,因地制宜地选择治理与修复模式,如农艺调控模式、生物修复模式、工程模式、其他模式。对已确定污染源的地块或区域,在治理和修复中,应考虑切断污染源,减少污染物的输入。

5.治理与修复技术确定

包括技术筛选、技术验证和技术确认 3 个环节。

(1)技术筛选　治理与修复模式确定后,从该模式备选治理与修复技术中,筛选潜在可用的技术,采用列表描述分析或权重打分等方法,对选出的技术进行排序,提出拟采用的技术或技术组合。

(2)技术验证　对拟采用的治理与修复技术进行可行性验证。参考《肥料效应鉴定田间试验技术规程》(NY/T 497—2002),选择与目标区域环境条件、污染种类及程度相似的耕地开展田间试验,或者直接在目标区域选择小块耕地开展田间试验。如治理修复技术已在相似水田开展田间试验,并可提供详细试验数据和报告,经专家论证后,可以不再开展田间试验。

(3)技术确认   根据技术的田间试验结果,综合经济性、可行性等因素,最终确定目标区域内受污染水田治理与修复技术。

6.治理与修复实施方案编制

根据以上确定的治理与修复的范围、目标、模式、技术等,编制受污染水田治理与修复实施方案。实施方案需要经过意见征求、专家论证等过程。

7.治理与修复组织实施

严格按照治理与修复实施方案确定的步骤和内容,在目标区域开展受污染水田治理与修复工作。对治理与修复实施的全过程进行详细记录,并对周边环境开展动态监测,分析治理与修复措施对水田及其周边环境的影响。对可能出现的环境问题需有应急预案。

8.治理与修复效果评估

评估受污染水田经治理与修复后是否达到治理修复目标。治理与修复完成(或阶段性完成)后,由第三方机构对治理与修复的措施完成情况及效果开展评估。对于基本目标,评估方法参照《耕地污染治理效果评价准则》(NY/T 3343—2018);对于参考目标,评估方法参照 NY/T 3343—2018 与《污染地块风险管控与土壤修复效果评估技术导则(试行)》(HJ 25.5—2018)。

10.2.5 修复案例

1.案例地背景情况

案例地气候为中亚热带的典型地段,具有春季低温多雨、夏季高温光强、秋季温和少雨、冬季冷湿的特点,年平均气温为 17.2 ℃,年平均无霜期为 297 d,年均日照总时数为 1600 h,年平均降雨量 1361 mm,冬季盛行偏北风,夏季盛行偏南风,适合种植水稻。案例地地形图测量现场照片见图 10-2。

图 10-2 案例地地形图测量现场照片

2.案例地水田土壤污染特征

案例地土壤基本理化性质、土壤和水稻中的重金属含量见表 10-2。土壤 pH 为 6.38±

0.16，土壤中 Cd 全量为 0.67±0.07 mg/kg，土壤有效态 Cd 为 0.44±0.04 mg/kg。参考《土壤环境质量　农用地土壤污染风险管控标准》(GB 15618—2018)，该区域表层土壤中 Cd 含量超过限量值(0.3 mg/kg)，属于 Cd 轻度污染，但土壤有效态含量很高，污染来源主要是大气沉降和灌溉水。

图 10-3 为该区域三个剖面土壤中的 Cd 含量变化，总体均呈现出随深度增加而降低的趋势，除了剖面 3 以外，另外两个剖面在土壤深度 40 cm 以下 Cd 的含量均低于 0.3 mg/kg 的土壤质量二级标准，表明该区域耕地土壤中 Cd 的污染主要位于表层的耕作层，并未影响到下层土壤；而剖面 3 在土壤深度 40~60 cm 时超过了 0.4 mg/kg，分析可能为异常值。

表 10-2　案例地土壤理化性质和水稻重金属含量($n=40$)

项目	最小值	最大值	平均值	标准差
pH	5.77	7.22	6.38	0.16
有机质/(g/kg)	17.00	27.61	22.20	2.17
阳离子交换量/[cmol(+)/kg]	10.10	18.43	14.31	1.71
全氮/(g/kg)	1.20	4.10	2.40	0.10
全磷/(g/kg)	0.50	1.20	0.70	0.03
全钾/(g/kg)	16.50	23.40	19.80	0.45
碱解氮/(mg/kg)	14.56	178.36	79.33	8.63
速效磷/(mg/kg)	7.00	46.21	19.19	1.83
速效钾/(mg/kg)	89.84	207.72	143.06	5.74
土壤总 Cd/(mg/kg)	0.35	0.87	0.67	0.07
土壤有效态 Cd/(mg/kg)	0.28	0.54	0.44	0.04
水稻 Cd/(mg/kg)	0.27	1.27	0.64	0.23

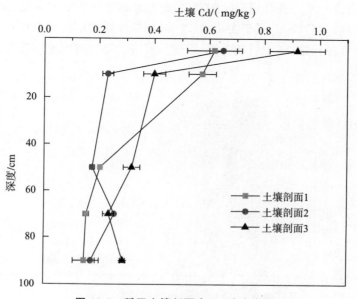

图 10-3　稻田土壤剖面中 Cd 浓度变化

采用双因子污染指数评价方法进行评价(表 10-3)。$P_{\max i}$ 为 2.67。稻米污染指数 E_i 为 2.875,土壤安全水平处于高风险。

表 10-3　案例地稻田土壤重金属的含量及其污染评价

重金属种类	土壤中重金属含量/(mg/kg)			污染评价	
	最小值	最大值	平均值	污染指数 P_i	污染程度
Pb	1.43	10.08	3.73	0.006~0.04	清洁
Cd	0.40	0.80	0.64	1.30~2.67	轻微-轻度污染
Zn	113.88	151.35	133.30	0.57~0.76	清洁
Cr	39.59	55.41	47.52	0.16~0.22	清洁

3. 案例地水田土壤修复技术模式

(1)灌溉水处理技术　根据前期的案例地调查结果,当地灌溉水源存在重金属污染的风险,为确保灌溉水源的清洁,设置小型灌溉水净化装置,减少灌溉水对案例区稻田的镉输入。

小型灌溉水净化装置采用格栅＋快速净化墙工艺对灌溉水中的镉进行处理。进水水质按 0.10 mg/L 设计,出水达农田灌溉水安全标准 0.01 mg/L(图 10-4)。快速净化墙采用插槽式安装方式,2 号田和 4 号田灌溉前安装净化装置,并堵住下游出水,灌溉完成后取出净化装置,打开下游出水,对下游农田进行灌水。每组灌溉水净化装置均预留两套同等规格快速净化墙的卡槽,防止进水水量或进水浓度突增对灌溉水的影响。净化装置现场照片见图 10-5。

南方地区大多农田灌溉水不符合《农田灌溉水质标准》(GB 5084—2021),这是农田重金属污染的重要因素之一,因此,开发灌溉水入田前低成本、快速净化的技术,便于实施并且可以有效地防止一部分污染源向农田的输入。

(2)叶面阻隔技术　试验分两部分完成,第一步,筛选出几种有效的叶面阻隔剂,第二步,针对田间实验结果进一步筛选叶面阻控剂种类,优化喷施浓度及喷施方法,最终得出最适宜中轻度镉污染稻田的叶面阻控剂,用于大田推广。叶面阻隔模式小区每个地块用 1 m 长竹竿和塑料绳分割,插标牌做标记,便于后期施肥、采样和管理。喷施时间选在清晨,在水稻分蘖期、

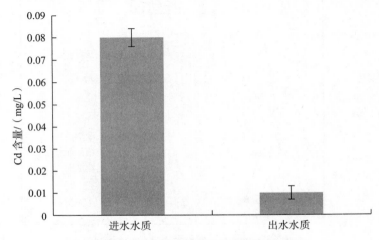

图 10-4　小型灌溉水净化装置处理灌溉水

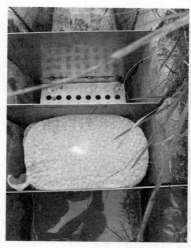

图 10-5　灌溉水净化装置现场照片

扬花期各喷施一次。喷施浓度及喷施时间基于前期盆栽试验研究。两年四季的试验筛选出了适宜在中轻度镉污染稻推广的三种叶面阻隔剂,成分为 S、S+La、S+P;喷施时间为分蘖期和扬花期各喷施一次;降镉率达到 40％~70％;最高增产 40％。

（3）钝化技术　选取磷矿类和黏土类物质作为主要钝化剂成分进行尝试,筛选适合的浓度以及钝化剂持效性验证。钝化剂用量设置 3 个梯度,分别为 0.1％、0.15％ 和 0.2％,即 150 kg/亩、225 kg/亩和 300 kg/亩。

本案例地采用钝化技术后,水稻糙米镉含量显著降低,与对照比较,早稻糙米中镉的下降率为 50％~63％;土壤有效态镉的下降率为 46％~64％,高剂量的钝化剂添加效果最优(图 10-6 和图 10-7)。为了探究此钝化剂的持效性,在晚稻期间并未施入钝化剂,中剂量及低剂量的钝化剂添加持效性不佳,而高剂量的钝化剂持效性较好。

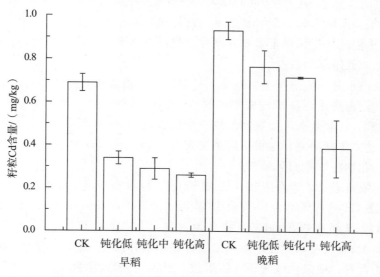

图 10-6　施加钝化剂当季与下一季水稻籽粒 Cd 含量

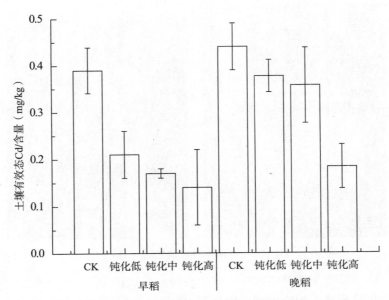

图 10-7　施加钝化剂当季与下一季水稻土壤有效态 Cd 含量

　　试验结果显示,单项措施钝化技术能明显降低糙米镉和土壤有效态镉的含量,但针对风险高的农田土壤,仅凭钝化技术难以达标,需采用集成修复技术模式。

　　(4)技术集成　单项修复技术对本案例地农产品(稻米)中镉有一定的降低效果,但由于案例地属高风险等级,单纯依靠单项修复措施无法使农产品中镉达到《食品安全国家标准　食品中污染物限值》(GB 2762—2022),因此,针对案例地土壤性质、污染特点,种植模式及风险等级,将多种高效技术进行优化组合和集成,实现对耕地污染风险的削减和控制。

　　①叶面阻隔＋土壤钝化。由于大气沉降是该地区主要的污染源之一,单是喷施叶面阻隔剂可以减少大气沉降造成的一部分镉的输入,但仍未实现稻米达标。将叶面阻隔与土壤钝化集合,可以从大气和土两方面实现修复效果。在种植水稻前将钝化剂均匀撒施于稻田土壤表面,通过多次翻耕使其与耕作层土壤充分混合。整田淹水老化 2 周。同时,在水稻生长的分蘖期和扬花期喷施叶面阻隔剂。

　　②灌溉水处理＋叶面阻隔＋土壤钝化。针对案例区的最重要的两个污染源:大气和水,从源头阻控可以有效地防止污染源向农田的输入。同时针对该地土壤有效态镉含量较高的特点,采用钝化技术。在灌溉水入田前安装快速净化装置;在种植水稻前将钝化剂均匀撒施于稻田土壤表面,通过多次翻耕使其与耕作层土壤充分混合。整田淹水老化 2 周;同时,在水稻生长的分蘖期和扬花期喷施叶面阻隔剂。

　　案例区采用集成技术"叶面阻控＋土壤钝化",与对照相比,水稻糙米中 Cd 下降率为58%,土壤有效态 Cd 的下降率为 5%;采用"灌溉水处理＋叶面阻控＋土壤钝化",水稻糙米中Cd 下降率为 83%,土壤有效态 Cd 的下降率为 30%(图 10-8 和图 10-9)。

　　试验结果显示,集成技术的使用效果由于单项技术,两种集成技术均能明显降低糙米镉和土壤有效态镉的含量,"灌溉水处理＋叶面阻控＋土壤钝化"效果最优。

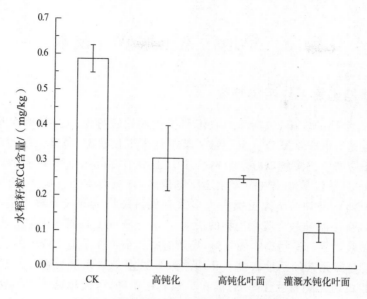

图 10-8　不同修复措施下水稻籽粒 Cd 含量

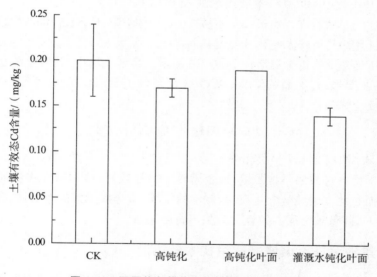

图 10-9　不同修复措施下土壤有效态 Cd 含量

4. 案例地修复治理经验总结

（1）本修复治理示范项目针对中国南方典型重金属污染水稻田特点，筛选出的"灌溉水处理＋叶面阻控＋土壤钝化"修复技术模式具有很好的应用前景和示范意义，具有在同类型水田污染区推广应用的价值和潜力。

（2）水田污染土壤修复技术和技术集成体系的选择需要考虑污染风险等级、污染源、污染途径、污染土壤特性、单项技术体系的特性等影响因素。

（3）从长远出发，水田污染修复仍将按照"预防为主、防治结合"的观点，加强对污染源的监督，加强对灌溉水、农药、化肥等农资产品的检测，实现防治结合。

10.3　旱地污染土壤修复技术

10.3.1　旱地土壤系统污染特征

凡经常不保持水层的农田,包括灌溉农田和旱作农田统称旱地。旱地在我国分布面积广泛,所包含的土壤类型也非常复杂。由于常年基本处于氧化状态,旱地土壤污染特征如下。

(1)有机污染物的生物降解以好氧分解为主　土壤中有机污染物的生物降解是在微生物参与作用下进行的。一般旱地土壤的氧化还原电位高,好氧微生物占优势,有机质分解作用较强,有机质含量也较低。同时,旱地土壤中大多数有机污染物以好氧分解为主,分解相对迅速。但少水或缺水条件会限制某些土壤微生物的活动,在一定程度上减弱有机氯类农药、多环芳烃苯并[a]芘、抗生素磺胺类等有机污染物的降解,导致这些污染物在旱地土壤中的残留量较水田高。

(2)大多数重金属元素的活性较高　土壤中大多数重金属元素为亲硫元素,在厌氧还原条件下易生成难溶性的硫化物有效性降低,但在旱地氧化条件下,硫化物转化为易溶性的硫酸盐,其中的重金属元素如 Cu、Zn、Pb、Cd 等被释放出来,生物活性增强。而具有化合价变化的元素如砷、铬元素,在旱地土壤中常以高价态形式存在,即铬以 Cr^{6+}($Cr_2O_7^{2-}$ 和 CrO_4^{2-})形态存在,砷以无机砷酸盐(AsO_4^{3-})形式存在。由于 Cr^{6+} 不易被土壤胶体吸附,具有较高的活性,易对植物产生毒害。而砷酸盐在土壤中易被胶体吸附,土壤对其固定能力强,大大降低了其有效性和生物毒性。

(3)土壤 pH 仍是影响重金属活性最重要的因素　旱地土壤中,碳酸盐结合态是大多数重金属元素存在的主要形态,如镉主要以 $CdCO_3$、$Cd_3(PO_4)_2$ 及 $Cd(OH)_2$ 等形态存在,其中又以 $CdCO_3$ 为主,其反应式为:

$$Cd^{2+}+CO_2+H_2O=CdCO_3+2H^+$$

即旱地土壤中 Cd^{2+} 浓度与 pH 呈负相关。

由此,在我国南方过酸的旱地土壤,重金属元素活性较高,添加碱性物质如施石灰可有效降低其有效性,而在北方碳酸盐含量高、呈碱性的土壤,重金属元素的有效性相对较低,即使进一步提高土壤 pH,降低重金属有效性的效果不再明显。

10.3.2　旱地污染土壤修复适用技术概述

(1)污染土壤实行分类管理制度　根据“土十条”和“土壤污染防治法”,我国对污染农用地实施的是“分级分类管理制度”,即根据农用地土壤和农产品协同监测与评价结果,按污染程度将其划分为优先保护类、安全利用类和严格管控类 3 个类别,并采取不同措施管理。其中,未污染和轻微污染的为优先保护类,轻中度污染的为安全利用类,重度污染的为严格管控类。对优先保护类农用地为,实行严格保护;对安全利用类农用地,结合主要作物品种和种植习惯等情况,制定并实施安全利用和修复治理方案;对严格管控类农用地,严禁种植食用农产品,依法划定特定农产品禁止生产区域,调整种植结构,在污染土壤上种植非食用植物,如花卉、经济林木、棉麻类等经济作物,或退耕还林还草等风险管控措施。

(2)污染旱地修复适宜技术　目前,污染土壤修复采用的策略,一是降低农产品污染物积累,二是削减污染物总量。对于农用地,其修复后需维持土壤的生态功能和农业用途,不适宜用破坏土壤结构和肥力的修复技术,如高温热解、气相抽提、化学淋洗、电动修复和固化填埋等。对于农用地,降低土壤污染物浓度的技术有工程修复和生物修复,而降低农产品污染物积累的修复技术包括原位钝化、农艺调控及联合修复等。

①工程修复技术。对污染旱地土壤,常见的工程措施有客土、换土和深耕翻土 3 种方式,分别通过表层添加干净土、置换污染土、深翻土壤达到降低耕作层污染物浓度,减轻危害的目的。由于农地土壤重金属污染多集中在表层,这 3 种方式也是重金属污染旱地修复治理的经典措施。其中深耕翻土适用于轻度污染土壤,而客土和换土适宜重度污染区,客土和换土的厚度根据作物根系分布情况而定,一般旱地土壤为 15～20 cm。工程修复具有彻底、稳定、快速的优点,但存在工程量大、成本高、破坏土壤结构、降低土壤肥力等问题,工程实施后,还需对工程实施区的土壤进行培肥,或处理置换出的污染土壤,仅适用小面积污染土壤修复。

②化学钝化修复技术。这项技术是向土壤中添加一种或多种钝化材料,通过吸附、络合、氧化还原和沉淀等一系列反应,降低污染物在土壤中的移动性和生物有效性,从而达到修复目的。因该技术具有原位、投入低、修复快速、操作简单等特点,在中低度重金属污染土壤修复中应用日益广泛。目前,针对重金属污染农用地,根据理化性质,钝化剂可分为 3 类:①无机钝化剂,主要有石灰、磷矿粉、羟基磷灰石、膨润土、赤泥等;②有机钝化剂,主要有作物秸秆、畜禽粪肥、堆肥等;③微生物钝化剂,主要有丛枝菌根真菌、还原类细菌、部分好氧细菌等,通过与其他钝化剂或修复方法的结合使用来改变土壤重属的形态。近年来,还出现一些新型钝化材料如纳米羟基磷灰石、生物炭及其改性产物等。对重金属污染土壤而言,化学钝化修复只改变了土壤中重金属的赋存形态,重金属仍保留在土壤中,在环境条件(如 Eh、pH、温度和生物等)改变时均可能会引起重金属的再次活化,需要不断输入钝化剂来维持修复效果,这样可能导致土壤结构破坏,或造成土壤微量元素有效性降低,导致土壤肥力降低,作物减产。此外,受土壤、气候和植物种类的影响,钝化修复的效果也因地域及作物的不同而异。研发环境友好、效果持久、适宜区域土壤作物条件的钝化剂是化学钝化修复成功的关键,最佳添加量和添加频次也非常重要。

③生物修复技术。与物理和化学修复相比,生物修复因其低成本、原位、易操作、环境友好等特点在农地土壤修复中更有优势,在国内外污染农地中广泛应用。生物修复包括植物修复和微生物修复两个方面。关于植物修复主要用于重金属污染旱地土壤的修复,目前已有利用超富集植物东南景天、蜈蚣草,及高富集且生物量大的农作物籽粒苋、油菜、向日葵、麻类等修复砷、镉污染农地。但近年来,植物修复也用于有机污染物污染土壤的修复中。有报道表明,植物可将一系列复杂有机物降解为无毒成分如氯、二氧化碳和硝酸盐,禾本科草本植物和豆类植物对土壤 PAHs 有较强的去除能力,西葫芦是旱地土壤有机氯化合物(organ-ochlorinated compounds,OCs)的富集者,对低辛醇-空气分配系数的污染物如 OCs 等,一些植物还可在体内将其转化为可挥发形态后挥发。微生物修复是利用人工培养的或某些土著微生物群落,通过其代谢活动将污染物转化为无毒的物质,主要用于有机污染物如 PAHs、OCs 和 DDT 等污染农地的修复。微生物修复的效率受土壤环境和有机污染物性质的影响,且单一的微生物修复技术效率低,应与化学氧化法结合或添加表面活性剂强化,以提高微生物修复效率。

④农艺调控技术。该项技术通过改变土壤理化性质,影响土壤中污染物的生物有效性,从而抑制或促进污染物吸收、降解而达到修复的目的。主要措施有:①种植低积累农作物类型或品种,如在重金属污染土壤上种植胡萝卜、茄子、芥菜、丝瓜、番茄、辣椒等低度累积型蔬菜,或种植

小麦、玉米、油菜等作物的低积累品种;②优化施肥模式,如施用铵态氮会导致土壤酸化提高重金属的有效性从而促进植物对重金属元素的吸收,施用有机肥为土壤中的微生物提供充足的营养物质,有效促进有机污染的降解效率,施用钾肥可抑制小麦对镉的吸收等;③合理轮间套混作,如在镉污染农地上间作低积累玉米与超(高)富集植物东南景天,达到修复镉污染土壤的同时,可收获符合一定卫生标准的农产品;玉米、三叶草、黑麦草混作较单作更能有效去除土壤中的菲和芘,西葫芦和大豆间作可明显加强对土壤中二氯联苯的修复效果,东南景天和香芋套种也可显著降低污泥中苯并[k]荧蒽、苯并[a]芘、茚并[1,2,3-cd]芘等有机污染物;④生理阻隔,即通过向作物喷施生理阻隔剂以调节其生理代谢,从而降低农作物对污染物的吸收或污染物向作物可食用部位的转运,目前研究和应用的生理阻隔剂主要是含硅、硒、锌、铁、稀土、硫的肥料和植物调节剂。农艺调控技术具有投资小、简单易行、可实现便修复边生产的优点,在降低农产品中污染物积累及强化污染土壤生物修复中均有应用。但植物从土壤中吸收污染物,不仅取决于土壤中污染物的总量,还受土壤性质、气候条件、肥料类型及用量、植物种类、水分条件、耕作制度及营养元素间相互作用等的影响,各类农艺技术修复不同污染土壤的效果也不尽相同,低富集品种选育、最优的施肥及轮间套模式在不同区域的适应仍需进一步筛选和试验。

⑤联合修复技术。污染土壤修复实践中,由于环境条件极为复杂,因各类技术均有其缺点,采取单一种类的修复技术难以确保农产品达标,需集成多项修复技术以保障污染农地的安全种植。如重金属污染农田的超(高)富集植物-低积累品种间作修复、原位钝化＋低积累品种种植、施肥优化＋低积累品种等,有机污染物污染农田的化学氧化-微生物联合技术、植物-微生物联合修复等。

10.3.3　旱地污染土壤修复实施的基本流程

污染土壤的修复与安全利用实施的基本流程见图10-10。主要包括:基础数据和资料收集、土壤污染状况详查与分区分级、治理修复与安全利用的范围和目标确定、技术模式筛选、实施方案编制、工程组织实施与修复利用效果评估等。

(1)基础数据和资料收集　在受污染耕地治理与修复工作开展之前,应收集修复与安全利用区的相关资料,包括但不限于以下内容:

区域自然环境特征:气候、地质地貌、水文、土壤、植被、自然灾害等。

农业生产状况:农作物种类、布局、面积、产量、农作物长势、耕作制度、农业投入品来源及使用状况等。

土壤肥力状况:包含土壤 pH、有机质、全氮、有效氮磷钾含量、质地或机械组成等。

土壤污染状况初步调查结果:土壤污染物种类、含量、有效态含量、历史分布与范围,土壤环境质量背景值状况、污染源分布情况、农产品现状及超标情况等。

其他相关资料和图件:大气、水环境质量状况、污染物排放状况及污染源分布、土地利用现状图、土地利用总体规划、行政区划图、农作物种植分布图、土壤(土种)类型图、高程数据、耕地地理位置示意图等。

(2)土壤污染状况详查　汇总收集的资料和数据,确定污染物种类,判断这些数据是否足以支撑耕地修复与安全利用的精准实施。如有必要,应进行土壤与农产品加密调查,摸清底数,确定修复与安全利用边界。

(3)土壤污染分区分级与污染成因分析　根据土壤污染状况初查和详查结果,借用国家现

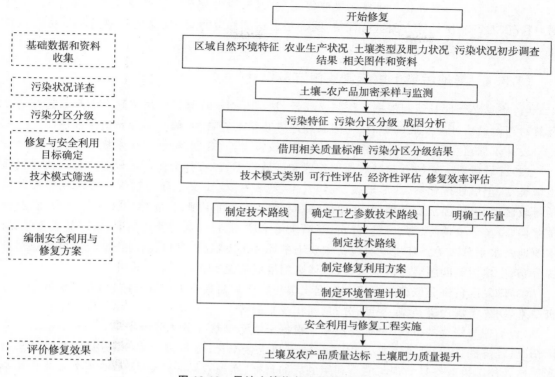

图 10-10　旱地土壤修复实施基本流程

行有效的土壤环境质量标准、农产品产量及其污染物限值的相关标准,对污染状况进行分区分级,明确安全利用区、修复治理区、严格管控区的分布、范围和面积,并在相关图件中显示出来。

污染成因分析:根据调查区土壤环境背景值、污染物排放途径和年排放量资料、农灌水质及水系、大气环境质量状况、农业投入品污染物含量等资料,判断土壤及农产品污染物来源,分析污染成因。

(4)土壤修复目标确定　同样是借用国家现行有效的土壤环境质量标准、农产品中污染物限值的相关标准主要通过根据土壤污染分区分级结果,借用国家土壤环境质量标准、农产品质量要求,结合工作基础、实际情况、目标的可达性等因素,确定安全利用区、修复治理区、严格管控区需达到的基本目标或参考目标,目标也可以分成总目标和分阶段目标。

(5)修复与安全利用技术模式选择　根据现有农用地污染土壤安全利用与修复技术,从技术的经济型、可行性和修复效率等角度,针对不同区域和污染程度因地制宜地选择治理修复技术模式,如农艺调控模式、生物修复模式、工程模式、其他模式。同时,对已确定污染源的地块或区域,应考虑切断污染源,减少污染物的输入。

(6)土壤修复实施方案编制　在确定修复目标和修复技术基础上,制定修复的技术路线,确定修复工艺技术,明确修复工程量,形成完整的修复方案,制定环境管理计划,保证在修复过程中不会对周边环境和人群产生不利影响。

(7)土壤修复组织实施　严格按照修复实施方案确定的步骤和内容,在目标区域开展污染耕地的治理与修复工作,对治理与修复实施的全过程进行详细记录,并对周边环境开展动态监测,分析治理与修复措施对耕地及其周边环境的影响,对可能出现的环境问题需有应急预案。

(8)土壤修复效果评估　土壤污染修复完成（或阶段性完成）后，需从土壤环境质量、土壤肥力状况、农产品质量等方面进行评估，明确是否达到修复目标，且保证土壤的基本功能和属性。评估一般由第三方机构进行。

10.3.4　旱地污染土壤修复实施方案设计

(1)修复必要性及编制依据　修复必要性：从拟开展治理修复区域耕地及农产品超标情况及其对当地经济社会发展的影响、与国家和地方政策的符合性、修复治理紧迫性描述。

设计依据：包括国家和地方相关法律法规、政策文件、规划、标准与技术规范。

(2)区域概况　介绍行政区域地理位置和区域自然、经济社会及环境概况。自然概况包括土壤类型、土壤地球化学、地形地貌、气候气象、地表水文、水文地质等情况。经济社会概况包括行政区划、国民经济发展规划、产业结构和布局、土地利用规划、农用地面积与分布、农业种植结构、畜禽养殖情况、污水灌区分布、灌溉水量水质、肥料和农药使用情况、农产品质量状况、水源地及水系分布等。环境概况包括主要土壤环境污染状况、点位超标区分布、土壤重点污染源分布、土壤污染问题突出区域分布、固体废物堆放情况等。

(3)修复区污染分区分级介绍　根据土壤与农产品初查或加密调查结果，介绍土壤分区分级结果，明确土壤污染类型、程度、分布、面积及来源等。

(4)治理与修复的范围、目标与指标　根据土壤污染状况分区分级结果，综合工作基础、实际情况、经济性、可行性等因素，采用定性语言与定量指标，逐一描述安全利用区、修复治理区和严格管控区采取修复治理与安全利用的后的目标、实施效果的评价指标（含对农业生产影响的指标），并论述其合理性。

(5)工程方案设计

①治理与修复技术评选。技术筛选与评估：简要介绍当前国内外受污染耕地治理与修复技术及其应用案例，包括技术要点、性能效果、适用条件、限制因素、运行成本、实施周期、可操作性等。针对目标区域，逐一开展技术筛选与评估。原则上应优先采取不影响农业生产、不降低土壤生产功能、不威胁环境安全的绿色可持续治理与修复措施，如农艺调控、施用环境友好的土壤调理剂等。可以采用列举法定性评估或利用技术评估工具表定量评估通过技术筛选的治理与修复技术，得到切实可行的技术。

技术方案比选：在技术筛选与评估的基础上，综合考虑土壤污染特征、土壤理化性质、农作物类型、地形地貌、种植习惯、水文地质条件、环境管理要求等因素，合理集成各种可行技术，形成若干治理与修复技术备选方案。备选方案可以由单项技术组成，也可由多项技术组合而成；可以是多个可行技术"串行"，也可以是"并行"。在充分考虑技术、经济、环境、社会等层面的诸多因素基础上，利用比选指标体系，比较与分析不同备选方案优点和不足，最终形成经济效益、社会效益、环境效益综合表现最佳的技术方案。

②技术方案设计。阐述总体技术路线，制定涵盖技术流程、技术参数在内的操作性方案及规程，绘制治理与修复实施平面示意图。总体技术路线应反映治理与修复的总体思路、技术框架及模式；技术流程详细介绍具体技术步骤、工作量、实施周期、必要的土地整理、水利配套基础设施建设等；技术参数应包括技术处理能力、实施条件、投入品配方及消耗、作业面积、作物种植方式、施肥管理等等；平面示意图应采用适宜的比例尺[1:(10000~50000)]，符合图式图例规范，图斑的边界和图例要清晰。

（6）组织实施与进度安排　治理与修复工作实施及推进方式,包括与政府、农业生产者、其他企事业单位、公众的关系及协调机制,还应说明信息公开方式以及舆情应对方案;进度安排应包括计划安排、实施阶段的划分等内容,并附实施进度表。

（7）经费预算　经费估算采用单价乘以工程量的合价法。估算价格一般采用当前的静态价格,也可考虑动态价格。应说明有关单价和税率采用的依据,总预算应包含详细的计算过程,并附总预算表。根据进度要求,提出经费使用年度计划,并说明资金的来源和额度。

（8）效益分析　采取定性与定量描述相结合的方法,分析实施治理与修复措施后将取得的环境效益、经济效益和社会效益,主要包括治理与修复措施对土壤环境质量改善、农产品质量改善、农业创收增效、公众健康、社会稳定的影响等。

（9）风险分析与应对　简要分析开展治理与修复过程中,可能存在的国家或地方相关政策调整导致的政策风险、相关技术操作不当导致的治理与修复效果不佳的技术风险、因受到公众或媒体的高度关注引发的社会风险等,阐述对相应风险的应对措施。

（10）二次污染防范和安全防护措施　阐述在治理与修复过程中,保护清洁土壤、地下水、地表水、大气环境、种植作物以及防止污染扩散的二次污染防范措施,及实施人员职业健康防护、周围居民警示、历史文化遗迹保护等安全防护措施。

（11）附件及附图

附件:包括拟修复区土壤污染分区分级报告、治理修复技术操作规范及作业指导书。

附图:治理与修复区域的地理位置图、治理与修复区域土壤污染状况空间分布图、治理与修复区域农产品污染物含量分布图、治理与修复技术方案流程图、治理与修复实施平面示意图、其他用于指导治理与修复过程的图件。

10.3.5　修复案例

（1）项目区概况　试验场地位于四川省某市,该地区自 20 世纪 40 年代初采取"土法炼硫黄"进行硫黄开采和冶炼,产生了大量废渣,场地关闭后,废渣并未得到有效处理。同时,废渣堆放场地势较高,废渣中的有害物质在雨水的淋洗下渗出,随地表径流作用向地势较低的周边迁移扩散,导致矿渣废弃地及农地土壤受到 Cu、Cr、As 污染,农产品中重金属含量超标,土壤酸化严重,属复合重金属污染类型。

（2）修复思路及目标　针对场地大量矿渣所造成的土壤重金属含量高、酸化严重,土壤结构破坏,营养缺乏,依据相关生态修复理论,根据区域自然环境和场地污染特征,对矿渣废弃地和周边农田采取有针对性的修复措施,以恢复矿渣堆积场地土壤生产力,改良矿渣周边农田的土壤肥力,降低农产品中的重金属含量,提高农产品的质量,保障人体健康。

（3）生态修复设计方案

①场地平整与地形改造。根据场地坡度较大、起伏不平,修复后以农业利用为主的特点,对场地进行挖垫、平整,改造成梯田水平,减少水土流失。同时根据坡度、农作物植株、行距要求进行断面设计。

②渣隔离封闭及基质覆盖。在对场地进行平整的基础上,对矿渣堆积区铺设隔离层,并在隔离封闭区域覆盖清洁土壤基质,保证农作物能够自然生根和生长。隔离层的主要原材料为无机多孔中性材料和黏土,具有隔离下渗雨水和吸附重金属离子作用。客土厚度为 80 cm,高于当地种植作物的根系深度,能有效减少污染物与作物根系的接触。

③土壤重金属含量削减及稳定化。针对场地周边农田受到重金属污染的问题,工程设计将化学钝化技术与植物修复联合使用,向污染土壤中添加活性物质(钝化修复剂),降低重金属的生物有效性和迁移扩散性。选取沸石、钙镁磷肥、酒糟等,以一定比例混合后组成复合钝化剂,通过机械翻耕的方式投加于农田中,并多次翻耕达到充分混匀的效果。钝化剂施加数月后,采用间作方式,栽种黑麦草、鸡蕨、酸茎草等本地植物以及超富集植物蜈蚣和耐重金属较强的玉米、高粱品种。

④生态因子调控。针对农田土壤酸化严重,客土土壤贫瘠,氮、磷、钾及有机质等营养物质不足,土壤中微生物数量低等问题,对酸化农田土壤采用施加石灰法中和修复,对于贫瘠的客土则施加肥料和微生物菌剂进行改良。为保证植物生长必要的水分,修建了蓄水池及灌溉、排水管网,建立了良好的灌溉系统。

(4)生态工程修复效果分析　钝化修复剂施加 3 个月后,土壤铬的浸出浓度平均下降了 40%;铜、砷浸出浓度分别由 0.53 mg/L 和 0.018 mg/L 降至方法检测限下(Cu 0.05 mg/L 和 0.007 mg/L),钝化修复剂良好,农田土壤 pH 酸化改良明显,土壤有机质、氮磷钾有效量提高到Ⅲ级水平,土壤微生物活菌数也提高了近 100 倍,玉米、高粱籽粒铬砷铜均符合相关标准。

10.4　污水灌区土壤修复技术

10.4.1　污水灌区土壤系统污染特征

我国是一个农业大国,污水灌溉在区域农业经济发展中有着重要作用。据调查研究表明,我国污水灌溉的面积已经超过 400 万 hm²,占灌溉总面积的约 8%,其中 90% 分布在我国水资源严重短缺的黄河流域、海河流域、辽河流域及其北方的广大干旱半干旱地区。随着污水灌溉面积的扩大及长时间的污灌,其在农业生产方面带来社会经济效益的同时,也带来了土壤污染、农作物中污染物含量超标、作物减产、土壤板结、土壤生态功能破坏等一系列生态环境安全问题。截至目前,每年因重金属等污染物污染的粮食达 1200 万 t,造成的直接经济损失超过 200 亿元。这些问题已经在一定程度上制约了我国区域农业,特别是北方干旱半干旱地区农业的可持续性发展,污染物含量超标的农作物进入食物链后对人体健康产生不可逆的严重威胁。因此,研究污水灌溉区土壤系统污染特征,对合理开发、利用、保护我国有限的土地资源,实现农业可持续发展,保障农产品安全都具有重要的现实意义。

通过文献调研获取了有关我国北方缺水地区污水灌溉区土壤系统污染特征及风险评价的研究性文章,总体呈现出以下共性特点:一是我国污水灌区土壤污染以镉、汞、砷、铅等重金属污染物为主,有机污染物为辅;二是土壤中重金属等污染物的含量及富集程度与污灌时间密切相关;三是污水灌区土壤系统中大部分重金属污染物主要富集在 0~30 cm 表层耕作层土壤中,下层土壤中富集的污染物含量较低;四是目前的文献研究均是针对某一个或某几个污水灌溉区进行的点状调查研究,研究成果仅可反映部分污灌区土壤系统的污染特征,但对区域性污灌区土壤系统中重金属等污染物的共性特征缺乏系统性及全面性的对比分析;五是不同研究性论文中普遍采用单一的单因子指数、多因子指数、Hakanson 危害指数、潜在生态危害指数、模糊数学评价、内梅罗综合指数或地质累积指数等方法对污灌区土壤系统中污染物的潜在风险进行评价,最终评价结果的科学性、合理性、可利用性不足,对当地污灌区土壤系统中污染物风险管控及防治的指导价值及意义有限;六是对各污灌区的调查研究大多是以土壤中污染物含量及评价为主,极少的研究采用协同调查的方式关注农产品中污染物的超标情况,这对未来对污灌区土壤系统采取分级分类管控带来较大难度。

通过对比分析污灌区土壤系统各污染物的空间分布特征及在土壤中的富集状况,在我国北方不同污灌区土壤系统中各污染物的含量分布情况差异较大。总体而言,8 种重金属含量(绝对值)的均值由大到小顺序依次为:Zn>Cr>Cu>Ni>Pb>As>Cd>Hg;从各污染物的变异系数来看,Cd、Hg、Pb 的变异系数较大(均大于 0.65),表明这三种污染物在不同污灌区土壤系统中的含量水平存在较大差异,而其他污染物的变异系数相对较小,其范围在 0.26~0.39,表明这些污染物在不同污灌区的差异性相对较小,各污染物的变异系数大小顺序为:Cd>Hg>Pb>As>Zn>Cu>Cr>Ni。

另外,土壤系统中各重金属元素的背景值是判别土壤污染程度的一项重要依据。将我国北方不同污灌区土壤中各重金属元素的含量水平与当地土壤中相应重金属元素的背景值相比发现,除 Cr(超背景值不显著)以外,其余 7 种重金属元素的平均含量均显著高于当地土壤中对应元素的背景值。其中,重金属 Cd 含量与背景值的差异最大,各地污灌区土壤系统中 Cd 的平均值为各地土壤 Cd 背景值的 5.75 倍。由此可见,随着污水灌溉年限的增加和范围的扩大,污灌区土壤系统已呈现出不同程度重金属及有机污染物的污染问题。

10.4.2　污水灌区污染土壤修复适用技术概述

污灌区污染农田土壤修复适用技术主要包括以下三个部分,即:一是采用稀释法降低土壤中重金属的浓度,如农业工程修复技术;二是将重金属等污染物通过生物提取出来,如植物修复等;三是将重金属等污染物固封于土壤,如土壤改良、重金属固化/稳定化技术。

污灌区农田污染土壤的修复技术按技术特点及类型,可分为农业工程修复技术、化学和物理化学修复技术及生物修复技术(图 10-11)。物理修复技术、化学修复技术及生物修复技术与旱地土壤修复原理一致,在此不再赘述。

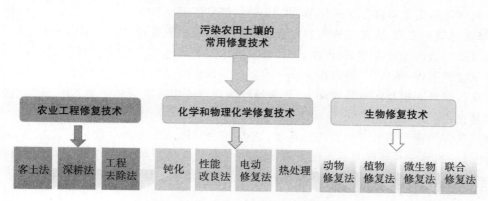

图 10-11　污灌区农田土壤的常用修复技术

农业工程修复技术主要有客土法、深耕法、工程去除法等。

客土法能有效减少重金属对环境的影响,但是工程量大、费用高,同时也会对环境和地质产生一定风险。对治理农田低浓度的重金属污染切实有效,但对地区性的重金属污染修复时,客土法基本是不现实的。

深耕法,即将污染土壤通过深翻到土壤底层,或上下翻动土壤充分混合,使得土表层土壤重金属的含量降低,这种方法工程量较小,适合于较重污染地区,但在特别严重污染地区应结合实际再考虑。

工程去除法,先去除污染表层土壤 15 cm 后,再在此基础上压实新土。例如,采用工程法先去除污染表层土壤 15 cm 后,再利用客土法客土 20 cm 新土,采用间隙灌溉生产的水稻中 Cd 含量也不超标;当采用工程法先去除污染表层土壤 15 cm 后,客土厚度超过 30 cm,无论采用什么水分条件生产出的水稻都能达标。

10.4.3　污水灌区污染土壤修复实施的基本流程

污水灌区污染土壤修复实施的基本流程包括:项目立项、污灌区污染土壤调查、污灌区污染土壤评价及分类、污灌区污染土壤修复技术方案、污灌区污染土壤修复工程、污灌区污染土壤修复效果评价、项目修复工程及环境监理,以及项目审核及验收等工作(图 10-12)。下文对主要环节中的具体流程进行概述:

在污灌区污染土壤调查环节,其流程首先是开展资料收集、现场踏勘、人员访谈工作;其次,针对项目地特点有针对性地开展协同点位布设、样品采集、分析测试以及结果分析等工作;最后,依据调查内容及各环节工作结果,编制污灌区污染土壤调查报告。

在污灌区污染土壤评价及分类环节,首先,是依据项目地土壤及农产品中污染物含量结果,对比《土壤环境质量　农用地土壤污染风险管控标准(试行)》(GB 15618—2018),确定项目地土壤中超标点位的分布及超标程度;其次,依照国家相关导则规范内容对污灌区农田土壤开展风险评价工作;再次,在风险评价的基础上,开展针对不同风险等级污染土壤的分类划分工作;最后,依照以上内容编制污染区污染土壤评价报告。

在污灌区污染土壤修复技术方案环节,首先,开展适用技术的对比及筛选工作;其次,对筛选出的可用技术进行可行性评价,并分别制定详尽的修复技术措施及方案;最后,编制污灌区污染土壤修复技术报告及工程组织实施报告。

在污灌区污染土壤修复工程环节,首先,开展修复治理工程前的准备工作,主要包括:土地平整、修复材料的采购、修复工程所有设备设施的采购或租赁等;其次,制定详尽的修复工程组织实施以及二次污染防控方案;再次,依照修复技术报告及工程组织实施报告的内容,按计划开展修复治理工程;最后,开展自检工作并编制污灌区污染土壤修复工程报告。

在项目修复工程及环境监理环节,开展修复治理全流程的监管和记录工作,编制修复治理工程监理报告。

在污灌区污染土壤修复效果评价环节,首先,依照《耕地污染治理效果评价准则》(NY/T 3343—2018)的要求开展修复后土壤及农产品的协同布点和采样工作;其次,根据样品分析测试的结果,对比分析修复目标的达成情况;最后,编制污灌区污染土壤修复效果评价报告。

10.4.4　污水灌区污染土壤修复实施方案设计

污灌区污染土壤修复实施方案设计主要包括:土地平整、污灌水净化处理处置、灌溉用水沟渠建设等前期准备工作,污染土壤修复治理主体工程设计及具体实施方案,土壤修复治理工程过程中涉及环境及工程监理的具体工作,土壤修复治理后效果评估的采样方案及具体工作

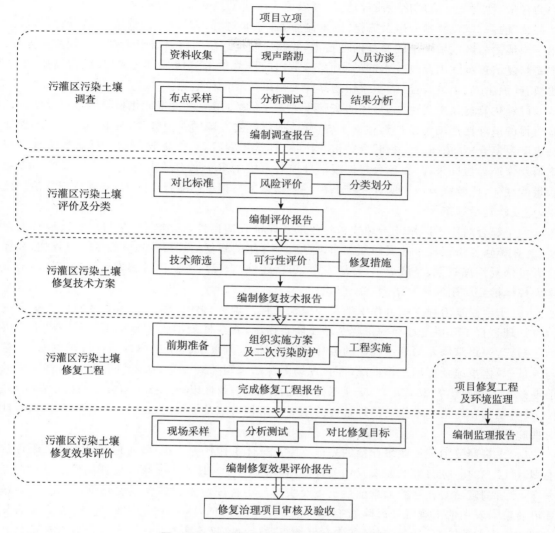

图 10-12　污灌区污染土壤修复实施的流程图

任务,修复治理工程实施的时间计划安排,以及修复治理工程的运行、维护及二次污染防治等工作。具体的方案设计内容如下:

(1)土地平整、污灌水净化处理处置、灌溉用水沟渠建设等前期准备工作　根据污灌区污染土壤所在地种植作物的种类,在修复治理工程开展前对待修复的目标区域进行土地的精细化平整,要求土面平整,无明显的坑洼起伏,畦面开浅沟,深 15~20 cm,便于后续的修复治理工程顺利开展。

长期污灌是造成农用地土壤污染的主要原因,因而在污染土壤修复治理工程开展前需配套建设污灌水的净化处理处置设施以及灌溉用水沟渠,如:人工湿地或安装污染水体的吸附过滤装置,避免在污染土壤修复治理过程中继续使用污罐水进行灌溉,从而影响修复治理的效果。

(2)污染土壤修复治理主体工程设计及具体实施方案　针对污灌区污染土壤中超标污染

物的含量、种类及土壤理化性质等情况,在农田土壤修复技术筛选的基础上,依照"绿色、原位、可持续"的修复治理原则,以及遵循"因地制宜、就地取材、简易可行"的修复治理方针,提出适用于当地污灌区农田土壤的修复治理技术,并相应制定详尽的修复治理步骤及工程实施方案。主要修复治理步骤因修复技术的不同而异,常用的修复技术包括:深翻、钝化、植物提取、翻土置换、叶面阻隔、水分管控、低积累作物品种种植以及替代种植等。

以钝化修复技术为例,其具体的实施步骤主要包括:用旋耕机将钝化材料按小试及中试试验所得的最佳比例均匀投加到污染土壤,开展钝化修复区域的养护管理(一般 10~30 d),投加有机肥及复合肥,依照农作物时令种植农作物,日常田间管理,作物收获前开展修复治理区域土壤及农产品协同采样,对比分析修复治理前后土壤中重金属有效态含量及农产品中污染物含量的变化,比较修复后土壤和农产品中污染物含量与相关标准限值的大小,确认修复治理效果,完成修复治理工作。

为了综合对比不同修复治理技术的效果及评价其适用性,通常在修复治理示范地首先选用 2~3 种修复治理技术开展修复工作,通过 1~2 年的修复治理后开展全面的效果评估,在综合考量修复治理效果、经济成本、环境安全、可持续性、农民可接受度等因素后筛选出在当地值得大规模推广应用的修复治理技术模式。

(3)土壤修复治理工程过程中涉及环境及工程监理的具体工作 在污灌区农田污染土壤修复治理过程中开展全过程的工程及环境监管措施,直至修复治理工程结束。其主要工作内容包括:逐一跟踪修复治理工程中的各环节工作,记录开展修复工程中各工作环节的时间、参与人员、具体措施及现场工作情况(配合现场图片),编写监理日志,认真对照修复治理工程的前期技术方案及组织施工方案,确保工程实施技术的一致性以及工程实施方法的科学性、合理性,及时发现在污染土壤修复治理过程的不规范工程措施及出现的二次污染环节,并提出有针对性的解决方案。

(4)土壤修复治理后效果评估的采样方案及具体工作任务 根据《耕地污染治理效果评价准则》(NT/3343—2018)的要求及相关规定内容,对修复治理后的土壤及农产品样品进行布点采样,分析测定后对比修复治理前后土壤及农产品中特征污染物的含量变化情况,并与《土壤环境质量 农用地土壤污染风险管控标准(试行)》(GB 15618—2018)进行比较,确认该修复治理技术模式的效果,从经济性、环境友好性、可持续性、操作便利性等多个方面综合评价其修复治理成效,如采用多种修复治理技术模式的还需对比分析不同技术的优势及局限性。

(5)修复治理工程实施的时间计划安排 根据污灌区农田污染土壤修复治理项目的总体要求和安排,合理制定整个修复治理工程的实施进度计划,明确各项环节的实施时间及完成时限,确保修复治理工程按时、顺利完成。

(6)修复治理工程的运行、维护及二次污染防治工作 在污灌区农田污染土壤修复治理工程的实施过程中,制定详尽的工程运行、维护及二次污染防治措施,避免因工程实施措施不当或操作不规范所导致的环境二次污染,以及工程质量不达标的问题。另外,对完成修复治理后的农田土壤,建议制定详细的后续跟踪监测方案,确保修复治理工程的长效性及环境安全性。

10.4.5 修复案例

(1)案例地背景情况 我国北方某污灌区种植农作物以玉米、小麦、蔬菜居多,耕作方式根据不同的农作物而异。由于地处我国干旱缺水的黄土高原地区,利用污水灌溉已成为缓解农业用水紧张的主要措施,其在促进作物增产等方面尽管起到积极作用;同时也带来污灌区农田土壤污染的问题,长期使用污水灌溉导致耕地土壤中有关污染物含量超标,造成农田土壤污染,带来一系列严重的生态环境安全问题。

该农田土壤有近 40 年的污灌历史,周边工业企业及生活污水通过主干渠以及网罗密布的支渠、斗渠等输送到全区各乡镇农田。据调研表明,位于主干渠周边沿线的部分农田土壤中重金属镉、汞及多环芳烃污染物含量存在一定程度的超标情况,可能对周边生态环境及人体健康造成危害。

(2)案例地农田土壤污染特征　在示范区共采集 94 个土壤样品(其中表层土壤样品 70 个,剖面土壤样品 24 个),经过前期调查及分析发现,该示范区域农田土壤中的主要污染物为镉(Cd)、汞(Hg)和多环芳烃(PAHs)。镉(Cd)的点位超标率为 12.86%(对比《土壤环境质量 农用地土壤污染风险管控标准》(GB 15618—1995)中镉的二级标准限值,最高含量为 0.72 mg/kg,超标 2 倍多;汞(Hg)的点位超标率为 5.7%(对比 GB 15618—1995 中汞的二级标准限值),最高含量为 2.05 mg/kg,超标 2 倍多;另外,农田土壤中芘、苯并[a]蒽和茚并[1,2,3-cd]芘这三种 PAHs 均有不同程度的超标,但超标倍数较低(由于《GB 15618—1995》中未涉及 PAHs 的相关标准,因而采用国外农业土壤中 PAHs 的限量标准 0.1 mg/kg 进行比较)。

(3)案例地农田土壤修复技术模式对比及综合评价　该案例地修复项目的总体目标是根据污染情况通过科学的技术方法、手段和措施有效降低耕地土壤中重金属等污染物的含量及可提取态浓度,实现耕地土壤的安全利用、维持土壤基本功能、保障农作物正常生长和农产品安全。

依据典型性和代表性的原则,在资料收集、实地走访以及数据分析的基础上,选择位于当地最大退水渠下游的 366.3 亩农田土壤作为该修复项目的示范区,根据污染程度划分为 A、B、C 三个区,并有针对性地提出了三套修复方案。其中,A 区和 C 区分别采用安全利用类措施(翻土置换及钝化改良＋微生物降解＋低积累作物种植)进行修复,而 B 区采用提取去除(植物修复＋农艺调控)的技术方法进行修复。为切断耕地土壤污染来源,保证修复治理效果,修复治理工程还包括建设人工湿地以及钻打深井等配套工程。

通过该项目的实施,三套不同模式的修复治理技术方案在示范区污染耕地上得到了充分展示及应用,并取得了较好的修复治理效果。表 10-4 分别从修复效果、土壤生态功能、修复时间、可操作性、农民可接受程度、对周边环境影响、技术有效性、经济成本和可推广性等各个方面,总结了三套修复治理模式的评价结果,并对不同修复技术模式的效果等进行了综合分析对比,表明在基于该耕地污染土壤特点的状况下,"钝化改良＋微生物降解＋低积累作物种植"和"翻土置换"技术在示范区耕地土壤治理与修复工程中具有更好的应用价值和推广前景。

表 10-4　北方某污灌区耕地土壤修复技术综合评价

综合评估	翻土置换(A 区)	植物修复＋农艺调控(B 区)	钝化改良＋微生物降解＋低积累作物种植(C 区)
修复效果评价	良好	良好	良好
土壤生态功能评价	一般	良好	良好

续表 10-4

	综合评估	翻土置换（A区）	植物修复＋农艺调控（B区）	钝化改良＋微生物降解＋低积累作物种植（C区）
修复技术评价	修复时间	1年	2～3年	1～2年
	可操作性	较强	较差	较强
	农民可接受度	一般	较差	较高
	对周边环境影响	潜在影响	潜在影响	无影响
	技术有效性	较高	一般	较高
	经济成本	较高	较低	较低
	可推广性	较易	较难	容易

"钝化改良＋微生物降解＋低积累作物种植"技术模式的核心是根据耕地土壤基本特点，通过在污染土壤中添加一定量环境友好、且可降解的复合肥料、生物质材料和微生物等来降低耕地土壤中重金属等污染物的活性，辅以种植对重金属等累积性较低的作物或蔬菜品种，避免污染物由土壤进入农作物相关部位及可食部分，从而使农产品中污染物的含量满足《食品中污染物限量标准》（GB 2762—2005）、《粮食卫生标准》（GB 2715—2005）等当时的相关标准限值的要求。该技术模式适用于处理中轻度污染耕地土壤的安全利用，其优势在于：经济成本较低、易操作、修复时间较短，不影响农民正常的农业生产活动，且对耕地土壤周边生态环境不产生负面影响，因而农民对其具有较高的接受度。

"翻土置换"技术模式是日本修复治理农田污染土壤的关键技术，具有多年的实际应用和工程案例，并取得了良好的修复效果。其核心是将耕地的表层污染土壤（0～30 cm）剥离出来，与下层清洁土壤（30～60 cm）进行空间位置的置换，并在污染土壤填埋的底部敷设犁底层，防止污染物迁移或下渗对地下水产生影响，从而实现降低土壤耕作层中重金属等污染物含量的技术方法。该技术模式适用于处理中重度的污染耕地土壤，其优势在于：技术稳定好、修复时间较短、易操作，不会对耕地土壤周边生态环境产生影响，但其修复成本较钝化改良的技术偏高，更适用于处理污染程度较重的耕地土壤。

相比于以上两种技术模式，"植物修复＋农艺调控"技术的修复效果尽管也都达到了方案中设定的标准限值要求；但其在经济性、可操作性、提取效率、生态环境影响程度以及农民可接受度等方面仍有待于进一步提高。其采用的"油菜＋硫代硫酸铵与玉米套种"与"黑麦草＋AM真菌＋蚯蚓"轮作方式对当地正常的农业生产活动会产生较大影响，且修复所需的时间较长（2～3年），农民因无法获得基本的农业收入而导致其可接受度较低。

综合以上对比分析表明：针对该污灌区耕地土壤污染特点及综合评估的结果，"钝化改良＋微生物降解＋低积累作物种植"技术模式在当地的应用推广前景最佳，其次是"翻土置换"技术模式，以上两种治理修复模式具有较好的示范意义。

（4）案例地修复治理经验总结

①以"百、千、万"为序，即先从百十来亩的试验田开始，筛选研究相应的技术模式，再扩大到千来亩的应用示范，充分论证相应技术方案后，再推广到万亩以上的范围，确保农田修复治理技术及管控模式的适用性和可靠性。

②推广应用具有可持续性的先进修复治理技术和模式,需综合考量该技术模式的有效性、经济性、治理周期、可操作性、农民可接受度,以及对周边环境的影响程度,最终因地制宜地提出适用于我国北方污灌区农田土壤的综合管控技术及模式。

③加大土壤污染防治工作的宣传及培训力度,让老百姓充分了解并理解农田土壤环境保护工作的重要性及现实意义,调动其主观能动性,积极配合国家及地方政府开展农田土壤修复治理的试点示范项目及相关工作。

④该修复示范项目针对污灌区农田土壤污染特点,筛选出的"钝化改良＋微生物降解＋低积累作物种植"和"翻土置换"技术模式具有很好的应用前景和示范意义,具有在全区、全市乃至全国污灌区范围推广应用的价值和潜力。

10.5　设施农业土壤修复技术

设施农业(protected agriculture),在美国称为"可控环境农业(controlled environmental agriculture)",是利用必要的设施和设备创造相对可控的环境条件,采用人为介入方式,改变农作物生长条件,使作物在生长中一定程度上摆脱季节、气候等因素的限制,创造出良好的生长条件,并减少自然灾害带来的不良影响,实现集约化生产、高效栽培、可持续发展的现代农业生产方式。我国设施农业自 20 世纪 80 年代以来发展迅速,其中在 2008 年面积突破 340 万 hm^2,2010 年达到 362 万 hm^2,2012 年 386 万 hm^2(张震等,2015),2015 年超过 400 万 hm^2(杨其长,2016),2016 年约达 500 万 hm^2(张真和等,2017)。最近几年有所下降,但仍然占世界设施栽培面积的 80％。但是,随着栽培年限的延长、长期单一化的耕作措施以及连年封闭或半封闭状态,设施栽培过程中普遍出现了土壤退化及连作障碍,如酸化、盐渍化、养分失衡、土壤微生态环境破坏、重金属及其他有害物质积累等。据统计,连作 5 年以下的大棚出现土壤退化和连作障碍的高达 80％以上,连作 20 年以上的几乎达到 100％,已经成为制约我国设施农业可持续发展的瓶颈。其中,土壤污染物累积已成为设施农业土壤质量退化的重要因素和关注热点问题。

10.5.1　我国设施农业土壤的污染现状

(1)重金属累积现状　设施连作单一的种植结构也会导致相对单一的施肥和用药结构,以至于土壤重金属的累积表现出区域化,且累积程度随着连作年限的延长呈加重趋势,过量的氮、磷投入和部分有机肥是设施土壤重金属的一项重要来源,如:磷肥中含有较多的 Hg、Cd、As、Zn、Pb,氮肥中含 Pb 量较高,畜禽粪便堆肥则含有较高的 Cu、Zn、Cr、Ni。同时大量施用含 Cu、As 的杀菌剂也会加重设施土壤重金属的累积程度。从设施栽培土壤重金属累积的整体空间分布来看(表 10-5),我国南部地区设施土壤以 Cd、Pb 和 Hg 含量最高,北部以 As、Cu、Zn 和 Cr 含量最高,西北则 Ni 含量最高,总体来说 Cd 超标最为严重,在南部、北部、西北部地区的超标率分别为 41.7％、54.5％、11.1％,其次是 Pb,超标率分别为 33.3％、18.2％和 0。

表 10-5　不同地区设施农田重金属含量统计

重金属	区域	样本数	分布类型	$w/(mg/kg)$				
				算数平均值	几何平均值	最大值	最小值	评价标准值[1]
As	南部区域	608	正态分布	9.54±5.67	8.61	22.20	5.37	30
	北部区域	431	正态分布	11.86±4.66	11.22	22.94	7.22	25
	西北区域	231	近似正态分布	8.54±6.01	3.35	13.33	0.09	20
Cd	南部区域	738	正态分布	0.57±0.69	0.33	2.47	0.05	0.30
	北部区域	502	正态分布	0.40±0.25	0.31	0.98	0.04	0.30
	西北区域	427	正态分布	0.24±0.11	0.22	0.42	0.11	0.40
Cu	南部区域	613	正态分布	36.63±13.10	34.24	51.31	18.24	50
	北部区域	359	近似正态分布	41.48±24.45	37.51	107.89	24.46	100
	西北区域	337	正态分布	31.72±7.66	30.97	44.63	24.10	100
Zn	南部区域	274	正态分布	72.24±24.78	68.86	114.40	43.70	200
	北部区域	339	对数正态分布	118.69±70.15	105.76	293.98	48.99	250
	西北区域	323	对数正态分布	96.72±56.12	87.45	196.10	64.33	300
Cr	南部区域	626	正态分布	59.76±21.68	54.97	91.46	19.85	150
	北部区域	514	正态分布	68.04±24.32	64.39	120.85	37.23	200
	西北区域	251	正态分布	56.04±39.89	27.88	122.61	0.42	250
Ni	南部区域	154	正态分布	22.34±7.46	21.22	29.38	12.19	40
	北部区域	298	正态分布	28.32±4.70	28.01	37.70	22.80	50
	西北区域	216	正态分布	31.98±3.19	31.85	35.53	28.59	60
Pb	南部区域	738	对数正态分布	40.32±34.65	30.42	138.40	5.44	50
	北部区域	472	对数正态分布	33.03±24.15	27.46	90.18	14.53	50
	西北区域	397	正态分布	21.62±11.05	13.29	39.57	0.15	50
Hg	南部区域	235	正态分布	0.22±0.27	0.13	0.61	0.05	0.25
	北部区域	193	近似正态分布	0.11±0.11	0.07	0.31	0.02	0.30
	西北区域	126	对数正态分布	0.19±0.03	0.19	0.21	0.17	0.35

来源：孟敏等，2008。

注：《温室蔬菜产地环境质量评价标准》(HJ/T333—2006)。

　　农田土壤从露天栽培转化为设施栽培后，随着栽培年限的延长，重金属累积呈现明显的累积趋势。以广东设施菜地区域为例（表 10-6），粤东地区设施栽培土壤中 Zn 含量较露天栽培土壤中的平均含量高出 24.0%，Cd、Cu、Cr、Pb、As、Ni、Hg、有机质含量与露天栽培土壤中平均含量相当；粤西地区设施栽培土壤中 Cd、Cr、Hg、有机质含量分别较露天栽培土壤中的含量高 55.6%、219.5%、20.0%、32.83%；珠三角地区设施栽培土壤中 Cu、Zn 和 Ni 含量分别较露天栽培土壤中的含量高 34.6%、10.9% 和 21.63%，Cr、Pb、As、Hg 和有机质含量与露天栽培土壤中的含量大致相当。整体来看,与露天栽培土壤相比,设施栽培土壤中 Cd、Cu、Cr、Zn 的平均含量分别达到了露天栽培土壤的 1.17、1.17、1.22、1.11 倍。

表 10-6　设施栽培土壤性质与重金属含量特征(以广东为例)

区域	pH		有机质/(g/kg)		Cd/(mg/kg)		Cu/(mg/kg)		Cr/(mg/kg)	
	设施	露天	设施	露天	设施	露天	设施	露天	设施	露天
粤东	6.31± 1.06	6.57± 0.85	24.01± 6.48	23.96± 11.25	0.20± 0.27	0.16± 0.15	31.23± 26.84	32.54± 24.37	55.28± 48.10	63.73± 50.58
粤西	6.12± 1.06	5.40± 0.21	27.47± 9.16	20.68± 3.10	0.14± 0.08	0.09± 0.02	24.29± 12.41	19.69± 12.24	164.47± 203.40	51.47± 21.21
珠三角	5.98± 0.99	6.04± 1.01	25.35± 14.57	20.07± 6.83	0.21± 0.13	0.21± 0.12	30.11± 25.33	22.37± 11.55	48.67± 25.54	46.34± 16.35
总体	6.06± 1.01	6.12± 0.97	24.71± 11.65	21.21± 8.23	0.21± 0.18	0.18± 0.13	29.17± 23.57	24.90± 16.88	63.04± 79.09	51.67± 31.24

区域	Pb(mg/kg)		Zn(mg/kg)		As(mg/kg)		Ni(mg/kg)		Hg(mg/kg)	
	设施	露天	设施	露天	设施	露天	设施	露天	设施	露天
粤东	27.09± 19.67	32.43± 14.08	125.13± 70.32	100.91± 67.71	6.59± 4.17	8.56± 4.49	18.68± 22.86	22.55± 13.83	0.16± 0.12	0.19± 0.14
粤西	25.49± 10.74	30.34± 7.93	53.72± 21.48	59.97± 5.72	7.05± 3.46	10.37± 9.82	15.06± 7.29	16.00± 6.80	0.12± 0.08	0.10± 0.02
珠三角	39.53± 30.93	38.84± 15.87	80.63± 42.69	72.74± 26.75	12.64± 9.10	13.31± 7.28	20.92± 14.29	17.20± 10.16	0.11± 0.05	0.11± 0.04
总体	34.25± 25.77	36.19± 15.14	88.63± 53.51	79.19± 43.66	10.85± 8.13	11.69± 7.28	19.83± 16.06	18.56± 11.31	0.13± 0.08	0.13± 0.09

来源:邓源等,2022。

(2)有机污染物的累积　农膜覆盖、畜禽粪便及过量的化学杀虫剂、杀菌剂农药使用是设施栽培生产过程中的普遍现象,这给农业增产和农民增收提供了便利条件,同时农膜、农药的残留和抗生素累积也成为设施土壤质量退化的成因。农膜残留导致大量的酞酸酯类化合物(如邻苯二甲酸酯类 PAEs、双-2-乙基己基酯 DEHP、二正丁酯 DnBP、邻苯二甲酸二正辛酯 DnOP)释放到土壤中,在设施土壤中累积,并最终在设施蔬菜中富集(如叶菜类、果菜类、根茎类等)(Wang et al.,2013);再者,滥用有机磷、拟除虫菊酯类、氨基甲酸酯类等杀虫剂和杀菌剂农药也是设施栽培中一个重要的有机污染源(吴蕊等,2009;郭映花等,2013)。此外,近年来,随着集约化畜牧业的不断发展和设施农业生产规模的持续增长,抗生素的使用量也迅速上升,不断诱导抗生素抗性细菌(antibiotic-resistant bacteria,ARB)和抗生素抗性基因(antibiotic resistance gene,ARG)的产生并通过粪肥施用和废水灌溉等途径进入设施栽培土壤生态系统,研究发现,通过施用猪粪、鸡粪和牛粪,分别有 67、82 和 73 种未在对照组中检测到的 ARGs 被引入土壤中,不仅加重了对土壤微生物的选择压力,诱导 ARGs 在微生物体内的表达,还会导致基因突变概率增加。连续使用有机肥也显著增加了设施土壤中微塑料的平均丰度,研究表明,与施用化肥相比,连续施用 5 年猪粪有机肥后土壤中的微塑料丰度达到了

543.33 ng/kg,其平均年增长率达到了 12.61%。随着设施栽培的延长,有机污染物的富集降低了土壤微生物群落数量,减缓了土壤腐殖质形成,破坏了土壤团粒结构,恶化了土壤环境。

(3)自毒物质的累积　由于长期连作及偏高的复种指数,造成设施栽培土壤中过量的根系分泌物、植株残体和残茬腐解物等自毒物质(如酚酸类、醌类、苯甲酸及其衍生物、肉桂酸及其衍生物、香豆素类等)的累积,加剧了连作障碍的形成。自毒物质不但具有种间抑制性,而且对作物自身的种子萌发、幼苗生长、根系养分吸收等也具有一定的抑制效果,黄瓜连作时,根系释放酚酸类物质,并在土壤中积累抑制下茬作物的生长发育;黄瓜的根系和残体浸出液可抑制种子萌发、阻止胚芽和胚轴的生长,在番茄、黄瓜、草莓、西瓜、萝卜、生菜等连作中产生的酚酸类化合物(如苯甲酸、羟基苯甲酸、肉桂酸、阿魏酸、丙烯酸等),特别是在连作 26 茬的设施土壤中,对羟基苯甲酸的相对含量为 19.2%,对香豆酸的相对含量达到了 17.3%,这些自毒性化合物的累积不仅能够破坏细胞膜结构的功能,抑制作物的抗性酶活,表现长势较弱、抗性下降、产量降低,引发连作障碍。

10.5.2　设施农业土壤修复与安全利用

(1)化学钝化调控技术　如其他农田使用钝化修复技术一样,修复后的重金属仍保留在土壤中,因此,钝化修复的稳定性是该调控技术成功应用的关键点之一,钝化剂的自身稳定性及其钝化剂固定重金属的稳定性是影响重金属污染土壤调控修复效果的两个关键方面。表 10-7 较为详细地归纳与总结了修复重金属污染土壤的常用钝化剂、修复效果和修复机制,这些钝化修复材料对于降低设施栽培土壤无机污染物的活性具有非常好的作用效果。

表 10-7　修复重金属污染土壤的常用钝化剂、修复效果及修复机制

类别		钝化材料	修复效果	钝化机制
无机钝化剂	石灰类	生石灰、熟石灰、石灰石	添加石灰显著减少了胡萝卜和菠菜体内的重金属含量;添加碳酸钙显著减少了土壤有效态重金属含量	吸附、提高土壤 pH、沉淀、拮抗
	磷酸盐类	磷酸、磷石灰、磷矿石、骨粉、磷酸盐	羟基磷灰石使植物叶内 Cu、Pb、Cd 和 Zn 含量减少,但叶内 As 含量增加;磷酸盐可减少重金属的生物有效性及茎对其的累积	吸附、沉淀、络合
	黏土矿物类	凹凸棒粉、沸石、海泡石、膨润土等	海泡石显著抑制了 Cd 在植物茎中的富集;凹凸棒粉对 Cd 具有很强的吸附作用,同时促进了作物的生长	吸附、离子交换
	工业副产品类	赤泥、飞灰、粉煤灰	飞灰有效降低了 Pb、Cr 的可渗滤性;赤泥增加了土壤 pH,降低了重金属的有效性	表面吸附、专性吸附、还原反应、置换

续表 10-7

类别	钝化材料		修复效果	钝化机制
有机钝化剂	作物秸秆		稻草与麦秆均显著降低了土壤有效态 Cd 含量,促使土壤有效态 Cd 向稳定态转化	络合、吸附,提高土壤 pH
	畜禽粪肥		粪肥减少了可交换态 Cd 和 Ni 的含量,但增加了籽粒和秸秆中 Cu、Zn 的含量;牛粪肥效果优于猪粪肥	
	污泥		改性污泥对土壤 Cu 有显著的钝化作用,对 Cd 效果较弱	吸附
	堆肥		减少了高污染土壤种植作物叶中 Cd、Cu、Pb、Zn 的含量,增加了作物产量	络合
	腐殖酸		促进了土壤 Cd、Pb 由可提取态、还原态、氧化态向残渣态转化,降低了重金属的生物有效性	络合、还原、吸附
复合钝化剂	钙镁磷肥＋泥炭/猪粪		显著提高作物产量,抑制作物对 Cd、Pb 的吸收;钙镁磷肥＋泥炭效果更佳	提高土壤 pH、沉淀、络合
	磷肥＋堆肥		混合配施对 Cd、Pb、Zn 的减少更有效,可有效抑制 Cd、Cu、Pb、Zn 由植物根向地上部的转移	沉淀、络合
	生物炭＋铁砂		两种钝化剂配施对土壤中 Cu 的固定更加有效	离子交换、吸附
新型材料	炭材料	活性炭	活性炭可有效降低 Cr 的毒性	还原、吸附
		生物质炭	可有效固定 Cr(Ⅲ),增大对 Cu 和 Pb 的固定	吸附、络合、还原
	纳米材料	纳米羟基磷灰石	显著减少土壤有效态重金属含量,且具有较好的稳定性	离子交换、吸附、沉淀
		纳米零价铁	有效促进了六价铬的还原,同时也减少了土壤中 Ni 和 Pb 的有效性	还原、沉淀

来源:邢金峰等,2019。

(2)生物修复调控技术　生物修复技术具有环境扰动小、不易造成二次污染、修复成本低等优点。生物修复及适用于修复有机污染物(包括农药、抗生素、微塑料等)累积的土壤,也可用于修复无机污染物(包括重金属、非重金属、放射性污染等)累积的土壤。生物修复技术按照修复主体的不同可分为植物修复、动物修复、微生物修复及多种生物联合修复。其中:①植物修复,即通过超富集植物的种植降低土壤污染物含量,或是通过筛选和种植低累积植物来达到受污染土壤的安全利用;②动物修复,即通过如蚯蚓活动,形成"蚓触圈","蚓触圈"内的微生物和植物的营养摄取由于蚯蚓作用均会得到强化,同时,对降解土壤中有机污染物(如阿特拉津、五氯苯酚等)和降低土壤 Cu、Cd、Cr 的生物活性具有较好的效果;③微生物修复,即通过外源向土壤引入固氮微生物、根际促生菌(plant growth-promoting rhizobacteria,PGPR),可以溶磷溶钾、促进作物生长,改善根系对养分的吸收;或外源引入丛枝菌根真菌(AMF),与多数设施作物根形成共生关系,除了增加养分吸收、刺激作物生长之外,还可形成隔离带使作物免受重金属的毒害,AMF 通过向根际土壤分泌有机物(如:球囊霉素)来螯合重金属离子,以减轻植物对重金属的吸收,尤其可以降低作物对土壤重金属 Cd 的吸收,减轻 Cd 的毒害,另外复合微生物菌剂对改善土壤理化结果也具有一定的效果;④多种生物联合修复,特别是微生物-植物联合修复(如芥菜+芽孢杆菌)、植物-动物联合修复(如籽粒苋+蚯蚓)、微生物-动物联合修复(如蚯蚓+巨大芽孢杆菌)等。

　　(3)物理修复调控技术　电消毒法是一种常见的设施土壤物理消毒技术,是以直流电土壤消毒原理、土壤微水分点处理原理和脉冲电解原理集成的土壤电化学消毒技术,平衡土壤酸碱性、恢复土壤透气性、杀灭病原微生物,特别是对线虫、韭蛆等顽固性害虫具有良好的杀灭效果,在短时间内可有效解决土壤连作过程中的诸多问题。郭修武等对设施葡萄连作土壤进行蒸汽灭菌,结果发现灭菌可改变根系分泌物的成分及含量,促进植株的生长,减轻了葡萄的连作障碍。通过施用土壤蒸汽消毒、日晒消毒等方法来控制黄瓜、茄子、草莓、大豆、果树等的连作障碍也有一定的效果。

　　(4)农艺修复调控技术　在受污染的设施栽培土壤中,也可通过改变种植模式(如轮作、套作)、科学平衡施肥、优化耕作方式(如深翻、深耕)、选育抗耐品种或嫁接技术以及选用无害化处理有机肥(如畜禽粪便堆肥)(表 10-8)等,均可不同程度地缓解和调控受污染土壤对农作物的胁迫效应。研究表明,嫁接可诱导茄子质膜 P-H$^+$-ATPase、P-Ca^{2+}-ATPase 和液泡膜 V-H$^+$-ATPase、V-Ca^{2+}-ATPase 及质膜氧化还原酶的活性提高,使茄子适应了自毒物质(如肉桂酸、香草醛)的化感胁迫,增强了细菌和放线菌的根际效应,减弱了真菌根际效应,提高了土壤酶(脲酶、磷酸酶、蔗糖酶)的活性,有效缓解了茄子连作障碍的发生;同时嫁接的葫芦科、茄科植物对设施栽培过程中的冻害、高温、干旱、淹水和有机污染(如艾氏剂、狄氏剂、异狄氏剂等有机农药)等非生物逆境胁迫也非常有效,提高作物对土壤酸碱度和重金属毒性等环境因子胁迫的耐受性。

表 10-8　不同堆肥处理对有机肥中抗性基因主要消减效果

类别	操作简述	堆肥原料	ARGs 去除效果
常规好氧堆肥	常规畜禽粪便堆肥	猪粪、牛粪和鸡粪堆肥	猪粪和鸡粪堆肥对于 ARGs 的去除率分别达到了 50% 和 53%,而牛粪经过堆肥后 ARGs 丰度出现上升
	常规畜禽分别堆肥(40 ℃和54 ℃)	猪粪堆肥	总 ARGs 的平均去除率为 25.4% 和 32.9%
	常规畜禽分别堆肥(50～60 ℃)	牛粪堆肥	总 ARGs 去除率为 76.9%

续表 10-8

类别	操作简述	堆肥原料	ARGs 去除效果
外源添加	堆肥系统中添加一定比例的黏土	畜禽粪便堆肥	4%的黏土作为添加剂可使总 ARGs 的去除率达到 94%
	堆肥中分别添加硅藻土和膨润土	鸡粪堆肥	总 ARGs 去除率分别为 53.72%（硅藻土）和 59.54%（膨润土）
	堆肥中分别添加木屑和稻壳	鸡粪堆肥	总 ARGs 的去除率分别为 35.4%（木屑）和 68.7%（稻壳）
	堆肥中添加不同比例的褐煤	鸡粪堆肥	15%的褐煤比例对于 ARGs 的去除率为 41.7%
	堆肥中分别添加三种典型钝化剂（生物炭、粉煤灰和沸石）	猪粪堆肥	总 ARGs 的去除率为 71%～81%
	堆肥中添加沸石和玉米拮抗生物炭	鸡粪堆肥	氮素生物炭对 ARGs 的去除率为 98.7%，同时添加沸石和生物炭对 ARGs 的去除率为 98.2%
	堆肥中分别添加微生物菌剂和氯化铁（以及联用）	鸡粪堆肥	总 ARGs 的去除率为 90.70%～97.44%
	堆肥中添加细菌菌剂（芽孢杆菌菌株）	鸡粪和猪粪堆肥	总 ARGs 的去除率为 44%～99%
条件控制	高温堆肥(70 ℃)	牛粪堆肥	总 ARGs 的去除率为 92%
	高温堆肥(68 ℃)	猪粪堆肥	对不同类别 ARGs 的去除率 61.3%～95.5%
	连续高温堆肥(55 ℃)	牛粪堆肥	总 ARGs 的去除率为 96.9%
	超高温堆肥	污泥堆肥	总 ARGs 的去除率为 91.0%

来源：李书唱等，2023。

思考题

1. 农用地土壤修复技术有哪些，适用条件和范围如何？
2. 简述农用地不同类型污染的修复技术选择依据。
3. 简述旱地污染土壤与水田污染土壤的修复技术异同。
4. 适用于污水灌区污染土壤的修复技术有哪些？
5. 设施农业土壤最突出的污染物有哪些？

第11章　典型污染场地修复与风险控制

场地是指某一地块范围内的土壤、地下水以及地块内所有构筑物、设施和生物的总和。因此,场地是由地表水、土壤、地下水和空气组成的立体空间区域。随着现代工农业和城市的发展,废水、废气、废渣和生活垃圾的排放,场地污染问题越来越严重。在为数众多的场地污染来源中,影响大、比例高的污染来源主要包括工业污染源、矿业污染源、市政污染源、以及包括医疗废物、核废物和化学武器等其他特殊污染来源。其中,工业污染源形成的场地污染的修复成为当前我国土壤修复的重点和难点。工业污染场地主要包括金属采矿、冶炼、金属加工等制造业形成的重金属污染场地,石油化工、煤化工及有机合成制造业形成的有机污染场地,采煤、火力发电、钢铁制造业产生的煤灰、钢渣、煤矸石等非金属类无机废渣污染场地。由于工矿场地数量大、类型多、废弃物成分复杂,使各类污染物进入土壤环境后,不仅造成土壤质量恶化,生物多样性减少,而且污染物经过挥发、渗透、径流进入大气和水体环境,引起一系列次生环境问题。同时,大量的工业废渣得不到有效处理,不但破坏了地质地貌,影响了城市景观,使大量土地被搁置,而且造成了土地资源的浪费,因此,合理处理工业废物、修复被污染土壤是亟待解决的环境问题。

污染场地包含的污染介质形式多样,涉及的污染物种类繁多。根据污染物的性质大致可将场地污染分为有机污染、无机污染及二者的复合污染。

有机污染物:包括持久性有机污染物、挥发性或溶剂类有机污染物。持久性有机污染物(POPs)有3大类16种物质:第1类为有机氯杀虫(菌)剂共11种,包括艾氏剂、狄试剂、滴滴涕、氯丹、五氯酚,六氯苯等;第2类为工业化学品共3种,包括多氯联苯(PCBs)、六溴联苯、多环芳烃,常被用作增塑剂、润滑剂和电解液、绝缘油、液压油、热载体等;第3类为工业副产品二噁英类共2种,包括多氯二苯并-对-二噁英(PCDDs)与多氯二苯并呋喃(PCDFs)。挥发性有机物是室温下饱和蒸气压超过70.91Pa或沸点小于260 ℃的有机物,主要以苯系物和卤代烃为代表,多用于石油、化工、印刷、建材、喷涂等行业。因其具有隐蔽性、挥发性、累积性、多样性和毒害性,已被很多国家列入优先控制污染物名录。

无机污染物:主要包括各种有害金属、盐类、酸、碱性物质及无机悬浮物等,主要来自钢铁冶炼企业、电子厂、尾矿以及化工行业固体废弃物的堆存场和废水的排放、金属污染地带的地表径流,代表性的污染物包括 Cu、As、Zn、Cd、Pb、Hg、Ni、Cr 等元素。盐类和酸、碱性物质主要来自化工、印染及金属冶炼厂等。无机污染还来自采矿废水及硅酸、陶土的采集地等。

有机无机复合污染:有机无机复合污染是有机污染物和无机污染物在同一环境中同时存在所形成的环境污染现象,目前主要集中在有机螯合剂、农药、石油烃及芳香类化合物与重金属的复合污染。除了化学污染外,有的场地还存在病原性生物污染和建筑垃圾类物理污染。

本章主要介绍金属与非金属矿区及加工业污染场地、石油污染场地、化工污染场地以及由此关联的固体废物填埋场地的修复技术及利用进展情况。在了解我国工业场地污染土壤的现状、产生原因及特点的基础上,初步掌握场地污染土壤修复原则与利用技术。

11.1　有色金属污染场地修复技术

11.1.1　有色金属污染场地的主要类型

有色金属(metallurgy):狭义的有色金属又称非铁金属(nonferrous metals),是铁、锰、铬以外的所有金属的统称;广义的有色金属还包括有色合金,有色合金是以一种有色金属为基体(通常大于 50%),加入一种或几种其他元素而构成的合金。

有色金属可分为重金属(如铜、铅、锌)、轻金属(如铝、镁)、贵金属(如金、银、铂)及稀有金属(如钨、钼、锗、锂、镧、铀),其中造成污染的主要是有色金属中的重金属。根据国民经济统计,我国有色金属行业涉及金属共计 64 种,其中包括重金属、轻金属、贵金属、半金属以及稀有金属五大类。我国有色金属矿产资源十分丰富,凡是在世界上已发现的有色金属矿在中国均有分布。但是,贫矿多或难选矿多,供需矛盾突出,需要大量进口,对外依存度较高。铅、锌等矿产需求量逐渐加大,正由大量出口转为相对不足。

根据有色金属污染场地的产生的主要原因可将有色金属污染场地分为:由矿区开采冶炼造成的有色金属污染场地;由城市工业活动引起的有色金属污染场地;由废弃物堆放储存引起的有色金属污染场地;由农业生产生活造成的农田土壤污染场地四种类型。由矿区开采冶炼造成的有色金属污染场地在本章后续介绍,本节重点介绍金属冶炼和加工过程产生的污染场地及其修复技术。

1. 由城市工业活动引起的有色金属污染场地

随着城市化进程的加速、城市环保标准的提高和经济增长方式转变、产业结构调整,全国许多大中城市正面临着重污染行业的大批企业关闭和搬迁问题。这些工业企业关闭或搬迁后的遗留场地(国际通称"棕色地块",brown field site),尤其是重污染行业的遗留场地,往往涉及土壤、地下水、墙体与设备及废弃物污染等诸多问题,成为工业变革与城市扩张的伴随产物,对生态环境、食品安全和人体健康构成严重威胁,不仅严重影响周边生态环境和居民健康,也制约了国家土地资源安全有效利用。

我国城市工业引起的有色金属污染场地的产生,自 20 世纪 60 年代起一些高污染工业企业的建设就开始出现了,这些企业大多工艺设备落后、环保设施缺乏、兴建过程中厂址布局不合理、生产运行阶段对污染的管理控制不严格,从而造成了相应区域场地污染的隐患。这些城市污染场地在导致环境和居民健康风险的同时,也阻碍了城市建设和经济发展,成为制约我国土地资源再利用的新环境问题。

近十年来,随着国家开始着力进行城市工业企业的搬迁工作,我国的城市工业污染场地问题开始凸现,城市工业污染场地存在与其他类型污染场地不同的特点,集中表现为污染物浓度高、成分复杂、污染土壤深度大、土壤和地下水往往同时被污染等特点。

2. 由矿区开采冶炼造成的有色金属污染场地

土壤污染主要是人类通过开发自然资源,加速有害元素迁移转化和循环富集形成。土壤重金属元素基准值调查,不仅可以查清土壤重金属起始值含量,排除土壤原始沉积形成的重金属高含量造成的土壤重金属污染假象,同时也对土壤环境基准值和土壤修复基准值提供重要的数据支撑。

土壤中有关元素的富集来源于成土母质、成土过程和特定的地质环境条件,不是人为活动的结果。根据土壤污染的定义,由于它不符合污染的特征要素,故不能归属于污染土壤的范围。一些有色金属矿区土壤重金属的富集就是形成于最初的原始沉积原生状态,因此不应归属于污染土壤。

大多有色金属成矿带具有较高的重金属背景值,在人为开采活动影响下,土壤及地下水中重金属含量逐年增加。矿区表层土壤中常见的有害重金属元素(Co、Ni、Fe、Mn、Ba、Cu、Cr、Pb 和 Zn)之间具有显著或者极显著的正相关关系,表层土壤中的重金属元素有着共同的来源。有色金属的开采和冶炼是镉、砷污染的主要来源途径。究其根源,镉、砷往往与锌矿、铅锌矿、铜铅锌矿等共生,在开采、选冶焙烧这些矿石时,镉、砷会通过废气、废水、废渣等排入周边环境,导致周边土壤受到镉、砷污染。矿物开采过程中,在铅、锌等被提炼后,伴生元素镉较多地残留于尾沙库或碎矿石中,并随降雨或车辆运输扩散到更远的区域,导致矿区及周边土壤被污染。矿区表层土中各种有色金属元素含量受到外界干扰比较明显,包括自然(土壤、地形、水文、小气候条件)和人为因素(土地利用、耕作、灌溉、污染排放等),并且空间分布变化显著。

从空间分布来看,矿区土壤有色金属迁移的方式可以分为水平迁移和垂直迁移 2 种。土壤重金属水平迁移途径有水、大气和固体颗粒迁移,情况较为复杂。土壤重金属可以在雨水冲刷下沿着地面径流向下游迁移,也可以随水土流失进入河道,污染下游,在污染区域,风吹起地面带有重金属的土壤颗粒,污染下风向地区。土壤重金属在垂直方向上的空间分异主要受土壤质地、污染物特征等因素的影响,不同重金属元素在土壤垂直方向上的迁移规律存在较大差异。重金属在剖面中的分布基本特点为表层富集,下层含量降低。总体上因为进入土壤的重金属污染物受土壤机械截流、有机质固定、交替、代换、络合和螯合作用及生物作用等对重金属向下迁移有很大的阻滞作用,使得重金属向下迁移缓慢。无论是垂向迁移还是水平迁移,其污染分布都有一定的规律可循。

距离矿区越远,有色金属元素浓度呈下降趋势,这表明土壤中的有色金属元素主要来源于采矿和冶炼活动过程中距离的迁移,离污染源越远,污染程度越小;矿区土壤随着深度增加,污染组分浓度增大,产生这种显现的主要原因是受降雨以及地表径流影响,表层土壤中的有色金属随水流垂向入渗向下运移,在底部逐渐积累;而距离矿区较远的区域,有色金属浓度含量垂向变化随着深度增加反而降低,这是由于受矿物本底背景含量、土地利用类型、周围工农业生产、大气沉降、风向等多方面的影响造成的。

3. 由废弃物堆放储存引起的有色金属污染场地

环境废弃物包括城市和农村两大来源,城市废弃物指城市建筑垃圾以及源自商业、办公及居民家庭的生活垃圾。随着电子工业和高科技信息产业的快速发展,电子产品更新换代的速度不断加快。2022 年全球共产生 6200 万 t 电子废弃物(如废电脑、废家电、废通信器材等及其制造过程中所产生的各种废料、废物等),对人们的生活和环境已经带来了严重的威胁。Ha 等在班加罗尔的一个电子垃圾回收站发现其土壤中含有多种高浓度有害重金属,如 Cd、In、Sn、Sb、Hg、Pb、Bi 含量分别达到 39、4.6、957、180、49、2850、2.7 mg/kg。

4. 由农业生产生活造成的农田土壤污染场地

近年来我国已发展成为养殖大国,并且养殖业粪便被大量农用,加上畜牧养殖业配方饲料添加铜、锌等微量元素较为普遍,由于畜禽对添加剂中的微量元素利用率通常较低,这些微量元素大部分随粪便排出,因此,畜禽粪便还田已成为农田重金属主要污染源之一。Bolan 等在新西兰北岛的一个养猪场和奶牛场调查发现,附近土壤中 Cu 含量分别为 $3 \sim 526$、$25 \sim 105\ mg/kg$。施用化肥、农药和市政污泥也是导致耕地污染的原因之一,中国施用化肥的数量逐年增加,而部分化肥中含有较高的重金属污染物。如复合肥中含有较高的 Cr、Ni、Zn;磷肥中含有较高的 As、Cd;市政污泥中含有较高的 Cr、Cu、Ni 和 Zn。它们的长期、大量施用,会导致重金属在土壤及相关水体中的累积与残留。张继舟等指出,中国淡水资源缺乏地区,长期污灌是造成农田污染的一个重要原因,这样的污水灌溉很容易导致重金属在农田土壤中长期富集污染。崔德杰等调查得出,我国约 1.4 万 km^2 的污灌区中,遭受重金属污染的土地占 64.8%,其中轻度污染占 46.7%,中度污染占 9.7%,严重污染占 8.4%。

在农村,以化肥代替原有农家肥,以人工饲料代替农业废弃物饲料,加之现代农业集约化和规模化的发展,造成了农业废弃物的大量积累,进而产生了较为严重的环境和资源浪费问题。农业废弃物主要是农村生活和农业种养过程中产生的垃圾,如随意丢弃的农药瓶、包装塑料袋等,尤其是养殖场产生的粪便未经处理直接排放,直接导致水体富营养化。

11.1.2　有色金属场地污染特征

有色金属行业庞杂、工艺繁杂、污染因子量大。近年来,有色金属单位产品污染物排放量呈现下降趋势,但重有色金属产量增长较快,污染物排放总量依然较大。有色金属行业重金属污染物排放主要集中在铜、铅、锌冶炼过程中,据统计,2012 年我国主要重有色金属(铜、铅、锌)生产工艺过程中 SO_2 排放量 40 万 t;重金属(铅、镉、砷、汞)排放量 974 t。从重金属污染种类来看,铅排放量 680 t,镉排放量 57 t,砷排放量 232 t,汞排放量 4 t。从金属品种来看,铜冶炼重金属排放量 412 t,铅冶炼重金属排放量 566 t,锌冶炼重金属排放量 89 t。

有色金属工业的重金属排放是我国环保规划和管理工作中值得关注的,由于矿石普遍为多种金属元素共生,在有色冶金过程中,这些重金属元素排放,会对周边环境造成危害。土壤中的重金属污染具有长期性和较大的毒性,且不降解,所以有色金属冶炼导致的重金属污染成为整治的重点。重金属污染物通过各种途径进入到环境中,导致冶炼厂周边的环境受到重金属污染,农业土壤中的重金属通过土壤-植物食物链进入农产品,或经雨水等的淋洗作用进入地表水、地下水影响饮用水质量安全,从而对人类造成一定程度的健康危害。

(1)普遍性　土壤重金属污染具有普遍性特征。这是因为人口的不断增多,以及工业化和城市化进程的不断推进,带来土壤污染的负面后果,表现为工业"三废"、城市生活垃圾和污水排放的不断增多,农业生产大量使用化肥及农药以及污水灌溉等,这些工农业生产活动导致许多有害物质进入农田系统,进一步造成农田重金属污染。土壤重金属污染在每个国家每个种植区域都有可能存在,是在全球范围内存在的环境问题,对农业综合生产能力的提高以及农产品质量安全具有严重影响。

(2)隐蔽性　土壤污染的直接形成原因是受工业"三废"的直接影响,刚开始时以点的形式呈现出来,而后由于工业排放量的不断增多,导致金属污染面积不断扩大,土壤污染由点源污染转变为面源污染。土壤的重金属污染是通过气型污染或水型污染向气水复合型污染转变发生的,它的污染过程也表现为单一金属污染向复合金属污染的转变,其转变和发生具有隐蔽性。

(3)不可逆性 不可逆性主要指污染的不可避免性,通过控制只能得到缓解。城镇化过程中催生的工业污染会由一个地区向另一个地区转移,由于不合法开采和冶炼的行为而不断加重土壤重金属污染。当这些未被妥善处理的废弃物直接进入农业生态系统时,这种土壤重金属污染的危害才会具体显现出来,不断加剧农田土壤的污染程度。再者,是通过农业用水方面表现出来的,当农业灌溉引用污染水源作为农业灌溉水源时,对农田的污染程度会加剧,进而影响农作物的健康生产。

(4)危害的巨大性 土壤重金属污染危害之所以十分重大,是因为其会通过影响农业生态系统对人类及牲畜的健康造成影响。近年来,由于长期排放累积造成涉及重金属的污染问题开始显露,关于重金属的流域和区域层面重大污染事件时有发生,对我国社会经济可持续发展和人们身体健康都构成了严重的威胁,同时对于我国生态系统安全也是重大隐患。

11.1.3 有色金属污染场地修复技术概述

我国有色金属行业发展迅速,环境污染问题已成为制约有色金属行业可持续发展的一大因素。矿区往往是有色金属污染场地的集中分布地,例如有色金属矿区、冶炼区、金属矿渣堆场等,使场地周边土壤出现重金属污染、酸污染、土壤贫瘠等问题。要解决污染场地问题,最直接方法的是场地修复。

有色金属污染场地已有的修复技术与前述各类物理修复、化学修复、生物修复及各类联合修复技术。在实际工程中已开发和应用的技术主要有客土法、固定/稳定化、植物-微生物法、土壤淋洗法、热解吸法、电动学法、玻璃化法及焚烧法等,这些技术应用主要针对的是局部范围、金属含量较高的场地土壤进行的,其基本原理与第 9 章相关内容基础一致。

通过修复技术进行污染控制的基础上,针对有色金属矿区污染场地的生态重建是矿区生态恢复的关键。生态重建技术体系主要包括以下几个方面。

(1)地貌重塑 有色金属矿区在开采过程中造成开采区的地貌破坏,出现水土流失等现象。地貌的重新构建能够为矿区生物多样性的恢复提供稳定的环境。为改善水土流失,可在边坡脚下挖排水沟、积极地疏导径流等,坡面采用无害的、稳定的材料修筑,边坡与水平面保持 38°左右的夹角,宽为 $100\sim200$ m,长为 $200\sim500$ m。

(2)土壤生态重构 土壤的重构是为了给生物的生长发育和繁殖创造良好生存条件提出的措施,是进行植被修复的一个重要前提。要做好矿区的生态修复最主要的任务就是前期构建一个适合土壤生物生长和繁殖的环境,可通过物理、化学和生物方法对土壤进行综合改良。

物理改良:表面土回填、客土法。金属矿山重金属污染严重,表层土壤稀薄。通常采用客土法,此方法对土壤基质有较好的改良效果,但是异地取土会破坏土地资源,该方法受限于大量的运输成本和取土来源限。

化学改良:①添加营养素。土壤的养分缺乏限制植物生长。根据改良对象和肥料的 pH 施用合适比例的化肥。化肥能迅速提高土壤的肥力、保水能力和阳离子交换能力、改善土壤的质地。②添加化学品。采矿过程中会产生大量的酸性污染物质,造成矿区的酸污染。通常采用生石灰或碳酸钙来中和。添加化学物质能迅速地改善土壤的理化性质,但是受土壤淋滤、入渗和侵蚀的影响容易造成地下水污染。

生物改良:①植物改良。利用特殊植物吸取土壤中的重金属,如使用固氮植物降低重金属的迁移率,改善土壤基质结构,提高肥力,减少侵蚀。②动物改良。土壤中的动物种类繁多,数量巨大,能提高土壤的渗透、排水和保水能力。有研究表明,矿区污染土壤中引入驯化后的蚯蚓,不仅可提高土壤肥力、透水透气性和改善土壤结构,还可富集铜、铅等元素,达到可持续利用目的。但该方法只有植物改良有一定成效后使用才能获得更好的效果。

微生物改良:土壤微生物通过其代谢活动,将重金属转化、溶解、固定。减少有害重金属的浓度。微生物还能增加土壤活性,提高肥力,加速改善,缩短周期。但该方法改良效果缓慢,常于植物改良结合使用,不适合用于环境极度恶劣的场地。

(3)植被恢复　植被重建是矿区生态系统恢复重建的保障。矿区的植被恢复不但能够优化土壤结构和质地,而且还能提高土壤生产力和保水能力,降低水土流失的风险,改善局部生态环境与污染问题,达到矿区的生态恢复和治理。植被的恢复能够提高土壤再生性能,减少排土场和边坡的地表径流和土壤侵蚀。

(4)景观重塑　生态景观重塑是矿山污染生态修复的主要措施之一。矿山关闭后遗留下的石堆、设备和采矿后的典型地貌等,都是重要资源,具有极高的历史、科研、审美和市场价值。矿区废弃地的生态景观重塑是在原有的基础上,合理开发新的旅游资源,合理的规划和设计景观,将自然资源和历史文化资源转化为经济优势,创造经济效益,创造生态效益。

11.1.4　有色金属污染场地修复实施方案设计

1.方案编制背景资料收集与现状调查

通过资料收集、现场踏勘、监测分析、人员访谈等方式开展调查,确定有色金属污染场地生态环境保护与恢复方案范围、时限。

1)资料收集

(1)背景资料和专业资料　污染场地自然地理资料、地质资料;土地利用、农业、林业、城乡建设等规划资料;污染场地开发利用规划、地质灾害防治规划;有色金属资源开发利用方案、有色金属资源开发建设项目环评、有色金属开采污染土地复垦方案、污染场地地质环境保护与恢复治理方案、水土保持方案等生态环境保护相关资料;有色金属资源开发相关政府文件等。

(2)有色金属污染场地变迁资料　①反映污染场地及其邻近区域的开发及活动状况的航拍图片或卫星图片,以及其他有助于评价污染场地生态破坏和环境污染的历史资料;②有色金属资源开发利用变迁过程中的建筑、设施、工艺流程和产生污染等变化情况。

(3)社会经济资料　污染场地所在地的经济现状和发展规划、人口密度和分布、敏感目标分布等。

2)现状调查

(1)调查方式

①现场踏勘。对有色金属开采工艺过程、污染场地及周边生态环境状况、自然环境及人文景观、社会经济状况进行全面踏勘。

②监测分析。必要时,对污染场地及受影响区域大气、水体、声环境、土壤环境质量状况进行监测,以及对该地区受保护的动植物进行生态监测。

③人员访谈。访谈对象为污染场地现状或历史的知情者,包括地方政府的行政人员、污染场地周边居民、污染场地土地不同阶段使用者、以及熟悉当地情况的第三方等。访谈内容主要包括污染场地生态破坏、环境污染的历史及现状,社会经济状况等。

（2）调查内容

①土地利用现状。踏勘和记录污染场地土地功能和性质、土地利用的类型、废弃地恢复利用情况等。

②地质、地形和地貌。踏勘和记录污染场地及其周围区域的水文、地质与地形地貌。

③有色金属开采基本情况。踏勘和记录污染范围、赋存条件、采选金属工艺与设备、尾矿及废石（矸石）处理与处置和生产能力、水耗、电耗等有色金属开采工程项目的基本情况。

④区域生态环境现状。污染场地大气、水体、土壤、固体废弃物污染及环境质量状况；动植物分布状况；植被破坏、地表沉陷等生态破坏状况；有色金属开采历史遗留的环境污染问题等。

⑤社会经济及人文景观情况。踏勘和记录污染场地所在地的工农业总产值、人口数量、人均耕地、人均收入、三大产业组成比例、重点发展产业、周边景观位置及分布及区域所在地的经济现状和发展规划等。

2. 生态环境问题识别及修复技术筛选

（1）主要生态环境问题识别与分析　结合污染场地生态环境现状调查，分析大气、水体、土壤等环境污染及生态破坏的范围、程度。主要包括：

①对污染场地生态系统和生物多样性的影响与分析（主要是对动物、植物、森林、草地资源等的影响）；

②对大气污染的影响与分析；

③对水体（地表水、地下水）的影响与分析；

④对土壤质量及污染的影响与分析；

⑤水土流失影响与分析、地表沉陷对土地资源的破坏、生态功能下降的情况、工业场地"三废"排放对环境的污染情况，以及人文景观的防护措施等；

⑥新、改（扩）建有色金属开采矿山可根据环境影响评价预测结果说明方案实施期内生态环境破坏情况。

（2）污染场地修复技术的筛选。

①根据修复处理工程的位置可以选用原位修复技术与异位修复技术；

②根据修复介质的不同可分为污染源（是指污染场地的土壤、污泥、沉积物、非水相液体和固体废物等）修复技术和地下水修复技术；

③根据修复原理可选用物理技术、化学技术、热处理技术、生物技术、自然衰减和其他技术等；

④根据修复目标可以对污染源直接处理和对污染源进行封装。

3. 方案编制要点

（1）范围与时限　规划以有色金属污染场地为基准，包括其生态环境影响范围。编制含污染场地服务年限在内的规划，一般分近期、中期和服务期满后三个时期。

（2）方案目标　编制规划，应按照国家和地方对有色金属清洁生产、污染控制、水土保持、生态恢复治理等方面的要求提出生态环境保护与恢复治理的总体目标、阶段目标和具体指标，制定各阶段规划的切实可行目标指标体系。

制定方案，应根据有色金属开采企业生态破坏与环境污染状况及相关技术政策和标准，分阶段确定目标和指标。

（3）投资估算　包括生态恢复与重建、环境污染治理、水土保持、资源综合利用（固废资源）、生态产业发展等工程所需要的资金估算,工程实施与执行计划（含资金计划）。

（4）方案（规划）报告编制。

11.1.5　修复案例

有色金属污染场地修复是一个比较复杂的工程,其中包括场地调查、方案筛选、修复施工等多个环节。下面以广西某有色金属矿山生态修复工程实例介绍有色金属场地修复实施过程。

1. 场地调查

本场地于 1996 年建成选矿厂,一个车间采用黄药、硫酸铜和石灰等浮选铅精矿和锌精矿,另一车间采用重选、浮槽专门用于分选高品位的锡矿,分选后的尾矿排入东北角和西南角的尾矿库。1999 年选矿厂关闭。因矿山内遗留的矿渣等固体废物均未得到妥善处置,需对矿山进行修复与植被恢复。工程前期,开展全面的场地环境调查与风险评估工作,以确定矿渣、土壤的主要污染物类型、污染程度与污染范围。根据钻探结果及区域地质资料,场地岩土层在钻探深度范围内共揭露 3 个主要工程地质层,自上而下分别为:尾矿与矿砂、黏土、碎石黏土。采样调查共计 19 个土壤和废渣采样点,采集废渣样品,土壤样品,地表水样,地下水样,污水样和饮用水样。调查结果显示,有 14 个废渣样品中主要污染因子有砷、锌和镉,含量最高的污染因子为锌和砷,分别达 20000 mg/kg 和 101000 mg/kg。矿山待修复的面积约 8000 m²,场地内尾矿废渣的总量为 19301 m³,污染土方量约 11642 m³。

2. 方案选取

基于上述调查结果,确定修复目标为土壤重金属全量超过《土壤环境质量　农用地土壤污染风险管控标准》(GB 15618—2018)中风险管控值即为需要清挖和处理;废渣重金属浸出浓度需满足《一般工业固体废物贮存和埋填污染控制标准》(GB 18599—2020)中Ⅰ、Ⅱ类工业固废定义的标准。

本工程尾矿废渣分属两类,Ⅰ类一般工业固体废物直接在场地内进行原位阻隔覆盖;Ⅱ类一般工业固体废物采用固化/稳定化技术修复,确保修复达到Ⅰ类一般工业固体废物要求达标后,运至填埋场进行异位阻隔填埋。最后,结合当地植物品种,选用耐受重金属的乡土先锋植物构建乔灌草植物搭配组合,对修复后的矿山进行生态复绿。

3. 工程实施

（1）污染土壤及废渣清挖　场地内污染土壤及废渣清挖流程为:准备工作→污染范围定位（边界坐标放线）→铺设原地貌方格网→高程测量→开挖污染土壤转运→基坑坑底侧壁环境监测验收→基坑测量验收→铺设方格网→高程测量记录→场地移交。污染土壤及废渣的清挖采用机械清除（清挖机）为主、人工清除为辅的方法。清挖以污染类型、污染程度为区分原则,先对场地内的危险废物进行清挖,再对场地内的第Ⅰ类一般工业固体废物清挖,最后再将场地内的第Ⅱ类一般工业固体废物清挖运输至中转区修复,从而避免混合开挖造成交叉污染。

（2）固定化/稳定化　清挖后的第Ⅱ类一般工业固体废物需先经过固化/稳定化后再最终处置,具体流程如图 11-1 所示。

图 11-1 固化/稳定化处置流程

①预处理。包括污染渣/土的筛分和 pH 的调节。利用筛分斗对中转区的污染渣/土进行筛分,将粒径>5 cm 的污染渣/土运至冲洗区进行冲洗,粒径<5 cm 的污染渣/土运至修复区进行固化/稳定化技术修复。按 2% 的质量比向土壤中添加石灰,调节渣/土的 pH 至中性,石灰的添加有利于药剂和污染渣/土的反应,同时还可调节渣/土的含水率,利于筛分和药剂混合均匀。

②污染渣/土与药剂混合。当污染渣/土含水率和粒径达到固化/稳定化混合设备进料要求后,对污染渣/土进行固化/稳定化修复。作业过程中,首先利用挖机向渣/土混合设备供土,同时投入固化/稳定化药剂,药剂投加比为 7%,在渣/土混合设备切削和锤击的机械混合作用下,污染渣/土与药剂混合均匀。

③堆置与养护。将修复处理后的渣/土运至指定待检区进行堆置养护,将渣/土按照污染程度分别堆置成长条土垛,用防尘网覆盖。堆置养护期间定期采样检测渣/土含水率,并根据情况及时补充水分,维持待检渣/土含水率在 90% 左右。

④检测与验收。对于达到养护期的渣/土与固化/稳定化药剂混合样品,按照每 500 m³ 采集 1 个样品的频率采样检测。样品采集过程严格依照采样规范布置采样点,使用采样工具在预定深度采集样品,所采样品送至具有相关检测资质的第三方检测机构进行分析检测。污染渣/土中重金属浸出浓度满足 GB 8978-1996 相关要求时,验收合格。

⑤外运填埋。污染渣/土经检测合格后,装车转运到指定的填埋场安全填埋。

(3)二次污染防治

①清挖与装载环节环境保护措施。污染渣/土清挖时,如需临时堆放在附近的清洁土壤上,则需铺设防渗膜,并做引水沟;清挖过程中,遇到大风天气,应停止土方开挖作业,并对裸露的污染土壤进行覆盖;作业面出现扬尘时,应采用洒水车进行洒水作业。

②运输环节环境保护措施。污染渣/土装载后苫布覆盖,防止散落;载重车辆出场之前,用高压水冲洗轮胎,避免携带污染物出场;运输路线尽量避开居民集中区;如发现运输过程污染渣/土散落,应组织人员清理与收集,防止发生二次污染。

③临时贮存环节环境保护措施。Ⅱ类一般工业固体废物清挖后运输至处置场内的中转区。中转区应设防渗、防雨措施以及渗滤液收集设施,最大限度地减少渗滤液的产生。对中转区的污染渣/土设置覆层遮盖,保证污染物不进入大气。

④修复环节环境保护措施。固化/稳定化技术修复的污染渣/土经自检合格后,运输至待检区堆放,做好水及防尘。经第三方检测单位取样检测合格后,运输至指定填埋场安全填埋。

(4)阻隔工程 阻隔技术是采用阻隔、堵截、覆盖及填埋等工程措施,控制污染物迁移或阻断污染物暴露途径,使污染物与周围隔离,避免污染物与人体接触和随降水或地下水迁移进而对人体和周边环境造成危害,降低和消除地块污染物对人体健康和环境风险。在填埋区建设倒排设施、拦渣坝、截洪沟等,用防渗膜进行封场,用 35 cm 黏土覆盖表层。填埋场的选址及建设要求符合《一般工业固体废物贮存和埋填污染控制标准》(GB 18599—2020)要求。

(5)生态复绿　根据场地未来规划,对污染土壤开挖后的基坑进行回填平整,恢复至场地原标高,并对整个修复区进行平整、植被绿化。按照"适地适树、适地适草"的原则,在树草种选择上以当地优良乡土树、草种为主,注意常绿树种与落叶树种搭配,生态树种与绿化树种结合,乡土树种与园林树种融合,按照形式美的构图思路。树、草种应具有适应性强、根系发达、耐贫瘠、较强的抗旱能力及改良土壤理化性状能力,能够起到防治矿区水土流失的作用。乔木选种马尾松、杉木等,灌木选种红花檵木、毛杜鹃等,藤本选种爬山虎,草本选种狗牙根,形成乔、灌、藤和草立体结构,既能体现树木群体美,又能烘托树木个体美,在平台营造一个生态型森林艺术景观。

4.修复效果评价与验收

(1)开挖基坑侧壁验收　开挖基坑侧壁验收,采用等距离布点方法,根据边长确定采样点数量。本工程基坑周长约为 180 m,土壤采样点数量为 5 个。同时修复深度为 4 m,分为 0~0.2 m、0.2~3.0 m 和 3.0~4.0 m 三层进行采样,总计采样点数量为 5 个,每个点采集 4 个土壤样品。经第三方检测单位采样检测,铅和锌全量均达到修复目标值。

(2)开挖基坑底部验收　针对清挖后的基坑底部土壤进行验收监测,采用网格布点的方法,一般随机布置第一个采样点,然后构建通过此点的网格,在每个网格交叉点采样。本工程基坑面积约为 35765 m²,坑底土壤采样点位不少于 6 个,坑底共 18 土壤样品。经第三方检测单位采样检测,所有土壤样品中砷、镉、铅和锌全量均达到修复目标值。

(3)修复后渣/土的验收　固化/稳定化修复后的Ⅱ类一般工业固体废物,按照每 500 m³采集 1 个混合样品的频率采样检测,经固化/稳定化修复后污染渣/土浸出液中目标污染物的浓度值及 pH 均达到修复目标要求,修复效果良好。

5.修复效益评价

(1)经济效益评价　工程竣工后,可以避免由于废渣造成污染产生的经济损失,具体表现在以下几方面。①可以避免因地表水或地下水污染而造成的附近农产品质量和产量下降;②避免当地的地表水和地下水受到污染,为当地经济的健康可持续发展提供基础条件;③减少因水体污染、土壤污染等造成当地居民 身体健康受损、医疗费用增加、劳动生产效率下降等现象;④该场地可用于农家乐的开发建设,不仅可以维持当地绿水青山、景色秀美的自然景观,也为当地 开发旅游等提供基本保证。

(2)环保效益评价　工程竣工后,清除遗留污染废渣/土约 3.1 万 m³,从根本上消除区域内的环境隐患。保障当地居民生产安全和饮水安全,对维护区域经济健康可持续发展,避免矿区对周围环境造成污染等具有重要意义。本项目为环境治理项目,持续稳定地遏制重金属对人、动植物的继续危害,对当地的环境保护和生态平衡起着重要的作用。

图 11-2 为本案例的工作程序图。

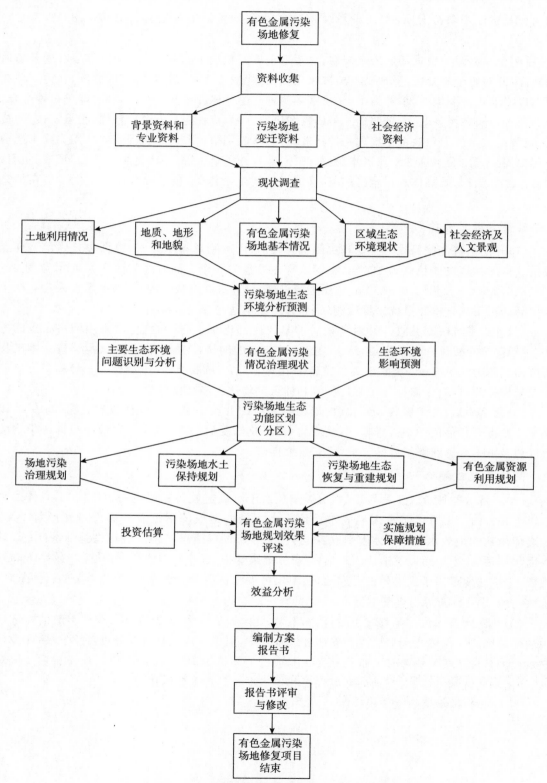

图 11-2 有色金属污染场地修复实施方案的工作程序

11.2　化工污染地块修复技术

11.2.1　化工污染地块主要类型

随着我国产业结构调整和城市化进程的加快以及"退二进三""退城进园"政策的实施,城市中一大批涉及化工行业的企业先后搬迁或关闭,长期以来粗放的生产和环境管理模式、无序的三废排放导致产生大量的污染地块。从物质的属性来考虑,化工污染地块类型一般可分为有机物污染、无机物污染和复合污染。

(1)有机物污染　主要包括持久性有机污染物(如多氯联苯、多环芳烃、二噁英等)、挥发性有机污染物(如苯系物、卤代烃等)、半挥发性有机污染物(如硝基苯类、苯胺类、苯酚类等)、农药(如六六六、滴滴涕、三氯杀螨醇等)、石油烃等污染,这些有机污染物主要来自石油化工、有机化工、焦化、染料、油漆、农药、制药生产等化工相关行业。

(2)无机物污染　主要包括重金属(如砷、镉、铬、铜、铅、汞、镍、钒等)、无机物(如氟化物、氰化物、硫化物等)、酸、碱和盐类等无机物质污染。

(3)复合污染　复合污染主要是指无机、有机污染物的复合污染,这也是化工污染地块的主要形式。其具体的形式比较多样化,包括同一类型的多种污染物或不同类型污染物的同时污染。由于各种污染物之间存在一定的相互作用,会给污染地块修复带来一定的困难。

11.2.2　化工污染地块特征

(1)地质水文性质　地质水文调查可以查明地块内土层分布和地下水流场,为后续开展化工污染地块调查提供科学依据。地块水文地质调查内容如下:

①地块土层分布。采用钻探孔取样,辅以静力触探试验,获取各调查区域的土层剖面图、土层在水平和垂直方向的均匀性、浅基承载力数据,获取桩端持力层和预估单桩承载力等工程地质勘查资料。绘制静探曲线、摩阻比曲线和地块土层分布图。

②地块地下水流场。了解地块地下水赋存条件、潜水主要赋存土层和微承压水主要赋存土层。建立被调查地块的水文地质模型,标示出地块土层变化分布规律,为后续土壤污染调查取样点位布设位置和深度以及地下水监测井设置布点位置、深度、滤孔设置位置提供依据。利用设置的地下水监测井中水位变化数据,获取地块内地下水流向流速资料,绘制地下水流向和流速图。

③地块污染物分布。主要考虑横向分布和纵向分布两个方面。在水平面上的调查可以预计整个地块的污染扩散速度和扩散范围,在断面纵向上可以获取不同性质土层分类中的土壤样品,可以较准确地获取各土层交界面(如弱透水层顶部等)和含水层底板(弱透水层)顶部的土壤样品。在采样时发现同一性质土层厚度较大、土层中出现明显污染痕迹时应考虑增加采样点。

④地块其他要素。在实验室分析的基础上,获取土壤理化性质参数,如湿度、密实度、渗透系数、有机质含量等。

（2）污染物的分布与迁移

①污染物的分布。化工污染地块呈现出多源、复合、量大、面广、持久、毒害大的特征,污染物的种类较多,既有重金属污染物,也有挥发性、半挥发性和农药等有机污染物,对生态环境和人类健康危害极大。

多数污染地块的土壤和地下水同步受到污染,且污染物浓度的空间变异性明显,有的区域污染物成团连片分布,有的可能是分散的点状分布,这与企业生产、储存、处置方式方法、污染物性质和迁移性等有关。

②污染物的迁移。在自然界,污染物并不总是停留在它最初进入的环境介质中,而是通过跨边界迁移进行着动态分配。污染物在环境中的迁移方式主要有 3 种:机械迁移、物理-化学迁移和生物迁移。

a.机械迁移。大气对污染物的机械迁移作用主要是通过污染物的自由扩散和气体对流的搬运携带作用而实现,主要受地形、地貌、气候条件、污染物排放量等影响。污染物在水中的迁移主要是污染物的自由扩散和水流的搬运作用,受水文、气候和污染物排放浓度等因素影响。重力迁移作用也是污染物迁移的一种重要方式。

b.物理-化学迁移。物理-化学迁移是污染物在土壤环境中最重要的迁移方式,其结果决定了污染物在环境中的存在形式、富集状况和潜在危害程度。无机污染物以简单的离子、配合物或可溶性分子的形式,通过诸如溶解-沉淀作用、吸附-解吸作用、氧化-还原作用、水解作用、配位或螯合作用等在环境中迁移。对于有机污染物,除了上述作用外,还可以通过光化学分解和生物化学分解等作用实现迁移。

c.生物迁移。污染物通过生物体的吸附、吸收、代谢、死亡等过程发生的生物性迁移,是它们在环境中迁移的最复杂、最具有意义的迁移方式,这种迁移方式与不同生物种属的生理生化和遗传变异特征有关。某些生物对环境污染物有选择性吸收和积累作用,某些生物对环境污染物有转化和降解能力。污染物通过食物链的积累和放大作用是生物迁移的重要表现形式。

（3）详细调查的方法　化工污染地块调查方法包括资料收集与分析、现场踏勘、人员访谈、钻探取样、实验室分析、检测结果分析等。

①资料收集与分析。主要包括地块利用变迁资料、地块环境资料、地块相关记录、有关政府文件以及地块所在区域的自然和社会信息。当调查地块与相邻地块存在相互污染的可能时,需调查相邻地块的相关记录和资料。

②现场踏勘。通过对地块及其周边环境设施的现场调查,观察地块污染痕迹,核实资料收集的准确性,获取与地块污染有关的线索。可通过对异常气味的辨识、摄影和照相、现场笔记等方式初步判断地块污染的状况。

重点踏勘对象一般包括:有毒有害物质的使用、处理、储存、处置;生产过程和设备,储槽与管线;恶臭、化学品味道和刺激性气味,污染和腐蚀的痕迹;排水管或渠、污水池或其他地表水体、废物堆放地、井等。

③人员访谈。采取当面交流、电话交流、电子或书面调查表等方式对地块现状或历史的知情人进行访谈,包括:地块管理机构和地方政府的官员、环境保护行政主管部门的官员、地块过去和现在各阶段的使用者以及地块所在地或熟悉地块的第三方,如相邻地块的工作人员和附近的居民。

④钻探取样。包括各种钻探方法(如手工钻探、冲击钻探、直压式钻探等),土壤、水取样

方法。

⑤数据评估和结果分析。委托有资质的实验室进行样品检测分析,通过整理检测结果,分析数据的有效性和充分性。

根据土壤和地下水检测结果进行统计分析,确定地块关注污染物种类、浓度水平和空间分布。

11.2.3　化工污染地块修复实施的基本流程

自 2014 年以来,生态环境部先后发布、修订了一系列污染地块相关技术导则与指南,如《建设用地土壤污染状况调查　技术导则》(HJ 25.1—2019)、《建设用地土壤污染风险管控和修复监测　技术导则》(HJ 25.2—2019)、《建设用地土壤污染风险评估　技术导则》(HJ 25.3—2019)、《建设用地土壤修复　技术导则》(HJ 25.4—2019)、《污染地块风险管控与土壤修复效果评估　技术导则》(HJ 25.5—2019)、《污染地块地下水修复和风险管控　技术导则》(HJ 25.6—2019)、《建设用地土壤污染风险管控和修复术语》(HJ 682—2019)、《工业企业场地环境调查评估与修复工作指南(试行)》(2014 年)以及《建设用地土壤环境调查评估技术指南》(2017 年),为企业及管理部门提供了化工地块调查评估与修复治理工作的技术指导与支撑。

化工污染地块修复实施的基本流程见图 11-3,主要包括污染识别、污染状况调查、风险评估、修复方案编制、修复实施与环境监理、修复效果评估与后期管理等内容。

(1)污染识别　以资料收集、现场踏勘和人员访谈为主,原则上不进行现场采样分析。若确认地块内及周围区域当前和历史上均无可能的污染源,则认为地块的环境状况可以接受,调查活动可以结束;当认为地块可能存在污染或无法判断时,应进行污染状况调查。

(2)污染状况调查　分为初步调查和详细调查,初步调查是通过现场采样和实验室检测进行风险筛查,分析和确认地块是否存在潜在风险及关注污染物;若确定地块已经受到污染或存在健康风险时,则需进行详细调查,必要时进行补充调查,以确认污染程度和范围,并为风险评估提供数据支撑。

(3)风险评估　在污染状况调查的基础上,分析地块污染物对人群的主要暴露途径,定量估算致癌污染物对人体健康产生危害的概率,或非致癌污染物的危害水平与程度(危害熵),确定地块污染带来的健康风险是否可接受。

风险评估主要以人体暴露和毒性评估为主,具体参照《建设用地土壤污染风险评估技术导则》(HJ25.3—2019)和使用相关软件来进行评估。目前,国内外广泛使用的评估软件有英国的污染土壤暴露评估(contaminated land exposure assessment,CLEA)、美国的基于风险的纠正行动(risk-based correction action,RBCA)软件,这两款软件评价体系全面,但操作较为复杂,且众多参数并非根据我国特定的环境和地质场景所设。基于美国 RBCA、英国 CLEA 导则以及中国的风险评估技术导则,相关科研人员于 2012 年研发出我国首套污染地块健康与环境风险评估软件(health & environmental risk assessment software,HERA),该软件运行稳定、功能全面、操作便利,在国内得到了广泛的应用。

(4)修复方案编制　主要包括以下几个步骤:一是根据地块调查与风险评估结果,细化地块概念模型并确认地块修复总体目标,通过初步分析修复模式、修复技术类型与应用条件、地块污染特征、水文地质条件、技术经济发展水平,确定相应修复策略;二是根据现有的修复技术,

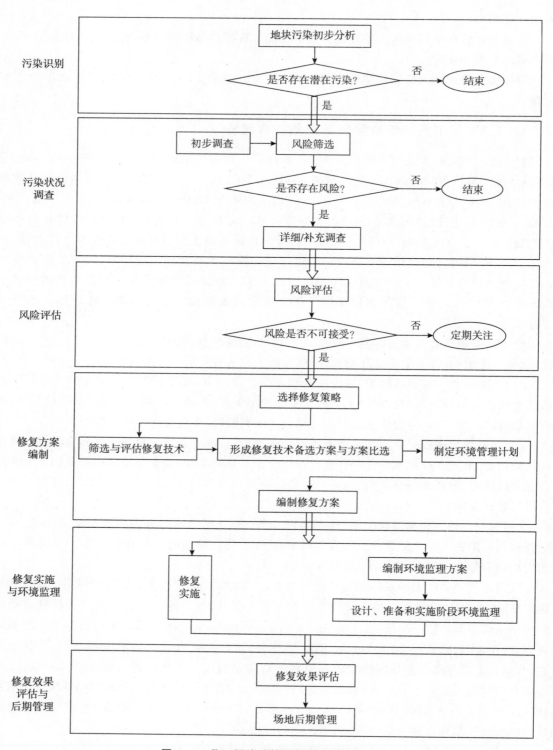

图 11-3　化工污染地块修复实施基本流程

从修复效率、修复的经济性和可行性等角度进行评估和筛选,确定目标地块的可行修复技术;三是通过各种可行技术合理组合,形成能够实现修复总体目标潜在可行的修复技术备选方案,并综合考虑技术、经济、环境、社会等指标,确定适合于目标地块的最佳修复技术方案;四是制定环境管理计划,为目标地块的修复工程实施提供指导,防止地块修复过程的二次污染,并为地块修复过程的环境监管提供技术支持;五是基于上述选择修复策略、筛选与评估修复技术、形成修复技术备选方案与方案比选、制定环境管理计划的工作,编制修复方案。

(5)修复实施与环境监理　修复实施是指修复实施单位受污染地块责任主体委托,依据有关环境保护法律法规、地块环境调查评估备案文件、地块修复方案备案文件等,制定污染地块修复工程实施方案,进行施工准备,并组织现场施工的过程。

环境监理是受污染地块责任主体委托,依据有关环境保护法律法规、地块环境调查评估备案文件、地块修复方案备案文件、环境监理合同等,对地块修复过程实施专业化的环境保护咨询和技术服务,协助和指导建设单位全面落实地块修复过程中的各项环保措施,以实现修复过程中对环境最低程度的破坏、最大限度的保护。环境监理的对象主要是工程中的环境保护措施、风险防范措施以及受工程影响的外部环境保护等相关的事项。

需要注意的是,若土壤修复工程涉及土方开挖等过程,还需要工程监理,以关注修复工程本身及与工程质量、进度、投资等相关的事项。然而,目前在修复实践中,监理问题需要进一步完善。

(6)修复效果评估与后期管理　修复效果评估是在污染地块修复完成后,对地块内土壤和地下水进行调查和评价的过程,主要是通过文件审核、现场勘察、现场采样和检测分析等进行地块修复效果评估,判断是否达到修复目标,提出后期环境监管建议,为污染地块管理提供科学依据。

后期管理是按照后期管理计划开展包括设备及工程的长期运行与维护、长期监测、长期存档与报告等制度、定期和不定期的回顾性检查等活动的过程。

11.2.4　化工污染地块修复实施方案设计

1.目的及意义

化工污染地块土壤修复区别于其他工程项目的重要特点之一是一地一策、一时一策。污染地块情况一般比较复杂,需要考虑的因素很多,如土壤性质、污染因子类别、污染分布、配套条件、土地规划用途、修复周期、修复费用等,同时修复技术众多,包括物理方法、化学方法、生物方法及联合修复等,针对具体的某个污染地块有多种可行的修复技术可供选择,而一般不存在任何一种修复技术在各个方面的表现均优于其他技术。这使得修复前不得不考虑成本收益情况,即采取何种修复技术能够在较低耗费时取得较大收益。修复技术的选择是一个决策过程,通过修复技术各个方面的表现进行权衡并做出决策,最终选取最为适合的修复技术或联合修复技术。

污染地块修复方案设计的目的是根据地块调查与风险评估结果,确定适合于目标地块的最佳修复技术方案,并制定配套的环境管理计划,作为目标地块的修复工程实施依据,支撑该地块相关的环境管理决策。

2.基本原则

(1)科学性原则　采用科学的方法,综合考虑地块修复目标、土壤修复技术的处理效果、修复时间、修复成本、修复工程的环境影响等因素,制定修复方案。

(2)可行性原则 制定的地块土壤修复方案要合理可行,要在前期工作的基础上,针对地块的污染性质、程度、范围以及对人体健康或生态环境造成的危害,合理选择土壤修复技术,因地制宜制定修复方案,使修复目标可达,且修复工程切实可行。

(3)安全性原则 制定地块土壤修复方案要确保地块修复工程实施安全,防止对施工人员、周边人群健康以及生态环境产生危害和二次污染。

3. 工作程序与内容

化工污染地块土壤修复方案设计的工作程序见图 11-5,主要包括选择修复模式、筛选修复技术、制定修复方案等内容。

1)选择修复模式

(1)确认地块条件

①核实地块相关资料。审阅前期按照《建设用地土壤污染状况调查 技术导则》(HJ 25.1—2019)和《建设用地土壤污染风险管控和修复监测 技术导则》(HJ25.2—2019)完成的土壤污染状况调查报告和按照《建设用地土壤污染风险评估 技术导则》(HJ25.3—2019)完成的地块风险评估报告等相关资料,核实地块相关资料的完整性和有效性,重点核实前期地块信息和资料是否能反映地块目前实际情况。

②现场考察地块状况。考察地块目前现状情况,特别关注与前期土壤污染状况调查和风险评估时发生的重大变化,以及周边环境保护敏感目标的变化情况。现场考察地块修复工程施工条件,特别关注地块用电、用水、施工道路、安全保卫等情况,为修复方案的工程施工区布局提供基础信息。

③补充相关技术资料。通过核查地块已有资料和现场考察地块状况,如发现不能满足修复方案编制基础信息要求,应适当补充相关资料。必要时应适当开展补充监测,甚至进行补充性土壤污染状况调查和风险评估,相关技术要求参考 HJ 25.1—2019、HJ 25.2—2019 和 HJ 25.3—2019。

(2)提出修复目标 通过对前期获得的土壤污染状况调查和风险评估资料进行分析,结合必要的补充调查,确认地块土壤修复的目标污染物、修复目标值和修复范围。

①确认目标污染物。确认前期土壤污染状况调查和风险评估提出的土壤修复目标污染物,分析其与地块特征污染物的关联性和与相关标准的符合程度。

②提出修复目标值。分析比较按照 HJ 25.3—2019 计算的土壤风险控制值、《土壤环境质量 建设用地土壤污染风险管控标准(试行)》(GB 36600—2018)规定的筛选值和管制值、地块所在区域土壤中目标污染物的背景含量以及国家和地方有关标准中规定的限值,结合目标污染物形态与迁移转化规律等,合理提出土壤目标污染物的修复目标值。

③确认修复范围。确认前期土壤污染状况调查与风险评估提出的土壤修复范围是否清楚,包括四周边界和污染土层深度分布,特别要关注污染土层异常分布情况,比如非连续性自上而下分布。依据土壤目标污染物的修复目标值,分析和评估需要修复的土壤量。

(3)确认修复要求 与地块利益相关方进行沟通,确认对土壤修复的要求,如修复时间、预期经费投入等。

(4)选择修复模式 根据地块特征条件、修复目标和修复要求,确定修复策略,选择修复模式。地块修复策略是指以风险管理为核心,将污染造成的健康和生态风险控制在可接受范围

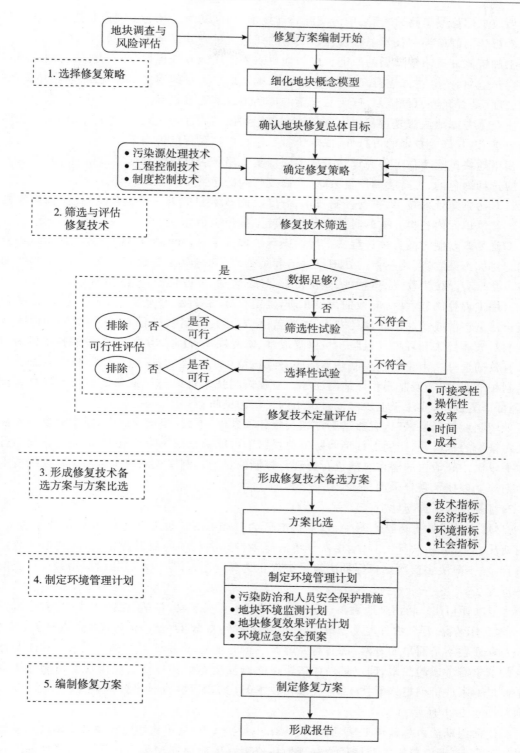

图 11-5 化工污染地块修复实施方案设计流程

内的地块总体修复思路,包括采用污染源处理技术、切断暴露途径的工程控制技术以及限制受体暴露行为的制度控制技术三种修复模式中的任意一种或其组合。

①确定修复策略应遵循的原则。应与地块未来的用地发展规划、开发方式、时间进度相结合;应与地块相关利益方进行充分交流和沟通,确认地块未来的用地发展规划、地块开发方式、时间进度、是否允许原位修复、修复后土壤的再利用或处置方式等。

应充分考虑地块修复过程中土壤和地下水的整体协调性,并综合考虑近期、中期和长期目标的要求,以及修复技术的可行性、成本、周期、民众可接受程度等因素。

污染地块风险评估可作为评估采取不同修复策略是否可以达到修复目标的评估工具。

应选择绿色的、可持续的修复策略,使修复行为的净环境效益最大化。

针对污染源处理技术、工程控制技术、制度控制技术中的某一修复模式,提出该修复模式下各个修复单元内各类介质的具体修复指标或工程控制指标。

②修复策略制定的具体过程。采用污染源处理技术时,针对各种技术类型,应根据污染介质确定目标污染物、明确具体的处理目标值和待处理的介质(土壤或地下水)范围。具体的处理技术类型有原位生物、原位物理、原位化学、异位生物、异位物理、异位化学等。

采用工程控制技术时,应根据污染介质,确定目标污染物、修复范围、暴露途径,选择合适的阻止污染扩散或切断暴露途径方式,如覆盖清洁土、建立阻截工程等,从而降低和消除地块污染物对人体健康和环境的风险。从修复成本、修复周期等因素考虑,工程控制技术可为一种合理有效的选择。由于工程控制并不彻底去除地块中的污染物,因此工程控制往往需要和制度控制相结合,如定期监测和评估制度等。工程控制技术可以与污染源处理技术联合起来使用,降低修复成本,或用于地块修复过程中的二次污染防治。

采用制度控制技术时,应通过制定和实施各项条例、准则、规章或制度,减少或阻止人群对地块污染物的暴露,从制度上杜绝和防范地块污染可能带来的风险和危害,从而达到利用行政管理手段对污染地块的潜在风险进行管理与控制的目的。制度控制技术常与工程控制技术或与污染源处理技术联合采用。

2)修复技术筛选与评估

(1)修复技术筛选方法   目前,修复技术筛选中常用的评价方法主要包括专家评估法、生命周期法、层次分析法等。其中,层次分析法将多目标决策和模糊理论相结合,把定性与定量相融合,对于解决多层次多目标的决策系统优化选择问题行之有效,是目前应用最为广泛的综合评价方法。

①专家评估法。将污染地块调查所得的信息进行归类整理,包括自然环境特征、社会经济情况、土地利用情况、污染物种类及分布情况、修复目标等,根据这些地块信息选择合适的修复技术。

专家评估不是简单的专家讨论,需要遵循一定的规范,即基于导则提出的修复技术筛选流程及筛选中需考虑的因素,确定最终评估所得的修复技术最佳可行。美国各个污染地块全部都是通过专家评价确定修复技术,有关修复技术的比选因素,美国超级基金提出了著名的"九原则",如图 11-6 所示。

②生命周期法。生命周期法(life cycle analysis,LCA)是单从环境收益及支出的角度进行修复技术筛选,即以较少的环境代价实现地块修复。生命周期法采用从摇篮到坟墓的方式评估污染地块修复过程中的一系列环境问题。其特点有三:一是从摇篮到坟墓的方式,从修复开始前资源的获取到最终废弃物的填埋,整个过程都会被考虑;二是综合性,从理论上说所有修

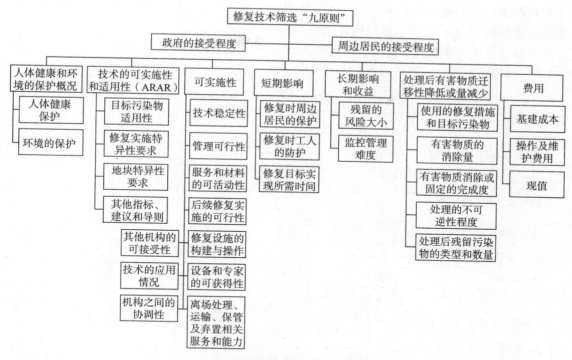

图 11-6　美国超级基金污染地块修复技术筛选"九原则"

复过程中与环境的交互过程都会被考虑,如资源获取、废物排放和其他环境干预等;三是可以进行定量或定性的评估,定量评估能够更加容易发现生命周期中有问题的部分及采取何种措施可以进行替代。

　　基于生命周期理论的修复决策工具有一些,其中最为广泛使用的是荷兰的 REC 系统。20世纪 90 年代早期 REC 就已开始应用,REC 是风险削减(risk reduction)、环境效益(environmental benefit)和费用(cost)的缩写。该决策支持系统通过风险、环境和费用这三者之间的权衡来确定最佳的修复技术。

　　风险削减考虑的因素有:人体、生态系统和敏感受体的暴露情况;通过清理可以使风险降低的情况,即随着时间推移,通过修复带来的风险削减量。风险削减量由风险模型计算。

　　环境效益:用一个指标体系进行评价,指标反映了土壤修复过程中的环境代价和收益情况。考虑的指标有土壤质量改善情况、地下水质量改善情况、地下水的污染情况、清洁地下水消耗、清洁土壤消耗、常规能源消耗、空间使用、空气污染、水污染、废渣 10 项。各个指标的权重由专家给出,评分由加和计算各备选修复技术的环境效益指标得分。

　　费用:包括构建费用、操作费用、处理费用和管理费用。费用支出按年进行计算。并且根据修复年限进行折现。

　　早期研究利用 LCA 法能够较为精确地评价修复技术的环境效益,在很多污染地块修复技术筛选方面进行了应用,但是修复技术筛选还需要考虑社会等更多的因素,后期研究开始考虑更多的经济因素并与其他筛选方法联用。生命周期法需要大量的地块和修复技术信息作为支持,目前我国修复技术实施的信息较为匮乏,这可能是 LCA 在我国应用的一个障碍。

　　③层次分析法。目前应用最为广泛,层次分析法把定性与定量融合,将人的主观性依据用

数量的形式表达出来,避免了由于人的主观性导致权重预测与实际情况相矛盾的现象发生,对于解决多层次、多目标的决策系统优化选择问题行之有效。

对修复技术的筛选可通过技术成熟度、技术可应用性、修复周期、运行成本、资源消耗、二次污染、周围影响等进行评估,如表 11-1 所示。

表 11-1 修复技术筛选指标评价标准

分值	5	4	3	2	1
技术成熟度	国外广泛应用	国外有较多应用	国外已有少量应用	国外处于中试阶段	国外处于小试阶段
地块可应用性	国内广泛应用	国内有较多应用	国外已有少量应用	国内处于中试阶段	国内处于小试阶段
修复周期	1~6 个月	6~12 个月	1 年左右	2 年左右	3 年以上
修复费用	低	较低	中	较高	高
资源消耗	少	较少	中	较多	多
二次污染	无二次污染	处理不当可能导致轻微二次污染	可能有轻微污染	产生少量污染	二次污染严重
周围影响	无影响	轻微影响	采取防护措施可避免	较大影响	影响严重且无法避免

注:技术成熟度和可应用性按国内外技术工程案例数量计算。修复周期中,异位修复按污染物被清运的时间计算;资源消耗仅供参考,应以实际情况为准。

英国污染土地调查报告中提出的考虑因素包括:修复有效性、利益方的意见、实施要求、商业可获得性、以往实施情况、法律法规的符合性、健康和安全风险、环境影响、长期维护要求、修复时间、修复费用、与其他技术的联用性。

欧盟 CLARINET 也提出了修复技术筛选应从 6 个方面考虑:修复动力和修复目标、风险管理、土地利用可持续性、利益各方的观点、成本收益、技术的适用性和灵活性。

中国从地块条件(C1)、技术指标(C2)、经济指标(C3)和环境指标(C4)四个方面选取了 17 项指标,形成修复技术初步筛选的指标体系(表 11-2),最后给出指标得分,并计算不同技术指标的最终得分进行比较。

表 11-2 污染地块修复技术筛选指标体系

指标体系	指标	指标权重	指标得分
受地块条件的制约因素	土壤湿度		
	土壤 pH		
	土壤阳离子交换量		
	黏土含量、渗透性		

续表 11-2

指标体系	指标	指标权重	指标得分
技术指标	操作难易程度		
	技术成熟度		
	技术可获得性程度		
	修复周期		
	污染物的去除率		
经济指标	设备投资		
	运行成本		
	监测费用		
	后处理费用		
环境指标	二次污染		
	副产品危害		
	工人健康影响		
	气味和美学因素		
综合得分			

　　土壤和地下水修复技术的筛选需要考虑多种因素,鉴于污染地块的情况不尽相同,因此只对各项技术进行定性评价,为相关人员在具体操作上提供参考。在修复技术的选择上需要确保污染地块的修复效果满足土地利用方式的要求,在技术可行、时间充足、经济允许等条件下,选择可以降低污染物毒性、迁移性和含量的较为成熟的修复技术,避免二次污染,全面保护人体健康与环境。

　　(2)修复技术筛选　结合地块污染特征、土壤特性和选择的修复模式,从技术成熟度、适合的目标污染物和土壤类型、修复的效果、时间和成本等方面分析比较现有的土壤修复技术优缺点,重点分析各修复技术工程应用的实用性。可以采用列表描述修复技术原理、适用条件、主要技术指标、经济指标和技术应用的优缺点等方面进行比较分析,也可以采用权重打分的方法。通过比较分析,提出一种或多种备选修复技术进行下一步可行性评估。

　　修复技术筛选可参考修复技术信息库,如英国污染土地调查报告、美国 FRTR 修复技术筛选矩阵、中国生态环境部发布的《2014 年污染场地修复技术目录(第一批)》《工业企业场地环境调查评估与修复工作指南(试行)》《污染场地修复技术筛选指南》(CAEPI1—2015)等。

　　修复技术信息结构见表 11-3,土壤和地下水修复技术筛选矩阵见表 11-4 和表 11-5。

　　根据《污染场地修复技术筛选指南》,结合国际通用方法和国内发展现状,对备选修复技术进行选择时需评估的指标包括:人体健康和生态环境的充分保护;满足相关法律法规的程度;长期有效性;污染物毒性、迁移性和总量的减少程度;短期有效性;可实施性;修复成本;有关部门接受程度;周边社区接受程度。依据以上指标对污染地块修复技术进行选择的评分表见表

11-6,评分表采用 10 分制,按照分值越高指标效果越好的原则对备选修复技术进行评分,从而为修复技术文件的设计提供依据。

表 11-3　修复技术信息结构

一级	二级分类	主要内容
生物修复技术	原位生物通风技术	
	原位强化生物处理技术	
	原位植物修复技术	
	异位生物桩技术	
	异位生物堆腐技术	
	异位泥浆生物反应	
物理化学处理技术	原位化学氧化还原技术	(1)基本信息:修复技术介绍、修复原理、污染物可处理性、地块限制条件、修复技术相对优势、技术实施所需信息、实施效果信息、费用情况 (2)修复案例信息:修复技术在污染地块的应用情况,包括地块描述、处理情况、费用、操作运行特点等 (3)三级分类技术:对于多技术联用或在某种技术原理下进行了创新,使该修复技术的特征与该基于原理的其他修复技术差别较大,这时在该二级修复技术下进行三级分类,单独进行描述
	异位化学氧化还原技术	
	原位电动分离技术	
	原位压裂技术	
	原位土壤淋洗技术	
	异位土壤淋洗技术	
	原位土壤气提技术	
	原位固化稳定化	
	异位固化稳定化	
	异位分选技术	
	异位脱卤化技术	
	异位化学提取技术	
热处理技术	异位焚烧技术	
	异位热裂解技术	
	异位热脱附技术	
其他技术	自然恢复技术	
	原位封场技术	
	异位挖掘、分类、填埋技术	

表 11-4　土壤和地下水修复技术筛选矩阵

符号定义（具体含义见表 11-5）
● 一平均值以上
◎ 一平均值
○ 一平均值以下
◇ 一技术的有效性取决于污染物

种类和技术的有效性取决于污染物

技术	技术成熟度	运行维护投入	资金投入	系统的可靠性和维护需求	其他相关成本	修复时间	VOCs	SVOCs	石油烃	POPs	重金属
土壤、底泥和淤泥											
原位生物处理											
1. 生物通风	●	●	●	●	●	◎	●	●	●	●	○
2. 增强生物修复	●	○	◎	◎	●	◎	●	●	●	●	◎
3. 植物修复	●	●	●	●	●	●	○	◎	●	◎	●
原位物理化学处理											
4. 化学氧化/还原	●	○	◎	◎	◎	●	●	●	●	●	●
5. 土壤淋洗	●	○	◎	○	●	●	●	●	●	●	●
6. 土壤气相抽提	●	●	○	◎	●	◎	●	●	●	●	○
7. 固化/稳定化	●	●	●	●	●	●	○	●	●	◎	○
8. 热处理（热蒸汽或热脱附）	●	●	●	●	●	◎	●	●	●	◎	◇
异位生物处理（假设基坑开挖）											
9. 生物堆	●	○	○	●	●	●	○	●	●	●	
10. 堆肥法	●	◎	◎	◎	◎	●	●	●	●	○	
11. 泥浆态生物反应	●	◎	○	○	◎	◎	●	●	●	◎	
异位物理/化学处理（假设基坑开挖）											
12. 土壤淋洗	●	○	○	●	◎	●	○	●	●	●	●
13. 化学氧化/还原	●	○	◎	●	◎	●	●	●	●	●	●
14. 固化/稳定化	●	○	◎	●	○	◎	●	●	●	●	●
异位热处理法（假设基坑开挖）											
15. 工业窑炉热处理	○	○	○	●	●	●	●	●	●	●	○
16. 焚烧	●	○	○	◎	○	●	●	●	●	●	○

续表 11-4

符号定义（具体含义见表 11-6）：

● 一平均值以上
◎ 一平均值
○ 一平均值以下
◇ 一技术的有效性取决于污染物种类和技术的应用/设计

	技术成熟度	运行维护投入	资金投入	系统的可靠性和维护需求	其他相关成本	修复时间	目标污染物				
							VOCs	SVOCs	石油烃	POPs	重金属
17. 热脱附	●	○	○	◎	◎	●	●	●	●	●	●
其他技术											
18. 填埋场阻封技术	●	◎	○	●	●	○	●	●	◎	◎	○
19. 填埋场增强型阻封	●	◎	○	●	●	○	●	●	◎	○	○
20. 开挖、运出、安全填埋	●	●	◎	○	◇	●	●	●	●	●	●
地下水（包括填埋场渗滤液）											
生物处理											
21. 增强型生物修复	●	○	◎	◎	●	◇	●	●	●	●	◎
22. 监测型自然衰减	●	○	◎	◎	●	◇	●	●	●	○	○
23. 植物修复	●	○	○	○	●	●	●	●	●	○	◎
物理/化学处理											
24. 空气注入法	●	◎	●	●	●	●	●	●	●	●	○
25. 生物通风+自由相抽提	●	○	◎	◎	◎	◎	○	●	●	●	○
26. 化学氧化/还原	●	◎	●	◎	◎	●	●	●	●	●	●
27. 多相抽提法	●	◎	◎	◎	◎	●	●	●	●	●	●
28. 热处理法	●	◎	○	◎	◎	●	●	●	●	●	○
29. 井内曝气吹脱	●	◎	○	○	◎	◎	●	●	●	◎	●
30. 主动/被动反应墙（如 PRB）	●	◎	○	●	◎	○	●	●	●	●	●
其他方法											
31. 阻隔法（如止水帷幕、水力控制法等）	●	◎	○	●	●	○	○	○	●	●	●

表 11-5　矩阵中所用符号具体说明

考虑因素	●平均值以上	◎平均值	○平均值以下	其他
技术成熟度：所选取技术的应用规模和成熟程度	该技术已被多个污染地块所采用,并作为最终修复技术的一部分;有良好的文献记录,已被技术人员理解	已满足投入工程应用或全尺寸中试的需求,但仍需要改进和更多测试	没有实际应用过,但已经做了小试和中试等试验,有应用前景	◇技术的有效性取决于污染物种类和技术的应用/设计
运行维护投入：全套技术运行维护期间的投入	运行维护投入较低	运行维护投入一般	运行维护投入较高	
资金投入：全套技术的设备、人力等投入	资金投入一般	资金投入平均等级	资金投入较高	
系统可靠性和维护需求：相对其他有效技术而言,该技术的可靠性和维护需求	可靠性高、维护需求少	可靠性一般、维护需求一般	可靠性低、维护需求多	
其他相关成本：处置前、处置后、处置过程中核心过程的设计、建造、操作和维护成本	相对于其他选择,总体费用较低	相对于其他选择,总体费用一般	相对于其他选择,总体费用较高	
修复时间：采用该技术处理单位面积地块所花费的时间　原位土壤	少于 1 年	1～3 年	多于 3 年	
异位土壤	少于 0.5 年	0.5～1 年	多于 1 年	
原位地下水	少于 3 年	3～10 年	多余 10 年	

表 11-6　污染地块修复技术选择评估

评估指标	备选技术 1	备选技术 2	备选技术 3	…
人体健康和生态环境的充分保护				
满足相关法律法规的程度				
满足污染物排放管理规定				
满足敏感区域的施工管理规定				
满足职业安全卫生管理规定				
其他方面管理规定的符合度				
长期有效性				
残留风险是否小				
残余风险控制措施的可获得性				

续表 11-6

评估指标	备选技术 1	备选技术 2	备选技术 3	···
污染物毒性、迁移性和总量的减少程度				
修复工艺和材料是否可永久降低污染物毒性、迁移性或总量				
有害物质去除或处理的量				
污染物毒性、迁移性或体积的减少程度				
修复方法的不可逆性				
修复后剩余污染物的种类和数量是否少				
短期有效性				
修复施工时对社区影响是否小				
修复施工时对工人影响是否小				
对二次污染控制措施的要求是否低				
达到修复目标值的时间是否短				
可实施性				
技术可获得性				
建设和运行能力				
技术可靠程度				
是否容易追加额外的修复工艺				
是否具备修复有效性的监测能力				
是否具备异地处理、储存和处置服务（如填埋场的容量）				
是否具备必要的设备和专家				
修复成本				
投资是否小				
运行维护成本是否经济				
是否容易被有关部门接受				
是否容易被周边社区接受				

注：1. 打分表采用 10 分制，最高分为 10 分，最低分为 1 分。分值越高表明指标趋于肯定、程度高或效果好；反之表明指标趋于否定、程度低或效果差。2. 对于有子指标的指标，该指标的得分是每个子指标得分和的平均值。

（3）修复技术可行性试验　修复技术可行性试验是确定各潜在可行技术是否适用于特定的目标地块。当效率、时间、成本等数据量充足，例如大量研究和案例证明该技术对某种污染物处理有效，如热脱附处理多环芳烃污染土壤，或要研究的特点目标地块与已有案例的地块特征条件、目标污染物完全相符且能够证明或确定技术可行时，可跳过可行性试验过程直接进入修复技术综合评估阶段；当数据量不够证明各潜在可行技术能够用于特定的目标地块或缺少前期基础、文献或应用案例时，则首先需要开展可行性试验。修复技术可行性试验分为筛选性试验和选择性试验，具体流程见图 11-7。

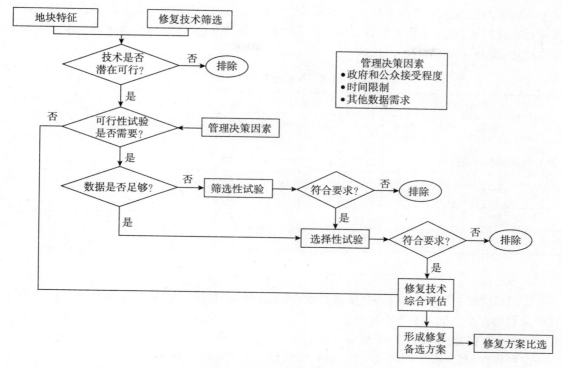

图 11-7　修复技术可行性试验流程

①筛选性试验。筛选性试验的目的是通过实验室小试规模的试验,判断技术是否适用于特定目标地块,即评估技术是否有效,能否达到修复目标。

通过筛选性试验能够获得的设计方面参数很少,因此不能作为修复技术选择的唯一依据。如果所有进行筛选性试验的技术均难以达到试验目标(均不符合目标),应考虑回到制定修复策略阶段对其进行适当调整。

②选择性试验。选择性试验的目的是对筛选性试验结果所得出的潜在可行技术开展进一步试验,确定工艺参数、成本、周期等。通过选择性试验技术,可进入修复技术综合评估过程。

当选择性试验过程难以选择出合适技术时(均不符合要求),应考虑回到制定修复策略阶段对其进行适当调整。筛选性试验和选择性试验在试验规模和类型、数据需求、试验结果的重现性、试验周期估算方面的比较如表 11-7 所示。

表 11-7　修复技术筛选性试验和选择性试验比较

过程	试验规模和类型	数据需求	试验结果重现性	试验周期
筛选性试验	小试,实验室批次试验	定性	至少 1 次或 2 次	数天
选择性试验	小试或中试,实验室或现场的批次或连续试验	定量	至少 2 次或 3 次	数天、数周至数月

(4)修复技术可行性评估　《工业企业场地环境调查评估与修复工作指南(试行)》指出对通过选择性试验的修复技术,可进一步采用列举法定性描述各技术的原理、适用性、限制性、成本等方面来综合评估,或利用修复技术评估工具表(表 11-8)以可接受性、操作性、效率、时间、

成本为指标来定量评估得到目标地块实际工程切实可行的修复技术。每个修复技术都分5个指标分别进行评分,每个指标可评分赋值1～4分;分数越高,表明该技术越有利于在地块修复中被应用,总分区间为5～20分。

表 11-8　修复技术评估工具

技术名称	可接受度		操作性		效率		修复时间		修复成本		总分	结果
	评述	评分	评述	评分	评述	评分	评述	评分	评述	评分		
技术 1												
技术 2												
技术 3												
⋮												
技术 n												

评分标准:

①可接受性:修复技术与污染地块目前(或未来规划)的使用功能、社会接受程度以及其他需要接受的标准之间的相互兼容性。

4-完全可接受;3-可接受;2-勉强可接受;1-局部可接受。

②操作性:修复技术的可操作性、地块设施影响以及技术是否在同类地块应用过。

4-操作性强;3-可操作;2-勉强可操作;1-局部可操作。

③效率:修复技术在类似地块的修复效率高低。

4-非常高效;3-高效;2-一般有效;1-效率很低。

④修复时间:所预期的修复时间。

4-短;3-中等;2-长;1-非常长。

⑤修复成本:所预期的总成本。

4-低;3-中等;2-高;1-非常高。

表11-9列举了筛选与评估修复技术阶段各个过程在方法和目的之间的差异比较。

表 11-9　筛选与评估修复技术阶段各个过程的差异比较

过程	方法	目的
修复技术筛选	文献、应用案例分析	从修复技术的修复效果、可实施性、成本等角度,对潜在可行的修复技术进行定性比较。
筛选性试验	小试	判断技术是否适用于特定目标地块,即评估技术是否有效,能否达到修复目标。
选择性试验	小试或中试	对筛选性试验结果所得出的潜在可行技术开展进一步试验,确定工艺参数、成本、周期等。
技术综合评估	多准则评估方法	列举各技术的原理、适用性、限制性、成本等方面来综合评估,或以可接受性、操作性、效率、时间、成本为指标,定量评估得到目标地块实际工程切实可行的修复技术。

3)形成修复技术备选方案与方案比选

（1）形成修复技术备选方案　修复技术筛选中常用的修复技术备选方案形成时,需进一步综合考虑地块总体修复目标、修复策略、环境管理要求、污染现状、地块特征条件、水文地质条件、修复技术筛选与评估结果,对各种可行技术进行合理组合,进而形成若干能够实现修复总体目标、潜在可行的修复技术备选方案。具体流程见图 11-8。

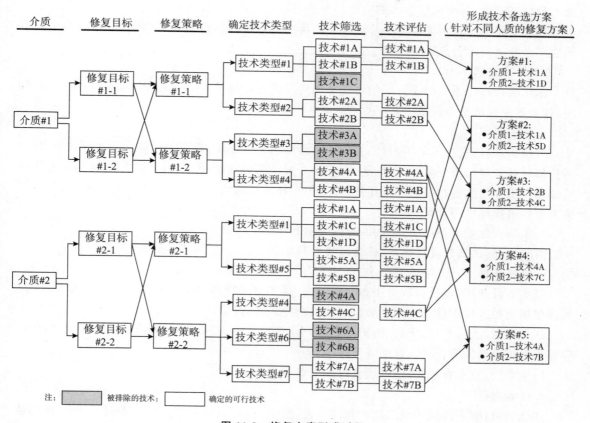

图 11-8　修复方案形成过程

修复技术备选方案需包括详细的修复目标/指标、修复技术方案设计、总费用估算、周期估算等内容。

①详细的修复目标/指标。需根据不同的污染介质,按未来使用功能的差异,分区域、分层次制定。

②修复技术方案设计。包括制定修复技术方案的技术路线、确定各修复技术的应用规模、确定涵盖工艺流程与相关工艺参数和周期成本在内的具体的土壤修复技术方案和地下水修复技术方案。修复技术方案的总体技术路线应反映污染地块修复总体思路和修复模式、修复工艺流程;各修复技术的应用规模应涵盖污染土壤需要修复的面积、深度、土方量,污染地下水需修复的面积、深度、出水量,同时应考虑修复过程中开挖、围堵等工程辅助措施的工程量;工艺参数应包括设备处理能力、或每批次处理所需时间、处理条件、能耗、设备占地面积或作业区面积等。

③总费用估算。包括直接费用和间接费用,其中直接费用包括所选择的各种修复技术的

修复工程主体设备、地块准备、污染地块土壤和地下水处理等费用总和;间接费用包括修复工程环境监理、二次污染监测、修复验收、人员安全防护费用,以及不可预见费用等。

④周期估算。包括各种技术的修复工期及所需的其他时间估算。

需要说明的是,大型污染地块修复技术方案中的可行技术一般不止一种,可能是多种技术的组合。修复技术方案可以是多个可行技术的"串联",也可以是多个可行技术的"并行";可行技术的"串联"中,每个可行技术的应用具有先后顺序,而可行技术的"并行"则没有先后顺序,可行技术可以同时在污染地块上开展修复工程。可行技术的组合集成有多种方式,相应的可形成多个修复技术备选方案。

(2)方案比选

①比选指标体系。修复方案的比选需要建立比选指标体系,必须充分考虑技术、经济、环境、社会等层面的诸多因素。

a. 技术指标

可操作性:修复技术的可靠性;管理人员经验的丰富程度;必要的设备和资源的可获得性;异位修复过程中污染介质的贮存、运输、安全处置方面的可操作性;以及与地块再利用方式或后续建设工程匹配性相关的可操作性指标,包括修复后地块的建设方案及其时间要求、土方平衡方面的可操作性等。

污染物去除效率:目标污染物的有效去除数量。

修复时间:达到修复目标/指标所需要的时间。

b. 经济指标

基本建设费用:包括直接费用和间接费用,其中直接费用包括原材料、设备、设施费用等;间接费用包括工程设计、许可、启动、意外事故费用等间接投资。

运行费用:人员工资、培训、防护等费用;水电费;采样、检测费用;剩余物处置费用;维修和应急等费用以及保险、税务、执照等费用。

后期费用:日常管理、周期性监测等后期费用。

c. 环境指标

残余风险:剩余污染物或二次产物的类型、数量、特征、风险,以及风险处理处置的难度和不确定性。

长期效果:修复工程达到修复目标后的污染物毒性、迁移性或数量的减少程度;预期环境影响(占地、气味、外观等)是否达到了长期保护环境健康的目标;是否存在潜在的其他污染问题;需要修复后长期管理的类型和程度;长期操作和维护可能面临的困难;技术更新的潜在需要性。

健康影响:修复期间和修复工程达到修复目标后需要应对的健康风险(如异位修复期间的清挖工程中污染物可能对工作人员的健康造成危害)以及减少风险的措施。

d. 社会指标

管理可接受程度:区域适宜性;与现行法律法规、相关标准和规范的符合性;需要与政府部门配合的必要性(如异位修复)。

公众可接受程度:施工期对周围居民可能造成的影响(气味、噪声等)。

②选确定修复方案。利用所建立的比选指标体系,对各潜在可行修复技术方案进行详细分析,对于修复技术方案的最终选择,可以采用 2 种方式:一是利用详细分析结果,通过不同指

标的对比、综合判断后,选择更为合适的修复技术方案作为地块修复技术方案;二是利用专家评分的方式,选择得分最高的方案作为地块修复技术方案,下面对专家评价法作进一步介绍。

专家评分方式必须首先建立各指标权重,通过专家打分的方式计算得到初步的权重分配表,详见表 11-10,这些指标权重可根据地块修复技术的成熟进行优化和更新。

表 11-10 修复方案比选指标初步权重分配

技术指标	0.297	可操作性	0.109
		污染物去除效率	0.112
		修复时间	0.076
经济指标	0.246	设备投资	0.098
		运行费用	0.092
		后期费用	0.056
环境指标	0.259	残余风险	0.077
		长期效果	0.090
		健康影响	0.092
社会指标	0.198	管理可接受程度	0.085
		公众可接受程度	0.113

计算过程如下:由专家对各个修复方案分别进行评分,根据专家评分值及部分定量数据(如已经获取的成本等数据)进行标准化处理,加权求和,得出每个方案的分值。具体过程如下:

a. 评价方法

-专家打分;其中经济指标为实际值,其他指标为专家打分值;

-将每个指标实际值或打分值进行归一化处理,得到[0,1]区间内的一个数;

-乘以各自的权重,并加和,得到各个方案的总得分;

-根据每个方案总得分,进行方案排序和优选。

b. 归一化方法

-对于经济指标,值越小越优:归一化值=各方案本指标的最小值/原值,即

$$B1_i = y1_{min}/y1_i \qquad (11\text{-}1)$$

式中,$B1_i$ 表示本指标方案 i 归一化后的值;$y1_{min}$ 表示本指标各个方案的最小值;$y1_i$ 表示本指标方案 i 的值。

-对于其他指标,值越大越优:归一化值=原值/各方案本指标的最大值,即

$$B1_i = y1_i/y1_{max} \qquad (11\text{-}2)$$

c. 修复方案总排序

对各个修复方案比选指标的标准化分值进行加权求和,公式如下:

$$C_i = \sum_{i=1}^{n} A_i \times B_i \qquad (11\text{-}3)$$

式中:C_i 为方案分数最终计算结果;A_i 为指标 i 的权重;B_i 为方案指标 i 的归一化值。

4)制定环境管理计划

(1)提出修复过程中的污染防治和人员安全保护措施　在地块修复过程中,要严格避免有毒有害气体、废水、噪声、废渣对周围环境和人员造成危害和二次污染,提出修复过程中的污染防治和人员安全保护措施,编制地块安全与健康保障计划。污染防治措施要包括土壤污染防治、大气污染防治、废水污染防治和噪声污染防治措施;人员安全保护措施要包括一般的安全防护要求和接触环境污染物的防护措施,还应坚持预防为主、防治结合,控制和消除危险源,积极为从业者创造良好的工作环境和工作条件,使施工人员获得职业卫生保护。

(2)制定地块环境监测计划　地块环境监测计划应根据修复方案,结合地块污染特征和所处环境条件有针对性制定。制定地块环境监测计划前首先必须明确污染地块内部或外围的环境敏感目标,对环境敏感目标,要重点关注修复工程对其可能的影响。地块环境监测计划需明确监测的目的和类型、采样点布设、监测项目和标准、监测进度安排。地块环境监测计划包括修复工程环境监测计划、二次污染监测计划。

①修复工程环境监测计划。应重点关注修复区域的污染源情况,污染土壤、污染地下水修复处理后的效果,以及修复工程对环境敏感目标可能的影响。

②二次污染监测计划。应重点关注修复区域土壤挖掘清理、运输过程、临时堆放、土壤处理过程中产生的废水、废气和固体废弃物,处理后土壤去向等方面可能发生的环境污染问题,以及环境敏感目标可能的二次污染问题。

③制定地块修复验收计划。修复验收计划一方面要关注目标污染物修复效果,同时也要关注政府主管部门和利益相关方及公众所关心的其他环境问题。修复验收计划包括验收的程序、时段、范围、验收项目和标准、采样点布设、验收费用估算等,必要时应包括地块修复后长期监测井的设置、长期监测及维护等后期管理计划。

④制定环境应急安全预案。为确保地块修复过程中施工人员与周边居民的安全,应制定周密的地块修复工程环境应急安全预案,以保证迅速、有序、有效地开展环境应急救援行动、降低环境污染事故损失。在危险分析和应急能力评估结果的基础上,针对危险目标可能发生的环境污染事故类型和影响范围,对应急机构职责、人员、技术、装备、设施(备)、物资、救援行动及其指挥与协调等方面预先做出具体安排。

5)编制修复方案

(1)总体要求　修复方案要全面和准确地反映出全部工作内容。报告中的文字应简洁和准确,并尽量采用图、表和照片等形式描述各种关键技术信息,以利于后续修复工程的设计与施工。

(2)主要内容　修复方案原则上应包括地块问题识别、地块修复模式、修复技术筛选、修复方案设计、环境管理计划、成本效益分析等几部分,编制大纲可见《建设用地土壤修复　技术导则》(HJ 25.4—2019)附录 A。

11.2.5　修复案例

1. 某化工厂地块污染修复案例

1)项目概况

该项目地块原为某化工厂,主要生产油漆、涂料等有机产品。从建厂至今一直作为工业用地,2012 年停产搬迁。根据相关规划,未来将规划用作居住用地。经污染调查与评估,地块土壤存在苯并[a]芘、苯并[a]蒽、苯并[b]荧蒽、茚并[1,2,3-cd]芘、二苯并[a,h]蒽等多环芳烃

(PAHs)污染,土壤污染情况见表 11-11。PAHs 污染土方量约 $1.0 \times 10^4 \, m^3$,修复后需达到当地环保部门要求。

表 11-11　地块土壤污染情况

污染区域	污染物	浓度/(mg/kg)	修复目标/(mg/kg)
1# (中度污染)	苯并[a]芘	41.4	0.52
	苯并[a]蒽	36.9	5.2
	苯并[b]荧蒽	15.32	5.2
	二苯并[a,h]蒽	7.26	0.52
2# (轻度污染)	苯并[a]芘	9.06	0.52
	茚并[1,2,3-cd]芘	7.49	5.2
	二苯并[a,h]蒽	2.72	0.52

2)施工方法

地块 PAHs 污染土壤采用异位化学氧化的方式进行修复,主要包括污染土壤预处理、加药化学氧化处理、养护、检测验收、土壤回填等工艺。

(1)土壤挖掘与预处理　将各个区域内污染土壤分层进行清挖,清挖进度结合污染土壤处理进度进行。采用机械设备将污染土壤中的建筑垃圾筛分出来,并将大块土壤破碎,降低土壤粒径,以便于后续土壤和修复药剂混合充分。

(2)污染土壤处置　使用土壤筛分破碎设备(该设备能同时实现筛分、破碎、混合等功能)将配置好的氧化药剂与土壤充分、有效混合。

(3)污染土壤养护　处理完毕后的土壤使用挖掘机转移至土壤养护区,进行堆放养护。养护时土壤含水率应>30%,养护天数为 3～7 d。

(4)修复后自检　每批次污染土壤养护完成后,按每 500 m³ 土壤采集一个样品的要求对修复后土壤进行检测,自检未达标土壤进行二次加药修复。检验合格的土壤申请第三方验收,并做好相应的记录。

3)工艺参数

根据现场中试情况,确定 1# 和 2# 区域 PAHs 污染土壤修复工艺参数见表 11-12。

表 11-12　氧化剂投加参数

药剂种类	主要成分	药剂规格/%	投加比/%
活化剂	生石灰	85 以上	2～5
氧化剂	过硫酸钠	99	1～2

4)修复施工

(1)污染土壤清挖转运　根据污染土壤清挖总体部署,分区分批次进行清挖。污染区域分为 1# 和 2#,修复深度分别为 3 m 和 2 m。考虑现场情况挖掘机在基坑上依次后退开挖作业,对需要保护的道路等设施,最后开挖沿线土壤,以减少该侧基坑暴露时间。对于清挖深度为 1～3 m 的基坑,考虑以一定的比例进行自然放坡的支护方式。对于深度大于或等于 2 m 的基坑,需做好基坑安全防护栏。清挖后土壤的运输采用密闭渣土车,渣土车全部实行帆布加盖密闭运输,运输至密闭的修复车间进行暂存,等待修复。

(2)污染土壤预处理　由于污染土壤加药混合搅拌设备对入料的粒径与含水率有严格要求,大颗粒杂物如混凝土块、石块、砖块等可能会导致设备转动部件损坏或堵塞。因此使用专业筛分混合设备对污染土壤进行预处理,筛分出的建筑垃圾需单独堆存,等待后续处理。土壤经破碎筛分后,粒径可降至 50 mm 以下,然后单独堆存等待处置(图 11-9)。

图 11-9　建筑垃圾筛分

(3)化学氧化修复　根据施工工艺参数,在污染土壤中依次添加适量的活化剂和氧化剂。现场施工中,将污染土壤平铺成 1m 厚度的长方形土体,等待加药。粉状活化剂采用挖掘机铺洒在土壤表面,氧化剂配成液体喷洒加入。使用专业筛分混合设备将污染土壤与氧化药剂充分混合。

(4)土壤养护及自检　处理完毕后的土壤转运至土壤暂存区,进行暂存养护,养护时含水率应大于 30%,养护时间 3～7 d。养护完成后的土壤进行取样,并请第三方检测机构检测,若检测结果满足修复目标值的要求,则根据施工现场需求,申请验收。

5)修复效果

现场修复工程完成后,第三方检测机构对修复后的土样进行检测分析,结果见表 11-13。

表 11-13　修复后土壤中目标污染物检测值

污染区域	污染物	浓度/(mg/kg)	修复目标/(mg/kg)
1# (中度污染)	苯并[a]芘	0.32	0.52
	苯并[a]蒽	3.6	5.2
	苯并[b]荧蒽	4.0	5.2
	二苯并[a,h]蒽	0.34	0.52
2# (轻度污染)	苯并[a]芘	0.2	0.52
	茚并[1,2,3-cd]芘	3.8	5.2
	二苯并[a,h]蒽	0.13	0.52

1#和2#区域土壤污染程度分别为中度和轻度。在现场修复施工中,通过加入适量的活化剂及氧化剂,充分搅拌混合后,2个区域土壤中的 PAHs 污染物均降至修复目标以下。经第三方检测机构取样检测评估,修复的 PAHs 污染土壤目标污染物总体达到了修复目标,修复达标。

2. 北京某焦化企业地块污染修复案例

1)污染情况及工程量

北京某焦化企业位于北京市东南郊,污染地块待修复面积约 3.42×10^5 m²。经过前期的污染情况调查,污染深度达到18m,污染土壤总量约 1.53×10^6 m³,主要污染物包括多环芳烃和苯,其中难挥发多环芳烃类污染土壤共计 3.86×10^5 m³;苯、萘类污染土壤共计 1.14×10^6 m³。

该污染地块可分为四层:第一层为 0~1.5 m 的杂填土层,主要污染物为多环芳烃;第二层为 1.5~6.5 m 的粉土、黏质粉土层,主要污染物为多环芳烃和萘;第三层为 6.5~10 m 粉质黏土、重粉质黏土层,主要污染物为苯和萘;第四层为 10~18 m 为细沙、中沙层,主要污染物是苯。

2)修复方案制定

通过场地调查分析,0~6.5 m 土层主要是多环芳烃污染,6.5m 以下的土层主要是苯、萘污染。苯、萘沸点低,容易挥发,可以采用修复成本较低的低温热解吸技术(90~320 ℃)。多环芳烃沸点较高,需要采用高温热脱附技术(>320 ℃)。在用高、低温热解吸修复土壤前,先在预处理车间对土壤进行预处理。由于苯、萘的挥发性较强,部分土壤在预处理过程中就可以修复达标。修复工艺技术路线见图 11-10。

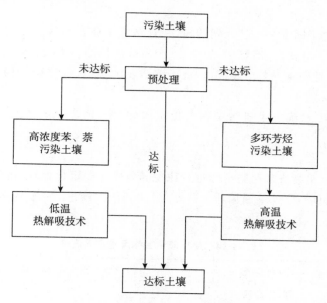

图 11-10　修复技术路线示意图

3)修复工艺

将污染土壤运至密闭修复车间进行预处理。利用翻抛作业设备对污染土壤进行翻抛,这一过程可使土壤粒径和含水量有效降低,提高后续的修复处理能力。高、低温热解吸技术是通过间接或直接热交换,将污染介质及其所含的污染物加热到足够的温度,使污染物从污染介质上得以挥发或分离,从而净化土壤;挥发进入烟气中的污染物经过除尘、降温、活性炭吸附等单元处理后,烟气达标排放。

4)修复效果及经验总结

低温热解吸设备处理能力达到 $30\sim40$ t/h,苯、萘污染土壤进入热解吸滚筒后,在 200 ℃下停留 $10\sim15$ min,即可使土壤苯、萘达到修复目标。高温热解吸设备处理能力达到 $20\sim30$ t/h,多环芳烃污染土壤进入热解吸滚筒后,在 600 ℃下停留 $10\sim15$ min,即可使土壤中多环芳烃达到修复目标。热解吸烟气经过净化处理后,烟气中的 SO_2、NO_x、粉尘、非甲烷总烃等大气污染物均达到当时北京市《大气污染物综合排放标准》(DB 11/501—2007)规定的限值。

通过该项目的实施,总结经验如下:

①理选择修复技术。综合修复目标要求和修复成本,结合污染场地的污染物情况和土质情况,采用了高效的预处理方式,降低了热解吸技术的修复工程量同时也缩短修复时间;采取了分类修复的方式,对多环芳烃和苯萘污染土壤分别采用了高、低温热解吸技术,在保证修复质量的前提下,降低了能耗。

②重视二次污染防治。由于焦化类污染场地挥发性强,工程开挖面积大,容易导致苯、萘等有机污染物的无组织排放,因此工程实施过程中需要采取分层分区域开挖、减小开挖面积、喷洒泡沫气味抑制剂等手段降低无组织排放的影响;此外,必须定期检测热解吸尾气排放情况,确保尾气达标排放。

3.某历史遗留废渣污染地块修复案例

1)工程概况

某老工业区始建于国家"一五"计划期间,一直是重工业集中区。区内曾经存在的涉重金属企业有冶金化工厂、电化厂、冶炼厂、轧钢厂、萤石选矿厂等。本项目治理的历史遗留地块堆存含重金属废渣,主要来源于老工业区化工、冶炼企业的倾倒,这些企业均已破产关闭或关停搬迁。

通过地块环境调查,确定主要污染物为重金属砷、铅,污染深度约 2.5 m,修复工程量为 1.2×10^4 m³。

2)修复方案

本项目将含重金属废渣及污染土壤进行原地异位固化稳定化处理,达标后(浸出液限值见表 11-14)异地安全填埋,原地块回填新土并绿化,达到消除隐患、恢复生态的目的。处置流程见图 11-11。

表 11-14　浸出液中目标污染物限值

序号	污染物	浸出液中污染物浓度限值/(mg/L)
1	砷(以总砷计)	5
2	铅(以总铅计)	5

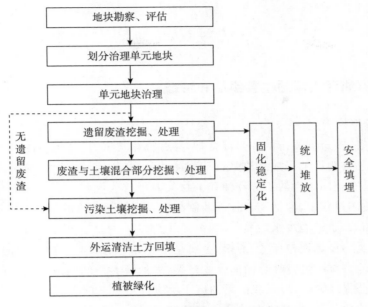

图 11-11　修复技术路线图

3）修复施工

工程遗留废渣及污染土壤原地异位固化稳定化治理工程分为四个阶段：现场准备阶段、第一步处理阶段、第二步处理阶段、收尾和竣工阶段。

（1）现场准备阶段　对治理场地进行布置，包括公用设施接入、设备安装调试、人员准备等；清运现场施工准备，包括临时设施、地块分区等。

（2）第一步处理阶段　将污染浓度高的废渣挖掘至处理区域，采用筛分等预处理，投加10%～15%的药剂1♯甲壳质，并加入适量的水，随后使用双轴搅拌机对废渣进行搅拌，搅拌均匀后放置反应。

（3）第二步处理阶段　待第一步反应完全后，投加5%～10%的药剂2♯聚合硫酸铁，使用双轴搅拌机对废渣进行搅拌，后加入药剂3♯普通硅酸盐水泥，搅拌均匀后放置反应。

（4）对于废渣和土壤的混合物　投加5%～10%的药剂1♯、1%～3%的药剂2♯以及5%～10%的药剂3♯；对于污染土壤，投加1%～5%的药剂1♯、1%～3%的药剂2♯以及3%～5%的药剂3♯；重复步骤（2）和（3）。

（5）安全填埋阶段　治理后合格的废渣/污染土壤经验收通过后，运至填埋场进行安全填埋；不合格的废渣/污染土壤进一步处理至合格。

4）修复效果

所采修复后的样品送至具有相应检测资质的第三方机构进行分析检测，经固化稳定化技术修复后的污染废渣及污染土壤目标污染物浸出浓度值均达到修复目标要求，修复效果良好。有效态砷的去除率可达到98%。

本项目采用的修复方式经济环保，取得了较好的环境效益，项目实施周期短、见效快，具有较好的推广应用价值，为同类历史遗留重金属废渣污染场地修复提供了借鉴和参考。

11.3 石油污染场地修复技术

11.3.1 石油污染场地主要类型和特征

1. 石油污染场地类型

石油是指气态、液态和固态的烃类混合物,具有特殊气味的黏稠性油状液体。习惯上把未经加工处理的石油称为原油。成品油是石油蒸馏产品,是指汽油、煤油、柴油及其他符合国家产品质量标准、具有相同用途的乙醇汽油和生物柴油等替代燃料。石油污染是指在石油的开采、炼制、贮运、使用过程中,原油和各种石油制品进入环境而造成的污染。污染来源主要为油田及炼油厂、加油站、石油类废水污灌、大气沉降等。

典型的石油类污染场地包括:①油田,主要是由于钻井、采油、洗井废水的超标排放,干化池、泥浆池、废液池、贮油池的渗漏,输油管线破裂,采油废弃物的堆放等造成的污染。全国土壤污染状况调查公报(2014)显示,我国采油区土壤点位超标率较高,主要污染物为石油烃和多环芳烃。②石油炼化企业,主要由贮油罐区与装卸区、原油粗/精加工区、污水处理区、管道的"跑、冒、滴、漏"和生产事故造成的油品泄漏等造成的污染。③加油站,主要由地下贮油罐及管线泄漏造成的污染。

2. 石油污染场地主要污染物

石油组分较为复杂,分为烃类化合物和非烃类化合物。烃类化合物细分为饱和烃和不饱和烃,其中饱和烃是石油的重要组分,其分子通式为 C_nH_{2n+2},不饱和烃主要是芳香烃。石油中的非烃类化合物主要有含硫化合物、含氧化合物、含氮化合物等。石油类污染土壤中污染物组分也较复杂,主要包括 C15~C36 的烷烃、烯烃、苯系物、多环芳烃、脂类等,其中美国规定的优先控制污染物多达 30 余种。不同类型石油污染场地关注污染物不同,汽油污染物关注污染物为总石油烃、苯、甲苯、乙苯、二甲苯、铅和甲基叔丁基醚等污染因子;煤油/航空煤油关注污染物为总石油烃、苊烯、苊、苯、甲苯、乙苯、二甲苯、多环芳烃和甲基叔丁基醚等污染因子;柴油/轻质燃油和机油/润滑油污染物关注污染物为总石油烃、苊烯、苊、多环芳烃和甲基叔丁基醚等污染因子;重质燃油、原油污染物关注污染物为总石油烃、苊烯、苊和多环芳烃等污染因子。

3. 石油污染场地主要特点

(1)石油开采规模大、石油污染场地普遍 石油作为人类最主要的能源和化工原料,全世界每年的石油总消费量已经超过 45 亿 t,其中 2022 年全球石油产量已突破 46 亿 t。据国家能源局数据显示,2023 年我国原油产量达 2.08 亿 t,其中约 1.46 亿 t 是由陆地油田生产的。石油的开采、运输、储存以及事故性泄漏等原因每年造成大量石油烃进入环境,引起土壤、地下水、地表水和海洋环境的严重污染。洛永明等 2021 年调查分析了全国 277 个有机污染场地的行业类别,其中石油加工业有机污染场地数量占比达 6.1%,行业排名第三(排名第一为化学原料及化学品制造业,占比达 37.9%,排名第二为金属冶炼及延压加工业,占比达 10.5%)。

(2)石油类污染场地危害大、周期长 石油类物质进入土壤,可引起土壤理化性质的变化,如堵塞土壤孔隙,改变土壤有机质的组成和结构,引起土壤有机质的碳氮比(C/N)和碳磷比

（C/P）的变化,导致土壤微生物群落、微生物区系的变化,影响植被生长。石油污染场地也对人体健康造成威胁。石油污染场地污染物质可通过呼吸、皮肤接触、饮食摄入等方式进入人和动物体内,影响其肝、肾等器官的正常功能,甚至引起癌变。每一类石油馏分参考剂量与参考浓度不同,超标污染的危害作用也不同:低碳链的脂肪族馏分危害作用主要表现为肝肾中毒,中碳链的脂肪族馏分危害作用主要表现为肝脏血液疾病,高碳链脂肪族馏分危害作用主要表现为肝脏肉芽瘤;低碳链的芳香族馏分危害作用主要表现为肝肾中毒,中碳链的芳香族馏分危害作用主要表现为体重降低,高碳链芳香族馏分危害作用主要表现为肝脏中毒。石油污染场地中的石油烃污染物会随着地表径流进入地表水体,引起江河湖泊污染;还会通过降雨淋溶、渗透作用进入深层土壤和地下水,引起地下水污染。

（3）石油污染场地修复难度大、成本高　石油烃污染物的高生物毒性和长期残留性,使其缺乏简便有效的通用场地修复技术,如微生物修复技术作为环境友好型绿色修复技术的代表,只能利用石油烃组分中可生物降解和利用的部分,使石油烃污染场地的生物修复效率随石油烃组分含量的差异停留在50%左右,要想达到90%以上的整体修复效率,必须辅以物理和化学修复措施,则势必提高其修复成本和治理周期。

11.3.2　石油污染场地修复技术概述

根据修复原理,石油污染的修复技术目前主要有物理、化学、生物3种修复技术。根据修复地点,又分为原位修复和异位修复。生物修复由于有不造成二次污染、费用低、原位降解污染物等优点,是一种极有前途的环境技术。因此,以生物方法为主体、组合其他方法的联合修复技术已成为石油污染场地土壤修复的主流发展方向。

1. 物理修复技术

物理修复是指以物理手段为主的客土法、焚烧法、SVE法、溶液淋洗法、固化稳定法、热脱附法及电动力法等污染治理技术。针对场地污染严重程度、轻重油组分差异、经济和环境条件等各方面因素,不同技术有其各自优势,目前在原位修复中SVE法具有显著优势,焚烧法、客土法逐步被替代,而热脱附法、电动修复等高效异位修复技术正逐步引起重视。

（1）热脱附法　热脱附法是利用热能将土壤、污泥或底泥中的有害物质转变成气体形态,再利用空气污染控制设备将气体予以收集处理。其中,粉尘与有害气体会被分离出来并且进行安全的最终处置,干净的土壤则可回送原地。尤其是采用微波技术后,辐射能可以穿透土壤,使水和有机污染物变成气体从土壤中排出,净化效率较高。

（2）电动修复　电动修复技术目前就电动过程及其机理、模型建立、池体设计等方面开展系列研究工作的基础上,着手尝试新组合方法,如生物-电动组合技术（Bio-EK）,超分子化学-电动技术（SMH-EK）等。还有利用协同效应的衍生和组合方法,如循环强化电动技术（CEEK）和氧化-电动强化技术（EK-Fenton）等,通过协同作用来提高处理效率,降低处理成本。

2. 化学修复技术

石油污染化学修复主要是利用表面活性剂或有机溶剂提取和洗涤油污染的土壤,近年来化学氧化法也开始得到一定应用。

（1）溶液淋洗萃取法　利用有机溶剂修复有机污染土壤包括原位和异位洗涤（soil wishing)两种方式。异位洗涤是通过溶剂将有机污染物分离出来并浓缩进而结合其他方法（通常是生物处理法）将污染物彻底消除，溶剂则得到回收和循环利用。原位洗涤是结合控制水流法（soil flushing），将溶剂（也可以是表面活性剂）注入土体污染区域，在饱和条件下通过在下游抽水形成水力梯度，使有机污染物随溶剂（或表面活性剂）抽出。有许多国家已将该方法大量应用于各类有机污染的土壤修复中。尤其对于燃料油和有机氯溶剂泄露造成的非水相液体（non-aqueous phase liquids，NAPLs）污染土壤的修复较为成功。

化学洗涤通常只是将污染物从土壤中移出，一般情况下尚需结合其他技术使污染物最终得到处理。目前人们开始采用化学氧化的方法直接去除土壤有机污染。

（2）光催化氧化法　光催化氧化法该方法包括光解和光催化降解，是一项新兴的深度氧化处理技术。光解可分为直接和间接两种方式，前者使有机化合物发生化学键断裂或结构重排，后者则是由其他化合物吸收光子，诱导污染物发生降解反应。

（3）氧化/还原法　氧化/还原法是通过投加氧化-还原药剂并优化环境条件，加速有机污染物降解的一种方法。常用的氧化剂有高锰酸钾、臭氧、双氧水、Feton 试剂等，有研究表明，Feton 试剂通过泥浆法对石油污染土壤进行处理使土壤中油质量比由 14800 mg/kg 降至 2300 mg/kg，获得了非常理想的修复效果。

3. 生物修复技术

生物修复是利用生物的生长代谢过程对有机污染物进行降解转化的方法，具有安全可靠、修复成本低的特点。石油污染场地土壤生物修复的基础研究始于 20 世纪 70 年代，工程实践始于 20 世纪 80 年代。在欧美等发达国家，目前已形成了比较完善的技术体系，包括关键工艺、修复制剂、配套设备等核心技术系统和指标评价、工程软件、风险评估等支撑技术系统。生物修复作为土壤污染治理技术发展过程中的一个里程碑，已得到世界各国环保部门的认可。

（1）微生物修复技术　作为石油污染土壤生物修复领域的研究热点和重点，微生物修复理论比较系统，技术比较成熟。一些先进的工艺、菌剂已陆续应用到工程实践中。石油污染土壤的微生物修复主要包括原位、异位两大技术类型。两者都是以石油烃为碳源，利用微生物的代谢过程，降解石油类污染物。但前者比较强调修复过程中的自然过程属性，注重各种生态因子的优化，而后者更强调修复过程中的工程设计，注重工艺参数的协同调控。石油污染土壤微生物修复的核心技术是高效降解菌株的筛选和功能菌剂的制备。到目前为止，已查明能降解石油中各种烃类的微生物共 100 余属 200 余种，其分属于细菌、放线菌、霉菌、酵母以至藻类。土壤中最常见的石油降解细菌群数由高到低分别为：假单胞菌属（*Pseudomonas*）、节杆菌属（*Arthrobacter*）、产碱杆菌属（*Alcaligenes*）、棒状杆菌属（*Corynebacterium*）、黄杆菌属（*Flavobacterium*）、无色菌属（*Achromobacter*）、微球菌属（*Micrococcus*）、诺卡氏菌属（*Nocardia*）和分支杆菌属（*Mycobacterium*）。在美国、加拿大、日本、荷兰等发达国家，石油污染土壤的微生物修复目前已经实现了规模化、工程化应用。

石油污染土壤微生物修复的另一个关键技术是生物表面活性剂的应用。生物表面活性剂能够显著降低表面张力，促进石油解吸附并在土壤孔隙中流动，可以显著提高不溶性石油组分的生物可利用性，提高生物降解效率。因此，采用生物表面活性剂增溶的生物修复技术越来越多地应用于石油污染土壤修复工程中，显示了良好的应用前景。

（2）植物修复技术　从 20 世纪 80 年代以来，植物修复技术已经成为石油污染土壤修复领域的研究热点,并开始进入产业化初期阶段。美国、意大利、荷兰和澳大利亚等发达国家已经研究、开发了一系列植物修复技术。到目前为止,国际上已报道能促进石油类污染物(包括多环芳烃)降解的植物有 40 多种,如杨树、柳树、松树、冰草、苜蓿和鹦鹉毛等。

4. 联合修复技术

石油是烷烃、芳烃、环烷烃及含氮、硫、氧等非烃类组分的混合物,其中多环、杂环芳烃以及胶质、沥青质等组分生物降解性较差。石油的组成特征决定了修复的难度和复杂性。因此,采用联合技术可以获得更高的修复效率。目前研究和应用的联合修复技术主要有化学-植物、化学-微生物、物理-生物等组合类型。

(1)光降解-生物联合修复技术　应用光降解-生物联合模式可以大大增加石油污染物的去除效率。光降解的主要对象是石油污染物中的芳烃部分,而多环芳烃(PAHs)又是石油中难生物降解组分,在生物修复中采用光补偿修复方式可强化石油中 PAHs 的降解过程。

(2)化学增溶-生物联合修复技术　在利用生物修复石油污染的土壤时面临的主要问题有石油难溶于水,单纯的石油降解菌难以与之接触从而造成修复率低。化学增溶-生物联合技术是基于各种化学溶剂、表面活性剂的增溶作用,将有机污染物从土壤颗粒表面脱附,改善有机污染物的生物可利用性,提高生物修复效率。该联合方法适合于难溶有机组分的生物降解,是目前较具开发潜力的污染土壤修复方法之一。在该联合修复技术中,有机污染物的脱附、溶解是前提,生物的利用、降解是关键。但由于常规化学表面活性剂可能产生二次污染,因此急需开发特异性强、高效、低毒、不污染环境以及生产低成本的生物表面活性剂。

(3)电动力学-微生物联合修复技术　电动强化生物修复技术主要是利用电场在土壤中辅助营养物质和具有降解石油能力的微生物输送和扩散。电动力学-微生物联合技术可以在不破坏土壤环境的前提下,显著减少营养物质的投加量,提高修复效率,降低修复成本,但目前该技术还处于实验室研究阶段。

5. 修复技术展望

(1)环境友好的污染场地生物修复技术　针对中低浓度石油污染场地,利用太阳能和高效专性微生物、植物资源的生物修复和基于监测的综合土壤生态功能的自然修复,将是石油污染场地土壤修复技术研发的主要方向。主要研究内容包括针对石油污染场地中污染物特征,筛选高效降解菌,具有增溶作用表面活性剂产生菌,建立石油类污染物解吸、降解等协同技术。并在研究外加石油降解菌同土著微生物的竞争机制和引进微生物的退化原因基础上,探讨引进微生物同土著微生物稳定共存的环境条件。筛选抗油性强、根系发达、适应油田区盐碱土等环境条件的功能植物。通过深入研究植物与微生物协同修复原理,优化微生物、植物的营养供应,研制与微生物-植物协同作用相匹配的营养调控技术。

(2)物化-生物联合修复技术　针对油田联合站的沉降罐底泥、含油污水处理设施产生的油泥及油田区高浓度石油污染场地土壤等高含油污染场地,根据土壤固体颗粒表面石油吸附与解吸的动力学规律,在修复污染场地的同时实现原油资源回收。研究内容为开发环境友好的化学和生物表面活性剂的脱附制剂,研发石油污染物高效物化脱附、分解工艺,优化重组组分石油污染物生物降解条件等,最终形成经济、高效处理高浓度污染土壤(油泥)物化-生物联合修复技术。

11.3.3　油田污染场地修复实施的技术选择

油田污染场地主要污染物为石油烃类,针对这类污染土壤常用的修复技术有土壤气相抽提技术、固定/稳定化、淋洗、热脱附技术、焚烧、生物修复、开挖/异地处理等(表 11-15 和表 11-16)。

表 11-15　石油烃污染土壤常见修复技术对比分析

序号	修复技术名称	技术分类			适用性						污染物
		类型	原位/异位	修复方式	技术成熟度	运行维护投入	资金投入	系统的可靠性和维护需求	其他相关成本	修复时间	石油烃类
1	挖掘/填埋	物理	原位/异位	源处理/工程控制	●	●	●	●	◇	●	●
2	土壤气相抽提	物理	原位	源处理	●	○	◉	●	●	◉	○
3	固化/稳定化	物理	原位/异位	源处理/工程控制	●	◉	○	●	●	●	●
4	淋洗	物理/化学	异位	源处理	●	○	◉	◉	◉	◉	●
5	热脱附	物理/化学	原位/异位	源处理	●	○	○	●	◉	●	●
6	焚烧	物理/化学	异位	源处理	●	○	○	◉	○	●	●
7	水泥窑协同处置	物理/化学	异位	源处理/工程控制	○	○	○	●	●	●	●
8	化学氧化/还原	化学	原位/异位	源处理/工程控制	●	◉	○	●	◉	○	○
9	生物通风	生物	原位	源处理	●	●	●	●	●	◉	●
10	植物修复	生物	原位	源处理	●	●	●	○	●	○	◉
11	生物堆	生物	异位	源处理	●	●	●	●	●	◉	●

表 11-16　矩阵中所用符号具体说明

总体	●平均值以上	⊙平均值	○平均值以下	其他
技术成熟度：所选取技术的应用规模和成熟程度	该技术已被多个污染地块所采用，并作为最终修复技术的一部分；有良好的文献记录，已被技术人员理解	已满足投入工程应用或全尺寸中试的需求，但仍需要改进和更多测试	没有实际应用过，但已经做了小试和中试等试验，有应用前景	◇技术的有效性取决于污染物种类和技术的应用/设计
运行维护投入：全套技术运行维护期间的投入	运行维护投入较低	运行维护投入一般	运行维护投入较高	
资金投入：全套技术的设备、人力等投入	资金投入一般	资金投入平均等级	资金投入较高	
系统可靠性和维护需求：相对其他有效技术而言，该技术的可靠性和维护需求	可靠性高、维护需求少	可靠性一般、维护需求一般	可靠性低、维护需求多	
其他相关成本：处置前、处置后、处置过程中核心过程的设计、建造、操作和维护成本	相对于其他选择，总体费用较低	相对于其他选择，总体费用一般	相对于其他选择，总体费用较高	
修复时间：采用该技术处理单位面积地块所花费的时间　原位土壤	少于 1 年	1～3 年	多于 3 年	
异位土壤	少于 0.5 年	0.5～1 年	多于 1 年	

11.3.4　石油污染土地 SVE 修复技术方案设计

如 11.3.3 节所示，适用于石油污染场地修复的技术较多，对于石油污染严重的场地土壤，可采用物理修复方法，如气相抽提技术降低土壤中石油类污染物浓度，再利用生物修复方法进行修复。本节重点介绍土壤气相抽提技术的修复方案设计。

典型的 SVE 系统主要由气体抽提井、真空泵、除湿设备（气液分离罐）、尾气收集管道与辅助设备，以及尾气处理系统等组成。在土壤气相抽提技术的初步设计中，最重要的参数是待抽提 VOCs 的浓度、空气流量、通风井影响半径、井的数量和位置，以及真空泵的规格。

1. 待抽提 VOCs 的浓度

挥发性有机污染物在包气带中以 4 种相态存在：①溶解在土壤水相中；②吸附在土壤颗粒表面；③挥发到土壤孔隙中；④自由相。自由相的存在会大大影响待抽提气体的浓度。

当污染物存在自由相时，土壤孔隙中气体浓度可由拉乌尔定律计算，即

$$P_A = P_{vap} X_A$$

$$(11-4)$$

式中：P_A 为组分 A 在气相中的分压；P_{vap} 为组分 A 在纯液相时的蒸气压；X_A 为组分 A 在液相中的摩尔分数。

计算待抽提气体与自由相平衡时初始浓度的步骤如下：

步骤 1：获得污染物的蒸气压数据。

步骤 2：计算自由相中各物质的摩尔分数。对于纯物质，设 $X_A=1$；对于混合物，按各物质污染物的摩尔分数＝污染物的摩尔数/TPH 的摩尔数。

步骤 3：应用式（11-4）来计算蒸气压

步骤 4：如有需要，体积浓度换算为质量浓度。

计算所需的信息包括：污染物的蒸气压、污染物的分子质量。

[案例 11-1]　计算汽油的饱和蒸汽浓度。

根据表 11-17 的信息，计算两块受到汽油泄漏事故污染的场地，其中第一块场地是刚刚发生的泄漏，第二块场地是 3 年前发生的泄漏。

表 11-17　汽油及风蚀汽油的物理参数

混合物	分子质量	20 ℃的 P_{vap}/atm	饱和蒸汽浓度 G_{rest}	
			ppmV	mg/L
汽油	95	0.34	340000	1343
风蚀汽油	111	0.049	49000	220

解答：

a. 第一块汽油污染场地（新鲜汽油）：

由表 11-18 可知，新鲜汽油在 20 ℃的蒸气压为 0.34 atm，应用式（11-4）计算土壤孔隙中的汽油分压为：

$$P_A = P_{vap}X_A = 0.34 \times 1.0 = 0.34 \text{ atm}$$

因此，空气中的汽油分压为 0.34 atm，也就是相当于 34000 ppmV。

将 ppmV 浓度换算为 20 ℃时的质量浓度，有：

1 ppmV 汽油＝（汽油的分子质量/24.05）mg/m³＝（95/24.05）mg/m³＝3.95 mg/m³

所以

340000 ppmV＝340000（3.95 mg/m³）＝1343000 mg/m³＝1343 mg/L

b. 第二块汽油污染场地（风蚀汽油）

风蚀汽油的蒸气压为 0.049 atm，相当于 49000 ppmV。将 ppmV 浓度换算成 20 ℃时的质量浓度，有：

1 ppmV 风蚀汽油＝（风蚀汽油的分子质量/24.05）mg/m³＝（1124.05）mg/m³＝4.62 mg/m³

所以

49000 ppmV＝49000×（4.62 mg/m³）＝226000 g/m³＝226 mg/L

污染物不存在自由相时，抽提气提浓度计算如下：

$$X = \left(\frac{\Phi_w + \rho_b K_p + \Phi_a H}{\rho_t} \right) S_w = \left(\frac{\dfrac{\Phi_w}{H} + \dfrac{\rho_b K_p}{H} + \Phi_a}{\rho_t} \right) G \qquad (11\text{-}5)$$

式中:X 为污染物浓度,mg/kg;Φ_w 为体积含水率,无量纲;Φ_a 为土壤孔隙率,无量纲;H 为亨利系数,无量纲;ρ_b 为土壤干堆积密度,kg/L;K_p 为分配系数,L/kg;ρ_t 为土壤总堆积密度,kg/L;C 为污染物在水中的溶解度,mg/kg;G 为蒸气浓度,mg/L。

由式(11-4)计算出的分压表示 SVE 所能达到的抽提气体污染物的浓度上限。实际抽提气体污染物浓度会低于其计算的上限浓度,因为:①不是所有的空气都经过了污染区域;②存在传质限制。尽管如此,该上限浓度还是可用于在项目开始前计算初始气体浓度。在自由相存在时,最初的抽提气体浓度会相对稳定。随着持续的土壤抽提,自由相消失,抽提气体浓度开始下降。抽提气体浓度取决于污染物在其他 3 种相态中的分配:随着气体流过孔隙并带走污染物;溶解在土壤水分中的污染物会有很强的从液相挥发到孔隙中的趋势;同时,污染物还会从土壤颗粒表面解吸进入土壤水分中(假设土壤颗粒被湿润层覆盖)。因此,随着抽提过程的继续,3 种相态的污染物浓度均会下降。

这些现象说明了单一组分污染场地的普遍特点。SVE 还广泛应用于汽油等混合物污染场地。在这些情况下,气体浓度从抽提开始后就会连续下降,一般不存在项目开始气体浓度恒定的阶段。这是因为混合物中各种物质的蒸气压不同,更易挥发的物质倾向于更早离开自由相、土壤水分和土壤表面,从而更早地被抽出。

c.可采用如下步骤来确定是否存在自由相。

步骤 1:获得污染物的物理化学数据。

步骤 2:假设存在自由相,应用式(11-4)计算饱和蒸气压。

步骤 3:将饱和气体浓度换算为质量浓度。

步骤 4:计算 K_{oc}(有机物碳分配系数)$=0.63\,K_{ow}$(有机物的辛醇-水分配系数),计算 K_p(分配系数)$=f_{oc}$(有机物的百分比含量)$\times K_{oc}$(有机物碳分配系数)。

步骤 5:应用式(11-5)和步骤 3 算出的气体浓度或通过式(11-5)和污染物在水中的溶解度]进而计算土壤中的污染物浓度。

步骤 6:如果步骤 5 得出的土壤中污染物浓度小于土壤样品中污染物的浓度,说明存在自由相。

[案例 11-2]　计算抽提气体浓度(不存在自由相)。

某场地受到苯泄漏的污染,污染区域内采集的土壤样品的平均苯浓度为 500 mg/kg。

地层特性如下:孔隙度$=0.35$;土壤中有机质含量$=0.03$;水饱和度$=45\%$;地层温度$=25\,℃$土壤干堆积密度$=1.6\,g/cm^3$;土壤总堆积密度$=1.8\,g/cm^3$。计算 SVE 项目开始时的抽提气体浓度。

解答:

a.苯的物理化学参数:分子质量为 78.1,亨利常数 H 为 5.55 atm/M,P_{vap} 为 95.2 mmHg,$\lg K_{ow}$ 为 2.13。

b.将亨利常数换算成无量纲值,依式(11-5),有:

$$500=\frac{\left(\dfrac{0.35\times45\%}{0.23}+\dfrac{1.6\times2.6}{0.23}+0.35\times(1-45\%)\right)}{1.8}G$$

$H*=H/RT=5.55/0.082\times(273+25)1=0.23;$

$K_{oc}=0.63\,K_{ow}=0.63\times10^{2.13}=0.63\times135=85;$

$$K_p = f_{oc} \times K_{oc} = 0.03 \times 85 = 2.6 \text{ L/kg}$$

c. 计算与土壤中苯浓度相平衡的气体浓度,有:

$$G = 47.5 \text{ mg/L} = 47500 \text{ mg/m}^3$$

d. 将气体浓度换算为体积浓度,有:

25 ℃时:1 ppmV 苯 $= 78.1/24.5 = 3.2 \text{ mg/m}^3$;

47500 mg/m^3 = 47500/3.2 = 14800 ppmV。

注:抽提气体的实际浓度会低于 14800 ppmV,因为不是所有的空气都经过了污染区域,且上述计算中没有考虑传质限制。

2. 影响半径和压强分布

原位土壤气体抽提系统设计的主要任务之一是基于影响半径(R_1)来确定气体抽提井的数量和位置。R_1 可定义为抽提井至压降极小处的离($P@R_1 = 1\text{am}$)。针对特定场地最精确的 R_1 值应通过稳态中试实验米确定,将抽提井和观测井的压降对其距离作半对数图,从而确定抽提井的 R_1。R_1 通常选择压降小于抽提井真空度 1% 处的距离。也可以应用描述地下气流的流动方程来分析现场试验数据。地层通常是不均质的,其中的气体流动非常复杂。作为简化近似,在均质且参数恒定的可渗透地层中,可以推导出封闭的气体径向流系统的流动方程。

对于存在边界条件的稳态径向流($P = P_w @r = R_w$,$P = P_{atm} @r = R_1$),地层中的压强分布可由下式导出:

$$P_r^2 - P_w^2 = (P_{R_1}^2 - P_w^2)\frac{\ln\left(\dfrac{r}{R_w}\right)}{\ln\left(\dfrac{R_1}{R_w}\right)} \tag{11-6}$$

式中:P_r 为距离气相抽提井 r 处的压强,atm;P_w 为气体抽提井的压强,atm;P_{R_1} 为影响半径处的压强(大气压或某预设值),atm;r 为与气相抽提井的距离,m;R_1 为影响半径,m(压强等于大气压或某预设值);R_w 为气相抽井的半径,m。

如果已知抽提井和监测井(或两口监测井)的压降,则可用式(11-6)计算气相抽提井的 R_1,公式中并不涉及气体流量和地层渗透性。

如果没有进行中试实验,则通常基于以往经验来估计。一般 R_1 取值范围为 9～30 m,抽提井的压强范围为 0.9～0.95 atm。浅井、低渗透性的地层、低的抽提井真空度,通常对应更小的 R_1 值。

[**案例 11-3**]　根据降压数据(单位为厘米水柱)来计算土壤抽提井的影响半径。

根据以下信息计算土壤抽提井的影响半径:抽提井的真空度 $= 122 \text{ cm H}_2\text{O}$;距离抽提井 12 m 处监测井的真空度 $= 20 \text{ cm H}_2\text{O}$;气相抽提井的直径 $= 5.08 \text{ cm}$(2 英寸)。

【分析】

压强数据以厘米水柱表示,需要转换为大气压单位,1atm 相当于 10.3 m H$_2$O。

【解答】

a. 抽提井的压强 $= 122 \text{ cm H}_2\text{O}$(真空度)$= 10.33 - (122/100) = 9.11 \text{ m H}_2\text{O} = (9.11/10.33) = 0.88 \text{ atm}$;

监测井的压强 $= 20$ cm H_2O(真空度)$= 10.33 - (20/100) = 10.13$ m $H_2O = (10.13/10.33) = 0.98$ atm。

b. 定义 R_1 为 P 等于大气压的位置。应用式(11-6)计算 R_1，有：

$$0.98^2 - 0.88^2 = (1.0^2 - 0.88^2)\frac{\ln\left(\dfrac{12}{\dfrac{0.0508}{2}}\right)}{\ln\left(\dfrac{R_1}{\dfrac{0.0508}{2}}\right)}$$

$R_1 = 44.57$ m。

c. 作为对比，定义 R_1 为压降等于 1% 抽提井真空度的位置，则

$P_{R_1} = 1 - (1 - 0.88) \times 1\% = 0.9988$ atm。

$$0.98^2 - 0.88^2 = (0.9988^2 - 0.88^2)\frac{\ln\left(\dfrac{12}{\dfrac{0.0508}{2}}\right)}{\ln\left(\dfrac{R_1}{\dfrac{0.0508}{2}}\right)}$$

$R_1 = 39.13$ m。

3. 气体流量

在均质土壤系统中的径向达西流速 v_r，可表示为：

$$v_r = \left(\frac{k}{2\mu}\right)\frac{\left[\dfrac{P_w}{r\ln\left(\dfrac{R_w}{R_1}\right)}\right]\left[1 - \left(\dfrac{P_{R_1}}{P_w}\right)^2\right]}{\left\{1 + \left[1 - \left(\dfrac{P_{R_1}}{P_w}\right)^2\right]\dfrac{\ln\left(\dfrac{r}{R_w}\right)}{\ln\left(\dfrac{R_w}{R_1}\right)}\right\}^{0.5}} \tag{11-7}$$

式中：v_r 为距离抽提井 r 处的气体流速。当式(11-7)中 r 取 R_w 时，即得到井壁处流速 v_w 为：

$$v_w = \left(\frac{k}{2\mu}\right)\left[\frac{P_w}{r\ln\left(\dfrac{R_w}{R_1}\right)}\right]\left[1 - \left(\frac{P_{R_1}}{P_w}\right)^2\right] \tag{11-8}$$

进入抽提井的气体流量 Q_w 为：

$$Q_w = 2\pi R_w v_w H = H\left(\frac{\pi k}{\mu}\right)\left[\frac{P_w}{\ln\left(\dfrac{P_w}{R_1}\right)}\right]\left[1 - \left(\frac{P_{R_1}}{P_w}\right)^2\right] \tag{11-9}$$

式中：H 为抽提井的开孔区间。

应用下式可将进入抽提井的气体流量换算为排放至大气中的流量 Q_{atm}（当 $P = P_{atm} = 1$atm 时），有：

$$Q_{atm} = \left(\frac{P_{井}}{P_{atm}}\right)Q_{井} \tag{11-10}$$

[案例 11-4] 计算 SVE 井的抽提气提流量

在场地内有一口抽提井(直径 10.16 cm),抽提井的压强为 0.9 atm,影响半径为 15 m。

根据以下信息,计算单位井筛长度内进入抽提井的稳态流量、井内气体流量及抽提泵的排气量:地层渗透率=1 Darcy;井筛长度=6 m;空气黏度=0.018 cP;地层温度=20 ℃。

【分析】首先需进行一些单位换算,有:

1 atm=1.013×10^5 N/m^2;

1 Darcy=10^{-8} cm^2=10^{-12} m^2;

1 泊=100 cP=0.1 N·m^2/s

因此,0.018 cP=1.8×10^{-4}P=1.8×10^{-5} N·m^2/s。

【解答】

a. 应用式(11-8)计算井壁处的气体流速为

$$v_w = \left(\frac{k}{2\mu}\right)\left[\frac{P_w}{r\ln\left(\frac{R_w}{R_1}\right)}\right]\left[1-\left(\frac{P_{R_1}}{P_w}\right)^2\right]$$

$$= \frac{10^{-12}}{2\times1.8\times10^{-5}}\left[\frac{0.9\times1.013\times10^5}{(0.1016/2)\ln\left[(0.1016/2)/15\right]}\right]\left[1-\left(\frac{1}{0.9}\right)^2\right]$$

$$= 2.05\times10^{-3}\text{ m/s} = 0.123\text{ m/min} = 177\text{ m/d}$$

b. 应用式(11-9)计算单位 筛区间内进入的气体流量,有:

$$\frac{Q_w}{H} = 2\pi R_w u_w = 2\pi\left(\frac{0.1016}{2}\right)\times0.123 = 0.039\text{ m}^2/\text{min}$$

c. 井内气体流量=$(Q_w/H)\times H$=0.039×6=0.24 m^3/min。

d. 应用式(11-10)计算抽提泵的排气流量,有:

$$Q_{atm} = \left(\frac{P_{井}}{P_{atm}}\right)Q_{井} = \frac{0.9}{1}\times0.24 = 0.216\text{ m}^3/\text{min}$$

在上述计算中,压强单位为 N/m^2,距离单位为 m,渗透单位为 m^2,黏度单位为 N·m^2/s。因此,计算出的速度单位为 m/s。

4. 温度对 SVE 的影响

在 SVE 项目中,地层温度会影响空气流量和气体浓度。温度较高时,有机组分的蒸气压也会较高。另外,空气黏度随地层温度的升高而增加,导致空气流量下降,即

$$\frac{\mu@\,T_1}{\mu@\,T_2} = \sqrt{\frac{T_1}{T_2}} \tag{11-11}$$

式中:T 为地层温度,以 K 或℃表示。从式(11-9)可知,不同温度下的流量之比可用式(11-12)计算

$$\frac{Q@\,T_1}{Q@\,T_2} = \sqrt{\frac{T_2}{T_1}} \tag{11-12}$$

如式(11-12)所示,温度较高时气体流量会下降。但是,由于温度较高时气体浓度会更高,

去除速率仍然会更高。

[案例 11-5]　计算土壤抽提井在温度升高时的抽提气体流量。

已知条件同案例 11-4。案例 11-4 中已计算出在上述条件下抽提气体流量为 0.216 m³/min。如果地层温度升高到 30 ℃,气体流量会是多少(如果其他所有条件不变)?

【解答】

用式(11-13)计算新的气体流量为:

$$\frac{Q@30\ ℃}{Q@20\ ℃} = \sqrt{\frac{273.2+20}{273.2+30}}$$

$$Q@30\ ℃ = 0.216 \times 0.967 = 0.209\ m³/min$$

温度会轻微地影响气体流量,温度升高 10 ℃,流量降低约 4%。

5.气体抽提井的数量

决定一个 SVE 项目所需的气体抽提井数量的主要因素有 3 个。首先,一个成功的 SVE 项目需要足够数量的抽提井来覆盖整个污染区域,换句话说,整个污染区域都应在井群的影响范围内,因此

$$N_{井} = \frac{1.2\,A_{污染}}{\pi R_1^2} \tag{11-13}$$

式(11-13)中的因子 1.2 是人为选取的,用于表示井群影响范围之间的重合,以及边缘井的影响范围可能会超过污染区域之外。

其次,应有足够的井数量来保证在可接受的时间范围内完成场地修复,即

$$R_{可接受} = \frac{M_{泄露}}{T_{可接受}} \tag{11-14}$$

$$N_{井} = \frac{R_{可接受}}{R_{去除}} \tag{11-15}$$

式(11-14)和式(11-15)计算的井数量的较大值即为最小的气体抽提井数量。

最后,可能也是最重要的决定因素是经济因素,需要在井数量和总处理成本之间达到平衡。安装更多的井可以缩短清理时间,但同时也会提高成本。

11.3.5　修复案例

[案例 11-6]　强化生物堆修复石油污染土壤的工程案例

1.场地污染状况

该污染场地位于辽宁省盘锦市辽河油田主产区,污染场地所在县是国内著名的优质稻—蟹生产区,该区域拥有数量众多的采油井,油井的建设、开采、集输等生产活动造成了井场周边土壤的石油污染,土壤中总石油烃浓度为 2000~20000 mg/kg,均值 4213 mg/kg,修复目标值 500 mg/kg。该污染场地的特点是局部浓度较高,但大部分污染程度中等,污染深度 0.5 m,污染面积 9300 m²,修复土方量约 4650 m³。污染区域表层土壤以粉质黏土和粉土为主,土壤含水率较高,该层厚度为 3.5 m 左右。此类土质对污染物的截留效果较好,污染物向土壤下层迁移程度不高。

2.修复工程设计

通过对本污染场地土壤的理化性质、土壤微生物进行检测分析,综合考虑修复技术的可行性、治理周期、土地的规划用途及处理的经济性等因素,最终确定采用强化生物堆修复工艺。

(1)工艺流程　强化生物堆修复施工工艺流程包括:①施工准备;②测量放线;③污染范围内土壤开挖;④生物堆堆制;⑤生物堆修复运行;⑥取样检测及场地复原。

(2)生物堆设计　生物堆系统有土壤堆体、通风系统、营养/水分分配系统、渗滤液收集系统和监测系统组成。如图 11-12 所示。

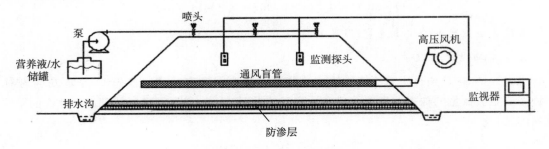

图 11-12　生物堆示意图

①堆体土壤高度为 1 m,底部宽度设计为 8~10 m,堆体坡度为 1:0.5。

②通风系统主要有通风干管、支管、调节阀、流量计、鼓风机等组成。通风管路布设于堆体的中下部,距堆底 0.3~0.4 m。通风支管表面平均开孔率达 90%~95%,盲管距离土堆边缘不小于 0.2 m,通风盲管距生物堆堆体宽度方向两侧边缘各 0.5 m,通过 PVC 管与通风干管相连。连接通风盲管的 UPVC 支管长度为 1 m,其中 0.5 m 插入生物堆与通风盲管相连,其余0.5 m 位于生物堆堆体外,通风盲管间距为 2 m。通风系统如图 11-13 所示。

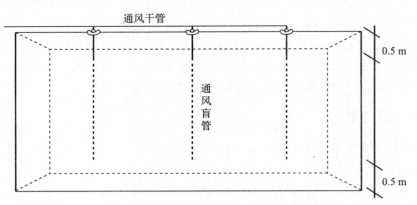

图 11-13　通风系统示意图

③营养液/水分分配采用农业上较为成熟的喷灌技术,系统由水源、喷头、管网、首部组成,喷头间距为喷洒直径的 60%。

④防渗层由一层土工布+一层 HDPE 膜+一层土工布构成(两布一膜),导出的渗滤液通过排水沟收集到集水池,收集后再次喷洒到生物堆顶部,从而做到废水零排放。

⑤生物堆堆体内设置监测点,对堆体内温度、水分含量、氧气含量等进行监测。土壤气监测探头、温度与水分含量监测探头布设于距堆体底部 0.7 m 处,土壤气监测探头相邻探头的间距为 3 m,温度与水分含量监测探头间隔为 6 m。

（3）生物堆的搭建

①对污染土壤进行预处理,预处理主要包括土壤均质处理、调整土壤中碳氮磷钾的配比、调节土壤含水率等。首先添加 10% 左右的稻壳作为膨松剂,增加土壤的透气效果,同时稻壳也是缓释营养源。然后播撒适配好的强效微生物菌剂,掺加一定比例的复合肥,喷洒一定量的工业糖蜜,使用旋耕机进行充分搅拌。

②修复区域内土壤搅拌均匀后,选取地面平整且相对地势较高的区域作为生物堆强化处理区。根据需要处理的土方量设计的生物堆尺寸,测量放线划定生物堆堆体区域,利用挖掘机将该区域土壤转移到区域外暂存。对该区域进行整平并剔除石块、树枝等坚硬物,修建人字坡,然后在该区域铺设防渗层和渗滤液导排层。

③利用小型挖掘设备,在不破坏防渗膜的情况下,将预处理后的土堆在防渗膜上铺设 0.3~0.4 m 厚的土层。

④在该土壤层表面按设计参数布设通风管,固定完成后继续堆高至 0.7 m 左右。

⑤在该土壤层布设监测探头,包括:土壤监测探头、温度与水分含量监测探头。

⑥继续堆土至 1 m,并对堆体四周开展机械与人工修坡结合作业,修整完成后在堆体表面和侧面种植黑麦草。种植黑麦草可以固定堆体表面土壤,防止形成扬尘并避免喷灌时造成水分冲刷土壤,破坏堆体结构;黑麦草本身对石油烃污染土壤具有协同修复作用,其发达的根系也可改善土壤结构,对微生物的生长具有促进作用;此外,种植黑麦草具有一定的景观效果。

⑦安装营养液/水分调配系统。

⑧生物堆调试运行。

3. 生物堆维护

（1）使用土壤养分测定仪检测土壤中的有效氮磷含量,土壤中碳:氮:磷宜维持在 100:10:1,以满足好氧微生物的生长繁殖以及污染物的降解条件。

（2）保持土壤一定的通气量及微生物代谢活动所需水分,保持土壤含水率在 30%~40%。

（3）运行过程中通过风机和管路上阀门的控制确保堆体内氧气分布均匀且含量不低于 7%。

（4）温度控制在 30~40 ℃,pH 控制在 6.0~7.8,当污染土壤 pH 过低时,加入适量的石灰进行调节;当 pH 过高时,加入硫酸铵或亚硫酸铝进行调节。

4. 修复效果

经过 6 个月的运行修复后,按设计要求进行取样检测,所有点位检测结果均达到低于修复目标值,检测结果见表 11-18。

表 11-18　点位检测结果　　　　　　　　　　　　mg/kg

点位名称	总石油烃浓度	修复目标值	是否达标
SW1-1	126		是
SW1-2	85		是
SW1-3	101		是
SW2-1	292		是
SW2-2	371	500	是
SW3-1	121		是
SW3-2	76		是
SW4-1	152		是
SW4-2	98		是
SW4-3	169		是

11.4　固废填埋场污染场地修复技术

固体废物是指人类在生产生活以及各种其他活动中所产生的,一些失去了原有的使用价值或者在一定时间空间内无法再利用的被丢弃的固体、半固体和置于容器中的气态物品、物质以及法律、行政法规规定纳入固体废物管理的物品、物质。固体废物的土地填埋处置方法因其操作工艺简单、成本低廉、适用范围广,长期以来成为一种处置固体废物的主要方法。

11.4.1　固废填埋场场地污染特征

尽管在建设固废填埋场时人们采取了以屏障隔离法为主的各种方法来避免固体废物中的有毒有害物质、渗滤液以及填埋气体对填埋场周围土地环境造成污染,但是随着时间的推移,由于各种复杂的变化,日积月累,固体废物难免对周围的土地造成污染。

固体废物在经历了填埋处置后,在地下由于压实处理、各种复杂的生物化学过程、大气降水以及地下水的渗透作用会产生一种环境危害性极大的液体,称为渗滤液。渗滤液成分复杂,含有许多有毒有害的无机物、有机物,渗滤液中还含有难以生物降解的萘、菲等非氯化芳香族化合物、氯化芳香族化物,磷酸醋,酚类化合物和苯胺类化合物等,同时有机物会对土壤重金属的存在形态产生影响,对土壤重金属的有效性产生了一定的影响。

经研究表明,受渗滤液影响的土壤酸性明显降低,有机质及其他营养物质的含量明显升高,渗滤液中的重金属在土壤中有明显的富集现象,固废填埋场周围的土壤明显受到了渗滤液的重金属污染。而固废填埋场下部的土壤重金属污染远高于填埋场上部,不同渗滤液不同侵蚀时间土壤重金属的污染状况也存在着明显的差异。

11.4.2　固废填埋场污染场地修复适用技术概述

针对固废污染场地较为适用的修复技术主要有以下几种类型。

（1）土壤混合/稀释技术　　通过将清洁土壤与固废填埋场的污染土壤进行混合和稀释,尽管没能彻底排除土壤污染物的潜在危害,但是这个方法操作简单,而且能有效减少污染土壤与植物根系的接触,并减少污染物进入食物链。

（2）填埋法　　填埋法是将固废填埋场的污染土壤进行掩埋覆盖,采用防渗、封顶等配套设施防止污染物扩散的处理方法。填埋法不能降低土壤中污染物本身的毒性和体积,但可以降低污染物在地表的暴露及其迁移性。但是填埋法要求采用新的场地,在我国已逐步被其他技术取代。

（3）微生物降解　　考虑固废填埋场地的规模,根据处理位置可分为原位微生物修复和异位微生物修复,针对填埋场地重金属污染、有机污染以及复合污染的特点,可以进行针对选择性使用。

（4）植物修复技术　　植物修复技术多应用在轻度污染方面,随后逐渐向重金属甚至多环芳烃符合污染土壤治理方面发展,更是形成了以各种成套集成技术,能够针对固废填埋场地污染土壤条件与生态环境选择更加合适的植物。我国在这方面也有着显著突破,使用黑麦草等植物对多环芳烃污染土壤进行修复可以说是走在国际前沿。

（5）土壤淋洗技术　　此技术考虑固废填埋场地污染的规模,根据位置分原位和异位土壤淋洗。原位土壤淋洗一般是指将冲洗液由注射井注入或渗透至土壤污染区域,携带污染物质到达地下水后用泵抽取污染的地下水,并于地面上去除污染物的过程。异位化学淋洗技术需要将污染土壤挖掘出来,用水或淋洗剂溶液清洗土壤、去除污染物,再对含有污染物的清洗废水或废液进行处理,洁净土可以回填或运到其他地点回用。

（6）固化稳定化技术　　固化稳定化技术近 10 年来此技术得到迅速发展,在国内外广泛应用于以下几个方面:处理具有毒性或强反应性等危险性质的废物,使得其满足后续处理或填埋处置的要求;对其他处理过程所产生的残渣进行无害化处理;对大量被污染的土壤进行去污。固化稳定化技术于 20 世纪末和 21 世纪初在土壤修复应用中的流行归因于其修复周期短、修复价格低、施工灵活、针对不同类型污染物适用性强等优点。而固废填埋场地污染复杂且大量,因此也适宜使用此技术。

11.4.3　固废填埋场污染场地修复适用技术选择

污染场地修复技术的筛选是污染场地修复工程的关键环节,决定着场地修复的成败。场地污染物类别的复杂性决定了采用的修复技术的多样性。目前,污染场地修复技术的种类繁多,对污染场地修复技术进行系统分类,对于修复技术的推广应用与修复过程中的技术选择非常必要。

1. 原位修复技术与异位修复技术的比较选择

异位修复技术需要建设昂贵的地面环境工程设施和对污染物进行远程运输,所以原位修复技术可以用更少的花费,使污染物达到降解和减毒的结果,操作维护起来比较简单。原位修复技术还有一个优点就是可以对深层土壤进行修复,对土壤的破坏小,适合规模较大的土壤修复。但原位修复技术受场地本身特性的影响较大,低渗透性和地质结构复杂的土壤实施的难度较大。此外,原位修复的周期较长,修复效果难以达到理想状态;相比而言,异位修复技术在挖掘和设备使用维护等方面费用较高,但修复的周期短,修复效率高,且修复效果好。

针对固废填埋场地,往往需要对庞大的场地进行修复,在修复土壤的同时应该兼顾地下水污染,考虑到修复的经济成本、修复效益,多采用原位修复技术。

2. 不同固废填埋场地修复技术选择

对固废填埋场地污染适用技术进行参数比较,可以获得不同修复技术的成熟性、适合的目标污染物与土壤类型、治理成本、污染物去除率和修复时间等信息(表 11-19)。

表 11-19　不同修复技术的评价参数比较

修复技术	成熟性	适合的土壤渗透性	治理成本/(元/t)	污染去除率/%	修复时间/年
微生物降解	已成功应用且资料齐全	渗透性差	<500	70～90	<1
植物修复技术	已成功应用且资料齐全	渗透性一般	<500	70～90	1～3
土壤淋洗技术	处于实验研究阶段	渗透性差	>1000	70～90	<1
固化稳定化技术	已成功应用且资料齐全	渗透性一般	500～1000	>90	<1
土壤混合/稀释技术	已成功应用且资料齐全	渗透性一般	<500	70～90	>3

1)工业固废填埋场地修复

工业生产产生的固废中很可能涉及较多的重金属元素,比如化学制品、冶金以及蓄电池制造等,都会伴随着大量重金属材料的应用,而伴随之产生的冶炼废渣、粉煤灰、炉渣的填埋对土地污染问题就较为严重。这种重金属带来的场地土壤污染问题表现为多种类型,其中比较常见的有 As、Ni、Hg、Cu、Zn、Cd、Cr、Pb 等;不仅如此,在当前工业废弃物中,各类有机物的应用同样也比较常见,比如农药、持久性有机污染物以及多环芳烃类物质都会对于土壤带来严重威胁,也会对于场地土壤产生明显污染影响。而对许多完整的工业生产环节而言,所产生的固体废物往往是既包含重金属元素,还有许多有机物的复合型废弃物,这种复合型污染涉及的污染物众多,因此更加大了污染修复难度。

(1)植物修复　针对工业固废填埋污染场地修复,可以充分利用各种植物的特性,灵活选用植物,使用植物来应对填埋场地的污染。现阶段植物修复技术比较常见,应用也比较成熟,在植物的生长发育过程中,能有效提取土壤中的污染物,并在植物体内稳定、挥发,促使土壤中的污染物质得到较好的处理,减少了污染物质的含量,从而达到将污染物质消除的目的。比如土壤中的重金属元素及有机物,植物的生长发育就会促使这些污染物进入体内,达到了污染物质的转移。同时这种技术还能达到重金属和有机物的沉淀固定效果,有效防止了污染物向地下水渗漏。此方法经济成本低,污染去除率高,因此被广泛应用。

(2)土壤淋洗技术　土壤淋洗技术是在固废填埋场污染现场通过渗流池、注入井的方式直接投放水或能促进填埋场地污染环境中重金属、有机污染物溶解、迁移的淋洗液,让淋洗液在重力、水头压力及其他方式的作用下渗流通过污染土壤区域,根据污染区域在土层中分布的深度和位置,最后利用抽提井或收集沟等方式收集带有污染物的淋洗液,并送到污水处理厂进行处理,将处理后的淋洗液回收再利用。

土壤淋洗法想要有效去除填埋场地中的污染物最首要的一步就是要求有合适的淋洗剂,这种淋洗剂要满足以下条件:一是能有效地去除土壤中多种形态的重金属或有机物,且不会使土壤肥力降低;二是不会破坏土壤原有的结构和理化性质;三是具有可降解性,不会对环境造成二次污染;四是应用成本低,经济有效。而在固废填埋污染场地的土壤多为复合型污染土壤,土壤中含有多种重金属和有机物,至今还没有发现一种对多种重金属和多种有机物都有较好去除率的淋洗剂,以后还应注重研究生物表面活性剂和无机盐类等物质与有机酸复合淋洗对各种重金属的去除效果,旨在寻找一种对所有重金属都有高去除率的新型复合淋洗剂。

(3)固化稳定化技术　固化稳定化(S/S)包含两层含义:固化是指利用水泥一类的物质与土壤混合将污染物包被起来,使之呈颗粒状或大块状存在,进而使污染物处于相对稳定的状态;稳定化是指利用磷酸盐、硫化物和碳酸盐等作为污染物稳定处理的反应剂,将有害化学物质转化成毒性较低或者迁移性较低的物质,该技术应用于填埋场主要用来限制危险废弃物中有害物质的释放。固稳技术可用于除挥发性有机污染物以外的多种污染物的处理,例如,重金属,石棉,放射性物质,腐蚀性无机物,含氰、砷化合物的物质,农药/除草剂,石油及石化类产品,难挥发的稳定有机物(如多氯联苯、多环芳烃类以及二噁英等)。化工类固废填埋场污染情况复杂,而固化稳定化技术能很好地应对各种污染物。

2)生活垃圾填埋场修复

城市生活垃圾中含有大量的玻璃、电池、塑料制品,它们直接进入土壤,会对土壤环境和农作物生长构成严重威胁,其中废电池污染最为严重。大量不可降解的塑料袋和塑料餐盒被埋入地下,百年之后也难以降解,使垃圾填埋场占用后的土地几乎全部成为废地。不仅如此,填埋在地下的生活垃圾在大气降水和地下水渗透的作用下经过一系列复杂的物理化学反应所产生的渗滤液中往往含有大量重金属、有机污染物,对填埋场土地的污染不容小视。

(1)微生物修复技术　土壤微生物修复技术主要是利用自然界中的微生物或者人工培育的具有特殊功能的微生物,在填埋场环境适合微生物生存时,微生物通过自身的代谢活动,将填埋场中含有的污染物质进行有效转化、降解和剔除,从而恢复土壤原有机能的一种技术。发展微生物修复技术的前提是获得高效降解菌,微生物与污染物发生的反应多种多样,必须筛选出对污染物有较高降解效率的菌株。

(2)植物-微生物联合修复技术　对于生活垃圾填埋场的修复,往往不局限于单一的修复技术,植物-微生物联合修复是在单一植物修复基础上,将与植物共生或非共生微生物联合起来,形成联合修复体对污染土壤进行修复。植物-微生物联合修复主要通过两种渠道强化植物修复效果:一是促进植物营养吸收,植物抗逆性增强,再利用增加的生物量提高修复体的修复能力。二是植物根部重污染物浓度增加,进一步促进重金属、有机物的吸收及固定。微生物通过自身组分(如几丁质、菌根外菌丝等)吸附重金属元素与有机物,并通过微生物所分泌的有机酸或其他物质活化污染物,增加微生物在植物根部浓度,最终将污染物转运至植物体内或吸附于根际,降低重金属及有机物的流动性,实现植物吸收、固定效果。

(3)土壤混合/稀释技术　土壤混合/稀释技术往往不会作为单一的修复技术来治理污染场地,而是作为其他修复技术的一部分,其主要目的是增加添加剂(如固化/稳定化剂、氧化剂、还原剂)的传输速度,使添加剂尽量和反应剂接触。使用此技术时需根据土壤污染物浓度、范围和土壤修复目标值,计算需要混合的干净土壤的量。

11.4.4 固废填埋场污染场地修复实施方案设计

某地垃圾填埋场于 1986 年投入使用,2009 年初停止使用。此填埋场由于建设期早,工程资金匮乏,即使后续进行完善改造,但环境状况还是相对较恶劣,并且仍属简易填埋。投入使用后,原计划填埋生活垃圾,各种原因也使部分工业垃圾、粪便残渣等也进入场内填埋,2019年停用时已经填埋 10 多万 m³。

(1)垃圾存量分析 参考国内外经验,一般采用垃圾产量估算法、现场勘探法对简易垃圾填埋场存量垃圾进行分析对比。为了能相对准确地统计垃圾填埋场已填的垃圾量,可以对填埋场进行多次详细勘查,走访当地城管局等相关单位,了解填埋场历年的情况,根据目前掌握的资料,进行存量分析。

(2)垃圾产量估算法/现场勘探估算法 根据当地勘探院对垃圾填埋场进行的勘探,在场区范围内钻孔 12 个。根据各勘探孔柱状图可知,垃圾填埋场场地标高在 39.8~43.28 m,垃圾深度在 2.4~6.4 m,垃圾平均深度为 4.52 m,垃圾填埋场面积约 22812.5 m²。

根据上述数据,现初步估算垃圾填埋场内所填垃圾容量为:$22812.5 \times 4.52 = 103112.5$ m³。

由于本场垃圾填埋时限较长,大部分都已经降解,其垃圾密度为 1.2~1.4 t/m³,先暂按 1.3 t/m³ 计算,则已填垃圾量为:$103112.5 \times 1.3 = 134046.25$ t。

(3)需处理垃圾量分析 根据本次钻探所揭露的岩土性质,在揭露深度范围内可分为两个地质层,自上而下分述如下:

①杂填土Ⅰ:杂色,以灰黑色为主,土质松散,稍湿至湿。全场分布。主要由未腐化塑料类、橡胶类、纤维类及其他生活生产垃圾构成;场地西部则主要为未腐化医疗垃圾组成,包括医用玻璃制品及包扎用品等。具恶臭味。该层层厚 0.50~2.10 m,层顶高程 39.80~43.28 m。

②杂填土Ⅱ:以灰黑色为主,土质松散,湿至饱和。全场分布。主要由半腐化塑料类、橡胶类、纤维类及其他生活生产垃圾构成。具恶臭味。该层层厚 1.60~4.90 m,层顶埋深 0.50~2.10 m,层顶高程 38.30~42.08 m。

③黏土层:以灰、灰黑色为主,土质密度适当,水分含量大。含较多块石或漂石。稍具腥臭味。层顶埋深 0.50~6.40 m,层顶高程 35.30~41.30 m,最大揭露厚度 2.60 m。

(4)垃圾场底黏土层污染分析 垃圾底层的黏土层面层(20~40 cm)受垃圾渗滤液的影响有一定程度的污染,由于垃圾场下方土壤垫层主要由渗透系数小的黏土和亚黏土组成,防渗性能好,且该垃圾填埋场位于永安溪边上,垃圾渗滤液水平扩散快,污染物在黏性土壤垫层内的垂直迁移距离很小。

综上所述,需要对此垃圾填埋场垃圾进行处理,对受垃圾渗滤液污染的黏土层面层进行修复。

(5)修复技术方案选择

①对已有垃圾的处理。综合国内外相关垃圾填埋场治理的经验,目前应用较多的技术主要有就地封场、综合处理、整体搬迁等。

考虑到后续需要对垃圾污染土壤进行进一步处置,首先对垃圾进行整体搬迁和处理,实质上就是把垃圾场内的垃圾全部挖出移至另外场地进行处理。对于矿化程度较低的垃圾送至焚烧厂、卫生填埋场进行处置,也可建造一暂存场进行暂存;而矿化程度高的垃圾经过筛分、消毒等预处理后可进行利用。整体搬迁技术具有污染修复彻底、建设周期较短等优点,并且土地利用基本没有局限性,修复后的土地价值较高。

②对污染场地进行修复。根据当地污染土壤的性质,对于此地的污染情况我们可以先用土壤淋洗技术或固化稳定化技术对土壤污染物进行初步修复,再采用植物-微生物联合修复技术来恢复土壤生态健康。

(6)财务分析　由于本项目也属于一项社会性事业,部分资金源于国家专项资金,假设仅考虑企业资本回收的情况下,实际财政补贴大于 53.2 元/t 可维持该项目运行。

(7)潜在风险分析　城市生活垃圾主要包括居民垃圾(生活垃圾主体)、商业垃圾(机关、团体、学校、商业企业等单位产生的废弃物)、街道保洁垃圾以及露天公共场所等产生的垃圾。城市生活垃圾有机物质含量占 60%～70%。通常,居民垃圾中含有水果皮、马铃薯皮、食物残渣、菜叶、毛皮、纸张等有机物。城市垃圾填埋后,首先是有机物通过微生物进行降解,先消耗氧气,进行好氧降解;然后进行厌氧降解,产生沼气。其次由于垃圾进堆场管理不严,可能有部分危险废物(工业企业产生的有毒化工废渣)进入堆场。再次垃圾本身含有大量的病毒。沼气、危险废物和病毒均会对人体造成危害。因此,垃圾场整体搬迁存在严重风险。

11.4.5　固废填埋场污染场地修复风险管控方法

在污染场地的管理上,美国一直走在世界的前列,美国的"超级基金制度""棕地政策"和"资源保护和回收法案"是众所周知的针对污染场地而颁布的法规。

在做固废填埋污染场地修复计划时,要把制度控制看作修复行动的其中一环来考虑,即通过行政政策降低人群暴露于潜在污染物的风险。把评估人类暴露于污染物的风险作为决定这个场地是否需要进行工程修复的一个标准。所以,通过人类健康风险评价来确定后续具体的制度控制和工程修复行动,达到场地未来土地利用标准的目的。

基于人体健康风险评估的污染场地风险管理与修复技术方法体系,主要从四个方面考虑,即污染场地筛选、场地健康风险评估、风险沟通以及修复技术选择与实施。该方法以污染场地的健康风险评价结果作为污染场地进行修复的决策依据,并以保护人体健康为目的确定需要采取修复措施的修复行动目标及筛选合适的修复技术。

(1)固废填埋污染场地筛选　首先对所要治理的固废填埋场地的土壤与地下水进行采样,选择具有代表性的样品进行详细分析,凭借分析数据来确定填埋场地污染类型、污染范围与污染浓度,为下一步填埋场地的健康风险评价作准备,基于保护人体健康、降低风险这一目的以筛选出合适的污染填埋场地。

(2)填埋场地健康风险评估　污染场地健康风险评估的目的是在填埋场地修复过程中确定对人体有潜在危害的污染物以及怎样控制这些危害,为制定修复标准提供依据。

健康风险评价的内容主要包括估算污染物进入人体的数量、评估计量与负面健康效应之间的关系,即从人体摄取污染物方式和机制、剂量-反应关系、毒性评估与风险表征等几方面来考虑。

人体摄取污染物质的途径主要包括口、呼吸和皮肤接触,通常用不同类型剂量来表示污染物质进入人体各个阶段的数量,暴露分析即需要确定污染物进入人体的途径、时间与剂量。剂量-效应评价确定对人体健康特定危害影响对应的污染物的量,主要通过动物试验和人类流行病学的剂量-反应关系研究来建立人体暴露于化学物质的剂量和不良健康反应之间的定量关系,分为致癌与非致癌两大类。毒性评估是指利用填埋场地修复的目标污染物对暴露人群产生负面效应的可能证据,估计人群对污染物的暴露程度和产生负面效果的可能性之间的关系。风险表征指在暴露评估和毒性评估的基础上表征人群健康风险。

RBCA(risk based corrective action)是美国材料与试验学会(ASTM)开发的针对化学物质泄漏的危害评估和行动决策程序,它是以风险为基础的修复行动指南,最终保护人体健康和环境安全的。该模型除不仅可以实现污染场地的风险分析,还可用来制定基于风险的土壤筛选值和修复目标值,在美国各州、欧洲一些国家和我国台湾地区都得到了广泛应用。

(3)风险沟通 风险沟通是个体、群体以及机构之间交换信息和看法的相互作用过程,通过这一过程,可以了解公众对固废填埋场地修复风险的看法与了解程度,以进一步对填埋场地的风险评估加以完善。

(4)填埋场地污染修复技术选择与实施 经过以上步骤,根据健康风险评价结果来确定该采取哪种修复措施和具体的对填埋场修复的目标以及筛选出合适的土地修复技术。在制定计划之前,要在健康风险评估的时候,考虑可能会受到污染危害的人群,分析感染人群可能暴露于污染物的时间、剂量以及暴露途径。要充分结合修复以后填埋场地未来的使用情况与社会的联系来减少污染物潜在暴露人群的数量和类型,从而为制度的控制提供依据。根据健康风险评价的结果,结合污染场地环境特征及土地利用类型设定合理的修复行动目标,这样可以在一定程度上减少工程控制的投入,从而使整个修复计划更加经济和有效。

美国超级基金制度中修复技术筛选的国家目标是:筛选出能持续保护人体健康与环境的修复技术,使待处理的废物最少化,我们可借鉴美国对污染场地修复计划中的先进思想,大力引进制度控制和健康风险评价制度,并结合绿色修复技术,力求降低填埋场地的修复风险。我国在固废填埋污染场地修复方面,除考虑自身条件外,可以充分借鉴和吸收美国在污染场地修复和管理方面的先进经验,通过法律法规对修复风险进行有效掌控。

11.4.6 修复案例

[**案例 11-7**] 贵州省某片区工矿企业污染场地修复工程

某片区工矿企业位于贵州省东南部城市,境内地势西高东低,最高海拔 1715.8 m,最低海拔 614 m,平均海拔 1020 m。该片区的这些工矿企业主要从事矿石、化工产品、水泥、黄磷等生产。

在修复期间,场地内生产设备均已拆除,但仍留有部分建构筑物,同时场地内废渣、建筑垃圾、生活垃圾随意堆放,对土壤造成很大污染;由于距离河流较近,受雨水冲刷形成污水进入河流,导致场地内有部分未处理污水,同样存在很大的环境污染风险。

经采样调查和研究分析,得出:①场地内废渣主要为危险废物和一般废物,废渣中氟化物、氰化物以及土壤中重金属 As、Cr 和 Cd 严重超标;②场地内遗留的部分污水中 Hg、As 和 Cu 等含量均超过《污水综合排放标准》一级标准数倍。

针对该场地污染情况,当地政府所采取的具体修复工作为:

1. 建筑物拆除及破碎工程

拆除工程主要为原址场地废弃建筑物拆除、破碎,并用于场地回填,将多余建筑垃圾直接运往建筑废渣弃土场进行填埋处置。

2.清挖及修复工程

根据场地调查确定修复范围和深度,对Ⅱ类固废、危险固废及受污染土壤进行分区分类开挖,并进行修复工程。

对本场地内的Ⅱ类固废和重金属污染土壤采用异位稳定化处理技术进行治理。稳定化技术是污染土壤修复的常用方法之一,具有费用低、无毒、综合效益好等优点。

(1)预处理工程　为使污染土壤、Ⅱ类固废与药剂混合均匀,在固化稳定化处理前需要先对污染土壤和Ⅱ类固废进行筛分和破碎。

(2)固化稳定化处理　稳定化药剂采用针对重金属和氟化物污染的复合药剂,药剂成分主要为无机盐和天然有机硫化物,不会造成二次污染,主要是通过药剂对重金属的吸附、共沉淀和螯合作用来进行。

(3)待检区养护及检测　在完成药剂混合后,出料置于养护场地,经过 14 d 的养护后进行检测,检测各个指标是否符合污染物排放最高标准。

(4)危险废物清运工程　本项目危险废物委托贵州省危险废物暨贵阳市医疗废物处置中心进行安全处置,因运输距离过长,为防泄漏,对危险废物进行封装后小心运输,集中处理。

3.废水治理工程

场地内遗留废水采用原有污水处理池进行处理,添加化学沉淀剂使污染物汞(进水水质≤2.04 mg/L)达标(一级标准为 0.05 mg/L)后,外运至污水处理厂处理。

在反应池中加入硫化钠、PAM、硫酸亚铁和氢氧化钠使 Hg^{2+} 形成硫化汞沉淀去除。

4.场地平整工程

本污染场地在废渣清理及污染土壤开挖后需进行场地地表附着物清理和平整,本工程场地平整面积为 60038 m^2。以机械为主,辅以人工逐阶地进行挖方、平整,场地平整坡度整体保持为 5‰。

通过以上修复措施,改善了原场地的景观和环境状况,保障了居民的环境安全。日后场地如需进一步投入使用,必须做好场地面貌及相应的防范设施。

[案例 11-8]　浙江宁波铜盆浦垃圾场改造修复工程

宁波铜盆浦垃圾场位于宁波市鄞州中心区的西南部,处于奉化江中游铜盆浦弯道处。场地东侧为拆除的雅戈尔厂房区,西侧为正在建设的居民区,南侧是已经建成的滨水公园,北侧为未规划用地,场地内有部分违规搭建的小工厂。

该场地内地形高差较大,地表凹凸不平,部分区域覆盖大量碎石、建筑垃圾以及城市居民所产生的生活垃圾等,导致存在土壤污染、渗滤液、填埋气等生态安全因素,对奉化江及周围环境和居民造成不同程度的持久性污染及危害,同时也影响后期的土地开发与利用。该填埋场主要存在的生态环境问题如表 11-20 所示。

表 11-20　场地主要生态环境问题

序号	场地生态环境问题	主要风险
1	土壤污染	a.重金属(镍、砷、银、铍等);b.有机物(苯并[a]芘、4-异丙基甲苯、1,2,3,-三氯丙烷、1,1-二氯丙烯、顺-1,3-二氯丙烯、反-1,3-二氯丙烯等)
2	地下水污染	a.重金属(铁、铬);b.少量有机物(苯及苯系物)

续表 11-20

序号	场地生态环境问题	主要风险
3	渗滤液	a.氨氮;b.重金属离子;c.有毒有机化合物;d.病原体
4	填埋气	a.硫化氢;b.氨气;c.甲烷
5	地质灾害	a.垃圾的不均匀沉降

由当地政府城区规划中可知,铜盆浦垃圾场将规划为住宅、教育、公用绿地。这三类均属于敏感用地,其生态环境要求较高,所以针对该场地不仅需要对其进行工程修复,在开发前还需要慎重对待场地的生态修复。根据场地开发后的用地性质,结合场地污染现状,并考虑不同受体在不同土地利用方式下应当受到保护的程度,进而确定场地生态修复的总体思路:

(1)综合考虑垃圾清理、渗滤液、污染土壤及地下水的修复。

(2)针对场地内垃圾填埋层进行挖掘清理,垃圾先经筛选分类后依不同性质废弃物分别处理:

机械分选配和人工分选,针对可燃废弃物,采用焚烧法;针对不可燃且无回收价值的废弃物,采用填埋处置,将废弃物从环境中隔离开,或借助于土壤中微生物的分解能力将其稳定化。

(3)填埋气的导出　设置填埋气体导气石笼及水平导气管,填埋气体经收集后通过引风机送入火炬燃烧器进行安全燃烧处理。

(4)垃圾渗滤液修复　①在垃圾填埋层设置抽水井或配合垃圾挖掘抽渗滤液,将渗滤液抽至地表进行处理;②在现场设置废水处理设备,将垃圾挖掘过程中的渗滤液收集至废水处理槽;③渗滤液处理:化学混凝处理单元(去除重金属);④氨气提洗预处理单元(去除至氨氮浓度低于 400 mg/L);生物处理单元(前段采用高温厌氧处理,针对高浓度渗滤液,去除 60%～70%的 COD,然后再进入好氧生物处理,以去除污水中尚能被好氧性生物分解的有机物);物理过滤处理单元(去除沉淀池出水中的悬浮固体、色度及部分 COD,沙滤塔内装有石英砂及活性炭以吸附残余物质)。

(5)地下水修复　以空气注入(AS)为主要修复方案,进行化学氧化系统操作,并定期进行监测及调整注药量。

(6)污染土壤修复　作为本场址的土壤修育技术,并根据不同的污染因子进行逐步修复:①对于土壤中的重金属污染物,采用固化稳定化技术;②对于土壤中有机物污染,采用高温热脱附法;③对于复合污染土壤,采用高温热脱附法＋稳定固化技术。

城市垃圾填埋场场地情况复杂,虽然经过环境工程手段的修复之后,场地内的污染情况得到了一定的控制,但是后续的生态修复仍需不断地努力:①结合垃圾清运以及土壤覆盖的情况进行地形重塑。②自然生境的初步构建。以吸附金属离子等较强的草本植物及少数浅根系灌木作为先锋植物。③根据用地类型进行基础建设。完善交通系统,重构水系循环(达到Ⅳ类),再利用可回收物,构建植物群落(包括栖息地营造),部分区域对外开放。④可持续景观的逐步建立和完善。曾经的城市垃圾场承担了填埋废弃物的功能,如今在其景观修复的阶段,场地景观也是承担功能的,而今后的场地可能会被赋予新的意义。

11.5　矿区污染场地修复技术

11.5.1　我国工矿区污染土壤的现状

2010 年左右,我国工矿区采矿过程中因挖损、塌陷、污染等各种人为因素造成的破坏和废弃土地近 1 亿亩,有些地区还出现了水土流失和土地沙漠化现象。有色金属在矿石中的含量相对很低,生产 1 t 有色金属可产生上百吨固体废渣,大量废渣对地质地貌造成了破坏。我国有色金属业固体废弃物年排放量为 6590 万 t,占全国固体废弃物总排放量的 10.6%,利用率约为 8%。矿产开发污染常常伴随着重金属污染,污染水体、土壤和大气生态系统。金属矿产资源开发带来的含重金属污染物,主要来源于矿物开采和洗选生产中废水、废气、废渣的排放。废水主要包括矿坑水,选矿、冶炼废水及尾矿池水等。废水大部分呈酸性,并含有大量可溶性离子、重金属及有毒有害元素(如铜、铅、锌、砷、镉、六价铬、汞、氰化物)。矿业生产活动导致土壤污染事件频频发生,例如,2016 年浙江有万亩连片农田受镉、铅等重金属污染,致使 10% 的土壤基本丧失生产能力;2007 年湖南冷水江市铅锌矿尾砂泄漏,铅、锌、镉、砷等超标,致使冷水江市及下游新化县城停水;2006 年甘肃徽县铅冶炼活动致使附近 2000 名居民铅中毒。矿业生产活动导致的土地污染不仅是矿山周围的局部问题,还是一个区域性环境问题。有研究表明,矿区砷、铅、镉等重金属可以长距离迁移,导致 20~60 km 农田土壤受到严重污染。

工矿区不仅建设用地受到污染,周边的农用地也容易受到影响。砷矿作为锡的伴生矿,由于利用价值不高,70% 以上都成了被废弃的尾矿,在我国目前至少有 116.7 万 t 的砷被遗留在环境中,相当于百万吨的砒霜被散落在旷野中,任雨水冲刷,注入河流,渗进土壤。除了云南、广西,还有湖南、四川、贵州等重金属主产区,很多矿区周围都已经形成了重金属日渐扩散的污染土地。

11.5.2　金属矿区污染土壤修复与利用

要严格遵守"预防为主,防治结合,综合治理""谁污染,谁治理""强化环境管理"的环境政策,开展矿区污染土壤修复与利用。矿区土壤污染修复实施者应该以矿山开发建设者为主,并将责任落实。根据金属矿区土壤污染面积不断扩大、污染程度不断加剧的特点,在矿区环境污染综合治理中要重点解决土壤污染问题,实施有效的污染土壤修复技术,不让污染物发生迁移、扩散,降低其对周围环境的影响。

1. 金属矿区污染土壤修复原则

(1)开采与修复并重原则　在矿区建设和生产过程中,认真执行"三同时"制度,在项目建设中防治污染的措施,必须与主体工程同时设计、同时施工、同时投产使用。生产中推行清洁生产工艺,积极开展"三废"的综合利用,减少污染物排放。以矿山尾矿库及其周围的土地治理为重点,在生产的同时,应用物理、化学、植物等修复技术治理污染土壤,最大限度减少重金属等污染物的扩散。

(2)可持续发展原则　矿区开采会造成土地大面积破坏,严重破坏生态环境,使当地生态系统失衡。通过采用各种技术和方法,改善生态环境,建立一个新的生态系统并维持其稳定性,实现矿区经济、社会、环境可持续发展。

（3）因地制宜,统筹规划,综合治理原则　根据不同区域气候、水文、地貌、土壤等条件,充分调研的基础上,因地制宜,统筹规划,综合治理;采用取材容易、操作简便、费用低的土壤修复技术,既要注重生态环境效益又要考虑经济效益。

（4）切断污染源,避免污染物进入食物链原则　采取有效的措施以减少或消除污染源,尽量避免重金属等污染物进入食物链。种植非食用植物如树木、绿化用草等改善矿区生态环境。

2.金属矿区污染土壤修复技术概述

金属矿区土壤及矿业废弃地一般都含有大量的重金属,其中又以尾矿和废弃的低品位矿石的重金属含量最高。这些废弃物露天堆放后迅速风化,并通过降雨、酸化等作用向周边土壤扩散从而导致重金属污染。土壤中的重金属可迁移性差,又不能被降解,在土壤中不断累积,毒性不断增强,从而导致生态系统的恶化,又可通过食物链进入动植物体内,危害人体健康。因此,金属矿区土壤修复与治理是当前急需解决的环境问题。金属矿区土壤重金属含量高、土壤养分含量低、破碎山石多、土壤贫瘠,严重影响植被的恢复。关于金属矿区污染土壤修复的技术很多,比较常见的技术有土壤淋洗技术和植物修复技术。

（1）土壤淋洗技术　土壤淋洗技术比较适合于多为沙性土壤的工矿废弃地的修复。目前,国外在矿区重金属污染土壤应用淋洗技术成功修复的案例见表11-21。

表 11-21　土壤淋洗技术成功修复的重金属污染的案例

污染场地名称以及位置	淋洗剂	去除重金属
Ewan Property,NJ	清水	As、Cr、Cu、Pb
GE Wiring Devices,PR	KI 水溶液	Hg
Zanesville Well Field,OH	清水	As、Cr、Hg、Pb
Twin Cities Army Ammunition Plant,MN	酸	Cd、Cr、Cu、Hg、Pb
日本长野县农业试验场	$FeCl_3$ 水溶液	Cd

美国新泽西州首次采用淋洗修复技术对矿区重金属污染土壤进行修复,我国土壤化学淋洗技术的研究非常有限,处在起步阶段。2015 年以来国内相关单位针对土壤淋洗技术开展了大量工作,例如,中山大学系统比较了淋洗剂 EDTA 在各种操作条件下对多金属污染土壤的去除效率,并研究了不同淋洗剂的组合淋洗工艺。利用化学淋洗技术修复了广东省某工业废弃旧址内受重金属污染的土壤,建立了化学淋洗修复重金属污染工业废弃地示范基地。

日本国立农业环境技术研究所利用氯化铁水溶液浸泡镉污染土壤,修复镉污染水田土壤,取得了很好的修复效果,修复率达到 80% 以上。首先,将氯化铁施到水田土壤中通过机械进行搅拌,将土壤中的镉溶解在氯化铁溶液中,静置,抽取田面上的水;然后,加入清水继续浸泡,搅拌,静置,抽取田面上的水;最后,进行镉污染废水处理。处理费用每公顷污染土壤大约 240 万元,与客土法相比处理到相同标准要节约 50%。

（2）植物修复技术　植被修复是重金属污染工矿废弃地常用的修复方法,植物修复能彻底去除土壤中的重金属,又能美化周边环境,减少污染的扩散,同时又为回收利用重金属资源提供了可能。在重金属污染的工矿废弃地采用植物修复技术一般包括如下过程。

①基质改良,建立隔离层。一般矿业废弃地对植物来讲是一个非常恶劣的生长环境,存在

许多限制植物生长的因素,尤其是高浓度的残留重金属、极端酸性、大量营养元素(如 N、P)的缺乏和极差的土质结构。在植物修复前要进行基质改良,主要利用一些含钙镁的碱性物质、富含有机物的工业副产品及废弃物(如煤灰、污泥)等改善基质的理化性状和营养条件,降低重金属的生物毒性,利用开矿时产生的碎石建立与废弃地之间的隔离层,以阻碍基质中重金属的向上迁移,为植物修复技术应用搭建平台。

②活化重金属离子,种植耐性植物和超累积植物。实际应用过程中采用化学螯合剂的方法来活化土壤重金属以强化植物提取修复效果,常用的化学螯合剂有 EDTA、HEDTA 等和一些小分子有机酸如柠檬酸、苹果酸等;针对重金属离子的种类选择种植抗性强、对重金属有超强吸收能力的植物。经过基质的改良结合耐性植物种植对工矿重金属污染土壤的修复已有成功的案例,如利用蜈蚣草修复砷的污染矿区土壤。中科院地理科学与资源研究所陈同斌研究员研究表明,蜈蚣草吸收土壤中砷的能力相当于普通植物的 20 万倍,通过蜈蚣草的吸附、收割,3～5 年内砷污染的土地就可以"恢复健康",在湖南郴州已经有修复完工的土壤恢复了耕作。目前,蜈蚣草已经在湖南郴州、云南个旧、广西环江进行砷污染土壤的修复,尤其在广西环江,蜈蚣草种植面积已经达到了 1000 亩以上,成为世界上面积最大的砷污染农田修复基地。植物修复法更接近自然生态,从经济投入、修复周期和避免二次污染等多方面来看都是目前的较好选择。

11.5.3　非金属矿区污染土壤修复与利用

1.非金属矿区污染土壤修复原则

在选择污染土壤修复技术时,必须考虑修复的目的、社会经济状况、修复技术可行性等方面。就修复目的而言,有的修复是为了污染土壤能够被农业利用,有的修复则是为了限制土壤污染物对其他环境介质(如水体和大气等)的污染,而不考虑修复后能否被农业再利用。土壤是一个高度复杂的体系,任何修复方案都必须根据当地的实际情况而定,不可以完全照搬其他国家、地区或其他土壤的修复方案。因此在选择修复技术和制定修复方案时必须考虑如下原则。

(1)依法治理与综合治理原则　在严格遵循有关污染土壤修复的原则基础上,坚持谁破坏、谁治理、谁投资、谁受益的原则,政府不参与治理。根据土壤污染程度、治理后利用目的,要因地制宜、多种渠道、多种形式、发展多种经营,采取污染治理与生态修复相结合的原则。

(2)治理的经济技术可行性原则　根据污染土地所处位置、区域以及土壤、水资源、地貌及当地气候水文条件,宜农则农,宜林则林,宜草则草。通过适宜性研究,将采矿破坏的土地修复成野生生物栖息地,重建本地自然生态系统,修复成耕地、园地、林地、牧草地、养殖水面等,重建农业生态系统;也可以修复成运动场地、休闲场所、建设用地,重建城市生态系统。同时,要考虑治理修复费用,成本不能太高,经济效益、社会生态效益要明显。

(3)效益优先与资源化相结合原则　要分步骤、有计划进行,工程措施和生物措施相结合治理,必须谋求社会、经济、生态效益的统一,追求综合效益最优为最终目标。矿区地表经过人为强烈干扰后,地表土壤缺失,同时产生大量的固体废弃物,由此必须对固体废弃物进行合理改造,实现固体废弃物的再利用,使其具有生态、经济价值,达到经济、环境、社会效益相统一。

2.非金属矿区污染土壤修复技术概述

随着国内外市场需求及生产能力的扩大,对煤炭等矿产资源开采强度与范围呈现大幅度提高趋势,矿区废弃土地资源数量大幅度增加,导致矿区生态环境受到严重破坏,严重阻碍了矿区持续发展能力。因此,对矿区废弃土地进行修复,成为矿区可持续发展的重要基础。随着矿山废弃地生态环境的恢复与重建,对区域生态环境具有积极的意义。在矿区建立一个相对稳定的生态系统,对当地社会效益、经济效益、环境效益都将做出重要贡献。

土地是一个综合的、立体的概念,仅从自然属性来讲,它是由地质、地貌、气候、土壤、植被和水文等自然要素相互作用、相互联系而形成的一个自然综合体。所以,自然环境中的地貌、土壤、植被乃至地表水、地下水等是相互影响、相互制约的。由此可见,破坏了土地资源,实际就是破坏了地貌、土壤、水、生物等一系列资源。尤其是在当今现代化大生产的过程中扰动的面积少则数平方千米,多则数十、数百平方千米,往往导致地貌改变、河流改道、植物群落消失、土地不能再利用、土壤丧失生产能力,所以造地、造土就成了非金属矿区土壤修复的基础。非金属矿区土地修复主要包括以下 3 个步骤。

(1)地貌重塑 煤矿等非金属矿区的各种生产活动都将对原有地貌造成影响,尤其是中小地貌的变化幅度比较大,根据矿区地貌与地表的空间关系,可分为凹型地貌和凸型地貌。凹型地貌主要是露天煤矿开采形成的挖损地貌和井工开采造成的塌陷地貌,其标高低于地表标高;凸型地貌是指堆垫地貌,主要是由于煤矿开采而产生的有用的或废弃的固体物质堆垫而成的。地貌重塑是土壤重构的基础和保证,由于煤矿区地貌的成因不同、类型不同,地貌重塑的技术也不尽相同。对于凹型地貌,根据下凹的深度、坡度及地下水位等情况,处于高潜水位的塌陷地,凹型地貌内常常有积水存在,这种情况可以选用疏排法或挖深垫浅法修复土地,因势利导整理成为农田或水产养殖基地;针对非积水下凹区可以运用充填修复法使凹型地貌达到设计标高,并与土地平整技术相结合,完善田间配套设施,为农业生产提供用地保障。对于堆垫地貌,结合堆垫高度及当地的地形等条件,运用工程措施对堆垫地貌因地制宜进行修整,栽种适宜的植被,绿化堆垫地貌,这样既改善了矿区环境,又可以防止水土流失。

另外,根据土地破坏现状和修复后土地的用途,重建景观地形设计必须与周围地理景观相匹配,并最大限度地减小侵蚀对修复土地的损害。要尽量使用矿山固体废弃物回填沉陷区至设计高度后,再进行覆土充填修复。表土回填时,要注意不同的土地用途对修复土地表层厚度有不同的要求。在矿区修复中,重整地形和表土一般耗资较大,因此,应当从矿山基建阶段开始统筹考虑矿区修复的需要,避免对矿区进行大规模的造型和表土调运。

(2)土壤重构 土壤重构是以重构培肥土壤、消除污染、改善土壤环境质量、恢复和提高重构土壤的生产力、恢复土壤生态系统为目的。应采取适当的采矿和重构技术工艺,应用工程措施及物理、化学、生物、生态措施,重新构造一个具有一定土壤肥力水平的土壤层次以及稳定的地貌景观,在较短的时间内恢复和提高重构土壤的生产力,并改善重构土壤质量,为植物生长提供适宜的土壤环境条件。土壤重构主要包括工程措施、化学改良、合理施肥和微生物改良。

①工程措施。采用"分层剥离、交错回填"的重构原理对开采造成塌陷深度大、地表损坏严重的地区进行土壤重构,通常以煤矸石或粉煤灰作为充填材料将塌陷地充填到设计标高后,再利用表土剥离和回填工艺构造适宜的土壤剖面。

②化学改良。煤矿等非金属矿区酸性土壤一般采用生石灰、熟石灰、石灰石等材料进行改良,施用石灰不仅能补充土壤中的钙、改善作物的钙营养,还能调节土壤酸度,促进土壤中有益微生物的活动,改良土壤的物理性状;同时可以防止锡、锰等有毒离子对土壤的污染和农作物的伤害。对于碱性土壤一般选用石膏改善其性状,利用钙离子的化学性质,使石膏中的钙离子

取代土壤中的钠离子,不仅可以改善土壤结构、增加水的渗透和土壤孔隙度,还可以疏松土壤、降低土壤的板结程度,土壤中的盐分也会在淋滤作用下减少,防止土壤盐碱化的发生。

③合理施肥。为调节煤矿等非金属矿区修复土壤严重缺少氮、磷、钾养分的贫瘠状况,充分发挥施入有机肥与无机肥的作用,科学施肥是提高非金属矿区修复土壤生产力的关键。有机肥和无机肥相结合施用,既增产又养地,达到用养结合的目的。应尽量保持 N、P、K 的配比均衡,同时根据实际情况还要对新构土壤补施少量微肥。常用的有机肥主要有畜禽粪、城市污泥、河沟泥、生活污泥、泥炭、秸秆、木屑等,各种有机肥一定要经过充分密封堆积,待其腐熟后可结合深耕整地进行施肥。

④微生物改良。进行植物修复前必须用人工接种的办法弥补土壤中自然根瘤菌的不足,经过人工选育的优势菌株,向植物人工接种固氮菌、磷细菌和钾细菌等微生物,帮助植物有效地利用大气中的氮、磷、钾元素,改善植物对矿物质营养元素的吸收;通过在植物周围土壤形成无害的微生物区系,使植物增加抗病能力;筛选优势菌种进行田间接种,不但可以增加修复区植物的生物量,而且提高了土壤的培肥保水能力,因此具有重要的生态意义。

(3)植被恢复　采用人工播种、栽培、施肥等技术强化措施,利用部分植被能忍耐和超量累积某些重金属的特性,通过植物的提取、挥发、根际过滤等途径,既可以清除、稳定土壤中的污染物,又能减缓地表径流,调蓄土壤水分,防止风蚀及粉尘污染。同时,利用植物根系的穿透力以及分泌物的作用,改变下垫面的物质、能量循环,促进废渣的成土过程;利用植物群落根系错落交叉的整体网络结构,增加固土防冲能力。在植被恢复过程中应考虑品种选择和栽培方式。

①品种选择。根据矿区的气候和土壤条件,一般选用速生能力快、适应性强、根系发达、抗逆性好的植物;优先选择固氮植物,当地优良的乡土品种优于外来速生品种,多年生豆科牧草、一年生和两年生禾本科,茄科植物与刺槐、沙棘、柠条等乔灌木是主要的适选品种,进行多种植被间种、套种,并有目的地进行其他生物接种。

②栽培方式。根据立地条件不同,分为农业种植和林草种植。农业种植包括农作物、蔬菜、果树等,林草业种植包括牧草、杂草和花卉和乔木、灌、藤等。农业种植一般要求地面平整、土层较厚、土壤质地适中能够满足植物生长所需的氮、磷、钾等元素需求。不同立地条件、种植植被品种和密度是不同的,如速生喜光植物宜稀一些、耐阴且初期生长慢的植物宜密一些;树冠宽阔、根系庞大的宜稀些,树冠狭窄、根系紧凑的宜密一些。

11.5.4　煤矿区土壤修复案例

1.平朔露天煤矿概况

平朔矿区为国家特大型矿区,地处黄土高原晋陕蒙接壤的黑三角地带。平朔矿区全区面积 12 万亩,海拔 1200~1600 m,属典型的温带半干旱大陆性季风气候。矿区黄土广布,地带性土壤为栗钙土与栗褐土的过渡带,土质偏沙,水蚀风蚀严重,受采矿扰动后原地形地貌变得破碎,丘陵沟壑区水土流失严重,进而引起干旱加剧,土地沙化退化,水肥流失加剧。采矿废弃地的土壤有机质含量下降至 0.5%~0.9%。加上干旱半干旱地区生态条件脆弱,土壤生态的自然恢复十分缓慢。人工恢复矿区废弃地退化的土壤生态系统,为矿区废弃地的复垦与农业再利用创造条件,是煤矿废弃地复垦与生态重建的必由之路。

2.矿区复垦与土壤生态恢复方案

露天采煤废弃地通常包括裸露剥离区、疏松的土壤堆积区、覆土表层、煤矸石堆积区及其他由采矿设备引起的退化土地。采矿在破坏原地貌的同时，破坏了土壤结构、土壤养分循环和微生物区系等，这些对维持健康的生态系统至关重要，并导致原有植被和土壤剖面的破坏。结合山西省平朔大型露天煤矿的土壤生态重建案例，对露天采煤引起的土壤生态退化及煤矿废弃地复垦进行介绍。

(1)土体重建　平朔矿区采矿作业时表土剥离采取大型机械化剥离，排土场排弃采用土石混排-黏土-沙壤从下至上分层排弃的剖面构建方法，层层压实，把剥离出的表土重构在采区上部，使上部土层仍然在上部，下部岩层仍然在下部。以保证土壤水分入渗和防止地表径流，同时保证了土壤通透性，便于后期人工植被的恢复。表土覆盖采取直接排土方式，表层覆土厚度为50~100 cm，通过土地平整将采区规划成梯田，最终形成大型表土堆放场。土壤基本保持原样，尽力减少土壤结构破坏和养分流失。

(2)土壤肥力提升　矿区复垦土壤板结和有机质缺乏一直是采矿废弃地再利用中的核心问题，机械碾压造成土壤容重增大，结构变差；同时，表层土被剥离后与其他土层相混合而大大降低了土壤有机质含量。在土壤肥力管理上，复垦区域可采用耕翻法、绿肥法和施肥法对土壤进行改良培肥。

①耕翻法。是在复垦后采用深松或深翻改善土壤结构，土壤耕翻要把握好适耕性，以土壤含水量15%~20%为宜，一般在当地雨季开始之前进行，以便接纳雨水；翻耕耕深一般大于30 cm，实际耕幅与犁耕幅一致，避免漏耕，翻耕结合增施有机肥，可促进土壤熟化。

②绿肥法。是通过种植紫花苜蓿、沙打旺、柠条等一年或多年生豆科进行生物固氮，同时这些植物的绿色部分经复田后，在土壤微生物作用下释放大量速效养分，并可以转化成腐殖质来提高土壤重组碳，其根系腐烂后通过胶结和团聚作用可以改善土壤理化性状。目前，在平朔煤矿安家岭和安太堡矿区复垦均用绿肥法在进行土壤基质改良，取得了较好效果。

③施肥法。是在早期施用氮、磷肥，在中后期利用矿区所处位于草原地区的地域优势，施用矿区排土场种植的羊草等饲喂牛羊，再将其粪便作为有机肥应用于排土场，同时也可增施腐熟的农家肥进行土壤改良。

(3)土壤微生物区系调控　在微生物区系调控方面，平朔矿区排土场土壤主要依赖于土著微生物共生寄主的种植来诱导土壤微生物的定植与群落演变。如草本类豆科作物苜蓿、沙打旺、黄芪和灌木类洋槐、沙棘、沙枣等固氮作物诱导激发固氮细菌的种群繁殖，该方法在安太堡和安家岭的排土场上均有应用，并取得良好效果；通过沙柳、柠条等诱导丛植菌根的定植，该方法主要应用在安太堡矿区南排和西排的生态恢复和重建中，效果显著。另外，近年来，一些新方法如微生物菌肥制剂、生物腐殖酸等微生物区系调控技术也正在矿区开展研究。

(4)种植植被生态重建　生物措施主要涉及植被重建，对于复垦方向为林草地的区域，进行覆土工程后，根据实际情况可种植乔灌草。边坡在35°以下可种植杜鹃、柳杉等，15°~20°坡度种植果园和其他经济林，林间可撒播黑麦草籽，边坡区在坡脚可种植爬山虎覆盖地表防止水土流失。

(5)加强植被管护　植被管护针对乔木树苗种植后进行管护。管护措施主要包括管护工作和抚育工作，保证栽种的成活率，死苗要及时补种。树木栽种后及时浇水灌溉，特别是在幼苗的保苗期和干旱、高温季节多浇水，保证苗木不受损；对于新造幼林要进行封育，严禁放牧，并对病虫害及缺肥症状进行观察、记录，一旦发现问题，立即采取喷农药或施肥等相应措施。

11.5.5 矿区固体废物的回收利用

（1）回收有价值的组分 有色金属工矿区大多是矿产资源共生、伴生矿床。许多老矿山过去由于选矿技术的落后和单一选用某种目的金属，在丢弃的尾矿中往往还含有较多的有用元素，现在可以采用新的选矿技术进行回收，并可以取得明显的经济效益。

（2）生产玻璃制品和建筑材料 不少有色金属矿山尾矿中含有大量的硅、钙、铝、镁和铁等氧化物成分，与生产玻璃制品的原料或陶瓷原料成分相似，可以用来生产玻璃制品或建筑陶瓷。碳酸盐型和高铝硅酸盐型尾矿可以代替石灰石和黏土原料直接用于煅烧水泥熟料；某些碱含量较低的钙铝硅酸盐型尾矿、高钙硅酸盐型尾矿等，只要其成分与水泥的成分较为相近，亦可直接用于煅烧水泥熟料；当尾矿成分与水泥成分相差较大时，可作为掺配料或矿化剂使用。

（3）制砖和混凝土砌块 用尾砂代替黏土制砖，既节省因烧制黏土砖而破坏和占用的土地，又解决了尾矿的出路，并消除和减少尾矿对环境的污染，具有广阔的市场。

（4）用作土壤改良剂或肥料 有些尾矿含有改良土壤的成分，可以用作微量元素肥料或土壤改良剂。如利用含钙尾矿作土壤改良剂，施于酸性土壤中，可达到中和酸性、改良土壤的目的。有些尾矿可用作微量元素肥料。

（5）井下填充料和造地修复材料 井下开采矿山，随着采掘的深入，采空区不断扩大，需要大量的充填材料，这就为尾矿的综合利用开辟了另一条路径；尾矿库尾矿都是无机物质，不具有基本肥力，采取覆土、掺土、施肥等方法处理，可造地修复、植被绿化。

思考题

1. 简述工业污染场地的主要类型，其修复技术与农用地的差异性。
2. 简述矿区废弃场地土壤修复的原则。
3. 污染场地修复的主要流程有哪些？污染场地修复技术选择主要考虑哪些因素？
4. 有色金属工业污染场地特征主要有哪些？选择修复技术时主要考虑哪些因素？
5. 石油污染场地修复技术选择主要考虑哪些因素？
6. 固废填埋污染场地污染特征有哪些？选择修复技术时主要考虑哪些因素？
7. 简述非金属矿区污染土壤修复的步骤。

参考文献

安琼,董元华,王辉,等.苏南农田土壤有机氯农药残留规律.土壤学报,2004,41(3):414-419.

敖漉,易其臻,谢朝新,等.一般固废填埋场环境影响评价探讨.环境科学导刊,2010,29(2):79-87.

白中科,周伟,王金满,等.再论矿区生态系统恢复重建.中国土地科学,2018,32(11):1-9.

北京市质量技术监督局.场地环境评价导则:DB11/T 656—2009.北京,2009.

北京市质量技术监督局.场地土壤环境风险评价筛选值:DB11/T811-2011.北京,2011.

曹雪莹,张莎娜,谭长银,等.中南大型有色金属冶炼厂周边农田土壤重金属污染特征研究.土壤,2015,47(1):94-99.

曹志洪,周健民,等.中国土壤质量,北京:科学出版社,2008.

曹志洪.中国史前灌溉稻田和古水稻土研究进展.土壤学报,2008(5):784-791.

曾敏.$CaCO_3$对土壤 Cd 污染及 Cd 与酸雨复合污染的治理研究.长沙:湖南农业大学,2004.

陈海棠,何华燕,周丹丹,等.典型固废拆解区域土壤重金属污染风险及修复.安徽农业科学,2015,43(17):112-114.

陈怀满,郑春荣,周东美,等.土壤环境质量研究回顾与讨论.农业环境科学学报,2006,25(4):821-827.

陈怀满.环境土壤学.3 版.北京:科学出版社,2018.

陈俊清.重金属污染土壤修复技术及工程应用.工程技术研究,2019,4(18):239-240.

陈亮,黄怡.垃圾填埋场用地的规划修复与再生——基于慢发性技术灾害视角的欧美案例研究.上海城市规划,2016(1):32-40.

陈梦舫.污染场地健康与环境风险评估软件(HERA).中国科学院院刊,2014,29(3):344,335.

陈楠纬.地下水污染修复技术研究进展.云南化工,2019,46(6):1-5.

陈志良,彭晓春,杨兵,等.有色金属冶炼污染场地土壤和地下水污染特征研究.广东工业大学学报,2013,30(2):119-122.

程功弼.土壤修复工程管理与实务.北京:科学技术文献出版社,2019.

程磊,刘意立,杨妍妍,等.我国生活垃圾填埋场特征性问题原因分析与对策探讨.环境卫生工程,2019,27(4):1-4.

崔德杰,张玉龙.土壤重金属污染现状与修复技术研究进展.土壤通报,2004,35(3):366-370.

崔龙哲,李社锋.污染土壤修复技术与应用.北京:化学工业出版社,2017.

崔朋,刘骁勇,李静,等.强化生物堆修复石油污染土壤的工程案例.2019,4:215-217.

丁维新,蔡祖聪.温度对甲烷产生和氧化的影响.应用生态学报,2003(4):604-608.

范鑫萍,黄茂松,王浩然.考虑龄期分层的固体废弃物填埋场边坡稳定分析.岩土力学,2016,37(6):1715-1720.

方淑荣.环境科学概论.北京:清华大学出版社,2011.

冯英,马璐瑶,王琼,等.我国土壤-蔬菜作物系统重金属污染及其安全生产综合农艺调控技术.农业环境科学学报,2018,37(11):2359-2370.

冯子龙,卢信,张娜,等.农艺强化措施用于植物修复重金属污染土壤的研究进展.江苏农业科学,2017,45(2):14-20.

付奕舒.多环芳烃污染土壤化学氧化修复及案例研究.绿色科技,2019(4):88-89.

甘凤伟,王菁菁.有色金属矿区土壤重金属污染调查与修复研究进展.矿产勘查,2018,9(5):1023-1030.

高陈玺,李川,彭娟,等.植物提取修复矿区重金属污染土壤研究现状.重庆工商大学学报,2013,30(4):55-58.

高伟亮,吴丞往,钟茜,等.水文地质调查在污染场地调查中的作用研究.环境与发展,2019(2):243-244.

耿磊,夏丹.国外固体废物填埋场选址要求和不利场址条件下的对策研究.环境与发展,2017,29(10):100,102.

龚子同.中国土壤系统分类-理论·方法·实践.北京:科学出版社,1999.

谷庆宝,郭观林,周友亚,等.污染场地修复技术的分类、应用与筛选方法探讨.环境科学研究,2008(2):197-202.

顾奕凯,王宏缀.固体废物垃圾填埋场对环境污染的研究进展.科技风,2012(8):215.

管益东.废弃农村固废简易填埋场污染现状调查及其渗滤液处理技术(多介质层系统)研究.浙江大学,2011.

郭观林,王翔,关亮,等.基于特定场地的挥发/半挥发有机化合物(VOC/SVOC)空间分布与修复边界确定.环境科学学报,2009,29(12):2597-2605.

郭书海,高鹏,吴波,等.我国重点氟污染行业排放清单与土壤氟浓度估算.应用生态学报,2019,30(1):1-9.

郭子萍,王海荣.有色金属矿区土壤重金属污染及其修复.经济研究导刊,2013(18):286-287.

国务院办公厅.近期土壤环境保护和综合治理工作安排.北京,2013.

韩广轩,周广胜.土壤呼吸作用时空动态变化及其影响机制研究与展望.植物生态学报,2009,33(1):197-205.

韩惠珊.植物—微生物联合修复重金属污染土壤研究.资源节约与环保,2019(8)

韩伟,黄少辰,叶渊,等.基于风险防控的土壤氟污染特征及修复目标探讨.环境保护科学,2020,46(6):160-166.

何肖.土壤中氟污染来源及修复治理措施研究.资源节约与环保,2023,2:12-14

侯红,等.耕地土壤污染风险管控技术模式与成效评估方法研究.北京:中国环境出版集团,2021

胡立峰,李洪文,高焕文.保护性耕作对温室效应的影.农业工程学报,2009,25(5):308-312.

胡欣.异养细菌硫代谢及其在海洋硫循环中的作用中国科学.地球科学,2018,48(12)1540-1550.

环境保护部,工业和信息化部,国土资源部,等. 关于保障工业企业场地再开发利用环境安全的通知. 北京,2012.

环境保护部. 关于加强土壤污染防治工作的意见. 北京,2008.

环境保护部. 关于切实做好企业搬迁过程中环境污染防治工作的通知. 北京,2004.

黄昌勇,徐建明. 土壤学. 3 版. 北京:中国农业出版社,2010.

黄沈发,杨洁,吴健,等. 城市再开发场地污染风险管控研究及实践. 环境保护,2018,46(1):31-35.

黄万金,詹爱平,姜宗海,等. 某大型生活垃圾填埋场生态修复项目总体设计理念. 环境卫生工程,2019,27(3):61-64,68.

黄益宗,郝晓伟,雷鸣,等. 重金属污染土壤修复技术及其修复实践. 农业环境科学学报,2013,32(3):409-417.

黄志亮,彭玉丽,罗彬,等. 老生活垃圾填埋场治理方案选择. 环境与发展,2018,30(10):29-30,32.

纪晓红,曹阳,周建平. 有色金属冶炼厂周边土壤中重金属污染变化趋势调查及分析. 中国环境科学学会.2011 中国环境科学学会学术年会论文集(第二卷). 中国环境科学学会:中国环境科学学会,2011:3.

季方. 简易垃圾填埋场污染土壤修复工程设计方案. 杭州:浙江工商大学,2017.

解晓露,袁嫘,朱晓龙,等. 中碱性镉污染农田原位钝化修复材料研究进展. 土壤通报,2018,49(5):1254-1260.

赖娟. 城市垃圾渗滤液对土壤—植物系统的影响研究. 重庆:西南大学,2008.

黎秋君,廖长君,谢湉,等. 化工污染场地氟污染土壤的稳定化技术研究. 工业安全与环保,2022,48(2):83-85。

李富荣,李敏,朱娜,等. 水作和旱作施用改良剂对蕹菜-土壤系统中铅镉生物有效性的影响差异. 农业环境科学学报,2017,36(8):1477-1483.

李海防,夏汉平,熊燕梅,等. 土壤温室气体产生与排放影响因素研究进展. 生态环境,2007(6):1781-1788.

李璐,刘梅,赵景联,等. 微生物法修复陕北油田污染土壤的研究现状与展望. 土壤通报,2011,42(4):1010-1014.

李青青,罗启仕,郑伟,等. 土壤修复技术的可持续性评价--以原位稳定/固化技术和异位填埋技术为例. 土壤,2009(2),308-314.

李社锋,李先旺,朱文渊,等. 污染场地土壤修复技术及其产业经营模式分析. 环境工程,2013,31(6):96-99,103.

李天杰,赵烨,张科利,等. 土壤地理学. 3 版. 北京:高等教育出版社 2005.

李小牛,周长松,杜斌,等. 北方污灌区土壤重金属污染特征分析,西北农林科技大学学报,2014,42(6),205-212.

李新华,刘景双,于君宝,等. 土壤硫的氧化还原及其环境生态效应. 土壤通报,2006,37(1):159-163.

李亚静,黄庭,谢哲宇,等. 非正规垃圾填埋场土壤和地下水重金属污染特征与评价. 地球与环境,2019,47(3):361-369.

李洋,张乃明,魏复盛.滇东镉高背景区菜地土壤健康风险评价与基准.中国环境科学,2020,40(10):4522-4530.

李元杰,赵振光,孙燕英,等.内蒙古西北有色金属矿区及周边土壤重金属污染特征分析.干旱区资源与环境,2019,33(11):143-149.

李云祯,董荐,刘姝媛,等.基于风险管控思路的土壤污染防治研究与展望.生态环境学报,2017,26(6):1075-1084.

林海,江昕昳,李冰,等.有色金属尾矿植物修复强化技术研究进展.有色金属工程,2019,9(11):122-132.

林玉锁,龚瑞忠,朱忠林.农药与生态环境保护.北京:化学工业出版社,2000.

林云青,李亚男,王莹.历史遗留含砷、铅冶炼废渣污染场地修复工程案例.环境与发展,2019(2):52-54.

刘春早,黄益宗,雷鸣,等.湘江流域土壤重金属污染及其生态环境风险评价.环境科学,2012,33(1):263-268.

刘惠.污染土壤热脱附技术的应用与发展趋势.环境与可持续发展,2019,44(4):144-148.

刘娟,李洋,张敏,等.滇东农田土壤铅污染健康风险评价及基准研究.农业工程学报,2021,37(1):241-250.

刘宁,蒋众喜,冷凡.工业固废填埋场边坡防渗层环境安全分析.环境保护科学,2016,42(5):119-123.

刘霈珈,吴克宁,罗明,等.农用地土壤重金属超标评价与安全利用分区.农业工程学报,2016,32(23):254-262.

刘文超,侯翔,赵栗笠,等.西南某工矿污染区生态修复工程案例研究.环境工程,2015,33(11):156-159.

刘文庆,祝方,马少云.重金属污染土壤电动力学修复技术研究进展.安全与环境工程,2015,22(02):55-60.

刘五星.骆永明.王殿玺.石油污染场地土壤修复技术及工程化应用.环境监测管理与技术,2011,23(3):47-51.

刘小楠,尚鹤,姚斌.我国污水灌溉现状及典型区域分析.中国农村水利水电,2009,6,7-11.

刘志阳.水泥窑协同处置污染土壤的应用和前景.污染防治技术,2015,28(2):35-36,50.

陆书玉,栾胜基,朱坦.环境影响评价.北京:高等教育出版社,2001.

罗小勇,王艳明,熊建英,林伟岸.垃圾填埋场污泥坑原位修复工程实践.环境工程学报,2018,12(9):2707-2716.

骆永明.中国土壤环境和土壤修复科学技术研究现状与展望.北京:中国科技协会,2011.

骆永明.中国土壤环境污染态势及预防、控制和修复策略.环境污染与防治,2009(12):27-31.

吕贻忠,李保国.土壤学.北京:中国农业出版社,2006.

马力,谢逸豪,吴耿,等.地热生境中硫循环微生物研究进展--对早期地球生命过程的启示.地学前缘(中国地质大学(北京)).2022,30(2):479-494.

毛立,孙志高,陈冰冰,等.湿地土壤硫氧化-还原过程及其与其他元素的耦合作用研究进展.应用生态学报,2022,33(2):560-568

孟龙,黄涂海,陈睿,等. 镉污染农田土壤安全利用策略及其思考. 浙江大学学报(农业与生命科学版).2019,45(3):263-271.

孟楠. 典型污灌区 Cd 超标农田的安全利用技术研究. 北京:中国农业科学院,2019.

缪周伟. 土壤污染防治背景下的非正规垃圾填埋场治理——市场、技术发展趋势及典型案例分析. 环境卫生工程,2019,27(2):36-40,44.

倪晓坤,封雪,于勇,等. 典型固废处理处置场周边土壤重金属污染特征和成因分析. 农业环境科学学报,2019,38(9):2146-2156.

潘根兴. 中国土壤有机碳和无机碳库量研究. 科学通报,1999,15(5):330-332.

彭靖. 对我国农业废弃物资源化利用的思考. 生态环境学报,2009,18(2):794-798.

彭莉,张蔚,吴迪. 含重金属污染土壤固化/稳定化修复技术研究. 环境与可持续发展,2018,43(5):142-144.

全国土壤普查办公室. 中国土壤. 北京:中国农业出版社,1998.

冉继伟,张旭,宁平,等. 不同耕地类型中砷污染修复方式研究进展. 环境科学导刊,2017,3:80-86.

沈善敏,宇万太,陈欣,等. 施肥进步在粮食增产中的贡献及其地理分异. 应用生态学报,1998(4):51-55.

生态环境部. 环境影响评价技术导则　地面水环境:HJ/T2.3-93—2018. 中国环境出版社,2018.

生态环境部. 环境影响评价技术导则　地下水环境:HJ610—2016. 中国环境出版社,2016.

孙健,铁柏清,钱湛,等. 湖南省有色金属矿区重金属污染土壤的植物修复. 中南林学院学报,2006(1):125-128.

孙向辉,周丽贞. 垃圾填埋场植被恢复技术研究进展. 安徽农业科学,2016,44(9):100-102.

孙永明,李国学,张夫道,等. 中国农业废弃物资源化现状与发展战略. 农业工程学报,2005,21(8):169-173.

汤帆,胡红青,刘永红,等. 污染场地类型及其风险控制技术. 环境科学与技术,2013,36(S2):195-202.

陶锟,全向春,李安婕,等. 城市工业污染场地修复技术筛选方法探讨. 环境污染与防治,2012,34(8):69-74.

涂成龙,何令令,崔丽峰,等. 氟的环境地球化学行为及其对生态环境的影响. 应用生态学报2019,30(1):21-29

涂培. 成都长安垃圾填埋场周边土壤重金属污染现状分析及评价. 成都:四川农业大学,2013.

王海萍,耿国. 垃圾填埋场修复技术应用. 绿色科技,2019(12):144-146.

王静,林春野,陈瑜琦,等. 中国村镇耕地污染现状、原因及对策分析. 中国土地科学,2012,26(2):25-30.

王少斌,张树深. 一般工业固废填埋场建设项目环境监理探析. 环境保护与循环经济,2010,30(6):38-41.

王雅玲. 工业园区配套一般固废填埋场的选址及政策建议. 中国氯碱,2019,(10):44-46.

卫泽斌,郭晓方,丘锦荣,等. 间套作体系在污染土壤修复中的应用研究进展. 农业环境科学学报2010,29(增刊):267-272.

魏丽,于冰冰,冯国杰,等.重金属污染河道底泥稳定化固化修复工程技术研究.环境工程,
    2013,31(S1):151-155.

吴健,沈根祥,沈发.挥发性有机物污染土壤工程修复技术研究进展.土壤通报,2005,36
    (3):430-435.

吴克宁,杨淇钧,赵瑞.耕地土壤健康及其评价探讨.土壤学报,2021,58(3):537－544.

吴同亮,王玉军,陈怀满.2016—2020年环境土壤学研究进展与热点分析.农业环境科学学
    报,2021,40(1):1-15

吴玮,杨再兴,冯猛.封场垃圾填埋场的土地整理及利用.环境卫生工程,2013,21(4):16-18.

吴又先,潘淑贞,丁昌璞.土壤中硫的氧化还原及其生态学意义.土壤学进展,1993(4):9-17.

席磊.上海某工业场地绿化土壤修复工程案例研究.环境科学与管理,2015,40(12):112-115

相秀宝.气相抽提在石油类污染场地中的应用实例.北京:北京化工大学,2015

肖友程,许超,王扬,等.河池市某砒霜厂污染土壤固化/稳定化修复工程实例.环境工程,2018,
    36(3):176-179.

邢金峰,仓龙,任静华.重金属污染农田土壤化学钝化修复的稳定性研究进展.土壤,2019,51
    (2):224-234.

邢维芹,骆永明,李立平.影响土壤中PAHs降解的环境因素及促进降解的措施.土壤通报,
    2007,38(1):173-178.

徐华,蔡祖聪,八木一行.水稻土CH_4产生潜力及其影响因素.土壤学报,2008,45(1):98-104.

徐秋桐,顾国平,章明奎.适宜水分和养分提高土壤中磺酸二甲嘧啶降解率.农业工程学报,
    2016,32(Supp.1):132-138.

许大毛,张家泉,占长林,等.有色金属冶炼厂周边地表水和农业土壤中重金属污染特征与评
    价.环境化学,2016,35(11):2305-2314.

严国雄.固废填埋场预处理系统技术方案探讨资源节约与环保,2015(1):28.

杨春梅,蒋文,王晓曦.生活垃圾填埋场污染的治理.科技创新导报,2008(16):91

杨东旭.有色金属元素矿山地质测试生态修复研究与实践.世界有色金属,2019(1):193,195.

杨金燕,苟敏.中国土壤氟污染研究现状.生态环境学报,2017,26(3):506-513.

杨金燕,杨锴,田丽燕,等.我国矿山生态环境现状及治理措施.环境科学与技术,2012,35
    (S2):182-188.

杨凯,叶茂,徐启新.上海城市废弃物增长的环境库兹涅茨特征研究.地理研究,2003,22(1):
    60-66.

杨凯.冶炼厂周边土壤重金属污染物特征及治理途径.中国金属通报,2019(4):194,196.

杨树深,孙衍芹,郑鑫,等.重金属污染农田安全利用:进展与展望.中国生态农业学报,2018,26
    (10):1555-1572.

杨勇,何艳明,栾景丽,等.国际污染场地土壤修复技术综合分析.环境科学与技术,2012,35
    (10):92-98.

杨勇,黄海.北京某焦化企业场地污染修复案例简析.世界环境,2016(4):65-66.

杨再福.污染场地调查评价与修复.北京:化学工业出版社,2017.

易志刚,蚁伟民,周国逸,等.鼎湖山三种主要植被类型土壤碳释放研究.生态学报,2003,23
    (8):1673-1678.

于天仁,陈志诚.土壤发生中的化学过程.北京:科学出版社,1990.

於方,过孝民,张强.中国有色金属工业废水污染特征分析.有色金属,2003(3):134-139.

喻果焱,黄燕.简谈黎川县将军殿简易垃圾填埋场土壤污染的现状及治理修复技术.能源研究与管理,2019(2):66-69.

袁立竹,王加宁,马春阳,等.土壤氟形态与氟污染土壤修复.应用生态学报 2019,30(1):10-20

张凤荣.土壤地理学.2 版.北京:中国农业出版社,2016.

张继舟,王宏韬,倪红伟,等.我国农田土壤重金属污染现状、成因与诊断方法分析.土壤与作物,2012,1(4):212-218.

张建荣,陈春明,吴珉,等.水文地质调查在污染场地调查中的作用.环境监测管理与技术,2016,28(2):29-32.

张晋华,王雷,聂亚峰,等.大气硫循环中的自然硫释放研究.环境科学与技术,2001,98(6):1-6.

张乃明,段永蕙,毛昆明.土壤环境保护.北京:中国农业科技出版社,2002.

张乃明,夏运生,陈保冬,等.砷污染土壤的菌根与铁化学修复.北京:科学出版社,2018.

张乃明.环境污染与食品安全.北京:化学工业出版社,2007.

张乃明.重金属污染土壤修复理论与实践.北京:化学工业出版社,2017.

张鑫.土壤重金属污染的危害及修复技术研究.中国资源综合利用,2019,37(11):89-90,93.

张彦欣.关于固废拆解对土壤污染的研究及其修复对策.环境与可持续发展,2017,42(6):64-65.

张仪平,黄国贤,程明.矿区土壤重金属污染植物修复研究概述.内蒙古林业调查设计,2019,42(6):78-80,86.

张瑜.POPs 污染场地土壤健康风险评价与修复技术筛选研究.南京:南京农业大学,2008.

章家恩,廖宗文.试论土壤的生态肥力及其培育.土壤与环境,2000,9(3):253-256.

章家恩,廖宗文.土壤生态肥力及其诊断指标探讨//中国生态学学会.生态学的新纪元——可持续发展的理论与实践.2000,3:131-133.

赵立芳,赵转军,曹兴,等.我国尾矿库环境与安全的现状及对策.现代矿业,2018,34(6):40-42.

赵其国,孙波,张桃林.土壤质量与持续环境,土壤质量的定义及评价方法.土壤,1997,3:113-120.

赵宇明,谷小兵,李俊儒.污染场地修复技术分类研究与案例分析.能源环境保护,2016,30(6):31-33,9.

郑晓明,张守伟.中国有色金属工业废水污染特征分析.中国锰业,2017,35(3):142-144.

郑振华,周培疆,吴振斌.复合污染研究的新进展.应用生态学报,2001,12(3):469-473.

中国科学院南京土壤研究所土壤分类课题组.中国土壤系统分类检索.3 版.合肥:中国科技大学出版社,2001

中华人民共和国农业农村部.耕地污染治理效果评价准则:NY/T3343—2018.北京:中国农业出版社,2018.

周丹丹,应以坚,王雪奇.固废拆解对土壤污染的研究及修复对策.山东工业技术,2016(14):110-111.

周洪印,李嘉琦,包立,等.不同阻控措施对生菜中镉铅累积及品质的影响.环境科学,2023：1-16.

周健民,沈仁芳.土壤学大辞典.北京：科学出版社 2016.

周静,崔红标,梁家妮,等.重金属污染土壤修复技术的选择和面临的问题——以江铜贵冶九牛岗土壤修复示范工程项目为例.土壤,2015,47(2)：283-288.

周连碧.有色金属废弃物堆场土地复垦与生态修复技术.2016 国际棕地治理大会暨首届中国棕地污染与环境治理大会论文摘要集,北京：中国生态修复网易修复,2016.

周启星,安婧,何康信.我国土壤环境基准研究与展望.农业环境科学学报,2011,30(1)：1-6.

朱恩,王寓群,林天杰,等. 上海地区畜禽粪便重金属污染特征研究 农业环境与发展,2013(1)：90-93.

朱新民,郑玉虎,吴明洲.某非正规垃圾填埋场污染特征及风险管控措施研究.地下水,2019,41(5)：12-14.

Anderson, Traute-Heidi. Microbial eco-physiological indicators to asses soil quality. Agriculture, Ecosystems & Environment 98. 1-3 (2003)：285-293.

ASTM (American Socity of Testing and Material). Standard guide for risk-based corrective action desination：E2081-00 (Reapproved 2010). ASTM international PA 19428-2959, USA. 2010a.

ASTM (American Socity of Testing and Material). Standard guide for risk-based corrective action applied at petroleum release sites desination：E1739-95 (Reapproved 2010). ASTM international PA 19428-2959, USA. 2010b.

Boeckx, Pascal, Oswald Van Cleemput, I D A Villaralvo. Methane emission from a landfill and the methane oxidising capacity of its covering soil. Soil Biology and Biochemistry 28. 10-11 (1996)：1397-1405.

Bolan N S, Khan M A, Donaldson J, et al. Distribution and bioavailability of copper in farm effluent. Science of the Total Environment, 2003, 309：225-236.

Bolan Nanthi, Kunhikrishnan Anitha, Thangarajan Ramya. Remediation of heavy metal (loid)s contaminated soils - To mobilize or to immobilize? Journal of Hazardous Materials,2014, 266：141-166.

Brady N C, Weil R R. The nature and properties of soils . 14th ed. New Jersey：Prentice Hall, 2007.

Brand E, Otte PF and Lijzen JPA. CSOIL 2000：an exposure model for human risk assessment of soil contamination A model description RIVM report 711701054/2007. RIVM, Bilthoven, the Netherlands, 2007.

Brett H Robinson. E-waste：an assessment of global production and environmental impacts. Science of the Total Environment, 2009, 408：183-191.

CCME (Canadian Council of Ministers of the Environment). A protocol for the derivation of environmental and human health soil quality guidelines. Canadian Council of Minister of the Environment, 2006.

Chung M K, Hu R, Cheung K C, et al. Pollutants in Hongkong soils：polycyclic aromatic hydrocarbons[J]. Chemo—sphere, 2007, 67(3): 464-473.

Davidson EriC A, Elizabeth Belk, Richard D Boone. Soil water content and temperature as independent or confounded factors controlling soil respiration in a temperate mixed hardwood forest. Global change biology, 4. 2 (1998): 217-227.

Doran John W, Timothy B Parkin. Defining and assessing soil quality. Defining soil quality for a sustainable environment 35 (1994): 1-21.

EA (Environment Agency). Updated technical background to the CLEA model. Science Report SC050021/SR3. Bristol: Environment Agency. 2009.

EA (The Environment Agency) DEFRA (Department of Environment. Food and Rural Afairs). The Contaminated Land Exposure Assessment(CLEA) Model: Technical Basis and Algorithms. Lundon,2002.

Friesl W, Friedl J, Platzer K, et al. Remediation of contaminated agricultural soils deal a former Pb-Zn smelter in Austria: batch, pot and field experiments[J]. Environmental Pollution, 2006, 144(1): 40-50.

García-Lorenzo M L, Pérez-Sirvent C, Martínez-Sánchez MJ, et al. Trace elements contamination in an abandoned mining site in a semiarid zone. Journal of Geochemical Exploration, 2012, 113: 23-35.

Gasco G, Alvarez M L, Paz-Ferreiro J. Combining phytoextraction by Brassica napus and biochar amendment for the remediation of a mining soil in Riotinto (Spain). Chemosphere, 2019, 231: 562-570.

Ha N N, Agusa T, Ramu K, et al. Contamination by trace elements at e-waste recycling sites in Bangalore, India [J]. Chemosphere, 2009, 76: 9-15.

Hansen J E, Lacis A A, Sun and dust versus greenhouse gases: An assessment of their relative roles in global climate change. Nature,1990,346: 713-719.

Johns Mitchell M, Earl O. Skogley. Soil organic matter testing and labile carbon identification by carbonaceous resin capsules. Soil Science Society of America Journal 58. 3 (1994): 751-758.

Jong E de, H J V Schappert, K B MacDonald. Carbon dioxide evolution from virgin and cultivated soil as affected by management practices and climate. Canadian Journal of Soil Science, 1974,4. 3: 299-307.

Juan Liu,Xinyang Li, Peiyu Zhang, et al. Contamination levels of and potential risks from metal(loid)s in soil-crop systems in high geological background areas. Science of the Total Environment,2023. 163405

Karien D L, et al. Soil Quality: A Concept, Definition, and Framework for Evaluation. Soil Sci. Soc. Am. J 61 (1997): 4-10.

Katherine Mateos. The evolution and spread of sulfur cycling enzymes reflect the redox state of the early Earth. Science Advances | Research. 2023.

Khan Muhammad Amjad, Khan Sardar, Khan Anwarzeb. Soil contamination with cadmium, consequences and remediation using organic amendments. Science of the total Environment, 2017, 601: 1591-1605.

Kidd Petra, Mench Michel, Alvarez-Lopez Vanessa. Agronomic practices for improving gentle remediation of trace element-contaminated soils. International Journal of Phytoremediation, 2015,17(11): 1005-1037.

Li Q S, Wu Z F, Chu B, et al. Heavy metals in coastal wetland sediments of the Pearl River Estuary, China. Environmental Pollution, 2007, 149(2): 158-164.

Lianwen Liu, Wei Li, Weiping Song, et al. Remediation techniques for heavy metal-contaminated soils: Principles and applicability. Science of the Total Environment, 2018, 633: 206-219.

Liu H Y, Probst A, Liao B H. Metal contamination of soils and crops affected by the Chenzhou lead/zinc mine spill(Hunan, China). Science of the Total Environment, 2005,339: 153-166.

Mc Grath S P, Lombi E G, Caillc C W, et al. Field evaluation of Cd and Zn phytoextraction potential by the hyperaccumulatorsthlaspi caerulescens and arabidopsis Halleri. Environmental Pollution, 2006, 141(2): 115-125.

Morrissey L A, G P Livingston. Methane emissions from Alaska arctic tundra: An assessment of local spatial variability. Journal of Geophysical Research: Atmospheres 97. D15 (1992): 16661-16670.

Morrissey L A, G P Livingston. Methane emissions from Alaska arctic tundra: An assessment of local spatial variability. Journal of Geophysical Research: Atmospheres 97. D15 (1992): 16661-16670.

NEPC (Australian National Environment Protection Council). National Environment Protection (Assessment of Site Contamination) Measure: Schedule B7: Appendix A1 The Derivation of HILs for Metals and Inorganics [S]. Adelaide, Australia. 2013.

Noguer, Maria, et al. Climate change 2001: the scientific basis. Eds. John Theodore Houghton, Y. D. J. G. Ding, and David J. Griggs. Vol. 881. No. 9. Cambridge: Cambridge university press, 2001.

Nyle C Brady, Ray R Weil. The nature and properties of soils,1999.

Region 3 USEPA (U. S. Environmental Protection Agency). Regional Screening Levels (Formerly PRGs) e Summary Table. 2012.

Region 6 U. S. Environmental Protection Agency. Regional Screening Levels (Formerly PRGs) Summary Table. 2013.

Region 9 USEPA (U. S. Environmental Protection Agency). Regional Screening Levels (Formerly PRGs) Summary Table. 2013.

Romig Douglas E, M. Jason Garlynd, Robin F. Harris. Farmer-based assessment of soil quality: A soil health scorecard. Methods for assessing soil quality 49 (1997): 39-60.

Sana Khalid, Muhammad Shahid, Nabeel Khan Niazi, et al. A comparison of technologies for remediation of heavy metal contaminated soils. Journal of Geochemical Exploration, 2016, 182:247-268.

Schlesinger, William H. Carbon storage in the caliche of arid soils: a case study from Arizona. Soil Science 133. 4 (1982): 247-255.

Shepherd, Trevor Graham, et al. Visual soil assessment. Vol. 1. horizons. mw & Landcare Research, 2000.

Sun J T, Pan L L, Tsang D C W, et al. Organic contamination and remediation in the agricultural soils of China: A critical review. Science of the Total Environment, 2018, 615: 724-740.

US EPA. Cleaning Up the Nation's Waste Sites: Markets and Technology Trends. Washington: US Environmental Protection Agency, 2004.

USEPA (U. S. Environmental Protection Agency). Soil Screening Guidance: User's Guide Second Edition, EPA/540/R-96/018. Office of Emergency and Remedial Response USEPA, Washington, DC 20460. 1996.

USEPA (U. S. Environmental Protection Agency). Supplemental Guidance for Developing Soil Screening Levels for Superfund Sites, OSWER 9355. 4-24. Office of Solid Waste and Emergency Response, Washington, DC 20460. 2002.

Vazquez S, Agha R, Granado A, et al. Use of white Lupinplant for phytostabilization of Cd and As polluted acid soil. Water Air and Soil Pollution, 2006, 177: 349-365.

Whitbread A M, Rod D B Lefroy, Graeme J Blair. A survey of the impact of cropping on soil physical and chemical properties in north-western New South Wales. Soil Research 36. 4 (1998): 669-682.

Wiant H V Jr. Contribution of roots to forest soil respiration. (1967): 163-7.

Xu Yi; Liang Xuefeng; Xu Yingming. Remediation of Heavy Metal-Polluted Agricultural Soils Using Clay Minerals: A Review. Pedosphere, 27(2): 193-204

Ye, Shujing; Zeng, Guangming; Wu, Haipeng. Biological technologies for the remediation of co-contaminated soil. Critical reviews in biotechnology, 2017, 37(8):1062-1076.

Ying Teng, Wei Chen. Soil microbiomes-a promising strategy for contaminated soil remediation: A review. Pedosphere, 2019, 29(3): 283-297.

Zhou J M, Dang Z, Cai M F, et al. Soil heavy metal pollution around the Dabaoshan Mine, Guangdong Province, China. Pedosphere, 2007, 17(5): 588-594.

Zhou Zhou, Xitao Liu, Ke Sun, et al. Persulfate-based advanced oxidation processes (AOPs) for organic contaminated soil remediation: A review. Chemical Engineering Journal, 2019, 372: 836-851.